栄養管理と生命科学シリーズ

生化学

山田一哉 編著

理工図書

編集者

山田　一哉　松本大学大学院健康科学研究科　教授

執筆者 （五十音順）

江頭祐嘉合　千葉大学大学院　園芸学研究院　教授（7章）

黒川　　優　松本大学大学院健康科学研究科　准教授（3章）

小林　謙一　ノートルダム清心女子大学　人間生活学部　食物栄養学科　教授（8章、10章）

小林　直木　摂南大学　農学部　食品栄養学科　講師（14章）

近藤　貴子　名古屋女子大学　健康科学部　健康栄養学科　講師（6章）

竹中　　優　神戸女子大学　家政学部　管理栄養士養成課程　教授（13章）

棚橋　　浩　九州女子大学　家政学部　栄養学科　教授（1章）

田村　典子　新潟医療福祉大学　健康科学部　健康栄養学科　教授（5章）

原　　　博　藤女子大学　非常勤講師　北海道大学名誉教授（2章、9章）

堀江　信之　名古屋女子大学　健康科学部　健康栄養学科　教授（4章、11章）

山田　一哉　松本大学大学院健康科学研究科　教授（15章、16章）

山田　徳広　摂南大学　農学部　食品栄養学科　教授（12章）

はじめに

本書は、前著「化学・生化学」の発刊以来、13年ぶりに改訂したものである。今回の改訂では、限られたページ数の中で「生化学」をより理解しやすくするために、基礎的内容の「化学」の部分を削除した。装丁も二色刷りからカラー版になり、とても見やすくなった。

管理栄養士養成課程のカリキュラムである「人体の構造と機能及び疾病の成り立ち」の分野は専門基礎科目であるものの、いわゆる基礎医学に関する領域を含んでいることから、多くの学生が苦手としている分野である。その中でも、特に「生化学」は、酵素名や物質名にカタカナやアルファベットが多いため、覚えにくいということで評判は芳しくない。しかし、「生化学」は、私たちが日々食する栄養素が体内でどのように代謝されているのか、その代謝がどのようにして調節されているのか、その調節が破綻した場合にどのような疾病を招くのかを理解するための基盤となる知識を提供する重要な科目である。これらを正確に理解することで、臨床や実践に関わる栄養学等の専門分野への応用力をより高めることができ、管理栄養士として人々の健康の維持・増進に寄与できるのである。例えば、肥満や糖尿病、心血管疾患などの慢性疾患を予防するためにはどうするのか、逆に、罹患した場合にはどのように栄養管理をするべきか等は生化学的なメカニズムを理解することが不可欠といえよう。

本書の作成に当たっては、「生化学」をより平易に理解できるように、個々の物質代謝、その関係性、調節のメカニズムについて、生体で何がどう変化すれば、どう影響するのかなどストーリー性をもたせることを心がけた。本文中で学んだ知識をすぐに定着できるように例題を、1章を学んだあとに知識を確認できるように、実際の国家試験問題を章末問題としてあげた。学生諸君には、一つ一つ丁寧に理解しながら、物質代謝とその調節についての全体像を自分の頭の中で映像として構築し、内容を他人に説明できることで、「生化学」をマスターしてもらいたいと思っている。

本書が管理栄養士養成課程の学生にとって、「生化学」が好きな科目、得意な科目になる機会を提供できたとすれば、編者としてこの上ない喜びである。

2024年7月

澄み切った空気と透明な水と自然豊かな北アルプスの山並みを眺めて

山田一哉

目　次

細胞の構造と機能

達成目標

- 生体を構成する細胞の種類の特徴、基本構造を理解する。
- 細胞内小器官（核、小胞体、リボソーム、ゴルジ体、ミトコンドリア、リソソーム、ペルオキシソーム、中心体）や細胞骨格（アクチンフィラメント、中間径フィラメント、微小管フィラメント）の構造と機能について理解する。
- 細胞膜の構造と機能、細胞膜を介した輸送（受動輸送、能動輸送、膜動輸送）について理解する。
- 食事による栄養素の摂取量と栄養素が生体で占める割合について理解する。

1 細胞の構造

1.1 ヒトの細胞数と種類

ヒトの体を構成する細胞の数は、さまざまな細胞の体積と細胞数から推計して37兆2千億個といわれている。そのうち約80%は、赤血球である。

ヒトの細胞は約270種類あると考えられ、それぞれ特殊な形態を有する（図1.1）。1つの受精卵が分裂して多数の細胞になり個体になる。発生したばかりの細胞は形態・機能的に同一であるが、幹細胞を経て特有の形態・機能を有する細胞に変化してさまざまな生命活動を支える組織（上皮細胞、支持組織［結合組織、軟骨組織、骨組織、血液・リンパ］、筋組織、神経組織）になり、組織が組み合わさって特定の機能を営む器官系（神経系、骨格系、筋系、感覚器系、内分泌系、循環器系、呼吸器系、消化器系、泌尿器系、生殖器系）となり、個体となる。この細胞の変化を**分化**という。細胞には核のない赤血球、血小板や多数の核がある多核細胞もある。多核細胞には、骨格筋細胞、破骨細胞、肝細胞、移行上皮細胞の表層にある細胞、合胞体栄養細胞などがある。

細胞は基本的に共通の構造である**細胞膜**、**細胞質**（細胞膜と核膜の間の領域）、**細胞内小器官**（細胞内部の分化した形態や機能を持つ構造体）、**細胞質ゾル**（細胞内小器官を囲む細胞質の液状部分）、細胞の形状や運動にかかわる**細胞骨格**を持っている（図1.2）。細胞質ゾルには栄養素、酵素、電解質が含まれ、多くの代謝反応が行わ

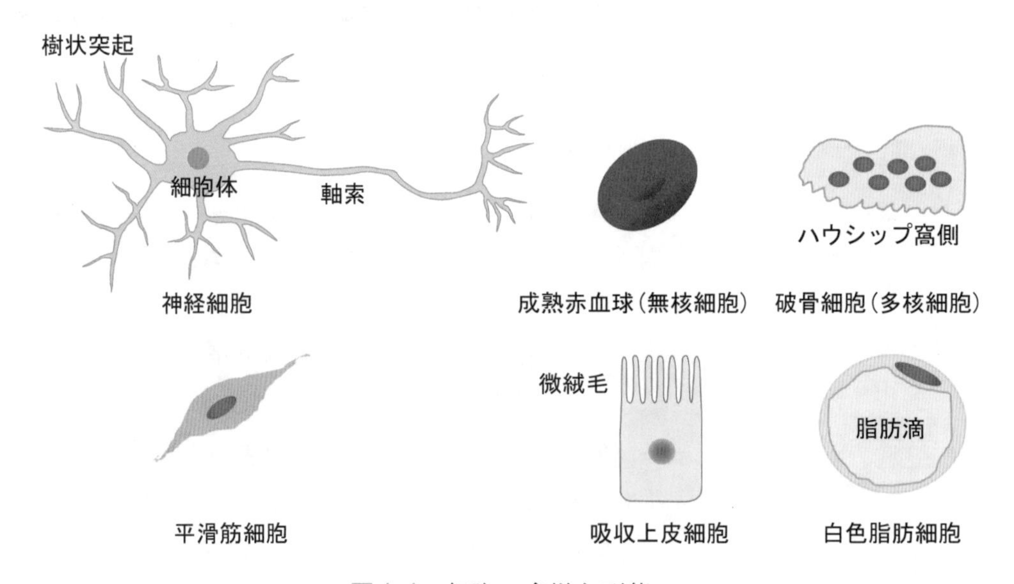

図1.1　細胞の多様な形態

れている。これらにはグルコースをピルビン酸や乳酸まで分解する解糖系、ペントースリン酸経路、グルクロン酸経路、グリコーゲンの合成・分解系や飽和脂肪酸であるパルミチン酸の合成系などが含まれる。

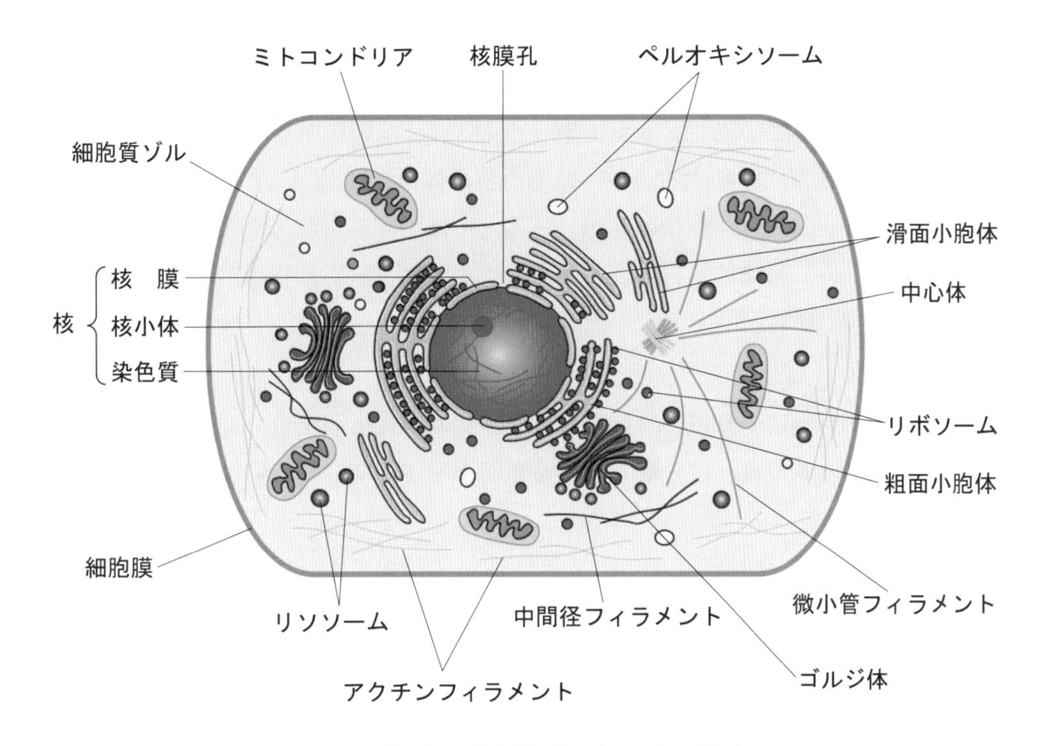

図 1.2　細胞の基本構造と細胞内小器官

例題 1　細胞に関する記述である。正しいものの組み合わせはどれか。1 つ選べ。

1. すべての細胞には、核がある。
2. 核は、細胞質の中にある。
3. 細胞質の中に細胞内小器官がある。
4. 多分化能を持つ幹細胞が特有の形態・機能を有する細胞に変化することを分化という。
5. 解糖系の反応は、核で行われる。

(1) 1 と 2　(2) 2 と 3　(3) 1 と 3　(4) 3 と 4　(5) 4 と 5

解説　1. 赤血球や血小板には核はない。　2. 細胞質は、細胞膜と核膜の間の領域である。　5. 解糖系の反応は細胞質ゾルで行われる。　**解答** (4)

1.2 細胞内小器官とそのはたらき

(1) 核

内膜と外膜からなる二重の脂質二重層構造からなる**核膜**で覆われ、体細胞では遺伝情報を支配するDNAが60億塩基対含まれている。DNAはヒストンたんぱく質と結合して折り畳まれて染色質（クロマチン）という複合体を形成している（第15章）。DNAから転写されたmRNA（メッセンジャーRNA）は核膜にある**核膜孔**とよばれる小孔を通って細胞質に移動する。核内にある**核小体**は、rRNA（リボソームRNA）の転写や4種類のrRNAと79種類のリボソームたんぱく質からなるたんぱく質合成装置であるリボソームの構築が行われているところで**仁**ともいわれる。核膜の外膜は小胞体と連結している。

(2) 小胞体

小胞体は細胞内に張り巡らされたチューブ状の網目構造を持ち、たんぱく質合成を行うリボソームが表面に付着している粗面小胞体と結合していない滑面小胞体がある。

粗面小胞体では、①核膜孔から出てきたmRNAの情報をもとに膜表面のリボソームで分泌たんぱく質や膜たんぱく質の合成が行われる。②リボソームで合成されたたんぱく質は、小胞体内で糖鎖の付加などの化学修飾が行われる。③リボソームで合成されたたんぱく質を正しく折り畳んで立体構造の形成を行う。ジスルフィド結合の形成も行われる。正しく折り畳めなかったたんぱく質に**シャペロンたんぱく質**が結合して小胞体内に留め、正しい構造がとれるようにする。できなければそのたんぱく質は分解される。④多くのたんぱく質は輸送小胞に包まれ、ゴルジ体へ運搬される。

滑面小胞体では、ステロイドホルモンや脂質の合成、細胞質ゾルで合成された脂肪酸パルミチン酸の鎖長の延長や二重結合の付加、薬物の水酸化（-OH)やグルクロン酸抱合（結合することで親水性にして体外に排出させやすくする）などの解毒反応が行われる。またシグナル伝達に重要な細胞内Ca^{2+}の貯蔵・放出を行う。

(3) ゴルジ体

円形の扁平な袋が重なった構造をしている。粗面小胞体で作られたたんぱく質にさらに高度な糖鎖や脂質の付加、リン酸化修飾をする。たんぱく質を濃縮し、袋の端がちぎれてゴルジ小胞を形成しゴルジ体から放出され（**出芽**)、細胞膜、細胞内小器官などそれぞれの目的地へ輸送する。物質を膜に包み込んでゴルジ小胞となり細胞外に放出する仕組みを**エキソサイトーシス**という。例えばホルモンなどを含んだ分泌小胞が細胞膜と融合してホルモンが細胞外に分泌される。

(4) 遊離リボソーム

小胞体に結合せず、細胞質ゾルに浮かんでいるリボソームで、主に細胞質ゾルで働くたんぱく質を合成している。

(5) ミトコンドリア

二種類の膜（外膜と内膜）に覆われており、好気的な（酸素を用いた）反応により、栄養素のエネルギーをATPのエネルギーに変換する場所で、1つの細胞内に数百〜数千個のミトコンドリアが存在する。外膜はポリンという脂質二重膜を貫通する輸送たんぱく質が多数含まれており、5 kDa以下の分子を通過させるふるいとして働く。これより大きな分子は、特異的な膜輸送たんぱく質により膜間腔に通過させる。内膜は呼吸鎖（電子伝達系）反応が行われる場でATP合成酵素が含まれる。内膜は**クリステ**とよばれるひだ状構造をしているので表面積は非常に大きくなり、ここに多くの呼吸鎖反応にかかわる分子を配置することができる。内膜内側の空間を**マトリックス**とよび、数百種類の酵素が濃縮されて混在しており、クエン酸回路、脂肪酸のβ酸化、グルタミン酸の酸化的脱アミノ反応（アンモニアの生成）にかかわる酵素などが含まれている（図1.3）。ミトコンドリアは、遊離リボソームや粗面小胞体のリボソームとは異なる独自のリボソームを持ち、たんぱく質合成が行われている。また自己複製できる独自の環状DNAを持ち、約16,000塩基対に37個の遺伝子がコードされている。受精の際には、父親由来のミトコンドリアは卵に持ち込まれないため、ミトコンドリアは母親由来である。

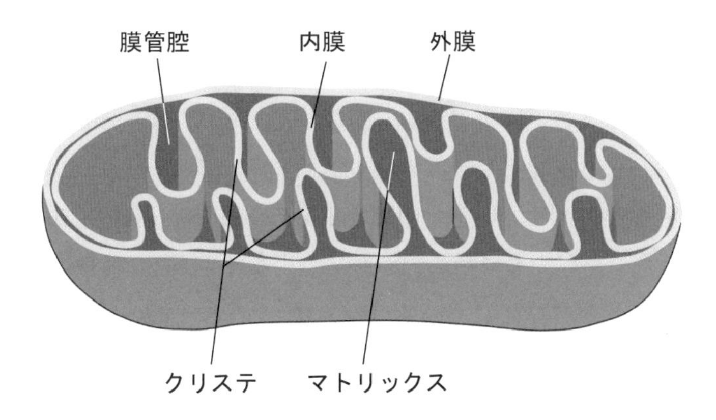

内膜は呼吸鎖反応が行われる場でATP合成酵素が含まれる。クリステは内膜のひだ状構造のことをいう。マトリックスではクエン酸回路、脂肪酸のβ酸化などが行われる。膜管腔はH^+濃度が高くH^+の電気化学ポテンシャルエネルギーを用いて物質輸送が行われる。

図1.3　ミトコンドリア

(6) リソソーム

リソソームは、膜で囲まれた小胞で酸性（pH5.0）の内部にはたんぱく質、糖質、脂質、核酸などを加水分解する40種類以上の酵素を含み、エンドサイトーシスで細胞に取り込まれた小胞と融合して分解する。また不要となった細胞内小器官を隔離膜小胞で取り囲んだオートファゴソームと融合して分解（**自食作用オートファジー**）を行う。

(7) ペルオキシソーム

膜に包まれた球状の構造で内部には多様な物質の酸化反応を行う酸化酵素が含まれている。酸化反応の際に生じる有害な過酸化水素を即座にカタラーゼによって分解し、無毒な水と酸素にする。通常、ミトコンドリアで脂肪酸のβ酸化（脂肪酸を分解してエネルギー源となるアセチルCoAを生成）が行われるが、ペルオキシソームでは、ミトコンドリアでは分解されない極長鎖脂肪酸（炭素数22以上）のβ酸化も行っている。また肝臓や腎臓では、ペルオキシソームでアミノ酸オキシダーゼによるアミノ酸の酸化的脱アミノ反応も行われている。この際に生じる有毒な過酸化水素もカタラーゼで水に変える。

(8) 細胞骨格

細胞質に広がるたんぱく質からなる線維で複雑な網目構造をしている。細胞が構成成分を細胞内に秩序正しく配置したり、多様な形をとったり、外部環境と機械的に相互作用して細胞を所定の位置に固定したり、調和のとれた運動をしたりするのに必要である。太さの異なる3種類の細胞骨格が存在する。

アクチンフィラメント（直径約5～9 nm）は球状たんぱく質のアクチン（G-アクチン）が重合して線維状（F-アクチン）になり、この2本の線維が螺旋状の線維を形成している。細胞全体やその一部の運動（筋収縮、細胞分裂）を助けるとともに、細胞の形を決定し安定させている。**中間径フィラメント**（直径約10 nm）は、3種類の細胞骨格のうち、最も丈夫で耐久力が強い。少なくとも50種類の細胞特異性のある中間径フィラメントが存在している（ケラチンフィラメント、ニューロフィラメント、デスミン、ビメンチン、神経膠細胞線維性酸性たんぱく質［GFAP］など）。**微小管フィラメント**（直径約25 nm）は、2種類のチューブリンというたんぱく質から構成され、長い中空のシリンダー構造をしている。微小管の短縮により染色体が動く。また微小管は小胞の物質輸送に関与している。

(9) 中心体

植物細胞には認められない。中心体は、核の近くに配置し、細胞周期のDNA合成期（S期）頃より複製されて有糸分裂期（M期）には核の両片側に分かれる。中心体から微小管が外側に向かって放線状に伸びており、成長したり、退縮あるいは消失したりする。紡錘糸形成に重要な役割をする。

例題 2　細胞小器官とそれらの機能の組み合わせである。正しいのはどれか。

1. 中心体 ― 細胞質の異物を分解処理する。
2. ゴルジ装置 ― 細胞分裂の際に染色体を移動させる。
3. ミトコンドリア ― ATP を合成する。
4. 粗面小胞体 ― 細胞骨格を構成する。
5. リソソーム ― たんぱく質合成の場となる。

解説　1. 紡錘糸の形成に重要な役割を果たす。　2. たんぱく質の高度な糖鎖修飾や部分的分解、たんぱく質を濃縮して小胞に詰めてそれぞれが働く場所に輸送される。　4. たんぱく質の合成が行われる。　5. 細胞内の不要なものや細胞に取り込んだものを加水分解する。　**解答** 3

2 生体膜の構造と機能

細胞表面の細胞膜（原形質膜）や細胞内小器官の膜を含めて生体膜という。生体膜の 95%は細胞内小器官を取り巻く膜である。生体膜は共通の構造を持っていて内部環境を外界から隔てる役割を果たしながら、物質の出入りの調節、膜にある酵素による物質代謝、膜にある受容体を介した細胞内や細胞内小器官内への情報伝達を行っている。

2.1 生体膜の構造

細胞膜は主として脂質とたんぱく質からなるが、外界と隔てる役割を果たしているのは主として二重層を形成したリン脂質で疎水性の炭化水素を互いに向けあい、親水性の極性を持つリン酸基を外側に配置した 5～10 nm の膜構造を持つ（図 1.4）。このリン脂質の隙間を埋めて生体膜の強度を保つのがコレステロールで生体膜にはコレステロールが必須である。物質の出入りの調節にはたんぱく質が関与している。生体膜のリン脂質は側方拡散する為、生体膜は流動性を持ち、膜に浮かんだ膜たんぱく質も移動し得る（流動モザイクモデル）。

生体膜におけるたんぱく質の占める割合は細胞種や細胞内小器官により異なり、重量比で平均して約 50%を占めるが、ミトコンドリア内膜では 75%にも達する。し

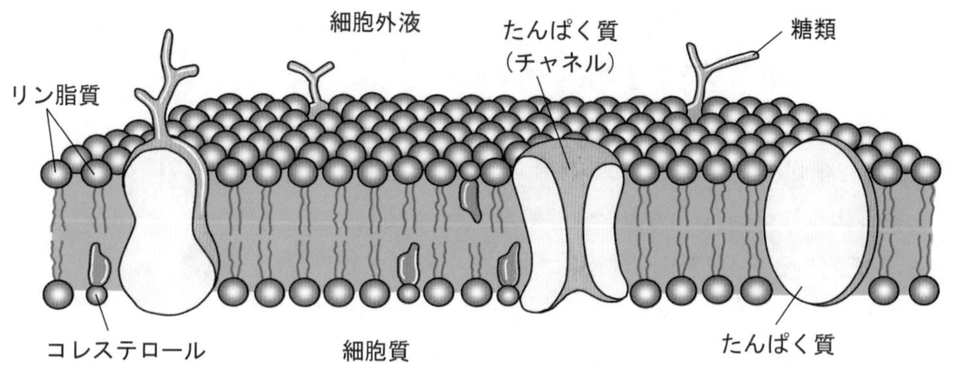

図1.4 生体膜の構造

かし、リン脂質は分子量が小さいため、数にすると生体膜には平均してリン脂質50分子当たりたんぱく質が約1分子存在することになる。また生体膜の全脂質に対するコレステロールの重量比は小胞体で約6%、ミトコンドリアで約3%であるが、赤血球では約20%と高い。また細胞膜は糖質を含んでいる。糖質は膜の外側に位置して他の細胞や分子に対する認識部位として機能する。

2.2 物質輸送

酸素、窒素、二酸化炭素などの気体や脂溶性ビタミン、ステロイドホルモンなどの脂溶性分子は生体膜の疎水性領域を直接通って**単純拡散**する。また水や尿素のような小型で電荷のない極性分子はかなり遅い速度だが脂質二重層を越えて拡散することができる。しかし、細胞に必要なイオン、アミノ酸、糖やこれより大きい分子は通さない。これらの分子の取り込みには特別な機構が存在する。

(1) 受動輸送と能動輸送

生体膜を介した輸送には、単純拡散する分子より大きかったり、脂溶性を示さない物質を膜たんぱく質の働きを介して濃度勾配に従って輸送する方法がある。これを**促進拡散**という。単純拡散も促進拡散もエネルギーを利用する輸送方法であり**受動輸送**という。特定のイオンを濃度勾配に従って通過させる膜たんぱく質を**チャネル**という。肝臓では、グルコースは特異的な輸送体（トランスポーター）であるGLUT2を膜内に持ち、摂食後は、血中からGLUT2を用いてグルコースを選択的に肝細胞に取り込む。

濃度勾配に逆らってエネルギーを利用して輸送する方法を**能動輸送**という。利用するエネルギーにはATP、電気化学ポテンシャルなどがある。細胞は、細胞内のNa^+濃度（10 mM）を低く、K^+濃度（140 mM）を高く、細胞外のNa^+濃度（145 mM）を高く、K^+濃度（5 mM）を低く保っている。細胞膜ではNa^+の電気化学ポテンシャルを利用して物質の輸送をしている。Na^+が電気化学的勾配に従って移動することで別の分子を濃度勾配に逆らって移動させることができる。このような輸送を**共役輸送**という。2つの分子が膜を同じ方向に輸送される場合を**共輸送**（symport）、逆の方向に輸送される場合を**対向輸送**（antiport）という（図1.5）。

物質輸送で細胞内に取り込まれたNa^+を細胞外に吐き出すために細胞は、ATPのエネルギーを利用して**Na^+/K^+-ATPase（Na^+ポンプ）**で汲み出している（図1.5）。

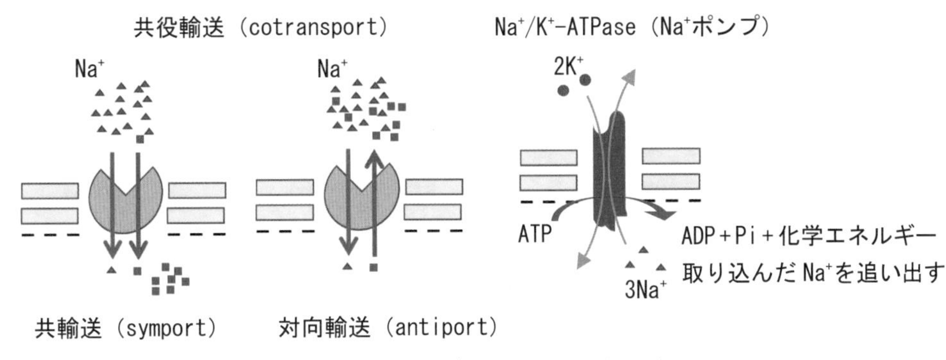

図1.5　共役輸送体とNa^+ポンプ

(2) 膜動輸送

ホルモンや分泌たんぱく質などを膜に包み込んで細胞外に放出する仕組みをエキソサイトーシスというが、反対に物質を膜に包み込んで細胞内に取り込む仕組みを**エンドサイトーシス**という。また、白血球やマクロファージ等が細菌を取り込むことを**食作用（ファゴサイトーシス）**、一般の細胞に見られる比較的小さな粒子や液体を取り込むことを**飲作用（ピノサイトーシス）**という。これらの小胞の形成による**膜動輸送**は、ATPの加水分解エネルギーを必要とする能動輸送である（図1.6、詳しくは図11.1(A)参照）

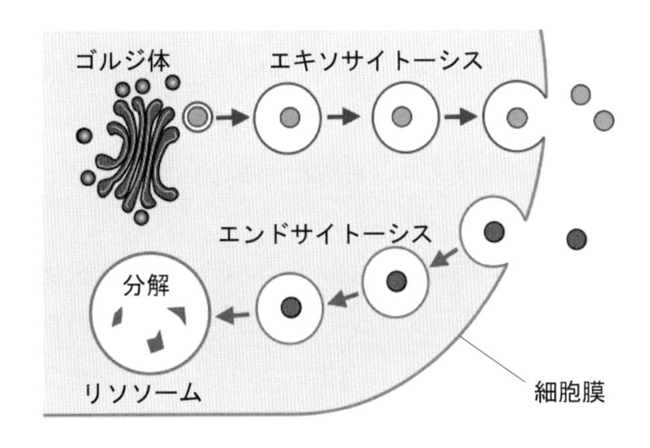

図1.6　エキソサイトーシスとエンドサイトーシス

例題3　生体膜の構造や機能に関する記述である。正しいのはどれか。

1. 生体膜の基本構造は、トリアシルグリセロールの二重層である。
2. 生体膜の強度を保つために、コレステロールは必要である。
3. 水溶性の情報伝達物質は、細胞膜に存在する受容体には結合しない。
4. 細胞膜には、Na^+イオンを細胞外に能動輸送する酵素が存在する。
5. 分泌たんぱく質は、エンドサイトーシスによって細胞外に放出される。

解説　1. リン脂質の二重層である。　3. インスリンやグルカゴンなどの多くの水溶性ホルモンの受容体が細胞膜に存在する。　5. エキソサイトーシスによって細胞外に放出される。

解答　2、4

3 ヒトの生体成分

ヒトの生体成分で重量比が最も多いのは水で、年齢、性、肥満度によって異なるが、新生児の約80%、乳児の約70%、男子成人の約60%、女子成人の約50%、高齢男性の約50%、高齢女性の約45%を占める。女性は体脂肪率が高いので男性より水分量が少なくなっている。成人では生体の水分の2/3（体重の約40%）は細胞内液で、1/3（体重の約20%）は組織の間に存在する組織液、消化液、血漿、リンパ液、脳脊髄液などの細胞外液である。水以外の生体成分の多くは有機物で乾燥重量の96%を占め、残りの約4%は無機物である。

有機成分にはたんぱく質、脂質、炭水化物（糖質と食物繊維）、核酸などがあり、たんぱく質が約20%、脂質が約15%を占めるが、炭水化物は1%にも満たない。一方、令和元年国民健康・栄養調査結果の概要によると、調査した全男女年齢層のたんぱく質、脂質、炭水化物、ミネラルの摂取割合は、たんぱく質18%、脂質15%、炭水化物65%（糖質61%）、ミネラル2%であった。炭水化物が栄養摂取量としては最も多いが、主要なエネルギー源として利用され、肝臓、筋肉にグリコーゲンとしてわずかに貯蔵されるに過ぎない。肝臓にはその重量の5%の約100 g、筋肉には同様に1%の約250 gが貯蔵されている。

糖質は水酸基（-OH）を多く持ち、この水酸基が、水分子と水素結合して水和するので体積が増し、貯蔵には向いていない。過剰に摂取された糖質は中性脂肪に変換されて脂肪細胞に貯蔵される。また最も摂取量の多いミネラルはナトリウムであるが、生体含量の最も多いのはカルシウムで1.4%を占める。その99%は骨と歯にヒドロキシアパタイトとして存在している。

例題 4　人体を構成する成分についての記述である。正しいのはどれか。

1. 最も含量の多い人体構成成分は水である。
2. 糖質は 2 番目に多い人体構成成分である。
3. 人体に含まれるミネラルの割合は、食事として摂取したミネラルの割合とほぼ等しい。
4. 体内のカルシウムの 90%以上が、細胞内に存在している。
5. 過剰な糖質を摂取している場合、体内のグリコーゲン量は体重の 30%を超える。

解説　2. 1 番多いのはたんぱく質で次は脂質である。　3. 人体で最も多いミネラルはカルシウムだが、最も摂取するのはナトリウムである。　4. 骨に存在している。5. 過剰な糖質は中性脂肪として貯蔵される。体内のグリコーゲン量は体重の 1%にも満たない。　**解答** 1

章末問題

1　ミトコンドリアに関する記述である。正しいものの組み合わせはどれか。

1. 自己複製することができる。
2. 成熟赤血球は、ミトコンドリアを持つ。
3. 外膜は、クリステを形成している。
4. ミトコンドリア DNA は、母親由来である。

(a) 1 と 2　(b) 1 と 3　(c) 1 と 4　(d) 2 と 3　(e) 3 と 4　（第 24 回国家試験 21 問）

解説　1. 正しい。ミトコンドリアは、独自の環状 DNA を持つ。　2. 成熟赤血球は、核、ミトコンドリア、リボゾーム、ゴルジ体、小胞体を持たない酸素の輸送に特化した細胞。　3. クリステは内膜の襞状構造のこと。　4. 正しい。受精の際、父親由来のミトコンドリアは消失する。　解答 (c)

2　リソソームの機能に関する記述である。正しいのはどれか。

1. ATP の産生
2. 紡錘糸の形成
3. たんぱく質の合成
4. 細胞内異物の処理
5. ステロイドホルモンの合成

（第 25 回国家試験 21 問）

解説　1. ATP の産生は、細胞質ゾルとミトコンドリア内膜である。　2. 紡錘糸の形成は、中心体が重要な役割を果たす。　3. たんぱく質の合成は、リボソームで行われる。　5. ステロイドホルモンの合成は滑面小胞体で行われる。　解答 4

3　ヒトの細胞に関する記述である。正しいのはどれか。1つ選べ。
1. リソソームでは、ATPの合成が行われる。
2. 細胞膜のリン脂質は、親水性部分が向き合って二重層をつくる。
3. ゴルジ体では、遺伝情報の転写が行われる。
4. 滑面小胞体では、脂質の代謝が行われる。
5. 細胞内液のNa^+濃度は、細胞外液より高い。　（第26回国家試験21問）

解説　1. 取り込んだ物質の分解が行われる。ATPの合成が行われるのは、細胞質ゾルとミトコンドリア内膜。　2. 疎水性部分が向き合って二重層をつくる。　3. たんぱく質の高度な糖鎖修飾や濃縮が行われる。遺伝情報の転写が行われるのは核である。　5. 細胞外液より低い。　解答 4

4　ヒトの細胞の構造と機能に関する記述である。正しいのはどれか。1つ選べ。
1. 細胞膜は、リン脂質の二重層からなる。
2. 赤血球には、ミトコンドリアが存在する。
3. リソソームでは、たんぱく質の合成が行われる。
4. 滑面小胞体では、グリコーゲン合成が行われる。
5. iPS細胞（人工多能性幹細胞）は、受精卵を使用する。　（第28回国家試験21問）

解説　2. 成熟赤血球は核、ミトコンドリア、リボソーム、ゴルジ体、小胞体を持たない酸素の輸送に特化した細胞である。　3. リソソームでは、不要物の処理が行われる。　4. 脂質の合成が行われる。グリコーゲン合成が行われるのは細胞質ゾルである。　5. iPS細胞は体細胞を使用し、受精卵を使用するのはES細胞（胚性幹細胞）である。　解答 1

5　ヒトの細胞の構造と機能に関する記述である。正しいのはどれか。1つ選べ。
1. ミトコンドリアでは、解糖系の反応が進行する。
2. 粗面小胞体では、ステロイドホルモンの合成が行われる。
3. ゴルジ体では、脂肪酸の分解が行われる。
4. リソソームでは、糖新生が行われる。
5. iPS細胞（人工多能性幹細胞）は、神経細胞に分化できる。　（第29回国家試験21問）

解説　1. クエン酸回路、電子伝達系、β酸化などの反応が進行する。解糖系の反応は細胞質ゾルで進行する。　2. たんぱく質の合成が行われる。ステロイドホルモンの合成が行われるのは滑面小胞体である。3. たんぱく質の高度な糖鎖修飾や濃縮が行われる。脂肪酸の分解（β酸化）が行われるのはミトコンドリアのマトリックスである。　4. 細胞内物質や細胞外から取り込んだ物質を分解する。糖新生が行われるのは細胞質ゾルとミトコンドリアである。　解答 5

6　細胞内での代謝とそれが行われる部位の組み合わせである。正しいのはどれか。1つ選べ。
1. クエン酸回路 — 細胞質ゾル
2. β酸化 — リボソーム
3. たんぱく質合成 — プロテアソーム
4. 電子伝達系 — ミトコンドリア
5. 解糖 — ゴルジ体
（第32回国家試験18問）

解説 1. クエン酸回路は、ミトコンドリア内で行われる。 2. β酸化は、ミトコンドリア内で行われる。 3. たんぱく質合成は粗面小胞体に付着したリボソームや遊離リボソームで行われる。 5. 解糖は細胞質ゾルで行われる。
解答 4

7 ヒトの細胞の構造と機能に関する記述である。最も適当なのはどれか。1つ選べ。

1. 細胞膜には、コレステロールが含まれる。
2. 核では、遺伝情報の翻訳が行われる。
3. プロテアソームでは、たんぱく質の合成が行われる。
4. リボソームでは、グリコーゲンの合成が行われる。
5. ゴルジ体では、酸化的リン酸化が行われる。

（第35回国家試験17回）

解説 2. mRNA前駆体（hnRNA）を合成する転写が行われ、スプライシングにより成熟mRNAになる。翻訳が行われるのはリボソームである。 3. たんぱく質の分解が行われる。 4. たんぱく質の合成が行われる。グリコーゲンの合成が行われるのは細胞質ゾルである。 5. たんぱく質の高度な糖鎖修飾や濃縮が行われる。酸化的リン酸化が行われるのはミトコンドリアである。
解答 1

8 生体膜の構造や機能に関する記述である。正しいのはどれか。

1. 生体膜の基本構造は、ジアシルグリセロールの二重層である。
2. 水素イオンの濃度勾配を利用して、ATPを合成する酵素は、ミトコンドリア内膜に存在する。
3. ATPのエネルギーを利用して、Na^+イオンを細胞内に能動輸送する酵素は、細胞膜に存在する。
4. 不飽和脂肪酸は、生体膜を構成する脂質には含まれていない。
5. コレステロールは、正常な細胞膜には含まれていない。

（第18回国家試験106問）

解説 1. リン脂質の二重層である。 3. Na^+イオンを細胞外に能動輸送する酵素（ナトリウム－カリウムATPaseまたはナトリウム－カリウムポンプ）は、細胞膜に存在する。 4. 不飽和脂肪酸は、生体膜を構成する脂質に含まれている。 5. 含まれている。
解答 2

第2章 糖質

達成目標

- 単糖の基本的な化学構造、およびアルドースとケトースの違いを理解する。
- 三炭糖、五炭糖、六炭糖の代表的な例を覚える。
- 単糖同士の結合であるグリコシド結合とはどのようなものであるかを理解する。
- 少糖類の代表的な例とそれらの構成単糖を覚える。
- ホモ多糖とヘテロ多糖の違いを理解する。
- 多糖であるでんぷんの基本構造と種類、セルロースとの違いを理解する。

1 糖質とは

糖質は、生物に広く存在する有機化合物である。食事として摂取した糖質には消化されるものと消化されないものがある。消化される糖はヒトの主要なエネルギー源となり、消化できないものは**食物繊維**といわれる。糖質は、基本的に組成式 $C_xH_{2y}O_y$ で表せるが、$C_x(H_2O)_y$ とも書けるため、水が付加した炭素という意味で**炭水化物**という馴染みのある名前でよばれてきた。

糖質の基本単位はD-グルコースなどの**単糖類**であり、この単糖が2個から10個程度結合（重合）した**少糖類**、さらに多数の単糖が結合した**多糖類**がある。食品において消化される主要な少糖類は、ショ糖（砂糖）や乳糖などの二糖類であり、多糖類としてはでんぷんである。

例題1 糖質に関する記述である。正しいのはどれか。1つ選べ。

1. 食事として摂取されたすべての糖質（炭水化物）は、消化される。
2. 糖質の基本単位は、単糖である。
3. 糖質は、その分子内のアルデヒド基やケトン基に基づく強い酸化作用を持つ。
4. 単糖が2個以上結合したものを多糖類とよぶ。
5. でんぷんは、少糖類である。

解説 1. 食事中の多くの種類の多糖は、消化されない食物繊維である。 3. アルデヒド基やケトン基は、強い還元性を持つ。 4. 単糖が数個結合したものは、少糖類である。 5. でんぷんは、多糖類である。 **解答** 2

2 単糖

2.1 単糖とは

単糖は、これ以上は加水分解されない糖質の最小単位である。単糖は、含まれる炭素数により三炭糖（トリオース）、四炭糖（テトロース）、五炭糖（ペントース）、六炭糖（ヘキソース）、七炭糖（ヘプトース）に分類される。三炭糖以外の単糖は、結合している原子団が4つともすべて異なっている炭素原子（**不斉炭素原子**という）を持っている。糖を化合物名でよぶ場合、三炭糖以外の単糖の場合、語尾に「オース（ose）」がつく。

2.2 アルドースとケトース

単糖は、複数の**水酸基**（-OH）と強い還元性を持つ**アルデヒド基**（-CHO）ないし**ケトン基**（-C=O）を有しており、これらの官能基が糖質の基本的な化学的性質を特徴づけている。アルデヒド基を持つ単糖をアルドース、ケトン基を持つ単糖をケトースという。三炭糖のアルドースはグリセルアルデヒドで、三炭糖のケトースはジヒドロキシアセトンである（図 2.1）。

アルドースは1番炭素にアルデヒド基（-CHO）を有する糖であり、ケトースは2番炭素にケトン基（-C=O）を有する糖である。

図 2.1　アルドースとケトース

2.3 光学異性体（D型とL型）

単糖を直鎖式で表したとき、アルデヒド基ないしケトン基から最も遠い不斉炭素原子に結合した水酸基（-OH）が右にある場合を**D型**、左にある場合を**L型**という（図2.2）。このように、右手と左手のような関係の構造体を**光学異性体**という。天然の糖は基本的にはD型である。

D型の三炭糖から六炭糖までの主なアルドースとケトースを直鎖式で示した（図2.1）。三炭糖のグリセルアルデヒドとジヒドロキシアセトンでは、グリセルアルデヒドのみD型とL型が存在する。

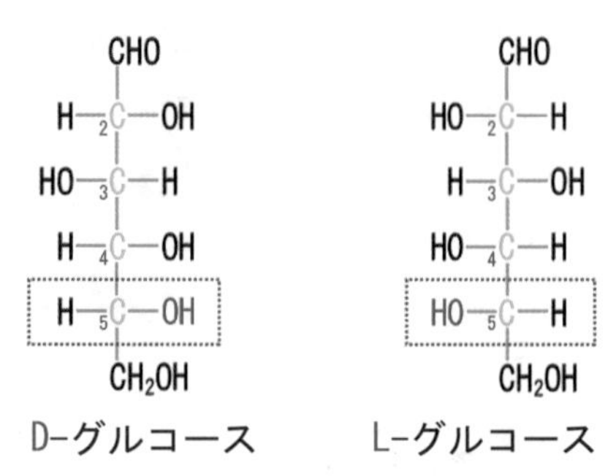

D型とL型を決定している部分を破線で囲っている。
緑字で示された炭素は不斉炭素を示す。

図2.2 D型グルコースとL型グルコース

例題2 単糖の分類に関する記述である。正しいのはどれか。1つ選べ。

1. 単糖には含まれる炭素数により、二炭糖から七炭糖まで存在する。
2. 単糖には、アルデヒド基を持つアルドースとケトン基を持つケトースがある。
3. D-グルコースはケトースで、D-フルクトースはアルドースである。
4. 核酸の成分であるD-リボースは、六炭糖の代表的な例である。
5. 同じ炭素数のケトースでは、アルドースに比べてその種類が多い。

解説 1. 最も小さな単糖は三炭糖で、グリセルアルデヒドなどがある。 3. D-グルコースはアルドース、D-フルクトースはケトースである。 4. D-リボースは五炭糖である。 5. 六炭糖アルドースはD型で8種類（2^3個）あるのに対し、六炭糖ケトースのD型は4種類（2^2個）である。 **解答** 2

例題3 単糖の光学異性体に関する記述である。正しいのはどれか。1つ選べ。

1. 単糖には不斉炭素が必ず2つ以上存在する。
2. 六炭糖には必ず不斉炭素が4個以上ある。
3. 糖のD型かL型かは、アルデヒド基ないしケトン基から最も遠い不斉炭素の立体配置で決定する。
4. 糖にはD型とL型があるが、生体内の糖の大部分はL型である。
5. D-グルコースとL-グルコースは、一箇所の不斉炭素で水酸基と水素の位置が異なっている。

解説 1. 最も小さな糖である三炭糖アルドースの不斉炭素は1つである。 2. 六炭糖ケトースの不斉炭素は3個である。 4. 生体内の糖の大部分はD型である。5. D-グルコースとL-グルコースは、すべての不斉炭素で水酸基と水素の位置が逆になる鏡像体である。 **解答** 3

2.4 アノマー（α型とβ型）

前項では単糖を直鎖状分子として扱ってきたが、五炭糖以上ではアルデヒド基ないしケトン基が、同一分子内の水酸基と反応して共有結合を形成して環状構造をとる。D-グルコースの環状構造をハース投影式で示した（図2.3）。

直鎖構造が環状構造になる際に、新たに形成される結合を**ヘミアセタール結合**といい、D-グルコースの1番炭素には新たな水酸基が形成され不斉炭素になる。この1番炭素に形成された立体異性体を**アノマー**という。新たに形成されたアルデヒド基由来の水酸基が、下にきた場合α型（αアノマー）、上にきた場合β型（βアノマー）として区別する。ヘミアセタール結合は断裂を繰り返すためα型とβ型は相互変換している。

糖分子は大半が環状構造で存在しており、D-グルコースなど六炭糖アルドースの場合六員環構造をとり、**ピラノース**とよばれ、D-リボースなど五炭糖アルドースは五員環構造をとり、**フラノース**とよばれる（六角形の有機化合物「ピラン」と五角形の「フラン」が語源）（図2.4）。D-フルクトースなど六炭糖ケトースの場合、2番炭素がケトン基となっているため、五員環のフラノース構造をとることが多い。

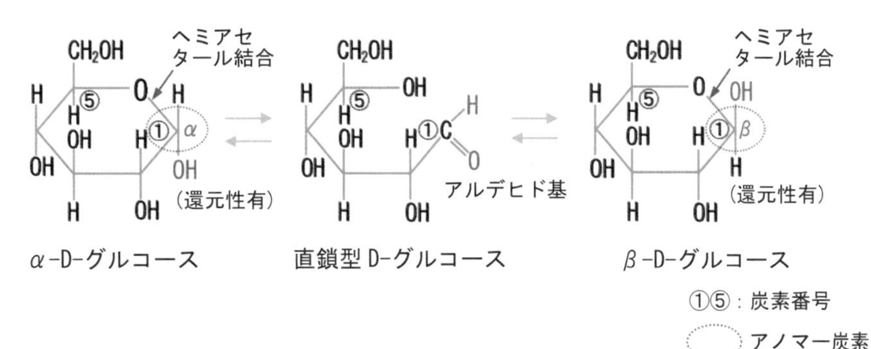

アルデヒド基（-CHO）は強い還元性を持ち反応性が高いため、D-グルコースの場合⑤番の炭素の水酸基（-OH）と分子内縮合（ヘミアセタール結合という）して環状構造をとる。このとき、新しく水酸基（-OH）ができ、水酸基が下の場合をα型、上の場合をβ型とよぶ。

図2.3 D-グルコースのアノマー

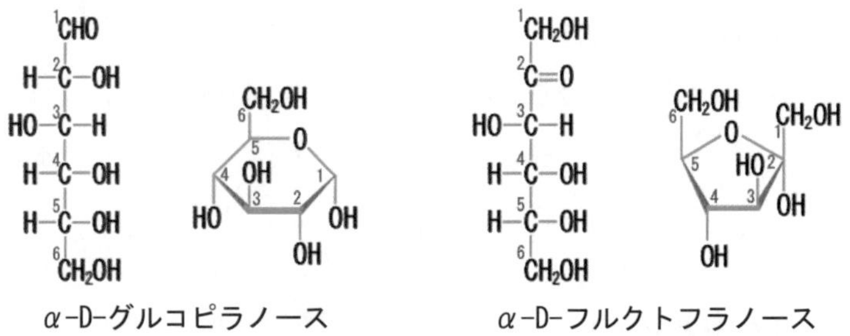

α-D-グルコピラノース　　α-D-フルクトフラノース

D-グルコースに六角形の構造を持つ糖の総称である「ピラノース」をつけたα-D-グルコピラノースとD-フルクトースに五角形の構造を持つ糖の総称である「フラノース」をつけたα-D-フルクフラノースを示している。

図 2.4　ピラノースとフラノース

2.5 エピマーとは

単糖のD型とL型を決定している不斉炭素原子以外の不斉炭素原子において、一箇所だけ水酸基の立体配置が異なる単糖を**エピマー**とよぶ。D-グルコースの場合、4番炭素の立体配置が異なるD-ガラクトースや2番炭素の立体配置が異なるD-マンノースがD-グルコースのエピマーとなる（図 2.5）。アノマーであるα-D-グルコースとβ-D-グルコースは一番炭素の立体配置のみが異なるため、エピマーの一種である。

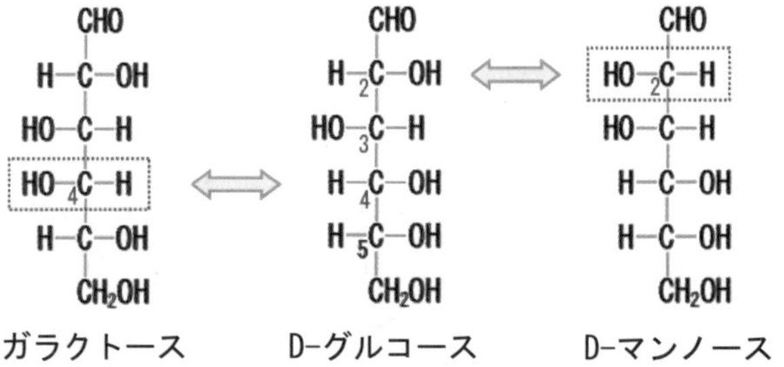

D-ガラクトース　　D-グルコース　　D-マンノース

D-グルコースの水酸基（-OH）と水素（-H）が、不斉炭素原子のうち4番炭素のみで入れ替わったものがD-ガラクトース、2番炭素のみで入れ替わったものがD-マンノースである。

図 2.5　エピマー

例題4　単糖の構造に関する記述である。正しいのはどれか。1つ選べ。

1. アノマーとは単糖が環状構造をとる際に、新たに形成される立体異性体のことである。
2. 単糖は直鎖状と環状の構造があり、これらは相互変換するが大部分は直鎖構造をとっている。
3. D-グルコース1番炭素の水酸基が上にきた場合をα、下をβとして区別する。
4. 二糖ではすべての場合で、アノマーであるα型かβ型が両方の糖において固定されている。
5. D-マンノースとD-ガラクトースは、不斉炭素の立体配置が2箇所異なるエピマーである。

解説　2. 単糖の大部分は環状構造をとっている。　3. 水酸基が下にきた場合がα、上にきた場合がβである。　4. 二糖では、片方ないし両方の単糖のアノマー（α型かβ型）が固定される。　5. 1箇所のみ不斉炭素の立体配置が異なる糖がエピマーである。　　　　　　　　　　　　　　　　　　　　　　　　　　　　**解答** 1

2.6 主な単糖類

ヒトや動物のエネルギー源としては、六炭糖であるD-グルコース（アルドース）、D-ガラクトース（アルドース）、D-フルクトース（ケトース）が重要である。五炭糖としては、核酸の成分であるD-リボースやD-デオキシリボースが重要である。また、五炭糖のキシロースや七炭糖のセトヘプツロースのリン酸エステルはペントースリン酸経路の中間体である。

2.7 誘導糖

単糖類の一部の構造が変化したものを**誘導糖**という。

(1) 糖アルコール

単糖のアルデヒド基（-CHO）が還元され水酸基（-OH）になったものを、**糖アルコール**という。単糖由来の糖アルコールは反応性の高いカルボニル基を持たないため、環状構造をとらない。五炭糖のD-キシロースが還元されたものが、キシリトールである（図2.6）。単糖および二糖由来の代表的な糖アルコールを、その原料の糖とともに表2.1に示した。

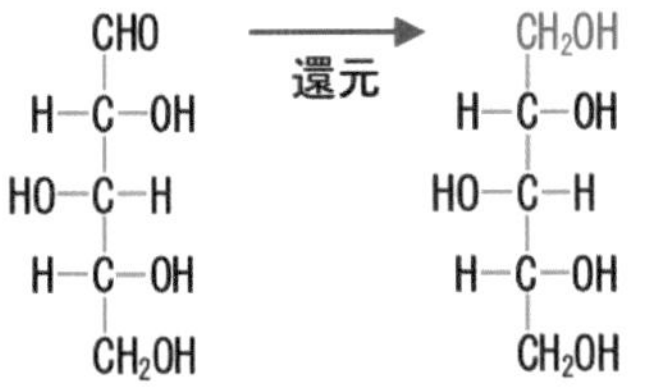

CHO　→還元→　CH_2OH

D-キシロース　D-キシリトール

D-キシリトールはD-キシロースを還元して生成される。

図2.6　糖アルコール（D-キシリトール）の生成

表2.1　いろいろな糖アルコールとその原料

原料の糖		糖アルコール
D グルコース	→	ソルビトール
D-エリトロース（四炭糖）	→	エリスリトール
D-キシロース（五炭糖）	→	キシリトール
マルトース（麦芽糖：二糖類）	→	マルチトール
ラクトース（乳糖：二糖類）	→	ラクチトール

これらは主に、甘味料として用いられている

(2) アルドン酸とウロン酸

アルドースの1番炭素を含むアルデヒド基（-CHO）が酸化され、カルボキシ基（-COOH）になったものを**アルドン酸**とよぶ。D-グルコースの場合はD-グルコン酸と

なる（図 2.7）。一方、単糖末端の炭素（六炭糖の場合 6 番炭素）を含むヒドロキシメチル基（$-CH_2OH$）が酸化され、カルボキシ基（-COOH）になったものは**ウロン酸**とよぶ。D-グルコースの場合は**D-グルクロン酸**となる（図 2.8）。

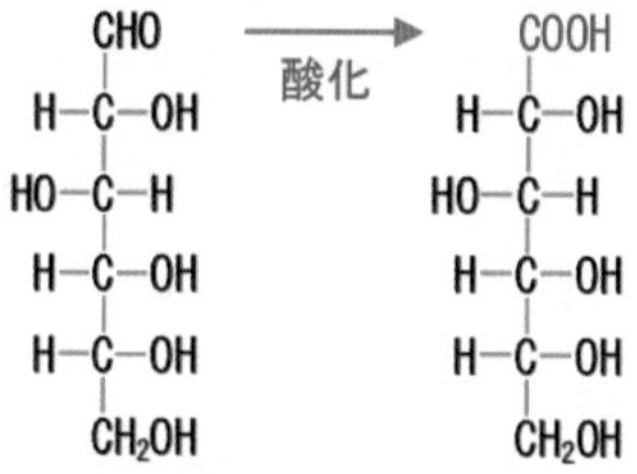

CHO → 酸化 → COOH
D-グルコース　D-グルコン酸

D-グルコースのアルデヒド基（-CHO）が酸化されてカルボキシ基（-COOH）となり、D-グルコン酸となる。

図 2.7　D-グルコースの酸化反応による D-グルコン酸（アルドン酸）の生成

D-グルコース　D-グルクロン酸

D-グルコース末端の 6 番炭素を含むヒドロキシメチル基（$-CH_2OH$）が酸化されてカルボキシ基（-COOH）となり、D-グルクロン酸となる。

図 2.8　D-グルコースからの D-グルクロン酸（ウロン酸）生成

(3) アミノ糖

六炭糖の 2 番炭素の水酸基（-OH）がアミノ基（$-NH_2$）に置換したものをアミノ糖とよぶ。例えば、D-グルコースは D-グルコサミン、D-ガラクトースでは D-ガラクトサミンとなる（図 2.9）。さらに、D-グルコサミンや D-ガラクトサミンのアミノ基にアセチル基（酢酸）が結合すると、*N*-アセチル-D-グルコサミンや *N*-アセチル-D-ガラクトサミンとなる。

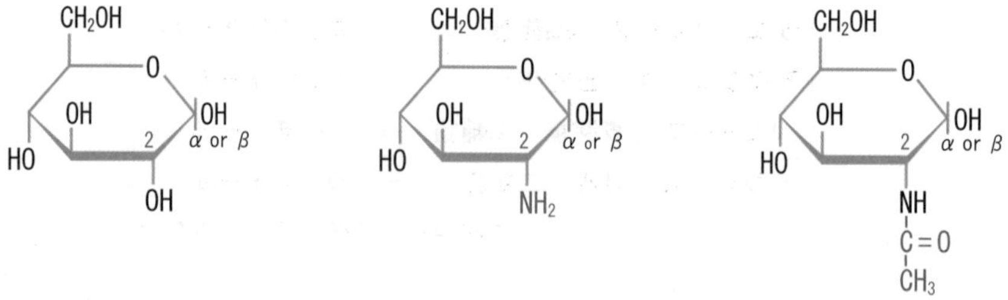

D-グルコース　D-グルコサミン　*N*-アセチル-D-グルコサミン

D-グルコース 2 番炭素の水酸基が、アミノ基に置換した糖が D-グルコサミンとなり、D-グルコサミンのアミノ基にアセチル基（酢酸）がアミド結合したものが、*N*-アセチル-D-グルコサミンとなる。

図 2.9　アミノ糖

例題5 誘導糖に関する記述である。正しいはどれか。1つ選べ。

1. 糖アルコールとは、アルデヒド基ないしケトン基が酸化されたものである。
2. D-グルクロン酸とは、D-グルコースの1番炭素が酸化されたウロン酸である。
3. アミノ糖の一種であるD-グルコサミンは、D-グルコースの水酸基がニトロ基で置換されている。
4. ソルビトールは、D-グルコースから作られる糖アルコールである。
5. 単糖同士の結合をペプチド結合という。

解説 1. アルデヒド基ないしケトン基が還元されたものである。 2. D-グルクロン酸は、D-グルコースの6番炭素が酸化されたもの。D-グルクロン酸とD-グルコン酸は、酸化される炭素の位置が異なる。 3. D-グルコサミンは、ニトロ基ではなくアミノ基を持つ。 5. 単糖同士の結合は、グリコシド結合という。 **解答** 4

3 少糖類

3.1 少糖類とは

単糖において、ヘミアセタール結合を形成するアルデヒド基、ないしケトン基由来のアノマー炭素と水酸基は反応性が高い。単糖同士の間で、これらが互いに共有結合を形成して**二糖類**となる。単糖が、2〜10個結合した分子を**少糖類**（オリゴ糖）という。この共有結合を**グリコシド結合**といい、これが繰り返されることで少糖類や多糖類を形成する。単糖同士が、αアノマー炭素の水酸基と他の糖の4番炭素の水酸基の間で形成されたグリコシド結合は、α-1,4結合、また、αアノマー炭素の水酸基と他の糖の6番炭素の水酸基の間で形成されたグリコシド結合は、α-1,6結合と表記される。同様にして、βアノマーの場合はβ-1,4結合となる。

3.2 主な二糖類

栄養素成分として重要な消化・吸収される二糖類は、マルトース（麦芽糖）、スクロース（ショ糖）、ラクトース（乳糖）である。ヒトにおいては、それぞれの二糖に対応する小腸刷子縁膜上の消化酵素により単糖に消化された後、吸収されてエネルギー源となる。

(1) マルトース（麦芽糖）

D-グルコース1番炭素のαアノマー水酸基（カルボニル基由来の水酸基）と他のD-グルコース4番炭素の水酸基がα-1,4結合した二糖が**マルトース**（麦芽糖）である

(図 2.10)。麦の発芽時にでんぷんが分解されて生じる。小腸上皮細胞でマルターゼにより膜消化され、グルコースとなり吸収される。D-グルコースのみからなる二糖類には他にイソマルトースがあり、D-グルコース１番炭素のαアノマー水酸基と他のD-グルコース6番炭素の水酸基が結合（α-1,6 結合）した二糖類である（図 2.10)。

(2) スクロース（ショ糖）

D-グルコースと D-フルクトースがα-1,2 結合した二糖類である（図 2.10)。ショ糖は、カルボニル基由来の水酸基同士が結合しているため還元性を持たない。水溶性に優れた、代表的な甘味料である。

小腸上皮細胞で**スクラーゼ**により膜消化され、構成糖となり吸収される。

(3) ラクトース（乳糖）

D-ガラクトースと D-グルコースがβ-1,4 結合した二糖類である（図 2.10)。牛乳や母乳に含まれる糖質である。

小腸上皮細胞で**ラクターゼ**により膜消化され、構成糖となり吸収される。乳糖不耐症では、ラクターゼ活性が低いために牛乳など乳製品を多く摂取すると下痢を引き起こす。

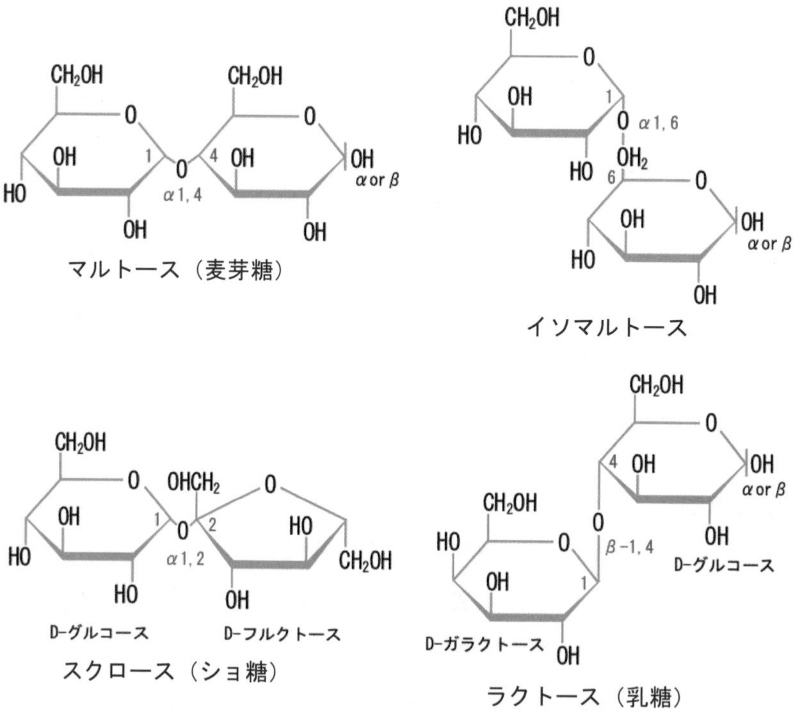

D-グルコース同士がα-1,4 結合したものがマルトース、α-1,6 結合したものがイソマルトースである。スクロースは、D-グルコースと D-フルクトースがα-1,2 結合したもので、ラクトースは D-グルコースと D-ガラクトースがβ-1,4 結合したものである。

図 2.10　主な二糖類の構造

(4) 二糖類由来の糖アルコール

麦芽糖（マルトース）を還元したマルチトールや、乳糖（ラクトース）を還元したラクチトールが知られている（表 2.1）。これら二糖類由来の糖アルコールはヒトの消化酵素では消化されない。

例題 6　少糖類に関する記述である。正しいのはどれか。1つ選べ。

1. 少糖類は、数個の単糖が結合した糖であるが、二糖類は少糖類には含まれない。
2. 少糖は、オリゴ糖より単糖の重合度が低い。
3. すべての少糖は、ヒトの消化酵素で消化される。
4. マルトースとイソマルトースは、すべて D-グルコースのみで構成される二糖類である。
5. すべての二糖類は、還元性を持つ。

解説　1. 二糖類は少糖類に含まれる。　2. 少糖とオリゴ糖は同義語である。
3. 多くの少糖は消化されず、これらを難消化性オリゴ糖とよぶ。　5. 還元性を持たない二糖にスクロースがある。スクロースは、両方の単糖のカルボニル基由来の水酸基がグリコシド結合に使われるためである。一方、マルトースやラクトースは、片方の単糖のカルボニル基由来の水酸基しか結合に使われないため、還元性を維持している。

解答　4

例題 7　少糖類に関する記述である。正しいのはどれか。1つ選べ。

1. スクロースは、D-グルコースと D-フルクトースが結合した二糖で還元性を持つ。
2. ラクトースは、D-ガラクトースと D-グルコースで構成される二糖類で消化されない。
3. マルトースは、D-グルコース同士が β-1, 4 結合した二糖である。
4. 多くの難消化性オリゴ糖は、腸内で病原菌の増殖を促進するため、プレバイオティクスである。
5. マルチトールは、麦芽糖を水素還元した糖アルコールで、甘味料として用いられている。

解説　1．スクロースは、還元性を持たない。　2．ラクトースは、牛乳に多く含まれる可消化性の二糖である。　3．α-1,4 結合である。　4．プレバイオティクスとしての難消化性オリゴ糖は、ビフィズス菌や乳酸菌などヒトの健康に有用な腸内菌を増やす作用がある。
解答　5

4 多糖類

4.1 多糖類とは

単糖が 10 個以上グリコシド結合した分子を多糖類という。また、単一の単糖のみで構成された多糖を**ホモ多糖**、2 種類以上の単糖で構成されたものを**ヘテロ多糖**という。D-グルコースで構成されたホモ多糖には、でんぷんやグリコーゲン、セルロースが含まれる。生物界には非常に多くの種類の多糖が存在するが、でんぷんやグリコーゲン以外のホモ多糖やヘテロ多糖はヒトの消化酵素では消化できず、食品中ではすべて食物繊維となる。

4.2 ホモ多糖

(1) でんぷん

でんぷんは、αアノマーの D-グルコースが主にα-1,4 結合で重合した多糖で、消化されヒトの主要なエネルギー源となる。植物にとっては、エネルギー貯蔵体としての貯蔵多糖である。α-1,4 結合のみで直鎖状に重合したでんぷんを**アミロース**とよび、α-1,4 結合の D-グルコース鎖上にα-1,6 結合による分岐構造を持つでんぷん分子を**アミロペクチン**とよぶ（図 2.11）。

穀類や豆類など、でんぷんを多く含む食物では、アミロースとアミロペクチンは部分的に結晶構造をとって共存し、でんぷん粒を形成している。また、でんぷんを形成する D-グルコース間のα1→4 結合は少し傾いているため、これが連なるとらせん構造をとる。

(2) グリコーゲン

グリコーゲンは、動物の肝臓や骨格筋に存在する**貯蔵多糖**である。グリコーゲンも、α-1,4 結合とα-1,6 結合からなる D-グルコース重合体であるが、同様の構造を持つアミロペクチンより、分岐構造が多く直鎖部分が短い。

(3) セルロース

セルロースはβアノマーの D-グルコースが重合した**ホモ多糖**で、植物体を構成する主要な成分である。でんぷんが貯蔵多糖であるのに対して、セルロースは**構造多**

アミロース

アミロペクチン

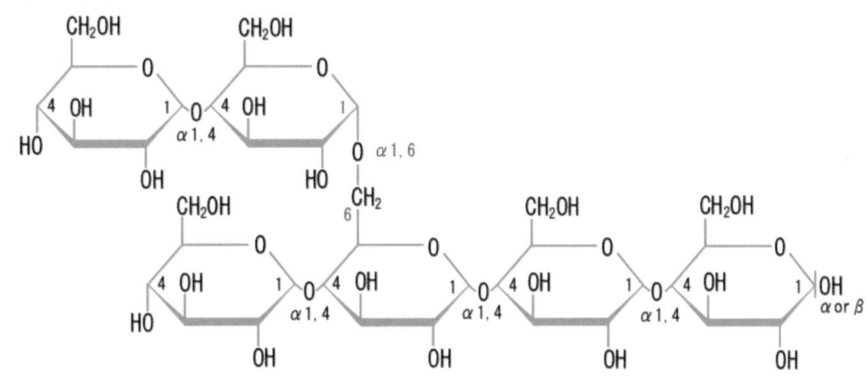

アミロースはα-1, 4 結合のみからなる直鎖状のグルコース重合体であり、アミロペクチンはα-1, 4 結合からなる直鎖上に分岐構造（α-1, 6 結合）を持つものである。

図 2.11　アミロースとアミロペクチンの構造

糖とよばれる。セルロースを構成する、D-グルコース間のβ-1, 4 結合はヒトの消化酵素では加水分解されず、食品中では主要な食物繊維源となる。セルロースの D-グルコース間β-1, 4 結合には、アミロースを構成するα-1, 4 結合のような傾きはないため、らせん構造はとらずに繊維を形成する。

例題 8　多糖とその代表例であるでんぷんとセルロースに関する記述である。正しいのはどれか。１つ選べ。

1. 多糖は、単糖が多数重合したもので、その重合度は多糖の種類が異なってもほぼ一定である。
2. すべての多糖は、一種類の単糖が重合したものである。
3. でんぷんは、D-グルコース重合体で、直鎖構造のアミロペクチンと分岐を持つアミロースがある。
4. アミロペクチンは、D-グルコースがα1→6 結合で重合した主鎖上に、α1→4 結合による分岐を持つ。
5. セルロースは、でんぷん同様 D-グルコースの重合体であるが、結合様式が異なるため消化されない。

解説　1. 多糖類の重合度には、種類により大きな違いがある。　2. 多糖の中には、2種類以上の単糖が重合したものがあり、ヘテロ多糖とよぶ。　3. アミロースは、直鎖状でアミロペクチンが分岐構造を持つ。　4. アミロペクチンの分岐構造は、α1→6結合で形成される。α1→4結合は、直鎖部の結合様式である。　**解答**　5

4.3 ヘテロ多糖

(1) ヒアルロン酸・コンドロイチン・コンドロイチン硫酸

ヒアルロン酸やコンドロイチン硫酸は、動物の軟骨に含まれている。ヒアルロン酸は、D-グルクロン酸と *N*-アセチル-D-グルコサミンがβ-1,3結合した二糖を単位として、それが交互に多数β-1,4結合した直鎖状分子である（図2.12）。コンドロイチンは、D-グルクロン酸と *N*-アセチル-D-ガラクトサミンがβ-1,3結合した二糖を単位として、それが交互に多数β-1,4結合した直鎖状分子である。コンドロイチン硫酸は、コンドロイチンの硫酸エステルである（図2.12）。

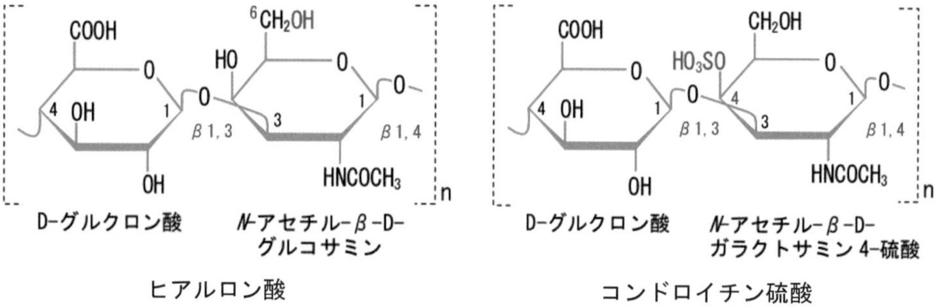

D-グルクロン酸　*N*-アセチル-β-D-グルコサミン

ヒアルロン酸

D-グルクロン酸　*N*-アセチル-β-D-ガラクトサミン 4-硫酸

コンドロイチン硫酸

ヒアルロン酸は、D-グルクロン酸と *N*-アセチル-D-グルコサミンの二糖を、コンドロイチン硫酸は、D-グルクロン酸と *N*-アセチル-D-ガラクトサミンの二糖に硫酸基が結合したものを単位とし、それらがβ-1,4結合している。

図2.12　ヒアルロン酸とコンドロイチン硫酸の部分構造

(2) グルコマンナン

D-グルコースとD-マンノースで構成される代表的なヘテロ多糖で、主鎖はβ-1,4結合で形成され、分岐は少ない。グルコマンナンはこんにゃくに含まれる食物繊維として知られており、コンニャクマンナンともよばれる。

4.4 複合糖質

(1) 糖たんぱく質

たんぱく質に糖鎖がグリコシド結合したものを**糖たんぱく質**という。グリコシド結合には、単糖同士の結合と同様、糖鎖がたんぱく質の水酸基に結合した *O*-グリコシド結合と、窒素に結合した*N*-グリコシド結合がある。グルコサミン、ガラクトサミン、ガラクトース、マンノース、フコース、シアル酸などの単糖からなる糖鎖がたんぱく質結合している。

(2) プロテオグリカン

コンドロイチン硫酸などのヘテロ多糖が、コアタンパク質に多数の刷毛状に結合したものを**プロテオグリカン**とよぶ。軟骨は、プロテオグリカンがヒアルロン酸にリンクタンパク質を介して多数結合した、巨大な複合体で形成されている。

例題 9　多糖類に関する記述である。正しいのはどれか。1つ選べ。

1. 食品中には多種類の多糖が存在するが、でんぷん以外にも多くの消化できる多糖がある。
2. ヒアルロン酸やコンドロイチン硫酸は、植物体の成分である。
3. 複合多糖であるプロテオグリカンは、たんぱく質を中心にしてコンドロイチンが多数結合している。
4. こんにゃくを構成する多糖は、D-グルコースとD-マンノースからなるヘテロ多糖である。
5. 食品中の多糖類である食物繊維の構成単糖は、すべて六炭糖である。

解説　1. 消化できる多糖はでんぷんのみである。ただし、食肉や貝類など動物性食品には少量のグリコーゲンが含まれている場合があり、でんぷん同様消化される。2. ヒアルロン酸やコンドロイチン硫酸は、動物の軟骨の成分である。　3. コンドロイチン硫酸である。　5. 食物繊維の構成糖には五炭糖（D-キシロースやL-アラビノースなど）も含まれる。

解答 4

章末問題

1　糖質に関する記述である。最も適当なのはどれか。1 つ選べ。

1. ガラクトースは、非還元糖である。
2. フルクトースは、ケトン基を持つ。
3. スクロースは、グルコース 2 分子からなる。
4. アミロースは、分枝状構造を持つ。
5. グリコーゲンは、ヘテロ多糖である。

（第 36 回国家試験 18 問）

解説 1.ガラクトースは、還元糖である。 3. D-グルコースとD-フルクトースの2分子からなる。
4. アミロースは、直鎖状構造を持つ。 5. グリコーゲンは、ホモ多糖である。 解答 2

2 糖質と脂質に関する記述である。正しいのはどれか。1つ選べ。
1. フルクトースは、アルドースである。
2. フルクトースは、五炭糖である。
3. グルコースは、ケトースである。
4. リボースは、RNAの構成糖である。
5. イノシトール1,4,5ー三リン酸は、糖脂質である。 (第29回国家試験22問)

解説 1. ケトースである。 2. 六炭糖である。 3. アルドースである。 5. リン脂質である。解答 4

参考文献

1) Kennelly PJ, Botham KM, McGuinness O, *et al*. "Harper's Illustrated Biochemistry, 32nd ed" McGrow-Hill Education, 2023.

第3章 脂質

達成目標

- 脂質は、水に溶けにくく、有機溶媒に溶けやすい性質であることを理解する。
- 脂質は、単純脂質・複合脂質・誘導脂質に大別されることを理解する。
- 個別の脂質の名称・性質などの特徴・構造を理解する。

1 脂質とは

脂質とは、主に炭素が連なり水素、酸素から構成される炭化水素化合物である。脂質には、炭素鎖が長いほどクロロホルムやエーテルなどの有機溶媒などには溶けやすい一方で、水に溶けにくくなる疎水性という性質がある。食品中の脂質は、エネルギー源や細胞膜、ホルモンの材料として利用される。脂質は**単純脂質**、**複合脂質**、**誘導脂質**に分類される。単純脂質は、炭化水素鎖に水中で酸性を示すカルボキシ基（-COOH）が結合した脂肪酸にアルコール類が脱水縮合した**エステル**である。複合脂質は、リン酸や糖などを含む脂質であり、**リン脂質**と**糖脂質**に分類できる。誘導脂質は、単純脂質から誘導された**脂肪酸**、**ステロイド**、**エイコサノイド**などである（図 3.1）。

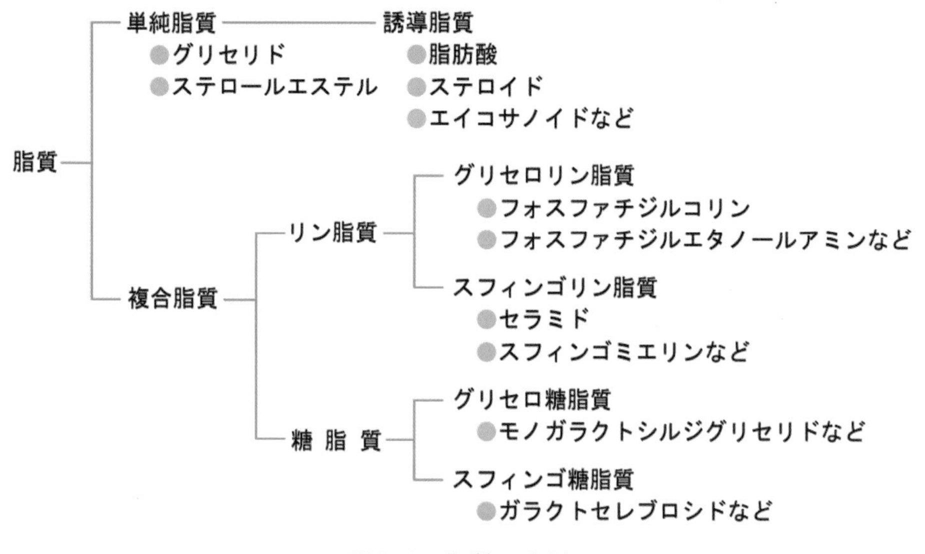

図 3.1 脂質の分類

2 単純脂質

2.1 グリセリド

主鎖が炭素 3 つからなる**グリセロール**の 3 つのヒドロキシ基（-OH）に、脂肪酸（誘導脂質）のカルボキシ基（-COOH）がそれぞれエステル結合したものを**トリグリセリド（トリアシルグリセロール）**という（図 3.2）。グリセロールに 2 分子の脂肪酸が結合したものを**ジグリセリド**といい、1 分子の脂肪酸が結合したものを**モノグリセリド**という。水中で酸性を示す脂肪酸のカルボキシ基は、ヒドロキシ基との脱水縮

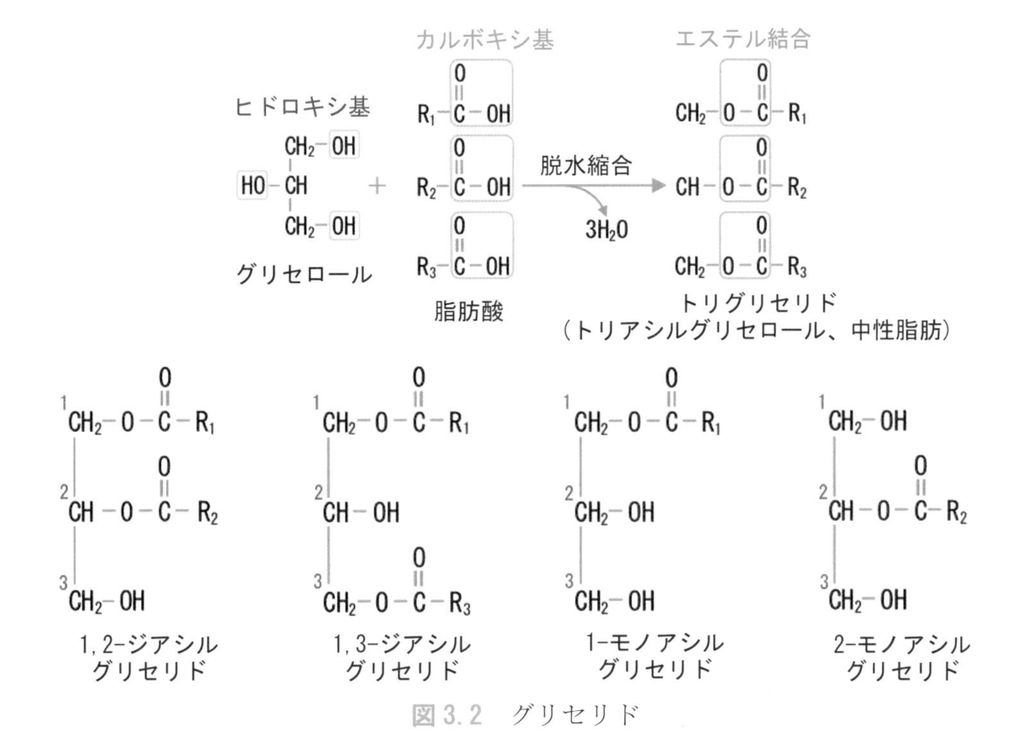

図 3.2　グリセリド

合でエステルをつくると酸としての性質を失う。食品中の脂質は主にトリグリセリドであり、体内のトリグリセリドは**中性脂肪**（neutral fat）とよばれる。グリセリドは、グリセロールに結合した脂肪酸の炭素鎖の種類により融点が異なる。哺乳類、鳥類の脂肪に多く含まれるトリグリセリドは、長い炭素鎖を持つ**飽和脂肪酸**で、融点が高いため常温では個体である。炭素鎖に二重結合を持つ**不飽和脂肪酸**を含むグリセリドは魚油に多く含まれており、融点が低いため常温では液体である。

2.2 ステロールエステル

ステロールエステルは、ステロールアルコールの 3 位のヒドロキシ基（-OH）に不飽和脂肪酸が脱水縮合し、エステル結合した疎水性の物質である（図 3.3）。肝臓で生成する**コレステロール**は、両親媒性の遊離コレステロールとしてだけでなく、コレステロールエステルとしてリポたんぱく質によっても全身に輸送される。

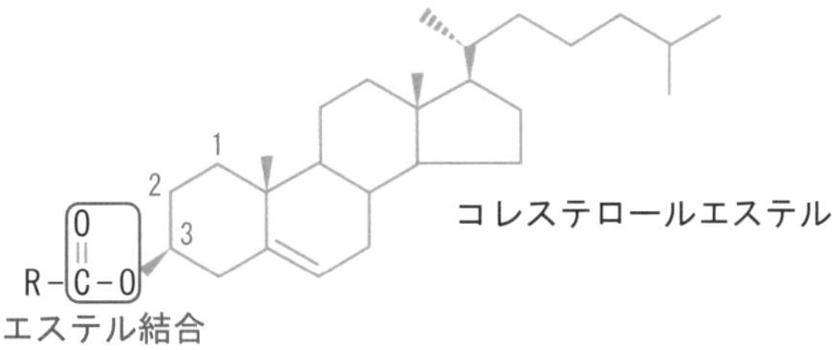

コレステロールエステル

エステル結合

図 3.3　ステロールエステル

例題1 単純脂質に関する記述である。最も適当なのはどれか。1つ選べ。

1. 単純脂質には、グリセロールがある。
2. グリセロールには、カルボキシ基がある。
3. 単純脂質は、エステル結合を含む。
4. 食品中の脂質は、主にジグリセリドである。
5. コレステロールエステルには、飽和脂肪酸がエステル結合している。

解説 1. グリセロールは、3価のアルコールまたは三炭糖である。 2. グリセロールには、3つのヒドロキシ基がある。 4. 食品中の脂質は、主にトリグリセリドである。 5. ステロールエステルには、不飽和脂肪酸が結合している。 **解答** 3

3 複合脂質

3.1 リン脂質

リン脂質は、アルコールと脂肪酸のエステルにリン酸を含む脂質である。リン脂質には**グリセロリン脂質**と**スフィンゴリン脂質**がある。

(1) グリセロリン脂質

グリセロリン脂質は**ホスファチジン酸**を基本骨格としている（図3.4）。ホスファチジン酸は、炭素3つを主鎖とするグリセロールの1位のヒドロキシ基に主に飽和脂肪酸、2位のヒドロキシ基に主に不飽和脂肪酸が、3位のヒドロキシ基にリン酸がエステル結合した構造である。ホスファチジン酸のリン酸に結合する物質によって働きの異なるグリセロリン脂質に分類できる。

ホスファチジルコリンはホスファチジン酸のリン酸の端にコリンが結合しており、**レシチン**ともよばれる。レシチンは脳、肝臓、卵黄、大豆に多く含まれ、膜リン脂質として働く。**ホスファチジルエタノールアミン**はホスファチジン酸のリン酸にエタノールアミンが結合しており、**ケファリン、セファリン**とよばれる。**ホスファチジルセリン**は、脳の細胞膜、赤血球の膜に含まれ、細胞のアポトーシス（プログラム細胞死）や血液凝固にかかわるリン脂質である。**ホスファチジルイノシトール**は、リン酸にイノシトールが結合しており、細胞膜を介して情報を伝達するセカンドメッセンジャーの前駆体である。**ホスファチジルグリセロール**は、微生物のリン脂質の主成分である。**ジホスファチジルグリセロール**は**カルジオリピン**とよばれ、動物のミトコンドリア膜に含まれる。

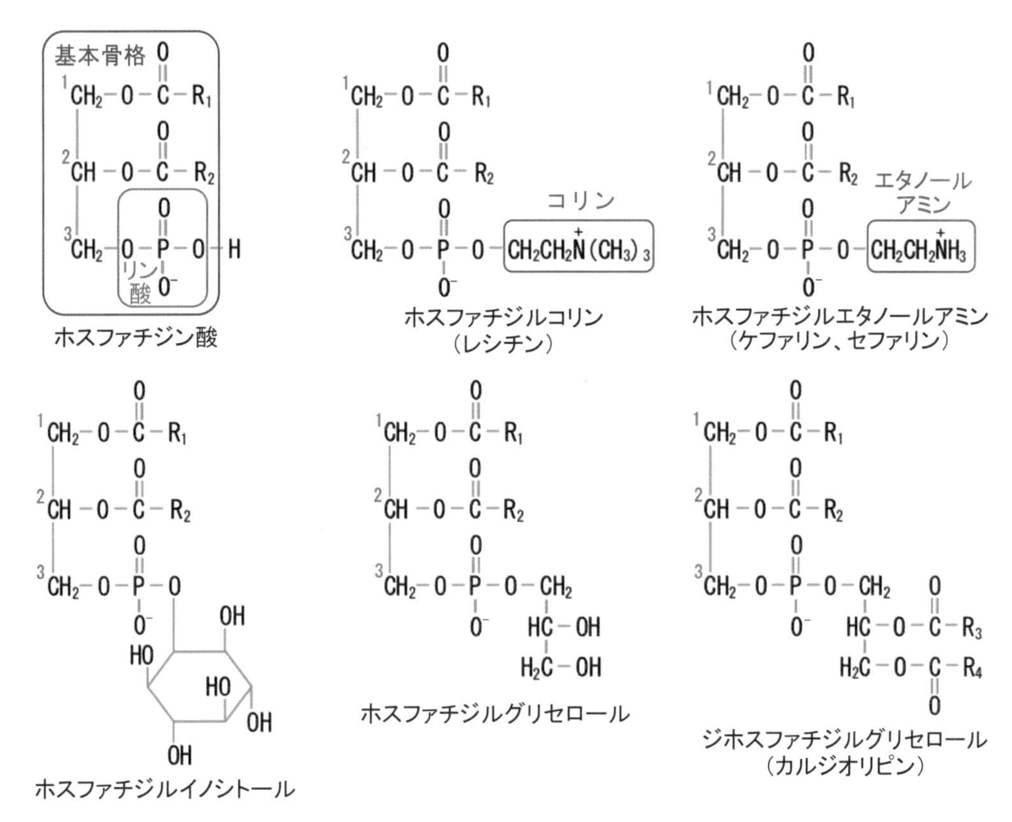

図 3.4　グリセロリン脂質

(2) スフィンゴリン脂質

スフィンゴリン脂質は**スフィンゴシン**を基本骨格としている（図 3.5）。スフィンゴリン脂質である**セラミド**は、18 個の炭素からなる長鎖アミノアルコールであるスフィンゴシンの 2 位のアミノ基と脂肪酸がアミド結合を持つ。セラミドはヒトの皮膚の角質層に多く含まれ、水分の損失や外界からの侵入を防ぐ働きをしている。**スフィンゴミエリン**はセラミドにリン酸とコリンが結合しており、神経細胞の軸索を覆う髄鞘（ミエリン鞘）に含まれる。ミエリン鞘は神経伝達速度を加速させる働きがある。

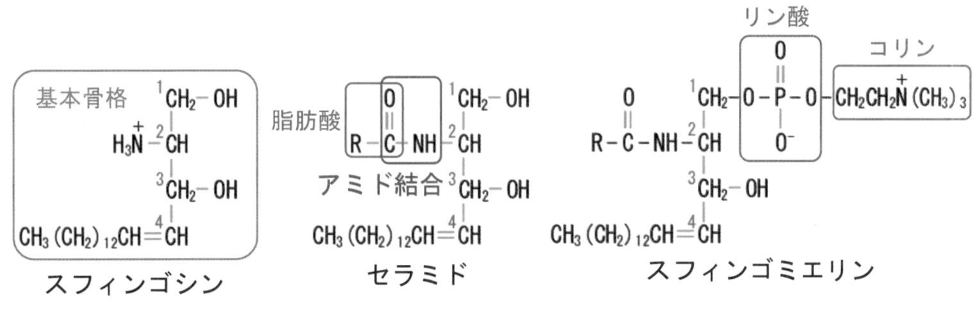

図 3.5　スフィンゴリン脂質

3.2 糖脂質

糖脂質とは、アルコールと脂肪酸のエステルに糖が結合した脂質である。**グリセロ糖脂質**と**スフィンゴ糖脂質**に分類される。

(1) グリセロ糖脂質

グリセロ糖脂質はグリセリドのヒドロキシ基に単糖やオリゴ糖がグリコシド結合した糖脂質である（図 3.6）。**モノガラクトシルジグリセリド**はジグリセリドにガラクトースが結合した糖脂質であり、高等植物や海藻に含まれる。**ジガラクトシルジグリセリド**は、葉緑体に含まれる糖脂質である。

(2) スフィンゴ糖脂質

スフィンゴ糖脂質はセラミドの１位のヒドロキシ基に糖がグリコシド結合した脂質である（図 3.7）。動物の脂質は主にスフィンゴ糖脂質である。**ガラクトセレブロシド**は、セラミドの１位のヒドロキシ基にガラクトースが結合しており、神経細胞に多く含まれる。**スルファチド**は、ガラクトセレブロシドのガラクトースに硫酸基がエステル結合した糖脂質である。スルファチドは軸索を覆うミエリン鞘の膜成分である。**ガングリオシド**はセラミドの１位のヒドロキシ基とオリゴ糖がグリコシド結合した糖脂質である。オリゴ糖はシアル酸（N−アセチルノイラミン酸）を含み、その数により数百に分類される。ガングリオシドは脳の灰白質の神経膜の主成分である。

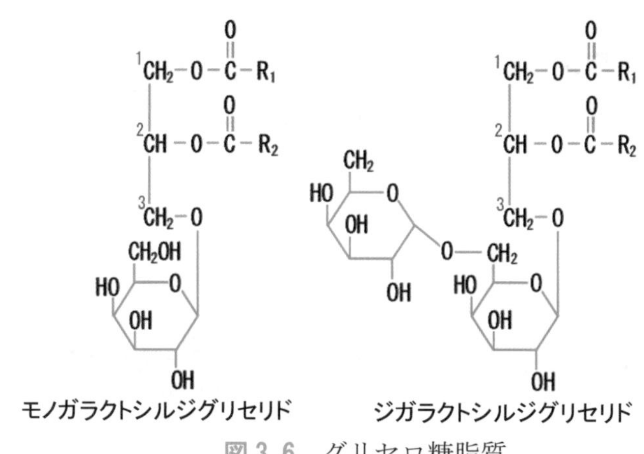

図 3.6　グリセロ糖脂質

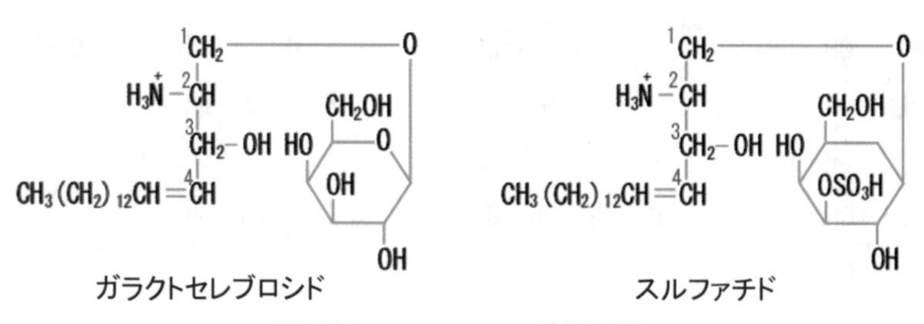

図 3.7　スフィンゴ糖脂質

例題 2　複合脂質に関する記述である。最も適当なのはどれか。1 つ選べ。

1. ホスファチジルコリンは、スフィンゴリン脂質である。
2. ホスファチジルエタノールアミンには、セリンが結合している。
3. セラミドは、グリセロ糖脂質である。
4. グリセロ糖脂質は、セラミドに糖が結合している。
5. ガラクトセレブロシドは、セラミドにガラクトースが結合している。

解説　1. ホスファチジルコリンはグリセロリン脂質である。　2. ホスファチジルエタノールアミンにはエタノールアミンが結合している。　3. セラミドはスフィンゴリン脂質である。　4. グリセロ糖脂質はグリセリドに糖が結合している。**解答** 5

4 誘導脂質

誘導脂質とは、炭化水素鎖とカルボン酸から構成され、単純脂質や複合脂質が代謝・分解され生じる脂質である。誘導物質には、トリグリセリドがリパーゼにより分解され生じる**脂肪酸**、ステロイド骨格を持つ**コレステロール・ステロイド**、多価不飽和脂肪酸が変換されて生じる**生理活性物質（エイコサノイド）**などが含まれる。

4.1 脂肪酸

脂肪酸は、メチル基（$-CH_3$）から始まる炭素鎖の端に親水性を示すカルボキシ基（-COOH）が 1 つ結合した物質（モノカルボン酸）であり、両親媒性を持つ（図 3.8）。脂肪酸は、炭素鎖が長くなるほど疎水性が高くなる。疎水性が高い脂肪酸の多くは、血液中ではたんぱく質であるアルブミンなどと結合しており、一部遊離脂肪酸としても存在する。脂肪酸は、炭素鎖長、国際純正応用化学連合（IUPAC）による命名法、慣用名、炭素数と二重結合数、二重結合の位置によって分類される（表 3.1）。

炭素鎖の炭素数が 4 個と 6 個の脂肪酸を**短鎖脂肪酸**といい、8 個、10 個の脂肪酸を**中鎖脂肪酸**、12 個以上のものを**長鎖脂肪酸**という。炭素数が 2 個の酢酸は短鎖脂肪酸とする場合がある。生体内の脂肪酸の炭素鎖の炭素数は、2 炭素ごとに合成または分解されるため、多くが偶数個である。

脂肪酸の炭素鎖がすべて水素（H）で満たされ（飽和）、二重結合を持たないステアリン酸のようなものを**飽和脂肪酸**という。炭素鎖に二重結合を持ち、水素で飽和していない脂肪酸を**不飽和脂肪酸**という。二重結合を 1 個持つ脂肪酸を**一価不飽和脂肪酸**という。二重結合が 2 個以上ある脂肪酸を**多価脂肪酸**という。脂肪酸は IUPAC

飽和脂肪酸
ステアリン酸 $C_{18:0}$

メチル基 H_3C CH_2 … CH_2 $COOH$ カルボキシ基

省略した構造式
ステアリン酸 $C_{18:0}$

一価不飽和脂肪酸
オレイン酸 $C_{18:1}$
(n-9 系脂肪酸)

オレイン酸 $C_{18:1}$
9-シス体
融点 13.4℃

エライジン酸 $C_{18:1}$
9-トランス体
融点 46.5℃

二価不飽和脂肪酸
リノール酸 $C_{18:2}$
(n-6 系脂肪酸)

三価不飽和脂肪酸
α-リノレン酸 $C_{18:3}$
(n-3 系脂肪酸)

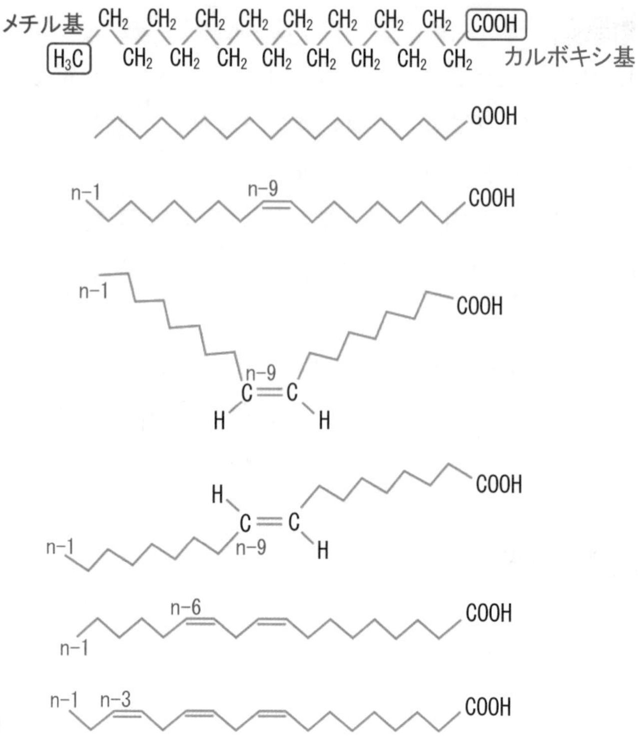

図 3.8 脂肪酸

表 3.1 体内で利用される代表的な脂肪酸

炭素鎖長による分類	IUPAC 系統名	慣用名	炭素数：二重結合数	二重結合の位置による分類
短鎖脂肪酸	エタン酸	酢酸	C2:0	
	ブタン酸	酪酸	C4:0	
	ヘキサン酸	カプロン酸	C6:0	
中鎖脂肪酸	オクタン酸	カプリル酸	C8:0	
	デカン酸	カプリン酸	C10:0	
長鎖脂肪酸	ドデカン酸	ラウリン酸	C12:0	
	テトラデカン酸	ミリスチン酸	C14:0	
	ヘキサデカン酸	パルミチン酸	C16:0	
	オクタデカン酸	ステアリン酸	C18:0	
	エイコサン酸	アラキジン酸	C20:0	
	ドコサン酸	ベヘン酸	C22:0	
	テトラコサン酸	リグノセリン酸	C24:0	
	9-ヘキサデセン酸	パルミトレイン酸	C16:1	n-7 系
	9-オクタデセン酸	オレイン酸	C18:1	n-9 系
	9, 12-オクタデカジエン酸	リノール酸	C18:2	n-6 系
	6, 9, 12-オクタデカトリエン酸	γ-リノレン酸	C18:3	
	5, 8, 11, 14-エイコサテトラエン酸	アラキドン酸	C20:4	
	9, 12, 15-オクタデカトリエン酸	α-リノレン酸	C18:3	n-3 系
	5. 8, 11, 14, 17-イコサペンタエン酸	エイコサペンタエン酸(EPA)	C20:5	
	4, 7, 10, 13, 16, 19-ドコサヘキサエン酸	ドコサヘキサエン酸(DHA)	C22:6	

命名法ではないが、よく利用されてきた慣用名でよばれることが多い。IUPAC 系統名がオクタデカン酸を慣用名ではステアリン酸とよぶ。また慣用記号（C 炭素数：二重結合数）で脂肪酸を表記することもあり、炭素数 18、二重結合 1 つを持つオレイン酸は C18:1 と表示される。

生化学・栄養学では、多価不飽和脂肪酸の炭素をメチル基側からカルボキシ基側へ数え、二重結合を最初に持つ n（エヌ）番目の炭素により **n-3（エヌサン）系**、**n-6 系**、**n-7 系**、**n-9 系**として分類する。このため、同じ炭素数の脂肪酸では、二重結合の数が n-9 系脂肪酸より n-3 系脂肪酸で多い。

炭素間の二重結合は平面構造をとるため、二重結合の両側の炭素鎖が同じ側にあるものを**シス型（シス体）**、それに対して両側の炭素鎖が反対側にあるものを**トランス型（トランス体）**として区別する。例えば炭素数 18 で二重結合数 1 の脂肪酸では、シス体がオレイン酸であり、トランス体がエライジン酸である。天然の不飽和脂肪酸はほぼシス体である。脂肪酸の立体構造を考えると、トランス体に比べてシス体は大きく折れ曲がる。その結果、密度が低下するために融点が下がる傾向にある。同じ炭素数の脂肪酸では、二重結合が増加すると融点が低くなる。このため一般に食品中の直鎖状の飽和脂肪酸は常温で個体が多く、シス体の二重結合を持つ不飽和脂肪酸は常温で液体である。

必須脂肪酸とは、ヒトの体内で合成できないか、合成量が少ないために食品から摂取する必要がある脂肪酸である。必須脂肪酸は**リノール酸**（n-6 系）、**アラキドン酸**（n-6 系）、**α-リノレン酸**（n-3 系）である。アラキドン酸はリノール酸から合成できるが、少量しか合成できないため必須脂肪酸となっている。

不飽和脂肪酸は二重結合が多くなるほど容易に酸化を受けやすく、酸化は銅、鉄、マンガンによって促進される。酸化は油脂の構造変化につながり、味や色、生理機能に影響する。多価不飽和脂肪酸の 2 つの二重結合に挟まれた水素は活性化しており、フリーラジカルによって水素が取れると、脂肪酸ラジカルを生成する。脂肪酸ラジカルは酸素と結合しペルオキシラジカルとなる。ペルオキシラジカルは別の多価不飽和脂肪酸と反応を繰り返し（**ラジカル連鎖反応**）、細胞膜を損傷する。ラジカル連鎖反応に使われる多価不飽和脂肪酸の減少や、多価不飽和脂肪酸の代わりにビタミン E がビタミン E ラジカルになることで脂質のラジカル連鎖反応は停止する。過酸化脂質が蓄積すると赤血球の溶血につながる。不飽和脂肪酸を多く含む植物性油脂や魚油は、飽和脂肪酸を多く含む常温で個体の動物性油脂よりも酸化されやすい。

ヨウ素は炭素間の二重結合に付加しやすい性質を持つため、脂質に結合するヨウ素の量を調べることで脂質に含まれる二重結合の数を求めることができる。これを**ヨウ素価**という。

バターは乳脂肪分を固めた常温で固形の脂質であるが、代替食品としてマーガリン、ショートニング、ファットスプレッドといった硬化油が利用される。硬化油は、融点の低い不飽和脂肪酸の二重結合に水素を付加し飽和脂肪酸の割合を高めたものであるが、一部は飽和脂肪酸とはならずトランス脂肪酸となる。

例題3 脂肪酸に関する記述である。最も適当なのはどれか。1つ選べ。

1. ステアリン酸は、必須脂肪酸である。
2. 炭素鎖が10個の脂肪酸は、長鎖脂肪酸である。
3. 硬化油は、飽和脂肪酸の割合が高い。
4. 飽和脂肪酸は、不飽和脂肪酸よりヨウ素価が高い。
5. 飽和脂肪酸は、酸化されやすい。

解説 1. ヒトの必須脂肪酸は、リノール酸、アラキドン酸、α-リノレン酸である。 2. 長鎖脂肪酸の炭素は12個以上である。 4. 不飽和脂肪酸の二重結合の部分にヨウ素が反応するため、ヨウ素価は不飽和脂肪酸で高い。 5. 不飽和脂肪酸の二重結合が多いほど酸化されやすい。

解答 3

4.2 ステロイド

ステロイドは、3つの六員環と1つの五員環で構成される疎水性のステロイド骨格を持つ物質の総称である（図3.9）。生理活性物質として、ステロイド骨格の3位の炭素にヒドロキシ基、10位と13位の炭素にメチル基、17位の炭素にアルキル基などを含むかどうかで分類される。特に3位にヒドロキシ基を持つステロイドアルコールを**ステロール**という。

(1) ステロール

動物ステロールは、**コレステロール**であり、脳、副腎に多く、胆汁酸やステロイドホルモンの前駆体である。コレステロールは疎水性のステロイド骨格と親水性のヒドロキシ基を持つため、両親媒性である。コレステロールはエネルギー源とならない誘導脂質である。

植物ステロールは、植物の細胞膜に多く、β-シトステロール（大豆油）、スチグマステロール（大豆油、植物油）、スピナステロール（ほうれん草）がある。

菌類ステロールは、**エルゴステロール**である。エルゴステロールはビタミンDの

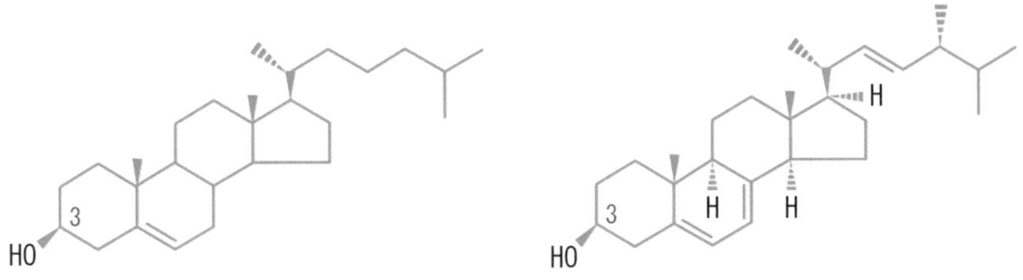

コレステロール　　　　エルゴステロール

図 3.9　ステロイド

前駆体で、紫外線によって環が開裂し**エルゴカルシフェロール**（**ビタミン D_2**）を生じる。エルゴステロールはキノコ類に多く含まれる。

海洋生物ステロールは、**フコステロール**である。昆布など褐藻類に含まれる。

(2) ステロイドホルモン

ホルモンには、ステロイド骨格を持つ**性ホルモン**（図 3.10）、**副腎皮質ホルモン**（図 3.11）がある。ステロイドホルモンは、細胞の受容体たんぱく質と結合すると核内の DNA に作用し、遺伝子発現を調節する。

1）テストステロン

男性ホルモンであり、精巣から分泌され、たんぱく質合成を促進する。筋肉、骨量、体毛の増加を促進する。女性の卵巣からも少量分泌される。

2）エストラジオール

女性ホルモン（**卵胞ホルモン**）であり、主に卵胞から分泌され妊娠時には胎盤から大量に分泌される。

3）プロゲステロン

女性ホルモン（**黄体ホルモン**）であり、卵巣の黄体から分泌され妊娠時には胎盤からも分泌される。子宮の妊娠維持、乳腺の発達にかかわる。

4）コルチゾール

副腎皮質ホルモン（**糖質コルチコイド**）であり、糖新生にかかわる酵素たんぱく質の発現を促進する。

5）アルドステロン

副腎皮質ホルモン（**鉱質コルチコイド**）であり、尿細管におけるナトリウムの再吸収を促進し血液量を増加させることで血圧を上昇させる。

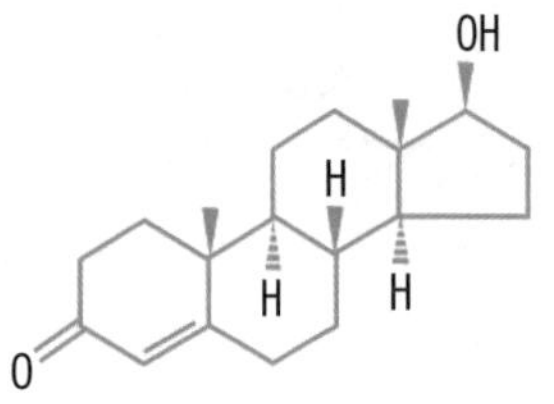

テストステロン 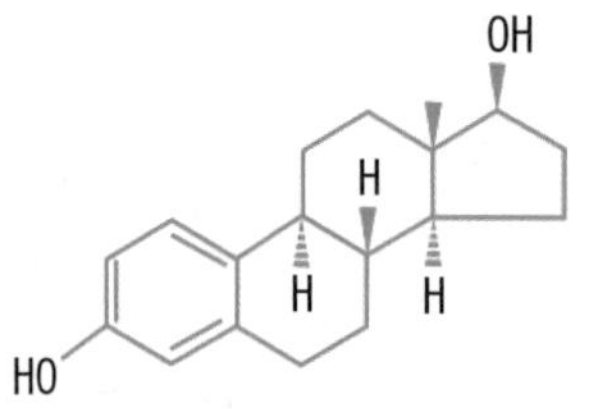　　エストラジオール 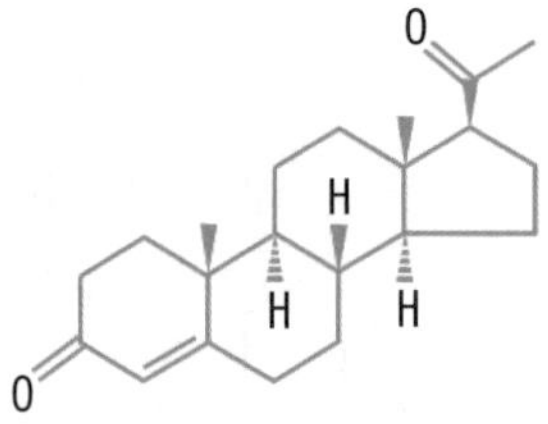　　プロゲステロン

図 3.10 ステロイドホルモン（性ホルモン）

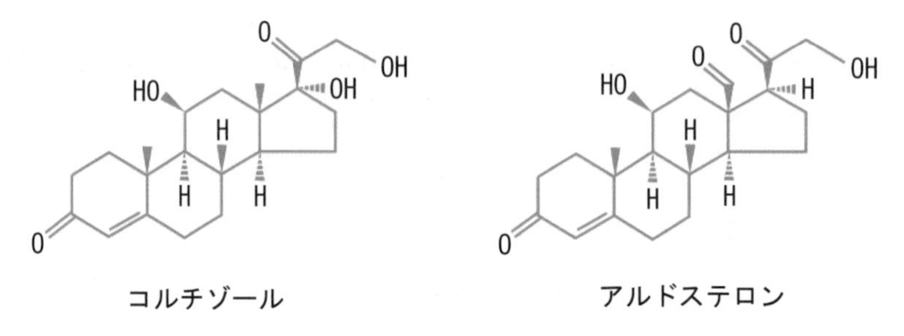

図 3.11 ステロイドホルモン（副腎皮質ホルモン）

例題 4 ステロイドに関する記述である。最も適切なのはどれか。１つ選べ。

1. コレステロールは、植物性のステロールである。
2. コレステロールは、エネルギー源となる。
3. エストラジオールは、卵胞ホルモンである。
4. アルドステロンは、糖新生にかかわるホルモンである。
5. ステロイドは、複合脂質である。

解説 1. 動物性ステロールである。　2. コレステロールはエネルギー源とならない。　4. アルドステロンは鉱質コルチコイドであり、ナトリウムの再吸収を促進する。　5. ステロイドは誘導脂質である。　**解答** 3

(3) 胆汁酸

両親媒性の物質で界面活性剤として脂溶性の物質を乳化してミセルの形成を促進する（**図 3.12**）。**胆汁酸**は肝臓でコレステロールから生合成され、一時的に胆嚢に貯蔵され、摂食刺激により十二指腸内に分泌される。胆汁酸には、肝臓で生合成される**一次胆汁酸（コール酸、ケノデオキシコール酸）**と、一次胆汁酸が**腸内細菌**により代謝されて生じる**二次胆汁酸（デオキシコール酸、リトコール酸）**がある。

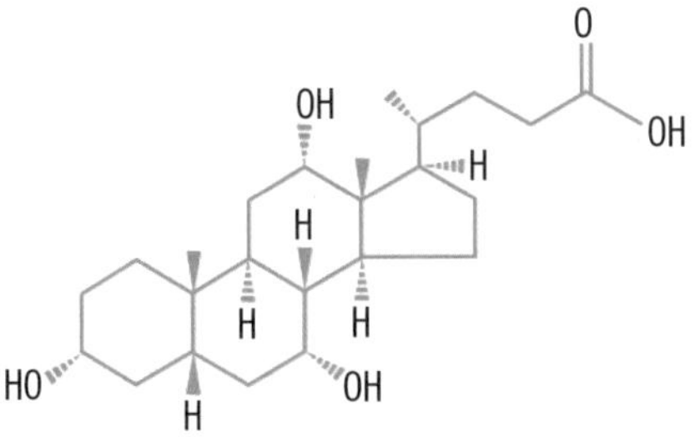

コール酸 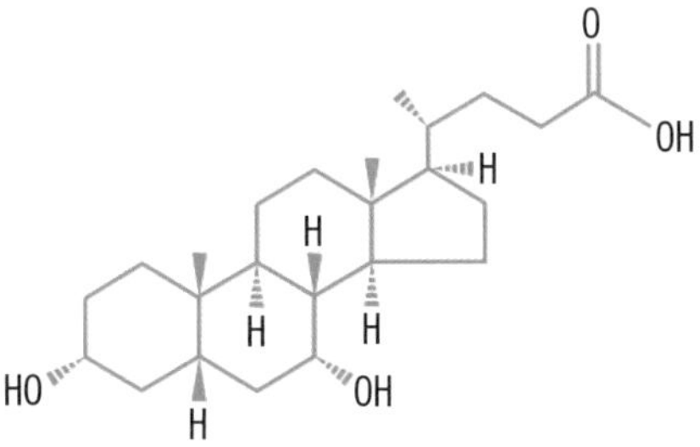　ケノデオキシコール酸

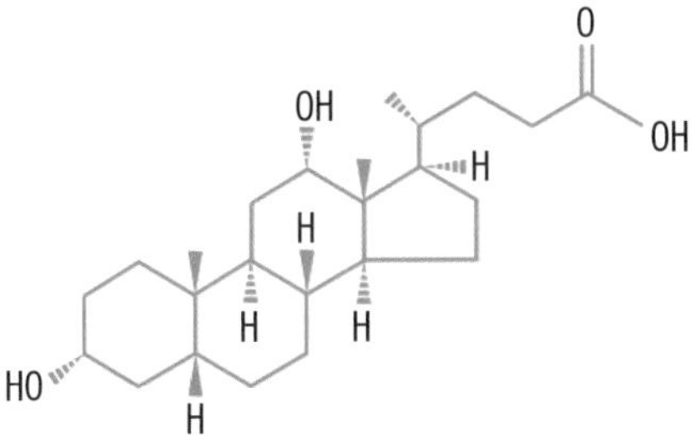

デオキシコール酸 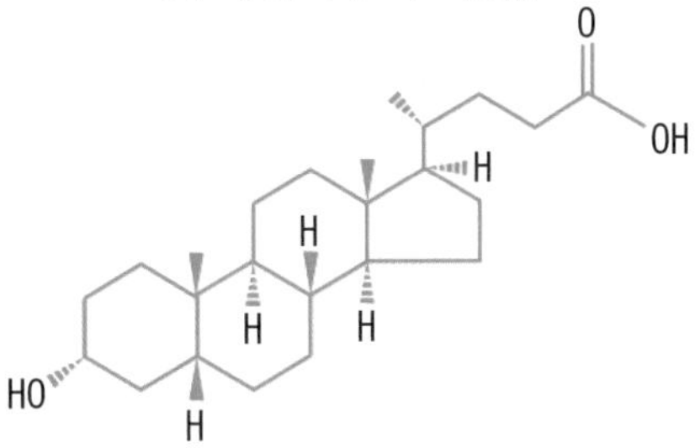　リトコール酸

図 3.12　胆汁酸

4.3 エイコサノイド

生理活性物質とは体内に存在し微量で作用し、生体の機能を調節する物質である。**エイコサノイド**は炭素数 20 の高度不飽和脂肪酸である**アラキドン酸**、**γ-リノレン酸**、**エイコサペンタエン酸**（EPA）から産生される（図 3.13）（詳細は第 10 章参照）。

(1) プロスタグランジン

アラキドン酸は**シクロオキシゲナーゼ**（COX）によって五員環（シクロペンタン）と 15 位にヒドロキシ基を持つ炭素数 20 の物質に変換される。さらに、**プロスタグランジン合成酵素**によって、プロスタグランジンが合成される。**プロスタグランジン**は主に前立腺（prostate gland）に由来するが、全身にプロスタグランジン合成酵素があり、血管拡張、発熱、痛みの増強、胃粘膜の保護、摂食の調節など多様な生理機能に働く。

(2) トロンボキサン

プロスタグランジンと同様にアラキドン酸から COX によって生じる六員環構造に 1 つ酸素が結合したオキサン環と 2 つの二重結合を持つ物質である。**トロンボキサン**という名称が血栓（thrombo-）に由来するように、血小板の凝集や血管・気管支の収縮に働く。

(3) ロイコトリエン

アラキドン酸や EPA から**リポキシゲナーゼ**によって生じる直鎖構造の 3 もしくは 4 個の共役二重結合を持つ物質である。**ロイコトリエン**が白血球（leucocyte）に由来するように、白血球の遊走を活性化し、アレルギー反応や気管支の収縮に働く。

アラキドン酸

EPA

プロスタグランジン E_2

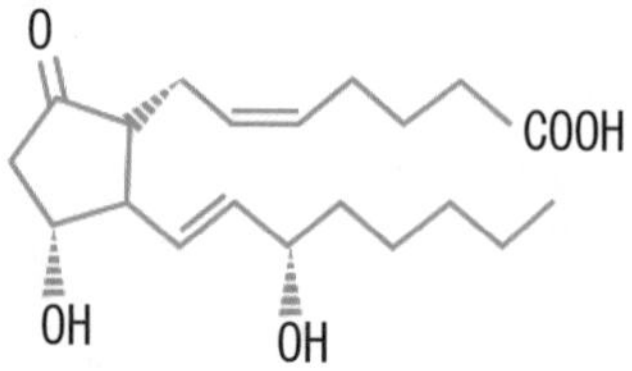

トロンボキサン A_2

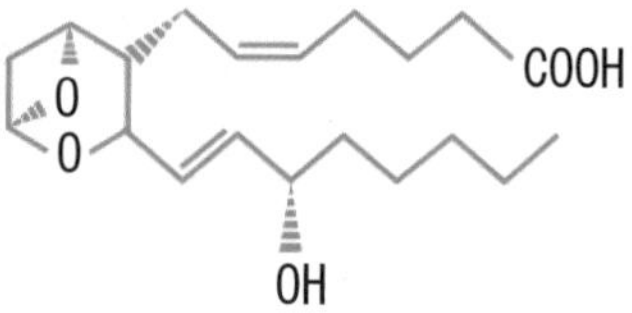

ロイコトリエン A_4

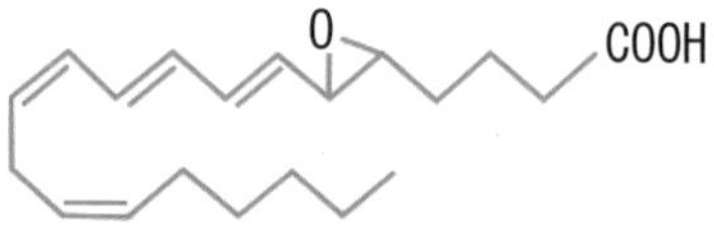

図 3.13 エイコサノイド

例題 5 誘導脂質に関する記述である。最も適切なのはどれか。1つ選べ。

1. DHA は、エイコサノイドの原料である。
2. α-リノレン酸は、エイコサノイドの原料ではない。
3. プロスタグランジンは、アラキドン酸から生成する。
4. トロンボキサンは、リポキシゲナーゼ経路で生成する。
5. ロイコトリエンは、シクロオキシゲナーゼによって生成する。

解説 1. 炭素数 22 の DHA はエイコサノイドの原料ではない。DHA の前駆体の EPA はエイコサノイドの原料となる。 2. 炭素数 18 の α-リノレン酸はエイコサペンタエン酸（EPA）に変換されたのち、エイコサノイドになる。 4. トロンボキサンはシクロオキシゲナーゼ経路により生成する。 5. ロイコトリエンはリポキシゲナーゼ経路で生成する。

解答 3

章末問題

1 脂質に関する記述である。適切なのはどれか。**2 つ**選べ。

1. 脂肪酸は、カルボキシ基を持つ。
2. オレイン酸は、n-6 系の一価不飽和脂肪酸である。
3. エイコサペンタエン酸は、炭素数 20 の飽和脂肪酸である。
4. アラキドン酸は、プロスタグランジンの前駆体となる。
5. ホスファチジルコリンは、セリンを持つ。

解説 2. オレイン酸は n-9 系の一価不飽和脂肪酸である。 3. エイコサペンタン酸は炭素数 20 の不飽和脂肪酸である。 5. ホスファチジルコリンはコリンを含むグリセロリン脂質である。　解答 1、4

2 脂質に関する記述である。最も適切なのはどれか。1 つ選べ。

1. スフィンゴミエリンは、単純脂質である。
2. ドコサヘキサエン酸は、エイコサノイドである。
3. オレイン酸は、体内で合成できない。
4. 硬化油の製造では、不飽和脂肪酸の割合を高める処理を行う。
5. 必須脂肪酸の炭化水素鎖の二重結合は、シス型である。

解説 1. スフィンゴミエリンはリン酸を含む複合脂質である。 2. ドコサヘキサエン酸（DHA）は炭素数 22 の脂肪酸であり、炭素数 20 のエイコサノイドではない。 3. 脂肪酸は脂肪酸合成酵素によって、炭素数 2 のアセチル CoA から生合成できる。オレイン酸はヒトが生合成できる一価不飽和脂肪酸である。 4. 硬化油の製造には常温で液体の不飽和脂肪酸を多く含む油脂に水素を付加し、融点の高い飽和脂肪酸の割合を高める。　解答 5

3 脂質に関する記述である。最も適切なのはどれか。1 つ選べ。

1. 脂肪酸は、エステル結合を持つ。
2. 脂肪酸は、二重結合が多くなるほど酸化を受けにくい。
3. カプリル酸は、長鎖脂肪酸である。
4. リノール酸は、体内で合成されない。
5. オレイン酸は、飽和脂肪酸である。

解説 1. 脂肪酸はメチル基から始まりカルボキシ基で終わる炭化水素化合物である。 2. 二重結合が多い不飽和脂肪酸ほど容易に酸化される。 3. 炭素数が 8 の飽和脂肪酸であるカプリル酸は中鎖脂肪酸である。 5. オレイン酸は炭素数 18 で二重結合が 1 つの不飽和脂肪酸である。　解答 4

4 脂質に関する記述である。最も適切なのはどれか。1つ選べ。

1. アラキドン酸は、一価不飽和脂肪酸である。
2. ヨウ素価は、構成脂肪酸の平均分子量を示す。
3. 酸化の進行は、鉄などの金属によって抑制される。
4. EPA はエイコサノイドの原料である。
5. ドコサヘキサエン酸は、炭化水素鎖に二重結合を 8 つ含む。

解説 1. アラキドン酸は炭素数 20 で二重結合を 4 つ持つ多価不飽和脂肪酸である。 2. ヨウ素価で脂肪酸に含まれる二重結合の数を算出することができる。 3. 不飽和脂肪酸は鉄などの金属によって酸化が促進される。 5. ギリシャ語で 22 を docosane(ドコサン)、6 を hexane (ヘキサン) という。ドコサヘキサエン酸は炭素数 22 で二重結合が 6 含まれる脂肪酸である。 解答 4

たんぱく質・アミノ酸

達成目標

- アミノ酸の化学的性質や化学構造と分類について説明できる。
- アミノ酸の生物学的意義について説明できる。
- ペプチド結合の化学的特徴について説明できる。
- ペプチド、たんぱく質の構造の特徴（一次構造、二次構造、三次構造）と分類について説明できる。
- たんぱく質の分類について説明できる。
- ペプチド、たんぱく質の生理的機能について説明できる。

1 はじめに

たんぱく質は成分としても、また機能としても生物にとって重要な物質である。英語のプロテイン（Protein）はギリシャ語の「最も大切な、第一の」という意味のprōteîosという言葉に由来する。また、三大栄養素のひとつであり、糖質と脂質が主にエネルギー源として働いているのに対し、たんぱく質はエネルギー源となる他に、体そのものを作るという機能がある。ヒトの場合、成人の乾燥重量の約45%を占め、水に次いで多い構成成分である。

たんぱく質はアミノ酸が一列につながった物質であるが、その順序は遺伝子で規定されており、生物種ごと、場合によっては個体ごとに異なる配列を持つ。その点でも他の2つの栄養素とは異なる。

2 アミノ酸

アミノ酸はたんぱく質の構成成分であり、塩基であるアミノ基（$-NH_2$）と、酸であるカルボキシ基（-COOH）を持つ有機物質の総称である。アミノ基とカルボキシ基が同一の炭素に結合しているアミノ酸を**α-アミノ酸**とよぶ。また、以下に述べるように、多くのα-アミノ酸には鏡像異性体が存在するが、たんぱく質を構成するアミノ酸はすべてα-アミノ酸であり、グリシンを除く19種のアミノ酸については、すべてがL-α-アミノ酸であるという特徴がある。

2.1 アミノ酸の基本構造

(1) 化学構造

図4.1にα-アミノ酸の一般的な構造を示す。カルボキシ基の結合する炭素をα炭素とよぶ。α-アミノ酸のRで示した部分には、さまざまな原子団が結合しており、アミノ酸の化学的な性質を決めている。この部分は、アミノ酸の側鎖とよばれる。生物由来のたんぱく質を構成するアミノ酸はすべてα-アミノ酸である。

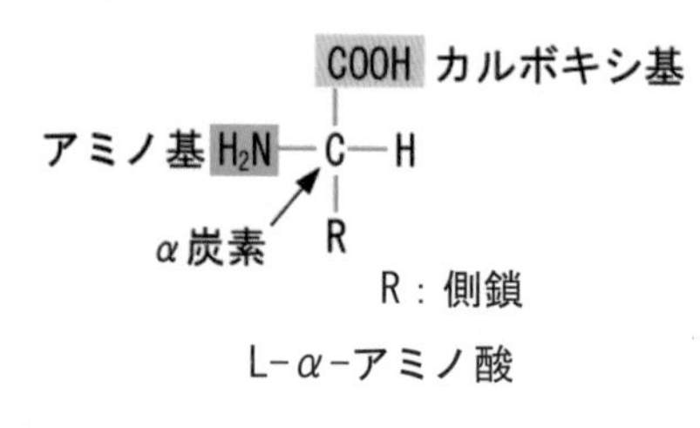

図4.1　アミノ酸の構造

(2) 立体構造と異性体

炭素には、4つの手（官能基が結合できる場所）があり、それらに別の原子団が結合すると、**鏡像異性体**が存在するようになる（図4.2）。鏡像関係にあるアミノ酸は、L型、D型とよばれる。生物由来のたんぱく質を構成するアミノ酸はグリシン（Rの部分が水素なので、α炭素に同じものが2つ結合することになる）以外はすべてL型である。

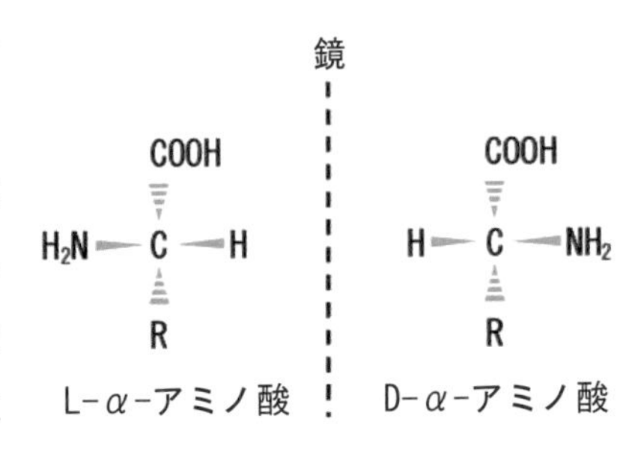

図4.2　アミノ酸の鏡像異性体

コラム：地球の生物とD型アミノ酸

地球の生物はすべてL型のアミノ酸でたんぱく質を作っている。これは、生物学上の最も大きな謎のひとつである。有機化学的には、L型とD型で大きな区別はないので、生命の発生の初期段階で、たまたまL型が選ばれたからというのがその理由と考えられている。ところで、D型のアミノ酸も生物の中に存在しないわけではない。バクテリアの細胞壁などに見つかっており、他の生物により分解されにくいことから、バクテリアの「鎧」として機能していると考えられている。最近になって分析技術が進んだことから、我々の食べる食品中、特に発酵食品の中には、わずかであるがD型アミノ酸が含まれており、さらにD型のアミノ酸を代謝する酵素もヒトにあることがわかってきた。（ちなみに、乳酸については昔からヨーグルトにL型に加え、D型も含まれていることがわかっていた。）不思議なことに、D型のアミノ酸には甘いものが多く* 食品添加物としても注目されている。有名通販サイトには、DL-アラニンが食品添加物用として売っていたりする（1kg単位で！）効能を見ると、日本酒に添加すると深みが出ておいしくなるらしい。もしかすると、安くておいしい日本酒をよく味わうと、添加されたDL-アラニンの味がするのかもしれない。

(* M. Kawai and Y. Hayakawa, *Chem. Senses*, 2005, vol. 30, pp. 240-241)

(3) アミノ酸の性質

アミノ酸はアミノ基とカルボキシ基の2種類の解離基を持つ弱電解質であり、中性付近の水溶液中では、正および負の電荷を持つイオンとして存在している。このように正と負両方の電荷を持つイオンを**両性イオン**とよぶ。たんぱく質を構成するすべてのアミノ酸は、この性質を持つため水に溶けやすく、栄養素として血液に溶け各組織に供給される。また、側鎖部分にも解離基を持つものがある。（アミノ酸の

分類の酸性アミノ酸、塩基性アミノ酸 参照)

例題1　アミノ酸に関する記述である。正しいのはどれか。1つ選べ。

1. ヒトの体には、20種類のアミノ酸しかない。
2. アミノ基とカルボキシ基を必ず1つずつ持っている。
3. pHが変わっても、アミノ酸の解離状態は変わらない。
4. ヒトの体たんぱく質を作る。
5. 中性の溶液中では、正または負の電荷を1つだけ持っている。

解説　1. ヒトの体内には、たんぱく質を作る20種類以外にも多くのアミノ酸がある。　2. 側鎖部分にアミノ基やカルボキシ基を持つものがある。　3. 溶液のpHが変わると、アミノ酸の解離状態も変化する。　5. アミノ酸のアミノ基とカルボキシ基は、中性付近では両方とも解離しており、正と負の電荷を1つ以上持っている(両性イオン)。

解答 4

2.2 アミノ酸の分類

生物のたんぱく質は、20種類のL-α-アミノ酸で構成されている。表4.1に20種類のアミノ酸の性質をまとめた。これらのアミノ酸は、地球上のすべての生物に共通して使われており、遺伝子上でコドンと対応しているなど遺伝子発現機構や、翻訳機構とも深く関連している。これらのアミノ酸の性質の差は、構造上の側鎖(構造式でRで示される部分)に由来するが、化学的には非常に差異に富んでおり、むしろ異なる性質の20種がうまく選ばれたおかげで、地球上の生物の多様性がもたらされたと考えることもできる。

(1) 側鎖の化学構造による分類(酸性、中性、塩基性)

アミノ酸は、側鎖に解離基を持つかどうかを基準に、**酸性アミノ酸**、**中性アミノ酸**、**塩基性アミノ酸**に分類される。この分類では、酸性アミノ酸が、側鎖にカルボキシ基を持つアスパラギン酸とグルタミン酸であり、塩基性アミノ酸が、アミノ基やグアニジノ基を持つリシン、アルギニンおよび、イミダゾール基を持つヒスチジンである。これら以外のアミノ酸を中性アミノ酸とよぶ。

(2) 側鎖の物理化学的性質による分類(親水性、疎水性)

アミノ酸を、側鎖の親水性、疎水性(極性、非極性)の違いから、**親水性アミノ酸**と**疎水性アミノ酸**に分類する。この分類は、あくまで側鎖の性質であり、アミノ酸そのものの水溶性とはあまり関係がないことに注意する必要がある。グリシンや

表 4.1 アミノ酸の分類と性質

分　類	アミノ酸名	3 文字	1 文字	側鎖(-R)の化学構造
非極性 脂肪族	グリシン	Gly	G	$-H$
	アラニン	Ala	A	$-CH_3$
	プロリン	Pro	P	H HOOC—C—CH$_2$ HN　　CH$_2$ CH$_2$
	バリン	Val	V	$-CH(CH_3)-CH_3$
	ロイシン	Leu	L	$-CH_2-CH(CH_3)-CH_3$
	イソロイシン	Ile	I	$-CH(CH_3)-CH_2-CH_3$
	メチオニン	Met	M	$-CH_2-CH_2-S-CH_3$
非極性 芳香族	フェニルアラニン	Phe	F	$-CH_2-$(ベンゼン環)
	チロシン	Tyr	Y	$-CH_2-$(ベンゼン環)$-OH$
	トリプトファン	Trp	W	$-CH_2-$(インドール環, N-H)
極性 (含 OH)	セリン	Ser	S	$-CH_2-OH$
	トレオニン	Thr	T	$-CH(OH)-CH_3$
極性含硫	システイン	Cys	C	$-CH_2-SH$
極性	アスパラギン	Asn	N	$-CH_2-C(=O)-NH_2$
	グルタミン	Gln	Q	$-CH_2-CH_2-C(=O)-NH_2$
極性 塩基性	リシン	Lys	K	$-CH_2-CH_2-CH_2-CH_2-NH_2$
	ヒスチジン	His	H	$-CH_2-$(イミダゾール環, N, NH)
	アルギニン	Arg	R	$-CH_2-CH_2-CH_2-NH-C(=NH)-NH_2$
極性酸性	アスパラギン酸	ASP	D	$-CH_2-COOH$
	グルタミン酸	Glu	E	$-CH_2-CH_2-COOH$

アラニンは、疎水性アミノ酸に分類されるが、溶解度は高く、逆にグルタミンは親水性アミノ酸に分類されるが、溶解度はグリシンやアラニンに比べ低い。

ヒトの血漿中には合計で30 mg/dL程度のアミノ酸が溶解しており、ヒト個体での量は、1.5 g程度といわれている。グルタミンとアラニンの濃度が高いが、これはこの2つのアミノ酸が、臓器間のアミノ基の輸送を行っているからである（第11章参照）。逆にグルタミン酸やアスパラギン酸など酸性アミノ酸の濃度は低い。

例題2　アミノ酸に関する記述である。正しいのはどれか。1つ選べ。

1. 酸性アミノ酸は、側鎖に必ずカルボキシ基を持つ。
2. 塩基性アミノ酸は、側鎖に必ずアミノ基を持つ。
3. 疎水性アミノ酸は、親水性アミノ酸に比べ水に溶けにくい。
4. 血漿中では、グルタミン酸の濃度が高い。
5. γ-アミノ酪酸はアスパラギン酸から生じる。

解説　2. 塩基性アミノ酸のうち、リシンはアミノ基を持つが、他は持たない。3. 親水性、疎水性は、アミノ酸の側鎖の性質で、すべてのアミノ酸は水に溶けやすい。　4. 血漿中では、グルタミン、アラニンの濃度が高く、グルタミン酸の濃度は低い。　5. γ-アミノ酪酸は、グルタミン酸から生じる。　**解答**　1

3 ペプチド

アミノ酸が**ペプチド結合**で、一列につながったものを**ペプチド**とよぶ。構成されるアミノ酸の数により、**ジペプチド**（2個）、**トリペプチド**（3個）などとよぶ。また、数個（10個以下）のアミノ酸からなるものを**オリゴペプチド**、10から20個以上のものを**ポリペプチド**とよぶ。50個以上のアミノ酸が結合したものはたんぱく質とよばれるが、その境界はあまり明確ではなく、たんぱく質を構成する分子を、ポリペプチド鎖とよぶこともある。

3.1 ペプチド結合

ペプチドは、アミノ酸のα炭素に結合したカルボキシ基が、次のアミノ酸のα炭素に結合したアミノ基と脱水縮重して形成される。そのときに生じる結合を**ペプチド結合**とよぶ（図4.3）。たんぱく質中のアミノ酸は、正味水1分子が取り除かれた状態をしており、これを**アミノ酸残基**とよぶ。アミノ酸のカルボキシ基とアミノ基の両方が解離しない状態となるため、たんぱく質は、アミノ酸に比べ水溶性が著し

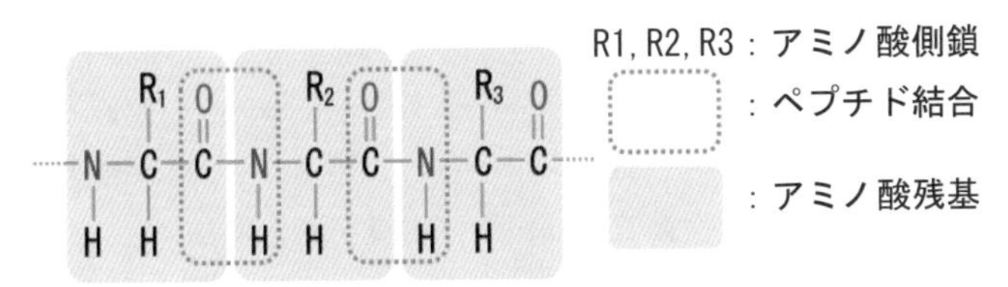

図 4.3　ペプチド結合の構造

く下がる場合がある。また、1 本のペプチドには、側鎖を除くと両末端に 1 つずつアミノ基とカルボキシ基を持つことになり、アミノ基のある末端をアミノ末端（N 末端）、カルボキシ基のある末端をカルボキシ末端（C 末端）とよぶ。リボソーム上のたんぱく質合成では、たんぱく質はアミノ末端からカルボキシ末端に向かって合成される（第 15 章参照）。

ペプチド結合を構成する＞C＝O および＞N−H の結合は極性を持つため、酸素原子と水素原子には負および正の電荷の偏りが生じ、それぞれ、水素結合受容体（プロトン受容体）および供与体となる。これらは、たんぱく質の二次構造を形成するうえで重要である。

3.2 生理活性を持つペプチド

生体内には、生理活性を持つペプチドが多数存在している。分子量の大きなたんぱく質が、酵素など機能を持つ分子が多いのに対し、ペプチドは、ホルモンなど、専ら情報を伝達する分子としての機能を果たしている。ペプチドホルモンには消化管ホルモンをはじめとする多くのものが存在する。また、神経伝達物質としては、食欲制御にかかわるニューロペプチド Y などが知られている。オキシトシンやバソプレシンには、ホルモン作用に加え神経伝達物質としての作用もある（表 4.2）。

4 たんぱく質

たんぱく質はポリペプチドであり、アミノ酸配列の違いにより、さまざまな性質を持つ。生命の機能の多くは、たんぱく質の機能により行われており、生命活動の中心をなす物質である。

4.1 たんぱく質の構造

(1) たんぱく質の構造

1) 一次構造

たんぱく質を構成するアミノ酸の順序をたんぱく質の一次構造とよぶ。アミノ酸の順序は遺伝子で規定されるので、たんぱく質の一次構造は生物種ごとに特有であ

表4.2　生理機能（情報伝達機能）を持つペプチドおよびたんぱく質の例

名　称	アミノ酸数	機　　能	所在、分泌器官
グルタチオン	3	抗酸化物質であり、生体物質を酸化障害から守る。	生体内に広く分布
ガストリン	17	胃酸およびペプシノーゲンの分泌を促進する。	胃のG細胞より分泌、胃、十二指腸に分布
セクレチン	28	重炭酸イオンに富んだ膵液の分泌促進、ガストリンの分泌抑制、幽門括約筋の収縮。	小腸粘膜より分泌
グルカゴン	29	血糖値の低下により分泌され、肝臓グリコーゲンの分解促進などを通じて、血糖値を上昇させる。	ランゲルハンス島α細胞から分泌
インスリン	51	血糖値の上昇により分泌され、細胞内へのグルコースの取り込み促進などを通じて、血糖値を下げる。同化ホルモンとしての作用もある。	ランゲルハンス島β細胞から分泌
レプチン	146	脂肪の代謝促進、食欲の抑制作用	脂肪細胞から分泌、血中・視床下部などに存在
バソプレシン（抗利尿ホルモン）	9	腎臓の集合管での水の再吸収促進、筋間の収縮作用などを通じて、血圧を上げる作用	脳下垂体後葉より分泌
オキシトシン	9	平滑筋の収縮作用、子宮収縮作用、乳汁分泌の促進など。	脳下垂体後葉より分泌
パラトルモン（PTH, 副甲状腺ホルモン）	84	腎臓でのカルシウムの再吸収促進などにより、血中カルシウム濃度を上げる。	副甲状腺より分泌
カルシトニン	32	骨吸収の抑制などを通じて、血中カルシウム濃度を下げる。	甲状腺の傍濾胞細胞より分泌

る。たんぱく質の高次構造は、一次構造により規定されるので、たんぱく質の立体構造や機能を含めた情報は、すべて一次構造に含まれていると考えられる。たんぱく質の合成は、N末端より行われるので、アミノ酸に番号を振る場合は、N末端のアミノ酸を1とし、C-末端のアミノ酸へ向かって番号を振る。これは核酸配列の5'-末端と3'-末端に対応している（第5章および第15章参照）。

2）二次構造

たんぱく質の側鎖を除いた、α炭素と、その両側のカルボキシ基およびアミノ基の残基部分をたんぱく質の主鎖とよぶ。この主鎖の取る空間的な配置からできる構造を二次構造とよぶ（**図4.4**）。二次構造には、**α-ヘリックス**、**β-シート**、β-ターンなど、多くのたんぱく質に見られる共通の構造があり、これらは主にアミノ酸残基間のペプチド結合部分同士の水素結合により安定化されている。

α-ヘリックスは、4つのアミノ酸残基でおよそ1回転する右巻きのらせん構造をしており、ペプチド結合の＞C=O部分の酸素原子と、4つ後のアミノ酸残基のペプチド結合の＞N-H部分の水素原子との間に、水素結合が形成されて安定化されている。

β-シートは順向きあるいは逆向きに平行に走る2本のペプチド鎖の間に、水素結合が形成されて安定化される構造である。多くの場合、逆向きに走るペプチド鎖間で形成される。逆並行に走る2本のペプチド鎖のつなぎ目にはβターンとよばれる構造があり、そこで折り返す構造がよくみられる。βターンも二次構造に分類される（図4.4）。

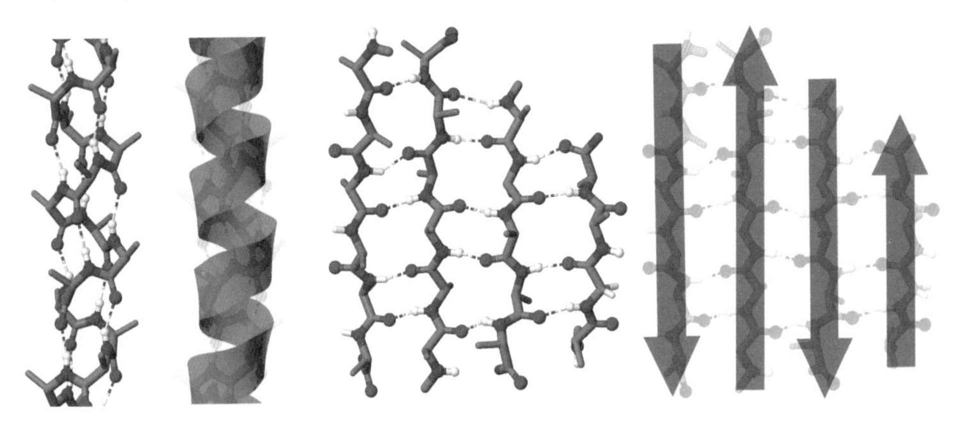

α-ヘリックス構造とβ-シート構造について、ペプチドの主鎖部分を球棒モデル(ball-and-stick model) で示した。赤い球は酸素、青い球は窒素、白い球は水素を示す。点線は水素結合を示す。βシート構造の矢印は、N末端からC末端へのペプチド鎖の方向を示している。

出典）Protein Data Bank（https://www.rcsb.org/news/638f689fb15b2cc30874cbaa）

図4.4　たんぱく質の二次構造（α-ヘリックス構造とβ-シート構造）

3) 三次構造

球状たんぱく質などの場合に、1本のポリペプチドの二次構造が、三次元的に折りたたまれ安定な立体構造を形成したものを、たんぱく質の三次構造とよぶ。一次構造上で離れた位置にあるアミノ酸残基同士の静電的相互作用や疎水的相互作用、ファンデルワールス力などにより安定化されている。場合によっては、システイン間で生じるジスルフィド結合が関与する場合もある。

球状の水溶性たんぱく質の場合、内部には疎水性アミノ酸残基が多く存在し、疎水的な相互作用で三次構造が安定化されている場合が多い。また、表面には親水性アミノ酸残基が多く存在し、水分子と結合して分子全体を水和することで、たんぱく質の溶解性を高めている。

4）四次構造

三次構造を持つ複数のポリペプチド鎖が、さらに集合して安定な立体構造を取った場合、それをたんぱく質の四次構造とよぶ。四次構造を形成するそれぞれのポリペプチド鎖を**サブユニット**とよぶ。2、3、4個のサブユニットから形成されるたんぱく質を二量体、三量体、四量体などとよぶ。また、サブユニットが同一の一次構造を持つ場合に、これらの前にホモをつけてホモ二量体、異なる一次構造を持つ場合は、ヘテロをつけてヘテロ二量体などとよぶ。

ヘモグロビンは、中心部に2価の鉄分子を持つポルフィリン分子（ヘム）を持つたんぱく質で、αサブユニットが2つとβサブユニットが2つの$\alpha_2\beta_2$の四量体を形成している（図4.5）。ヘモグロビンのサブユニットは、α-ヘリックスに富んだ構造をしており、1サブユニット当たり、1個のヘム分子を結合している。4つのサブユニットで、1分子のヘモグロビンを形成していることから、1分子のヘモグロビンで4分子の酸素を結合することができる（図4.5）。

なお、たんぱく質の二次構造以上の立体構造が、熱や酸などにより破壊されて生理活性を失うことを**変性**（denaturation）という。

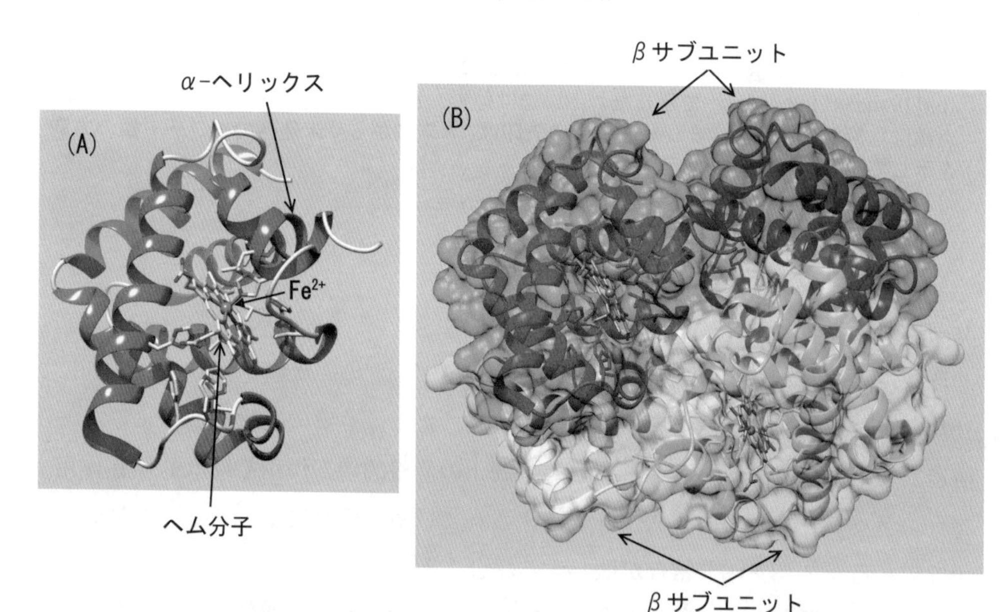

(A)にヘモグロビンのαサブユニットの構造を、(B)にヘモグロビン全体の構造を示す。αサブユニットの構造で、赤のリボンで示した部分がα-ヘリックスである。全体の構造では、それぞれのサブユニットのα-ヘリックスをリボンで示し、さらに分子の表面の様子を色分けして示した。濃い赤と青で示したのがαサブユニット、クリーム色とうすい緑色で示したのがβサブユニットである。4つのサブユニットはサブユニット同士の分子表面を接触させ、その相互作用で結合している。(PDBの2hhbより作成)

図4.5　ヘモグロビンの構造

例題 3 たんぱく質の構造に関する記述である。正しいものはどれか。1つ選べ。

1. たんぱく質の一次構造は、生活習慣で変化する。
2. たんぱく質の二次構造は、水素結合で安定化されている。
3. たんぱく質の三次構造は、複数のポリペプチドで形成される。
4. たんぱく質の四次構造は、熱を加えても変化しない。
5. たんぱく質の四次構造は、一本のポリペプチドで形成される。

解説 1. たんぱく質の一次構造は、遺伝子で規定されており、一生の間変化しない。3. 1本のポリペプチドが形成する立体構造が、三次構造である。 4. たんぱく質の高次構造（二次から四次構造）は、熱を加えると壊れて、たんぱく質が変性する。5. 三次構造をとった複数のポリペプチド（サブユニット）が集合したものが、四次構造である。

解答 2

4.2 たんぱく質の分類

(1) 構成成分による分類

1) 単純たんぱく質と複合たんぱく質

たんぱく質をその構成成分の化学的性質から分類する方法がある。単純たんぱく質は、標準的なアミノ酸のみからなるたんぱく質で、ヒト血清アルブミンなどがこれにあたる。複合たんぱく質はアミノ酸以外の成分を含むもので、さらに以下のような分類をすることができる。

(ⅰ) 糖たんぱく質

動物の分泌たんぱく質や細胞表面のたんぱく質の多くは、アミノ酸の他に複数の糖がつながった糖鎖を持っている。糖鎖を含むたんぱく質を糖たんぱく質とよぶ。分泌たんぱく質は、粗面小胞体で合成されたのちゴルジ体に運ばれ、そこで糖鎖が付加される。付加される場所はセリン残基およびトレオニン残基の水酸基（-OH）やアスパラギン酸残基のアミド基（$-CO-NH_2$）である。糖鎖部分は複数の糖がグリコシド結合で結合した枝分かれを持つ構造の場合が多く、マンノース、ガラクトース、N-アセチルグルコサミンなどからなる2～6個の糖を含むことが多い。免疫グロブリンや卵白アルブミンも糖鎖を含む複合たんぱく質である。

(ⅱ) リポたんぱく質

脂質は、レシチンなどのリン脂質一重膜に囲まれ、その表面にたんぱく質が結合した小粒を形成して血液中を運搬される。これをリポたんぱく質とよぶ。リポたんぱく質は、ヒトの場合、**キロミクロン**、**VLDL**（very low-density lipoprotein；超低密度リポたんぱく質)、**IDL**（Intermediate-density lipoprotein；中間密度リポたんぱく)、**LDL**（low density-lipoprotein；低密度リポたんぱく質)、**HDL**（high density-lipoprotein；高密度リポたんぱく質）の5つに分類され、その機能や脂質の運搬先などが異なる。

(iii) 金属たんぱく質

酵素は、活性中心に金属イオンを配位している場合が多い。このような金属原子が結合したたんぱく質を金属たんぱく質とよぶ。**ヘモグロビン**は代表的な鉄を含む金属たんぱく質のひとつである。この他に鉄に関するものとしては、鉄の輸送たんぱく質である**トランスフェリン**、同じく鉄の貯蔵たんぱく質である**フェリチン**などがある。また、カルシウムは、α-アミラーゼやカルモジュリンと結合している。亜鉛はスーパーオキシドジスムターゼやアルカリホスファターゼの活性中心に結合している。

(iv) ヘムたんぱく質

ポルフィリン環に2価の鉄が配位した錯体をヘムとよぶ。ヘムを含むたんぱく質をヘムたんぱく質とよぶ。例えば、**ヘモグロビン**や**ミオグロビン**、**シトクロム**、**カタラーゼ**などがそれにあたる。

(v) 核たんぱく質

核たんぱく質は核酸とたんぱく質の複合体で、細胞の核内にある**ヒストン**などがそれにあたる。ヒストンは染色質（クロマチン）を形成し、細胞分裂時には凝集して染色体を形成する。

(vi) リンたんぱく質

リンたんぱく質は、分子内にリン酸基を持つ複合たんぱく質の総称で、たんぱく質中のセリン残基や、トレオニン残基およびチロシン残基の水酸基（-OH）にリン酸基がエステル結合で結合している。卵黄の**ホスビチン**、牛乳中の**カゼイン**は、リンを多く含む（1％以上）リンたんぱく質である。

(2) 形状による分類

たんぱく質は、それぞれ特定の高次構造を取るので、その形はたんぱく質特有のものとなる。その形状から分類する方法として、たんぱく質を球状たんぱく質と繊維状たんぱく質に分類する。

1) 球状たんぱく質

酵素や、水溶性のたんぱく質の多くは、一かたまりの分子として存在することが多い。このようなたんぱく質を球状たんぱく質とよぶ。

2) 繊維状たんぱく質

たんぱく質がアミノ酸残基の間で架橋を形成して繊維状となり、水に溶けにくい構造を取る場合、そのたんぱく質を繊維状たんぱく質とよぶ。例としては、**コラーゲン**や、**ケラチン**、**エラスチン**、**ミオシン**、**アクチン**などがある。次に述べる機能による分類で、構造たんぱく質に入るものが多い。

(3) 機能による分類

1) 酵素

生体における化学反応で、触媒として働いている分子を酵素とよぶ。酵素は、通常の触媒と同じく、化学反応の活性化エネルギーを下げることにより、生化学反応の反応速度を上昇させる（詳細は、第7章参照）。

2) 構造たんぱく質

細胞や組織、器官の形成や保持にかかわるたんぱく質を構造たんぱく質とよぶ。例としては、支持組織（骨組織、軟骨組織、結合組織など）の**コラーゲン**や**エラスチン**、表皮、爪、毛などの表面にある**ケラチン**などがある。多くの場合、水に不溶で、繊維状たんぱく質に分類されることが多い。

コラーゲンは、脊椎動物の真皮、靭帯、腱、骨、軟骨などを構成するたんぱく質のひとつで、動物には30種類以上のコラーゲンが存在するといわれている。人体のたんぱく質の約30%を占め、たんぱく質の種類としては最も多いたんぱく質である。コラーゲンの特徴としては、アミノ酸組成に偏りがあり、グリシン、アラニン、およびプロリンとその修飾体である4-ヒドロキシプロリンが全体の7割を占めている。また、二次構造として**左巻きの三重らせん**を取ることが知られている（**図4.6**）。4-ヒドロキシプロリンは翻訳後にプロリン残基が水酸化されることにより形成される。この反応にはビタミンCが必要で、ビタミンCが欠乏すると、正常なコラーゲンが形成されず**壊血病**が生じる。

例題4 コラーゲンに関する記述である。正しいのはどれか。1つ選べ。

1. 栄養価が高い。
2. 二重らせん構造をとる。
3. 正常なコラーゲンの維持には、ビタミンDが必要である。
4. 水に溶けやすい。
5. 骨の主要な有機成分である。

解説　1. アミノ酸組成が偏っているので栄養価は低い。必須アミノ酸のトリプトファンを含まないので、アミノ酸スコアは0である。　2. コラーゲンは三重らせん構造をとる。　3. コラーゲンの生成には、ビタミンCが必要である。　4. 繊維状たんぱく質で、水には溶けない。

解答　5

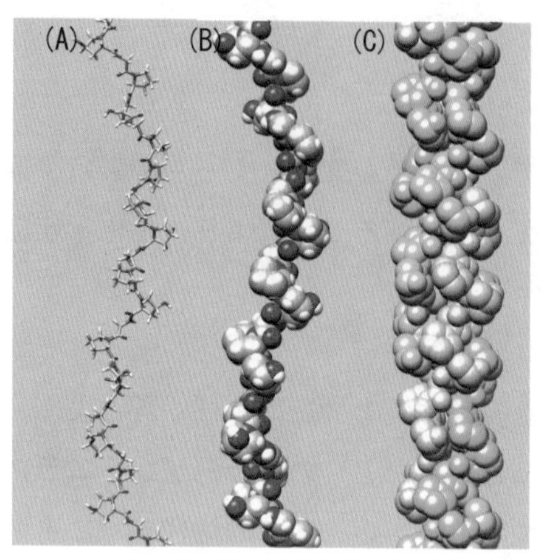

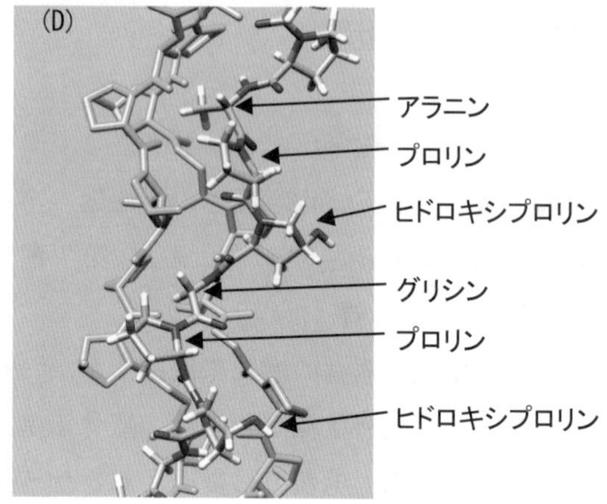

左にはコラーゲン分子全体の様子を、右には、拡大した1本のコラーゲン分子の立体構造を示した。(A)コラーゲンを形成するポリペプチドの棒モデル、(B)同じくコラーゲンを形成する1本のポリペプチドの空間充填モデル、(C) 3本のコラーゲンからなる三重らせん構造、(D) 三重らせん中のAla-Pro-Hyp-Gly-Pro-Hyp配列の様子。らせんは、左巻きにねじれて、互いに密に接して三重らせんを形成している。ペプチド鎖が密に接するためには、3つのアミノ酸の配列の最初に、グリシンが来ることが必要で、また、ねじれの形成には、立体障害を避けるために、3つ目のプロリンへの水酸基(-OH) の導入が必要である。　(PDBの1cagより作成)

図4.6　コラーゲンの構造

3) 輸送たんぱく質

血漿中にあり、脂溶性物質や、水に溶けにくい分子の運搬を行っているたんぱく質を輸送たんぱく質とよぶ。血漿中には、7〜8 g/dLのたんぱく質が溶解しており、そのうちの4g/dL程度を占めるのが代表的な輸送たんぱく質である**血清アルブミン**である。血清アルブミンは、血漿中のたんぱく質の約60%を占め、脂肪酸やビリルビン、金属イオンなどを結合して運搬している。輸送たんぱく質としてはその他に、酸素を運ぶ**ヘモグロビン**、脂質を運ぶ**リポたんぱく質**、鉄を運ぶ**トランスフェリン**などがある。

4) 貯蔵たんぱく質

ミネラルや生体に必要な分子の貯蔵にかかわるたんぱく質を貯蔵たんぱく質とよぶ。貯蔵鉄（第二鉄イオン；F^{3+}）を結合している**フェリチン**や**ヘモジデリン**などがあり、これらは、肝臓・脾臓・骨髄などに存在する。また**ミオグロビン**は、筋肉にあるヘムを含むたんぱく質で、ヘモグロビンのサブユニットと非常に似た構造を持っているモノマーたんぱく質であるが、筋肉での酸素の保持に関与しているので、貯蔵たんぱく質に分類される。

5) 収縮たんぱく質

収縮たんぱく質は、筋肉運動に直接かかわるたんぱく質で、**ミオシン**や**アクチン**のことをさす。ミオシンとアクチンは筋肉細胞中で筋原線維を形成しており、細胞内でカルシウムイオンの濃度が上昇すると、ミオシン部分のATP分解活性が上昇して、お互いに滑ること（滑り運動）で、筋肉の収縮が起こる。

例題5　たんぱく質の機能に関する記述である。正しいのはどれか。1つ選べ。

1. ヘモグロビンは、酵素たんぱく質である。
2. 血清アルブミンは、輸送たんぱく質である。
3. フェリチンは、輸送たんぱく質である。
4. ミオシンは構造たんぱく質である。
5. トランスフェリンは貯蔵たんぱく質である。

解説　1. ヘモグロビンは酸素を運ぶ輸送たんぱく質である。　3. フェリチンは鉄の貯蔵たんぱく質である。　4. ミオシンは収縮たんぱく質に分類される。　5. トランスフェリンは鉄の輸送たんぱく質である。　**解答** 2

6) 防御たんぱく質

生体防御にかかわるたんぱく質を総称して防御たんぱく質とよぶ。代表的なものが**免疫グロブリン**である。免疫グロブリンは抗体ともよばれ、リンパ球のひとつであるB細胞から分化した形質細胞（plasma cell）で産生される。最も簡単な構造を持つIgGは、重鎖（heavy chain）2本と軽鎖（light chain）2本からなるY字型の構造を持ち、Y字型の構造の上端の2カ所に、異物と結合する部分を持つ。ヒトには、5種類が存在し、それぞれ構造や機能が異なる。いくつかのものは、IgGのY字型の部分が複数組み合わさった構造をしている（表4.3）。

例題6　防御たんぱく質に関する記述である。正しいのはどれか。1つ選べ。

1. ヒトの抗体は1種類しかない。
2. IgGは三量体である。
3. 抗体は、異物と特異的にかつ強力に結合する。
4. IgAは血液中に多い。
5. IgEは、肥満細胞で産生される。

解説　1. ヒトには、5種類の抗体（イムノグロブリン）がある。　2. IgGは単量体である。抗体の場合、Y字型の部分の個数で、単～五量体を区別する。　4. IgAは分泌性の細胞で、腸管粘膜や初乳に多い。血液中で最も多いのはIgGである。　5. 抗体は、すべてB細胞が分化した形質細胞で作られる。　**解答** 3

表4.3　ヒトにおける抗体の構造の特徴

名称	IgG	IgM	IgA	IgD	IgE
構造					
特徴	❖単量体 ❖血漿中の濃度が、一番高い。 ❖IgMの後に生産され、二度目以降の感染では、最初に生産される。 ❖胎盤を通過できる唯一の抗体。	❖五量体 ❖主に補体の活性化・細菌凝集などを行う。 ❖最初の感染時の初期に増加する。 （一次反応）	❖二量体 血液中のものは単量体 ❖消化管、気管の局所免疫を担う。 ❖唾液、腸液に分泌される分泌型の抗体。 ❖母乳中に存在し、特に初乳に多い。	❖単量体 ❖機能には不明な点が多い。	❖単量体 ❖I型アレルギーやアナフィラキシーショックに関与する。 ❖マスト細胞（肥満細胞）や好塩基球の細胞表面に結合している。

7）調節たんぱく質、ホルモンと受容体たんぱく質など

ペプチドの他、たんぱく質もホルモンとして働くものが多く知られている（一部は、表4.2に示した）。インスリンは、A鎖、B鎖からなる（図4.7）。**インスリン**はすい臓のβ細胞の粗面小胞体で一本のポリペプチドとして合成される。これを**プレプロインスリン**とよび、分泌たんぱく質であることを示すシグナルペプチドをN末端に持っている。成熟の過程で、シグナルペプチドが切断され、立体構造を形成した後、分泌される際に図4.7に示したCペプチドの部分が切り取られて分泌される。ペプチド内、およびペプチド間に、システイン残基間の3つのジスルフィド結合が存在する。

ホルモンの受容体もたんぱく質である。水溶性のホルモンの受容体は細胞膜に存在するのに対し、ステロイドホルモンなど脂溶性のホルモンの受容体は細胞内に存在し、核内受容体または、細胞内受容体とよばれる。

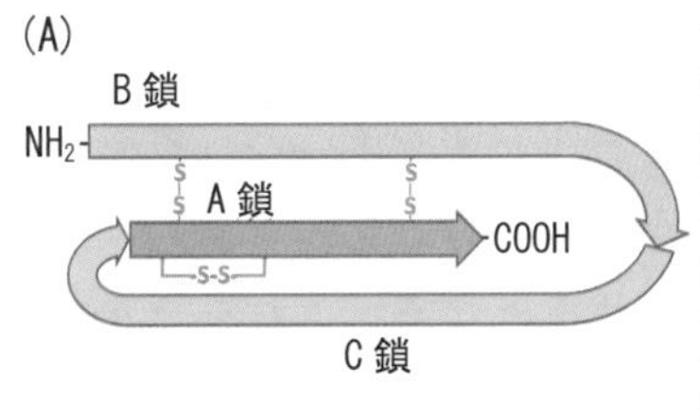

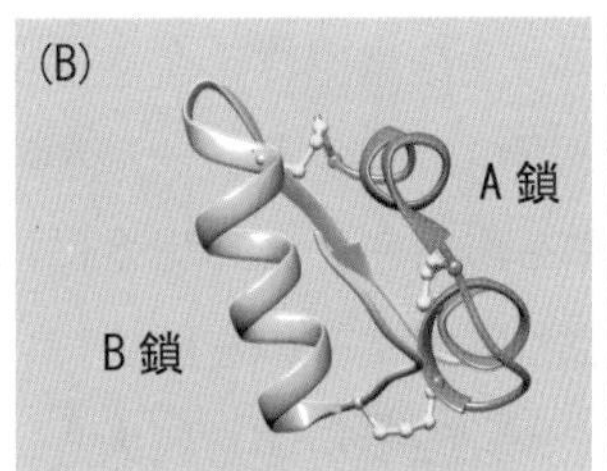

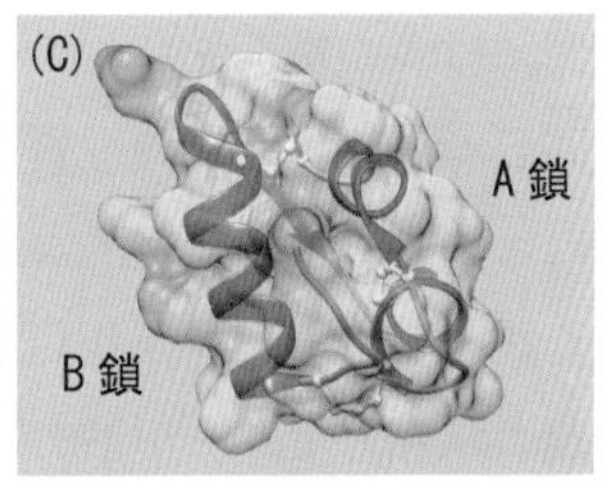

(A)にCペプチドも含めたプロインスリンの一次構造の模式図、(B)、(C)にインスリンの立体構造を示す。インスリンは、シグナルペプチドを含むプレプロインスリンとして合成され、シグナルペプチドとCペプチド部分が取り除かれ、インスリンとして分泌される。(A)の図で、-S-S-はシステイン残基間のジスルフィド結合を示す。(B)はA鎖、B鎖をリボンモデルで示したもので、ジスルフィド結合を形成するシステイン残基部分を黄色で示した。(C)は、α-ヘリックス構造を赤で、βシート構造を黄色で示し、さらに分子表面を表示したものである。分子表面には、正電荷に富むところを赤で、負電荷に富むところを青で示してある。全体としては、多少いびつではあるが、一かたまりの分子になっており、球状たんぱく質に分類される。(PDBの1trzより作成)

図4.7 ヒトインスリンの構造

例題7 インスリンに関する記述である。正しいのはどれか。1つ選べ。

1. ステロイドホルモンのひとつである。
2. 最初は、一本のポリペプチドとして合成され、中間部分が除かれる。
3. 1本のペプチド鎖として合成される。
4. 血糖値を上げる働きがある。
5. 人工的に作ることができない。

解説 1. ペプチドホルモンに分類される。 2. 中間部分はCペプチドとよばれ、臨床検査の対象となる。 4. 血糖値を下げる唯一のホルモンである。 5. 遺伝子工学を用いて、ヒト型のインスリンを作ることができる。 **解答** 3

8) 滋養たんぱく質

たんぱく質の中には、子孫の栄養となることを目的としたものも存在する。鶏卵の卵黄にある高密度リポたんぱく質である**リポビテリン**や、リン酸基を含む**ホスビチン**、母乳中のたんぱく質の主成分である**カゼイン**などがある。

4.3 水溶液中でのたんぱく質

水溶性のたんぱく質は、疎水性のアミノ酸が内側に、親水性のアミノ酸が表面にある状態で一定の形に折りたたまれている。一方、サブユニットとして、四次構造を取るたんぱく質の場合、サブユニット間で結合が起こる表面には、疎水性のアミノ酸が配置される場合が多い。

中性付近の水溶液中では、塩基性アミノ酸の側鎖は正の電荷を、酸性アミノ酸の側鎖は負の電荷を持つので、これらの残基を表面に持つたんぱく質は、アミノ酸と同じく両性イオンの性質を持つ。このとき、たんぱく質の表面の極性アミノ酸残基には、水分子が静電的な相互作用や、ある場合には水素結合により結合し、たんぱく質同士が直接相互作用して凝集するのを防いでいる状態となる。これをたんぱく質の**水和**とよぶ。溶液のイオン強度が非常に大きいときは、溶解したイオンの水和のためにたんぱく質表面の水が奪われ、たんぱく質同士が接近して相互作用するようになる。その結果、たんぱく質の溶解度が低下し、最後にはたんぱく質の析出が起こる。これを**塩析**という。

たんぱく質は、多くの解離基を持つ両性イオンであるため、水溶液中での解離基の電荷は、溶液のpHで変化する。正の電荷と負の電荷の総和がゼロになるpHを**等電点**とよぶ。等電点では、たんぱく質自体の電荷の総和がゼロになるので、たんぱく質同士の電気的相互作用による反発が最小となる。そのため、たんぱく質同士が凝集しやすくなり、そのたんぱく質の溶解度が最小となる。

章末問題

1 アミノ酸と糖質に関する記述である。最も適当なのはどれか。1つ選べ。

1. 人のたんぱく質を構成するアミノ酸は、主にD型である。
2. アルギニンは、分枝アミノ酸である。
3. チロシンは、側鎖に水酸基を持つ。
4. グルコースの分子量は、ガラクトースの分子量と異なる。
5. グリコーゲンは、β-1,4グリコシド結合を持つ。（第34回国家試験18問）

解説 1. 生物のたんぱく質はL型のアミノ酸からできている。 2. 分枝アミノ酸は、ロイシン、イソロイシン、バリンである。 4. グルコースもガラクトースも分子量は180である。 5. グリコーゲンは、α-1,4グリコシド結合と、α-1,6グリコシド結合でグルコースが結合したものである。　解答 3

2 アミノ酸とたんぱく質に関する記述である。最も適当なのはどれか。1つ選べ。

1. ロイシンは、芳香族アミノ酸である。
2. γ-アミノ酪酸（GABA）は、神経伝達物質として働く。
3. αヘリックスは、たんぱく質の一次構造である。
4. たんぱく質の二次構造は、ジスルフィド結合により形成される。
5. たんぱく質の四次構造は、1本のポリペプチド鎖により形成される。（第35回国家試験18問）

解説 1. 芳香族アミノ酸は、フェニルアラニン、チロシン、トリプトファンである。 3. α-ヘリックスは、たんぱく質の二次構造の一つである。 4. 二次構造は、主に、ペプチド結合部分同士の水素結合で安定化されている。 5. 四次構造は、複数のペプチド鎖が、サブユニットとして結合したものである。

解答 2

3 たんぱく質の構造に関する記述である。正しいのはどれか。

1. インスリンは、A鎖とB鎖の2本のペプチド鎖からなる。
2. コラーゲンは、二重らせん構造を持つ。
3. インスリン受容体は、7つの膜貫通領域を持つ。
4. ヘモグロビンは、α鎖とβ鎖からなる二量体である。
5. IgGは、各4本のL鎖とH鎖を持つ。

(第24回国家試験23問)

解説 2. コラーゲンは三重らせん構造を持つ。 3. インスリン受容体は、酵素共役型受容体でアドレナリン受容体などとは全く違った構造を取る。 4. ヘモグロビンは、$\alpha_2\beta_2$の4つのサブユニットからなる構造をとる。 5. IgGはL鎖2本、H鎖2本からなる。

答 1

4 たんぱく質とその機能に基づく分類に関する組み合わせである。正しいのはどれか。

1. 補体 — 構造たんぱく質
2. 血清アルブミン — 酵素たんぱく質
3. アクチン — 輸送たんぱく質
4. ヘキソキナーゼ — 収縮たんぱく質
5. カルモジュリン — 調節たんぱく質

(第23回国家試験22問)

解説 1. 補体は防御たんぱく質に分類できる。 2. 血清アルブミンは輸送たんぱく質である。 3. アクチンは収縮たんぱく質に分類される。 4. ヘキソキナーゼは酵素たんぱく質である。

解答 5

5 たんぱく質の構造と機能に関する記述である。正しいのはどれか。

1. たんぱく質の変性とは、一次構造が破壊されることである。
2. 補体は、補酸素として機能する。
3. 受容体は、情報伝達物質の標的細胞に存在する。
4. 酵素は、触媒する反応に必要なエネルギーを増大させる。
5. 収縮たんぱく質は、それ自体の長さを短縮することで筋収縮を引き起こす。

(第24回国家試験22問)

解説 1. たんぱく質の変性では、一次構造以外の高次構造が破壊される。 2. 補体は、生体防御にかかわるたんぱく質群で、プロテアーゼなどを含む。 4. 酵素は反応に必要な活性化エネルギーを下げる。 5. ミオシン、アクチンなどの収縮たんぱく質は、滑り運動で全体の長さが短くなる。

解答 3

6 免疫に関する記述である。最も適当なのはどれか。1つ選べ。

1. 消化管粘膜には、非特異的防御機構が認められる。
2. IgG による免疫は、非特異的防御機構である。
3. IgA は、I 型アレルギーに関与する。
4. IgM は、胎盤を通過する。
5. 血漿中に最も多く存在する抗体は、IgE である。

（第36回国家試験40問）

解説 2. IgG がかかわるのは、特異的免疫機構である。　3. I 型アレルギーにかかわるのは、IgE である。　4. 胎盤を通過する抗体は、IgG である。　5. 血漿中に最も多く存在するのは、IgG である

解答 1

核酸・ヌクレオチド

達成目標

- 核酸（DNA と RNA）は、糖と塩基とリン酸からなるヌクレオチドを基本単位として構成されていることを理解する。
- ヌクレオチドが連結した鎖（ポリヌクレオチド）からなる DNA と RNA について、それぞれの構造と役割を理解する。

1 核酸とは

生物体を構成している細胞は、細胞分裂を繰り返して増殖している。このとき、分裂前の細胞と分裂後の細胞では、同じ形質情報を持つ物質が引き継がれている。この物質は核酸であり、DNA（deoxyribonucleic acid；デオキシリボ核酸）とRNA（ribonucleic acid；リボ核酸）がある。これらのうち細胞分裂時に正確に複製される遺伝子の本体はDNAであり、DNAが持つ生命の設計図をもとにたんぱく質合成を仲介するのがRNAである。

2 ヌクレオチドとは

ヌクレオチドは、炭素数が5つの糖（五炭糖）と塩基およびリン酸から構成されている（図5.1）。ヌクレオチドでは、糖の1'位の炭素と塩基が**N-グリコシド結合**をしており、糖の5'位の炭素と、リン酸が**リン酸エステル結合**をしている。また、糖と塩基だけが結合したものを**ヌクレオシド**（nucleoside）とよぶ。

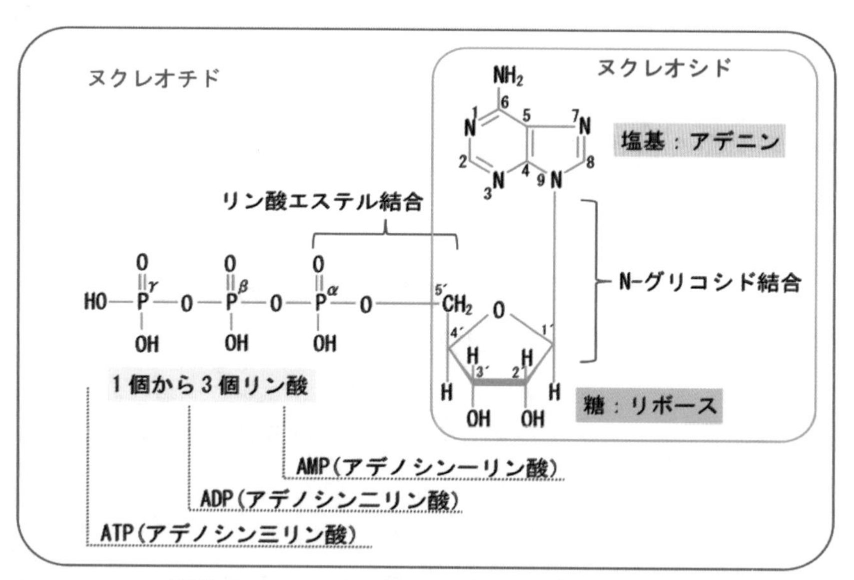

図5.1　AMP、ADP、ATPヌクレオチドの構造

2.1 リボースとデオキシリボース

ヌクレオチドを構成する糖には、五炭糖（ペントース）のD-リボース（ribose）と、2-デオキシ-D-リボース（deoxyribose）の2種類がある。図5.2にヌクレオチドに含まれる五炭糖の構造を示した。五炭糖の構造は、右側から時計周りに各炭素

には 1'位から 5'位まで順番がつけられている。RNA のヌクレオチドの構成糖 D-リボースは、2'位の炭素にヒドロキシ基（-OH）が結合している。一方、DNA を構成する構成糖 2-デオキシ-D-リボースでは、2'位のヒドロキシ基の酸素が還元された水素が結合している。DNA、RNA の名前は、これらの糖の構造の違いに由来する。細胞質ゾルのペントースリン酸回路では、リボースとリン酸が結合したリボース 5'-リン酸が合成されている（第 9 章）。

2.2 プリン塩基とピリミジン塩基

ヌクレオチドを構成する塩基には、**プリン塩基**と**ピリミジン塩基**がある（図 5.3）。プリン塩基はプリン環を持ち、アデニン（adenine : A）とグアニン（guanine : G）の 2 種類がある。ピリミジン塩基はピリミジン環を持ち、シトシン（cytosine : C）、チミン（thymine : T）およびウラシル（uracil : U）の 3 種類がある。DNA は、アデニン、グアニン、シトシンおよびチミンを含むヌクレオチドで構成され、RNA ではアデニン、グアニン、シトシンに加えて、チミンの代わりにウラシルを含むヌクレオチドで構成されている。

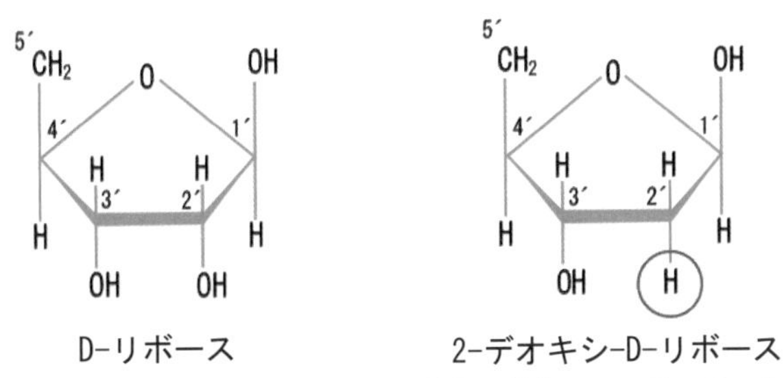

2-デオキシ-D-リボースでは、D-リボースの2'位の炭素に結合しているヒドロキシ基（-OH）が、リボヌクレオチドレダクターゼにより還元されている。

図 5.2　核酸の糖の種類

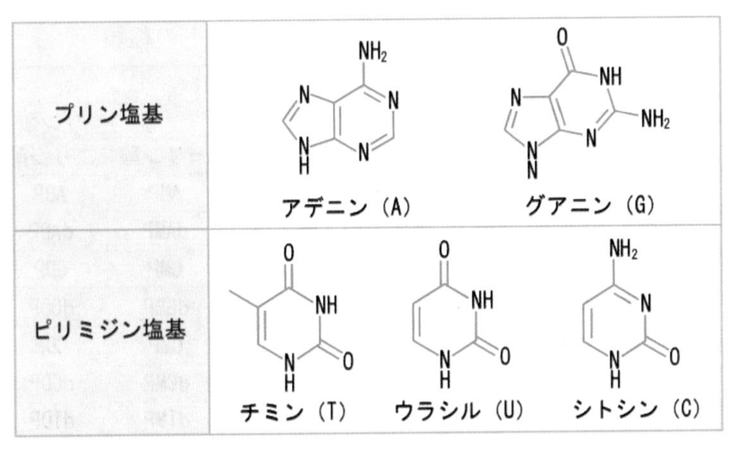

図 5.3　核酸を構成する塩基

2.3 ヌクレオシドとヌクレオチドの種類

ヌクレオシドは糖と塩基が結合したものであるが、例えば、アデニンとD-リボースが結合したものをアデノシン、グアニンとD-リボースが結合したものをグアノシンという（表5.1）。また、アデニンとデオキシリボースが結合したものは、デオキシアデノシンという。

ヌクレオチドはヌクレオシドに1個から3個のリン酸（phosphate）が結合して構成されている（図5.1）。リン酸は、糖の5'位の炭素にリン酸エステル結合しており、リン酸の数がヌクレオチドの名前に反映されている。リン酸が1つ結合している場合には、一リン酸、2つ結合している場合には二リン酸、3つ結合している場合には三リン酸とよばれる。2つめ以降のリン酸（β位やγ位）の結合は**高エネルギーリン酸結合**を含んでいる。ヌクレオチドでは、例えばアデノシンに3つのリン酸が結合したものはアデノシン三リン酸とよばれ、ATPと示される。ATPは、高エネルギーリン酸化合物として、細胞内の活動では重要なエネルギー通貨として働いている。一方、DNAのヌクレオチド（デオキシリボヌクレオチド）を表記する場合には、構成糖が2-デオキシ-D-リボースであるため、ヌクレオチドを省略したアルファベット名の前にデオキシを意味するdをつけて区別する。デオキシグアノシンにリン酸が1つ結合したヌクレオチドでは、デオキシグアノシン一リン酸とよばれ、dGMPと示される。このようなデオキシヌクレオチドは、RNAのヌクレオチドであるADP、GDP、CDP、UDPをもとにして、**リボヌクレオチドレダクターゼ**（ribonucleotide reductase）によりリボースが還元されることで、それぞれdADP、dGDP、dCDP、dUDPに合成されている。また、dUMPのようなウラシルを塩基に持つヌクレオチドは、**チミジル酸シンターゼ**（thymidylate synthase）によりdTMPへと合成されるため、DNAには含まれない（第12章）。

表5.1　ヌクレオチドとヌクレオシドの種類

ヌクレオチド					
ヌクレオシド			リン酸		
塩基	糖	ヌクレオシド名	一リン酸	二リン酸	三リン酸
アデニン(A)	D-リボース	アデノシン	AMP	ADP	ATP
	2-デオキシ-D-リボース	デオキシアデノシン	dAMP	dADP	dATP
グアニン(G)	D-リボース	グアノシン	GMP	GDP	GTP
	2-デオキシ-D-リボース	デオキシグアノシン	dGMP	dGDP	dGTP
シトシン(C)	D-リボース	シチジン	CMP	CDP	CTP
	2-デオキシ-D-リボース	デオキシシチジン	dCMP	dCDP	dCTP
チミン(T)	2-デオキシ-D-リボース	デオキシチミジン	dTMP	dTDP	dTTP
ウラシル(U)	D-リボース	ウリジン	UMP	UDP	UTP

2.4 サイクリックAMP（cAMP）

ヌクレオチドの中には、AMPを構成するリン酸がリボースに対して、3'位の炭素と5'位の炭素の両方に結合した構造をとるものがある（図5.4）。このようにリン酸とリボースが環状構造をとったヌクレオチドのAMPをcAMP（サイクリックアデノシン一リン酸：3',5'-cyclic AMP）という。このような環状構造をとるヌクレオチドは、他にcGMP（サイクリックグアノシン一リン酸：3',5'-cyclic GMP）がある。いずれも、細胞内のシグナル伝達物質（**セカンドメッセンジャー**）として働き、生体内の生理活性や代謝の過程を調節している（第9章）。

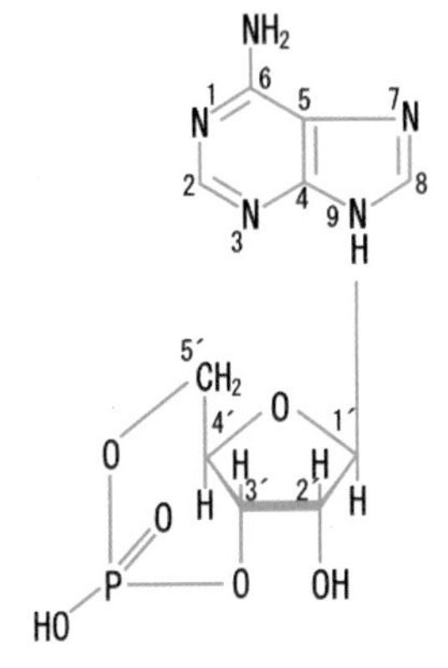

図5.4 サイクリックAMPの構造

3 DNAとRNA

DNAやRNAはヌクレオチド同士が重合して鎖状に形成されたもので、ポリヌクレオチドとよばれている。ヌクレオチド同士は、1つめのヌクレオチドの糖の3'位の炭素と隣のヌクレオチドの糖の5'位の炭素に、リン酸のヒドロキシ基がそれぞれエステル結合することで、長い鎖を形成している。このような化学結合を**3',5'-ホスホジエステル結合**（3',5'-phosphodiester bond）という。

ポリヌクレオチド鎖の末端には糖の5'位の炭素にリン酸が結合し、ポリヌクレオチド鎖の反対側の末端にある糖の3'位の炭素にはヒドロキシ基（-OH）が結合している（図5.5）。DNAの複製やRNAへの転写やたんぱく質への翻訳では、常にポリヌクレオチド鎖の5'側から反応が開始する。

3.1 DNA（デオキシリボ核酸）

DNAは、アデニン（A）、グアニン（G）、シトシン（C）、チミン（T）の4種の塩基と、糖であるデオキシリボースおよびリン酸から構成されているヌクレオチドが連なって形成されるポリヌクレオチドである。すべての生物はDNAの塩基配列により、個を示す特徴や性質が決定づけられている。1953年、ワトソンとクリックは、核DNAは2本のポリヌクレオチド鎖の塩基同士が結合した右巻きの二重らせん構造を形成していることを明らかにした。2本のポリヌクレオチド鎖は5'側と3'側の末端の向きが逆向きになっており、塩基同士は、AとT、CとGが対をなした塩基対を形成している（図5.6）。

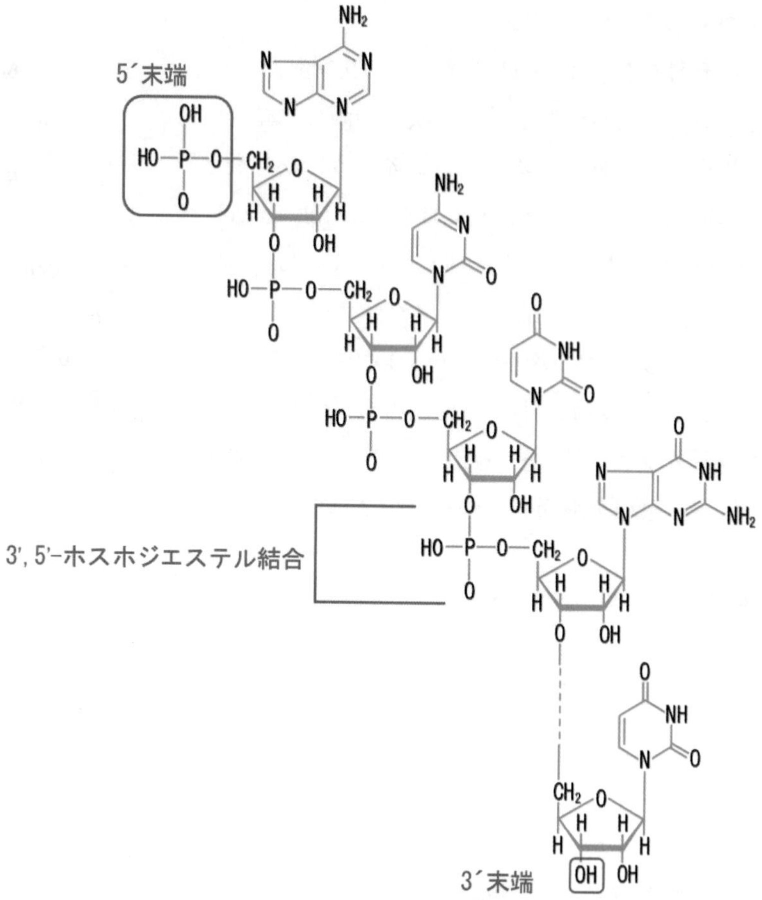

5´末端

3', 5'-ホスホジエステル結合

3´末端

図 5.5　ヌクレオチド鎖の構造

DNA は A と T、C と G の相補的な塩基対からなる鎖を形成していることから、この 2 本の鎖を相補鎖とよぶ。A と T では 2 つ、C と G では 3 つの水素結合をしており、水素結合の数が大きいほど結合強度は強く安定しやすい（図 5.7）。隣り合う塩基対間の距離は 3.4 nm（3.4Å）となっており、らせん一回転の長さは 10.5 塩基対からなる 34Åの長さがある（図 5.6）。ヒトの 2 倍体細胞に含まれる DNA は通常 60 億塩基対からなる直鎖状構造であるため、約 2 m の長さになる。二重らせん構造を持つこの長い DNA は、たんぱく質のヒストンに巻きついた形で収納されている（第 15 章）。DNA は細胞分裂時に遺伝情報が半減しないように、分裂期の直前の間期には相補鎖のそれぞれを鋳型にして新たな相補鎖を形成し、2 倍に複製されている。また、DNA は核以外にも、ミトコンドリアに存在している（ミトコンドリア DNA）。ミトコンドリア DNA は、2 本鎖の環状構造（16,600 塩基対）をしている。受精時には精子のミトコンドリアは卵に持ち込まれないため、ミトコンドリア DNA では母親の遺伝情報だけが引き継がれている。

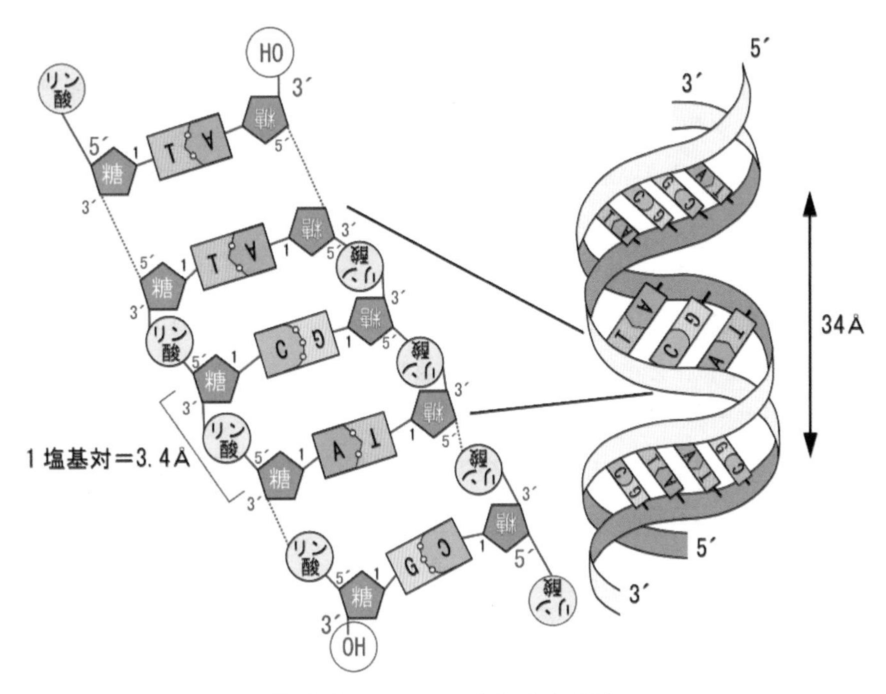

図 5.6 DNA の二重らせん構造

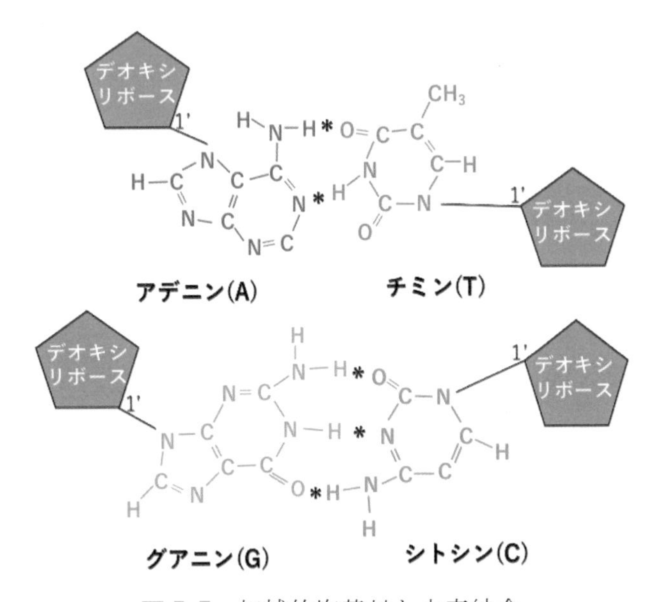

図 5.7 相補的塩基対と水素結合

3.2 RNA（リボ核酸）

RNA は、アデニン（A）、グアニン（G）、シトシン（C）、ウラシル（U）の 4 種の塩基と、糖であるリボースおよびリン酸からなるヌクレオチドが連なって形成される 1 本鎖のポリヌクレオチドである。RNA の役割は、DNA から写し取られた遺伝情報をもとに、たんぱく質合成を仲介することである。RNAには主として3種類がある。ひとつはDNAに含まれるたんぱく質情報を転写したメッセンジャーRNA（**mRNA**）、mRNAが示すアミノ酸を細胞質ゾルからリボソームに運んでくるトランスファーRNA（**tRNA**）、そしてmRNAとtRNAからアミノ酸のポリペプチドを合成するリボソームRNA（**rRNA**）が存在する。真核生物には他にも、低分子核内RNA（snRNA）や、マイクロRNA（miRNA）など複数のRNAもある。DNAを持たない生物がいる一方、RNAは原核生物、真核生物を含めすべての生物種に存在している。全RNAのうち、最も多いのはrRNAであり、約80%を占めている。次に多いのはtRNAの約15%、そしてmRNAの約5%という内訳になっている。

RNAを遺伝子とするレトロウイルスの仲間には、新型コロナウイルス（COVID-19）のように、RNAからDNAを合成して増殖するものもある。RNAは、リボースの2'位の炭素がヒドロキシ基と結合していることから、ホスホジエステル結合と反応して自己切断することがある。そのためDNAよりも分解しやすい性質を持っている。

例題1　核酸・ヌクレオチドに関する記述である。正しいのはどれか。1つ選べ。

1. ヌクレオチドのリボースは、リン酸とN-グリコシド結合している。
2. 核酸は、ペプチドに分解される。
3. ミトコンドリアには、DNAが存在する。
4. 核酸に含まれる塩基の種類は、DNAとRNAで同一である。
5. シトシンは、プリン塩基である。

解説　1. ヌクレオチドのリボースは、リン酸とリン酸エステル結合している。2. 核酸は、ペプチドを含んでいない。　4. DNAの塩基は、アデニン、グアニン、シトシン、チミン、RNAの塩基はチミンの代わりに、ウラシルである。　5. シトシンは、ピリミジン塩基である。

解答　3

例題2　ヌクレオチドに関する記述である。正しいのはどれか。1つ選べ。

1. ヌクレオチドは、構成糖として六炭糖を含む。
2. DNAの構成糖は、2-デオキシ-D-リボースである。
3. D-リボースは、2-デオキシ-D-リボースが還元された糖である。
4. AMPは、高エネルギーリン酸化合物である。
5. 核酸の主鎖には、硫酸が含まれる。

解説 1. ヌクレオチドの構成糖は五炭糖である。 3. リボースの2位の炭素に結合するヒドロキシ基（-OH）が還元された糖がデオキシリボースである。 4. 高エネルギーリン酸化合物は、ATPである。 5. 核酸に硫酸は含まれていない。

解答 2

例題3 ヌクレオチドとヌクレオシドに関する記述である。正しいのはどれか。1つ選べ。

1. アデノシン三リン酸（ATP）は、ヌクレオチドである。
2. ヌクレオシド（nucleoside）には、リン酸が1つ結合している。
3. ウリジンヌクレオチドは、存在しない。
4. デオキシチミジン一リン酸（dTMP）は、存在しない。
5. ヌクレオチドの塩基はリン酸と、リン酸エステル結合をしている。

解説 2. ヌクレオシドは、リン酸を持たない。 3. ウリジンヌクレオチドとして、UMP、UDP、UTPがある。 4. チミンは、DNAの構成塩基のため、存在する。 5. ヌクレオチドのリン酸は、塩基と結合していない。

解答 1

例題4 DNAに関する記述である。正しいのはどれか。1つ選べ。

1. DNAの塩基は、リン酸と結合している。
2. シトシンの相補的塩基は、アデニンである。
3. DNAは、三重らせん構造をしている。
4. DNAの5'側の末端には、リン酸が結合している。
5. DNAの3'側の末端には、水素が結合している。

解説 1. DNAの塩基は、糖（デオキシリボース）と結合している。 2. シトシンの相補的塩基は、グアニンである。 3. DNAは二重らせん構造をしている。 5. DNAの3'側の末端には、ヒドロキシ基（-OH）が結合している。

解答 4

章末問題

1 核酸とその関連物質に関する記述である。正しいのはどれか。1つ選べ。

1. DNAの二重らせん構造を保持する相補的塩基対は、配位結合によって形成されている。
2. グアニンとシトシンは、相補的塩基対を形成する。
3. DNAを構成する塩基には、ウラシルが含まれる。
4. tRNA（転移RNA）の化学構造中には、リン酸は含まない。
5. 各アミノ酸に対応するコドンは、それぞれ1種類である。　（第19回国家試験98問）

解説　1. 配位結合ではなく、水素結合によって結合している。　3. DNAの構成塩基はウラシルではなくチミンである。　4. tRNAもポリヌクレオチドにより構成されているためリン酸を含む。　5. コドンは1つのアミノ酸に対して1つではない。
解答 2

2 核酸に関する記述である。正しいのはどれか。1つ選べ。

1. ヒトのミトコンドリアDNAは、線状1本鎖である。
2. DNAは、RNAを鋳型にして作られる。
3. RNAは、主にミトコンドリアに存在する。
4. 核酸に含まれる糖の種類は、DNAとRNAと同一である。
5. ポリヌクレオチドは、糖とリン酸分子が交互に結合した構造を持つ。　（予想問題）

解説　1. ヒトのミトコンドリアDNAは、環状の2本鎖である。　2. RNAが、DNAを鋳型にして合成される。　3. RNAは、核とリボソームに含まれる。　4. DNAの構成糖は、デオキシリボースであり、RNAの構成糖はリボースである。
解答 5

3 核酸の構造と機能に関する記述である。正しいのはどれか1つ選べ。

1. RNAの5'側の末端は、糖が結合している。
2. アデノシンニリン酸（ADP）は、ヌクレオチドではない。
3. ヌクレオシドは、糖を含まない。
4. DNAからmRNA（伝令RNA）が合成される過程を、転写とよぶ。
5. DNAの構成糖は、リボースである。　（予想問題）

解説　1. RNAの5'側の末端は、リン酸が結合している。　2. ADPは、リン酸が2個結合しているヌクレオチドである。　3. ヌクレオシドは、糖と塩基で構成されている。　5. DNAの構成糖は、デオキシリボースである。
解答 4

4 核酸に関する記述である。最も適当なのはどれか。1つ選べ。

1. 細胞周期を通じて、DNA の量は変化しない。
2. cAMP はアミノ酸と結合する。
3. mRNA（伝令 RNA）は、プロモーター領域を持つ。
4. すべての生物種は、RNA を持っている。
5. tRNA（トランスファー RNA）は、ゴルジ体に存在する。

（予想問題）

解説 1. DNA は、分裂期の直前の間期に複製され 2 倍量になる。 2. cAMP は、細胞内情報伝達物質である。 3. プロモーター領域があるのは、DNA である。 5. tRNA は、細胞質ゾルとリボソームに存在する。

解答 4

第6章 ビタミン・ミネラル

達成目標

- ■脂溶性ビタミンと水溶性ビタミンの分類を理解する。
- ■ビタミンの名称と構造的特徴を理解する。
- ■ビタミンB群の補酵素としての役割を理解する。
- ■多量ミネラルと微量ミネラルの分類を理解する。
- ■ミネラルの生理作用を理解する。

1 ビタミン

ビタミンは微量で生理活性を示す有機物である。ヒトの体内で合成できないか、合成できても必要量を満たすことができないため、食物から摂取しなければならない必須栄養素である。1日の摂取基準量は数μg～数100 mg程度であり、不足するとビタミンの種類によって特有な欠乏症状を呈する。

現在、13種類のビタミンが認められており、4種類の**脂溶性ビタミン**（**表6.1**）と9種類の**水溶性ビタミン**（**表6.2**）に分類され、「日本人の食事摂取基準2020年版」に摂取基準が示されている。

表6.1　脂溶性ビタミン

ビタミン名	化合物名	化学式	機　能
ビタミンA	レチノール レチナール レチノイン酸	$C_{20}H_{30}O$ $C_{20}H_{28}O$ $C_{20}H_{28}O_2$	視覚（ロドプシンの成分） 細胞分化、上皮細胞の維持
ビタミンD	エルゴカルシフェロール コレカルシフェロール	$C_{28}H_{44}O$ $C_{27}H_{44}O$	カルシウム代謝、CaとPの吸収促進、骨の成長と石灰化
ビタミンE	α-トコフェロール	$C_{29}H_{50}O_2$	抗酸化
ビタミンK	フィロキノン メナキノン	$C_{31}H_{46}O_2$ $C_{16}H_{16}O_2(C_5H_8)n$	血液凝固（血液凝固因子の活性）、骨形成

表6.2　水溶性ビタミン

ビタミン名	化合物名	化学式	補酵素型	機能
ビタミンB_1	チアミン	$C_{12}H_{17}N_4OS$	チアミンピロリン酸（TPP）	糖質代謝、分枝鎖アミノ酸の代謝
ビタミンB_2	リボフラビン	$C_{17}H_{20}N_4O_6$	フラビンモノヌクレオチド（FMN） フラビンアデニンジヌクレオチド（FAD）	酸化還元反応 クエン酸回路
ナイアシン	ニコチン酸 ニコチンアミド	$C_6H_5NO_2$ $C_6H_6N_2O$	ニコチンアミドアデニンジヌクレオチド（NAD） ニコチンアミドアデニンジヌクレオチドリン酸（NADP）	酸化還元反応 クエン酸回路 脂質代謝

表 6.2　つづき

ビタミン B_6	ピリドキシン ピリドキサール ピリドキサミン	$C_8H_{11}NO_3$	ピリドキサールリン酸（PLP）	アミノ酸代謝
ビタミン B_{12}	シアノコバラミン	$C_{63}H_{88}CoN_{14}O_{14}P$	メチルコバラミン アデノシルコバラミン	核酸代謝、メチル基転移反応、アミノ酸代謝
葉酸	プテロイルモノグルタミン酸	$C_{19}H_{19}N_7O_6$	テトラヒドロ葉酸	核酸代謝、メチル基転移反応、アミノ酸代謝
パントテン酸	パントテン酸	$C_9H_{17}NO_5$	補酵素 A（CoA-SH）	酸化還元反応 アシル基転移反応
ビオチン	ビオチン	$C_{10}H_{16}N_2O_3S$	ビオチン	炭酸固定反応
ビタミン C	L-アスコルビン酸	$C_6H_8O_6$		抗酸化作用

1.1　脂溶性ビタミン

ビタミン A、D、E、K は、油脂に溶けやすいビタミンである。脂溶性ビタミンは、炭素、酸素、水素から構成されている疎水性（非極性）分子である。脂溶性ビタミンは、肝臓や脂肪組織に貯留されるため、水溶性ビタミンに比べて体内に蓄積しやすい。ビタミン A と D については、過剰症が報告されている。

(1)　ビタミン A

1)　構造的特徴

ビタミン A は、官能基の違いによってレチノール（アルコール型）、レチナール（アルデヒド型）、レチノイン酸（カルボン酸型）の構造を持つ（図 6.1）。レチノールは、細胞内でレチナールおよびレチノイン酸に酸化されてそれぞれの生理作用を示す。植物性食品に含まれる β-カロテン、α-カロテン、β-クリプトキサンチンなどのカロテノイドは、生体内で必要に応じてレチノールに転換され生理作用を示すため、**プロビタミン A** という。β-カロテンは、2 分子のレチノールが結合した構造であり、小腸や肝臓で開裂すると 2 分子のレチノールを生じる。

2)　機能

レチナールは、網膜で色素たんぱく質と結合して**ロドプシン**（視物質）を形成する。ロドプシンは、暗所視を司る網膜の桿体細胞の光受容体として機能を果たすため、レチナールが欠乏すると暗順応が低下し夜盲症となる。レチノイン酸は、核内受容体（レチノイン酸受容体（retinoic acid receptor : RAR））、レチノイド X 受容体（retinoid X receptor : RXR））に結合し、転写活性化因子として遺伝子発現を調節する。細胞の増殖や分化に関与するため、欠乏症として角膜乾燥症、胎児の発達遅延や成長障害がある。一方、過剰症として脳圧亢進による頭痛などがある。妊婦においては過剰摂取による胎児奇形が報告されている。ただし、プロビタミンAの過剰障害は報告されていない。

レチノール

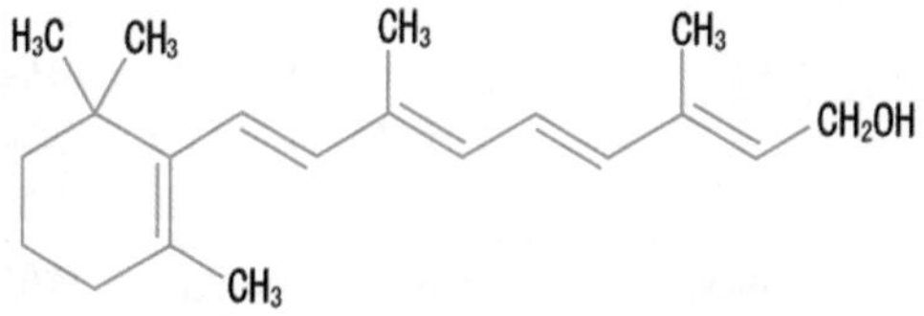

レチナール

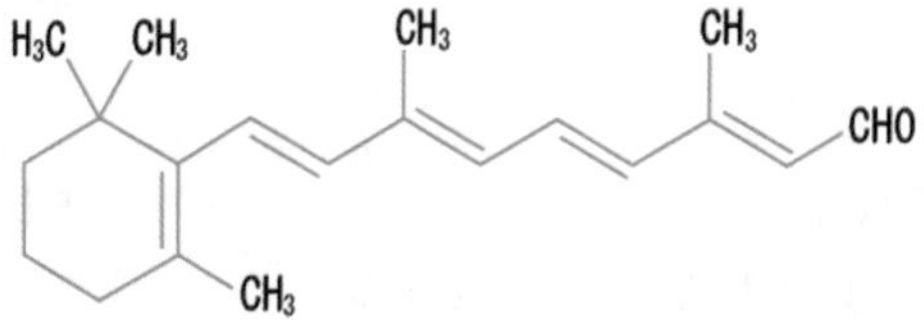

レチノイン酸

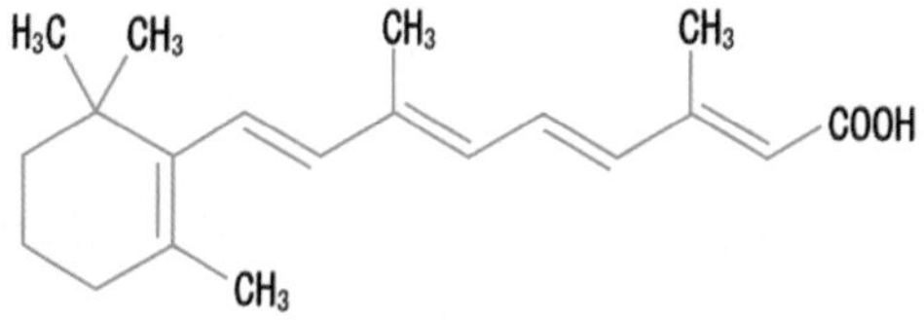

β-カロテン

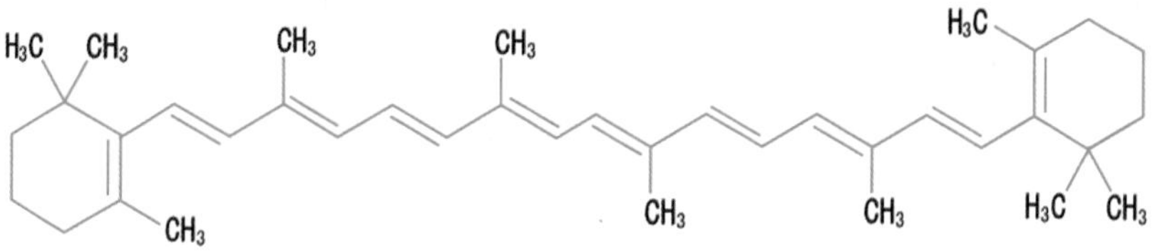

図 6.1　ビタミンA

例題1　ビタミンAに関する記述である。最も適当なのはどれか。1つ選べ。

1. ビタミンAは、体内に蓄積しにくい。
2. レチノイン酸は、血液凝固を促進する。
3. レチナールが欠乏すると暗順応が低下し夜盲症となる。
4. β-カロテンは、小腸でビタミンAに変換されない。
5. プロビタミンAは、ビタミンAと同様の過剰障害となる。

解説　1. 脂溶性のため、体内に蓄積されやすい。　2. レチノイン酸は、細胞分化に関与する。　4. β-カロテンは、2分子のレチノールが結合した構造であり、小腸や肝臓で開裂すると2分子のレチノールを生じる。　5. プロビタミンAは、生体内で必要に応じてレチノールに転換されるため、過剰症は認められていない。

解答 3

(2) ビタミンD

1) 構造的特徴

ビタミンDは、側鎖構造の違いによってビタミンD_2（エルゴカルシフェロール）とD_3（コレカルシフェロール）がある（図6.2）。ビタミンD_2は植物性食品に、ビタミンD_3は動物性食品に含まれる。体内においてビタミンD_3はコレステロール生合成の代謝物である7-デヒドロコレステロール（**プロビタミンD_3**）から紫外線と熱の作用で合成される。7-デヒドロコレステロールはステロイド骨格を持つが、ビタミンD_3はステロイド骨格を持たない。ビタミンDは肝臓で25-ヒドロキシビタミンDとなり、腎臓で**1α,25-ジヒドロキシビタミンD**（活性型ビタミンD_3）となって生理作用を示す。

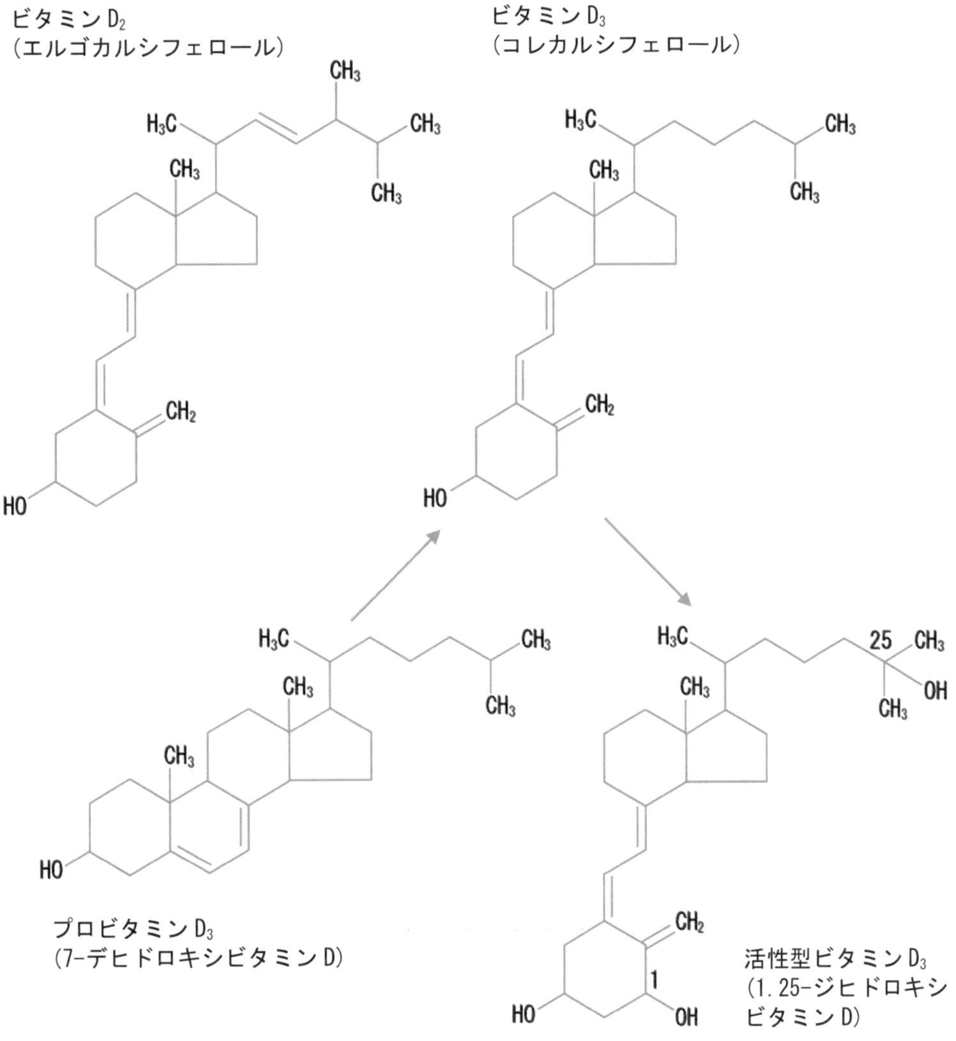

ビタミンD_2
（エルゴカルシフェロール）

ビタミンD_3
（コレカルシフェロール）

プロビタミンD_3
（7-デヒドロキシビタミンD）

活性型ビタミンD_3
（1.25-ジヒドロキシビタミンD）

図6.2　ビタミンD

2）機能

活性型ビタミンD_3は、カルシウムとリンの吸収や輸送、代謝に関与する。活性型ビタミンD_3は、核内受容体（ビタミンD受容体（vitamin D receptor：VDR））と結合することで遺伝子発現を調節する。カルシウム代謝にかかわるたんぱく質の遺伝子発現を制御し、小腸からのカルシウム吸収を促進する。

欠乏により、低カルシウム血症となる。また、慢性的な欠乏により、くる病（小児）や骨軟化症（成人）などの骨の石灰化障害が生じる。

(3) ビタミンE

1）構造的特徴

ビタミンEは、側鎖構造にフィチル基を持つトコフェロールとプレニル基を持つトコトリエノールがある。トコフェロールの側鎖は二重結合を持たない飽和した構造であるのに対し、トコトリエノールは3個の二重結合を持つ。構造中の環状部分につくメチル基の位置によって、α、β、γ、δ型のトコフェロールとトコトリエノールがある。このうち、**α-トコフェロール**が体内に最も多く存在し、高い生理活性を示す（図6.3）。

2）機能

ビタミンEは、生体内の脂質成分に対する**抗酸化作用**を示す。生体膜の脂質二重層内に局在し、リン脂質に含まれる不飽和脂肪酸の過酸化反応を抑制し、活性酸素の消去を行う。細胞質内の過酸化脂質の生成や血液中のLDL（低密度リポたんぱく質）の酸化を抑制する抗酸化作用も示す。ビタミンEは、物質を還元すると酸化型ビタミンE（ビタミンEラジカル）となり抗酸化作用を失うが、ビタミンCにより還元され還元型ビタミンEに変換されると再利用できる。

脂肪吸収障害や遺伝性疾患によりビタミンEが欠乏すると溶血性貧血や神経障害を発症する。

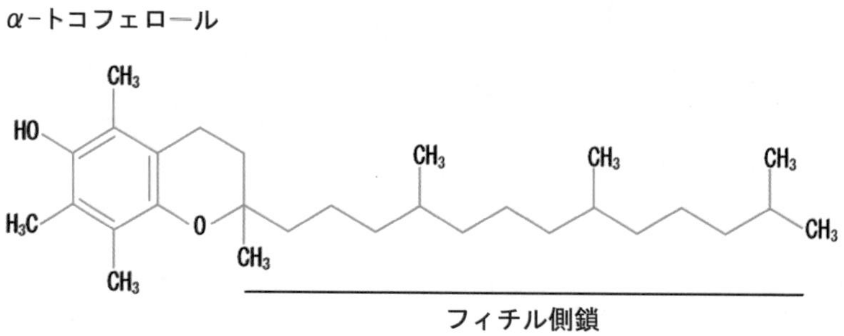

α-トコフェロール

フィチル側鎖

図6.3　ビタミンE

(4) ビタミンK

1) 構造的特徴

ビタミンKは、側鎖構造にフィチル基を持つビタミンK_1（フィロキノン）とプレニル基を持つビタミンK_2（メナキノン）がある（図6.4）。フィロキノンは植物性食品に、メナキノンは動物性食品や発酵食品に多く含まれる。メナキノンには、不飽和側鎖（プレニル側鎖）の長さによって11種類の同族体が存在する。このうち、メナキノン-4は動物性食品に多く含まれ、メナキノン-7は納豆菌によって生産される。食事由来のビタミンK以外に腸内細菌が産生するメナキノン-10やメナキノン-11などのメナキノン類もある。

2) 機能

ビタミンKは、血液凝固を促進する。血液凝固因子であるプロトロンビン（第Ⅱ因子）や第Ⅶ因子、第Ⅸ因子および第Ⅹ因子の産生や活性化に必要である。そのため、ビタミンKが欠乏すると血液凝固の遅延が生じる。

ビタミンKは、骨形成に必要である。骨芽細胞で産生されるオステオカルシンなどの骨基質たんぱく質の活性化に関与する。

ビタミンK_1（フィロキノン）

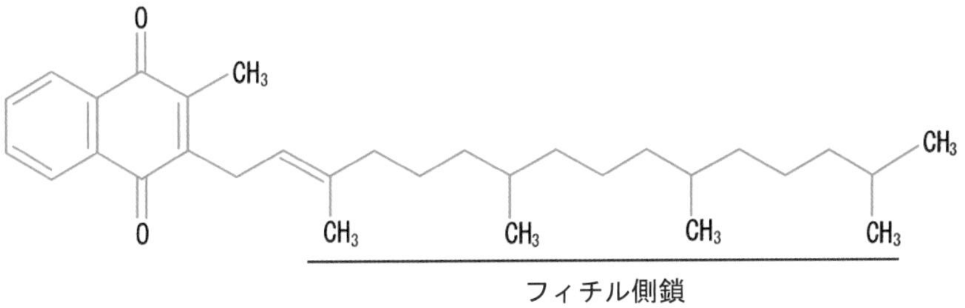

O
CH_3
CH_3
O
CH_3　CH_3　CH_3　CH_3
フィチル側鎖

ビタミンK_2（メナキノン）

O
CH_3
H
n
O
CH_3
プレニル側鎖

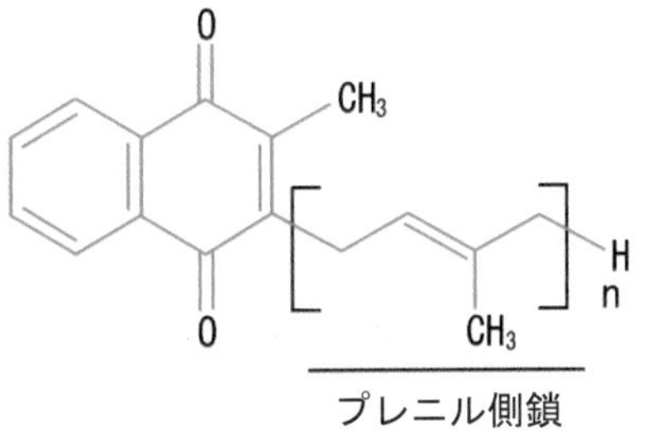

図6.4　ビタミンK

例題 2　脂溶性ビタミンの機能に関する記述である。最も適当なのはどれか。1つ選べ。

1. ビタミンKは、網膜で色素たんぱく質と結合してロドプシン（視物質）を形成する。
2. レチナールは、カルシウムの代謝に関与する。
3. 活性型ビタミンDは、生体脂質成分に対する抗酸化作用を示す。
4. ビタミンKは、血液凝固を促進する。
5. ビタミンEは、骨形成に必要である。

解説　1. ロドプシンを形成するのはビタミンAである。　2. カルシウム代謝に関与するのはビタミンDである。　3. 抗酸化作用を示す脂溶性ビタミンは、ビタミンEとカロテノイドである。　5. 骨形成に関与するのはビタミンKである。　**解答** 4

1.2 水溶性ビタミン

ビタミンB群（B_1、B_2、ナイアシン、B_6、B_{12}、葉酸、パントテン酸、ビオチン）とビタミンCは、腸で吸収されるが体内に貯留されず、余剰分は尿中に排泄される。そのため、欠乏症に注意が必要である。水溶性ビタミンは、炭素、酸素、水素と窒素から構成されている。ビタミンB_1とビオチンは硫黄を、ビタミンB_{12}はコバルトとリンを含む。ビタミンB群は、主に酵素反応時の**補酵素**として働く。

(1) ビタミンB_1

1) 構造的特徴

ビタミンB_1（チアミン）は、硫黄を含むチアゾール環とピリミジン環の構造を持つ。ビタミンB_1は、体内では2個のリン酸と結合した**チアミンピロリン酸**（thiamine pyrophosphate : TPP）の補酵素型で存在する（**図6.5**）。

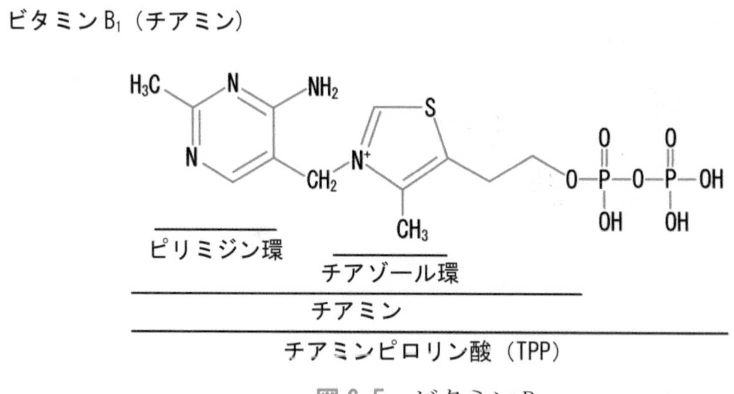

ビタミンB_1（チアミン）

H_3C　N　NH_2　S　N　CH_2　N^+　CH_3　O　O　O–P–O–P–OH　OH　OH

ピリミジン環

チアゾール環

チアミン

チアミンピロリン酸（TPP）

図6.5　ビタミンB_1

2）機能

ビタミンB_1は、神経機能の維持にかかわる。欠乏症には脚気やウェルニッケ脳症などがある。TPP は、糖質代謝にかかわる酵素の補酵素として働く。TPP は、ピルビン酸をアセチル CoA に変換するピルビン酸デヒドロゲナーゼ、クエン酸回路のα-ケトグルタル酸をスクニシル CoA に変換するα-ケトグルタル酸デヒドロゲナーゼ、ペントースリン酸回路のケトン基転移酵素のトランスケトラーゼなどの補酵素として働く。TPP は、分岐鎖アミノ酸の代謝にも関与する。

(2) ビタミンB_2

1）構造的特徴

ビタミンB_2（リボフラビン）は、リビトール（糖アルコール）とイソアロキサジン環（塩基）からなるヌクレオシドである。ビタミンB_2は、体内ではリン酸エステル化された**フラビンモノヌクレオチド**（flavin mononucleotide：**FMN**）、または FMN にアデニンモノヌクレオチド（アデニル酸）が結合した**フラビンアデニンジヌクレオチド**（flavin adenine dinucleotide：**FAD**）の補酵素型で存在する（図 6.6）。ビタミンB_2の補酵素には、酸化型（FMN、FAD）と還元型（$FMNH_2$、$FADH_2$）がある。

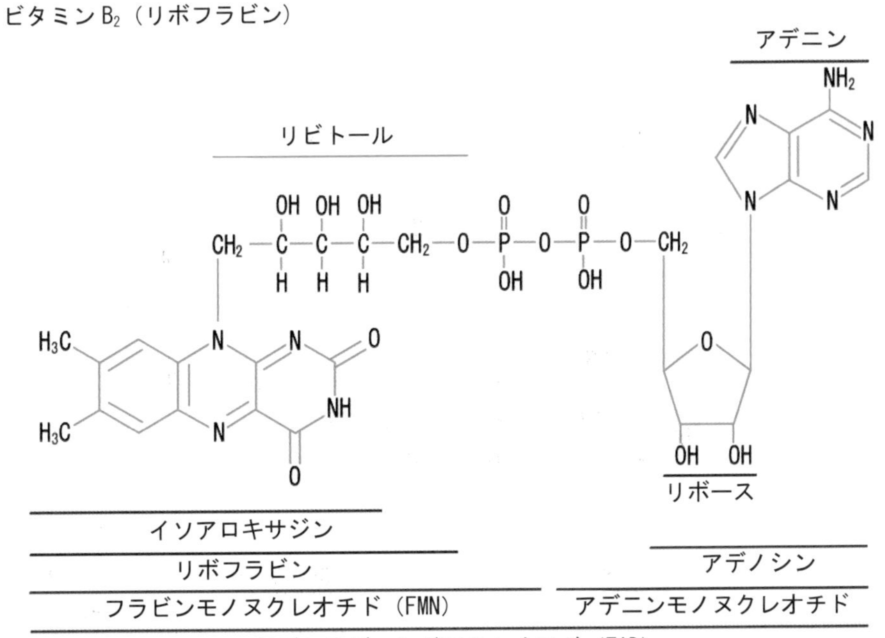

図 6.6　ビタミンB_2

2）**機能**

ビタミンB_2は、エネルギー代謝の補酵素として働く。クエン酸回路のコハク酸デヒドロゲナーゼ、β酸化のアシルCoAデヒドロゲナーゼおよび電子伝達系の酸化還元酵素の補酵素として働く。クエン酸回路やβ酸化の酸化還元反応において、FADは還元され$FADH_2$となる。$FADH_2$は電子伝達系で酸化的リン酸化の基質として、アデノシン三リン酸（adenosine triphosphate：ATP）の産生に利用される。欠乏症には口内炎、口角炎や脂漏性皮膚炎などがある。

(3) ナイアシン

1）**構造的特徴**

ナイアシンは、ニコチン酸とニコチンアミドの総称であり、ピリジン環の構造を持つ。ニコチン酸は植物性食品に、ニコチンアミドは動物性食品に含まれる。ナイアシンは、体内で必須アミノ酸であるトリプトファンから生合成される。ナイアシンは補酵素型で存在し、酸化還元反応に関与する。**ニコチンアミドモノヌクレオチド**（nicotinamide ribonucleotide：**NMN**）にアデニンモノヌクレオチド（アデニル酸）が結合した**ニコチンアミドアデニンジヌクレオチド**（nicotinamide adenine dinucleotide：**NAD**）および、NADのアデノシンに1分子のリン酸がエステル結合をした**ニコチンアミドアデニンジヌクレオチドリン酸**（nicotinamide adenine dinucleotide phosphate：**NADP**）がある（**図6.7**）。

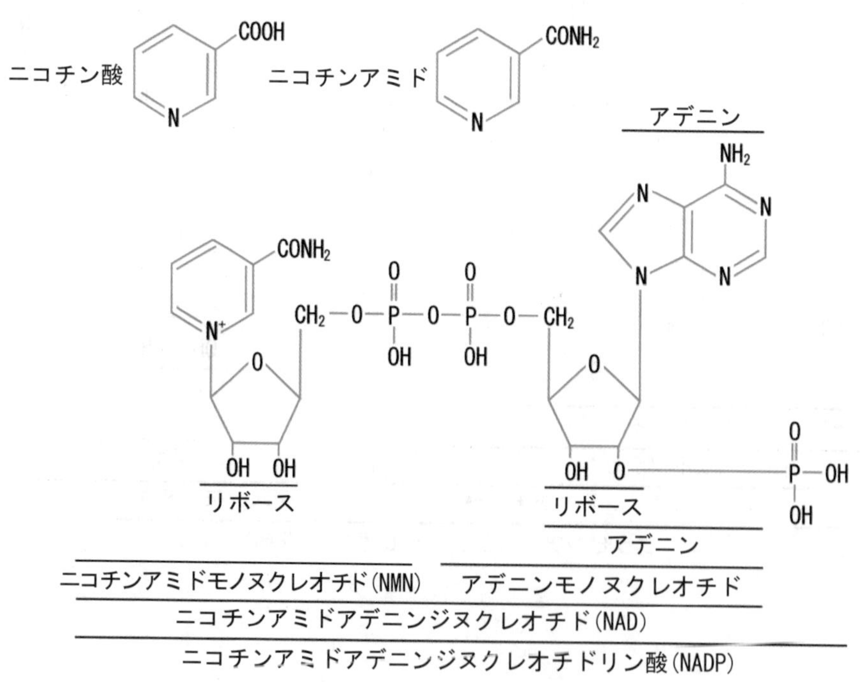

図6.7　ナイアシン

2）機能

ナイアシンは、酸化還元酵素の補酵素として働き、エネルギー代謝に重要な役割を果たす。補酵素には、酸化型（NAD、NADP）と還元型（NADH、NADPH）がある。NADHは電子伝達系で酸化的リン酸化の基質として、ATP産生に利用される。NADPは、ペントースリン酸回路の酸化的段階で水素受容体として働く。還元型のNADPHは、脂肪酸やコレステロールの生合成の補酵素として働く。欠乏症には、皮膚炎（光線過敏症）、下痢、認知症を症状とするペラグラがある。

(4) ビタミンB_6

1）構造的特徴

ビタミンB_6は、ピリジン環を持ち、官能基の違いによってピリドキシン（アルコール型）、ピリドキサミン（アミン型）、ピリドキサール（アルデヒド型）がある。体内では主にリン酸エステル化された**ピリドキサールリン酸**（pyridoxal phosphate：PLP）やピリドキサミンリン酸（pyridoxamine phosphate：PMP）として補酵素型で存在する（図6.8）。

2）機能

ビタミンB_6は、たんぱく質（アミノ酸）代謝に重要な役割を果たす。補酵素型のピリドキサールリン酸（PLP）は、アミノ酸のアミノ基転移酵素やドーパミン、アドレナリンなどの生理活性アミン生合成時の脱炭酸反応にかかわる酵素に作用する。トリプトファンからセロトニンやニコチンアミドへの生合成や、メチオニン代謝においても葉酸とビタミンB_{12}とともに補酵素として関与する。欠乏症には口内炎や脂漏性皮膚炎などがある。

(5) ビタミンB_{12}

1）構造的特徴

ビタミンB_{12}（シアノコバラミン）は、コリン環に**コバルト**が配位した錯体にヌクレオチドが結合した構造を持つ。体内では、コバルトにメチル基（$-CH_3$）が結合した**メチルコバラミン**やデオキシアデノシンが結合したアデノシルコバラミンなどの補酵素型で存在する（図6.9）。

2）機能

ビタミンB_{12}は、胃内で分泌される糖たんぱく質である内因子と結合し、主に回腸から吸収される。ビタミンB_{12}は、葉酸とともに造血機能に関与する。ビタミンB_{12}と葉酸の欠乏によって造血細胞のDNA合成が障害され、巨赤芽球性貧血となる。

メチルコバラミンは、メチル基転移を伴うホモシステインからメチオニン変換にかかわるメチオニン代謝の酵素の補酵素として働くため、欠乏すると高ホモシステイン血症となる。アデノシルコバラミンは、アミノ酸がクエン酸回路に組み込まれる反応（バリンやメチオニンなどがスクニシル CoA に変換する反応）で補酵素として働く。

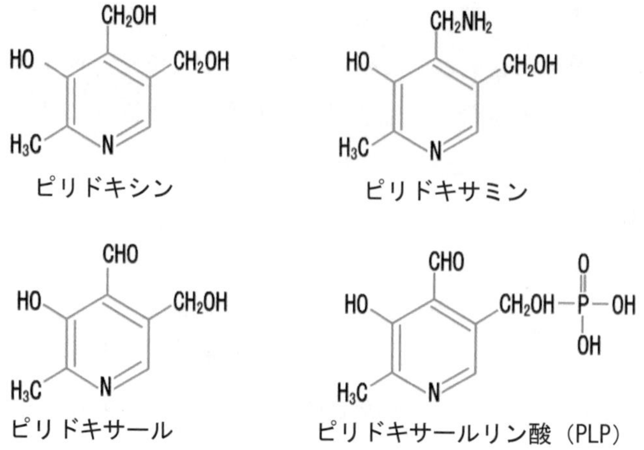

CH_2OH　HO　CH_2OH　H_3C　N
ピリドキシン

CH_2NH_2　HO　CH_2OH　H_3C　N
ピリドキサミン

CHO　HO　CH_2OH　H_3C　N
ピリドキサール

CHO　O　HO　CH_2OH—P—OH　OH　H_3C　N
ピリドキサールリン酸（PLP）

図 6.8　ビタミン B_6

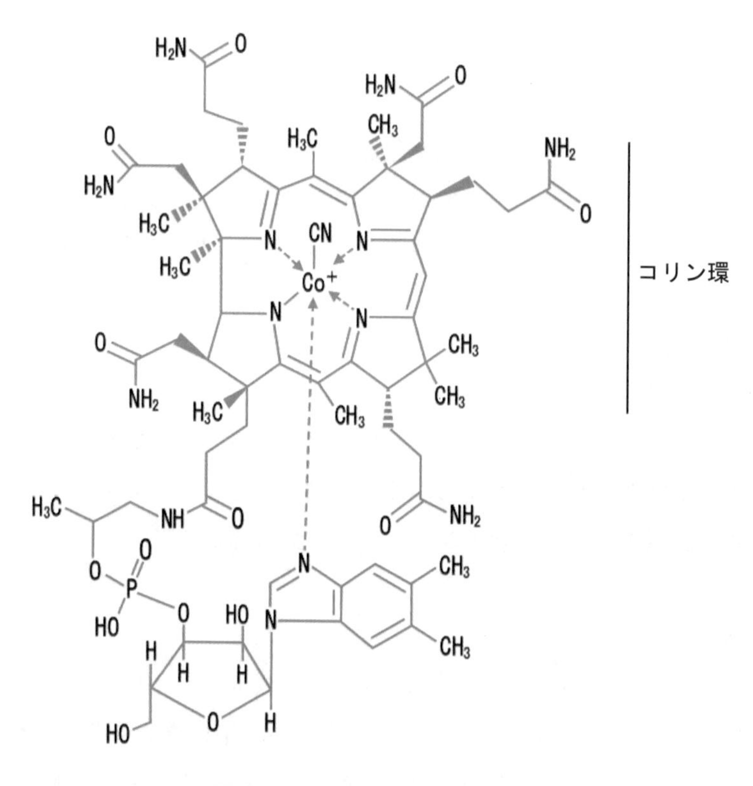

図 6.9　ビタミン B_{12}

(6) 葉酸

1) 構造的特徴

葉酸（プテロイルモノグルタミン酸）は、プテリジン環と *p*-アミノ安息香酸が結合したプテロイン酸に、グルタミン酸が結合した構造である（図 6.10）。体内で還元されプテリジン環に水素が結合し**テトラヒドロ葉酸**となり、さらにグルタミン酸が複数結合してポリグルタミン酸型の補酵素型で存在する。食品に含まれる葉酸は、ほとんどがプテロイルポリグルタミン酸型である。テトラヒドロ葉酸にはホルミル基（-CHO）やメチレン基（$-CH_2-$）などの 1 炭素単位が結合した形がある。

2) 機能

テトラヒドロ葉酸は、核酸合成に必要である。プリンヌクレオチドの生合成では、ホルミルテトラヒドロ葉酸がホルミル基を供与する。デオキシリボヌクレオチドの生合成（デオキシピリミジンヌクレオチド）では、メチレンテトラヒドロ葉酸がメチル基を供与するなど核酸合成にかかわる 1 炭素単位の転移反応（**一炭素代謝**）に補酵素として関与する。葉酸はメチルコバラミンと同様に、欠乏すると高ホモシステイン血症となる。妊娠期における葉酸不足は、胎児の神経管閉鎖障害のリスクとなる。

(7) パントテン酸

1) 構造的特徴

パントテン酸は、パントイン酸と β-アラニンがアミド結合した構造である。パントテン酸は、**コエンザイム A**（**補酵素 A、CoA-SH**）の構成成分である。コエンザイム A は、パントテン酸とチオエチルアミンが結合したパンテテインに、アデニンモノヌクレオチド（アデノシン 3'-リン酸）が、ピロリン酸（二リン酸）を介して結合したものである（図 6.11）。

2) 機能

コエンザイム A は、アシル基の転移に関与し、脂肪酸代謝において重要な役割を果たす。アセチル CoA は、糖質、脂質、たんぱく質のエネルギー代謝の中間代謝産物として生成され、クエン酸回路の基質となる。パントテン酸は、脂肪酸合成反応を触媒する脂肪酸合成酵素複合体の構成成分のアシルキャリアたんぱく質（acyl carrier protein : ACP）が機能するために必要である。

(8) ビオチン

1) 構造的特徴

ビオチンは、イミダゾール誘導体であり、硫黄を含む。ビオチンのカルボキシ基にビオチンを補酵素とする酵素のリシン残基のアミノ基が結合したビオチニルリシン（ビオシチン）として存在する（図 6.12）。

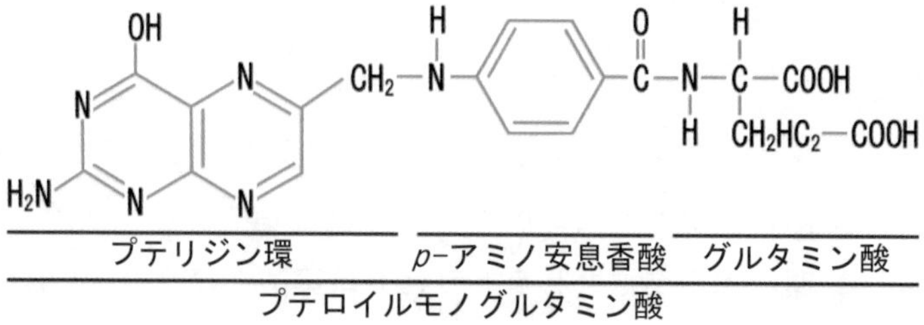

プテリジン環　p-アミノ安息香酸　グルタミン酸
プテロイルモノグルタミン酸

図 6.10　葉酸

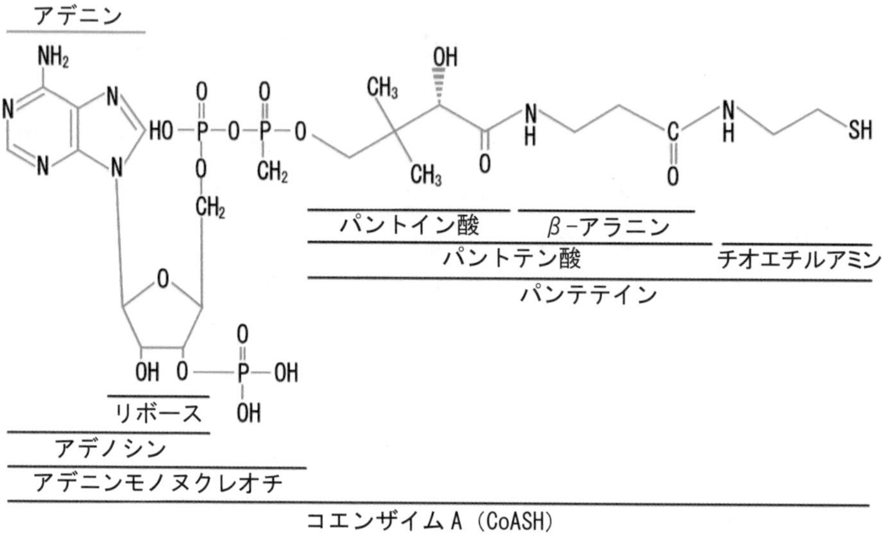

アデニン
パントイン酸　β-アラニン
パントテン酸　チオエチルアミン
パンテテイン
リボース
アデノシン
アデニンモノヌクレオチ
コエンザイム A（CoASH）

図 6.11　パントテン酸

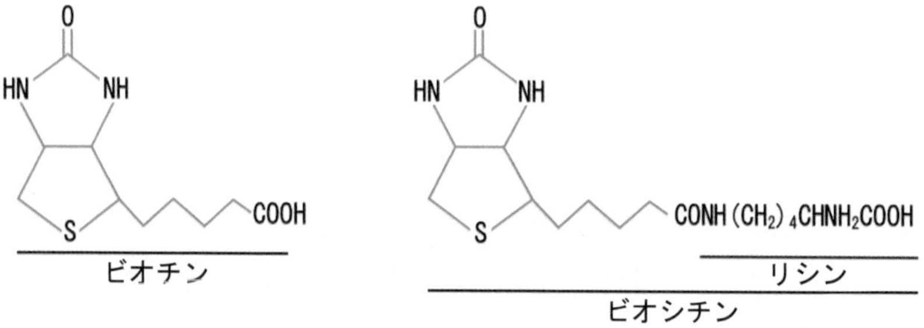

ビオチン
リシン
ビオシチン

図 6.12　ビオチン

2）機能

ビオチンは、カルボキシ基（-COOH）の転移反応を触媒する酵素（カルボキシラーゼ）の補酵素である。脂肪酸合成において炭酸固定反応を触媒するアセチル CoA カルボキシラーゼや、糖新生において炭素転移反応を触媒するピルビン酸カルボキシラーゼなどの補酵素として働く。ビオチンは、生卵白中の**アビジン**たんぱく質と結合すると不溶性になるため、生卵白の多量摂取で吸収阻害が起こる。

例題 3 ビタミンB群に関する記述である。最も適当なのはどれか。1つ選べ。

1. チアミンピロリン酸（TPP）は、脂肪酸やコレステロールの生合成の補酵素として働く。
2. フラビンアデニンジヌクレオチド（FAD）は、核酸合成の補酵素として働く。
3. 還元型のNADPHは、アミノ酸代謝にかかわる酵素の補酵素として働く。
4. ピリドキサールリン酸（PLP）は、糖代謝にかかわる酵素の補酵素として働く。
5. メチルコバラミンは、メチオニン代謝の酵素の補酵素として働く。

解説 1. TPPは、糖代謝の補酵素である。 2. 核酸合成の補酵素は、テトラヒドロ葉酸とメチルコバラミンである。 3. 脂肪酸やコレステロールの生合成の補酵素である。 4. PLPは、アミノ酸代謝の補酵素として働く。 **解答** 5

(9) ビタミンC

1) 構造的特徴

ビタミンCは構造に不斉炭素原子を持つため、光学異性体（L体、D体）がある。抗壊血病作用を示すのはL体（**L-アスコルビン酸**）のみであり、ビタミンCはL-アスコルビン酸である。L-アスコルビン酸は、エンジオール基を含むラクトン環構造を持つ。エンジオール基は酸化されやすく、酸化型のL-デヒドロアスコルビン酸となるが、グルタチオンなどの還元作用によって可逆的に還元型のL-アスコルビン酸に戻る（図6.13）。L-デヒドロアスコルビン酸は、中性・アルカリ性条件下で加水分解されやすいため、体内に蓄積しにくい。

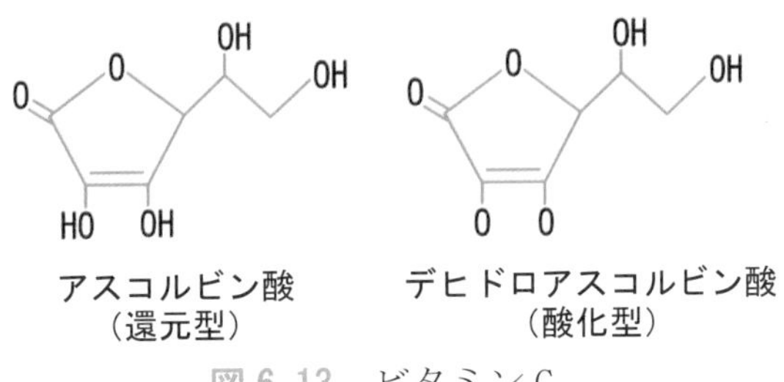

図6.13 ビタミンC

2) 機能

ビタミンCは還元作用を持ち、**抗酸化作用**を示す。ビタミンCは、胃で3価の非ヘム鉄（Fe^{3+}）を2価（Fe^{2+}）に還元し、腸管での鉄の吸収促進に関与する。コラーゲンを構成するプロリンやリシン残基の水酸化酵素の補因子としても関与し、コラーゲン合成に重要な役割を果たす。その他、肝臓での解毒作用にかかわるたんぱく質であるシトクロムP-450の維持にも関与する。ビタミンCは副腎に多く含まれ、コルチゾールやカテコールアミンの合成に必要である。ストレス応答下では、コルチゾールやカテコールアミンの分泌が増加するため血清中ビタミンC濃度は低下する。欠乏により正常なコラーゲンが合成されず結合組織異常となり、皮下や歯肉からの出血症状を伴う壊血病となる。

例題4　ビタミンCに関する記述である。最も適当なのはどれか。1つ選べ。

1. 還元作用を持つ。
2. 補酵素型をアスコルビン酸という。
3. 体内に蓄積しやすい。
4. 鉄の吸収を抑制する。
5. 欠乏すると脚気の症状となる。

解説　2. アスコルビン酸は、ビタミンCの化学名である。　3. 水溶性ビタミンのため、余剰分は尿中に排泄される。　4. 非ヘム鉄を吸収効率のよい2価の鉄に還元する。　5. 欠乏症は、壊血病である。

解答　1

2 ミネラル

ミネラルは、生理活性を示す無機物である。生体を構成する主要な4元素である酸素（O)、炭素（C)、水素（H)、窒素（N）以外のものの総称である。体内で合成できないため、食物から摂取しなければならない必須栄養素である。1日の必要量が100 mg以上となるミネラルを多量ミネラルといい、1日の必要量が100 mg未満となるミネラルを微量ミネラルという。

現在、5種類の多量ミネラルと8種類の微量ミネラルの摂取基準が「日本人の食事摂取基準2020年版」に示されている（**表6.3**)。

2.1 多量ミネラル

多量ミネラルは、体内存在量が高い順にカルシウム、リン、硫黄、カリウム、ナトリウム、塩素、マグネシウムである。硫黄と塩素は、「日本人の食事摂取基準2020年版」に摂取基準が示されていない。

(1) ナトリウム (Na)

ナトリウムは、主に食塩（塩化ナトリウム）として摂取され、ナトリウムイオン

(Na^+) として存在する。Na^+とカリウムイオン (K^+) の細胞内外の濃度は、Na^+/K^+ ATP アーゼ (Na^+/K^+ ポンプ) により、ATP を利用して能動輸送することで維持されている。Na^+は、細胞外液の主要な陽イオンであり、細胞外液量、浸透圧や細胞内外の電位差の維持をしている。Na^+の細胞内外の濃度差を利用して、グルコースは、Na^+/ブドウ糖共輸送体（sodium/glucose cotransporter : SGLT）を、アミノ酸はNa^+/アミノ酸共輸送体（アミノ酸トランスポーター）を介して、濃度勾配に逆らって輸送される(二次性能動輸送)。

表 6.3 ミネラル

分類	ミネラル名	元素	機能	要点
多量	ナトリウム	Na	浸透圧調節、膜電位の形成、共輸送	細胞外液に最も多く存在する陽イオン
	カリウム	K	浸透圧調節、膜電位の形成	細胞内液に最も多く存在する陽イオン
	カルシウム	Ca	硬組織の構成、血液凝固、細胞内情報伝達、筋収縮	体内含有量が最も多いミネラル。細胞外の濃度が細胞内に比べ非常に高い。
	マグネシウム	Mg	硬組織の構成、補因子	酵素の活性化 Ca^{2+}拮抗作用（血圧降下作用）
	リン	P	硬組織の構成、核酸、エネルギー代謝、生体組織の維持（リン脂質、リン酸化たんぱく質）	細胞内液に存在する陰イオンで緩衝作用を持つ。
微量	鉄	Fe	酸素の運搬と保持、補因子	トランスフェリンと結合し血中を循環する。
	亜鉛	Zn	補因子、インスリンの結晶化、たんぱく質の構造形成	DNA 合成に必要であり欠乏により成長障害になる。また、味蕾の細胞にも含まれ欠乏により味覚障害になる。
	銅	Cu	補因子、鉄輸送	セルロプラスミンと結合し、血中を循環する。
	マンガン	Mn	補因子	抗酸化酵素（SOD）の補因子
	ヨウ素	I	甲状腺ホルモンの構成成分	欠乏でも過剰でも甲状腺腫となる。
	セレン	Se	補因子	過酸化物代謝酵素（グルタチオンペルオキシダーゼ）の補因子
	クロム	Cr	耐糖能	クロモジュリンと結合し、インスリン作用を増強する。
	モリブデン	Mo	補因子	尿酸合成に関与する。

(2) カリウム（K）

カリウムは、細胞内液中の主要な陽イオンである。細胞内外の濃度は、Na^+/K^+ポンプにより、維持されている。カリウムイオン（K^+）は、Na^+と相互に作用しながら、細胞内外の電位差や浸透圧の維持に重要な役割を果たす。体液の浸透圧調節に関与し、ナトリウムの再吸収を抑制して尿中への排泄量を増加させ血圧を降下させる。また、カリウムは食塩の過剰摂取による血圧上昇に対して拮抗し、血圧低下作用を示す。

(3) カルシウム（Ca）

カルシウムはミネラルの中で体内存在量が最も多く、成人で約1kgである。そのうちの99%が硬組織にリン酸カルシウムであるヒドロキシアパタイト（$Ca_{10}(PO_4)_6(OH)_2$）として存在する。残りは血液、組織液や細胞に存在する。カルシウムイオン（Ca^{2+}）は、細胞内に比べて細胞外液に非常に多く存在している。健康な成人の血漿中のカルシウム濃度は、狭い範囲（8.5〜10.4 mg/dL）で維持されている。

Ca^{2+}は血液凝固カスケードの第Ⅳ凝固因子として、第Ⅱ、第Ⅶ、第Ⅸ、第Ⅹ凝固因子の活性化に必須である。これらの凝固因子はビタミンK依存性凝固因子でγ-カルボキシグルタミン酸（Gla）残基を持つたんぱく質である。Ca^{2+}がGla残基に結合することで凝固因子を活性化する。

細胞内のCa^{2+}は**セカンドメッセンジャー**として役割を果たす。セカンドメッセンジャーは、細胞外の情報を細胞質内の標的分子に中継する細胞内情報伝達物質である。Ca^{2+}が細胞内に流入すると、筋収縮、神経の興奮伝達、Tリンパ球活性化、細胞接着などのさまざまな応答を誘導する。

例題5　カルシウムに関する記述である。最も適当なのはどれか。1つ選べ。

1. 血中濃度が低下するとカルシトニンが分泌される。
2. 約50%が硬組織に存在する。
3. 細胞外よりも細胞内に多く存在する。
4. カルシウムイオンは、血液凝固因子である。
5. ビタミンDは、カルシウム排泄を促進する。

解説　1. 血中濃度が低下するとパラトルモンが分泌され、血中濃度が上昇するとカルシトニンが分泌される。　2. 約99%が硬組織に存在する。　3. 細胞外に多く存在する陽イオンである。　5. ビタミンDはカルシウムの再吸収を促進する。**解答** 4

(4) マグネシウム（Mg）

マグネシウムは、約60%が骨や歯にリン酸マグネシウムなどとして存在する。残りは、筋肉や脳、神経などに存在する。マグネシウムイオン（Mg^{2+}）は、K^{+}に次いで細胞内に多い陽イオンである。健康な成人の血漿中のマグネシウム濃度は、狭い範囲（1.8～2.3 mg/dL）で維持されている。

Mg^{2+}は細胞内において多数の酵素の補因子または活性化因子として代謝に関与する。ATP依存性の酵素反応において、Mg^{2+}がATPに結合し、触媒を制御する。その他、糖質代謝酵素（ヘキソキナーゼ）、核酸代謝酵素（DNAポリメラーゼ）やエネルギー代謝酵素（クレアチンキナーゼ）などの多くの酵素の働きを調節する。

Mg^{2+}は、Ca^{2+}の細胞内流入を制御する。カルシウムの作用と拮抗し血管を弛緩させ、カルシウムによって上昇した血圧を下げる作用がある。また、血小板の凝集を抑制し、血栓形成を防ぐ。

(5) リン（P）

リンは、カルシウムに次いで体内存在量が多く、成人で約800 gである。そのうちの約85%が骨や歯にヒドロキシアパタイトとして存在する。残りの約15%が全身の細胞にリン酸エステル、リン酸イオン（HPO_4^{2-}）などとして存在する。リンは、硬組織、核酸、リン酸化たんぱく質、高エネルギーリン酸化合物、補酵素などの構成成分である。HPO_4^{2-}は細胞内の主要な陰イオンであり、浸透圧、pHの調節や緩衝作用に関与する。

例題6　多量ミネラルに関する記述である。最も適当なのはどれか。1つ選べ。

1. ナトリウムイオンは、細胞内液に多く存在する。
2. リンは、カルシウムの吸収を抑制する。
3. マグネシウムは、約99%が硬組織に存在する。
4. カリウムは、核酸の構成成分である。
5. 血中カルシウム濃度の上昇は、骨吸収を促進する。

解説　1. 細胞外液にナトリウムイオンが多く存在する。　3. マグネシウムは、約55%が硬組織に存在する。　4. 核酸を構成しているミネラルはリンである。　5. 血中カルシウム濃度の低下は、骨吸収を促進する。　**解答** 2

2.2　微量ミネラル

微量ミネラルは、鉄、亜鉛、銅、マンガン、ヨウ素、セレン、クロム、モリブデンである。その他、コバルト、フッ素などは生理活性が明らかになってきているが、「日本人の食事摂取基準2020年版」に摂取基準が示されていない。微量ミネラルは、酵素の補因子または活性化因子として働くものが多い。

(1) 鉄 (Fe)

鉄の体内存在量は成人で約4gである。生体内において、約70%が**機能鉄**であり、約30%が**貯蔵鉄**である。植物性食品に多く含まれている3価の非ヘム鉄（Fe^{3+}）は、胃でビタミンCなどによって還元され2価の鉄（Fe^{2+}）となり小腸で吸収される。また、小腸上皮細胞には鉄還元酵素がありFe^{3+}をFe^{2+}に還元する。動物性食品に多く含まれている2価のヘム鉄（Fe^{2+}）はポルフィリン環に鉄が配位したポルフィリン鉄錯体の構造を持つ。ヘム鉄は、そのまま小腸で吸収される。

貯蔵鉄は、フェリチンやヘモジデリンと結合して肝臓、脾臓や骨髄に存在する。組織に過剰な貯蔵鉄が蓄積した状態をヘモクロマトーシスといい、臓器障害を生じる。

機能鉄のほとんどが赤血球の色素であるヘモグロビンの構成成分である。鉄不足により、ヘモグロビンが産生できなくなることで鉄欠乏性貧血が生じる。

鉄は酸化酵素の補因子として働く。電子伝達系において電子の授受に不可欠なシトクロムはヘム鉄を含む。抗酸化酵素のカタラーゼやペルオキシダーゼもヘム鉄を補因子とする。

例題7　鉄に関する記述である。最も適当なのはどれか。1つ選べ。

1. 貯蔵鉄は、ミオグロビンと結合している。
2. ヘム鉄は、3価の鉄として吸収される。
3. トランスフェリンは、酸素を運搬する。
4. ヘモグロビンは、単量体である。
5. 鉄は、シトクロムの構成成分である。

解説　1. 貯蔵鉄は、フェリチンと結合している。　2. ヘム鉄は、2価の鉄として吸収される。　3. トランスフェリンは、鉄を運搬する。　4. ヘモグロビンは、四量体である。

解答　5

(2) 亜鉛（Zn）

亜鉛は、たんぱく質などの高分子と結合し生理機能を発揮する。亜鉛は酵素の金属成分として、酵素の安定化や活性化に関与している。抗酸化酵素である**スーパーオキシドジスムターゼ**（Superoxide Dismutase：**SOD**）のアイソザイムである銅/亜鉛スーパーオキシドジスムターゼ（Cu/Zn SOD）として、スーパーオキシドアニオンラジカルを酸素と過酸化水素に変換する。たんぱく質消化酵素であるカルボキシペプチダーゼ、リン酸化合物の分解酵素であるアルカリホスファターゼなど多くの酵素の補因子として作用する。

亜鉛欠乏では、成長障害、味覚障害および性機能低下などが起こる。

(3) 銅（Cu）

銅は血漿中で**セルロプラスミン**と結合して存在する。残りはアルブミンやα2マクログロブリンなどと結合する。セルロプラスミンは、2価の鉄（Fe^{2+}）を3価の鉄（Fe^{3+}）に酸化するフェロオキシダーゼ活性を持ち、Fe^{3+}がトランスフェリンやフェリチンへ結合するのに関与する。そのため、銅欠乏による貧血を引き起こす。銅の主な作用は、酵素の補因子である。銅は酵素の活性中心に結合し、エネルギー生成（シトクロムオキシダーゼ）、活性酸素の除去（Cu/Zn SOD）、ドーパミンの合成（ドーパミンβ-ヒドロキシラーゼ）やコラーゲンやエラスチンの架橋（リシルオキシダーゼ）などの酵素の触媒作用を発揮させる。

(4) マンガン（Mn）

マンガンは生体内組織にほぼ一様に分布している。マンガンの主な作用は、酵素の補因子である。マンガンは、ピルビン酸をオキサロ酢酸に変換する糖新生の律速酵素であるピルビン酸カルボキシラーゼやアルギニンを尿素とオルニチンに加水分解するアルギナーゼなどの酵素の構成成分である。また、ミトコンドリア内の活性酸素を除去するSODのアイソザイムであるマンガンスーパーオキシドジスムターゼ（Mn-SOD）に必須である。

(5) ヨウ素（I）

ヨウ素は甲状腺に局在している。ヨウ素は甲状腺ホルモンの**チロキシン**（T4）やトリヨードチロニン（T3）の構成成分である。甲状腺では主にT4が合成されるが、標的器官でT4がT3に変換されホルモンとしての働きを発揮する。T4からT3へ変換するヨードチロニン脱ヨウ素酵素は、セレンを補因子とする。日本人においてはヨウ素を多く含む海藻類を摂取する食習慣があるため、欠乏症になることはまれである。

(6) セレン (Se)

セレンはたんぱく質と結合し生理機能を発揮する。セレンを含むたんぱく質をセレノたんぱく質といい、システインの硫黄がセレンに置換された構造（セレノシステイン残基）を持つ。セレノたんぱく質は、生体の抗酸化機能に重要であり、抗酸化酵素であるグルタチオンペルオキシダーゼの活性中心を構成する。

(7) クロム (Cr)

クロムは3価（Cr^{3+}）と6価（Cr^{6+}）が存在するが、3価が食品に含まれるため、ヒトの必須ミネラルは3価クロムである。クロムは、インスリンの作用を増強し糖代謝に関与する。クロムが低分子量クロム結合物質（low molecular weight chromium-binding substance：LMWCr、クロモジュリン）というオリゴペプチドと結合すると、インスリン受容体と相互作用し、インスリンによるブドウ糖輸送体の細胞膜への移動を促進することが報告されている。

(8) モリブデン (Mo)

モリブデンは、酸化酵素であるキサンチンオキシダーゼ、アルデヒドオキシダーゼや亜硫酸オキシダーゼなどの補因子である。キサンチンオキシダーゼは、プリン体の異化に重要な酵素であり、尿酸の生成に必要である。アルデヒドデヒドロゲナーゼはアルデヒドをカルボン酸に触媒する酵素であり、アルコールの代謝に必須である。

例題8　微量ミネラルに関する記述である。最も適当なのはどれか。1つ選べ。

1. 鉄は、セルロプラスミンの構成成分である。
2. 亜鉛は、アルカリフォスファターゼの構成成分である。
3. 銅は、ミオグロビンの構成成分である。
4. マンガンは、グルタチオンペルオキシダーゼの構成成分である。
5. セレンは、甲状腺ホルモンの構成成分である。

解説　1. セルロプラスミンは、銅を含む。　3. ミオグロビンは、鉄を含む。　4. グルタチオンペルオキシダーゼは、セレンを含む。　5. 甲状腺ホルモンは、ヨウ素を含む。

解答 2

章末問題

1 脂溶性ビタミンに関する記述である。最も適当なのはどれか。1つ選べ。

1. 吸収された脂溶性ビタミンは、門脈に流れる。
2. ビタミンAは、遺伝子発現を調節する。
3. ビタミンDは、腸内細菌により合成される。
4. ビタミンEは、膜脂質の酸化を促進する。
5. ビタミンKは、血液凝固を抑制する。　（第35回国家試験76問）

解説 1. リンパ管を介して静脈に入る。　3. 腸内細菌は、ビタミンKとビタミンB群を合成する。　4. ビタミンEは抗酸化作用を持つ。　5. ビタミンKは、血液凝固因子を活性化する。　解答 2

2 脂溶性ビタミンに関する記述である。最も適当なのはどれか。1つ選べ。

1. ビタミンAは、血液凝固因子の活性化に必要である。
2. ビタミンDは、小腸で活性型に変換される。
3. 活性型ビタミンDは、カルシウムの小腸での吸収を抑制する。
4. ビタミンEは、過酸化脂質の生成を促進する。
5. ビタミンKは、骨形成に必要である。　（第36回国家試験76問）

解説 1. ビタミンKは、血液凝固因子を活性化する。　2. ビタミンDは、肝臓と腎臓で水酸化され活性型に変換される。　3. 活性型ビタミンDは、カルシウムの吸収を促進する。　4. ビタミンEは、抗酸化作用を持つ。　解答 5

3 水溶性ビタミンに関する記述である。最も適当なのはどれか。1つ選べ。

1. ビタミンB_1の要求量は、たんぱく質摂取量に比例する。
2. ビタミンB_2の補酵素型は、ピリドキサールリン酸である。
3. ビタミンB_{12}は、分子内にモリブデンを含有する。
4. 葉酸は、核酸合成に必要である。
5. ビオチンの吸収は、アビジンにより促進される。　（第36回国家試験77問）

解説 1. 2. ビタミンB_6の補酵素型、ピリドキサールリン酸は、たんぱく質代謝の補酵素であるため、要求量はたんぱく質摂取量に比例する。　3. ビタミンB_{12}は、コバルトを含む。　5. ビオチンはアビジンと結合すると吸収されにくくなる。　解答 4

4　水溶性ビタミンとそれが関与する生体内代謝の組み合わせである。最も適当なのはどれか。1つ選べ。

1. ビタミンB_1 ——— アミノ基転移反応
2. ビタミンB_2 ——— 一炭素単位代謝
3. ナイアシン ——— 炭酸固定反応
4. パントテン酸 —— 血液凝固因子合成
5. ビタミンC ——— コラーゲン合成

（第37回国家試験76問）

解説　1. ビタミンB_6は、アミノ酸代謝の補酵素である。　2. メチレンテトラヒドロ葉酸は、一炭素単位の転移反応に関与する。　3. ビオチンは、炭素固定反応の補酵素として働く。　4. パントテン酸は、β酸化反応などの脂肪酸代謝にかかわる。

解答 5

5　ビタミンの構造と機能に関する記述である。正しいのはどれか。1つ選べ。

1. β-カロテンは、小腸でロドプシンに変換される。
2. 活性型ビタミンDは、細胞膜上の受容体と結合する。
3. ビタミンEは、LDLの酸化を防ぐ。
4. ビタミンB_{12}は、分子内にモリブデンを持つ。
5. 酸化型ビタミンCは、ビタミンEにより還元型になる。

（第32回国家試験78問）

解説　1. β-カロテンは、小腸でレチノールに変換される。　2. 活性型ビタミンDは、核内受容体と結合する。　4. ビタミンB_{12}は、コバルトを含む。　5. ビタミンCは、酸化型ビタミンEを還元型にする。

解答 3

6　ビタミンの消化・吸収および代謝に関する記述である。最も適当なのはどれか。1つ選べ。

1. ビタミンAは、脂質と一緒に摂取すると吸収率が低下する。
2. ビタミンKは、腸内細菌により合成される。
3. ビタミンB_1は、組織飽和量に達すると尿中排泄量が減少する。
4. 吸収されたビタミンB_2は、キロミクロンに取り込まれる。
5. ビタミンB_6の吸収には、内因子が必要である。

（第37回国家試験77問）

解説　1. 脂溶性ビタミンは、脂質とともに摂取すると吸収率が高まる。　3. 水溶性ビタミンの余剰分は尿中排出される。　4. 脂溶性ビタミンは、キロミクロンとなりリンパ管を介して静脈に入る。　5. ビタミンB_{12} の吸収には、内因子が必要である。

解答 2

7　ミネラルに関する記述である。最も適当なのはどれか。1つ選べ。

1. 骨の主成分は、シュウ酸カルシウムである。
2. 血中カルシウム濃度が上昇すると、骨吸収が促進する。
3. 骨中マグネシウム量は、体内マグネシウム量の約10%である。
4. モリブデンが欠乏すると、克山病が発症する。
5. フッ素のう歯予防効果は、歯の表面の耐酸性を高めることによる。

（第34回国家試験78問）

解説 1. 骨の主成分は、リン酸カルシウムである。 2. カルシウム濃度が低下すると、骨吸収が促進される。 3. マグネシウムは、50～60%が硬組織に存在する。 4. 克山病は、セレンの欠乏である。
解答 5

8 カルシウムとリンに関する記述である。最も適当なのはどれか。1つ選べ。
1. 体内カルシウムの約10%は、血液中に存在する。
2. 血中カルシウム濃度の低下は、骨吸収を抑制する。
3. カルシウムの小腸での吸収は、リンにより促進される。
4. リンは、体内に最も多く存在するミネラルである。
5. リンは、核酸の構成成分である。 (第36回国家試験78問)

解説 1. 4. カルシウムは体内に最も多く存在するミネラルで、約99%が硬組織に存在する。 2. カルシウム濃度が低下すると、骨吸収が促進される。 3. カルシウムの吸収は、ビタミンDにより促進され、リンにより抑制される。 解答 5

9 鉄に関する記述である。最も適当なのはどれか。1つ選べ。
1. 鉄は、汗に含まれる。
2. 鉄の吸収率は、ヘム鉄よりも非ヘム鉄の方が高い。
3. 非ヘム鉄は、3価鉄として吸収される。
4. 貯蔵鉄は、トランスフェリンと結合している。
5. ヘモクロマトーシスは、鉄の欠乏症である。 (第35回国家試験78問)

解説 2. 3. 吸収率は、ヘム鉄の方が高い。非ヘム鉄は、2価の鉄に還元されて吸収される。 4. 貯蔵鉄は、フェリチンやヘモジデリンと結合している。 5. ヘモクロマトーシスは、鉄の過剰症である。
解答 1

10 微量ミネラルに関する記述である。最も適当なのはどれか。1つ選べ。
1. 鉄は、グルタチオンペルオキシダーゼの構成成分である。
2. 亜鉛は、甲状腺ホルモンの構成成分である。
3. 銅は、スーパーオキシドジスムターゼ（SOD）の構成成分である。
4. セレンは、シトクロムの構成成分である。
5. クロムは、ミオグロビンの構成成分である。 (第36回国家試験79問)

解説 1. グルタチオンペルオキシダーゼの構成成分はセレンである。 2. 甲状腺ホルモンの構成成分はヨウ素である。 4. 5. シトクロムとミオグロビンはヘムたんぱく質であり、鉄を構成成分とする。
解答 3

参考文献

1）厚生労働省「日本人の食事摂取基準（2020年版）」

2）R.K.Murray et al.,イラストレイテッド ハーパー・生化学（原書28版），丸善株式会社,2011年

3）Paula Y. Bruice, ブルース有機化学概説（第3版），化学同人, 2016年

4）Anne-Laure Tardy et al.,「Vitamins and Minerals for Energy, Fatigue and Cognition: A Narrative Review of the Biochemical and Clinical Evidence」, Nutrients,12(1):228,2020年

5）Shiho Chiba et al.,「Structural basis for the major role of O-phosphoseryl-tRNA kinase in the UGA-specific encoding of selenocysteine.」,Molecular Cell,39, 410-420, 2010年

酵　素

達成目標

- 酵素のはたらきを理解する。
- 酵素反応を理解し、7つの触媒作用を覚える。
- 酵素の基質特異性、至適pH、至適温度など酵素の性質を理解する。
- 酵素の活性阻害や修飾による活性化、アロステリック調節など酵素活性の調節機構を理解し、説明できる。

1 酵素とは

酵素（enzyme）は生体内のほぼすべての生化学反応にかかわり、遷移状態（高エネルギー中間体）のエネルギーを低下させて、化学反応の速度を増加させる**触媒作用**を持つ重要なたんぱく質である（図 7.1）。酵素は並外れた触媒能を持ち一般的な無機触媒、合成触媒などよりその能力ははるかに大きい。酵素は他の分子に結合してその分子を化学的に異なる化合物へと変換する。酵素によって作用を受ける分子を**基質**（substrate）という。酵素は基質に対して**高い特異性**を示し、pH や温度が穏やかな条件下で作用する。ヒトの生体内は温度は 37℃、pH はほぼ中性で 1 気圧という穏やかな環境下にある。しかし、酵素は化学反応における活性化エネルギーを低下させるため、生体内に酵素があることにより外部からの熱や圧力を必要とせず多くの化学反応が絶え間なく、穏やかでかつ速やかに行われる。

酵素は生体内において何段階もの反応を触媒する。例えば、食物の消化・吸収に関して、酵素は栄養成分を分解し、化学エネルギーの保存、変換、さらに単純な前駆体から生体高分子の合成ができる。一方、酵素は病気の診断などの医学分野、化学工業、食品加工、農業分野においても実用的な手段として広く利用されている。

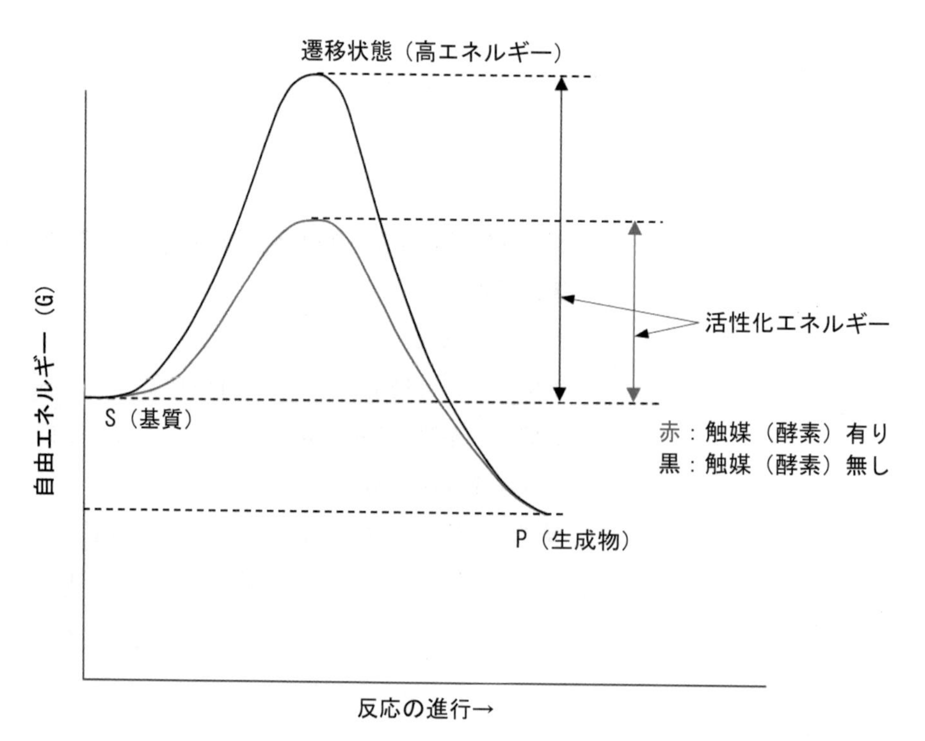

図 7.1　酵素による活性化エネルギーの低下

1.1 酵素のはたらき（一般的性質　活性化エネルギー）

酵素は、生体内での物質の代謝を促進あるいは制御する重要な役割を担っている。酵素は、化学反応を起こすために必要なエネルギーである**活性化エネルギーを減少させて、生体内での反応を促進する**。つまり化学反応の際、酵素がないと大きなエネルギーが必要となり、酵素があれば小さなエネルギーで化学反応が進む（図 7.1）。

酵素は特定の基質にのみ作用する。酵素はたんぱく質であるため熱に弱く、高温では構造が変化し活性を失う。また化学反応を行うために最適な温度、pH、塩濃度がある。**律速酵素は一連の代謝経路で最も遅い反応に関与する酵素**であり、その代謝経路の進むスピード（反応速度）を決定する酵素である。糖代謝において、解糖系の律速酵素には、ヘキソキナーゼ、ホスホフルクトキナーゼ、ピルビン酸キナーゼがある。糖新生の経路の律速酵素には、ホスホエノールピルビン酸カルボキシキナーゼ、フルクトースビスホスファターゼ、グルコース-6-ホスファターゼがある（第９章参照）。

1.2 酵素の分類

国際分類法では、酵素は反応の種類により以下の７つに分類されている（図 7.2）。すべての酵素に正式な E.C. 番号と系統名があるが、大部分の酵素は慣用名を持つ。例としてペプチドを切断する加水分解酵素のトリプシンの E.C. 番号は、EC3.4.21.4 と表記される。

(1) 酸化還元酵素（oxidoreductase；オキシドレダクターゼ）

基質に対し水素イオンや電子を奪ったり与えたりする酸化還元反応を触媒する酵素をいう。乳酸デヒドロゲナーゼ、ピルビン酸デヒドロゲナーゼなどがある。

(2) 転移酵素（transferase；トランスフェラーゼ）

１つの基質から他の基質へ官能基を転移する酵素をいう。アミノ基転移酵素、ヘキソキナーゼ、グルコキナーゼなどがある。

(3) 加水分解酵素（hydrolase；ヒドロラーゼ）

基質の分子内の結合を加水分解する（H_2O の存在により OH と H を付加して切り離す）酵素をいう。消化酵素のペプシン、トリプシン、アミラーゼ、リパーゼ、ペプチダーゼなどがある。

(4) 脱離酵素（lyase；リアーゼ）

C-C、C-O、C-N 結合や他の結合の切断、開裂、あるいは二重結合への官能基の付加を触媒する。グルタミン酸デカルボキシラーゼなどがある。

(5) 異性化酵素（isomerase；イソメラーゼ）

分子内の官能基の転移により異性体を生成する酵素をいう。トリオ-スリン酸イソメラーゼなどがある。

(6) 合成酵素（ligase；リガーゼ）

ATP の加水分解と共役して 2 つの基質を結合する。C-C、C-S、C-O、C-N 結合の形成を触媒する。ピルビン酸カルボキシラーゼなどがある。

(7) 輸送酵素（translocase；トランスロカーゼ）

生体膜を介して水素イオン、アミノ酸、炭水化物などを輸送する反応を触媒する酵素である。NADH：ユビキノン還元酵素、ABC トランスポーター、アシルカルニチントランスロカーゼなどがある。例えば、アシルカルニチンのミトコンドリアへの輸送は輸送酵素によって仲介される。

① 酸化還元酵素

② 転移酵素

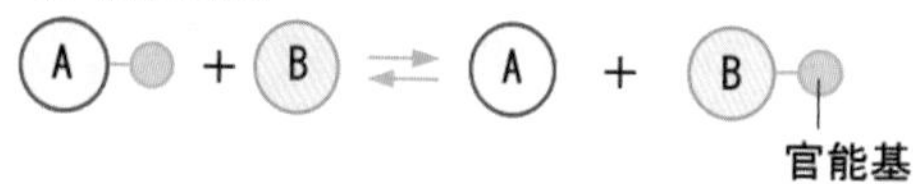

③ 加水分解酵素

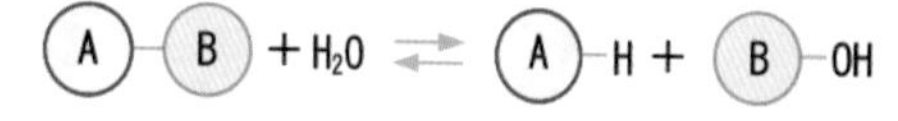

④ 脱離酵素

⑤ 異性化酵素

A ⇄ A

Aの異性体

⑥ 合成酵素

⑦ 輸送酵素（トランスロカーゼ）

A → A

膜サイド① 膜サイド②

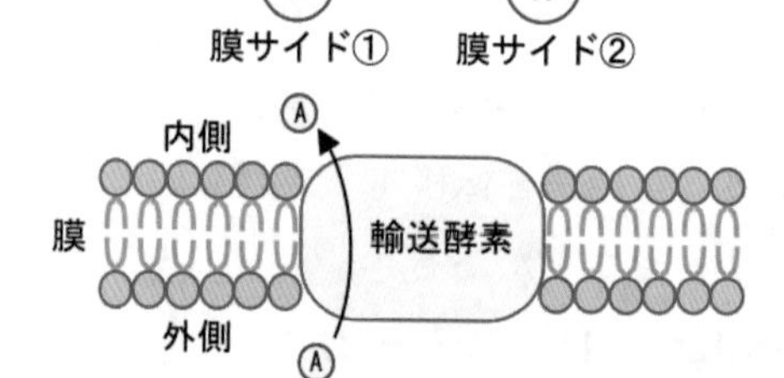

図 7.2 酵素の分類

1.3 酵素の性質

酵素はたんぱく質からなり、単独で触媒作用を示す酵素と触媒作用を示すためには補助因子を必要とするものがある。

(1) 触媒作用

単独で触媒作用を示す酵素もあるが、多くの酵素は、触媒作用つまり活性を示すために、Zn^{2+}、Mg^{2+}のような非たんぱく質性の分子である補因子や補酵素を必要とする。非たんぱく質性の分子が亜鉛、鉄など無機イオンの場合は**補因子**（cofactor）とよび、FAD、NAD^+など小さな有機分子の場合は**補酵素**（coenzyme）とよぶ。補酵素はビタミンに由来するものが多い。**ホロ酵素**（holoenzyme）とは、このような非たんぱく質を含んだ完全な触媒作用を持つ、つまり活性のある酵素のことをいう（図 7.3）。そのような酵素のたんぱく質部分を**アポ酵素**（apo-enzyme）とよぶ。アポ酵素は活性がない。

補助因子
・金属イオン（亜鉛など）
・補酵素（NAD^+など）
アポ酵素
たんぱく質
ホロ酵素＝アポ酵素＋補助因子

図 7.3　アポ酵素とホロ酵素

(2)　基質特異性

1つの酵素は特定の基質と結合する。「鍵と鍵穴」に例えられるこの性質を**基質特異性**という。酵素は非常に特異的で1つの（あるいはわずかな数の）基質に結合し、1種類の化学反応だけを触媒する（図 7.4）。

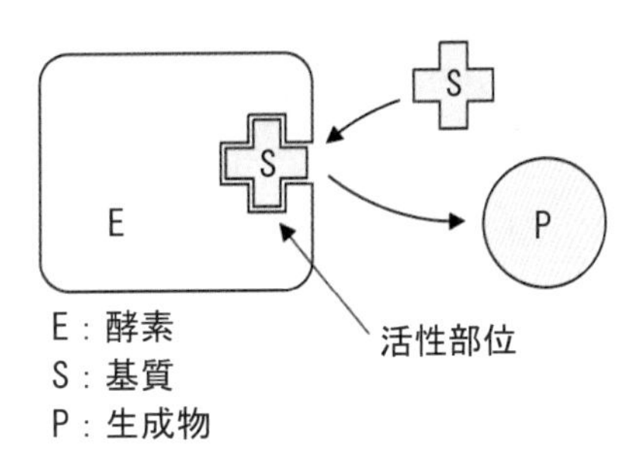

図 7.4　基質特異性

(3)　至適温度・至適 pH

酵素反応は最適な温度条件が決まっており、これを**至適温度**という。ヒトの場合、至適温度が 35～40℃の間にある酵素がほとんどである。酵素はたんぱく質であるため温度が上昇すると高次構造が変化（変性）し、活性を失う。ヒトの酵素は 40℃以上で変性が始まる（図 7.5）。

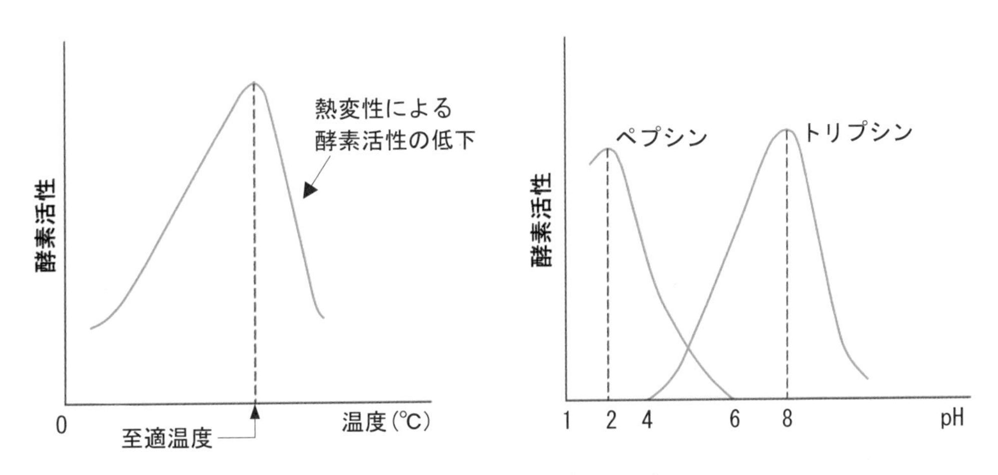

図 7.5　酵素の至適温度と至適 pH

また、酵素反応はpHに依存しており、**反応速度は至適pHで最大となる。**この最大の酵素活性が得られる至適pHは酵素によって異なる。これは酵素たんぱく質を構成しているアミノ酸側鎖のイオン的性質に依存しているためである。胃における消化酵素であるペプシンはpH2で最大の触媒活性を示すが、トリプシン（膵液に含まれ小腸内で作用）はpH8付近で強い活性を示す。どちらも同じたんぱく質分解酵素であるが、これにより酸とアルカリの両方で消化を行うことができる。

(4) 補酵素

補酵素は、酵素反応における官能基の授受に関与する低分子の有機化合物である。ビタミンB群のチアミンピロリン酸（TPP：ビタミンB_1の補酵素型）、FAD（ビタミンB_2の補酵素型）、NAD・NADP（ナイアシンの補酵素型）、ピリドキサールリン酸（PLP：ビタミンB_6の補酵素型）などがある（第6章参照）。他にATP、リポ酸などがある。アポ酵素は単独では作用できないので、補酵素はアポ酵素にとって活性を発現するのに必要である。また、補助因子として亜鉛、鉄、銅などの無機イオンが必要な酵素もある。アミノ酸の一種チロシンから黒色色素メラニンの合成にかかわる酵素であるチロシナーゼは銅イオンを補助因子とする。

例題1 酵素に関する記述である。正しいのはどれか1つ選べ。

1. アポ酵素は、単独で酵素活性を持つ。
2. 律速酵素は、代謝経路で最も速い反応を触媒する。その代謝経路の進むスピードを決定する酵素である。
3. ホロ酵素は、補因子や補酵素などの非たんぱく質性分子を含んでいる。
4. 化学反応の活性化エネルギーは、酵素によって増加する。
5. 酵素の反応速度は、至適pHで最少となる。

解説 1. アポ酵素は、単独で酵素活性を持たず、補酵素や補助因子が必要である。アポ酵素＋補酵素＝ホロ酵素（活性を持つ）である。 2. 律速酵素はその代謝経路の進むスピードを決定する酵素であるが、代謝経路で最も遅い反応を触媒する。 4. 化学反応の活性化エネルギーは、酵素によって低下する。 5. 酵素の反応速度は、至適pHで最大となる。

解答 3

1.4 反応速度論

酵素反応は酵素と基質が結合することによって起こる。基質濃度は酵素の触媒反応の速度に影響を及ぼし、基質濃度と反応速度の関係は定量的に表すことができる。

その関係を調べるために横軸に基質濃度[S]、縦軸に反応速度[V]をとったものを図に示した(図 7.6)。酵素の濃度が一定のとき、基質濃度が低いときの反応速度は、基質濃度の上昇とともに初速度はほぼ直線的に増加する(一次反応)。基質濃度を高めていくと初速度の増大は小さくなっていく。そして基質濃度を高めても初速度が増えなくなる。この極限値を**最大速度**(V_{max})という。基質濃度が低いときは酵素の基質と結合する部位に空きがあるが、濃度が上がってくると結合と解離の平衡状態を保ちながら徐々に飽和状態に近づくため、基質濃度を高めても反応速度は増えなくなる。

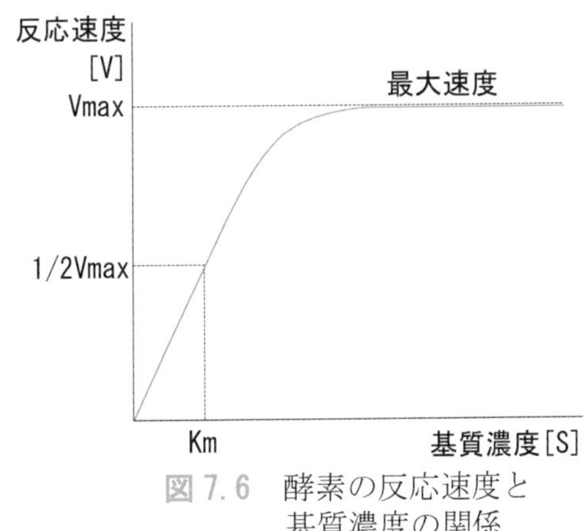

図 7.6　酵素の反応速度と基質濃度の関係

ミカエリス定数(Km)は最大速度(Vmax)の 1/2 を与える基質 S の濃度である。**Km 値は酵素に対する親和性を反映し、Km 値が小さいほど酵素と基質の親和性が高いことを示す**。Km 値が小さいということは低い基質濃度で酵素の半分が飽和し、高親和性であることを示している。

ミカエリスとメンテンは酵素の触媒反応を説明する反応モデルを提案し、酵素反応の一般式として次にように示した。

$$\mathrm{E}\ (\text{酵素}) + \mathrm{S}\ (\text{基質}) \underset{k_{-1}}{\overset{k_1}{\rightleftarrows}} \mathrm{ES}\ (\text{酵素基質複合体}) \xrightarrow{k_2} \mathrm{E}\ (\text{酵素}) + \mathrm{P}\ (\text{生成物})$$

(k_1, k_{-1}, k_2 は速度定数)

酵素 E は基質 S と可逆的に結合して酵素基質複合体 ES を形成し、その後生成物 P を生じ、遊離の酵素 E を再生する。

上の式において ES の生成速度は E と S に比例するため、k_1[E][S] となる。ES の分解速度は ES の濃度に比例し、戻る反応と進む反応の両方になり、$(k_{-1}+k_2)$[ES] となる。定常状態で酵素の反応速度を解析する場合、S と P の濃度は変化し、ES の濃度が一定になっているため ES の生成速度と分解速度は等しくなる。

$$k_1[\mathrm{E}][\mathrm{S}] = (k_{-1}+k_2)[\mathrm{ES}] \quad \cdots\cdots ①$$

反応の全酵素量を [Et] とするとこれは E と ES を合わせたものなので

$$[\mathrm{Et}] = [\mathrm{E}] + [\mathrm{ES}] \quad \cdots\cdots ②$$

これを①に代入して [E] を消去すると

$$[\mathrm{S}]([\mathrm{Et}]-[\mathrm{ES}])/[\mathrm{ES}] = (k_{-1}+k_2)/k_1 = \mathrm{Km} \quad \cdots\cdots ③$$

これがKmとなる。また、③の式から

$$[ES] = [Et][S]/(Km + [S]) \cdots\cdots ④$$

一方、反応速度は生成物ができる速度のため、$V = k_2 [ES]$ ……⑤

最大速度はすべての酵素が生成物をつくる速度であるため、

$$Vmax = k_2 [Et] \cdots\cdots ⑥$$

⑤に④と⑥を代入し、酵素にかかわる項を消去して、反応速度Vを基質濃度［S］とVmax、Kmで表すと以下の式となる。この式を**ミカエリス・メンテンの式**という。

$$V = \frac{Vmax[S]}{Km + [S]}$$

ミカエリス・メンテンの式は、1基質の酵素触媒反応の速度式であり、**反応速度が基質濃度によりどのように変化するかを示している。**この式の反応速度を逆数で表すと、**ラインウィーバ・バークの式**という。ミカエリス・メンテンの式では関数が曲線を示し、グラフの測定数値からVmaxやKmを決定しにくい。一方、ラインウィーバ・バークの式に変換すると**直線式**で示すことができるので、VmaxはY軸との交点、KmはX軸との交点から簡単に求められる（図7.7）。

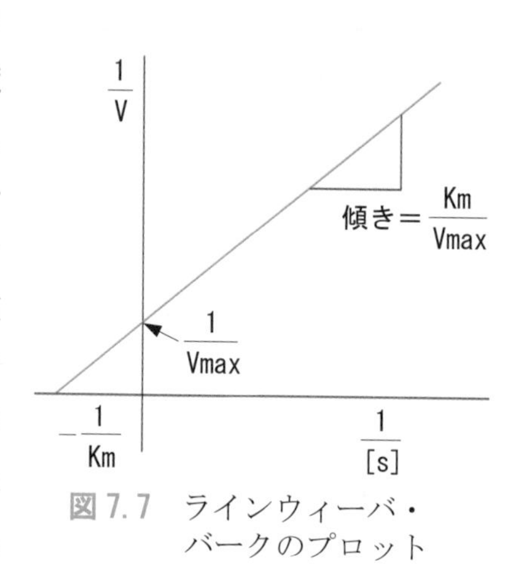

図7.7 ラインウィーバ・バークのプロット

$$\frac{1}{V} = \frac{Km + [S]}{Vmax[S]} \longrightarrow \frac{1}{V} = \frac{Km}{Vmax[S]} + \frac{1}{Vmax}$$

例題2 酵素に関する記述である。正しいのはどれか。2つ選べ。

1. ミカエリス定数（Km）が小さいほど、酵素と基質の親和性が低い。
2. 基質との親和性が高いと、ミカエリス定数（Km）は小さい。
3. Km値は、反応速度が最大反応速度（Vmax）の2倍に達するのに必要な基質濃度である。
4. ミカエリス・メンテンの式は、反応速度が基質濃度によりどのように変化するかを示している。
5. 異性化酵素とは、異性体を加水分解する酵素をいう。

解説 1. ミカエリス定数（Km）が小さいほど、酵素と基質の親和性が高い。
3. Km値は、酵素の反応速度が最大反応速度（Vmax）の1/2に達するのに必要な基質濃度である。 5. 異性化酵素とは分子内の官能基の転移により異性体を生成する酵素をいう。 **解答** 2、4

2 アイソザイム

生体内で同じ反応を触媒するが、アミノ酸配列が異なり、物理化学的、生理的性質が異なる酵素を**アイソザイム**（isozyme）という。つまり、**同じ反応を触媒する異なるたんぱく質**である。その例として、ヘキソキナーゼとグルコキナーゼがあげられる。

2.1 ヘキソキナーゼとグルコキナーゼ

グルコースにリン酸を結合しグルコース6-リン酸（G6P）を生成する反応を行う酵素としてヘキソキナーゼとグルコキナーゼがある。この反応は、糖代謝においてグルコースの分解や、グリコーゲンの合成に重要である。グルコキナーゼは血糖値の恒常性の維持においてグルコースセンサーとして機能する。グルコキナーゼは肝臓に存在し、食後の血糖値が高いときのみグルコースをG6Pに変換する反応を進め、それによりグリコーゲンの合成、脂肪酸の合成を促進する。

一方、ヘキソキナーゼは、グルコースに対する親和性がグルコキナーゼよりはるかに高く（Km値が小さく）、筋肉のヘキソキナーゼは血糖値の低い空腹時でもグルコースをエネルギー源としての代謝を可能にしている。筋肉はグルコースを消費してエネルギー産生に利用している。肝臓は血糖値に依存してグルコースの消費や産生を行い、血糖ホメオスタシスを維持する。ヘキソキナーゼとグルコキナーゼは、糖代謝におけるこれらの器官の特異的な代謝を可能にしている。

2.2 サブユニット

三次構造を持つたんぱく質（サブユニット）が会合して機能を持つたんぱく質になることがある。これをたんぱく質の**四次構造**という。酵素たんぱく質にもサブユニットが結合して四次構造を形成するものがある。**乳酸デヒドロゲナーゼ**（lactate dehydrogenase：LDH）は2種類のサブユニット（H型とM型）4つからなる四量体の酵素で、サブユニットの組み合わせによりLDH1～LDH5まで存在する（図7.8）。LDHはエネルギー代謝にかかわる酵素でピルビン酸と乳酸の酸化還元反応を触媒する。

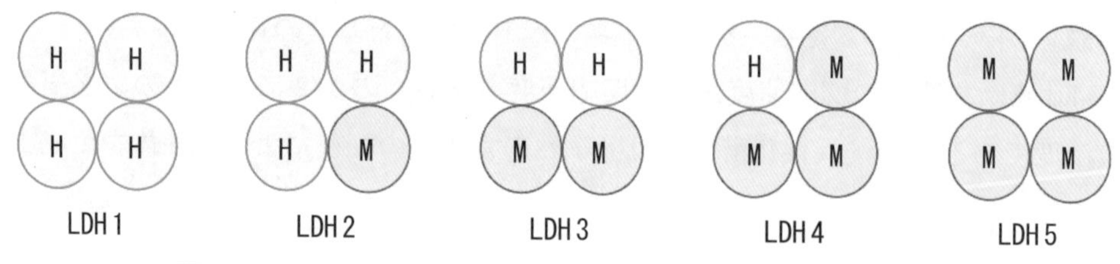

図 7.8　乳酸デヒドロゲナーゼ（LDH）のアイソザイム

すなわち、乳酸を脱水素してピルビン酸に酸化、また逆にピルビン酸を乳酸に還元する反応を触媒する酵素である。LDH1 は心臓に、LDH5 は肝や筋肉に分布している。

$$\text{ピルビン酸} + \text{NADH} + \text{H}^{+} \underset{}{\overset{\text{LDH}}{\rightleftarrows}} \text{乳酸} + \text{NAD}^{+}$$

2.3 逸脱酵素・アイソザイムと診断への応用

LDH のように組織や細胞で産生されている酵素の活性が血液中で検出されることがある。これを**逸脱酵素**という。これは**組織や細胞が障害され、血液中に漏出した**ためである。血液中の酵素を調べると障害を受けた臓器や障害の程度を知ることができる。そのため、病気の診断などに用いられる。例えば、LDH では、肝炎の際に LDH5 が、心筋梗塞では LDH1 が増加する。アスパラギン酸アミノトランスフェラーゼ（AST）は肝細胞、心筋、筋肉、赤血球に存在して、細胞の壊死により血液中に逸脱する。アラニンアミノトランスフェラーゼ（ALT）は主として肝細胞に存在し細胞の壊死、破壊により血液中に漏出する。

例題 3　酵素に関する記述である。正しいのはどれか。**2 つ**選べ。

1. たんぱく質の三次構造とはサブユニットが会合したものである。
2. 乳酸デヒドロゲナーゼ（LDH）は、ピルビン酸と乳酸の酸化還元反応を触媒する。
3. アイソザイムは、同じアミノ酸配列を持つ。
4. AST、ALT は逸脱酵素であり病気の診断に利用される。
5. アイソザイムは、異なるアミノ酸配列と異なる触媒作用を持つ。

解説　1. たんぱく質の四次構造は三次構造を持つサブユニットが会合して機能を持つたんぱく質になる。　3. アイソザイムは、異なる一次構造と同じ触媒作用を持つ。　5. アイソザイムは、異なるアミノ酸配列と同じ触媒作用を持つ。　**解答** 2、4

3 酵素活性の調節

生体内で多くの代謝経路を統合するためには酵素の反応速度を調節する必要がある。酵素は温度、pH など至適条件、基質濃度、補酵素、補助因子、アイソザイムの存在で制御されている。さらに、酵素活性の阻害、アロステリック調節、修飾による調節、限定分解による調節がある。

3.1 酵素活性の阻害

酵素の触媒反応の速度を低下できる物質を**阻害剤**（inhibitor）という。酵素活性の阻害様式には、基質の**活性部位**である結合部位に阻害物質が結合する**競合阻害**（competitive inhibition）、酵素の結合部位とは**異なる部位**に阻害物質が結合する**非競合阻害**（noncompetitive inhibition）、ならびに**酵素基質複合体**に結合して生成物の産生を阻害する**不競合阻害**（uncompetitive inhibition）がある。

競合阻害の例としてスタチン系薬剤があげられる。抗高脂血症薬剤であるスタチン系薬剤は、コレステロールの生合成の律速酵素である HMG-CoA レダクターゼの基質と類似構造を持ち、競合阻害することによりこの酵素の活性を阻害し、コレステロールの生合成を阻害する。

競合阻害では、阻害物質と基質の構造が類似しているため、阻害物質が基質と競争的に活性部位に結合し、基質と酵素が結合するのを阻害する結果生じるものである。基質に対する見かけの Km 値が増加し、Vmax は変化しない。基質濃度を高くすると阻害が起こらなくなる。非競合阻害では酵素の活性部位とは別のところに阻害物質が結合することにより活性が阻害される。基質の酵素への結合を妨げないため Km 値は変化しないが Vmax は低下する。不競合阻害では阻害物質は遊離の酵素には結合せず、酵素基質複合体にのみ結合し、活性を阻害する。基質結合部位以外に結合して阻害するので、基質濃度を高めても阻害されたままである。Km 値も Vmax も小さくなる（図 7.9、図 7.10、図 7.11）。

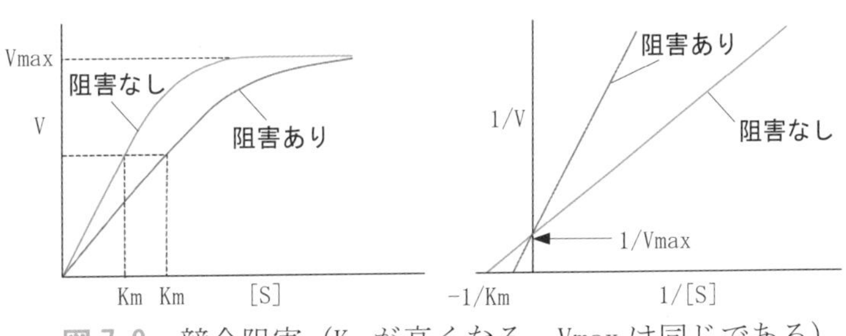

図 7.9　競合阻害（Km が高くなる、Vmax は同じである）

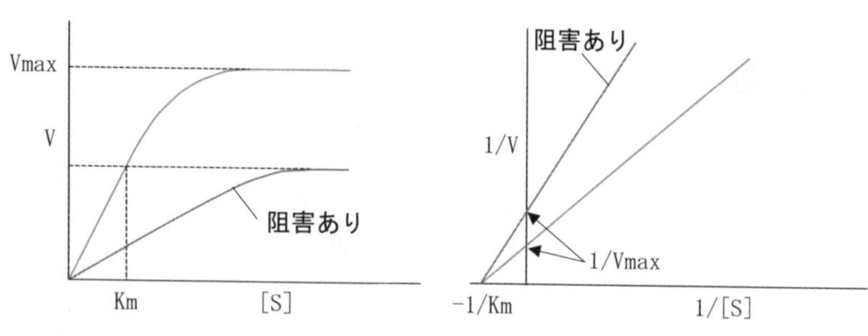

図 7.10 非競合阻害（Vmax が低くなる、Km は同じである）

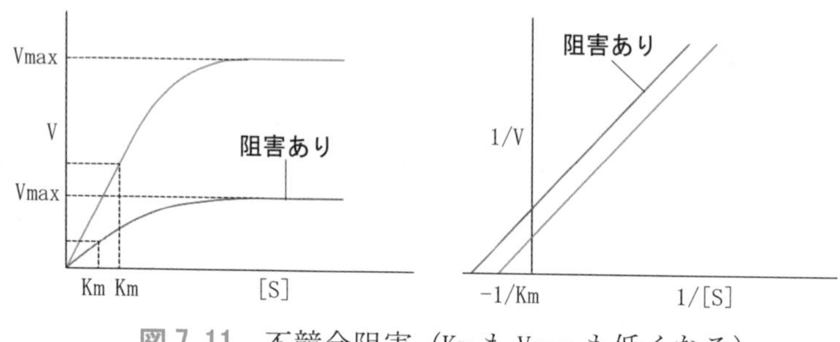

図 7.11 不競合阻害（Km も Vmax も低くなる）

3.2 アロステリック調節

アロステリック酵素は、活性部位とは別の部位（アロステリック部位）に低分子の調節因子（エフェクター）が非共有的に結合することにより調節される。このような酵素は複数のサブユニットからなり、エフェクターが触媒サブユニット以外のサブユニットに存在することもある。エフェクターと基質間には構造上の類似性がないことが多い。エフェクターが可逆的に結合すると、活性部位の構造変化に伴い基質親和性が変化して、酵素反応が促進されたり、阻害されたりする（**図 7.12**）。このような調節を**アロステリック調節**という。**アロステリック酵素の反応曲線はミカエリス・メンテン速度論には従わず**、基質濃度に対して反応速度をプロットするとシグモイド（S 字状）曲線を示すものが多い。ほとんどの酵素はミカエリス・メンテンの速度式にあてはまり、反応初速度基質の濃度に対してプロットすると**双曲線**になるが、アロステリック酵素は**シグモイド曲線**となる（**図 7.13**）。

ある代謝反応においてその生成物あるいは中間体が経路の上流に位置する酵素にアロステリックエフェクターとして結合し、酵素活性を阻害し、代謝経路を止めてしまうことを**フィードバック阻害**という。これは、生体内に過剰に生成物を作らなくする調節機構である（**図 7.14**）。

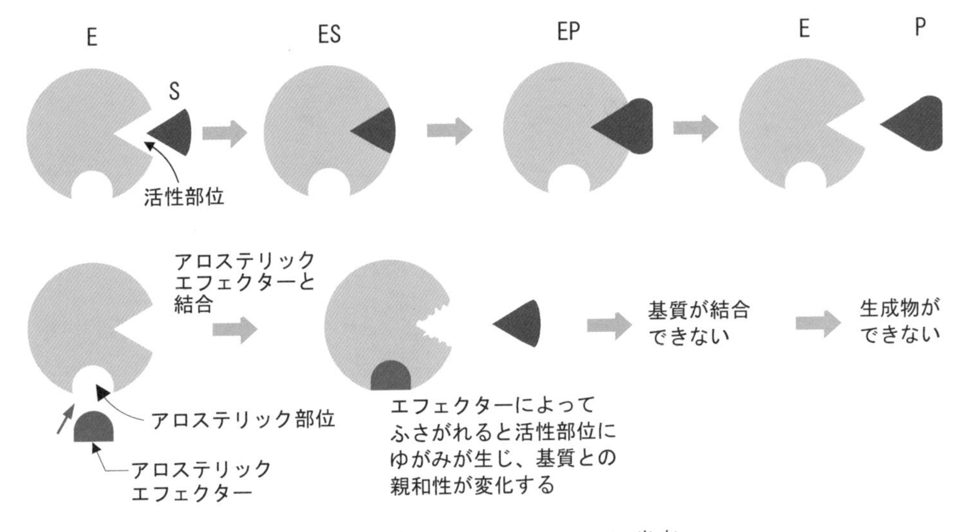

図 7.12　アロステリック酵素

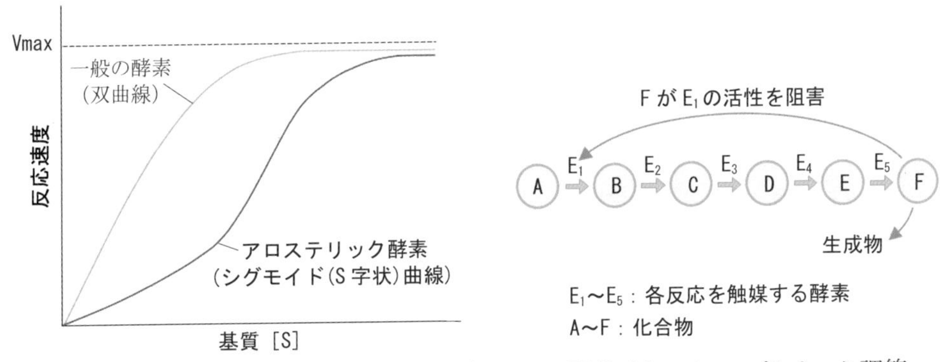

図 7.13　一般の酵素とアロステリック酵素の反応速度と基質濃度の関係

図 7.14　フィードバック調節

3.3 修飾による調節

多くの酵素は共有結合修飾により調節される。酵素が**リン酸化**されたり（リン酸基が結合すること）、**脱リン酸化**（リン酸が離脱すること）されることにより、立体構造が変化して活性が調節される。これは酵素の特定のセリン、スレオニン、チロシン残基などの**側鎖の水酸基がキナーゼ**によってリン酸化されるものである。**脱リン酸化はホスファターゼ**の作用でリン酸基が分解される。

例として、グリコーゲンを合成する酵素グリコーゲンシンターゼはリン酸化により不活性型となり活性が低下し、ホスファターゼの作用（脱リン酸化）により活性型となり活性が高くなる。一方、グリコーゲンを分解する酵素であるグリコーゲンホスホリラーゼはリン酸化により活性型となり活性が高くなり、脱リン酸化により不活性型となり活性が低くなる（図 7.15）。

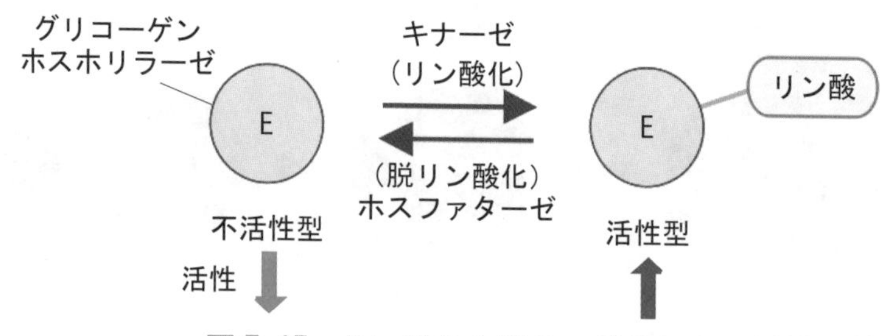

図 7.15 リン酸化と脱リン酸化による活性調節

3.4 限定分解による調節

不活性前駆体(チモーゲン)として合成され、たんぱく質の部分分解をうけて活性化する酵素がある。チモーゲンは切断されて、活性型の酵素となる。例として、消化酵素のたんぱく質分解酵素のペプシンは、胃の主細胞より**ペプシノーゲン**(不活性のチモーゲン)として分泌される。ペプシノーゲンは、胃の壁細胞から分泌される塩酸や既に活性化されたペプシンによって、触媒活性の働きを防いでいる余分なアミノ酸残基が取り除かれ、活性を持つペプシンとなる。これは胃組織の分解を防ぐなど生体自身を保護するためである。トリプシンは、膵臓から分泌されるチモーゲンである**トリプシノーゲン**からエンテロペプチダーゼ(酵素)によって、6個のアミノ酸からなるペプチドが除去され、活性型のトリプシンになる。膵チモーゲンであるキモトリプシノーゲンは、トリプシンによって活性型のキモトリプシンになる。トリプシンはすべての膵チモーゲンの共通の活性化因子である。この調節はアロステリック調節やリン酸化など、修飾による調節のような可逆的調節とは異なり、**不可逆的な調節**である。

3.5 酵素活性の単位

酵素活性の単位は、1分間に1μmol/Lの基質に作用する酵素量を1国際単位(IU)とし、溶液の酵素濃度は、その1mL当たりの単位数で表す。

例題4 酵素に関する記述である。正しいのはどれか。1つ選べ。

1. アロステリック部位は、酵素が基質と結合する部位である。
2. 競合阻害ではKm値が上昇し、Vmaxが低下する。
3. 非競合阻害ではKm値は同じであるが、Vmaxが低下する。
4. 不競合阻害ではKm値は低下し、Vmaxは同じである。
5. アロステリック酵素の反応曲線は、双曲線である。

解説　**1.** アロステリック部位は、酵素の基質結合部位以外への結合である。　2. 競合阻害では Km 値が上昇し、Vmax は変わらない。　4. 不競合阻害では Km 値も Vmax も低下する。　5. アロステリック酵素の反応曲線は、S 字状（シグモイド）である。

解答 3

例題 5　酵素に関する記述である。正しいのはどれか。1つ選べ。

1. ペプチダーゼは、二つの基質を結合させる酵素である。
2. ペプシノーゲンは活性型の酵素である。
3. アロステリック酵素は、アロステリック部位に低分子の調節因子が共有結合で結合することにより調節される。
4. アロステリック調節やリン酸化修飾による調節は可逆的調節である。
5. ペプシン、トリプシンはリン酸化修飾をうけて活性型の酵素となる。

解説　1. ペプチダーゼは、アミノ酸のペプチド結合を加水分解するたんぱく質分解酵素である。　2. ペプシノーゲンは不活性型のチモーゲンである。　3. アロステリック酵素は、アロステリック部位に低分子の調節因子が非共有結合で結合することにより調節される。　5. ペプシン、トリプシンは部分分解をうけて活性化する。

解答 4

章末問題

1　酵素に関する記述である。最も適当なのはどれか。1つ選べ。

1. 酵素は、化学反応の活性化エネルギーを増大させる。
2. 競合阻害では、反応の最大速度（Vmax）は低下する。
3. 競合阻害物質は、活性部位に結合する。
4. ミカエリス定数（Km）は、親和性の高い基質で大きくなる。
5. トリプシノーゲンは、リン酸化により活性化される。

（第 37 回国家試験 20 問）

解説　1. 酵素は、化学反応の活性化エネルギーを低下させる。　2. 競合阻害では、反応の最大速度（Vmax）は変化しない。基質濃度を高くすると阻害が起こらなくなる。　4. Km とは、最大速度の 1/2 の速度を与える基質濃度である。Km は、親和性の高い基質で小さくなる。　5. トリプシノーゲンとは膵臓で生成されるたんぱく質分解酵素のこと。トリプシノーゲンは、加水分解により活性のあるトリプシンになる。

解答 3

2 酵素に関する記述である。最も適当なのはどれか。１つ選べ。

1. アポ酵素は、単独で酵素活性を持つ。
2. 酵素たんぱく質のリン酸化は、酵素活性を調節する。
3. 律速酵素は、他の酵素の活性を調節する酵素である。
4. リパーゼは、脂肪酸を分解する。
5. プロテインホスファターゼは、グリコーゲンを分解する。

（第35回国家試験20問）

解説 1. 酵素活性とは、酵素の示す触媒作用のことである。アポ酵素は、単独では酵素活性を持たないが、補酵素または補欠分子族と結合することで活性型のホロ酵素となる。 3. 律速酵素とは、ある代謝経路において最も遅い反応を触媒する酵素である。 4. リパーゼは、脂肪酸ではなくトリグリセリドをモノグリセリドと脂肪酸に分解する。 5. プロテインホスファターゼによりグリコーゲンシンターゼが脱リン酸化され活性が高くなり、グリコーゲン合成が促進される。

解答 2

3 酵素に関する記述である。正しいのはどれか。1つ選べ。

1. ミカエリス定数（Km）が小さいほど、酵素と基質の親和性が低い。
2. アポ酵素は、単独で酵素活性を持つ。
3. 化学反応における活性化エネルギーは、酵素によって低下する。
4. 酵素の反応速度は、至適pHで最小となる。
5. 律速酵素は、代謝経路で最も速い反応に関与する。

（第32回国家試験20問）

解説 1. ミカエリス定数（Km）が小さいほど、酵素と基質の親和性が高い。 2. ホロ酵素は、単独で酵素活性を持つ。アポ酵素＋補酵素＝ホロ酵素であり、アポ酵素単独では、酵素活性はない。 4. 酵素の反応速度は、至適pHで最大となる。反応速度が最大となる条件は他にも反応温度、基質温度、塩温度などがある。 5. 律速酵素は、代謝経路で最も遅い反応に関与する酵素であり、その代謝経路の反応速度を決めている。

解答 3

4 酵素に関する記述である。正しいのはどれか。１つ選べ。

1. 律速酵素は、代謝経路で最も早い反応に関与する。
2. Km値は、反応速度が最大反応速度の1/4に達するのに必要な基質濃度である。
3. 反応速度は、至適pHで最小となる。
4. ペプチダーゼは、二つの基質を結合させる酵素である。
5. アロステリック酵素の反応曲線は、S字状（シグモイド）である。

（第31回国家試験21問）

解説 1. 律速酵素は代謝経路で最も遅い反応に関与する。 2. Km値は反応速度が最大反応速度（Vmax）の1/2に達するのに必要な基質濃度をいう。 3. 反応速度は、至適pHで最大となる。 4. ペプチダーゼは、アミノ酸のペプチド結合を加水分解するたんぱく質分解酵素である。

解答 5

5 酵素に関する記述である。正しいのはどれか。１つ選べ。

1. 反応速度は、至適 pH で最小となる。
2. 酵素と基質の親和性は、ミカエリス定数（Km）が大きいほど高い。
3. アポ酵素は、単独で酵素活性を持つ。
4. 乳酸脱水素酵素は、アイソザイムがある。
5. 化学反応における活性化エネルギーは、酵素によって増大する。　（第 30 回国家試験 21 問）

解説 1. 反応速度は、至適 pH で最大となる。 2. 酵素と基質の親和性は、ミカエリス定数（Km）が大きいほど低い。 3. アポ酵素は、単独で酵素活性を持たない。 5. 酵素は、活性化エネルギーを減少させて、生体内での反応を促進する。

解答 4

参考文献

1) 山田一哉 編「化学・生化学」理工図書 2019
2) 石崎泰樹・丸山敬 監訳「イラストレイテッド生化学 6 版」丸善 2015
3) 中山和久 編「レーニンジャーの新生化学 第 6 版」廣川書店 2015
4) 栄養・食糧学用語辞典（第 2 版）日本栄養・食糧学会編 建帛社 2015
5) 生化学辞典（第 4 版）大島泰郎編 東京化学同人 2007
6) 厚生労働省 HP（e-ヘルスネット）
7) 碓井之雄「生化学ノート第 2 版」（薗田勝 編）羊土社 2012
8) 入村達郎 監訳「ストライヤー基礎生化学 第 4 班」東京化学同人 2021

第8章 生体エネルギー学

達成目標

■熱力学の法則から自由エネルギーなどの物理的な法則を取り上げることで、「エネルギーとは何か？」を説明できる。

■高エネルギー化合物・酸化還元反応・電子伝達系（呼吸鎖）と酸化的リン酸化・活性酸素の発生・熱産生について概説できる。

1 生物とは

生物と無生物を分けるものは何であろうか？ 3つあげるとすると、1)「内」と「外」を隔てること、2) 代謝反応、3) 自己複製もしくは子孫を残すことである。これらは、密接に関連しあっている。まず、細胞膜という脂質を中心とした成分によって「内」と「外」が隔てられると、細胞内外の異なる世界を作り出すことができる。しかし、いったん異なる環境を作り出してしまうと、その「秩序」を維持しなければ、生命を維持することは困難になる。そのためには「エネルギー」が必要となる。生物の「秩序」を維持するためのエネルギーを作り出す機構、それが2)「代謝」反応である。

では、「代謝」反応によってエネルギーが供給され続けることができれば、生物は「永遠」の命を手にすることができるはずである。しかし、代謝反応を担う生物体内の装置に最終的にガタがきてしまい、秩序を維持できなくなる状態が「死」である。そのために、生物は同じ生物体を作り出すこと、つまり3) 自己複製もしくは子を作ることで、究極の秩序維持をしているのである。ここでは、秩序を維持するためのエネルギー代謝に焦点を絞って、概観する。

2 自由エネルギー

2.1 生体エネルギー学

生物は、どのようにして「秩序」を維持するための「エネルギー」を供給しているのであろうか？そもそも「エネルギー」とは何であろうか？

エネルギーとは、「仕事をする能力」のことである。「仕事」とは、ある物体に力を加えてある距離を移動させたときに生じる。生化学では、エネルギーとは「変化をもたらす能力」と考えることができる。いかなる生物もエネルギーを作り出すことはできず、太陽の「光」という形で存在するエネルギーを、さまざまな形のエネルギーに移し替えていくことによって成り立っている。生物は、多くの物質を介した化学的な反応を利用してエネルギーを利用しているといえる。

生命現象を含めて、物質の物理的変化および化学的変化は、「熱力学の法則」によって支配されている。この考え方に基づいて、生体内のエネルギー変換について理解する学問のことを**生体エネルギー学**という。

2.2 熱力学の法則

生体エネルギー学において重要な熱力学の法則は、以下の2つである。

(1) 熱力学第1法則

全宇宙のエネルギーの総量は一定である。エネルギーはある形態から別の形態へと変換することはできるが、生成消滅することはないという法則である（図8.1）。

レンガを上から地面に落としたとする。これを熱力学的に述べると、レンガは、位置的に高いところにあるので、位置エネルギーを有する。しかし、レンガが落下すると、上から下へ落下運動をする。これは、レンガが有していた位置エネルギーが運動エネルギーに変換されたことを意味する。そして、レンガが床にたたきつけられると、熱が放出される。これは、運動エネルギーが熱エネルギーに変換されたと考えることができる。

エネルギーには、熱エネルギーの他に、化学、力学、光学、電気、磁気、そして核のエネルギーなどさまざまな形のものが存在する。

食物の摂取で考えてみると、動物は食物を取り込み、食物分子内に存在している結合エネルギーの一部を熱エネルギーに、また一部を化学エネルギーなどに変換している。ここで重要な因子は、**エンタルピー**（enthalpy）である。

(2) 熱力学第2法則

全宇宙の無秩序さ（乱雑さ）は常に増大する。この乱雑さのことを**エントロピー**（entropy）という。皆さんの部屋の状態を想像してみるとわかりやすい。片づいている「秩序」を持った部屋でも、ほったらかして片づけるという「手間（エネルギー）」をかけなければ、散らかった（乱雑さが増した）部屋になってしまう。生物で

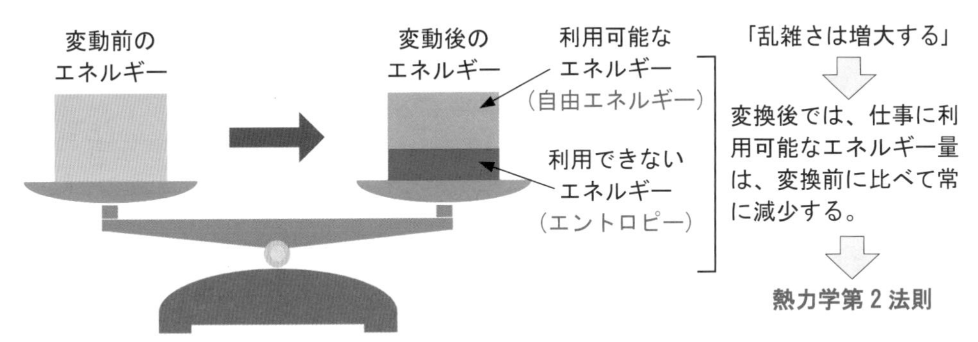

出典）D・サダヴァ他著、石崎泰樹、丸山敬 監訳・翻訳「大学生物学の教科書 第1巻 細胞生物学」p. 149を参考に作成　講談社 2010

図8.1　熱力学の法則

も同じようなことが起こっている。

生物は、栄養素を体外から摂取し、代謝することでエネルギーや構成成分を得て、それを利用することで、エントロピーが増大しないようにしている。その一方で、この過程で食物中の分子は、CO_2、H_2O や熱などといった大量の廃棄物を体外に放出することで、外界のエントロピーは増大する。エントロピーを考えるうえで重要な要素となってくるのが、**自由エネルギー**である。

熱力学第1法則と第2法則とを組み合わせて考えた場合、「エネルギーはある形から別の形に変換されるが、すべてのエネルギーが仕事に利用されることはなく、一部は失われてしまう。」と表すことができる（**図8.1**）。

2.3 自由エネルギー

生物がある反応から引き出して「仕事」に変換できるエネルギーのことを**自由エネルギー**という。自由エネルギーは、熱力学第2法則、つまり「乱雑さ」の程度を知る尺度となる。

エンタルピー、エントロピー、そして自由エネルギーの関係は次のように説明することができる。エンタルピーは、総エネルギーを表す。エネルギーがある仕事に変換される場合、全部が利用可能ではなく、一部のエネルギーは利用できずに失われていく。そのときの利用可能なエネルギーが自由エネルギーであり、利用不可能なエネルギーのことをエントロピーという。

したがって、このことを式にすると次のようになる。

$$H = G + TS$$

H：エンタルピー変化、つまり総エネルギー

G：自由エネルギー、つまり仕事に転用可能なエネルギー

T：温度（ケルビン（K）温度）

S：エントロピー

自由エネルギーを評価することが一般的であるので、上式を変換し、

$$G = H - TS$$

となる。

H、G、S の絶対量を測定することはできないが、化学反応の反応前後における変化は測定することができる。また、自由エネルギーの変化のことを**自由エネルギー変化**（ΔG）といい、カロリーやジュールで表すことができる。

ギブスは、自由エネルギー変化を以下の式で定義した。

$$\Delta G = \Delta H - T\Delta S$$

（ΔH：エンタルピー変化、T：温度（ケルビン（K）温度、ΔS：エントロピー変化）
これを**ギブスの自由エネルギー変化**という。

化学反応で自発的に起こる場合は、$\Delta G<0$（負）となる。逆に、$\Delta G>0$（正）の場合、自発的には化学反応を起こすことができず、この反応を起こすためには外部からエネルギーをつぎ込む必要が出てくる。

$\Delta G<0$（負）のような自発的に起こる反応のことを**発エルゴン反応**（exergonic reaction）という（図 8.2）。つまり、発エルゴン反応では、自由エネルギー変化に相当するだけのエネルギーが放出される反応である。この反応は、異化反応に相当する。一方、$\Delta G>0$（正）のような反応を**吸エルゴン反応**（endergonic reaction）という。吸エルゴン反応は、エネルギーを投入する必要があり、同化反応がそれに相当する。

2.4 標準自由エネルギー変化

自由エネルギー変化は、細胞内の環境の変化に応じて変化するので、評価するのは難しい。そこで、標準状態における自由エネルギー変化で評価するとわかりやすい。この値を**標準自由エネルギー変化**（$\Delta G^{0'}$）という。また、生化学分野では、25℃、pH＝7.0 での標準自由エネルギー変化を$\Delta G^{0'}$として表す。

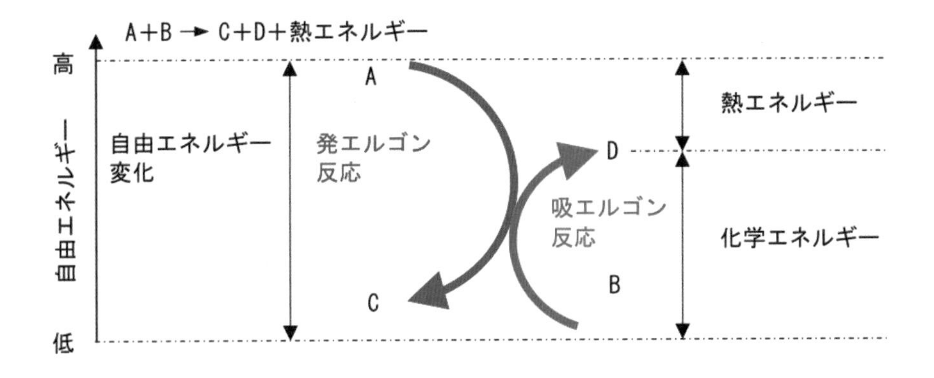

自由エネルギーの大きな物質（A）が小さな物質（C）に変化することを発エルゴン反応という。発エルゴン反応は自発的に進み、自由エネルギー変化に相当するエネルギーが放出される。また、自由エネルギーの小さな物質（B）が大きな物質（D）へ変化する反応のことを吸エルゴン反応という。吸エルゴン反応を起こすためには化学エネルギーが必要である。化学エネルギーは、発エルゴン反応のときのエネルギーを利用できる。このことを共役という。その際自由エネルギー変化をすべて化学エネルギーに利用することはできず、一部は熱エネルギーとして喪失する。

図 8.2　発エルゴン反応と吸エルゴン反応

2.5 共役反応

2つの反応に共通の中間体が1個以上あるとき、全体の自由エネルギー変化は、個々の反応の自由エネルギー変化の和になる。そのために、エネルギー的に起こりにくい（吸エルゴン）反応もエネルギー的に起こりやすい（発エルゴン）反応で発生したエネルギーを利用して、起こりにくい反応を起こすことができる。このような反応のことを**共役反応**という。

細胞体内では、共役反応を効率的に実施するために、発エルゴン反応で生成したエネルギーを高エネルギー化合物の化学結合に蓄積し、この高エネルギー化合物を介して、吸エルゴン反応を行っている。

2.6 独立栄養と従属栄養

どのような栄養素を必要とするかによって、生物は大きく2つに分けられる。ひとつは、**独立栄養生物**である。独立栄養生物は、二酸化炭素や水などの無機質から、糖質やたんぱく質などの有機物を作り出すことができる生物であり、主要なものとして光合成を行う植物があげられる。もうひとつは、**従属栄養生物**とよばれる生物である。従属栄養生物は、無機物から有機物を作り出すことができないので、無機物だけでは生きていくことができず、他の生物が有している有機物を取り入れる必要がある生物のことをいう。ヒトを含むほとんどの動物は、従属栄養生物である。

2.7 同化と異化

食物を食べなければならない大きな理由のひとつは、体内で必要なエネルギーを供給することにある。そのためには、食物分子の中に蓄えられたエネルギーを取り出す必要がある。この反応のことを**異化反応**という。食物分子は、異化反応によって酸化を受けながら分解されていく。その過程で分子内に蓄えられたエネルギーが放出されることになる。したがって、エネルギー的には発エルゴン反応である。これによって生体高分子の化学結合の中に存在するエネルギーが解放されるとともに、生体の構成成分に必要な小分子を提供してくれる。

一方、異化反応によって取り出されたエネルギーを利用して、生体を維持していくうえで必要な高分子（多糖類やたんぱく質）などの複雑な分子の生合成や、筋肉の収縮や細胞内輸送や神経伝達が行われる。このような反応のことを**同化反応**といい、エネルギー的には、吸エルゴン反応である（図8.2）。

通常放出されたエネルギーは、何もなければ熱エネルギーに変換されるのみである。しかし、熱としてエネルギーが放出された場合、そのエネルギーは即時的であり、他のエネルギーとして利用しにくく、非常に効率の悪いエネルギーといえる。エネルギーを効率的に利用するためには、一時的に異なる分子にエネルギーを蓄える必要がある。

　このような効率的なエネルギー変換が我々の生体内でも起こっているのである。それを担っているのが、高エネルギーリン酸結合を持った化合物である。

例題 1　生体のエネルギーについての記述である。正しいのはどれか。1つ選べ

1. 全宇宙のエネルギーの総量は変化する。
2. エネルギーはある形態から別の形態へと変換することはできない。
3. エネルギーには、熱エネルギーの他に、化学、力学、光学、電気、磁気、そして核のエネルギーなどさまざまな形のものが存在する。
4. レンガが高い位置から落下運動する場合、運動エネルギーが位置エネルギーに変換されたことになる。
5. 発エルゴン反応で発生したエネルギーを利用して、吸エルゴン反応を起こすことを脱共役反応という。

解説　1. エネルギーの総量は一定である。　2. 変換することができる。　4. 位置エネルギーが運動エネルギーに変換されたことになる。　5. 共役反応という。

解答　3

例題 2　生体のエネルギーについての記述である。正しいのはどれか。1つ選べ。

1. 生物がある反応から引き出して「仕事」に転用できるエネルギーのことを自由エネルギーという。
2. 自由エネルギー変化が負になり、反応が自動的に進行する反応を吸エルゴン反応という。
3. ヒトの栄養形式は、好気的独立栄養である。
4. 全宇宙の無秩序さ（乱雑さ）のことをエンタルピーという。
5. 食物分子の中に蓄えられたエネルギーを取り出す反応のことを同化反応という。

解説　2. 発エルゴン反応という。　3. 好気的従属栄養である。　4. エントロピーという。　5. 異化反応という。

解答　1

2.8 高エネルギーリン酸結合

(1) ATP －生体内の「エネルギー通貨」－

生体内の反応で必要なエネルギーは、摂取した食物分子から供給される。しかし、食物分子から直接エネルギーが供給されるのであれば、非常に効率が悪い。したがって、生体は食物分子から取り出したエネルギーを、ATP（アデノシン三リン酸）という分子の形で蓄え、ATP を加水分解することでエネルギーを放出して、さまざまな仕事に利用している（図 8.3）。

わかりやすくいうと、物々交換では非常に効率が悪いため、ある物と貨幣とを交換して、その貨幣で別の物と交換する貨幣経済の仕組みが生体内でもあると考えられる。その中で通貨の役割をしているのが、ATP である。

(A)

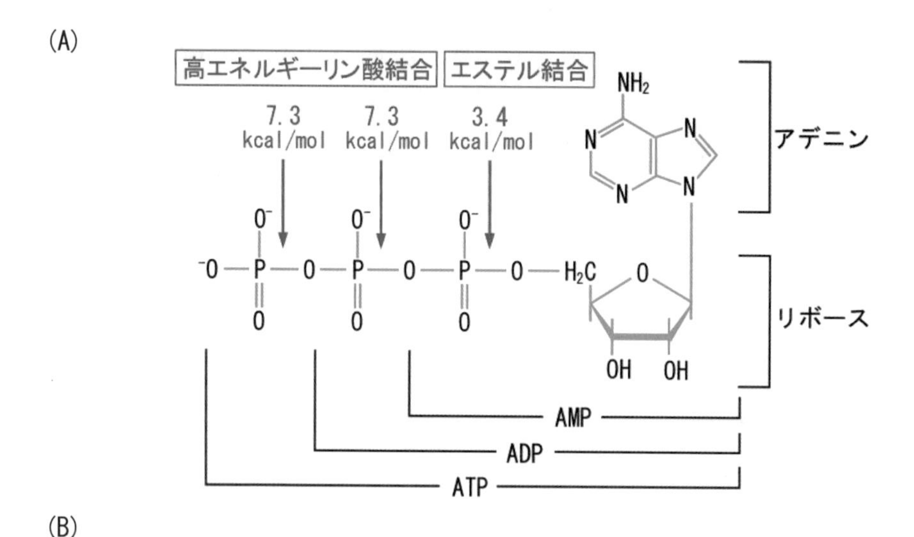

(B)

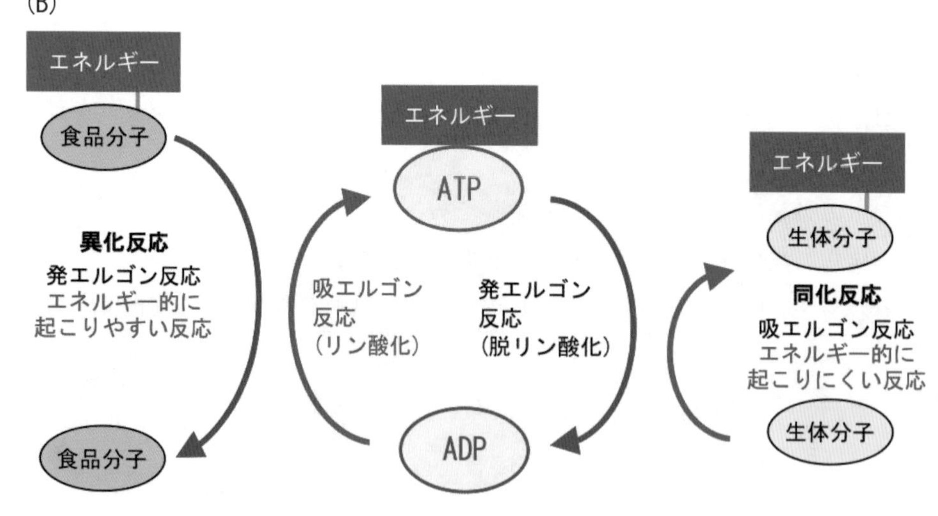

図 8.3　ATP の構造と ATP サイクル

ATPという分子は、アデニンとよばれる核酸塩基とリボースとよばれる糖の部分、そして3つのリン酸基を含む化合物である。ATPは、2つのリン酸がつながっている部分に多くのエネルギー（−7.3 kcal/mol）を蓄えることができる。このような部分のことを**高エネルギーリン酸結合**とよぶ。ATPは、このリン酸基の部分を加水分解することにより、自由エネルギーが放出され、ADP（アデノシン二リン酸）と無機リン酸イオン（Pi）が産生される。これは以下のような反応式で表すことができる。

ATP ＋ H_2O → ADP ＋ Pi ＋ 自由エネルギー

この標準自由エネルギー変化（$\Delta G^{0'}$）は、−7.3 kcal/molである。したがって、この反応は発エルゴン反応である（図8.3）。

逆に、ADPからATPを生成するときには、ATPの加水分解時に放出される自由エネルギーと同じだけエネルギーが必要となる。

ADP ＋ Pi ＋ 自由エネルギー → ATP ＋ H_2O

したがって、このATP生成反応は、吸エルゴン反応である。

ATPは、生体成分の合成、筋収縮などの機械的な仕事、能動輸送の際のエネルギー、種々のリン酸化反応など、「エネルギー通貨」として吸エルゴン反応を推進するのに利用される。また、ATPは、それだけではなく核酸（RNA）を合成するためのヌクレオチド、エネルギー代謝における酵素の調節因子などにも利用されている。

(2) 基質レベルのリン酸化

ATPよりも標準自由エネルギー変化（$\Delta G^{0'}$）が大きいリン酸化合物は、酵素反応によりATPを合成できる。この反応を基質レベルのリン酸化という（第9章　解糖系、クエン酸回路の項参照）。

例題3　ATPについての記述である。正しいのはどれか。1つ選べ、

1. ATPは、アデニン、デオキシリボース、そして3つのリン酸基を含む化合物である。
2. AMP（アデノシン一リン酸）には、高エネルギーリン酸結合がある。
3. 高エネルギーリン酸結合には、3.4 kcal/molのエネルギーを蓄えることができる。
4. ATPは、吸エルゴン反応を推進するのに利用される。
5. ATPは、グルコース、脂肪酸、アミノ酸の同化の過程で産生される。

解説　1. ATPは、アデニン、リボース、そして3つのリン酸基を含む化合物である。2. AMPには、高エネルギーリン酸結合がない。　3. 7.3 kcal/molのエネルギーを蓄えることができる。　5. 異化の過程で産生される。　**解答** 4

2.9 生体酸化　生体内での電子とエネルギーのやりとり

(1) 生体酸化とは？

生物は、上記のような物理的法則性に従って維持されているが、具体的には摂取した栄養素から酸化反応を駆使することにより、エネルギーを獲得している。また、エネルギーの放出は、還元反応によって行われている。このことを**生体酸化**という。したがって、生体内の代謝を化学的に考えると、酸化還元反応が重要になる。ここで、酸化と還元について理解する必要がある。

(2) 酸化と還元

酸化とは、本来は物質が酸素と化合することもしくは水素を失うことをいい、広い意味では電子を失うことをいう。また、還元とは、物質が酸素を失うもしくは水素を得ることをいい、広い意味では電子を得ることをいう。酸化と還元は同時に起こる（共役している）ので、このような反応のことを酸化還元反応という（図 8.4）。

例えば、自然界では

$AH_2 + B \rightleftarrows A + BH_2$ ・・・・・・・・・・・・・・・・・・・・・・(1)

という水素の移動を伴う酸化還元反応が多く見られるが、この反応は、

$AH_2 \longrightarrow A + 2H^+ + 2e^-$ （酸化反応）・・・・・・・・・・・・・・・(2)

$B + 2H^+ + 2e^- \longrightarrow BH_2$ （還元反応）・・・・・・・・・・・・・・・(3)

(2)と(3)が共役している。この場合、H と e^- が等価と考えることができ、両者を**還元当量**という。

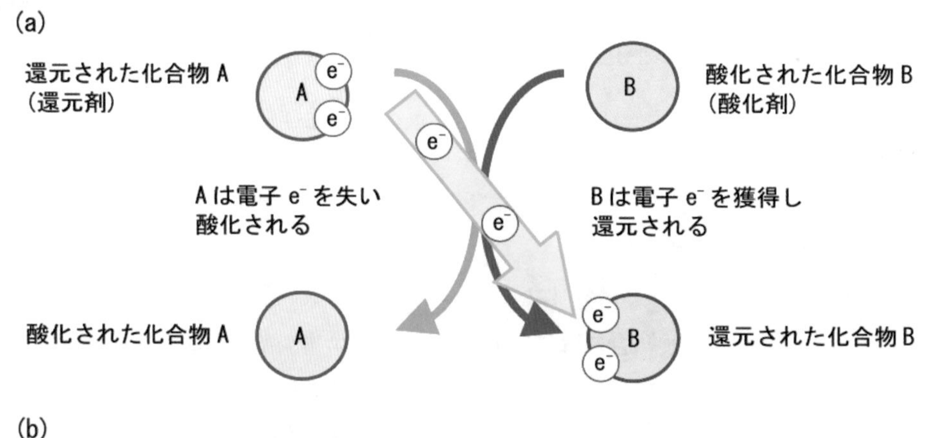

(a) 酸化還元反応では、化合物 A が酸化されると、化合物 B は還元される。そのときに、A は電子（e^-）を失い、その電子（e^-）を化合物 B が獲得する。
(b) プロトンの電子（e^-）とともに伝達される。実際に伝達されるのは、水素原子である。

図 8.4　酸化還元反応

(3) 酸化還元電位

酸化還元電位は、酸化還元反応に伴う自由エネルギー変化を数量的に表したものをいう。したがって (2) の化学反応と (3) の化学反応の酸化還元電位を比較することにより、(1) の化学反応がどちらの方向に進みやすいのか推測することができる。主な酸化還元反応における標準酸化還元電位を表したものが**表 8.1** である。ある標準酸化還元電位を有する物質は、それより高い標準酸化還元電位を有する物質から電子を受け取ることができる。したがって、全体の標準酸化還元電位の差が正となる。**標準自由エネルギー変化**（$\Delta G^{0'}$）と酸化還元電位差$\Delta E^{0'}$との関係性は、以下の通りとなる。

$\Delta G^{0'} = -nF\Delta E^{0'}$

$\Delta G^{0'}$ = 標準自由エネルギー変化

n = 移動した電子の数

F = ファラデー定数（96,485 J/V/mol）

$\Delta E^{0'}$ = 標準状態における電子供与体と電子受容体との間の標準酸化還元電位の差

生物では、実際の電子の移動は、直接的でなく、酸化還元補酵素とよばれる「電子の運び屋」を介して行われている。

表 8.1　酸化還元系の酸化還元電位

電子供与系	酸化還元電位 E_0' [V]
α-ケトグルタル酸 → コハク酸 + CO_2 + $2H^+$ + $2e^-$	−0.67
グリセロアルデヒド 3-リン酸 → 3-ホスホグリセリン酸 + $2H^+$ + $2e^-$	−0.58
H_2 → $2H^+$ + $2e^-$	−0.42
NAD(P)H → NAD(P) + H^+ + $2e^-$	−0.32
β-ヒドロキシ酪酸 → アセト酢酸 + $2H^+$ + $2e^-$	−0.26
エタノール → アセトアルデヒド + $2H^+$ + $2e^-$	−0.20
乳酸 → ピルビン酸 + $2H^+$ + $2e^-$	−0.19
リンゴ酸 → オキサロ酢酸 + $2H^+$ + $2e^-$	−0.17
コハク酸 → フマル酸 + $2H^+$ + $2e^-$	−0.03
ユビキノール → ユビキノン + $2H^+$ + $2e^-$	+0.10
チトクローム b（還元型）→ チトクローム b（酸化型）+ $2e^-$	+0.03
チトクローム c（還元型）→ チトクローム c（酸化型）+ e^-	+0.25
チトクローム a3（還元型）→ チトクローム a3（酸化型）+ e^-	+0.39
H_2O → $1/2O_2$ + $2H^+$ + $2e^-$	+0.82

(4) 酸化還元補酵素

1) NAD と NADP

NAD^+ (ニコチンアミドアデニンジヌクレオチド) と $NADP^+$ (ニコチンアミドアデニンジヌクレオチドリン酸) という2つの分子は、電子2個とプロトン (H^+) を受け取り、それぞれ NADH (還元型ニコチンアミドアデニンジヌクレオチド) と NADPH (還元型ニコチンアミドアデニンジヌクレオチドリン酸) という形でエネルギーを保持することができる (図 8.5)。

$$NAD^+ + 2H^+ + 2e^- \rightarrow NADH + H^+$$

NADH は、酸素と反応すると、容易に電子を奪い取られて、以下の反応が進行する。

$$NADH + H^+ + 1/2O_2 \rightarrow NAD^+ + H_2O$$

この反応で、NADH は酸化されて NAD^+ に戻り、それとともに基質は還元される。
このようにして、NAD^+ と NADH は循環することで、生体内の酸化還元反応を円滑に進行する。

NADPH は、NADH のリボース部分 2'位の水酸基がリン酸化されている分子であり、電子を運搬する働きは NADH と同じである。しかし、NADPH と NADH は、分子構造が異なるが故に、異なる基質 (酵素群) が結合するので、作用する酸化還元反応が異なる。NADH は、食物分子を酸化して ATP をつくる異化反応系の中間体としての役割を果たす。NADPH は、主に同化反応を触媒する酵素とともに働き、エネルギーに富む生体分子の合成に必要な高エネルギーの電子を提供する。

2) FAD

リボフラビン (ビタミン B_2) は、FMN (フラビンモノヌクレオチド) と FAD (フラビンアデニンジヌクレオチド) という2つの補酵素の構成成分である。FMN はリボフラビンにリン酸基が結合したものであり、FAD は FMN に AMP が結合したものである。FAD は、フラビンたんぱく質とよばれる酵素群に結合し、電子2個とプロトン (H^+) を受け取り $FADH_2$ となり、生体内の酸化還元反応を触媒しており、ミトコンドリアにおける電子伝達系の反応に重要な役割を果たしている。

例題4　生体酸化に関する記述である。正しいのはどれか。1つ選べ。

1. 電子の受容は、酸化という。
2. 電子の供与は、還元という。
3. NADH は、電子2個とプロトン (H^+) を受け取り NAD^+ となる。
4. NADPH は、NADH のリボース部分 2'位の水酸基がリン酸化されている分子である。
5. リボフラビンは、ビタミン B_1 の補酵素型である。

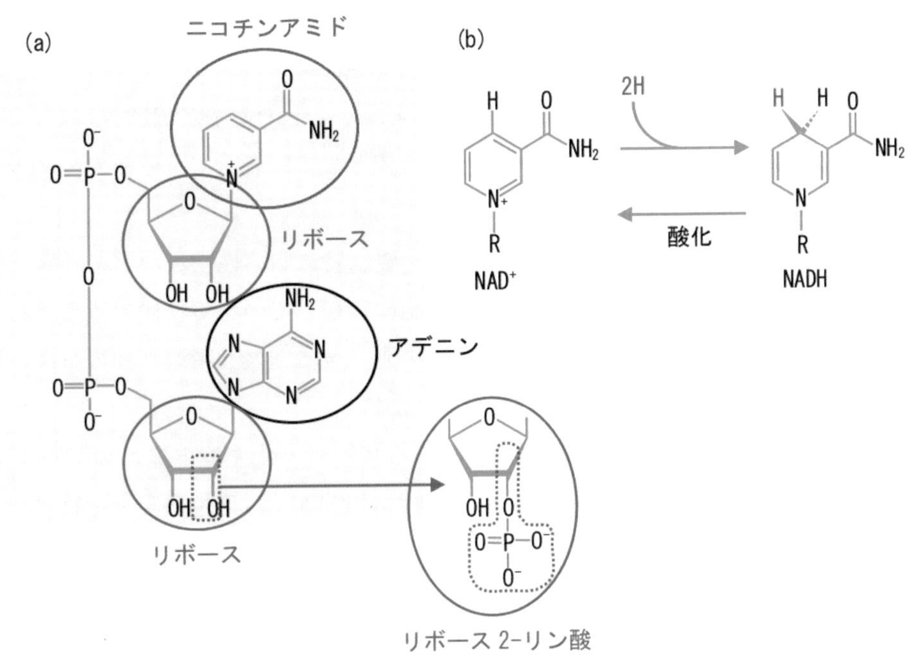

図 8.5　NAD と NADP の構造と NAD の電子伝達

解説　1. 還元という。　2. 酸化という。　3. NAD^+は、電子 2 個とプロトン（H^+）を受け取り NADH となる。　5. リボフラビンは、ビタミン B_2 の補酵素型である。

解答　4

2.10 活性酸素と酸化ストレス

(1) 酸素の構造

酸素は、有機分子からエネルギーを取り出すのに非常に効率がよいので、多くの生物が酸素を用いてエネルギーを獲得している。その理由は、ひとつは地球上至る所に存在すること、もうひとつは、細胞膜を透過し拡散しやすい性質を持っているからだと考えられている。

酸素原子は、原子番号 8 の元素であり、最外殻電子を 6 個有している。酸素分子は、2 つの酸素原子が結合しているが、両方の酸素に不対電子（対ではなく 1 つで存在している電子）が存在している。

(2) 酸素の機能

酸素の最も重要な機能は、エネルギー産生である。酸素を利用できる好気性生物のミトコンドリア内では、酸素分子に電子が 1 個入ることでスーパーオキシドアニオンラジカル（O_2^-）、そこに電子1個と水素イオン2個が入り過酸化水素（H_2O_2）、さらに電子1個と水素イオン1個が結合してヒドロキシラジカル（・OH）、そこに電子1個と水素イオン1個が結合して水（H_2O）となることで電子が伝達されている（**図8.6**）。このように、酸素は効率的な電子受容体として機能して、生命のエネルギー産生に重要な役割を果たしてきた。

また、酸素は体内に侵入した有害な化学物質、特に脂溶性物質などを肝臓で解毒する際にも重要である。具体的には、肝細胞に存在している薬物代謝酵素であるシトクロムP450が、酸素を利用して酸化反応を起こすことで、脂溶性物質を抱合して無毒な水溶性物質にして尿中へ排出している。

その他にも、酸素分子の反応過程で生じるスーパーオキシドアニオンラジカル（O_2^-）、過酸化水素（H_2O_2）、ヒドロキシラジカル（・OH）は**活性酸素**と総称され、病原体の侵入に対する防御に利用される半面、マイナスの側面も有している。

(3) 活性酸素と酸化ストレス

酸素は、1個ずつ電子が受容することにより不安定な中間体である活性酸素種（ROS）を生じる。ROSは、非常に反応性が高く酸化能力が強力である。つまり、ものを「錆びさせる」能力が強いと言い換えることができる。ROSには、プラスの役割とマイナスの役割がある。

プラスの役割は、生体内に侵入した病原性微生物（バクテリア）を排除する免疫機能である。具体的には、バクテリアなどが体内に侵入すると、好中球やマクロファージなどの白血球細胞が飲み込んでしまう（貪食）。病原体を貪食した白血球細胞は、NADPHオキシダーゼの作用によって大量のO_2^-を作り出し、食胞内に放出することで病原体を駆逐する。また、O_2^-は、スーパーオキシドジスムターゼ（SOD）の作用によってH_2O_2となり、その後ミエロペルオキシダーゼという酵素の作用によって、H_2O_2と塩素イオン（Cl^-）が反応し、次亜塩素酸（HOCl）を作り出し、病原体を攻撃する。

一方、活性酸素のマイナスの面を酸化ストレスという。活性酸素は、細胞膜などの脂質成分を酸化することで、過酸化脂質を形成し、細胞膜の損傷や脂質ペルオキシドが生成されたりする。これらは、反応性が高く、酵素の不活性化、多糖の脱重合化、DNAの切断、膜の破壊などが起こる。酸化ストレスは、感染、炎症、ある種の代謝異常、薬物の過剰摂取、強力な放射線の曝露、環境汚染物質の継続的曝露などによって起こる。近年、がんをはじめとした生活習慣病と密接に関連していることがわかり、精力的に研究が進められている。

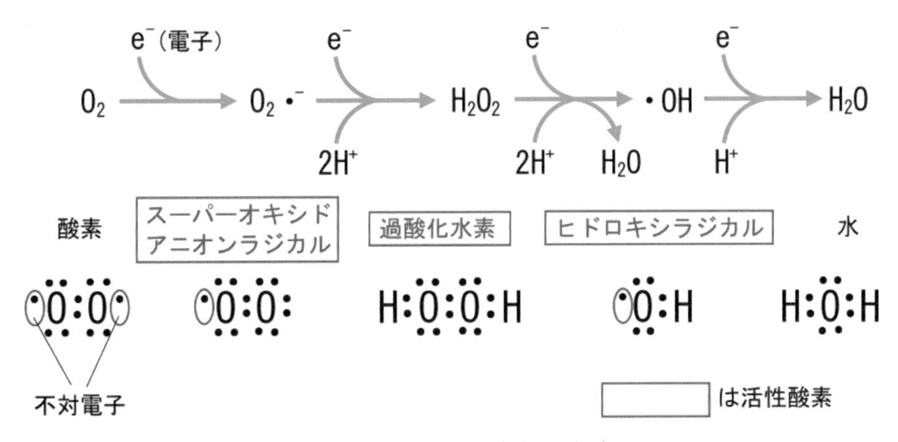

図 8.6　活性酸素の生成

(4) 酸化ストレスの対抗策

生体内は、常に活性酸素による酸化ストレスに曝されている。しかし、生体は酸化ストレスに対抗するシステムを備えている。例えば、ビタミンCやビタミンE（トコフェロール）は、ラジカル補足能があり、活性酸素の作用をおさえるのに重要な役割を果たしている。また、グルタチオンペルオキシダーゼはH_2O_2を分解したり、過酸化脂質を還元したりする。カタラーゼはH_2O_2を分解し、SODはO_2^-を消去する。その他にも、酸化されたたんぱく質を分解する酵素や、酸化や紫外線によって変異した遺伝子を修復する酵素が存在し、生体内の酸化ストレスに対抗している。このように、生体内では、活性酸素の生成と消去が巧妙に行われている。しかし、このバランスが崩れてしまうと、ROSが増加し、生体内でさまざまな障害が生じて、疾患につながっていく。

例題 5　活性酸素と酸化ストレスに関する記述である。正しいのはどれか。1つ選べ。

1. 電子伝達系において、酸素は、電子受容体として機能している。
2. 活性酸素のプラスの機能のことを酸化ストレスという。
3. カタラーゼは、フリーラジカルを消去する。
4. スーパーオキシドジムスターゼ（SOD）は、活性酸素を消去する。
5. ビタミンKは、ラジカル補足能がある。

解説　2. マイナスの機能のことを酸化ストレスという。　3. カタラーゼは、活性酸素を消去する。　4. スーパーオキシドジムスターゼ（SOD）は、スーパーオキシドアニオンラジカルを消去する。　5. ラジカル補足能があるのは、ビタミンCとビタミンEである。

解答 1

2.11 呼吸鎖と酸化的リン酸化

(1) 電子伝達系（呼吸鎖）

細胞内での ATP の産生は、主にミトコンドリアで行われる。したがって、ミトコンドリアは、「エネルギー産生工場」ともいわれる。細胞内で、解糖系やクエン酸回路によって放出される自由エネルギーのほとんどは、還元型の補酵素である NADH や $FADH_2$ の中に移行し蓄積される。これらの分子に蓄えられた電子を、連続的な酸化還元反応によって段階的に伝達する。このような過程のことを**電子伝達系（呼吸鎖）**という（図 8.7）。

電子伝達系は、ミトコンドリア内膜上に存在する複合体Ⅰ（NADH デヒドロゲナーゼ複合体）、Ⅱ、Ⅲ、Ⅳとユビキノン、シトクロム c という分子群によって行われている。

ミトコンドリアのマトリックス内でクエン酸回路やβ酸化などが進行した結果、産生された NADH が複合体Ⅰを介して電子をユビキノンに受け渡す。その後、電子はユビキノンから複合体Ⅲを介して、シトクロム c、複合体Ⅳに受け渡され、複合体Ⅳで酸素から H_2O を生成する連続的な酸化還元反応が起こる。

一方、複合体Ⅱは、$FADH_2$ を FAD に変えることで、電子をユビキノンを介して複合体Ⅲ、シトクロム c、そして複合体Ⅳへと受け渡していく。そして電子は、最終的に複合体Ⅳで電子受容体である O_2 に渡されて、水素イオンと結びつき H_2O となる。

1 分子の NADH から 3 分子の ATP が、1 分子の $FADH_2$ から 2 分子の ATP が合成される（1 分子の NADH から 2.5 分子の ATP が、1 分子の $FADH_2$ から 1.5 分子の ATP が合成されるという考えもある）。

(2) 酸化的リン酸化と化学浸透圧説

電子伝達系の過程で得られた大きな自由エネルギーを用いて、ADP から ATP を産生することを**酸化的リン酸化**という。

このメカニズムを詳細に説明すると次のようになる。電子伝達系によって、複合体Ⅰ、Ⅱ、Ⅲ、Ⅳから水素イオンがマトリックスから膜間腔に出されてくる（図 8.8）。すると、ミトコンドリア内膜の内側（マトリックス側）と外側（膜間腔側）との間に水素イオンの勾配が生じる。つまり、マトリックス側の水素イオン濃度が低下し、膜間腔側では上昇していることになる。そして、この勾配を利用して、次は、膜間腔側の水素イオンがミトコンドリア内膜上に存在する ATP 合成酵素を通過して、その際にマトリックス内で、ADP から ATP が合成されて、エネルギーが産生される（**酸化的リン酸化**）。このような説のことを**化学浸透圧説**という。

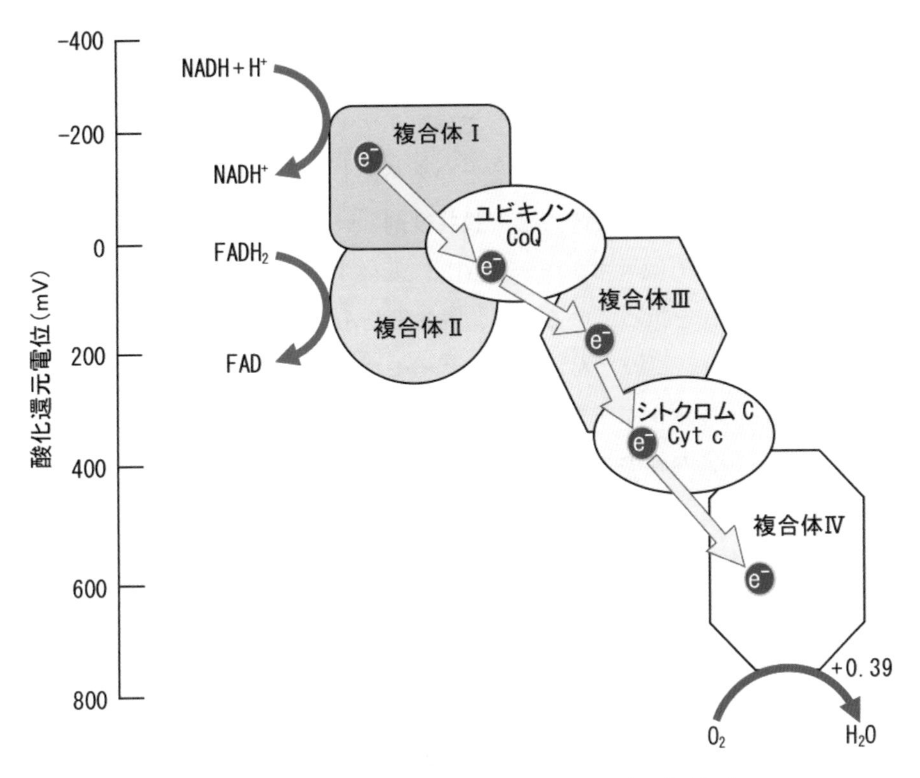

図 8.7　ミトコンドリアにおける電子伝達系

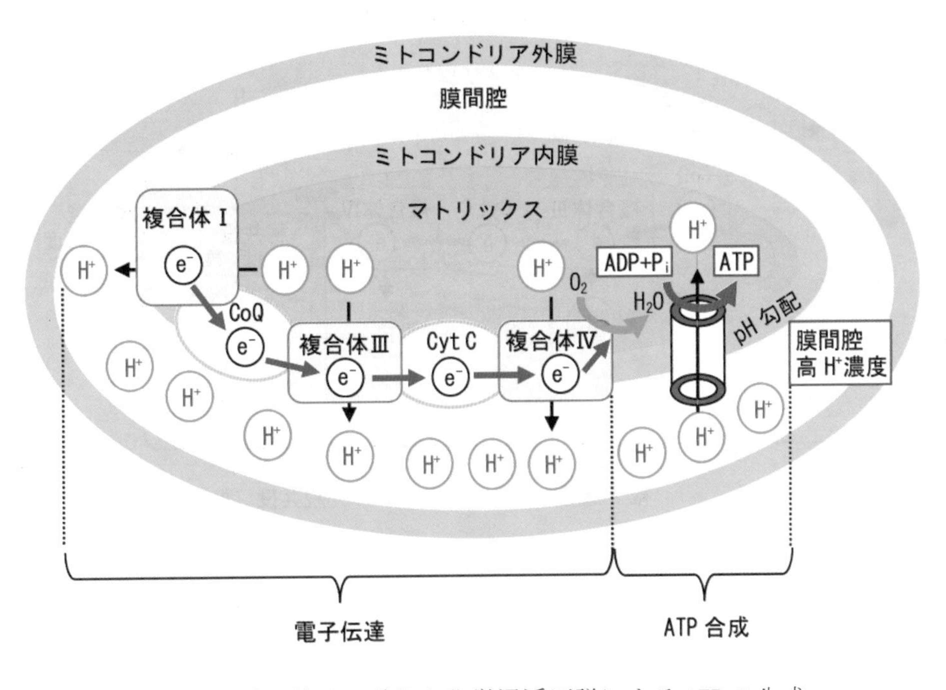

図 8.8　酸化的リン酸化と化学浸透圧説による ATP の生成

(3) 脱共役と脱共役たんぱく質

前述のように、摂取した栄養素の分子中のエネルギーが、電子伝達系による酸化的リン酸化を経て、ATPを合成することで移動してくる。電子伝達に共役したATP生成反応によってエネルギーを得ているといえる。しかし、この共役反応を阻害する物質もあり、このような物質のことを**脱共役剤**という。

また、褐色脂肪細胞ではエネルギーをATPに変換することなく、熱エネルギーとして放出できる。それを担っているのが、**脱共役たんぱく質**（uncoupling protein: UCP）である（図8.9）。このたんぱく質はサーモニゲンともよばれ、ミトコンドリア内に移行してきたエネルギーを熱エネルギーに変換している。UCP1は、褐色脂肪細胞のミトコンドリア内膜のたんぱく質の約10%を占め、脂肪酸と結合することにより活性化される。このように、褐色脂肪組織からの熱産生のことを**非振動型熱産生**とよび、アドレナリン（エピネフリン）とよばれる神経伝達物質により制御されている。また、白色脂肪組織にはUCP2が、筋肉にはUCP3が存在し、これらの臓器の熱産生に寄与している。

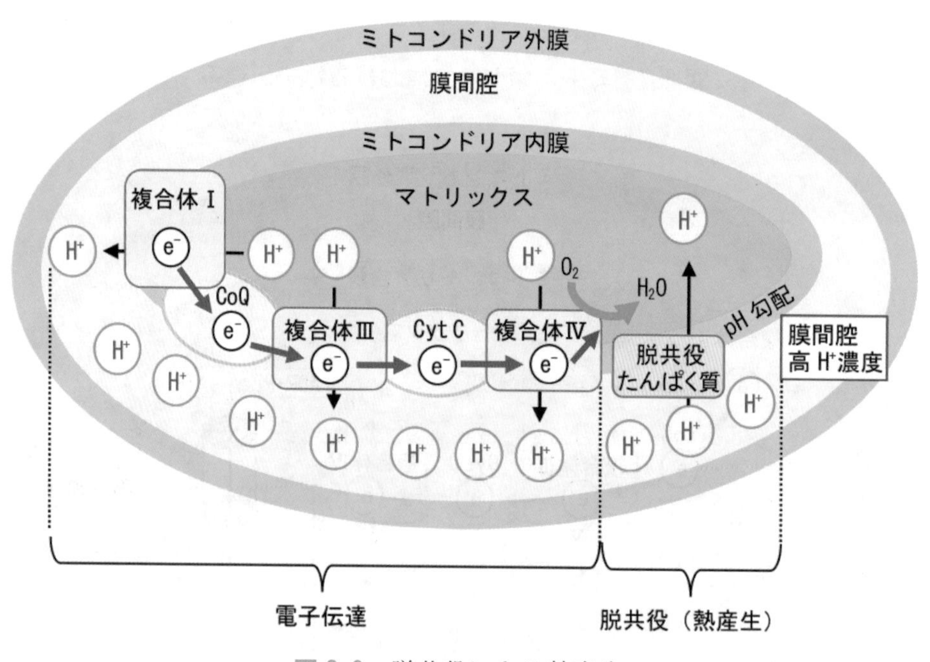

図8.9　脱共役による熱産生

例題 6 電子伝達系と酸化的リン酸化に関する記述である。正しいのはどれか。1 つ選べ。

1. 細胞内での ATP の産生は、主に細胞質で行われる。
2. 電子伝達系は、ミトコンドリアの外膜上に存在する。
3. 電子伝達系によって、水素イオンがマトリックスから膜間腔に出される。
4. 脱共役たんぱく質によって、ATP が産生される。
5. UCP1 は、白色脂肪細胞に主に存在する。

解説 1. 主にミトコンドリアで行われる。 2. ミトコンドリアの内膜上に存在する。 4. 熱が産生される。 5. UCP1 は、褐色脂肪細胞に主に存在する。 **解答** 3

章末問題

1 生体エネルギーと代謝に関する記述である。最も適当なのはどれか。1 つ選べ。

1. 電子伝達系は、コエンザイム A（CoA）を含む。
2. 電子伝達系では、二酸化炭素が産生される。
3. 脱共役たんぱく質（UCP）は、熱産生を抑制する。
4. ATP 合成酵素は、基質レベルのリン酸化を触媒する。
5. クレアチンリン酸は、高エネルギーリン酸化合物である。

（第 36 回国家試験 20 問）

解説 1. コエンザイム A（CoA）ではなく、コエンザイム Q（CoQ）を含む。 2. 電子伝達系では、水が産生される。 3. 脱共役たんぱく質（UCP）は、熱産生を促進する。 4. ATP 合成酵素は、酸化的リン酸化を触媒する。 解答 5

2 生体エネルギーと酵素に関する記述である。最も適当なのはどれか。1 つ選べ。

1. クレアチンリン酸は、ATP の加水分解に用いられる。
2. 酸化的リン酸化による ATP 合成は、細胞質ゾルで行われる。
3. 脱共役たんぱく質（UCP）は、ミトコンドリア内膜に存在する。
4. アイソザイムは、同じ一次構造を持つ。
5. 酵素は、触媒する化学反応の活性化エネルギーを増大させる。

（第 34 回国家試験 20 問）

解説 1. クレアチンリン酸は、ATP の加水分解に用いられない。 2. ミトコンドリアで行われる。 4. アイソザイムは、一次構造が異なっている。 5. 活性化エネルギーを減少させる。 解答 3

3　生体エネルギーと代謝に関する記述である。正しいのはどれか。1つ選べ。
1. 褐色脂肪細胞には、脱共役たんぱく質（UCP）が存在する。
2. 電子伝達系は、ミトコンドリアの外膜にある。
3. 嫌気的解糖では、1分子のグルコースから3分子のATPを生じる。
4. AMPは、高エネルギーリン酸化合物である。
5. 脂肪酸は、コリ回路によりグルコースとなる。　（第33回国家試験21問）

解説　2. ミトコンドリアの内膜にある。　3. 2分子のATPを生じる。　4. AMPは、高エネルギーリン酸化合物ではない。　5. 脂肪酸は、グルコースにならない。　解答 1

4　ヒトの生体エネルギーと代謝・栄養に関する記述である。正しいのはどれか。1つ選べ。
1. 栄養形式は、独立栄養である。
2. 体の構成成分として、糖質は脂質よりも多い。
3. 解糖系は、好気的に進む。
4. 脱共役たんぱく質（UCP）は、ミトコンドリアに存在する。
5. 電子伝達系では、窒素分子が電子受容体として働く。　（第31回国家試験20問）

解説　1. 従属栄養である。　2. 糖質は脂質よりも少なく微量である。　3. 嫌気的に進む。　5. 酸素分子が電子受容体として働く。　解答 4

5　生体エネルギーと生体酸化に関する記述である。正しいのはどれか。1つ選べ。
1. ATPの産生は、グルコースの異化の過程で起こる。
2. 脱共役たんぱく質（UCP）は、AMP産生を抑制する。
3. AMPは、高エネルギーリン酸化合物である。
4. 電子伝達系の電子受容体は、窒素である。
5. グルタチオンは、活性酸素産生を促進する。　（第29回国家試験24問）

解説　2. 脱共役たんぱく質（UCP）は、ATP産生を抑制する。　3. AMPは、高エネルギーリン酸化合物でない。　4. 窒素ではなく、酸素である。　5. グルタチオンは、活性酸素産生を抑制する。　解答 1

6　生体エネルギーと生体酸化に関する記述である。正しいのはどれか。1つ選べ。
1. 電子伝達系の電子受容体は、水素分子である。
2. 脱共役たんぱく質（UCP）は、ATP合成を促進する。
3. グルタチオンは、活性酸素の産生に関与する。
4. ATPの産生は、同化の過程で起こる。
5. ATPは、高エネルギーリン酸化合物である。　（第28回国家試験24問）

解説　1. 電子受容体は、酸素分子である。　2. ATP合成を抑制する。　3. グルタチオンは、活性酸素の分解に関与する。　4. ATPの産生は、異化の過程で起こる。　解答 5

7 生体エネルギーと代謝に関する記述である。正しいのはどれか。1つ選べ。

1. Na^+, K^+ーATPase は、K^+を細胞外へ排出する。
2. 代謝過程で生じた熱は、身体活動のためのエネルギー源として利用することができる。
3. 脂肪酸のβ酸化経路には、中間代謝物と酸素分子が反応する過程はない。
4. 摂取した水分子の酸素原子は、呼気中の二酸化炭素分子には含まれない。
5. 脱共役たんぱく質（UCP）は、酸化的リン酸化を促進する。（第26回国家試験23問）

解説 1. Na^+を細胞外へ排出する。 2. 身体活動のためのエネルギー源として利用することができない。 4. 呼気中の二酸化炭素分子に含まれる。 5. 酸化的リン酸化を抑制する。 解答 3

8 ヒト体内におけるエネルギー代謝に関する記述である。正しいのはどれか。

1. ミトコンドリアの電子伝達系において、酸素分子は電子受容体として働く。
2. 外界から取り入れた熱を、身体活動のためのエネルギーとして利用できる。
3. 摂取した水分子に由来する酸素分子は、呼気中の二酸化炭素分子には含まれない。
4. 解糖系の反応は、ミトコンドリア内で進む。
5. 脂肪酸は、嫌気的に代謝され、乳酸となる。（第25回国家試験24問）

解説 2. 熱を、身体活動のためのエネルギーとして利用できない。 3. 呼気中の二酸化炭素分子に含まれる。 4. 細胞質ゾルで進む。 5. グルコースは、嫌気的に代謝され、乳酸となる。 解答 1

9 エネルギーとその変換に関する記述である。正しいものの組み合わせはどれか。

a. グルコースの好気的代謝によって生じるATPは、嫌気的代謝よりも多い。
b. 37.0℃の水50 kgが、2,000 kcalの熱量を吸収すると、水温は37.4℃になる。
c. ヒトが生存・活動するためのエネルギーとして利用しているのは、熱エネルギーである。
d. 呼気中の二酸化炭素分子には、摂取した水分子に由来する酸素原子が含まれる。

(1) aとc　(2) aとb　(3) cとd　(4) bとc　(5) aとd　（第24回国家試験26回）

解説 b. 水1 gの温度を1℃上昇させるのに必要な熱量は1 calなので、50 kg（50,000 g）の水に2,000 kcal（2,000,000 cal）の熱量を吸収させると40℃上昇する。したがって、37℃の水に40℃の熱を加えるので、77℃になる。 c. 熱エネルギーではなく、化学エネルギーである。 解答 (5)

参考文献

1) Trudy McKee James R. McKee 著　市川　厚 監修　福岡伸一 監訳「マッキー生化学 第4版」化学同人　2010
2) 石堂一巳、福渡　努 編集「生化学 第1版」南江堂　2019
3) H. R. Horton 他著　鈴木紘一 他 監訳「ホートン生化学　第3版」東京化学同人　2006

4)　奥　恒行、柴田克己 編集「基礎栄養学　改訂第3版」南江堂　2010
5)　林　淳三 監修「Nブックス　改訂　生化学」建帛社　2009
6)　D・サダヴァ 他著　石崎泰樹、丸山　敬 監訳・翻訳「ブルーバックス　アメリカ版　大学生物学の教科書　第1巻　細胞生物学」講談社　2010
7)　B. Alberts 他著　中村桂子、松原謙一 監訳「Essential 細胞生物学　原書第3版」南江堂　2011
8)　田川邦夫 著「からだの働きからみる代謝の栄養学　第1版」タカラバイオ 2003

第9章 糖質の代謝

達成目標

- 多糖類が消化されて単糖になる過程と細胞内に取り込まれる過程を説明できる。
- グルコースが、解糖系、グリコーゲン合成、ペントースリン酸経路、グルクロン酸回路で代謝される過程を説明できる。
- グルコースからエネルギーを産生する過程を説明できる。
- グリコーゲン代謝・解糖と糖新生の調節を説明できる。

1 糖質とは

糖質は脂質とともに生体の主要なエネルギー源である。ヒトにおいては、脂質が空腹時（絶食時）の主なエネルギー源であるのに対し、糖質は食後の主要なエネルギー源である。脳や神経組織では脂肪酸を直接利用できないため、これらの組織では糖質はエネルギー源として特に重要である。また、糖質は体内で合成されるアミノ酸（非必須アミノ酸）の主要な合成原料であり、中性脂肪（トリグリセリド）においても、グリセロールや脂肪酸の供給源である。ヒトにおける主要なエネルギー源としての糖質はグルコースであり、食事からは大半がでんぷんとして摂取される。

1.1 糖質の消化と吸収

小腸では、多糖類であるでんぷんは管腔内消化により生じたマルトオリゴ糖が、最終的に膜消化により単糖である**グルコース**まで分解されて吸収される。このとき、グルコースは乳糖由来のガラクトースとともに上皮細胞の刷子縁膜において**ナトリウム依存性グルコース輸送体**（SGLT1）により、ナトリウムイオンとともに（**共輸送**という）細胞内に取り込まれる（図 9.1）。一方、フルクトースは、細胞膜上の**ナトリウム非依存性グルコース輸送体**（GLUT5）により濃度勾配に従って細胞内に取り込まれる。吸収されたグルコースは、GLUT2 により上皮細胞から血液中に放出され門脈を介して肝臓に輸送される。

1.2 糖の組織への取り込み

血液中から各細胞へグルコースを取り込む GLUT には、グルコースに対する親和性やインスリンに対する感受性が異なるいくつかのアイソフォームが存在する（表 9.1）。GLUT1 や GLUT3 はグルコースに対する Km 値が小さく、空腹時の血糖値でも効率的に血液中からグルコースを細胞内に取り込むことができる。一方、肝臓や膵 β 細胞に存在する GLUT2 はグルコースに対する Km 値が大きいため、空腹時には機能せず、食後の高血糖時にのみグルコースを取り込むことができる。これにより、膵 β 細胞は高血糖を感知し、インスリン分泌を行う。

筋肉や脂肪細胞などのインスリン感受性組織に分布する GLUT4 は、通常は細胞内小胞に局在しているが、インスリンが分泌されたときにのみ細胞膜へ移行して（**トランスロケーション**という）、グルコースを取り込むことで、インスリンによる血糖低下に重要な役割を果たしている。

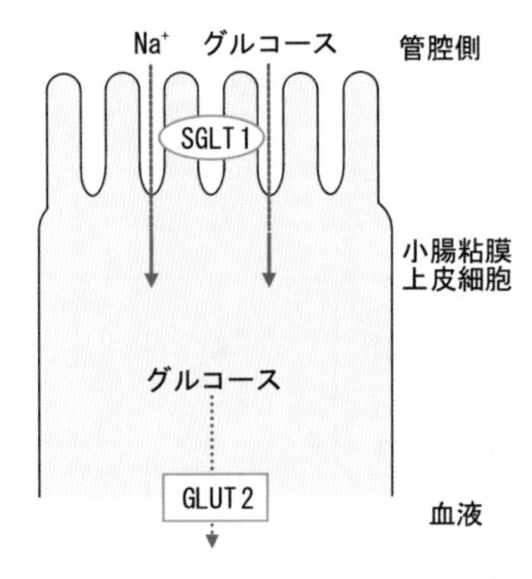

図 9.1　小腸粘膜上皮細胞でのグルコースの吸収と血中への排出

表 9.1　おもなグルコース輸送体のアイソフォーム

GLUT	分布と特徴
GLUT1	赤血球、脳、腎臓のほか多くの組織に広く分布。
GLUT2	肝臓や膵β細胞や小腸に存在する。グルコースに対する Km 値が大きい。
GLUT3	多くの組織に広く分布。
GLUT4	筋肉や脂肪細胞に分布。インスリンの作用で細胞膜上にトランスロケーションする。
GLUT5	小腸や精巣に分布。フルクトースを輸送。

2 糖質代謝の全体像

グルコース輸送体により、血液中から細胞に取り込まれたグルコースは、解糖系によりピルビン酸に変換されミトコンドリアに移行後、アセチル CoA となり**クエン酸回路**に入る（図 9.2）。クエン酸回路では、1 回転するごとに CO_2 を排出しつつ、$NADH+H^+$、$FADH_2$ および GTP（ATP）が生成される。$NADH+H^+$ および $FADH_2$ の持つ水素エネルギー（電子エネルギー）は、**電子伝達系**（＝呼吸鎖）を経て酸化的リン酸化により大量の ATP を生成する。この一連の過程でグルコースは酸化され CO_2 と H_2O になる。また、グルコース貯蔵体であるグリコーゲンの合成・分解経路と、脂肪酸合成に必要な NADPH とヌクレオチド合成に必要な五炭糖の供給を担う**ペントースリン酸回路**、および解毒に必要なグルクロン酸を合成する**グルクロン酸経路**が存在する。一方、絶食時に血糖値の低下を防ぐために肝臓や腎臓には、糖以外の成分であるアミノ酸や乳酸からピルビン酸を経てグルコースが生成される**糖新生経路**が存在する。

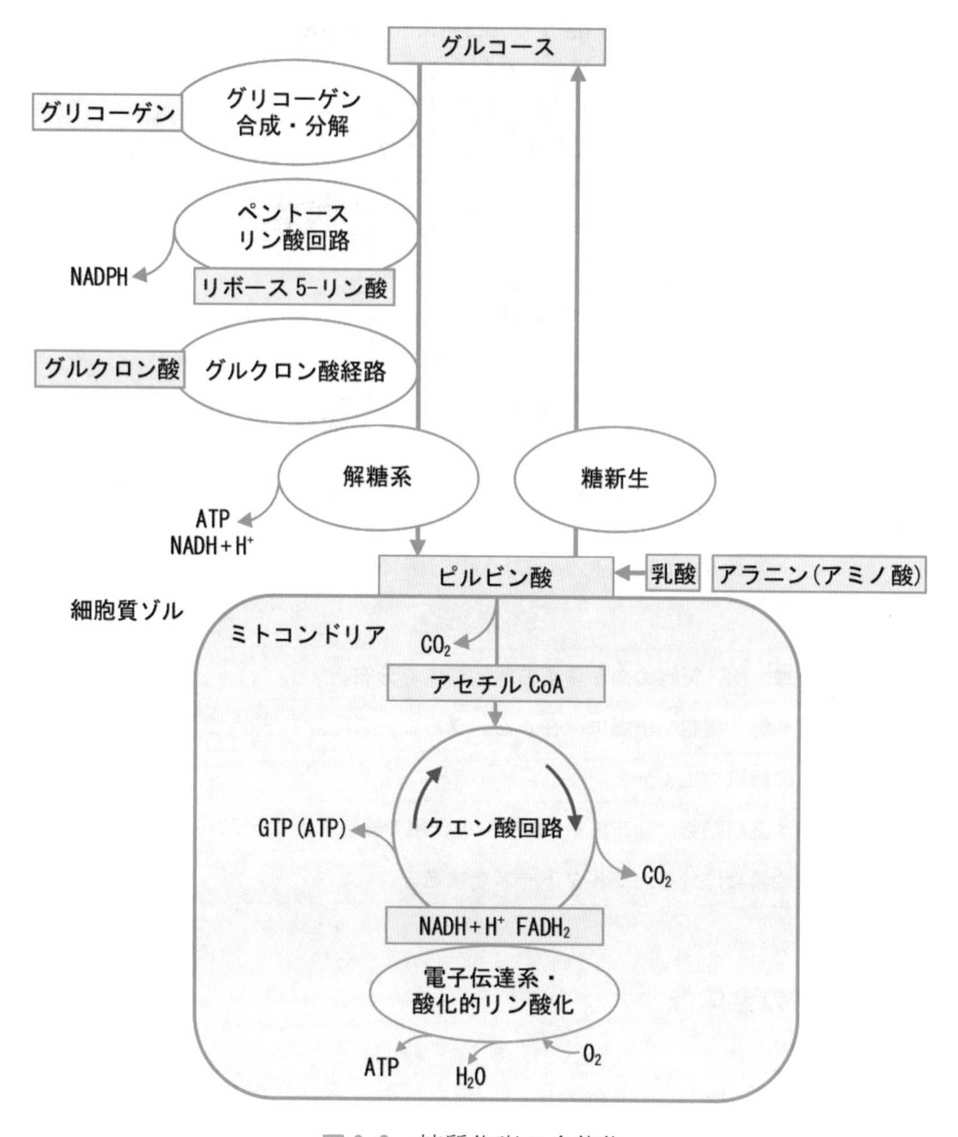

図 9.2　糖質代謝の全体像

例題１　糖質代謝の全体像に関する記述である。正しいのはどれか。１つ選べ。

1. 糖質は、空腹時（絶食時）の主要なエネルギー源である。
2. 脳や神経組織では、脂肪酸が主要なエネルギー源で、糖質の寄与は少ない。
3. 糖質は、非必須アミノ酸や中性脂肪の構成成分であるグリセロールの主要な合成原料である。
4. 食事から摂取されるグルコースの多くは、二糖類として摂取される。
5. 解糖系で代謝されたグルコースは、ピルビン酸となり、そのままクエン酸回路に入る。

解説　1. 糖質は、食後に多く代謝されエネルギーとなり、絶食時は脂質が主に異化代謝される。　2. 脳や神経組織の主要なエネルギー源は、糖質である。　4. グルコースの大半は、多糖であるでんぷんとして摂取される。　5. ピルビン酸は、ミトコンドリアでアセチル CoA に変換された後クエン酸回路に入る。　**解答** 3

3 解糖系

3.1 解糖系の概要

解糖系はグルコースを 2 分子のピルビン酸に変換するとともに、正味 2 分子の ATP (4 分子の ATP が生成し、2 分子が消費される) と 2 分子の $NADH+H^+$を生成する細胞質ゾルの代謝経路である。解糖系における ATP 産生は酸素を必要としない (嫌気的代謝) ため、**基質レベルのリン酸化**とよばれる。

3.2 解糖系の反応

解糖系は、グルコースがグルコース 6-リン酸になる反応を始まりとして、10 の代謝酵素による 10 ステップの反応でピルビン酸に至る (図 9.3)。ほとんどの細胞ではピルビン酸はミトコンドリアに移行し、クエン酸回路に入るが、赤血球や骨格筋などで行われる嫌気的代謝では、ピルビン酸はクエン酸回路に入らず乳酸に変換される。解糖系の多くの酵素反応は、双方向の矢印で示されるように可逆的であるが、3 箇所で下方向の矢印のみで示された不可逆的反応があり、これらのステップで解糖系の反応速度が規定される(表 9.2)。解糖系の最初のグルコース＋ATP→グルコース 6-リン酸＋ADP の反応を触媒するのは**ヘキソキナーゼ** (多くの組織・細胞) や**グルコキナーゼ** (肝臓や膵 β 細胞) である。グルコースに対する Km 値はヘキソキナーゼが 0.01 mM であり、グルコキナーゼは 10 mM である。すなわち、基質であるグルコース濃度 (血糖値) が低いときには、ヘキソキナーゼが主に働くが、食後の高血糖値時にはグルコキナーゼが働き始める。言い換えると、ヘキソキナーゼを持つ組織・細胞は血糖値の変化とは無関係に常に解糖系を進めるが、肝臓や膵 β 細胞は血糖値の変動により解糖系の速度を調節することができる。次に、グルコース 6-リン酸は、グルコース 6-リン酸イソメラーゼにより異性体のフルクトース 6-リン酸に変換される。フルクトース 6-リン酸はホスホフルクトキナーゼの反応により、ATP から高エネルギーリン酸結合を受け取り、フルクトース 1,6-ビスリン酸と ADP を生成する。ここまではすべての反応産物は六炭糖分子であるが、このフルクトース 1,6-ビスリン酸は、アルドラーゼにより 2 種類の三炭糖である、グリセルアルデヒド 3-

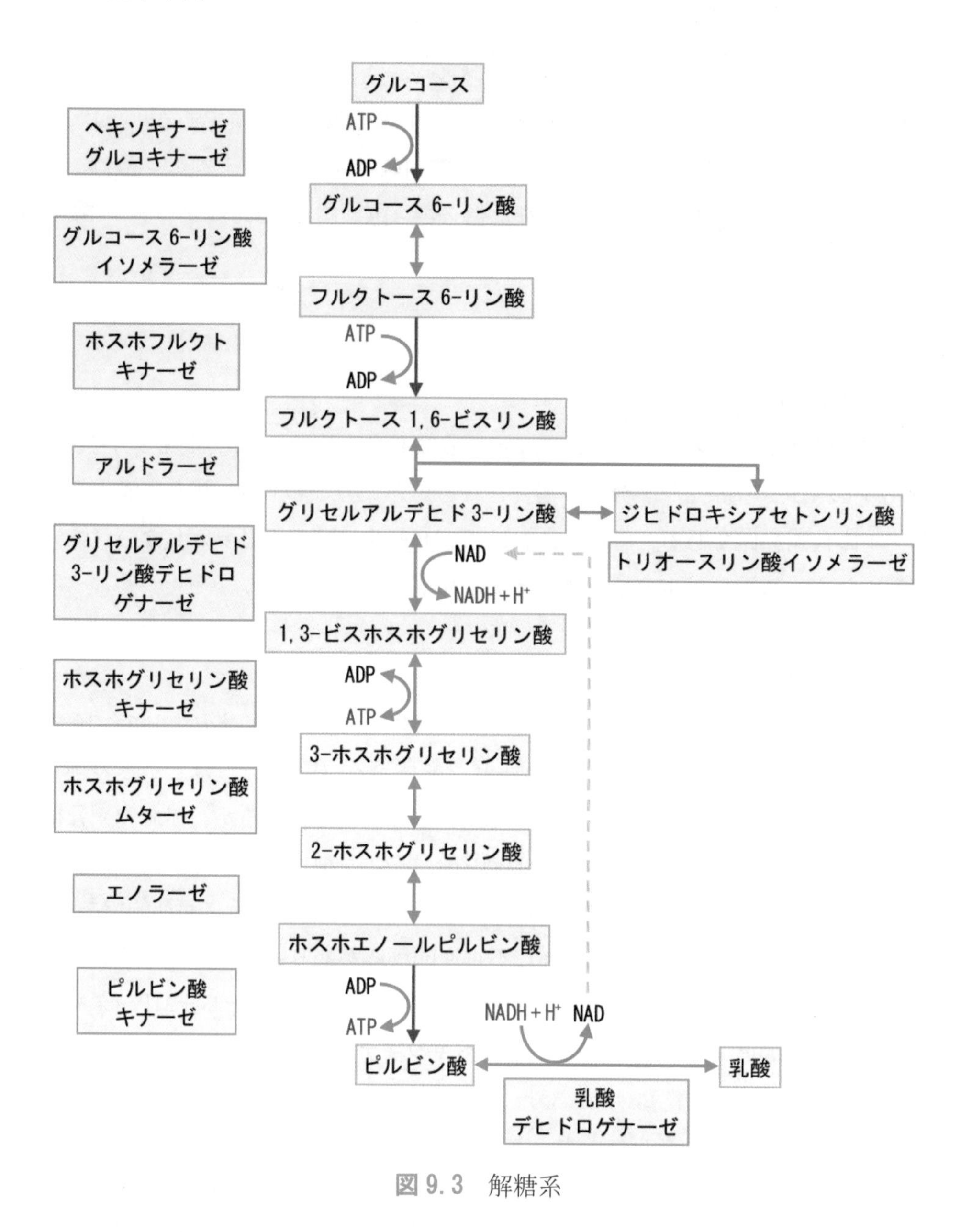

図 9.3　解糖系

表 9.2　解糖系の反応のみを行う酵素

酵素名	酵素反応式
ヘキソキナーゼ グルコキナーゼ（肝）	グルコース＋ATP ⟶ グルコース 6-リン酸＋ADP
ホスホフルクト キナーゼ	フルクトース 6-リン酸＋ATP ⟶ フルクトース 1,6-ビスリン酸＋ADP
ピルビン酸キナーゼ	ホスホエノールピルビン酸＋ADP ⟶ ピルビン酸＋ATP

リン酸とジヒドロキシアセトンリン酸に開裂する。ジヒドロキシアセトンリン酸は、トリオースリン酸イソメラーゼにより、すぐにグリセルアルデヒド3-リン酸に変換されるため、結果的にフルクトース1,6-ビスリン酸から2分子のグリセルアルデヒド3-リン酸が生じる（以後の反応は、すべて三炭糖分子であるため2分子ずつの反応となる）。グリセルアルデヒド3-リン酸は、グリセルアルデヒド3-リン酸デヒドロゲナーゼにより1,3-ビスホスホグリセリン酸と NADH+H^+に変換される。1,3-ビスホスホグリセリン酸は、次に、ホスホグリセリン酸キナーゼにより、3-ホスホグリセリン酸と ATP を生じる。3-ホスホグリセリン酸は、ホスホグリセリン酸ムターゼにより2-ホスホグリセリン酸となり、さらにエノラーゼの作用でホスホエノールピルビン酸を生じる。最後に、ホスホエノールピルビン酸はピルビン酸キナーゼによりピルビン酸と ATP を生成する。

骨格筋など急速にエネルギーを必要とする組織やミトコンドリアを持たない赤血球では、グルコースは解糖系のみで ATP を生成させる**嫌気的代謝**（酸素を必要としない代謝）が行われる。この場合にはピルビン酸は、アセチル Co-A を経るクエン酸回路には移行せず、乳酸が生成される。解糖系のみを高速で動かすためには NAD が不足するが、**乳酸デヒドロゲナーゼ**によるピルビン酸から乳酸を生成する反応では、NADH + H^+が消費され NAD が生成される。すなわち、乳酸を生成することで NAD が再生され、嫌気条件下でも基質レベルのリン酸化による解糖系のみの ATP 生産が維持されるのである。

3.3 解糖系で生産された NADH+H^+の行方

解糖系では、グルコース1分子から2分子の NADH+H^+が生成する。解糖系は細胞質ゾルに存在するが、ここで生成される NADH+H^+はミトコンドリア内膜を透過できない。そのため、NADH+H^+をミトコンドリアのマトリックス内に移行させ、電子伝達系に供給する機構として、**リンゴ酸-アスパラギン酸シャトル**と**グリセロールリン酸シャトル**が存在する。リンゴ酸-アスパラギン酸シャトルは肝臓や腎臓に存在しており、グリセロールリン酸シャトルは骨格筋や脳で機能している。

リンゴ酸-アスパラギン酸シャトルは、リンゴ酸デヒドロゲナーゼによりオキサロ酢酸を NADH+H^+により還元して、リンゴ酸として内膜を透過させる（図9.4）。リンゴ酸はマトリックスに入ると、NAD から NADH+H^+を再生してオキサロ酢酸に戻り、さらにオキサロ酢酸はアミノ基転移によりアスパラギン酸となって、ミトコンドリア内膜を逆方向に通過する。内膜を通過したアスパラギン酸は、再びアミノ基転移によりオキサロ酢酸に戻る。

グリセロールリン酸シャトルは、グリセロール3-リン酸デヒドロゲナーゼによりジヒドロキシアセトンリン酸を$NADH+H^+$により還元して、グリセロール3-リン酸として内膜を透過させる（**図9.5**）。グリセロール3-リン酸はマトリックス内で、ジヒドロキシアセトンリン酸に戻る際にFADから$FADH_2$を生じる。

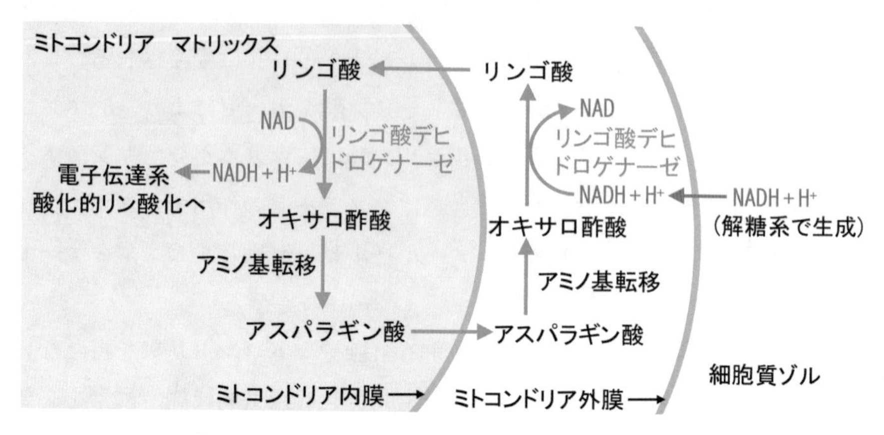

図9.4　リンゴ酸-アスパラギン酸シャトル

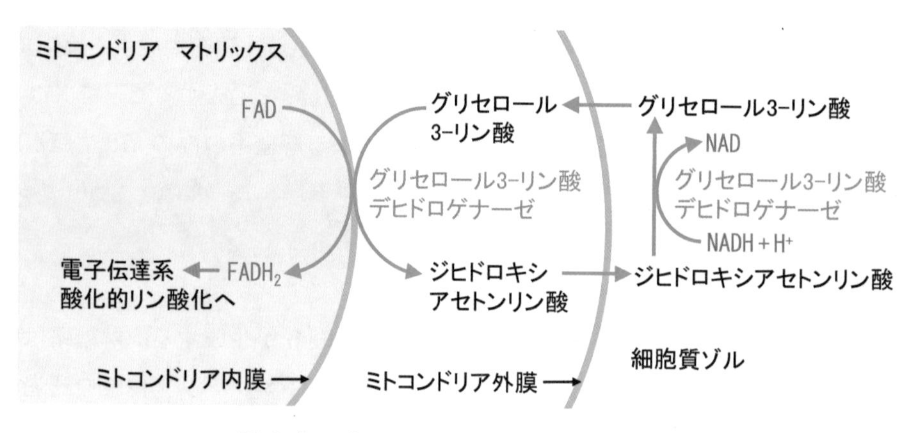

図9.5　グリセロールリン酸シャトル

例題2　解糖系に関する記述である。正しいのはどれか。１つ選べ。

1. 1分子のグルコースが解糖系で代謝されると1分子のピルビン酸が生成される。
2. 解糖系では1分子のグルコースから4分子のATPが生成され、ATPが消費されることはない。
3. 解糖系では酸素に依存しない（嫌気的な）ATP生成が行われ、これを基質レベルのリン酸化という。
4. ヘキソキナーゼは解糖系の酵素で、グルコースをグルコース1-リン酸に変換する。
5. 解糖系には4箇所の不可逆的反応を触媒する酵素がある。

解説　1. 1分子のグルコースから生成するピルビン酸は2分子である。　2. 解糖系では2分子のATPが消費されるため、ATPの生成は正味2分子である。　4. ヘキソキナーゼは、グルコースをグルコース6-リン酸に変換する。　5. 不可逆的反応は3箇所である。
解答 3

例題3　解糖系に関する記述である。正しいのはどれか。1つ選べ。

1. フルクトース1,6-ビスリン酸は、直接2分子のグリセルアルデヒド3-リン酸に開裂する。
2. ピルビン酸キナーゼによる、ホスホエノールピルビン酸をピルビン酸に変換する反応は可逆的である。
3. 嫌気的条件で生成したピルビン酸は、主にアセチルCoAを経てクエン酸回路に入る。
4. ピルビン酸から乳酸を生成する反応では、NADから$NADH+H^+$が生成される。
5. グルコキナーゼは食後に機能する。

解説　1. フルクトース1,6-ビスリン酸はグリセルアルデヒド3-リン酸とジヒドロキシアセトンリン酸に開裂する。　2. この反応は不可逆的である。　3. 嫌気的条件では、ピルビン酸はNADを再生するために乳酸に変換される。　4. ピルビン酸から乳酸の変換により、$NADH+H^+$からNADが再生される。
解答 5

4 クエン酸回路

4.1 クエン酸回路の概要

解糖系により生じたピルビン酸由来のアセチルCoAは、通常の好気的（酸素が必要な）環境ではクエン酸回路に入り、NADおよびFADを還元して$NADH+H^+$や$FADH_2$を産生する。また、クエン酸回路が一回転することでGTP（ATP）やCO_2も生成される。**クエン酸回路はミトコンドリアのマトリックスに存在**し、8種類の酵素と9個の代謝中間体により形成されている（図9.6）。

4.2 クエン酸回路の反応

解糖系で生成したピルビン酸がミトコンドリアに移行した後に、**ピルビン酸デヒドロゲナーゼ**複合体の反応によりアセチルCoAに変換される。この際、$NADH+H^+$が生成し、CO_2が放出される。ピルビン酸デヒドロゲナーゼ複合体は、補酵素としてビタ

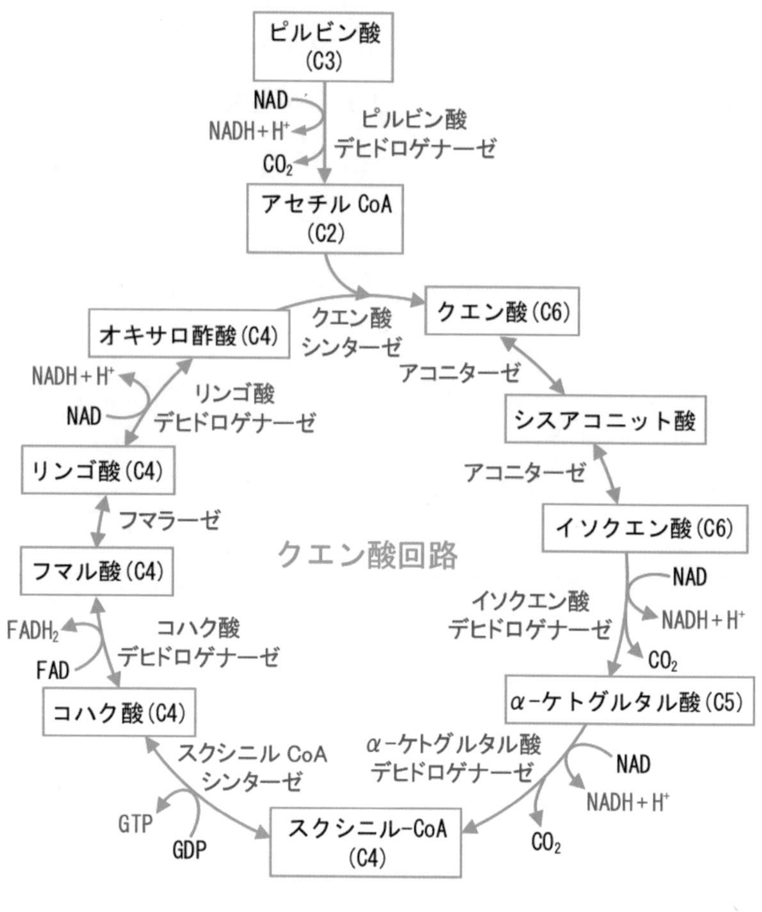

図 9.6　クエン酸回路

ミン B_1 の補酵素型であるチアミン二リン酸（チアミンピロリン酸、TPP）を必要とする。したがって、ビタミン B_1 が不足した場合、糖質代謝に障害を来す。栄養学的に糖質を摂食する際にビタミン B_1 を同時に摂取する必要がある理由はここにある。また、この酵素反応は不可逆的であるため、**アセチル CoA からピルビン酸は生じない**。

生成したアセチル CoA は、炭素数２（C2）の酢酸（アセチル基）としてクエン酸回路上のオキサロ酢酸（C4）と縮合して、炭素数６（C6）のクエン酸となり回路に導入される。この回路が一回転する間に、アセチル CoA の２つの炭素は２分子の CO_2 として放出され、$NADH+H^+$ が３分子、$FADH_2$ が１分子、GTP が１分子生成される。

$NADH+H^+$ が生成する場所は、CO_2 が放出され炭素数が減少する酸化的脱炭酸が起こる２つステップ（C6⇒C5, C5⇒C4）と、リンゴ酸の水酸基がオキサロ酢酸のオキソ基に酸化されるステップである。$FADH_2$ は、コハク酸が脱水素（$-H_2$）により酸化されフマル酸になる反応で生成する。スクシニル CoA シンターゼの反応で生成した GTP は ATP に変換されるが、この GTP の生成には酸素が不要なため、解糖系での ATP 生成と同様に基質レベルのリン酸化となる。クエン酸回路 1 回転で得られた 3 分子の $NADH+H^+$ と 1 分子 $FADH_2$ を用いて、電子伝達系と酸化的リン酸化により大量の ATP が合成される。

クエン酸回路は、時計回りの一方向に回転しているが、これには 3 カ所の不可逆的反応が関係する。1 つめは、アセチル CoA がオキサロ酢酸と縮合してクエン酸が生成する**クエン酸シンターゼ**の反応、2 つめは、イソクエン酸から α-ケトグルタル酸を生成する**イソクエン酸デヒドロゲナーゼ**の反応、3 つめは、α-ケトグルタル酸からスクシニル CoA が生成する**α-ケトグルタル酸デヒドロゲナーゼ**の反応である。クエン酸回路の回転には、NAD と FAD の十分な供給が必要である。これらの補酵素は、電子伝達系と酸化的リン酸化により $NADH+H^+$ や $FADH_2$ の水素が酸化され H_2O になることで再生される。これが、クエン酸回路が好気的環境で作用する理由である。また、クエン酸回路の中間代謝産物は、他の物質代謝にも利用されており、分子数が減少するため、結果的にオキサロ酢酸量も減少する。したがって、クエン酸回路を充分に回転させるには、オキサロ酢酸の供給も重要である。これにはピルビン酸からオキサロ酢酸を生成する**ピルビン酸カルボキシラーゼ**が役割を担っている。

例題 4　クエン酸回路に関する記述である。正しいのはどれか。1 つ選べ。

1. ピルビン酸からアセチル CoA 生成を触媒するピルビン酸デヒドロゲナーゼは、TPP を補酵素とする。
2. 炭素数 2 のアセチル CoA は、炭素数 4 のリンゴ酸と縮合して炭素数 6 のクエン酸となり回路に導入される。
3. クエン酸回路は、6 個の酵素と 6 個の代謝中間体により形成されている。
4. クエン酸回路は、条件により、全体が逆回転して機能することがある。
5. クエン酸回路が一回転すると、$NADH+H^+$ が 1 分子、$FADH_2$ が 3 分子生成する。

解説　2. クエン酸は、アセチル CoA にオキサロ酢酸が縮合して生成する。　3. クエン酸回路は、8 種の酵素と 9 種の代謝中間体で構成される。　4. クエン酸回路は、3 箇所の不可逆的反応が存在するため、全体が逆回転することはない。　5. $NADH+H^+$ 3 分子と $FADH_2$ 1 分子が生成する。

解答　1

例題5　クエン酸回路に関する記述である。正しいのはどれか。1つ選べ。

1. クエン酸回路では NADH + H^+と $FADH_2$が生成するが、この際に回路の基質は還元される。
2. クエン酸回路は、ミトコンドリアの外膜に存在する酵素で構成されている。
3. クエン酸回路では GTP が生成するが、この反応は基質レベルのリン酸化に該当する。
4. クエン酸回路で得られた NADH+H^+や $FADH_2$は、細胞質ゾルに移行して ATP 生産に用いられる。
5. クエン酸回路にオキサロ酢酸を供給するピルビン酸カルボキシラーゼは、脱炭酸酵素である。

解説　1. 回路の基質が酸化されることで、NAD と FAD が還元されて NADH + H^+と $FADH_2$が生成する。　2. クエン酸回路は、ミトコンドリアのマトリックスに存在する。4. NADH + H^+や $FADH_2$は、ミトコンドリア内膜の電子伝達系に渡される。　5. ピルビン酸カルボキシラーゼは、炭酸を固定する酵素である。　**解答**　3

5 グルコースの完全酸化

グルコース1分子から、解糖系⇒アセチル CoA 生成⇒クエン酸回路を経て、電子伝達系と酸化的リン酸化により、合計何分子の ATP が生産されるかを考えてみよう。

まず、解糖系では、グルコース1分子から2分子のピルビン酸と2分子の NADH+H^+と2分子の ATP が生成される。2分子の NADH+H^+がリンゴ酸－アスパラギン酸シャトルまたはグリセロールリン酸シャトルでミトコンドリアに移行した場合、それぞれ2分子の NADH + H^+または2分子の $FADH_2$が生じる。次に、解糖系の最終産物である2分子のピルビン酸から、ピルビン酸デヒドロゲナーゼ複合体により、2分子のアセチル CoA と2分子の NADH+H^+と2分子の CO_2が生成される。このアセチル CoA がクエン酸回路に入ると、1分子当たり3分子の NADH + H^+と1分子の $FADH_2$と1分子の ATP (GTP) と2分子の CO_2が生じる。NADH + H^+ 1分子からは3分子の ATP が、$FADH_2$ 1分子からは2分子の ATP が生成されるとして計算すると、グルコース1分子からは36分子または38分子の ATP が生成することになる。各自で計算して確認してみよう。

$C_6H_{12}O_6 + 6O_2 \rightarrow 6H_2O + 6CO_2 + 36 \text{ or } 38 \text{ ATP}$

6 グリコーゲンの合成と分解

6.1 グリコーゲンの役割

グリコーゲンは、肝臓や骨格筋に存在するグルコース重合体の**貯蔵多糖**である。グリコーゲンは、グルコースがα-1, 4 結合で直鎖状になったものがα-1, 6 結合して分岐した構造を持つ。グリコーゲンは、主に食後に合成されて絶食期には分解される。グリコーゲン含量は肝臓で約 100 g、骨格筋で 250 g である。エネルギー貯蔵体としての寄与は脂肪組織の中性脂肪（体脂肪）に比べるとはるかに少ないが、肝臓グリコーゲンの合成と分解は、血糖値の調節において重要である。

6.2 グリコーゲンの合成

グリコーゲン合成は、まず解糖系のグルコース 6-リン酸が、ホスホグルコムターゼによりグルコース 1-リン酸に変換されることで始まる（図 9.7）。次に、このグルコース 1-リン酸がグルコース 1-リン酸ウリジルトランスフェラーゼにより UTP と結合してエネルギーレベルが高い UDP-グルコースに変換される。これがグリコーゲンシンターゼにより既存のグリコーゲンの非還元末端にα-1, 4 結合で結合する。さらに、分枝酵素によりα-1, 6 結合して枝分かれ構造を取る。このようにしてグリコーゲンはグルコース重合体として合成・貯蔵される。

6.3 グリコーゲンの分解

貯蔵されたグリコーゲンは、グリコーゲンホスホリラーゼにより非還元末端で**加リン酸分解**をうけ、グルコース 1-リン酸が生じる（図 9.8）。枝分かれ部分は脱分枝酵素によりα-1, 6 結合が切断される。グルコース 1-リン酸はホスホグルコムターゼによりグルコース 6-リン酸に変換される。

肝臓では、グルコース 6-リン酸はグルコース 6-ホスファターゼにより加水分解されグルコースを生成する。生成されたグルコースは細胞外に放出され、血糖となり、脳など他の組織で利用される。一方、筋肉ではグルコース 6-ホスファターゼが存在しないため、グルコース 6-リン酸からグルコースを生成できないため、絶食期のグルコース供給源とはならない。骨格筋においてグリコーゲンから生成したグルコース 6-リン酸は、解糖系およびクエン酸回路を介して、骨格筋自身のエネルギーとなる。

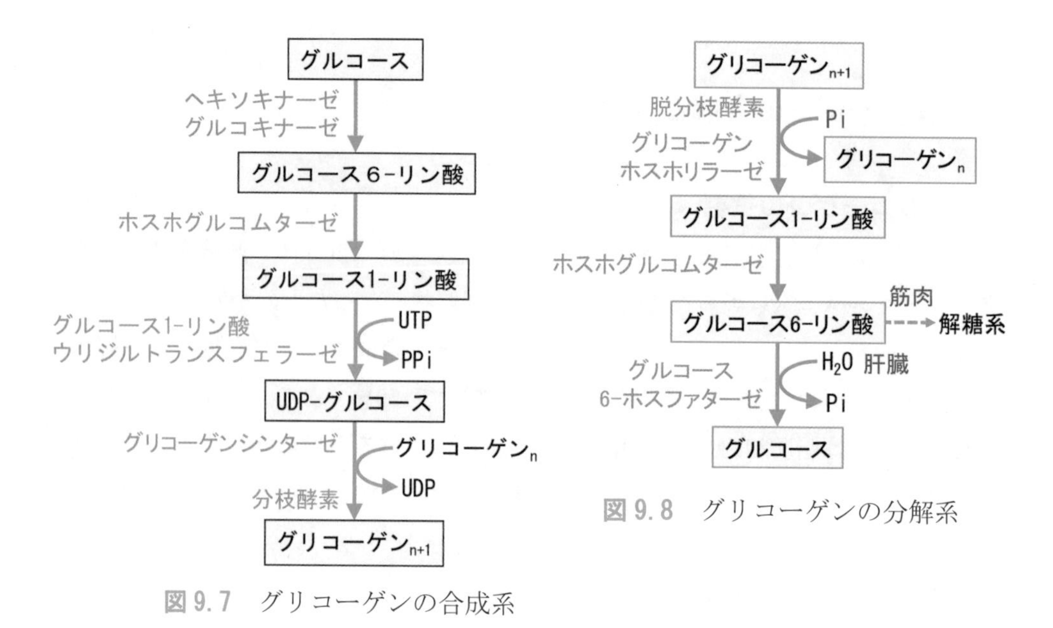

図9.7　グリコーゲンの合成系

図9.8　グリコーゲンの分解系

7 糖新生

7.1 糖新生とは

絶食時の血糖低下時には、肝臓のグリコーゲンが分解して血糖値を維持するが、脳などの神経組織のグルコース消費量は多く、グリコーゲン貯蔵量のみでは充分でない。糖新生は、絶食時のグルコースの不足分を補うことで血糖値を維持する。糖新生は、乳酸やアミノ酸などからグルコースを合成する代謝経路で、**肝臓や腎臓**に存在する。また、グリセロールも糖新生の基質となる。

7.2 糖新生の反応

乳酸やアミノ酸の1種のアラニンから、それぞれ**乳酸デヒドロゲナーゼ**と**アラニンアミノトランスフェラーゼ**によりピルビン酸が生成する。糖新生では、多くの反応が解糖系の可逆的反応を司る酵素で行われるため、ピルビン酸から解糖系を逆行する形でグルコースの生成に至る（図9.9）。しかし、解糖系にはグルコキナーゼ（ヘキソキナーゼ）、ホスホフルクトキナーゼ、ピルビン酸キナーゼの3カ所の不可逆的反応を触媒する酵素が存在する（表9.2参照）。したがって、これらの逆反応を行うためには、特別な酵素や仕組みが必要となる（図9.9）。

まず、①ピルビン酸からホスホエノールピルビン酸のピルビン酸キナーゼの逆反応である。ピルビン酸はミトコンドリアに移行して、ピルビン酸カルボキシラーゼの反応（ピルビン酸＋ATP＋CO_2→オキサロ酢酸＋ADP＋Pi）によりオキサロ酢酸を生

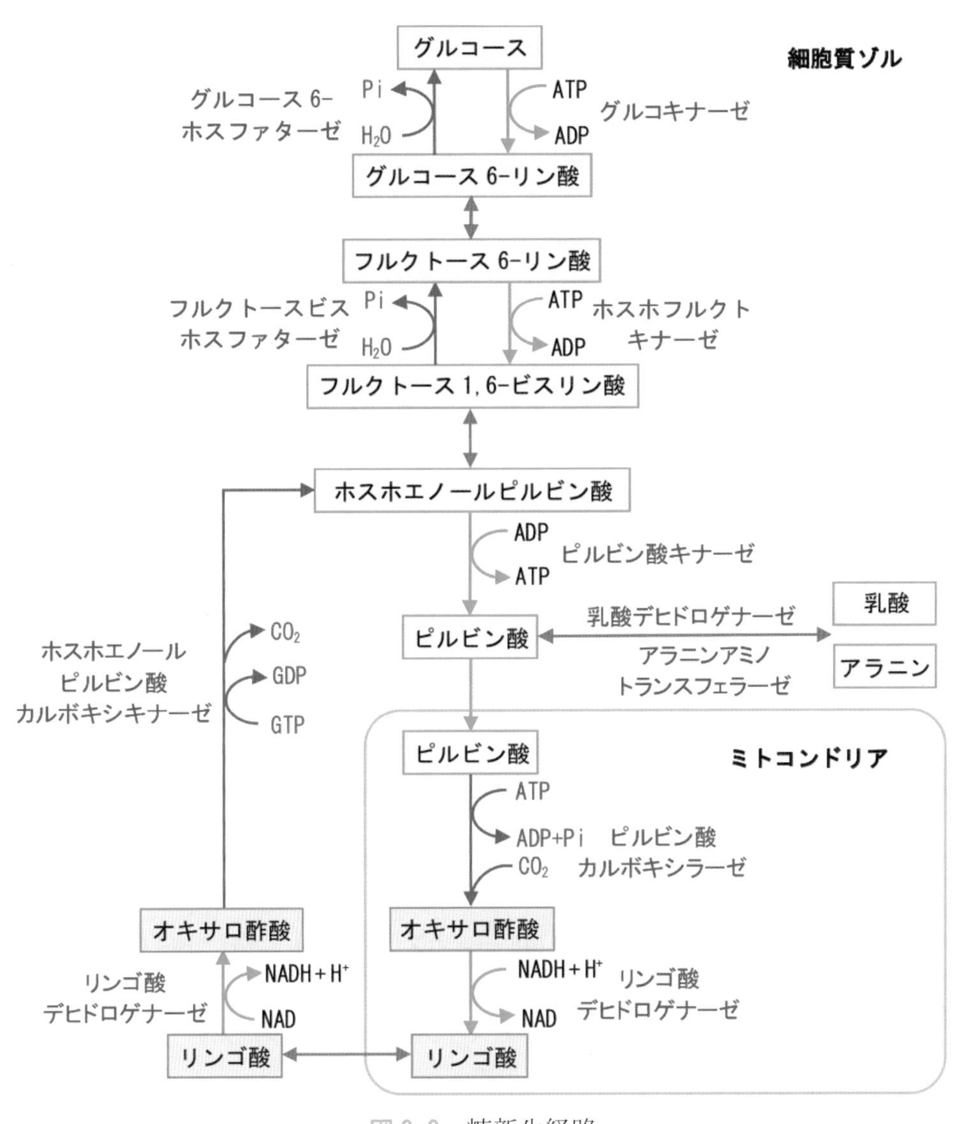

図 9.9　糖新生経路

成する（ピルビン酸カルボキシラーゼは、クエン酸回路へのオキサロ酢酸の補充に利用される酵素と同じである（3.2 参照））。このオキサロ酢酸はミトコンドリア膜を通過できないため、次にクエン酸回路を逆行する形でリンゴ酸デヒドロゲナーゼによりリンゴ酸に変換される。リンゴ酸はミトコンドリア膜を通過して細胞質ゾルへ移行し、同じくリンゴ酸デヒドロゲナーゼの作用によりオキサロ酢酸となる。オキサロ酢酸は、ホスホエノールピルビン酸カルボキシキナーゼの反応（オキサロ酢酸＋GTP→ホスホエノールピルビン酸＋GDP＋CO_2）により、ホスホエノールピルビン酸となる。この後ホスホエノールピルビン酸は解糖系を逆行してフルクトース 1, 6-ビスリン酸となる。

②次に、フルクトース 1,6-ビスリン酸からフルクトース 6-リン酸のホスホフルクトキナーゼの逆反応である。フルクトース 1,6-ビスリン酸は、フルクトースビスホスファターゼの反応（フルクトース 1,6-ビスリン酸＋H_2O→フルクトース 6-リン酸＋Pi）により加水分解されてフルクトース 6-リン酸を生じ、同様に解糖系を逆行してグルコース 6-リン酸となる。

③最後に、グルコース 6-リン酸からグルコースへのグルコキナーゼの逆反応である。グルコース 6-リン酸は、グルコース 6-ホスファターゼの反応（グルコース 6-リン酸＋H_2O→グルコース＋Pi）によりグルコースとなり、血液中に放出され血糖となる。2 分子のピルビン酸からグルコースを生成する糖新生には、ピルビン酸カルボキシラーゼ、ホスホエノールピルビン酸カルボキシキナーゼ、ホスホグリセリン酸キナーゼの 3 カ所で高エネルギーリン酸結合を消費するため、6 分子の ATP（内 2 分子は GTP として）を必要とする。糖新生に関与する酵素についてまとめたものを示した（**表 9.3**）。グリセロールは、グリセロールキナーゼによりグリセロール 3-リン酸に変換された後、ジヒドロキシアセトンリン酸となり、糖新生系に合流する。

表 9.3　糖新生系の反応のみを行う酵素

酵素名	酵素反応式
ピルビン酸カルボキシラーゼ	ピルビン酸＋ATP＋CO_2 → オキサロ酢酸＋ADP＋Pi
ホスホエノールピルビン酸カルボキシキナーゼ	オキサロ酢酸＋GTP → ホスホエノールピルビン酸＋GDP＋CO_2
フルクトースビスホスファターゼ	フルクトース 1,6-ビスリン酸＋H_2O → フルクトース 6-リン酸＋Pi
グルコース 6-ホスファターゼ	グルコース 6-リン酸＋H_2O → グルコース＋Pi

例題 6　糖新生に関する記述である。正しいのはどれか。1 つ選べ。

1. 糖新生は、乳酸やアミノ酸などからグルコースを合成する代謝で、主に骨格筋で行われる。
2. 糖新生の基質は、乳酸とアミノ酸であり、中性脂肪は全く基質にならない。
3. 糖新生は、主にピルビン酸からグルコースを新生する代謝であり、すべての反応は解糖系の酵素で行われる。
4. 糖新生は、大半が細胞質ゾルで行われる代謝であるが、一部ミトコンドリアでの反応も含まれる。
5. DNA にコードされた 20 種類のアミノ酸は、すべて糖新生の基質となり得る。

解説 1. 糖新生は肝臓と腎臓に存在し、骨格筋では行われない。 2. 中性脂肪を構成するグリセロールからグルコースは新生される。 3. 解糖系には3箇所で不可逆的反応が存在し、糖新生ではこの部分は解糖系とは異なる酵素で進行する。 5. リシンとロイシンはケト原性アミノ酸であり、糖新生の基質とならない。**解答** 4

7.3 糖新生における臓器連関

糖新生の基質となる物質は、筋たんぱく質の分解で生じたアミノ酸、嫌気的代謝で生じた乳酸、および脂肪細胞でトリグリセリドの分解により生じたグリセロールである。アミノ酸とグリセロールは、絶食時の血糖上昇に寄与するが、乳酸は食事とは無関係に常時グルコースの供給源となっている。これらは、各組織・細胞から血液中に放出されて肝臓に取り込まれて糖新生系に入り、生成したグルコースを血液中に放出して各組織・細胞がそれを取り込んで利用する。このように臓器同士の間で物質のやりとりを行うことを**臓器連関**という。

(1) グルコース-アラニン回路

絶食時には、筋肉では体たんぱく質が分解されてアミノ酸を生じる。各種アミノ酸はアミノ基転移反応によりグルタミン酸を生じるが、グルタミン酸はアラニンアミノトランスフェラーゼ (ALT) という酵素により解糖系由来のピルビン酸にアミノ基を転移して**アラニン**となる。アラニンは、血流を介して肝臓に供給され、ALT によりピルビン酸に変換される。ピルビン酸から糖新生経路により、グルコースが合成される。このグルコースが血液中に放出され、それを筋肉が取り込んで、再びエネルギー源として用いる。この経路を**グルコース-アラニン回路**とよぶ (図 9.10)。筋肉から放出されるアミノ酸のうち約 30%がアラニンである。

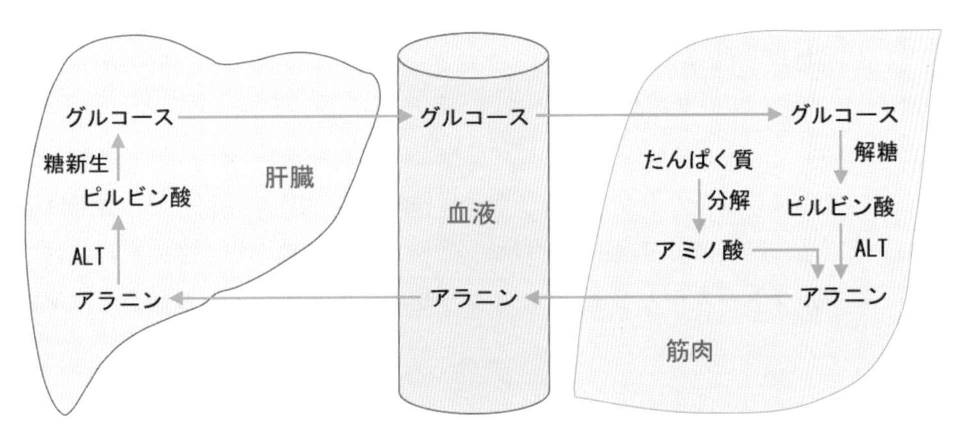

図 9.10 グルコース-アラニン回路

(2) コリ回路

赤血球や運動時の筋肉において、グルコースが嫌気的に代謝されたとき、解糖系の最終産物としてはピルビン酸ではなく**乳酸**を生じる。乳酸は、血液を介して肝臓に送られ、**乳酸デヒドロゲナーゼ**によりピルビン酸に変換される。ピルビン酸から糖新生経路により、グルコースが合成される。グルコースは血液中に放出され、それをそれらの組織・細胞が取り込んで、再びエネルギー源として用いる。この経路を**コリ回路**とよぶ（図 9.11）。

(3) グリセロール

絶食時には、脂肪細胞で貯蔵脂肪である**トリグリセリド**が加水分解されて**グリセロール**が生じる（第 10 章参照）。グリセロールは、血液を介して肝臓に運ばれ、糖新生の材料となる。肝臓では、グリセロールはグリセロールキナーゼによりグリセロール 3-リン酸となり、さらにジヒドロキシアセトンリン酸に変換されて糖新生系に入り、グルコースとなる。

8 その他のグルコースの代謝経路

8.1 ペントース（五炭糖）リン酸回路

ペントースリン酸回路は、解糖系においてグルコースから生成するグルコース 6-リン酸から分岐する解糖系の迂回路であり、脂肪酸合成に必須の補因子である NADPH $+H^+$の生成、ヌクレオチドの構成糖であるリボース 5-リン酸の生成、ならびに食物中の五炭糖を解糖系に導入する生理的役割を持っている。**ペントースリン酸回路**は、大きく**酸化的経路**と**非酸化的経路**の 2 つの経路に分かれている（図 9.12）。酸化的経路は、グルコース 6-リン酸から**五炭糖のリブロース 5-リン酸**が生成するまでの過程で、**NADPH$+H^+$**と CO_2が生成される。

次に、リブロース 5-リン酸は、ケトイソメラーゼによりリボース 5-リン酸となる。また、リブロース 5-リン酸からはエピメラーゼによりキシルロース 5-リン酸も生成するが、この後数段階のトランスケトラーゼやトランスアルドラーゼの酵素反応を経て、三炭糖、四炭糖、五炭糖、六炭糖、七炭糖と炭素鎖の相互変換が行われて、最終的に**フルクトース 6-リン酸**、または**グリセルアルデヒド 3-リン酸**となり解糖系と合流する。

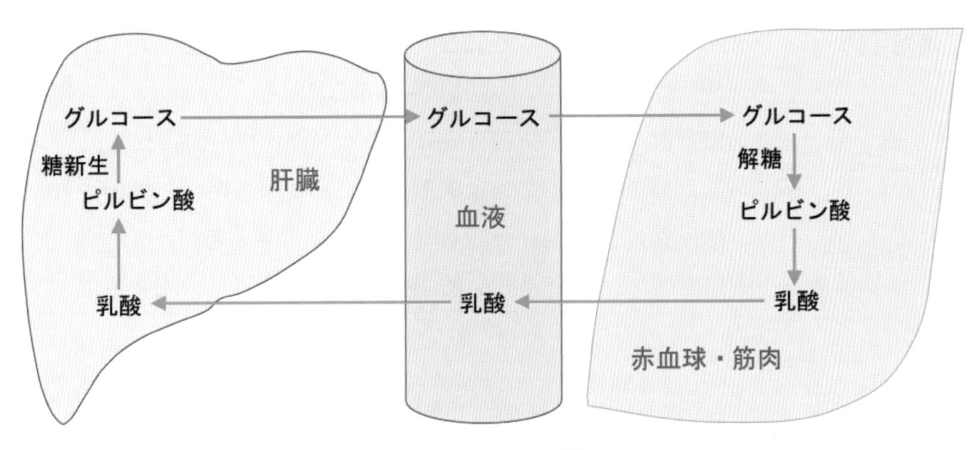

図 9.11　コリ回路

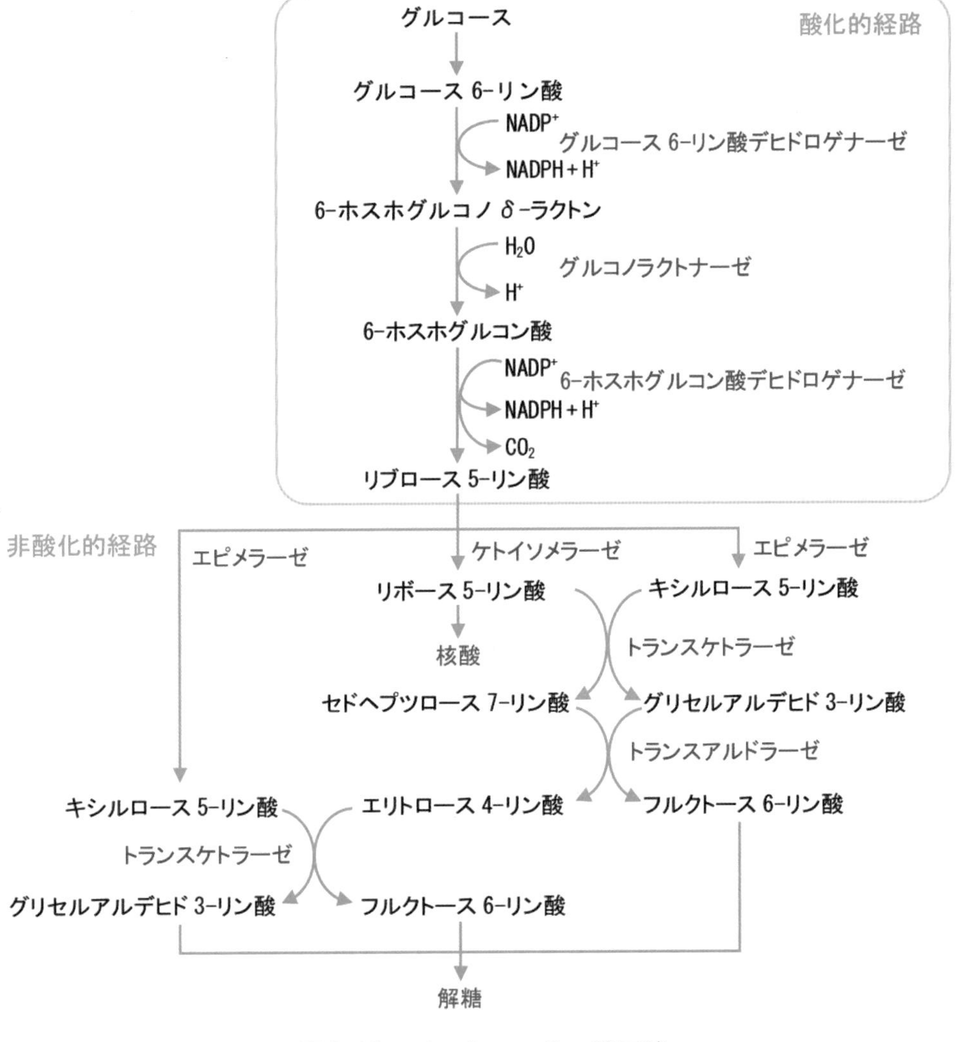

図 9.12　ペントースリン酸回路

例題7　ペントースリン酸回路に関する記述である。正しいのはどれか。1つ選べ。

1. ペントースリン酸回路は、クエン酸回路の迂回路である。
2. ペントースリン酸回路では、脂肪酸合成に必要なNADH+H⁺が作られる。
3. ペントースリン酸回路では、ヌクレオチド合成に必要な六炭糖が供給される。
4. ペントースリン酸回路は、グルコース6-リン酸から分岐する。
5. ペントースリン酸回路では、ピルビン酸を生成し、解糖系と合流する。

解説　1. ペントースリン酸回路は、解糖系の迂回路である。　2. この回路では、NADH＋H⁺ではなく脂肪酸合成に必要なNADPH＋H⁺が作られる。　3. この回路は五炭糖（リボース5-リン酸）を供給する。　5. この回路は、フルクトース6-リン酸とグリセルアルデヒド3-リン酸を生成し、解糖系と合流する。　**解答** 4

8.2 グルクロン酸経路（ウロン酸経路）

グルクロン酸は、生体内の脂質や薬物などの脂溶性物質を抱合して水溶性物質へと変換し、尿や胆汁を介して、これら**生体外異物を体外に排泄**する役割を持っている。解糖系のグルコース6-リン酸からグリコーゲン合成と同様の方法で、まず、UDP-グルコースが生成される（図9.13）。UDP-グルコースは、UDP-グルコースデヒドロゲナーゼの作用により活性型グルクロン酸のUDP-グルクロン酸となる。UDP-グルクロン酸は、摂取されたポリフェノール類や薬物代謝酵素で水酸化された毒物などの水酸基に付加して、グルクロン酸抱合体を形成する。UDP-グルクロン酸からグルクロン酸やグロン酸が生成される。グロン酸からはグロノラクトンを経てアスコルビン酸が合成されるが、**ヒトを含む霊長類とモルモットはグロノラクトンオキシゲナーゼが欠損**しておりアスコルビン酸を合成できないため、ビタミンCとして食物から摂取する必要がある。また、グロン酸から、いくつかの酵素反応を経てキシルロース5-リン酸が生じ、ペントースリン酸回路に入っていく。

9 フルクトース・ガラクトースの代謝

9.1 フルクトースの代謝

フルクトースの多くは、スクロースの構成糖として摂取される。フルクトースは、組織により代謝様式が異なっている（図9.14）。肝臓ではフルクトキナーゼによりフルクトース-1リン酸になり、アルドラーゼによりグリセルアルデヒド3-リン酸などの三炭糖に開裂して解糖系に入り代謝される。肝臓以外ではヘキソキナーゼによ

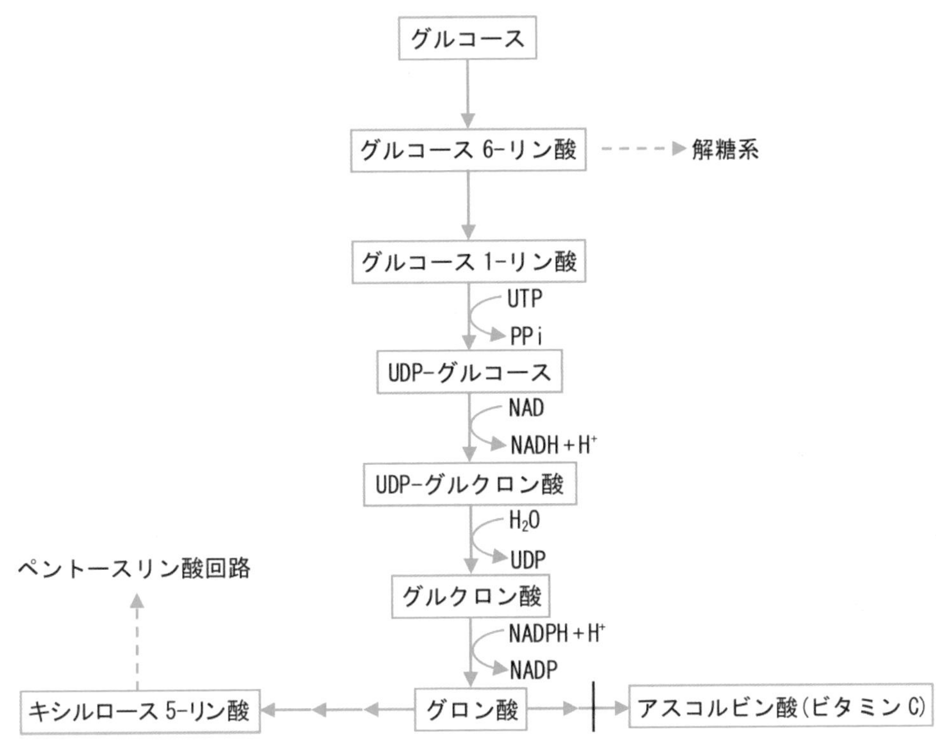

図 9.13　グルクロン酸経路

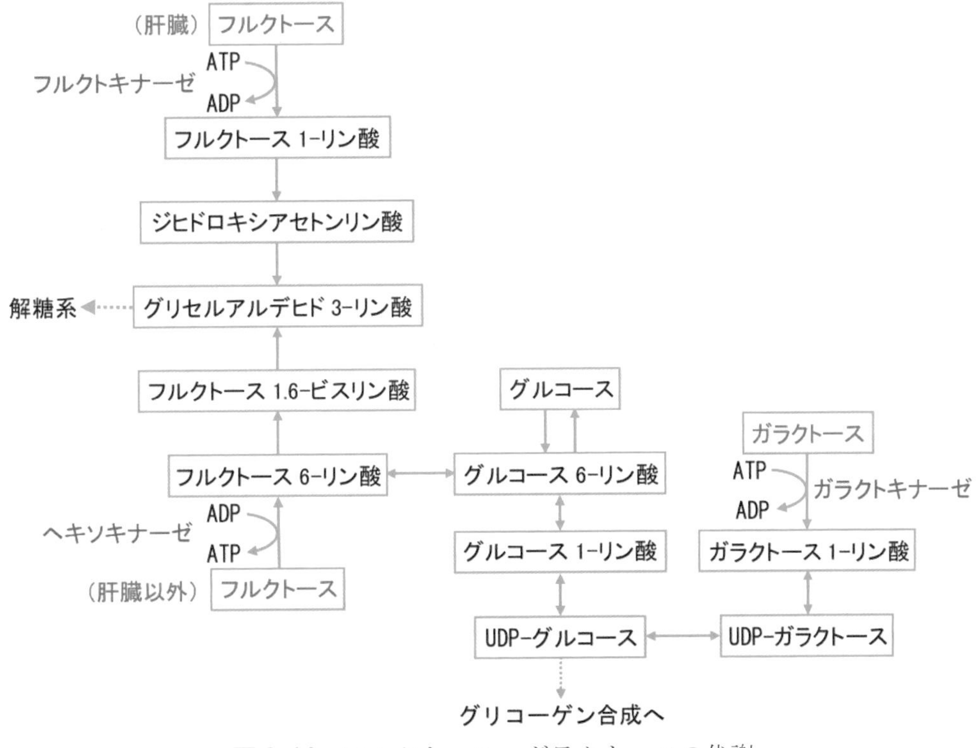

図 9.14　フルクトース・ガラクトースの代謝

りフルクトース6-リン酸となり、解糖系に入って代謝される。フルクトースは解糖系のグルコキナーゼやホスホフルクトキナーゼの2つの律速酵素の反応を迂回して代謝されるため、代謝速度がグルコースよりも早い。フルクトースの大量摂取は脂肪（酸）合成を高めるため、太りやすい糖といわれている。

9.2 ガラクトースの代謝

ガラクトースは乳糖の構成糖として摂取される。ガラクトースは、ガラクトキナーゼによりガラクトース-1リン酸になる（図9.14）。次に、ガラクトース1-リン酸ウリジルトランスフェラーゼによりUDP-ガラクトースとなり、さらにエピメラーゼにより、UDP-グルコースとグルコース1-リン酸となり**解糖系により代謝**される。また、UDP-グルコースはグリコーゲン合成にも使われる。

例題8　グルクロン酸合成、およびフルクトースとガラクトースの代謝に関する記述である。正しいのはどれか。1つ選べ。

1. グルクロン酸は、クエン酸回路の中間代謝物から合成される。
2. アスコルビン酸は、グルクロン酸から合成されるが、この合成系はヒトでも機能している。
3. グルクロン酸は、ポリフェノール類や薬物の抱合体の形成にかかわっている。
4. フルクトースやガラクトースは、解糖系を介さない独自の経路で代謝される。
5. フルクトースは、大量に摂取しても脂質代謝には影響しない。

解説　1. グルクロン酸は、解糖系の中間代謝物から合成される。　2. ヒトを含む霊長類ではアスコルビン酸（ビタミンC）合成酵素は欠損している。　4. フルクトース、ガラクトースともに最終的には解糖系に入り代謝される。　5. フルクトースの大量摂取は、脂肪（酸）合成を高める。

解答　3

10 血糖値の調節

ヒトでは、血糖値は100 mg/dLを中心に恒常性が維持されている。主に食物中のでんぷんが消化・吸収され、門脈を介して体内に大量のグルコースが流入するが、血糖値の上昇はおよそ150 mg/dLに抑えられ、漸次低下する。経口ブドウ糖負荷試験の場合、健常人では1時間で血糖値が上昇し、約2時間で正常値に戻る。また、絶食期において食事由来グルコースの体内への流入（吸収）が途絶えた後も、血糖値は 80 mg/dL 程度に維持される。これは、血糖値をなるべく一定に保つ機構が働いているためである。この、血糖値低下の防止は、グルコースにエネルギーを大きく依存する脳・神経系の機能維持に重要である。

血糖調節に関与する機構には、①グルコース輸送体による細胞内への血糖の取り込み、②取り込まれたグルコースの代謝（グリコーゲンの合成と分解、解糖と糖新生、エネルギー産生など）、③ ①や②のホルモンによる調節の 3 つが存在する。

血糖を上昇させるホルモンとして、**グルカゴン**（膵 α 細胞）、**アドレナリン**（エピネフリン）（副腎髄質）、**グルココルチコイド**（副腎皮質）、**成長ホルモン**（脳下垂体前葉）、**甲状腺ホルモン**（甲状腺）が、血糖を低下させるホルモンとして**インスリン**（膵 β 細胞）がある。

食後に血糖値が上昇した際に、GLUT2 を有する膵 β 細胞にグルコースが取り込まれてインスリンが分泌される。インスリンは筋肉と脂肪細胞に作用して、GLUT4 を細胞膜に移行させて、血糖を取り込むことで急速に血糖値が低下する。次に、それぞれの細胞内に取り込まれたグルコースの代謝が始まる。肝臓や筋肉では、解糖系が促進されて、グリコーゲンを合成・貯蔵する。

一方、絶食時または飢餓時のように外部からのエネルギー源の供給がない場合には、血糖値が一定以下に低下しないように、血糖上昇ホルモンが作用する。その中でインスリンに拮抗するホルモンが膵 α 細胞から分泌される**グルカゴン**である。グルカゴンが作用すると、肝臓ではグリコーゲンの分解と糖新生の促進により、血中へのグルコースの放出が増加する。

GLUT1 や GLUT3 を発現している多くの組織・細胞では、血糖値の変動とは無関係に取り込まれたグルコースを解糖系・クエン酸回路・電子伝達系で代謝して、ATP を産生している。

10.1 グリコーゲン合成と分解の調節

血糖値が上昇した際に分泌された**インスリン**により、グリコーゲン合成酵素である**グリコーゲンシンターゼの活性化**と、グリコーゲン分解酵素である**グリコーゲンホスホリラーゼの不活性化**により、グリコーゲン合成が促進される。一方、血糖値が下がり始める絶食時には、**グルカゴン**により、**グリコーゲンシンターゼの不活性化**と**グリコーゲンホスホリラーゼの活性化**により、グリコーゲン分解が促進される。

グリコーゲンの合成と分解にかかわる、グリコーゲンシンターゼとグリコーゲンホスホリラーゼは**細胞質ゾル**に同時に存在している。両方の酵素がともに存在することは、グリコーゲンの合成と分解の速やかな切り替えには有利に働く。しかし、両酵素が同時に活性を持つと、グリコーゲンの合成と分解が同時に起こり、ATP エネルギーの無駄が起こるとともに、速やかな合成と分解の調節が行えない。そこで、グリコーゲンシンターゼとグリコーゲンホスホリラーゼは、それぞれの酵素たんぱく質にリン酸基が結合したり（**リン酸化**）、あるいは脱離したり（**脱リン酸化**）することで、両酵素の活性化と不活性化が調節されている（図 9.15）。

グルカゴンは、膵 α 細胞から分泌され、肝臓の細胞膜上の G たんぱく質結合型のグルカゴン受容体に結合し、三量体 G たんぱく質を活性化したあと、アデニル酸シクラーゼを活性化する（図 9.16）。アデニル酸シクラーゼは、ATP をセカンドメッセンジャーである cAMP に変換する。すると、細胞内で cAMP 濃度が上昇することで cAMP 依存性プロテインキナーゼ（PKA）が活性化される。PKA はグリコーゲンシンターゼとグリコーゲンホスホリラーゼキナーゼをともにリン酸化する。グリコーゲンシンターゼはリン酸化により活性型から不活性型になるため、グリコーゲン合成は抑制される。一方、グリコーゲンホスホリラーゼキナーゼはリン酸化されて不活性型から活性型となり、それによりグリコーゲンホスホリラーゼがリン酸化され不活性型から活性型となり、グリコーゲン分解が促進される。こうして、血糖値の上昇へ向かう。

一方、インスリンは、膵 β 細胞から分泌され、肝臓や筋肉のインスリン受容体に結合し、**細胞内情報伝達系（インスリンシグナル系）**を活性化する。これにより、プロテインホスファターゼ-1 が活性化され、グリコーゲンシンターゼとグリコーゲンホスホリラーゼがともに脱リン酸化される。すると、グリコーゲン合成の促進とグリコーゲン分解の抑制が生じ、血糖値が低下する。

例題 9　グリコーゲン合成と分解の調節に関する記述である。正しいのはどれか。1 つ選べ。

1. グリコーゲンは、食後高血糖時に分解され、絶食時には合成されるグルコースの貯蔵体である。
2. グリコーゲンは、グリコーゲンホスホリラーゼによりグルコース 6-リン酸に直接分解される。
3. グリコーゲンの合成酵素であるグリコーゲンシンターゼは、グルカゴンにより活性化される。
4. 骨格筋のグリコーゲンは、分解されるとグルコースとなり血液に放出される。
5. インスリンは、グリコーゲンシンターゼを活性化し、グリコーゲンホスホリラーゼを不活性化する。

解説　1．グリコーゲンは食後高血糖時に合成され絶食時に分解される。　2．グリコーゲンは、グルコース 1-リン酸に分解されたあと、グルコース 6-リン酸に変換される。　3．グリコーゲンシンターゼは、インスリンにより活性化される。　4．骨格筋のグリコーゲンは、分解されてもグルコースにはならない。　**解答** 5

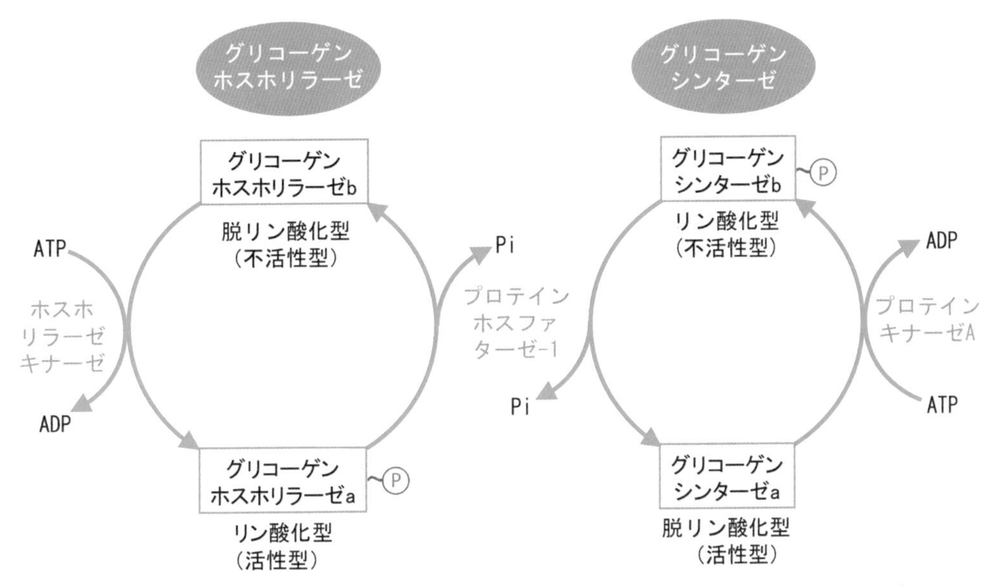

図 9.15　グリコーゲン代謝酵素のリン酸化/脱リン酸化による活性調節

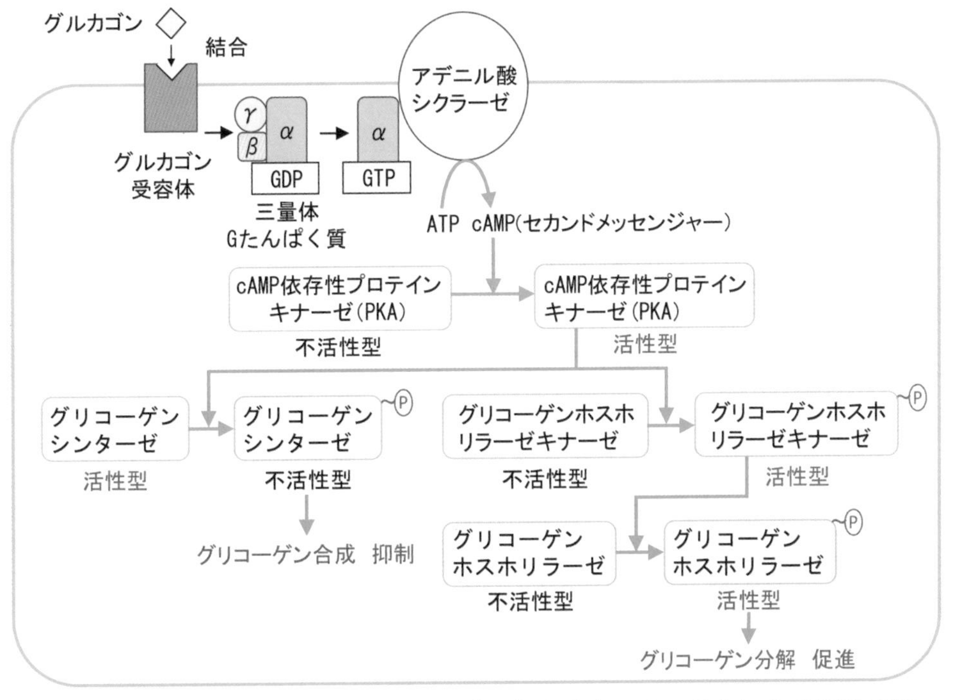

図 9.16　グルカゴンによるグリコーゲン代謝酵素のリン酸化による活性調節

10.2 解糖と糖新生の調節

解糖と糖新生もグリコーゲンの合成と分解の調節と同様、調節される。

(1) アセチル CoA による調節

解糖系で生じたピルビン酸は、さまざまな物質に変換される。例えば、ピルビン酸は、ピルビン酸デヒドロゲナーゼ複合体によりアセチル CoA となりクエン酸回路に入っていく。一方、ピルビン酸カルボキシラーゼによりオキサロ酢酸となり糖新生に利用される。肝臓で、アセチル CoA が大量に生じる環境下では、アセチル CoA によりピルビン酸デヒドロゲナーゼ複合体の活性が抑制される。一方、ピルビン酸カルボキシラーゼ活性は、アセチル CoA により上昇する。したがって、解糖の抑制と糖新生の促進が生じ、血糖値が上昇する。アセチル CoA が大量に生じる環境は、次章で述べる脂肪酸の分解（β-酸化）が盛んな絶食時（飢餓時）の状況にあてはまる。すなわち、外部からのエネルギー源の供給がないため、脂肪を分解してエネルギーを得るとともに、糖新生を行って血糖値を維持するのである。

(2) リン酸化・脱リン酸化による調節

解糖と糖新生の切り替えは、**リン酸化・脱リン酸化**によっても調節される（図 9.17）。**二機能性酵素**は、ひとつのたんぱく質でありながら、ホスホフルクトキナーゼ-2（PFK-2）活性とフルクトース 2,6-ビスホスファターゼ（F2,6-Pase）活性という 2 つの酵素活性を発揮できる。PFK-2 はフルクトース 6-リン酸＋ATP→フルクトース 2,6-ビスリン酸＋ADP の反応を、F2,6-Pase はフルクトース 2,6-ビスリン酸＋H_2O→フルクトース 6-リン酸＋Pi の反応を行う。すなわち、PFK-2 はフルクトース 2,6-ビスリン酸の合成を、F2,6-Pase はフルクトース 2,6-ビスリン酸の分解を行う。

二機能性酵素が脱リン酸化型のときには PFK-2 活性を発揮し、リン酸化型のときには F2,6-Pase を発揮する。言い換えると、脱リン酸化型のときにはフルクトース 2,6-ビスリン酸濃度が上昇し、リン酸化型のときにはフルクトース 2,6-ビスリン酸濃度が低下する。フルクトース 2,6-ビスリン酸は、解糖系酵素のホスホフルクトキナーゼの**アロステリックアクチベーター**（活性化剤）であり、糖新生酵素のフルクトースビスホスファターゼの**アロステリックインヒビター**（阻害剤）でもある。

グルカゴンにより PKA が活性化されると二機能性酵素がリン酸化され、F2,6-Pase 活性を発揮して、フルクトース 2,6-ビスリン酸を分解する。すると、解糖系のホスホフルクトキナーゼ活性が低下するとともに、糖新生系のフルクトースビスホスファターゼ活性が上昇するため、解糖の抑制と糖新生の促進が生じ、血糖値が上昇する。インスリンが作用した場合には二機能性酵素が脱リン酸化され、PFK-2 活性を発揮し、フルクトース 2,6-ビスリン酸を合成する。すると、ホスホフルクトキナー

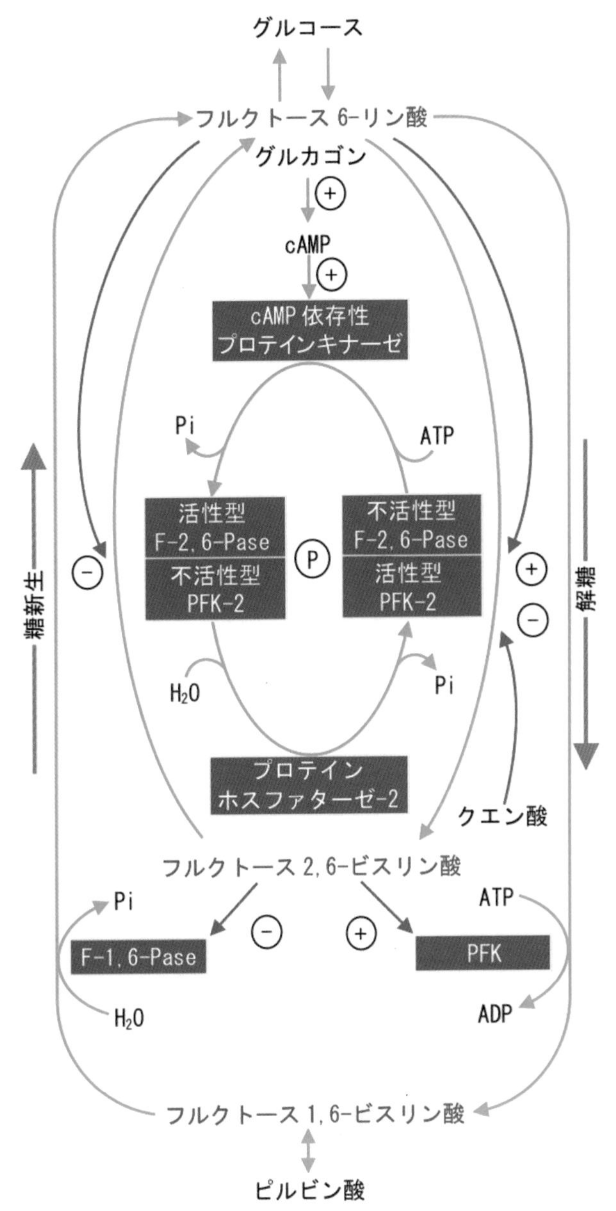

フルクトース 2, 6-ビスリン酸と 2 つの機能を持つ酵素、PFK-2/F-2, 6-Pase（6-ホスホフルクト 2-キナーゼ/フルクトース 2, 6-ビスホスファターゼ）による肝臓中での解糖および糖新生の調節（PFK：ホスホフルクトキナーゼ［6-ホスホフルクト 1-キナーゼ］; F1, 6-Pase、フルクトース 1, 6-ビスホスファターゼ。赤色矢印線はアロステリック効果を示す）。

図 9.17　グルカゴンによる解糖と糖新生のリン酸化による調節

ゼ活性の上昇とフルクトースビスホスファターゼ活性の低下が生じるため、解糖の促進と糖新生の抑制が生じ、血糖値が低下する。これら以外にも、インスリンやグルカゴンにより糖質代謝酵素の活性が調節されて、血糖値が維持される（表 9.4、表 9.5）。

表 9.4 肝臓における酵素活性の調節（インスリン）

酵素	作用	活性	効果
グリコーゲンシンターゼ	脱リン酸化	上昇	グリコーゲン合成促進
グリコーゲンホスホリラーゼ	脱リン酸化	低下	グリコーゲン分解抑制
ホスホフルクトキナーゼ		上昇	解糖促進
ホスホフルクトキナーゼ-2	脱リン酸化	上昇	フルクトース 2,6-ビスリン酸増加
フルクトースビスホスファターゼ	脱リン酸化	低下	糖新生抑制
ピルビン酸キナーゼ	脱リン酸化	上昇	解糖促進
グルコキナーゼ		上昇	解糖促進

表 9.5 肝臓における酵素活性の調節（グルカゴン・アドレナリン）

酵素	作用	活性	効果
グリコーゲンシンターゼ	リン酸化	低下	グリコーゲン合成抑制
グリコーゲンホスホリラーゼ	リン酸化	上昇	グリコーゲン分解促進
ホスホフルクトキナーゼ		低下	解糖抑制
ホスホフルクトキナーゼ-2	リン酸化	低下	フルクトース 2,6-ビスリン酸減少
フルクトースビスホスファターゼ	リン酸化	上昇	糖新生促進
ピルビン酸キナーゼ	リン酸化	低下	解糖抑制

例題 10 食後の血糖値に関する記述である。正しいのはどれか。1つ選べ。

1. 正常人では、血糖値は 200 mg/dL を中心に維持されている。
2. 肝臓のグリコーゲン合成は、食後の高血糖値を低下させる役割を持つ。
3. 食後の高血糖値低下には、骨格筋より肝臓の解糖系によるグルコース代謝が重要である
4. 食後に分泌が促進されるインスリンの作用は、肝臓と骨格筋に限定される。
5. 食後インスリンの分泌促進は、血糖値の上昇のみに依存している。

解説 1. 正常人の血糖値は約 100 mg/dL に恒常性が維持されている。 3. 食後の血糖値低下には、骨格筋の解糖系によるグルコースの代謝が重要である。 4. インスリンは脂肪組織にも働きかけて、脂肪合成を介して血糖値低下に寄与する。 5. 食後のインスリン分泌には、インクレチンとよばれる消化管ホルモンも重要である。

解答 2

例題 11　絶食期の血糖値に関する記述である。正しいのはどれか。1つ選べ。

1. 通常、絶食期（空腹時）の血糖値低下を防ぐには、肝臓に貯蔵されたグリコーゲン分解で充分である。
2. 脂肪組織は、絶食期の血糖値低下を防ぐことにはかかわっていない。
3. 絶食期において、骨格筋はエネルギー源をグルコースから脂肪酸に切り替える。
4. インスリンは、グルカゴンの分泌を促進することで血糖値の維持に寄与している。
5. 血糖値を上げるホルモンとして知られているのは、グルカゴンのみである。

解説　1. 空腹時血糖値の維持には、肝臓グリコーゲン含量では不充分なため糖新生が必要である。　2. 脂肪組織は、空腹時のエネルギーである脂肪酸を放出して、骨格筋によるグルコース消費を抑えている。　4. インスリンはグルカゴンの分泌を抑制する。　5. グルカゴンの他にグルココルチコイドも知られている。　**解答** 3

11 糖質代謝異常症

11.1 糖尿病

糖尿病は、インスリンの作用が不足することで血糖値の上昇を抑制する機構が障害され、慢性的に高血糖が持続する病態である。インスリンの作用不足は、インスリン分泌が不十分なことと、インスリンが存在していても作用が発揮できない**インスリン抵抗性**により起こる。高血糖の持続は、合併症である糖尿病性腎症や、糖尿病性網膜症、糖尿病性神経症を引き起こす。糖尿病には、主に1型と2型が存在する。**1型糖尿病**は、先天的に正常インスリンを合成できない場合や、主に小児期においてウィルス感染が引き金となり、自己抗体によりインスリンを分泌する膵臓ランゲルハンス島β細胞が破壊されて発症する自己免疫病もある。**2型糖尿病**は、肥満などによるインスリン抵抗性を主要な病因とする生活習慣病の一種であり、糖尿病の大部分を占める。2型糖尿病の発症は、内臓に分布する脂肪細胞の肥大化（内臓肥満）と、免疫細胞による脂肪組織の持続的炎症が引き金となる。これにより、アディポカインとよばれる脂肪細胞が分泌する多種の液性因子のバランスが崩れることで、骨格筋などの末梢組織のインスリンに対する反応（インスリン感受性）が低下する。このような組織のインスリン抵抗性により、大量のインスリン分泌が必要となり、インスリンを分泌する**ランゲルハンス島β細胞**が疲弊することで2型糖尿病が発症する。日本人を含む極東アジア人種はβ細胞の遺伝的な脆弱性が指摘されており、これも2型糖尿病の発症要因である。なおインスリン作用不足に伴い、グルカゴンの過剰分泌が起こることも、糖尿病において高血糖が持続する要因と考えられている。

例題 12　糖尿病に関する記述である。正しいのはどれか。１つ選べ。

1. 糖尿病は、インスリンが全く分泌されないことにより、慢性的に高血糖が持続する病気である。
2. 糖尿病には1型と2型が存在するが、1型の症例が圧倒的に多い。
3. 2型糖尿病は、肥満などによるインスリン抵抗性を主要な病因とする生活習慣病の一種である。
4. 糖尿病の病態である高血糖の持続に、グルカゴンはかかわらない。
5. 2型糖尿病の発症には、皮下脂肪組織の持続的炎症がかかわる。

解説　1. 糖尿病は、インスリン分泌不全とともに、インスリンが効きにくいインスリン抵抗性により発症する。　2. 1型に比べて2型糖尿病が圧倒的に多い。　4. グルカゴンが過剰に分泌されることも、高血糖が持続する一因となる。　5. 2型糖尿病では、皮下脂肪より内臓脂肪細胞の肥大による組織炎症が問題となる。　**解答** 3

11.2 先天性糖質代謝異常症

糖質代謝にかかわる先天性代謝異常症として多くの疾患が知られている。

(1) ラクトース不耐症

母乳や牛乳に含まれるラクトースは、小腸粘膜上皮細胞に存在するラクターゼにより、グルコースとガラクトースに消化されて吸収される（**表 9.6**）。ラクトース不耐症ではラクターゼ活性が低いために、ラクトースの消化が不十分となる。そのため、牛乳や乳製品を多く摂ると、ラクトースが大腸に流入し、腸内細菌によって分解されることで下痢や腹痛が引き起こされる。先天的にラクターゼ活性が低い場合もあるが、離乳後にラクターゼ活性が低下することで引き起こされることが多い。日本人の約90%がラクトース不耐症である。

(2) 遺伝性フルクトース不耐症

肝臓のフルクトース代謝に関与するフルクトース1,6-ビスリン酸アルドラーゼ遺伝子の異常による遺伝病である。少量のフルクトース摂取で低血糖症が起こる。また、腎臓や肝臓の傷害も引き起こされる。低血糖症、発汗、腎障害などの症状がある。フルクトース除去食で食事療法を行う。

表 9.6　先天性代謝異常症（糖原病を除く）

病　　名	障害酵素	所　　見
ラクトース不耐症	ラクターゼ	下痢
フルクトース不耐症	フルクトース 1,6-ビスリン酸アルドラーゼ	悪心、嘔吐、低血糖
ガラクトース血症 I 型	ガラクトース 1-リン酸ウリジルトランスフェラーゼ	肝疾患、精神遅滞
ガラクトキナーゼ欠損症	ガラクトキナーゼ	ガラクトース血症、白内障 ガラクトース尿症
赤血球酵素異常症	グルコース 6-リン酸デヒドロゲナーゼなど	溶血性貧血

(3) ガラクトース血症

ガラクトース血症は、血液中のガラクトース濃度が上昇する疾患であり、新生児代謝異常マススクリーニングの対象となっている。常染色体劣性遺伝疾患であり、発症頻度は約 7 万人に 1 人である。原因は、ガラクトースの 3 つの代謝酵素の欠損により起こる先天性代謝異常症がある。

肝臓や腎臓に代謝中間体が蓄積するが、眼の水晶体が損傷するために白内障が引き起こされる。ラクトースとガラクトース除去食で食事療法を行う。

(4) 糖原病

グリコーゲン代謝に関与する酵素が欠損しているため、グリコーゲンの大量蓄積等が生じる遺伝病である（表 9.7）。特に、グルコース 6-ホスファターゼの欠損症は、肝臓でグルコース 6-リン酸からグルコースが合成できないために、低血糖症を引き起こす。食事療法が必要となる。他に、成長障害や筋力低下などが引き起こされる。

例題 13　先天性糖質代謝異常症に関する記述である。正しいのはどれか。1 つ選べ。

1. ラクトース不耐症では、小腸のスクラーゼ活性が低いことで引き起こされる。
2. ラクトース不耐症では、牛乳を多く摂ると下痢や腹痛が引き起こされる。
3. 糖原病は、グルコースを代謝する酵素が欠損しているため起こる遺伝病である。
4. ガラクトース血症は、ガラクトースの消化酵素が欠損している遺伝病である。
5. 遺伝性フルクトース不耐症では、少量のフルクトース摂取で高血糖症が起こる。

解説　1. ラクトース不耐症では小腸のラクターゼ活性が低い。　3. 糖原病はグリコーゲン代謝酵素の欠損症である。　4. ガラクトースの代謝酵素の欠損症である。5. 遺伝性フルクトース不耐症では、フルクトース摂取で低血糖症が起こる。**解答** 2

表9.7　糖原病

型　病　名	臓器	障害酵素	所　見
Ⅰa　Von Gierke 病	肝臓	グルコース 6-ホスファターゼ	肝細胞内に大量のグリコーゲンが蓄積し、低血糖症を示す。高乳酸血症
Ⅰb	肝臓	グルコース 6-リン酸トランスロカーゼ	Ⅰa 型と同様であるが、重症度は低い
Ⅰc	肝臓	ミクロソームのリン酸輸送系	Ⅰa 型と同様
Ⅰd	肝臓	ミクロソームのグルコース輸送	Ⅰa 型と同様
Ⅱ　Pompe 病	全身性	リソソーム α1,4-グルコシダーゼ	全身の組織にグリコーゲンが蓄積する。
Ⅲ　Forbes 病	全身性	リソソーム α1,6-グルコシダーゼ	枝が多く糖鎖の短い異常なグリコーゲンの蓄積
Ⅳ　Anderson 病	全身性	α1,4→α1,6-トランスグルコシダーゼ	枝分かれが少なく糖鎖の長いアミロース型の多糖が蓄積
Ⅴ　McArdle 病	筋肉	ホスホリラーゼ	大量のグリコーゲンが筋肉内に蓄積。筋原性高尿酸血症
Ⅵ　Hers 病	肝臓	ホスホリラーゼ	肝細胞内に大量のグリコーゲンが蓄積し、中程度の低血糖症を示す
Ⅶ　垂井病	筋肉	ホスホフルクトキナーゼ	運動後に高尿酸血症を示す。筋力低下と溶血
Ⅷ　肝型		ホスホリラーゼ肝調節 α サブユニット	肝細胞内に大量のグリコーゲンが蓄積し、中程度の低血糖症を示す
肝筋型		ホスホリラーゼ肝筋調節 β サブユニット	肝細胞内に大量のグリコーゲンが蓄積し、筋力の低下を示す

章末問題

1　糖質の代謝に関する記述である。正しいのはどれか。1 つ選べ。

1. グリコーゲンホスホリラーゼは、グリコーゲンを加水分解する。
2. 肝細胞内 cAMP（サイクリック AMP）濃度の上昇は、グリコーゲン合成を促進する。
3. グルコース 6-ホスファターゼは、筋肉に存在する。
4. ペントースリン酸回路は、NADH を生成する。
5. 糖新生は、インスリンによって抑制される。　（第 31 回国家試験 23 問）

解説　1. 加リン酸分解する。　2. グリコーゲン合成を抑制する。　3. 筋肉には存在しない。　4. NADH ではなく脂肪酸合成に必要な NADPH である。　解答 5

2 糖質の栄養に関する記述である。正しいのはどれか。1 つ選べ。
1. 空腹時には、グルコースからの脂肪酸合成が促進される。
2. 空腹時には、アミノ酸からのグルコース合成が抑制される。
3. 糖質摂取量の増加は、ビタミン B1 必要量を減少させる。
4. 筋肉グリコーゲンは、脳のエネルギー源として利用される。
5. 急激な運動時には、グルコースから乳酸が生成される。 (第 28 回国家試験 82 問)

解説 1. 脂肪酸合成は抑制される。 2. 糖新生は促進される。 3. 糖質代謝にビタミン B1 は必須であるため、必要量を増加させる。 4. 筋肉のグリコーゲンは血糖値に関与しない。 解答 5

3 糖質の代謝に関する記述である。正しいのはどれか。1 つ選べ。
1. グリコーゲンホスホリラーゼは、グリコーゲンを加水分解する。
2. 肝細胞内 cAMP（サイクリック AMP）濃度の上昇は、グリコーゲン合成を促進する。
3. グルコース 6-ホスファターゼは、筋肉に存在する。
4. ペントースリン酸回路は、NADH を生成する。
5. 糖新生は、インスリンによって抑制される。 (第 31 回国家試験 23 問)

解説 1. 加水分解ではなく、加リン酸分解である。 2. グリコーゲン合成を抑制し、グリコーゲン分解を促進する。 3. 存在しない。 4. NADH ではなく NADPH である。 解答 5

4 血糖とその調節に関する記述である。正しいのはどれか。1 つ選べ。
1. グルコースの筋肉組織への取り込みは、インスリンにより促進される。
2. グルカゴンは、筋肉グリコーゲンの分解を促進する。
3. 組織重量当たりのグリコーゲン量は、肝臓より筋肉の方が多い。
4. コリ回路では、アミノ酸からグルコースが産生される。
5. 脂肪酸は、糖新生の材料として利用される。 (第 32 回国家試験 75 問)

解説 2. グルカゴンではなく、アドレナリンである。 3. 肝臓の方が多い。 4. アミノ酸ではなく、乳酸である。 5. 脂肪酸からはグルコースは生成できない。 解答 1

5 糖質の代謝に関する記述である。最も適当なのはどれか。1 つ選べ。
1. 糖質の摂取量増加は、ビタミン B6 の必要量を増加させる。
2. グルコースは、脂肪酸に変換されない。
3. グルコースは、可欠アミノ酸に変換されない。
4. ペントースリン酸回路は、リボース 5-リン酸を生成する。
5. 赤血球には、解糖系が存在しない。 (第 34 回国家試験 70 問)

解説 1. ビタミン B6 ではなく、ビタミン B1 である。 2. グルコースから脂肪酸は合成できる。逆はできない。 3. グルコースの代謝産物であるピルビン酸からアラニンが合成される。 5. 存在する。解糖系が存在しない細胞はない。 解答 4

6 血糖とその調節に関する記述である。最も適当なのはどれか。1 つ選べ。
1. 筋肉グリコーゲンは、血糖維持に利用される。
2. インスリンは、筋肉への血中グルコースの取り込みを抑制する。
3. 健常者の血糖値は、食後約 3 時間で最高値となる。
4. 糖新生は、筋肉で行われる。
5. アドレナリンは、肝臓グリコーゲンの分解を促進する。（第 34 回国家試験 71 問）

解説 1. 血糖維持には利用できない。 2. 促進する。 3. 必ずしも 3 時間ではない。 4. 筋肉ではなく、肝臓と腎臓で行われる。 解答 5

7 糖質の代謝に関する記述である。最も適当なのはどれか。1 つ選べ。
1. 解糖系は、酸素の供給を必要とする。
2. 赤血球における ATP の産生は、クエン酸回路で行われる。
3. グルクロン酸経路（ウロン酸経路）は、ATP を産生する。
4. ペントースリン酸回路は、脂質合成が盛んな組織で活発に働く。
5. 糖質の摂取は、血中遊離脂肪酸値を上昇させる。（第 35 回国家試験 71 問）

解説 1. 解糖系は嫌気的（酸素が不要の）呼吸を行う。 2. 赤血球はミトコンドリアを持たないためクエン酸回路ではなく、解糖系である。 3. ATP 産生系はない。 5. 低下させる。 解答 4

8 血糖の調節に関する記述である。最も適当なのはどれか。1 つ選べ。
1. 食後には、グルカゴンは、筋肉へのグルコースの取り込みを促進する。
2. 食後には、インスリンは、肝臓のグリコーゲン分解を促進する。
3. 食後には、単位重量当たりのグリコーゲン貯蔵量は、肝臓よりも筋肉で多い。
4. 空腹時には、トリグリセリドの分解で生じたグリセロールは、糖新生に利用される。
5. 急激な無酸素運動時のグルコース生成は、主にグルコース・アラニン回路による。

（第 35 回国家試験 72 問）

解答 1. グルカゴンではなく、インスリンである。 2. 抑制する。 3. 肝臓の方が多い。 5. グルコース・アラニン回路ではなく、コリ回路である。 解答 4

9 糖質代謝に関する記述である。最も適当なのはどれか。1 つ選べ。
1. 空腹時は、筋肉への血中グルコースの取り込みが亢進する。
2. 空腹時は、肝臓でのグリコーゲン分解が抑制される。
3. 空腹時は、グリセロールからのグルコース合成が亢進する。
4. 食後は、乳酸からのグルコース合成が亢進する。
5. 食後は、GLP-1（グルカゴン様ペプチド-1）の分泌が抑制される。（第 36 回国家試験 71 問）

解説 1. 抑制される。 2. 促進される。 4. 抑制される。 5. 促進される。 解答 3

参考文献

1) Newsholm, EA and Start C. "Regulation in Metabolism." John Wiley & Sons, 1973.

2) Kennelly PJ, Botham KM, McGuinness O, *et al.* "Harper's Illustrated Biochemistry, 32nd ed" McGrow-Hill Education, 2023.

3) Cholsoon J. *et al.* The Small Intestine Converts Dietary Fructose into Glucose and Organic Acids. *Cell Metab.* 27, 351-361, 2018. doi:10.1016/j.cmet.2017.12.016

第10章 脂質の代謝

達成目標

- エネルギー源としての脂質の代謝について説明できる。
- 糖質代謝と脂質代謝の関係について説明できる。
- 生体内での脂質合成と脂質から合成される誘導体について説明できる。

1 脂質の機能

脂質の主要な機能は、エネルギー源、生体膜構成成分、生理活性シグナルである。これらを理解するためには、脂質の消化と吸収から、体内での動き、そして細胞内での代謝システムに加えて、糖質代謝との関連についても理解しておくことが重要である。

本章では、脂質代謝の詳細と脂質から合成される誘導体について学んでいく（図10.1）。

1.1 脂質の消化と吸収

食事から摂取した脂質の大部分は、**トリグリセリド（トリアシルグリセロール）**である。食事中のトリグリセリドは、主に膵液中に含まれている膵リパーゼにより、2分子の**脂肪酸**と1分子の**2-モノグリセリド（2-モノアシルグリセロール）**に分解される。脂肪酸のうち、短鎖脂肪酸や中鎖脂肪酸は、小腸で吸収された後に、門脈経由で肝臓に輸送される。一方、長鎖脂肪酸とモノグリセリドは、小腸上皮細胞で吸収されたのちに、細胞内でトリグリセリドに再合成され、**リポたんぱく質**の一種である**キロミクロン（カイロミクロン）**に取り込まれる。キロミクロンは、小腸からリンパ管へと入り、その後血中を介して全身を回り、最終的に肝臓へと運ばれる。

1.2 リポたんぱく質

本来、脂質は脂溶性であり、水に溶けにくい性質を持っている。したがって、血液中の水溶性環境では、脂質は存在しづらい状態となっている。そこで、血液中の脂質は、特別な仕組みで輸送されている。長鎖脂肪酸は、アルブミンと結合して血液中に輸送される。中鎖脂肪酸や短鎖脂肪酸は、比較的親水性が高いため、血漿中に溶解した状態で輸送される。トリグリセリド（中性脂肪）、リン脂質、コレステロールやコレステロールエステル、そして脂溶性ビタミンは、リポたんぱく質の形で輸送される。

リポたんぱく質には、サイズが大きい（比重の小さい）ものから順に、**キロミクロン**、**VLDL（超低密度リポたんぱく質）**、**IDL（中間密度リポたんぱく質）**、**LDL（低密度リポたんぱく質）**、そして**HDL（高密度リポたんぱく質）**がある。これらのリポたんぱく質はいずれも基本構造は同じで、外側に一層のリン脂質が親水性基を外に向けて並び、内側に疎水性のトリグリセリドやコレステロールエステルが存在している（図 10.2）。

コレステロールは、親水性のアルコール性水酸基を 1 つだけ有しているので、リン脂質の膜の中に存在している。また、リポたんぱく質のたんぱく質部分は、**アポリポたんぱく質**とよばれ、アポリポたんぱく質 A（ApoA）、アポリポたんぱく質 B（ApoB）、アポリポたんぱく質 C（ApoC）、アポリポたんぱく質 E（ApoE）などがあり、それぞれのリポたんぱく質によって種類が異なる。

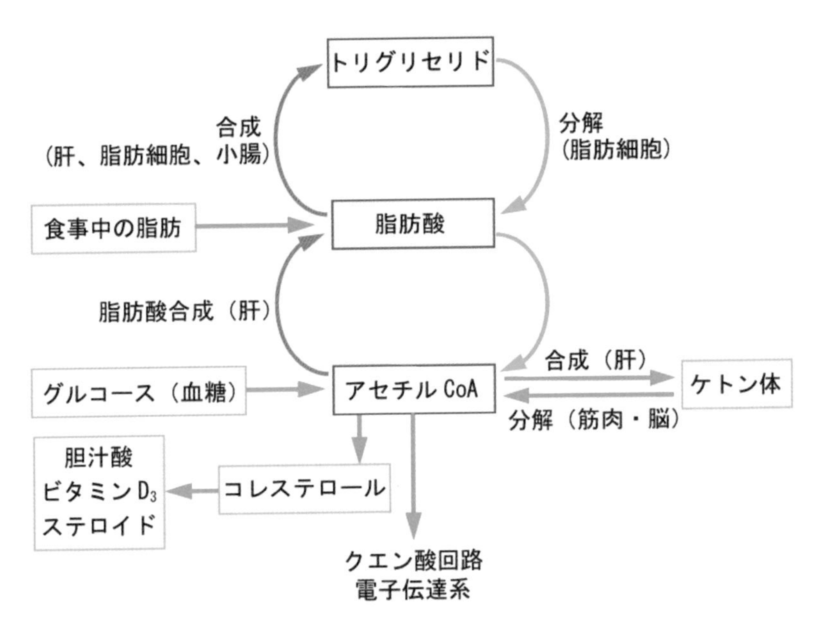

図 10.1　脂質代謝の全体像

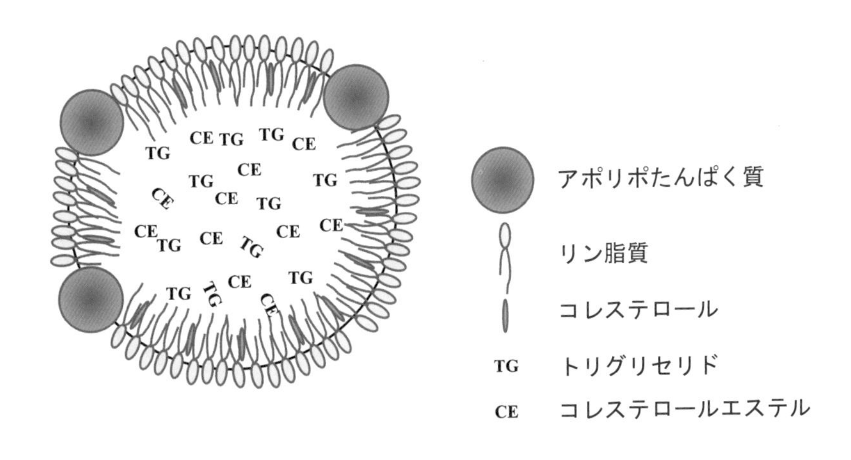

図 10.2　リポたんぱく質の構造

例題1　脂質の消化と吸収に関する記述である。正しいのはどれか。1つ選べ。

1. 食事中の脂質の大部分は、コレステロールである。
2. 食事中のトリグリセリドは、消化管中のリパーゼにより、2分子の2-モノグリセリドと1分子の脂肪酸に分解される。
3. 血液中の長鎖脂肪酸は、リポたんぱく質に取り込まれて、輸送される。
4. 中鎖脂肪酸や短鎖脂肪酸は、疎水性である。
5. 血液中の中性脂肪は、リポたんぱく質の形で輸送される。

解説　1. トリグリセリド（トリアシルグリセロール）である。　2. 2分子の脂肪酸と1分子の2-モノグリセリドに分解される。　3. アルブミンと結合して輸送される。　4. 親水性である。

解答 5

1.3 リポたんぱく質による脂質の輸送

リポたんぱく質の脂質輸送は、大きく3つに分けることができる（図10.3）。

(1) キロミクロン系

キロミクロンは、食事由来の脂質を運ぶ大型のリポたんぱく質である（外因性脂質の輸送系）。小腸粘膜上皮細胞内で作られ、アポB-48を含むのが特徴であり、リンパ管に放出される。キロミクロンは、リンパ管を通過し、左鎖骨下静脈から血液循環に移行して、末梢組織の細胞膜に存在する**リポたんぱく質リパーゼ**（LPL）の作用で、キロミクロン中のトリグリセリドが加水分解され、生じた脂肪酸がそれぞれの組織に取り込まれる。キロミクロンからトリグリセリドが抜き取られていくと、最終的にキロミクロンレムナントとなり、肝臓に存在するレムナント受容体によって取り込まれる。

(2) VLDL、IDL、LDL系

VLDL、IDL、LDLは、肝臓に取り込まれたり、肝臓で合成されたりした脂質を輸送するリポたんぱく質である（内因性脂質の輸送系）。これらのリポたんぱく質は、アポB-100を有しているのを特徴としている。肝臓で合成された脂質は、VLDLを形成して、血中に放出される。VLDLは、LPLの作用で内部のトリグリセリドが分解され、脂肪酸が末梢組織に取り込まれるにつれて、大きさが小さいIDLとなり、最終的にコレステロール含量の高いLDLとなる。LDLは、肝臓や末梢組織に存在するLDL受容体を介して、組織内に取り込まれて、コレステロールを供給する。LDLは、動脈硬化を促進する因子であるので、LDLコレステロールを悪玉コレステロールとよぶことがある。

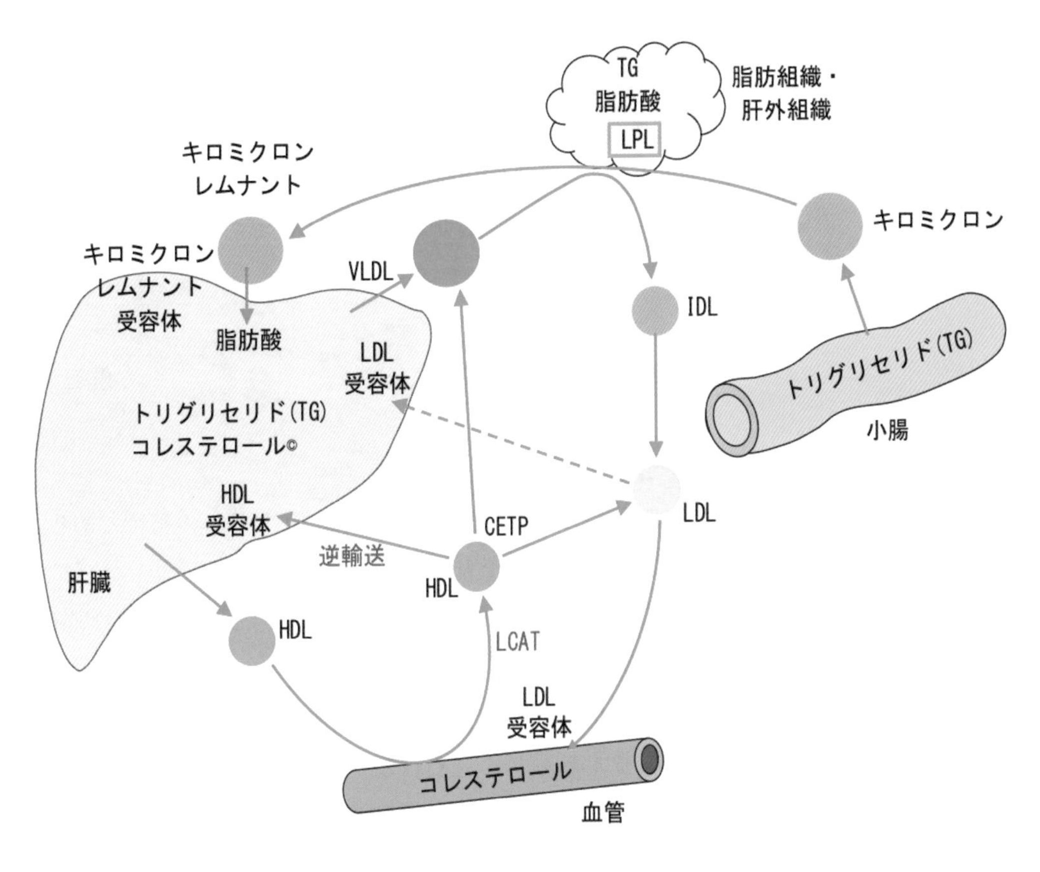

図 10.3 リポたんぱく質の代謝

(3) HDL 系

HDL は、肝臓と小腸で合成され、血中に放出されるリポたんぱく質である。HDL は、たんぱく質含有率が最も高く、密度が最も大きいリポたんぱく質である。主要なたんぱく質は、アポ A-Ⅰと A-Ⅱである。HDL は、末梢組織からコレステロールを受け取る。そのコレステロールは、レシチン-コレステロール-アシルトランスフェラーゼ（LCAT）の作用によって、コレステロールエステルに変換される。また、コレステロールエステルの一部は、コレステリル-エステル転送たんぱく質（CETP）によって、HDL から VLDL や LDL へと移行する。HDL は、肝臓で HDL 受容体により取り込まれる。

HDL コレステロールは、末梢組織の細胞膜で過剰となったコレステロールを除去して肝臓に戻す働き（逆輸送）があり、動脈硬化の抑制に働くことから、善玉コレステロールともよばれている。

例題 2　リポたんぱく質に関する記述である。誤っているのはどれか。1つ選べ。

1. VLDLは主に肝臓で合成される。
2. アポたんぱく質は、リポたんぱく質の表層に存在する。
3. コレステロールエステルは、リポたんぱく質の表層に存在する。
4. LDLは、最もコレステロール含有量が高いリポたんぱく質である。
5. HDLは、末梢組織に存在する余剰のコレステロールを取り除き、肝臓へ輸送する。

解説　3. リポたんぱく質の核の部分（内部）に存在する。　**解答** 3

1.4 脂肪組織でのトリグリセリドの貯蔵と分解

脂肪組織の主な役割は、貯蔵型エネルギーとしてのトリグリセリドの蓄積である。キロミクロンやVLDLの中にあるトリグリセリドは、LPLの作用により加水分解され、脂肪酸となり、脂肪組織に移行する（図10.4）。脂肪組織では吸収された脂肪酸とインスリンの作用により血液中から取り込まれたグルコースの代謝産物を利用してトリグリセリドが合成され、貯蔵脂肪となる。

一方、空腹時や飢餓時には、脂肪組織に蓄えられたトリグリセリドは、ホルモン感受性リパーゼ（HSL）の作用によって分解され、血中に遊離脂肪酸とグリセロールが放出される。血液中の遊離脂肪酸は、アルブミンに結合した状態で各組織に運ばれて、エネルギー代謝に利用される。また、血中に放出されたグリセロールは、肝臓や腎臓に運ばれ糖新生に利用される。

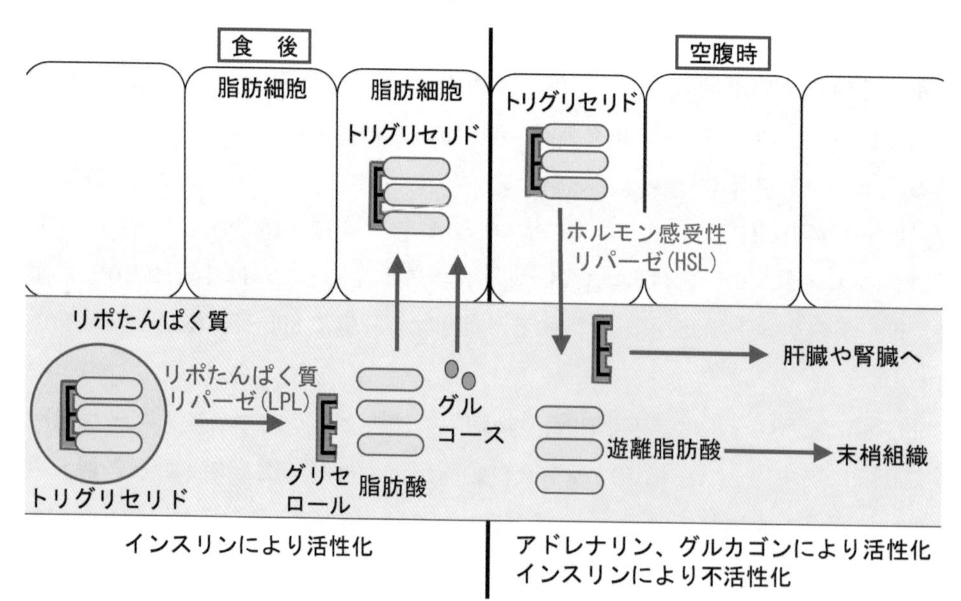

図10.4　脂肪組織への脂質の蓄積と分解

この調節は、ホルモンによって行われる。例えば、インスリンは、血糖の取り込みやLPLの作用を活性化して脂肪酸の取り込みを促進して、貯蔵脂肪の合成を促進するとともに、脂肪細胞のHSLの働きを抑制してトリグリセリドの分解を抑制する。一方、グルカゴン、アドレナリン（エピネフリン）、ノルアドレナリン（ノルエピネフリン）、グルココルチコイド、甲状腺ホルモンは、血糖の脂肪組織への取り込みを抑制するとともに、HSLを活性化させて、貯蔵脂肪の分解と遊離脂肪酸の血中放出を促進する。

例題3 脂肪組織におけるトリグリセリドの分解に関する記述である。正しいのはどれか。1つ選べ。

1. トリグリセリドの分解は、リポたんぱく質リパーゼの作用によって行われる。
2. トリグリセリドの分解は、グルカゴンによって抑制される。
3. トリグリセリドの分解は、アドレナリンによって抑制される。
4. トリグリセリドの分解は、インスリンによって促進される。
5. トリグリセリドの分解によってつくられた脂肪酸は、血中に遊離脂肪酸として放出される。

解説 1. ホルモン感受性リパーゼの作用によって行われる。 2. グルカゴンによって促進される。 3. アドレナリンによって促進される。 4. インスリンによって抑制される。

解答 5

1.5 脂肪酸の分解

(1) 脂肪酸のミトコンドリアマトリックスへの移行

細胞内に取り込まれた脂肪酸のほとんどが、ミトコンドリアマトリックス内で分解される。しかし、脂肪酸は、そのままではミトコンドリア内に入ることはできない。そのため、はじめにミトコンドリアの外膜上に存在しているアシルCoAシンターゼの作用により、高エネルギー結合を持つアシルCoAとなる（図10.5）。アシルCoAは、ミトコンドリア外膜を通過し、膜間腔に入るが、ミトコンドリア内膜を通過することはできない。そこで、**カルニチン－アシルカルニチンシステム**により内膜を通過する。アシルCoAは、**カルニチンパルミトイルトランスフェラーゼⅠ**（CPT-Ⅰ）の作用により、アシルCoAのCoAを一旦カルニチンとよばれる輸送担体と交換し、**アシルカルニチン**に変換される。これは、ミトコンドリアの内膜を通過してマトリックスに輸送される。ミトコンドリアのマトリックス内に入ったアシルカルニチンは、**カルニチンパルミトイルトランスフェラーゼⅡ**（CPT-Ⅱ）の作用により、再びカルニチンと CoA が交換されてアシル CoA となる。

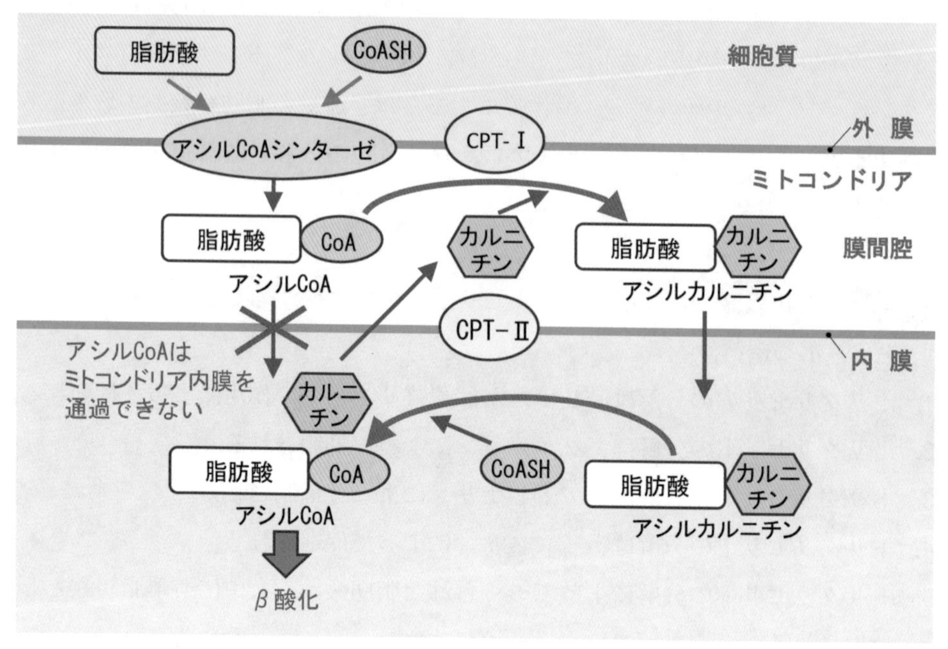

図 10.5　脂肪酸のミトコンドリア内への輸送

(2) β酸化

次に、アシル CoA はβ酸化を受けて分解される。β酸化のβは、脂肪酸のカルボキシ基についているα炭素と隣接しているβ炭素のことをいう。このα炭素とβ炭素の間で結合が切断されることによりアセチル CoA が生成する反応をβ酸化という。

飽和脂肪酸のβ酸化では、以下の 4 つの反応が進行する（図 10.6）。

①**脱水素反応**　ミトコンドリアのマトリックス内のアシル CoA は、ミトコンドリア内膜上に存在するアシル CoA デヒドロゲナーゼの作用により脱水素反応が起こり、β-エノイル CoA となる。その際に補酵素 FAD が $FADH_2$ に変換される。

②**加水反応**　β-エノイル CoA は、エノイル CoA ヒドラーゼの作用によってβ位の炭素が水酸化され、3-ヒドロキシアシル CoA になる。

③**脱水素反応**　3-ヒドロキシアシル CoA は、3-ヒドロキシアシル CoA デヒドロゲナーゼによる脱水素反応が起こり、β位の炭素についていた水酸基がケトンになった 3-ケトアシル CoA となる。その際、補酵素 NAD^+ は NADH に変換される。

④**解裂反応**　3-ケトアシル CoA からは、チオラーゼの作用によって、アセチル CoA と、炭素 2 分子が失われたアシル CoA が生成する。

これ以降は、反応①～④が繰り返される。

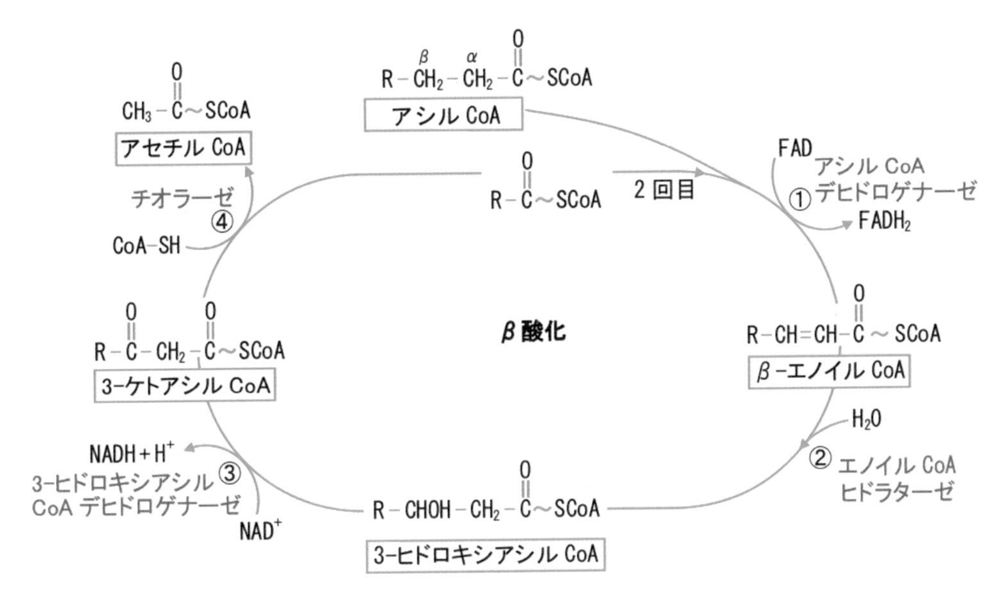

図 10.6　アシル CoA のβ酸化

したがって、反応 1 サイクルで、炭素数が 2 個少ないアシル CoA とアセチル CoA、$FADH_2$、NADH がそれぞれ 1 分子生じる。最終的に、脂肪酸の炭素はすべてアセチル CoA の炭素に変換されることになる。アセチル CoA はクエン酸回路に流入していく。

一方、天然に存在する不飽和脂肪酸は、二重結合がシス型であり、β酸化の途中でシス型二重結合がある場合は、一旦反応を停止して、異性化酵素によりトランス型に変換される。トランス型に変換されると、通常の飽和脂肪酸のβ酸化の経路で反応が進行する。

(3) 脂肪酸からの ATP 産生量

炭素数 2n の飽和脂肪酸は、ミトコンドリアのマトリックスに輸送されるアシル CoA シンターゼの反応で ATP を 2 分子相当消費する（ATP を PPi にするため）。その後、n-1 回のβ酸化が起こり、n 個のアセチル CoA が生じる。同時に $FADH_2$ および NADH が n-1 個生じる。例えば、炭素数 16 の飽和脂肪酸であるパルミチン酸の場合、β酸化を 7 回繰り返して 8 分子のアセチル CoA と 7 分子の $FADH_2$ と 7 分子の NADH が生成される。アセチル CoA、$FADH_2$、そして NADH がクエン酸回路および電子伝達系で完全に分解したとすると、それぞれ 12 分子、2 分子、3 分子の ATP が生じることから、パルミチン酸からは計 131 分子の ATP が生じる（図 10.7）。しかし、パルミチン酸

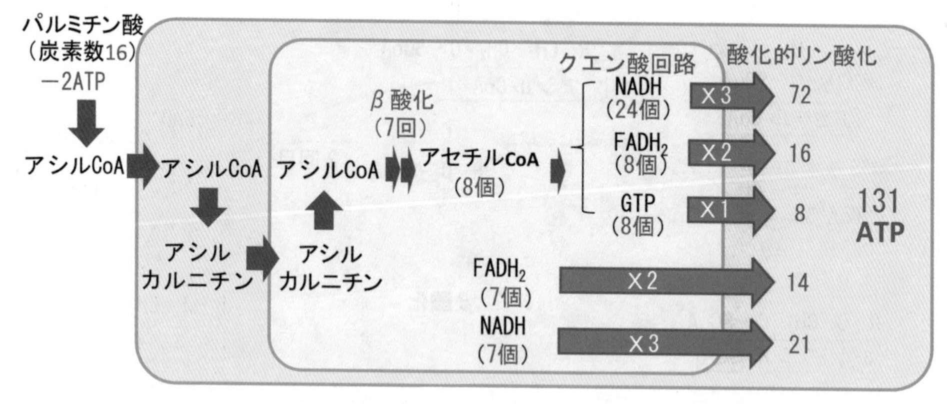

図 10.7　β酸化による ATP 産生量（パルミチン酸を例として）

がミトコンドリアのマトリックスへ輸送される際に ATP を 2 分子相当分消費していることから、最終的にはパルミチン酸からは、129 分子の ATP が産生されることとなる。グルコース 1 分子から得られる ATP は、36 分子または 38 分子であることから、脂肪酸からはグルコースの 3 倍以上の ATP が生成されることになる。

例題 4　脂質の代謝に関する記述である。正しいのはどれか。1 つ選べ。

1. 脂肪酸のβ酸化は、ミトコンドリアのマトリックスで行われる。
2. β酸化される炭素は、脂肪酸のカルボキシ基の炭素の隣にある炭素である。
3. 脂肪酸のβ酸化は、脂肪酸を水と二酸化炭素に分解する過程である。
4. アシル CoA は、ミトコンドリアの内膜を通過することができる。
5. パルミチン酸は、β酸化を 8 回繰り返して 8 分子のアセチル CoA が生成される。

解説　2. 脂肪酸のカルボキシ基の炭素の隣の隣にある炭素である。　3. 脂肪酸をアセチル CoA に分解する過程である。　4. 内膜を通過することができない。　5. β酸化を 7 回繰り返して、8 分子のアセチル CoA が生成される。　**解答** 1

1.6 脂肪酸の合成

(1) グルコース由来のアセチル CoA の細胞質への輸送

脂肪酸の合成は、ほとんどの臓器で行うことができるが、ヒトの場合は主に肝臓で行われる。脂肪酸の合成は、主にグルコース代謝（解糖系）によりミトコンドリア内で生じたアセチル CoA を材料にして行われる（図 10.8）。しかし、脂肪酸の合成は細胞質で行われるため、ミトコンドリア内のアセチル CoA を細胞質に輸送しな

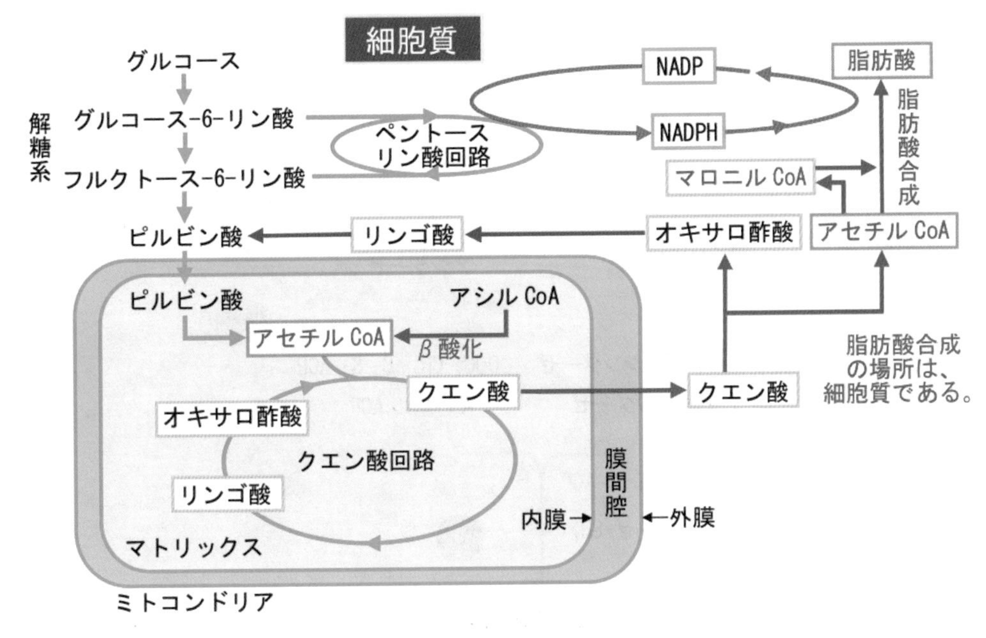

図 10.8　脂肪酸の合成の概略図

ければならない。ところが、アセチル CoA はミトコンドリア膜を通過することができない。そこで、アセチル CoA は、一旦クエン酸回路に入り、オキサロ酢酸と反応してクエン酸に変換される。このクエン酸が、ミトコンドリアから細胞質へと運ばれ、脂肪酸の合成に使われることになる。

脂肪酸合成が促進されるのは、細胞のエネルギー供給が十分であり、クエン酸回路が抑制されているときである。したがって、そのような状況ではクエン酸は、クエン酸回路でのエネルギー産生に使われず、細胞質に移行して脂肪酸合成に利用される。

細胞質へ輸送されたクエン酸は、ATP-クエン酸リアーゼによりオキサロ酢酸とアセチル CoA に分解される。アセチル CoA は脂肪酸合成に用いられ、オキサロ酢酸は再びミトコンドリアに戻される。

(2) 脂肪酸合成反応

細胞質のアセチル CoA は、アセチル CoA カルボキシラーゼ（ACC）の作用により、ATP の存在下で CO_2 が付加されて、炭素数 3 のマロニル CoA となる（炭酸固定反応）（図 10.9）。ACC は、水溶性ビタミンのひとつであるビオチンが補酵素となっており、脂肪酸合成の律速酵素となっている。

脂肪酸の合成反応は、7 つの酵素を有する二量体の脂肪酸合成酵素複合体によって行われる。この多酵素複合体には、脂肪酸の運搬を担うアシルキャリアたんぱく

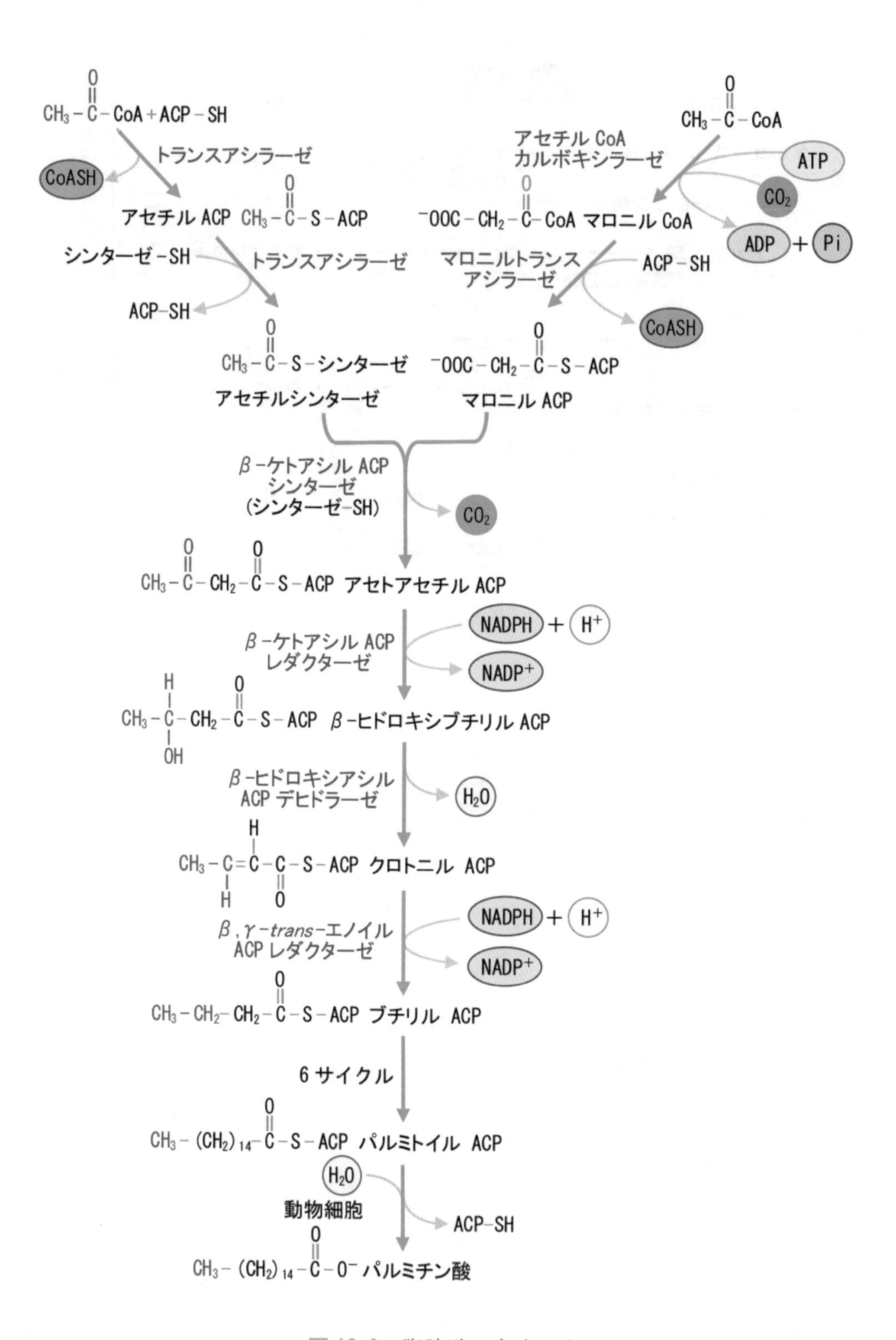

図 10.9　脂肪酸の合成反応

質（ACP）も含まれており、このACPと触媒ドメインのひとつであるβ-ケトアシル-ACPシンターゼ（KS）のSH基を中心に反応が進行する。

まず、アセチルCoAが、KSに結合する。一方、ACCにより生成したマロニルCoAはACPと結合してマロニルACPとなる。KSに結合したアセチル基にマロニルCoAが縮合すると炭素数4のブチリルACPとCO_2が生成する。これで炭素数が2つ伸長したことになる。次に、生成したブチリルACPのブチリル基がKSのSH基に転移し、ACPには新しいマロニルCoAが縮合しマロニルACPが生成する。先ほどと同様にマロニルCoAがブチリル基に縮合して、炭素数6のヘキサノイルACPとCO_2が生じる。この反応では、1サイクルごとに1分子のマロニルCoAと2分子のNADPHが使われ、1分子のCO_2が放出されるため、炭素数が2つずつ伸長する。このような仕組みで伸長していくことから、生合成されるほとんどの脂肪酸は、炭素数が偶数となる。以後、同様の反応が連続して生じることで、最終的には炭素数16のパルミトイルACPが生じ、ACPが離脱することで脂肪酸合成酵素複合体による反応の最終産物であるパルミチン酸が生成する。したがって、1分子のアセチルCoAと7分子のマロニルCoAからパルミチン酸が生じることになる。

1.7 脂肪酸の鎖長の伸長と不飽和化

脂肪酸合成酵素複合体によって生合成された炭素数16の飽和脂肪酸であるパルミチン酸は、滑面小胞体などで、エロンガーゼにより脂肪酸の伸長反応が行われる。この伸長反応では、炭素数が2つずつ増加する（図10.10）。また、小胞体で、脂肪酸は不飽和化酵素（デサチュラーゼ）により二重結合が導入され、不飽和脂肪酸が形成される（図10.10）。動物では、カルボキシ基から数えて5、6、9番目の結合に

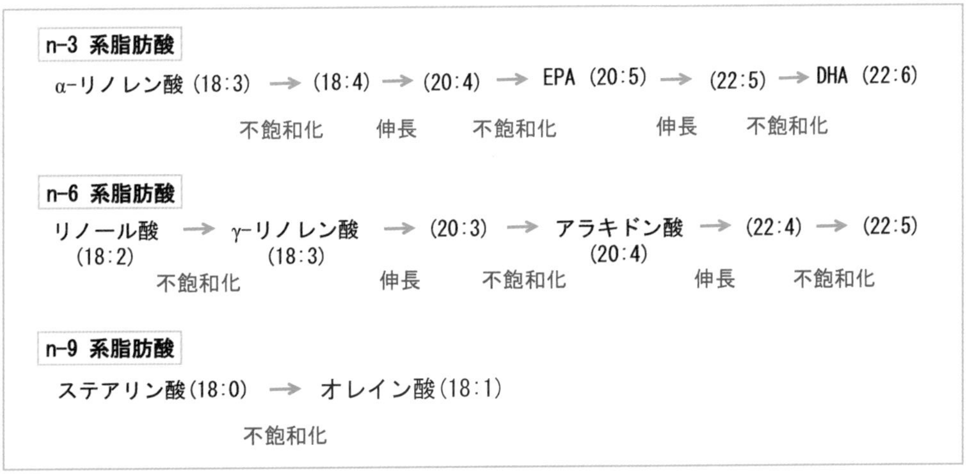

n-3 系脂肪酸

α-リノレン酸 (18:3) →（不飽和化）→ (18:4) →（伸長）→ (20:4) →（不飽和化）→ EPA (20:5) →（伸長）→ (22:5) →（不飽和化）→ DHA (22:6)

n-6 系脂肪酸

リノール酸 (18:2) →（不飽和化）→ γ-リノレン酸 (18:3) →（伸長）→ (20:3) →（不飽和化）→ アラキドン酸 (20:4) →（伸長）→ (22:4) →（不飽和化）→ (22:5)

n-9 系脂肪酸

ステアリン酸 (18:0) →（不飽和化）→ オレイン酸 (18:1)

図10.10　不飽和脂肪酸合成系

二重結合を導入することはできるが、9番目よりメチル基側に二重結合を導入することはできない。したがって、炭素数18のステアリン酸のC-9、10位間に二重結合を導入してオレイン酸を作ることはできるが、オレイン酸のC-12、13位間に二重結合を導入してリノール酸を作ることはできない。同様に、リノール酸のC-6, 7位間に二重結合を導入してγ-リノレン酸を作ることはできるが、C-15, 16位間に二重結合を導入してα-リノレン酸を作ることはできない。このような理由から、リノール酸やα-リノレン酸は、食事から摂取しなければならない必須脂肪酸となる。

リノール酸やα-リノレン酸を材料にして、不飽和化反応と伸長反応によってさまざまな多価不飽和脂肪酸が合成される（図10.10）。例えば、n-3系のα-リノレン酸からは、エイコサペンタエン酸（EPA, C20:5）やドコサヘキサエン酸（DHA, C22:6）が生成し、n-6系のリノール酸（C18:2）からはγ-リノレン酸（C18:3）やアラキドン酸（C20:4）が生成する。この際、炭素数の長さも二重結合の数も変化するが、炭素鎖の伸長はカルボキシ基側で起こり、また二重結合もカルボキシ基側からC-9位までしか導入されないために、メチル基側からの二重結合の位置は変わらない。したがって、n系列は変化しない。

例題5　脂肪酸の合成に関する記述である。正しいのはどれか。1つ選べ。

1. 脂肪酸の合成は、リソソームで行われる。
2. 肝細胞内で生成したクエン酸は、脂肪酸の合成材料になる。
3. 脂肪酸シンターゼ（脂肪酸合成酵素）複合体によって合成される脂肪酸は、パントテン酸である。
4. 脂肪酸合成反応には、NADHが必要である。
5. 生合成される脂肪酸のほとんどは、炭素数が奇数である。

解説　1. 細胞質ゾルで行われる。　3. パルミチン酸である。　4. NADPHが必要である。　5. 炭素数が偶数である。

解答　2

例題6　脂肪酸の合成に関する記述である。正しいのはどれか。1つ選べ。

1. 脂肪酸合成酵素によって生合成されるのは、炭素数14の脂肪酸である。
2. 脂肪酸合成酵素によって生合成されるのは、不飽和脂肪酸である。
3. 脂肪酸の伸長反応は、粗面小胞体で行われる。
4. 体内でリノール酸は、生合成できない。
5. 炭素鎖の伸長は、メチル基側で起こる。

解説 1. 炭素数16の脂肪酸である。 2. 飽和脂肪酸である。 3. 脂肪酸の伸長反応は、滑面小胞体とミトコンドリアで行われる。 5. 炭素鎖の伸長は、カルボキシ基側で起こる。 **解答** 4

1.8 トリグリセリドの合成

トリグリセリドは、身体のすべての細胞で合成することができるが、その中でも活発なのは、肝臓と脂肪組織である。トリグリセリドの合成は、細胞内の滑面小胞体とミトコンドリアで行われる。トリグリセリドの合成経路は、肝臓や脂肪細胞で行われるグリセロール3-リン酸経路と、小腸粘膜上皮細胞で行われる2-モノアシルグリセロール経路がある。肝臓で合成されたトリグリセリドは、肝臓で蓄積されずにVLDLとして分泌され、末梢組織に運搬される。一方、脂肪細胞で合成されたトリグリセリドは脂肪滴として蓄積される。

(1) グリセロール3-リン酸経路

肝臓や脂肪細胞では、グリセロール3-リン酸とアシルCoAを材料としてトリグリセリドの合成が行われる（図10.11）。グリセロール3-リン酸の供給は、組織によって異なる。

肝臓や小腸、そして乳腺などは、グリセロールキナーゼにより、グリセロールからグリセロール3-リン酸を合成することができる。一方、脂肪細胞は、解糖系の中間代謝産物であるジヒドロキシアセトンリン酸からグリセロール3-リン酸デヒドロゲナーゼにより合成される。一方、アシルCoAは、アシルCoAシンターゼの作用により脂肪酸から合成される。

グリセロール3-リン酸経路では、グリセロール3-リン酸のC-1位にアシルCoAのアシル基（脂肪酸）がエステル結合によって付加され、1-モノアシルグリセロール3-リン酸となり、その後C-2位にアシル基（脂肪酸）がエステル結合により付加され、ホスファチジン酸（1,2-ジアシルグリセロール3-リン酸）が生じる。さらに、C-3位のリン酸基が取り除かれて1,2-ジアシルグリセロールとなった後に、もう1つアシルCoAのアシル基が付加されて、トリグリセリド（トリアシルグリセロール）となる。

(2) 2-モノアシルグリセロール経路

小腸には、ホスファチジン酸を経由しない2-モノアシルグリセロール経路が存在する。食事中のトリグリセリドは、膵リパーゼによって分解され、2-モノアシルグリセロールとして、小腸粘膜上皮細胞へ吸収される。その後、2-モノアシルグリセロールにアシルCoAのアシル基をエステル結合させることによって脂肪酸が2分子付加され、トリグリセリドが再合成される。

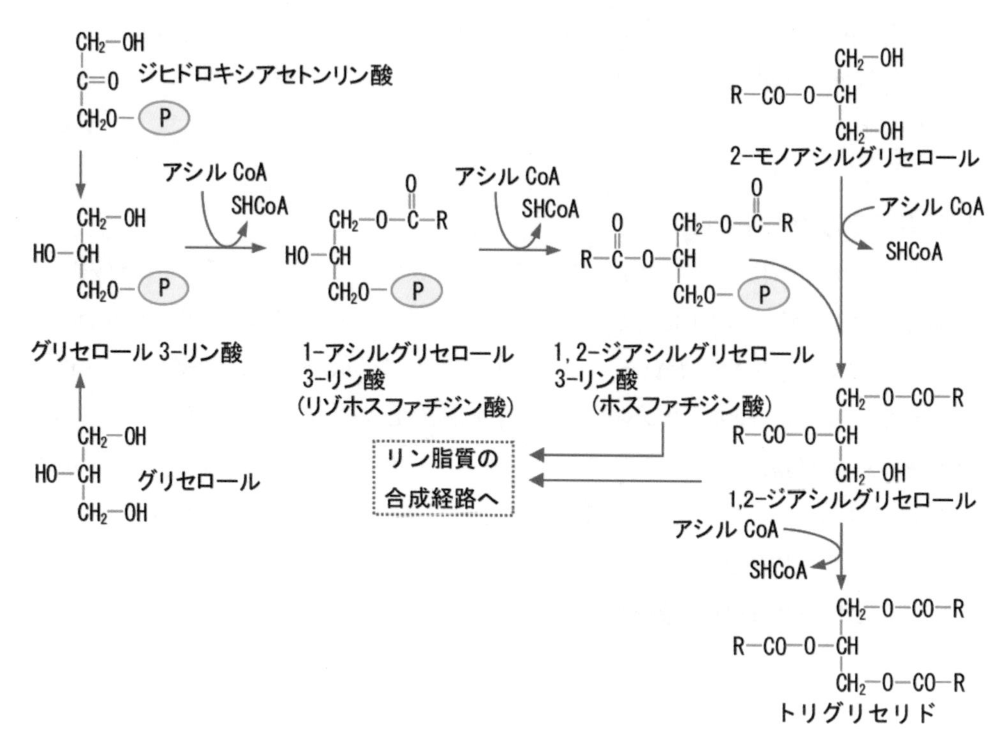

図 10.11　トリグリセリドの合成

(3) リン脂質の合成

リン脂質は、トリグリセリドの合成経路に存在するホスファチジン酸と 1, 2-ジアシルグリセロールから合成される。ホスファチジン酸からはホスファチジルイノシトールが、1, 2-ジアシルグリセロールからはホスファチジルコリン、ホスファチジルエタノールアミン、ホスファチジルセリンが合成される。

例題 7　トリグリセリドの合成に関する記述である。正しいのはどれか。1 つ選べ。

1. トリグリセリドの合成は、細胞質で行われる。
2. 肝臓と脂肪組織では、トリグリセリドはグリセロール 3-リン酸とアシル CoA から作られる。
3. 脂肪細胞は、グリセロールからトリグリセリドを合成することができる。
4. 小腸では、トリグリセリドは 1-モノアシルグリセロールとアシル CoA から作られる。
5. リン脂質は、トリグリセリドとは異なる経路で合成される。

解説 1. 滑面小胞体とミトコンドリアで行われる。 3. 解糖系の中間代謝産物であるジヒドロキシアセトンリン酸からトリグリセリドを合成する。 4. 2-モノアシルグリセロールとアシル CoA から作られる。 5. トリグリセリドと共通の経路で合成される。 **解答** 2

1.9 ケトン体代謝

ケトン体とは、アセト酢酸、β-ヒドロキシ酪酸（3-ヒドロキシ酪酸)、アセトンの総称である。ケトン体は、絶食時や飢餓時に肝臓で合成されて血中に放出され、主に筋肉や脳においてエネルギー源として用いられる。

(1) ケトン体の合成

ケトン体の合成は、肝臓のミトコンドリアにおいてアセチル CoA を材料にして行われる。脂肪酸のβ酸化が亢進すると、過剰のアセチル CoA が合成される。アセチル CoA が、クエン酸回路に合流するためには、オキサロ酢酸が必要であるが、過剰に生合成されたアセチル CoA と反応できるオキサロ酢酸が相対的に不足してしまう。すると、2 分子のアセチル CoA が反応して、アセトアセチル CoA となり、そこに 3-ヒドロキシ 3-メチルグルタリル CoA（HMG-CoA）シンターゼにより、さらに 1 分子のアセチル CoA が反応して、HMG-CoA が合成される（図 10.12）。その後、HMG-CoA リアーゼの作用により、アセト酢酸が生じる。アセト酢酸からは非酵素的にアセトンが合成され、これは肺で呼気として排出される。一方、アセト酢酸から、β-ヒドロキシ酪酸デヒドロゲナーゼによりβ-ヒドロキシ酪酸が合成される。アセト酢酸とβ-ヒドロキシ酪酸は血液中に放出される。

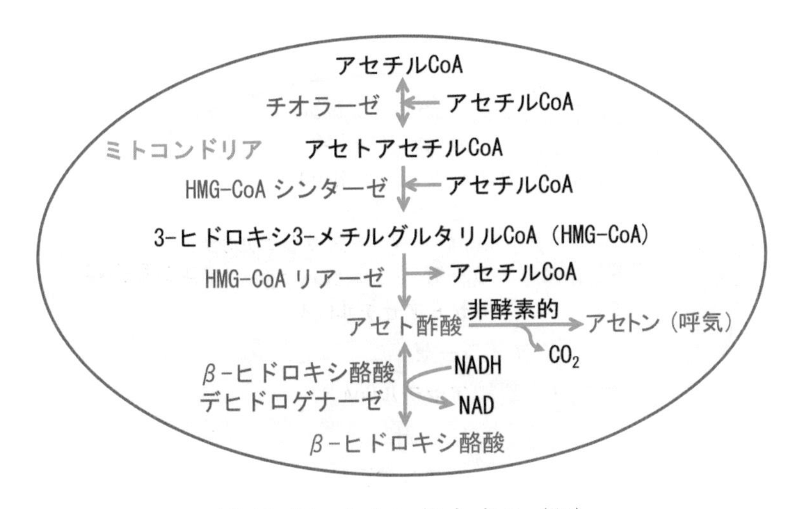

図 10.12 ケトン体合成系（肝）

(2) ケトン体の分解

骨格筋や脳、そして心臓などでは、β-ヒドロキシ酪酸とアセト酢酸をエネルギー源として利用することができる。特に、飢餓時の脳では、ケトン体は重要なエネルギー源である。

β-ヒドロキシ酪酸は、β-ヒドロキシ酪酸デヒドロゲナーゼによりアセト酢酸に変換される（図 10.13）。その後、β-ケトアシル CoA トランスフェラーゼの作用によりアセトアセチル CoA となり、さらにチオラーゼによって、2 分子のアセチル CoA に分解される。生成したアセチル CoA は、クエン酸回路に入り、電子伝達系、酸化的リン酸化を経て、ATP を産生する。なお、β-ケトアシル CoA トランスフェラーゼは、肝臓には存在しないため、肝臓はケトン体をエネルギー源としては利用できない。

糖尿病は、インスリンの作用不足により高血糖状態が持続する病態である。血液中にはエネルギー源としてのグルコースが多量に存在するにもかかわらず、細胞内ではグルコースが不足するためグルコース代謝が低下し、解糖系とクエン酸回路の活性が低下する。そのため、脂肪細胞での脂肪分解が亢進し、血中に大量の遊離脂肪酸が放出される。この脂肪酸をエネルギー源として、細胞はβ酸化を行い、アセチル CoA を合成する。肝臓では、大量のアセチル CoA はクエン酸回路で処理できないため、ケトン体合成が亢進する。

血中のケトン体濃度が上昇した状態はケトン血症（ケトーシス）とよばれる。ケトン体は酸性物質であるため、濃度が上昇すると血液が酸性側に傾く酸血症（アシドーシス）を引き起こす。ケトーシスとアシドーシスが同時にみられた場合、ケトアシドーシスとよぶ。

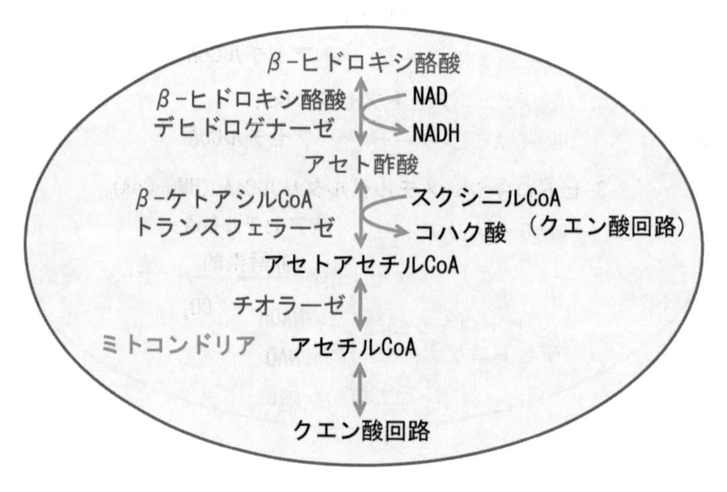

図 10.13　ケトン体分解系（筋肉・脳）

例題 8 ケトン体に関する記述である。正しいのはどれか。1つ選べ、

1. 体内で合成されるケトン体は、アセトンのみである。
2. 体内で合成されたβ-ヒドロキシ酪酸は、肺で呼気として排出される。
3. 脂肪酸のβ酸化が亢進すると、ケトン体が増加する。
4. 脳では、ケトン体をエネルギー源として利用できない。
5. 肝臓では、ケトン体をエネルギー源として利用できる。

解説 1. アセト酢酸、β-ヒドロキシ酪酸（3-ヒドロキシ酪酸）、アセトンである。 2. アセトンが、肺で呼気として排出される。 4. 飢餓時の脳では、ケトン体をエネルギー源として利用できる。 5. 肝臓ではケトン体をエネルギー源として利用できない。

解答 3

1.10 コレステロールの代謝

コレステロールは、生体膜の構成成分、胆汁酸やビタミンD、ステロイドホルモンの生合成のための材料として重要である。コレステロールは、食事由来と体内での生合成由来があるが、ヒトでは必要なコレステロールの約3分の1が食事により、約3分の2が生合成により賄われている。つまり、体内で生合成されるコレステロールの方が、食事から摂取されるものよりも多い。

(1) コレステロールの合成

コレステロールの生合成は、ほぼすべての組織で行われるが、特に肝臓、腸管、副腎（皮質）、生殖器で活発である。コレステロールは、細胞質や小胞体でアセチルCoAから合成される（図10.14）。

はじめに、アセチルCoAは、もう1分子のアセチルCoAと反応して、アセトアセチルCoAが合成される。アセトアセチルCoAは、細胞質に存在するHMG-CoAシンターゼによってHMG-CoAを生じる。次に、HMG-CoAは、HMG-CoAレダクターゼ（HMG-CoA還元酵素）の作用によりメバロン酸が合成される。メバロン酸は、この後いくつかのリン酸化中間体を経て、活性イソプレノイド単位が形成される。このイソプレノイド単位が6分子重合してスクワレンとなり、その後数段階の反応を経てコレステロールとなる。これらの生合成反応には、多くのNADPHが必要であるが、これらのNADPHは主にペントースリン酸回路から供給される。

HMG-CoAレダクターゼは、コレステロールの生合成経路の律速酵素であり、この酵素の阻害剤であるスタチンは、高コレステロール血症の治療薬として広く用いられている。

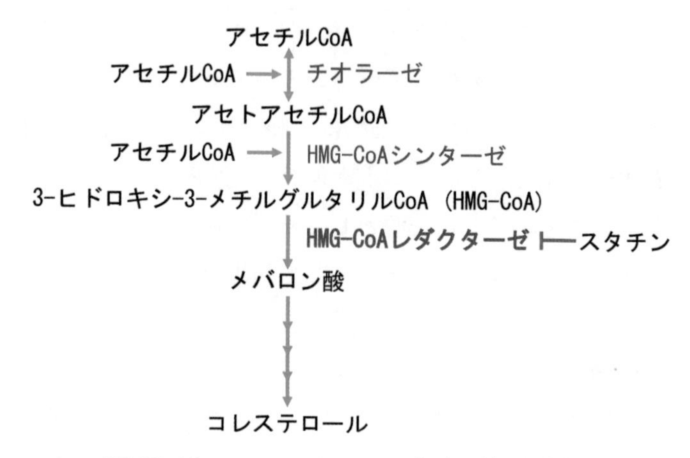

図10.14　コレステロール合成（細胞質）

(2) コレステロール合成の調節

コレステロールは、体内で分解することができないので、体内での量を調節するために生合成の調節を行う必要がある。

細胞内のコレステロールが低下すると、転写因子 SREBP により HMG-CoA レダクターゼの遺伝子発現を誘導し、合成が促進される。逆に、細胞内のコレステロール濃度が上昇すると、HMG-CoA レダクターゼの発現低下と分解促進が起こり、コレステロール合成が抑制される。このように、HMG-CoA レダクターゼは、コレステロールによるフィードバック制御を受けている。

この他にも、リン酸化による制御やインスリンやグルカゴンによる調節も行われている。

例題 9　コレステロール代謝に関する記述である。正しいのはどれか。1つ選べ。

1. コレステロールは、ATP の産生に利用される。
2. コレステロールは、体内で合成できる。
3. コレステロールは、アシル CoA から作られる。
4. HMG-CoA レダクターゼは、コレステロール異化の律速酵素である。
5. HMG-CoA レダクターゼは、アセチル CoA によってフィードバック阻害を受ける。

解説　1. ATP の産生に利用されない。　3. アセチル CoA から作られる。　4. コレステロール合成の律速酵素である。　5. コレステロールによってフィードバック阻害を受ける。

解答　2

1.11 胆汁酸の合成

コレステロールの主要な異化経路が胆汁酸の合成である。肝臓において、コレステロールは、律速酵素であるコレステロール7α-ヒドロキシラーゼの作用により、7位の炭素が水酸化され7α-ヒドロキシコレステロールが生成される（図10.15）。次に、7α-ヒドロキシコレステロールは、ステロイド骨格内の二重結合の還元、側鎖の切断、カルボキシ基の付加などの反応が段階的に生じ、コール酸やケノデオキシコール酸といった一次胆汁酸となる。生成した一次胆汁酸は、カルボキシ基にグリシンやタウリンで抱合されるとグリココール酸、タウロコール酸、グリコケノデオキシコール酸、タウロケノデオキシコール酸などの抱合胆汁酸（胆汁酸塩）となる。胆汁酸と抱合胆汁酸は、ホスファチジルコリンなどとともに胆汁となり、胆嚢に蓄えられる。

胆汁は、総胆管を経て、主膵管と合流し、ファーター乳頭から十二指腸へと分泌される。十二指腸に分泌された胆汁に含まれる抱合胆汁酸は、両親媒性が高いために乳化剤として脂質とミセルを形成し、脂質の消化吸収を助ける役割を果たす。一部の胆汁酸は、腸内細菌の作用によってタウリンやグリシンの抱合が離脱し、デオキシコール酸やリトコール酸へと変換される。これらは、二次胆汁酸とよばれる。一次胆汁酸や二次胆汁酸は、その約95%が回腸の末端部分から回収されて、門脈を通り肝臓に戻り、再び胆汁へとリサイクルされる。この腸管と肝臓の循環を**腸肝循環**という。腸肝循環を受けなかった一次胆汁酸と二次胆汁酸は、糞便中に排泄される。糞便への排泄は、1日当たり約0.5gに過ぎないが、体内で分解できないコレステロールにとって唯一の排泄経路であり、重要な位置を占めている。

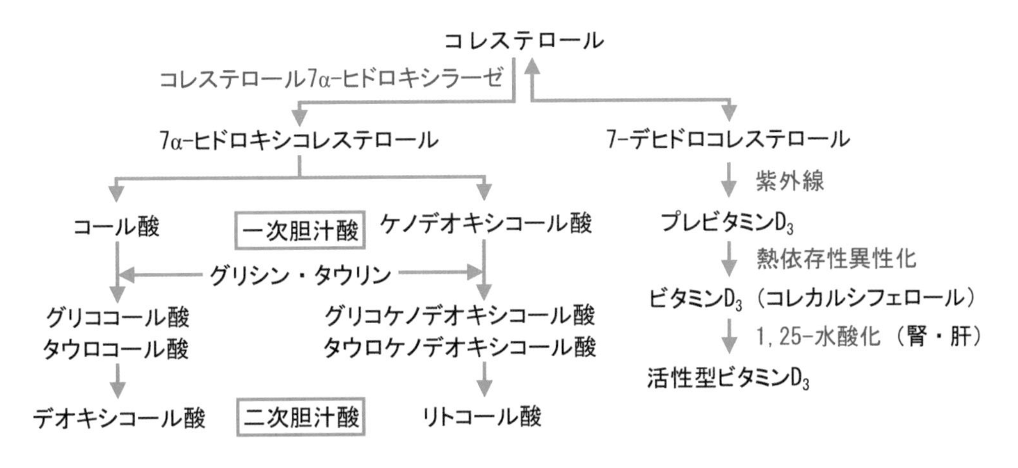

図10.15　胆汁酸とビタミンD_3合成系

例題 10　コレステロール代謝および胆汁酸代謝に関する記述である。正しいのはどれか。1つ選べ。

1. コレステロールの主要な異化経路は、ビタミンDの合成である。
2. 胆汁酸合成の律速酵素は、HMG-CoAレダクターゼである。
3. 胆汁酸の合成は、肝臓で行われる。
4. 胆汁酸は、空腸で回収されて、門脈を通り肝臓に戻り、再び胆汁へとリサイクルされる。
5. ビタミンD_3は、肝臓と小腸で水酸化反応を受けて活性化される。

解説　1. 胆汁酸の合成である。　2. 胆汁酸合成の律速酵素は、コレステロール7α-ヒドロキシラーゼである。　4. 回腸で回収されて、門脈を通り肝臓に戻り、再び胆汁へとリサイクルされる（腸肝循環）。　5. 肝臓と腎臓である。　**解答** 3

1.12 ビタミンD_3の生合成

ビタミンD_3は、カルシウム代謝や骨代謝に不可欠な脂溶性ビタミンである。ビタミンD_3は、その他にも細胞の分化、増殖、免疫調節などにさまざまな生理作用を持つ。ヒトは、ビタミンD_3の必要量の多くを、コレステロール誘導体からの生合成でまかなっている。

コレステロールの誘導体である7-デヒドロコレステロールは、皮膚において非酵素的に日光に含まれる紫外線によって、ステロイド骨格のB環が開環し、プレビタミンD_3となる（図10.15）。その後、体熱によって構造が変化し、ビタミンD_3（コレカルシフェロール）となる。ビタミンD_3は、そのままでは作用が弱く、肝臓においてC-25位が水酸化反応を受け、その後、腎臓でC-1位が水酸化反応を受けると、活性型ビタミンD_3（1,25-ジヒドロキシビタミンD_3）へと変換され、カルシウム代謝に働く。

1.13 ステロイドホルモンの生合成

ステロイドホルモンの多くは、副腎皮質や生殖器の産生細胞内のミトコンドリアや滑面小胞体において、コレステロールから生合成される。

コレステロールのC-17位に結合している炭素鎖がデスモラーゼという酵素の作用によって切断されて、プレグネノロンが作られる。この反応が、ステロイドホルモン合成の律速段階となっている。プレグネノロンはすべてのステロイドホルモンのもととなっており、これからステロイドホルモンが合成される。

副腎皮質で産生されるステロイドホルモンは、コルチゾールなどのグルココルチコイド、アルドステロンなどのミネラルコルチコイド、アンドロステンジオンなどの副腎アンドロゲンがある。生殖器で産生されるステロイドホルモンは性ホルモンといわれ、精巣ではテストステロン、卵巣ではエストロゲンやプロゲステロンが産生される。

1.14　エイコサノイド

エイコサノイドは、炭素数 20 の多価不飽和脂肪酸であるアラキドン酸（C20：4）やエイコサペンタエン酸（C20：5）より生成される生理活性物質である。エイコサノイドは、細胞膜を構成しているリン脂質（特にホスファチジルイノシトール）から、ホスホリパーゼ A_2 により、C-2 位に結合している多価不飽和脂肪酸が切断され、細胞質に放出される（図 10.16）。次に、これはリポキシゲナーゼの作用によりロイコトリエンが、シクロオキシゲナーゼの作用によりプロスタグランジンやトロンボキサンが生成される。これらの物質は、血管収縮、血小板凝集、血圧降下、子宮収縮などさまざまな生理活性を持っている。

n-3 系と n-6 系の脂肪酸から生成されるエイコサノイドは生理作用がそれぞれ異なっている。例えば、トロンボキサンは n-3 系由来の TXA_3 の方が、n-6 系由来の TXA_2 と比較して血小板凝集作用が弱く、ロイコトリエンは n-3 系由来の LTB_5 の方が、n-6 系由来の LTB_4 よりも炎症作用が弱い。したがって、n-3 系の多価不飽和脂肪酸を多く摂取することで血管収縮や血小板の凝集等が抑えられ、血栓形成が抑制される。

1.15 脂質異常症

脂質異常症は、空腹時のさまざまな脂質の血中濃度が異常値を示す状態である。例えば、トリグリセリド濃度は 150 mg/dL 以上、LDL コレステロール濃度は 140 mg/dL 以上、HDL コレステロール濃度は 40 mg/dL 未満がこれにあたる。

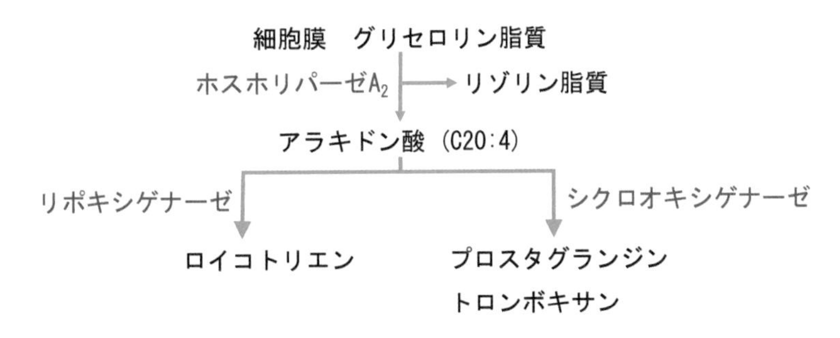

図 10.16　エイコサノイドの合成

脂質異常症の人は肥満を伴い、いわゆるメタボリックシンドロームとなり、トリグリセリドが肝臓に蓄積する脂肪肝や血管の炎症が生じる動脈硬化症を起こし、糖質代謝異常症も伴った生活習慣病を発症することも多い。原因は食生活や運動などの生活習慣と密接に関連している。したがって、食生活の改善場面では、栄養士による栄養指導が非常に重要となる。

章末問題

1　絶食時の脂質代謝に関する記述である。最も適当なのはどれか。1つ選べ。

1. 血中のキロミクロンが増加する。
2. 脂肪組織では、ホルモン感受性リパーゼ活性が低下する。
3. 血中の遊離脂肪酸が減少する。
4. 筋肉では、エネルギー源としての脂肪酸の利用が抑制される。
5. 血中のケトン体が増加する。

（第37回国家試験74問）

解説　1. 血中のキロミクロンは増加しない。　2. ホルモン感受性リパーゼ活性は上昇する。　3. 血中の遊離脂肪酸が増加する。　4. エネルギー源としての脂肪酸の利用が促進される。　解答 5

2　脂質の代謝に関する記述である。最も適当なのはどれか。1つ選べ。

1. アラキドン酸は、一価不飽和脂肪酸である。
2. オレイン酸は、体内で合成できない。
3. 腸管から吸収された中鎖脂肪酸は、門脈に入る。
4. キロミクロンは、肝臓から分泌される。
5. LDLは、HDLから生成される。

（第36回国家試験21問）

解説　1. 炭素数20の多価不飽和脂肪酸（C20:4）である。　2. 体内で合成できる。合成できない脂肪酸はリノール酸とα-リノレン酸である（必須脂肪酸）。　4. 小腸から分泌される。　5. LDLはVLDLから生成される。　解答 3

3　脂質代謝に関する記述である。最も適当なのはどれか。1つ選べ。

1. 空腹時は、ホルモン感受性リパーゼ活性が上昇する。
2. 空腹時は、肝臓での脂肪酸合成が亢進する。
3. 食後は、肝臓でのケトン体産生が亢進する。
4. 食後は、血中のキロミクロンが減少する。
5. 食後は、リポたんぱく質リパーゼ活性が低下する。

（第36回国家試験74問）

解説 2. 肝臓での脂肪酸合成は低下する。 3. 肝臓でのケトン体産生が低下する。 4. 血中のキロミクロンは増加する。 5. リポたんぱく質リパーゼ活性が上昇する。 解答 1

4 脂肪酸に関する記述である。最も適当なのはどれか。1つ選べ。

1. パルミチン酸は、必須脂肪酸である。
2. オレイン酸は、多価不飽和脂肪酸である。
3. アラキドン酸は、リノール酸から生成される。
4. エイコサペンタエン酸は、n-6系不飽和脂肪酸である。
5. ドコサヘキサエン酸は、エイコサノイドの前駆体である。 (第36回国家試験75問)

解説 1. 必須脂肪酸ではない。 2. 一価不飽和脂肪酸である。 4. n-3系不飽和脂肪酸である。 5. エイコサノイド（炭素数20）の前駆体でない。 解答 3

5 脂質の代謝に関する記述である。最も適当なのはどれか。1つ選べ。

1. ホルモン感受性リパーゼの活性は、インスリンにより亢進する。
2. 脂肪細胞内のトリグリセリドは、主にリポたんぱく質リパーゼにより分解される。
3. 食後は、肝臓でケトン体の産生が促進する。
4. カイロミクロンは、小腸上皮細胞で合成される。
5. VLDLのトリグリセリド含有率は、カイロミクロンより高い。 (第35回国家試験74問)

解説 1. インスリンにより低下する。 2. ホルモン感受性リパーゼにより分解される。 3. 肝臓でケトン体の産生が低下する。 5. カイロミクロンより低い。 解答 4

6 コレステロールに関する記述である。最も適当なのはどれか。1つ選べ。

1. エストロゲンは、血中LDLコレステロール値を上昇させる。
2. コレステロールの合成は、フィードバック阻害を受けない。
3. HDLは、レシチンコレステロールアシルトランスフェラーゼ（LCAT）の作用によりコレステロールを取り込む。
4. コレステロールは、ペプチドホルモンの前駆体である。
5. 胆汁酸は、胆嚢で産生される。 (第35回国家試験75問)

解説 1. 血中LDLコレステロール値を低下させる。 2. フィードバック阻害を受ける。 4. ステロイドホルモンの前駆体である。 5. 肝臓で産生される。 解答 3

7 脂質の栄養に関する記述である。最も適当なのはどれか。1つ選べ。

1. 脂肪酸の利用が高まると、ビタミンB_1の必要量が増加する。
2. パルミチン酸は、必須脂肪酸である。
3. エイコサペンタエン酸（EPA）は、リノール酸から合成される。
4. エイコサノイドは、アラキドン酸から合成される。
5. α-リノレン酸は、n-6系脂肪酸である。 (第34回国家試験75問)

解説　1. ビタミンB_1の必要量が減少する（脂質のビタミンB_1節約作用）。　2. 必須脂肪酸でない。　3. α-リノレン酸から合成される。　5. n-3系脂肪酸である。　解答 4

8　糖質・脂質代謝に関する記述である。正しいのはどれか。1つ選べ。

1. クエン酸回路では、糖新生が行われる。
2. グルカゴンは、肝臓のグリコーゲン分解を促進する。
3. 赤血球は、脂肪酸をエネルギー源として利用する。
4. コレステロールエステル転送たんぱく質（CETP）は、コレステロールをエステル化する。
5. HMG-CoA還元酵素は、脂肪酸合成における律速酵素である。　（第33回国家試験23問）

解説　1. 糖新生は行われない。　3. ミトコンドリアを持たないため、脂肪酸をエネルギー源として利用できない。　4. コレステロールをエステル化するのは、レシチンコレステロールアシルトランスフェラーゼ（LCAT）である。　5. コレステロール合成における律速酵素である。　解答 2

9　食後の脂質代謝に関する記述である。正しいのはどれか。1つ選べ。

1. 血中のVLDL濃度は、低下する。
2. 血中の遊離脂肪酸濃度は、上昇する。
3. 肝臓でトリアシルグリセロールの合成は、亢進する。
4. 肝臓でケトン体の産生は、亢進する。
5. 脂肪組織でホルモン感受性リパーゼ活性は、上昇する。　（第33回国家試験77問）

解説　1. 血中のVLDL濃度は上昇する。　2. 血中の遊離脂肪酸濃度は低下する。　4. 肝臓でケトン体の産生は低下する。　5. ホルモン感受性リパーゼ活性は低下する。　解答 3

10　コレステロール代謝に関する記述である。正しいのはどれか。1つ選べ。

1. コレステロールは、エネルギー源として利用される。
2. コレステロールは、甲状腺ホルモンの原料となる。
3. コレステロールの合成は、食事性コレステロールの影響を受けない。
4. 胆汁酸は、腸内細菌により代謝される。
5. 胆汁酸は、大部分が空腸で再吸収される。　（第33回国家試験78問）

解説　1. エネルギー源として利用されない。　2. ステロイドホルモン（性ホルモンなど）の原料となる。　3. 食事性コレステロールの影響を受ける。　5. 回腸で再吸収される。　解答 4

11　脂質の体内代謝と臓器間輸送に関する記述である。正しいのはどれか。1つ選べ。

1. ホルモン感受性リパーゼは、食後に活性化される。
2. カイロミクロンは、門脈経由で肝臓に運ばれる。
3. リポたんぱく質は、粒子の外側に疎水成分を持つ。
4. LDLの主なアポたんぱく質は、アポAIである。
5. ケトン体は、脳でエネルギー源として利用される。　（第32回国家試験77問）

解説 1. 空腹時に活性化される。 2. リンパ管経由で肝臓に運ばれる。 3. 粒子の外側に親水成分を持つ。 4. HDL の主なアポたんぱく質は、アポ AI である。 解答 5

12 脂質の臓器間輸送に関する記述である。正しいのはどれか。1 つ選べ。

1. カイロミクロンは、肝臓で合成されたトリアシルグリセロールを輸送する。
2. LDL のコレステロールの末梢細胞への取り込みは、レシチンコレステロールアシルトランスフェラーゼ（LCAT）が関与する。
3. 末梢細胞のコレステロールの HDL への取り込みは、リポたんぱく質リパーゼ（LPL）が関与する。
4. 脂肪組織から血中に放出された脂肪酸は、アルブミンと結合して輸送される。
5. VLDL のコレステロール含有率は、LDL より大きい。 （第 31 回国家試験 79 問）

解説 1. 小腸で合成されたトリアシルグリセロールを輸送する。 2. LDL 受容体が関与する。 3. レシチンコレステロールアシルトランスフェラーゼ（LCAT）が関与する。 5. LDL より小さい。 解答 4

13 脂肪酸に関する記述である。正しいのはどれか。1 つ選べ。

1. パルミチン酸は、不飽和脂肪酸である。
2. エイコサペンタエン酸は、アラキドン酸と比べて炭素数が多い。
3. β 酸化される炭素は、脂肪酸のカルボキシ基の炭素の隣に存在する。
4. オレイン酸は、ヒトの体内で合成できる。
5. トランス脂肪酸は、飽和脂肪酸である。 （第 30 回国家試験 19 問）

解説 1. パルミチン酸は、飽和脂肪酸である。 2. 炭素数 20 で同じである。 3. β 酸化は、脂肪酸のカルボキシ基の炭素の隣の炭素と隣の隣の炭素の間で起こる。 5. 不飽和脂肪酸である。 解答 4

14 脂質代謝に関する記述である。正しいのはどれか。**2 つ**選べ。

1. 食後、血中のキロミクロン（カイロミクロン）濃度は低下する。
2. 食後、肝臓では脂肪酸合成が低下する。
3. 空腹時、血中の遊離脂肪酸濃度は上昇する。
4. 空腹時、脳はケトン体をエネルギー源として利用する。
5. 空腹時、筋肉はケトン体を産生する。 （第 30 回国家試験 77 問）

解説 1. 血中のキロミクロン（カイロミクロン）濃度は上昇する。 2. 肝臓では脂肪酸合成が上昇する。 5. 肝臓がケトン体を産生する。 解答 3、4

15 不飽和脂肪酸に関する記述である。正しいのはどれか。1 つ選べ。

1. オレイン酸は、必須脂肪酸である。
2. リノール酸は、体内でパルミチン酸から合成される。
3. α-リノレン酸は、一価不飽和脂肪酸である。
4. エイコサペンタエン酸は、エイコサノイドの合成材料である。
5. ドコサヘキサエン酸は、n-6 系の脂肪酸である。 （第 29 回国家試験 83 問）

解説 1. 必須脂肪酸ではない。　2. 体内で合成することができない（必須脂肪酸）。　3. 多価不飽和脂肪酸である（C18:3）。　5. n-3 系の脂肪酸である。　解答 4

引用文献

1)　渡邊敏明編著「スタディ生化学 初版」建帛社　2021

2)　石堂一巳、福渡努編集「健康と栄養科学シリーズ－生化学　人体の構造と機能および疾病の成り立ち　初版」南江堂　2019

第11章 たんぱく質・アミノ酸の代謝

達成目標

- アミノ酸の異化過程について説明できる。
- アミノ酸の、体たんぱく質の材料としての価値、エネルギー源としての価値、およびアミノ酸から生じる生理活性物質について説明できる。
- 非必須アミノ酸と、必須アミノ酸の意味と合成について説明できる。
- アミノ酸の代謝酵素遺伝子の異常による代謝異常症について説明できる。

1 アミノ酸とたんぱく質

アミノ酸は、糖質、脂質と並んで三大栄養素のひとつである。ただし、他の2種の栄養素と異なり、体たんぱく質の構成成分として体そのものを作っていること、窒素を定量的に含む栄養素であることなどの特徴を持つ。アミノ酸は、体を作る成分であるだけではなく、エネルギー源としても重要であり、さらにアミノ酸からは、窒素を含む色々な生体成分が合成される。たんぱく質の合成には、20種のアミノ酸が必要であるが、このうち9つはヒトでは合成することができず、**必須アミノ酸**または**不可欠アミノ酸**として外部から栄養素として取り入れる必要がある。

食事中に含まれるたんぱく質の消化は胃から始まる。唾液には、糖質を分解するアミラーゼや脂肪を分解するリパーゼは含まれているが、たんぱく質分解酵素は含まれていない。胃や腸で、たんぱく質はペプチドあるいはアミノ酸まで分解され、小腸上皮細胞で吸収される。その後、門脈を経て肝臓や末梢組織へ運ばれる。

2 体たんぱく質の合成と分解

体を作るたんぱく質を**体たんぱく質**とよぶ。体たんぱく質は、常に合成、分解を繰り返しており、成人では合成と分解が釣り合った状態にある。これを動的な定常状態または平衡状態とよぶ。

2.1 体たんぱく質の合成と分解

(1) たんぱく質の合成

生命活動においては、必要なときに必要な遺伝子を発現させてたんぱく質を合成する必要がある。そのためには、たんぱく質の合成にかかわる20種のアミノ酸が、それぞれの細胞に不足なく存在することが必要となる。これを**アミノ酸プール**とよぶ。細胞レベルでのたんぱく質栄養の機能は、第一に個々の細胞のアミノ酸プールを保つことにある。組織、器官ごとに見てもたんぱく質はその機能維持のために合成と分解が常に行われている。これをたんぱく質の**代謝回転**とよぶ。

ヒト個体を単位とした、たんぱく質の代謝回転の様子は、個体での窒素の出入りを測ることで知ることができる。たんぱく質栄養を取らない場合でも、体内では、アミノ酸から必要なエネルギーや生理活性物質を作る必要があるため、ある程度のアミノ酸が常に分解され、窒素が排出されている（**負の窒素平衡**）。健康な成人では、これをちょうど補う量がたんぱく質栄養の必要量となる（**窒素平衡**）。成長期においては、体が大きくなる分のたんぱく質を、外から栄養素として取り入れることが必要となる（**正の窒素平衡**）。

(2) たんぱく質の分解

たんぱく質の合成は、細胞の**リボソーム**で行われるが、たんぱく質の分解は、主に2つの機構で行われると考えられている。そのひとつが、細胞小器官の**リソソーム**のかかわる**リソソーム系**、もうひとつが、細胞内の**プロテアソーム**とよばれる巨大なたんぱく質分解酵素の複合体がかかわる**ユビキチン-プロテアソーム系**とよばれる方法である（図 11.1）

1) リソソーム系

リソソームは真核生物の細胞小器官であり、脂質二重膜で囲まれた小胞で、内部が pH 5 程度の酸性に保たれている。細胞外から**エンドサイトーシス**で取り入れた物質または、自食作用により細胞内で膜内に取り込まれた物質は、まずヘテロファゴソームまたは、オートファゴソームとよばれる小胞内に取り込まれ、次いで、一次リソソームと融合して、二次リソソームとなる。二次リソソーム内では、消化酵素により内容物が分解される。細胞は飢餓状態になると、自己の物質を分解して必要なエネルギーや物質の生合成の材料を供給する。この働きを**自食作用**（**オートファジー**）とよぶ（図 11.1(A)）。

2) ユビキチン-プロテアソーム系

リソソーム系のたんぱく質分解過程が主に非特異的にたんぱく質を分解するのに対し、異常なたんぱく質や、損傷を受けたたんぱく質、あるいは生命現象に伴い分解が必要なたんぱく質など、特定のたんぱく質の分解にかかわるのがユビキチン-プロテアソーム系のたんぱく質分解過程である（図 11.1(B)）。この方法では、まず、標的となるたんぱく質に**ユビキチン**とよばれるたんぱく質が ATP 依存的に結合する。ユビキチンは、アミノ酸 76 個からなる分子量 8,600 の小さなたんぱく質であり、数珠状に標的たんぱく質に結合する。次いで、ユビキチンで標識されたたんぱく質を、細胞内の巨大なたんぱく質分解酵素複合体であるプロテアソームが、ATP 依存的に分解する。

ユビキチン-プロテアソーム系のたんぱく質分解は、多くの生命現象ともかかわっている。例えば、細胞分裂の際は、適切な時期にサイクリンとよばれるたんぱく質がユビキチン-プロテアソーム系の分解過程で分解されないと進行しないことが知られている。また、がんなどの疾病との関連も注目されており、プロテアソームの阻害剤が、多発性骨髄腫細胞の治療薬として使われている。

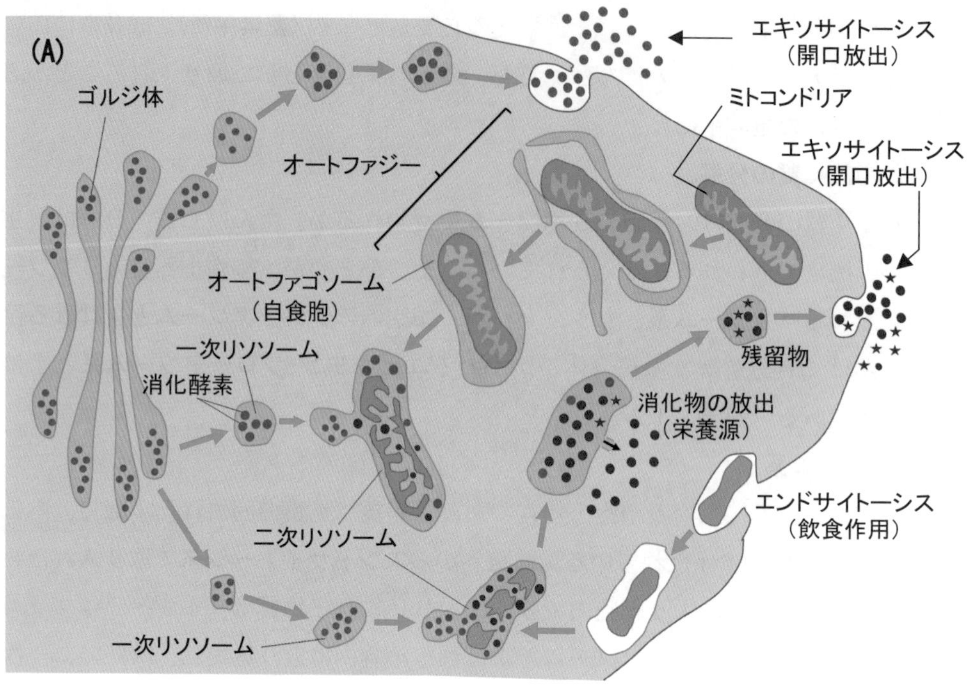

(A) たんぱく質の分解（リソソーム系）

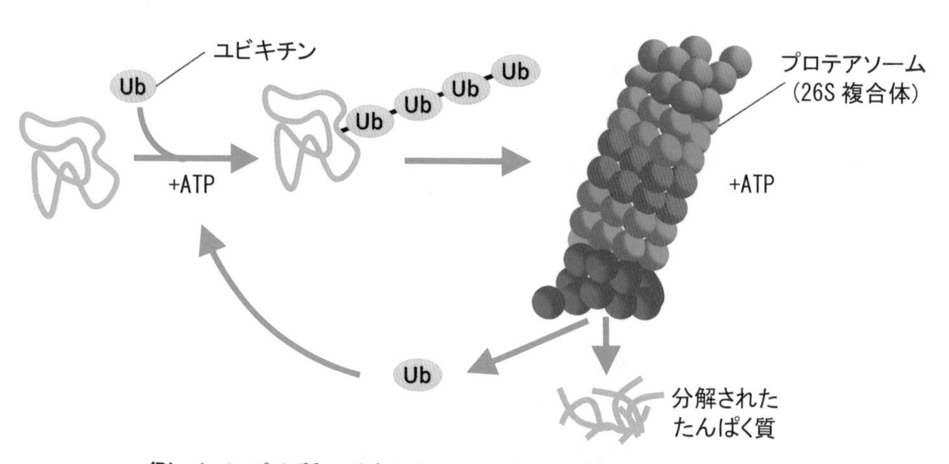

(B) たんぱく質の分解（ユビキチン-プロテアソーム系）

(A)にリソソーム系、(B)にプロテアソーム系でのたんぱく質の分解過程を示す。リソソーム系の分解では、細胞外から、エンドサイトーシスで取り込まれた物質や、細胞内の物質を脂質二重膜で包んだ小胞が形成される。この小胞をファゴソームとよび、特に自己の細胞内の物質を含む場合の小胞をオートファゴソーム（自食胞）とよぶ。リソソームは、同じく細胞小器官であるゴルジ体から生じ、分解基質を含まないものを一次リソソームとよぶ。一次リソソームは、ファゴソームなどと融合し、分解基質を含む二次リソソームが形成される。リソソーム内には、各種消化酵素があり、二次リソソーム内の物質が分解された後、生じた栄養分や残留物は細胞内や細胞外に放出される。ユビキチン-プロテアソーム系の分解過程では、まず、標的となるたんぱく質に ATP を用いて、ユビキチンが数珠状に多数結合する。次いで、細胞内のたんぱく質分解酵素の複合体であるプロテアソームに取り込まれて、分解される。プロテアソームでのたんぱく質分解には、ATP が必要である。ユビキチンは消化されず再利用される。

図 11.1 たんぱく質の分解

例題1 たんぱく質分解に関する記述である。正しいのはどれか。1つ選べ。

1. ユビキチンは、プロテアソームによるたんぱく質分解にかかわる。
2. オートファジー（autophagy）は、過食によって誘導される。
3. リソソームの内部は、アルカリ性に保たれている。
4. プロテアソームによるたんぱく質分解には、ATPは必要ない。
5. リソソーム系のたんぱく質分解は、オートファジー（自食作用）とは関係がない。

解説 2. オートファジーは自己を分解して、生体に必要な材料を供給する仕組みで、飢餓状態で誘導される。 3. リソソームの内側は、酸性になっている。 4. プロテアソームによるたんぱく質分解には、ATPが必要である。 5. オートファジーで用いられるのは、リソソーム系のたんぱく質分解である。 **解答 1**

2.2 たんぱく質の代謝回転

体の中では、たんぱく質の合成と分解が常に起こっている。体たんぱく質成分の入れ替わる速度を、その半分が入れ替わる速度（半減期という）で示すことができる。たんぱく質の半減期は、各臓器やそれぞれのたんぱく質で大きく異なる。一般的に、代謝の活発な臓器ほど半減期は短く、肝臓、腎臓、心臓のたんぱく質では短いのに対し、皮膚や筋肉などでは長くなる傾向がある。例えば、ヒトの場合、肝臓でのたんぱく質の半減期は2週間、赤血球では120日、筋肉では、180日程度といわれている。骨の場合はさらに長く、軟骨のコラーゲンの半減期が117年であるという報告がある。

個々のたんぱく質で見ても、半減期は大きく異なる。表11.1にたんぱく質の半減期の例を示す。血液中のたんぱく質の多くは肝臓で合成され、たんぱく質栄養の影響を受けやすい。表の中の血液中のたんぱく質については、その血清濃度がたんぱく質栄養の影響を受けることから、たんぱく質栄養のアセスメントに用いることができる。さらに、たんぱく質の半減期の違いで、どのくらいの期間にわたってたんぱく質栄養が不足しているかなどを知る目安となる。血清アルブミンが血清総たんぱく質と並んで、**静的栄養評価指標**としての中長期的な栄養状態の評価に用いられるのに対し、プレアルブミン、トランスフェリン、レチノール結合たんぱく質などの代謝回転の速いたんぱく質（rapid turnover protein：RTP）は**動的栄養指標**としての短期間の栄養状態の評価に適している。

表 11.1 たんぱく質の半減期

たんぱく質	およその半減期(h)
オルニチンデカルボキシラーゼ	0.2〜0.4
チロシンアミノトランスフェラーゼ	2〜4
トリプトファンオキシゲナーゼ	2〜4
ホスホエノールピルビン酸カルボキシキナーゼ	8〜10
レチノール結合たんぱく質	12〜16　(0.4〜0.7 日)
プレアルブミン（トランスサイレチン）	60　(2〜3 日)
グルセルアルデヒド 3-リン酸デヒドロゲナーゼ	100　(4.2 日)
シトクロム C	240　(10 日)
トランスフェリン	204　(8〜9 日)
血清アルブミン	480　(17〜23 日)
ヘモグロビン	2880　(4 ヶ月)
コラーゲン(不溶性)	7200　(300 日〜117 年)

たんぱく質により、半減期は大きく異なる。ピンク色で示したのは血液中のたんぱく質である。半減期の違いにより、その期間を反映したたんぱく質栄養のアセスメント（身体の状態を示す検査値）などに使うことができる。コラーゲンについては、組織により大きく異なり、また年齢によっても異なる。

例題 2　たんぱく質の代謝回転に関する記述である。正しいのはどれか。1つ選べ。

1. 体内で一度作られたたんぱく質は、壊されることがない。
2. 栄養が豊富であれば、体たんぱく質の分解は停止する。
3. どんなたんぱく質でも、体内での寿命（半減期）は同じである。
4. たんぱく質の半減期の長さの違いで、たんぱく質栄養の動的または静的評価ができる。
5. 肝臓と筋肉では、筋肉の方が代謝回転が速い。

解説　1. 体たんぱく質は、常に合成分解を繰り返している（代謝回転している）。2. たんぱく質栄養が豊富でも体たんぱく質の分解は起こる。　3. たんぱく質によって、体内での半減期は大きく異なる。　5. 肝臓と筋肉では、肝臓の方が代謝回転が速い。

解答 4

3 アミノ酸の異化（炭素骨格の代謝と窒素代謝）

アミノ酸は、そのまま体たんぱくの合成に使われるほか、代謝、分解されてエネルギー源となる。また、体内で用いる有用な成分へと変換されることもある。これらをアミノ酸の異化とよぶ。

アミノ酸の異化過程では、2つの反応が重要である。ひとつはアミノ基（$-NH_2$）を他のα-ケト酸に転移する反応で、**アミノ基転移反応**とよばれる。もうひとつは、カルボキシ基（-COOH）を炭酸（CO_2、もとの化合物には-Hが残る）として外す反応で、**脱炭酸反応**とよばれる。この反応では、アミノ基を持つ物質が生じる。これをアミンと総称する。生理活性物質、特に神経伝達物質やホルモンには、この形の化合物が多い。

3.1 アミノ酸窒素の代謝

アミノ酸は、三大栄養素の中で唯一窒素を定量的に含むという特徴を持つ。最も小さな単位としては、アンモニア（NH_4^+）が遊離するが、アンモニアには毒性があり、そのままで血液中に放出することができない。したがって、アミノ酸の異化過程では、生じた窒素成分の処理が問題となる。肝臓以外の組織では、アンモニアを無害な物質である特定のアミノ酸に変えて血液中に放出し、肝臓にある尿素回路で無害な尿素に変えて、血液を介して腎臓で尿として排出している（図11.2）。

(1) アミノ基転移反応

大部分のアミノ酸の分解は、α-アミノ基が**α-ケト酸**に転移する反応であるアミノ基転移反応から始まる。アミノ基（$-NH_2$）を転移されたα-ケト酸は異なるアミノ酸となる。

一方、アミノ基を失ったアミノ酸は、α-ケト酸となり、さらに分解されてエネルギー源などになる。この反応は、それぞれのアミノ酸に特有なアミノ基転移酵素（アミノトランスフェラーゼ）により、多くの組織の細胞の細胞質やミトコンドリアで行われる。また、この反応は可逆反応であり**ビタミンB_6**の補酵素型である**ピリドキサールリン酸**を必要とする。例えば、**アラニン**からはアミノ基転移反応でα-ケト酸である**ピルビン酸**が、**アスパラギン酸**からは**オキサロ酢酸**が、**グルタミン酸**からは**α-ケトグルタル酸**が生じる（図11.3）。

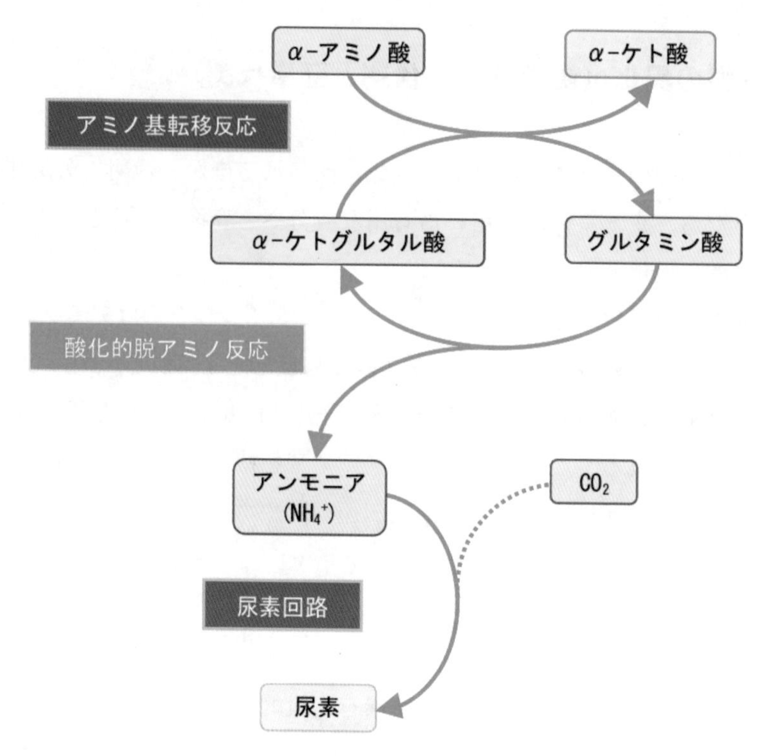

アミノ酸に含まれる窒素の多くはグルタミン酸のアミノ基にまとめられ、肝臓のミトコンドリアでの酸化的脱アミノ反応によりアンモニアとして脱離した後、尿素回路で尿素に変換されて排泄される。

図 11.2　窒素代謝の概要

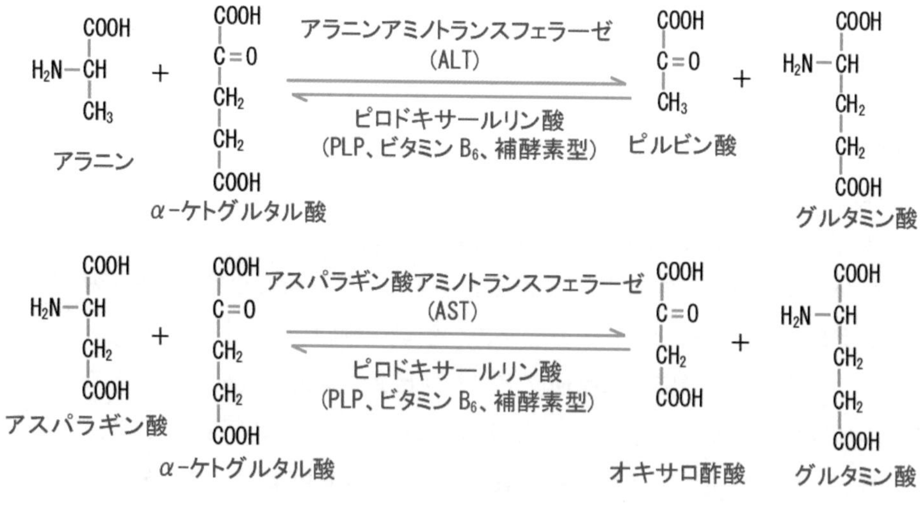

アラニン（$H_2N-CH(CH_3)-COOH$）＋ α-ケトグルタル酸（$HOOC-C(=O)-CH_2-CH_2-COOH$）
⇄ ピルビン酸（$HOOC-C(=O)-CH_3$）＋ グルタミン酸（$HOOC-CH(NH_2)-CH_2-CH_2-COOH$）

アラニンアミノトランスフェラーゼ
(ALT)
ピロドキサールリン酸
(PLP、ビタミン B_6、補酵素型)

アスパラギン酸（$H_2N-CH(COOH)-CH_2-COOH$）＋ α-ケトグルタル酸（$HOOC-C(=O)-CH_2-CH_2-COOH$）
⇄ オキサロ酢酸（$HOOC-C(=O)-CH_2-COOH$）＋ グルタミン酸（$HOOC-CH(NH_2)-CH_2-CH_2-COOH$）

アスパラギン酸アミノトランスフェラーゼ
(AST)
ピロドキサールリン酸
(PLP、ビタミン B_6、補酵素型)

図 11.3　アラニンアミノトランスフェラーゼ（ALT）とアスパラギン酸アミノトランスフェラーゼ（AST）の反応

例題 3 アミノ酸転移反応に関する記述である。正しいのはどれか。1つ選べ。

1. ビタミンB_2を必要とする。
2. アスパラギン酸からは、オキサロ酢酸が生じる。
3. アラニンからは、α-ケトグルタル酸が生じる。
4. グルタミン酸からは、ピルビン酸が生じる。
5. プロリンもアミノ基転移反応の基質になる。

解説 1. ビタミンB_6の補酵素型であるピリドキサールリン酸を必要とする。 3. アラニンからはピルビン酸が生じる。 4. グルタミン酸からは、α-ケトグルタル酸が生じる。 5. プロリンは、アミノ基を持たないイミノ酸なので、アミノ基転移反応の基質にならない。

解答 2

(2) 酸化的脱アミノ反応

多くの組織では、種々のアミノ基転移酵素により、アミノ基は輸送体である**アラニン**や**グルタミン**に集められる。肝臓では、グルタミンから、**グルタミナーゼ**によりグルタミン酸が生じ、さらにグルタミン酸はミトコンドリアで、**グルタミン酸デヒドロゲナーゼ**の作用を受け、酸化的脱アミノ反応によりα-ケトグルタル酸とアンモニアを生じる。アンモニアは**尿素回路**で**尿素**に変換して排出する。グルタミン酸デヒドロゲナーゼは、肝臓のほか広い組織で発現している。この反応は可逆的であり、肝臓以外の組織では、アンモニアの排出をすることはできないので、主にこの反応の逆反応により組織で生じたアンモニアをグルタミン酸に変換して解毒している。

$$\text{グルタミン酸} + H_2O + NAD(P)^+ \underset{}{\overset{\text{グルタミン酸デヒドロゲナーゼ}}{\rightleftharpoons}} \alpha\text{-ケトグルタル酸} + NH_3 + NAD(P) + H^+$$

(3) 他の臓器でのアンモニア代謝と肝臓への運搬

アンモニア（NH_4^+）は有害であり、特に神経細胞に対して毒性が高いので、血漿中の濃度は低く抑えられている。血漿中および尿中にも微量のアンモニアが検出されるが、通常は、肝臓の尿素回路や、腎臓の働きで速やかに取り除かれる。血漿中のアンモニア濃度は、通常15〜70μg/dL程度であるのに対し、尿素窒素は、その300から500倍にあたる8〜20 mg/dL程度である。腎機能が衰えると、アンモニアの濃度が上がり、尿毒症の原因となる。アンモニアは、肝臓以外の組織でもアミノ酸の異化などで生じることがある。また、腸内細菌による生成もあり、一部は腸管より体内に移行することがある。このようなアンモニアは、肝臓に送り尿素に変換する必要があるため、肝臓以外の組織では、輸送体であるアミノ酸に変換する必要がある。そのために、グルタミンシンテターゼにより、グルタミン酸とアンモニアからグルタミンに変換する。グルタミンは、アラニンとともにアミノ基の輸送体として働き、肝臓へアンモニアを輸送する働きをしている。グルタミンシンテターゼは脳、腎臓、肝臓を含む多くの組織で発現しており、末梢組織でのアンモニアの解毒を行っている。

$$\text{グルタミン酸} + NH_3 + ATP \xrightarrow{\text{グルタミンシンテターゼ}} \text{グルタミン} + ADP + \text{リン酸}$$

また、腎臓では、グルタミン酸やグルタミンから生じたアンモニアの一部を尿中に排泄する。アンモニウムイオン（NH_4^+）の排泄は酸の排泄となるので、この働きは、アシドーシスのときに増加する。

(4) 尿素回路

尿素回路では、ミトコンドリア内で生じたアンモニアおよびアスパラギン酸のアミノ基から、**尿素**を合成する。図 11.4 に示したように、この反応はミトコンドリアと細胞質にまたがって行われる。尿素回路は、尿素 1 分子当たり、3 分子の ATP を必要とする。

グルタミンのグルタミナーゼによる反応または、グルタミン酸デヒドロゲナーゼによる酸化的脱アミノ反応で生じたアンモニアは、まずミトコンドリア内で、①カルバモイルリン酸シンターゼⅠの働きにより、**カルバモイルリン酸**となる。この反応は、重炭酸イオン（HCO_3^-）と ATP 2 分子を必要とする。次いで、カルバモイルリン酸は、②オルチニンカルバモイルトランスフェラーゼの働きで、**オルニチン**と結合し**シトルリン**となる。シトルリンは、オルニチン輸送体により細胞質へ移動する。細胞質へ出たシトルリンは、③アルギニノコハク酸シンターゼにより、アスパラギン酸と結合し、**アルギニノコハク酸**となる。さらに④アルギニノコハク酸リアーゼにより、フマル酸が切り出され、**アルギニン**となる。フマル酸をリンゴ酸へ変換する酵素であるフマラーゼは、クエン酸回路の酵素であるが、ヒトの場合は細胞質にも発現しており、細胞質でフマル酸 →リンゴ酸 →オキサロ酢酸と変化することで糖新生の材料を供給することができる。また生じたオキサロ酢酸からは、アミノ基転移反応で尿素回路の窒素供給を行うアスパラギン酸も生じる。この反応で生じたアルギニンは、もちろんたんぱく質合成にも使われるので、尿素回路はアルギニンの合成経路ともなっている。アルギニンは次に、⑤アルギナーゼの働きで、尿素を分離し、オルニチンとなる。生じたオルニチンは輸送体によりミトコンドリア内に戻り、再びシトルリンの合成基質となる。尿素回路に登場する物質はすべてアミノ酸の形をしており、アルギニン以外は、たんぱく質を作らないアミノ酸である。

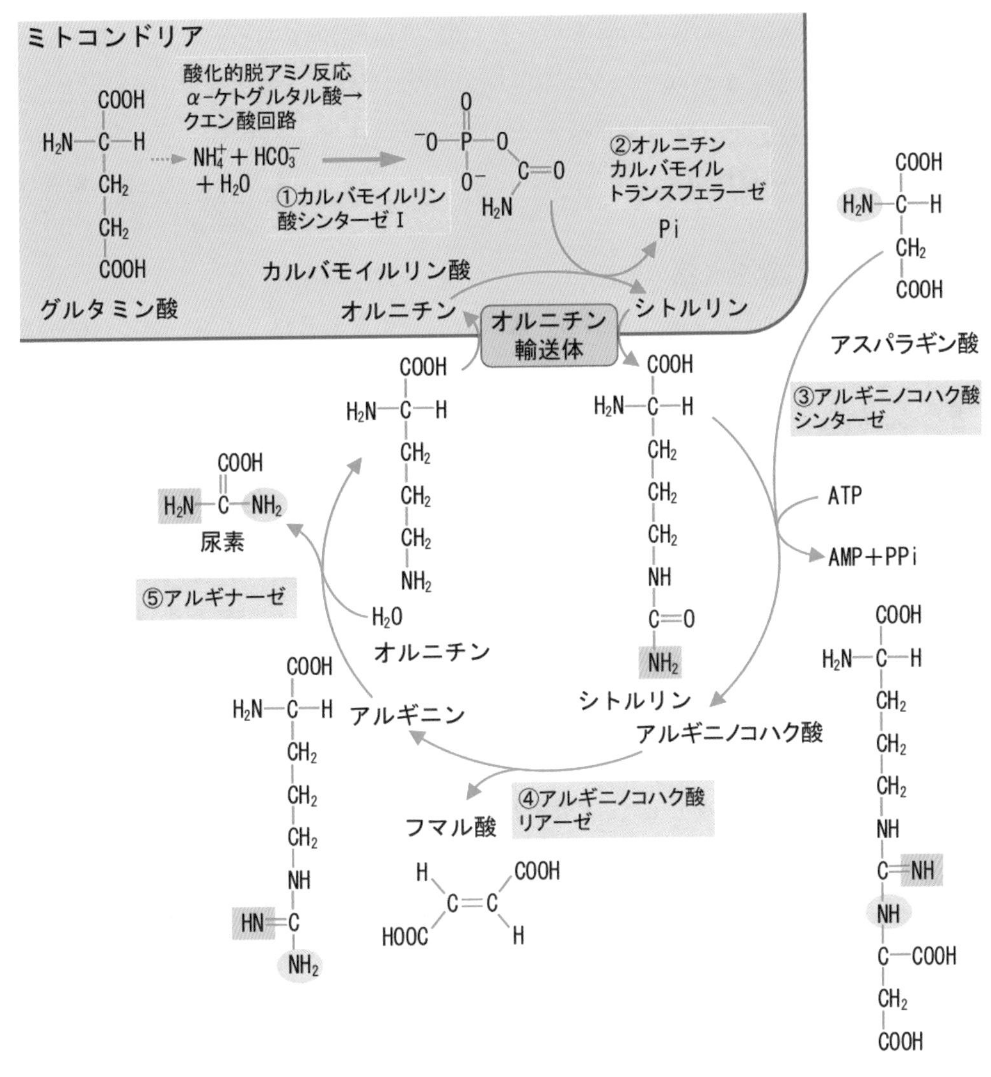

尿素には、2つのアミノ基が含まれるが、ひとつはアンモニアから、もうひとつはアスパラギン酸に由来する。（図では、両者に由来するアミノ基を色別で示した。）尿素回路には、たんぱく質に含まれないアミノ酸が多く登場する。たんぱく質を作る唯一のアミノ酸であるアルギニンを含め、すべての構成物がアミノ酸であることも特徴のひとつである。

図 11.4 尿素回路

例題 4 アミノ基の輸送体と尿素回路に関する記述である。正しいのはどれか。1つ選べ。

1. 尿素回路は、肝臓と腎臓にある。
2. 尿素のアミノ基は、すべてアンモニアがもとになっている。
3. 尿素回路には、アミノ酸以外の基質もある。
4. 筋肉でのアミノ酸代謝で生じたアミノ基は、アラニンとして肝臓に送られる。
5. グルタミン酸は、アミノ基の輸送体として使われる。

解説　1. 尿素回路のすべての酵素があるのは、肝臓だけである。　2. 尿素の2つのアミノ基のうち、1つはアンモニア、1つはアスパラギン酸由来である。　3. 尿素回路の基質は、すべてアミノ酸である。　5. アラニンとグルタミンがアミノ基の輸送体として用いられる。

解答 4

3.2 アミノ酸の炭素骨格の代謝

アミノ酸からアミノ基を取り去った残りの部分を**炭素骨格**とよぶ。アミノ酸の炭素骨格は、側鎖に窒素を含まない場合、炭素と水素および酸素だけからなる化合物となる。例えば、アミノ基転移反応や酸化的脱アミノ反応を受け、α-ケト酸とよばれる化合物が生じる。α-ケト酸の多くは、異化の過程でピルビン酸またはクエン酸回路に入りエネルギー源となる場合が多い（図 11.5）。アミノ酸の異化は、アミノ酸の過剰摂取や、エネルギーの不足時、特に糖質の不足時に促進される。その場合、アミノ酸から生じたα-ケト酸は、クエン酸回路などを介して糖新生の材料となる。

(1) 糖原性アミノ酸とケト原性アミノ酸

アミノ酸には、**糖原性アミノ酸**と**ケト原性アミノ酸**がある。糖原性アミノ酸とは、異化の過程で糖新生の材料となるアミノ酸である。ケト原性アミノ酸は、直接またはアセトアセチル CoA を介して、**アセチル CoA** に変換するアミノ酸である（図 11.5）。糖原性アミノ酸は、**ピルビン酸**、またはクエン酸回路の色々な物質に変換され、結果としてクエン酸回路を回る物質が増えることになる。糖新生は、実質的にオキサロ酢酸を出発点として、グルコースを合成する経路なので、クエン酸回路の物質を増やすアミノ酸は、オキサロ酢酸を介して、糖新生の材料となることができる。

アセチル CoA はクエン酸回路に投入されるとエネルギー産生を行うが、同時に脂肪酸をはじめとする脂質関連物質の合成の材料となる。ただし、アミノ酸の異化過程は糖質不足またはエネルギー不足の場合に促進されるので、そのような場合は、脂肪酸などの合成は行われない。その代わりに肝臓では、アセチル CoA から**ケトン体**が生成し、脳を含む末梢組織のエネルギー源となる。そういう意味で、ケト原性アミノ酸は、ケトン体を産生するアミノ酸ということもできる。

たんぱく質を構成する20種類のアミノ酸のうち、**リシン**、**ロイシン**を除く18種のアミノ酸は、糖原性アミノ酸である。また、ケト原性アミノ酸は、リシン、ロイシン、フェニルアラニン、チロシン、イソロイシン、トレオニン、トリプトファンの7種であるが、リシン、ロイシンのみが純粋なケト原性アミノ酸であり、他の5つのアミノ酸は糖原性アミノ酸でもある（図 11.5）。

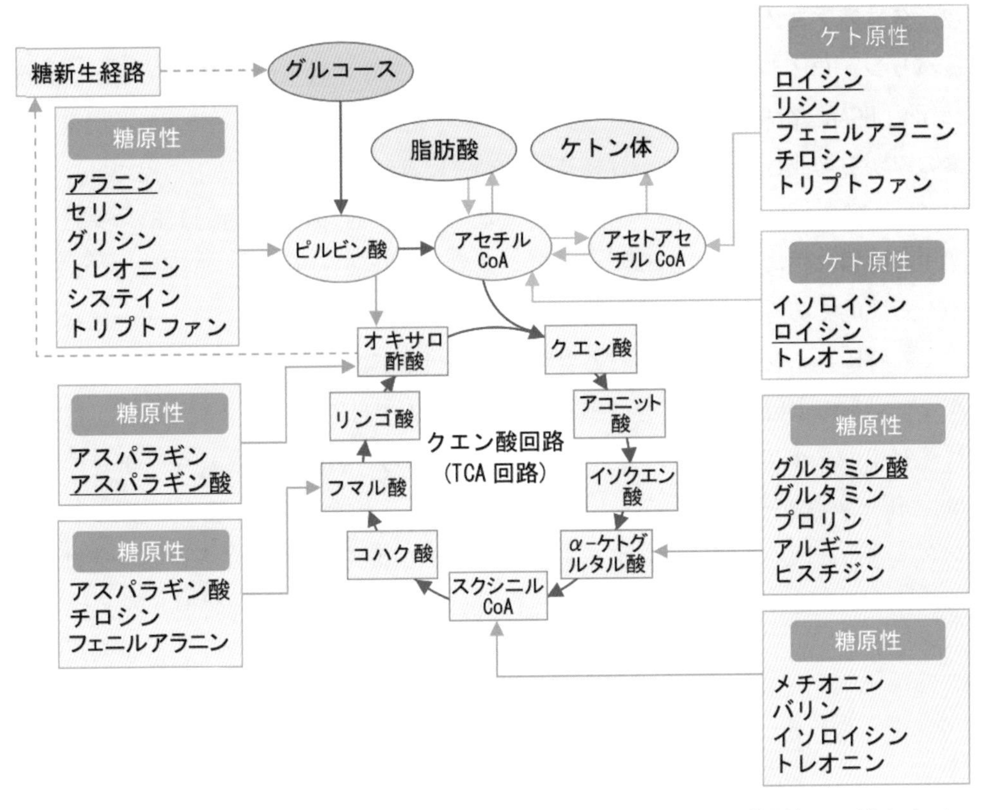

それぞれのアミノ酸の代謝の概略を糖新生およびケトン体産生とともに示した。糖原性アミノ酸をピンク色で、ケト原性アミノ酸を緑色で示した。

図 11.5　アミノ酸の異化過程の概要

例題 5　糖原性アミノ酸とケト原性アミノ酸に関する記述である。正しいのはどれか。1つ選べ。

1. ロイシンは、糖原性アミノ酸である。
2. リシンは、糖原性アミノ酸である。
3. アラニンは、ケト原性アミノ酸である。
4. アスパラギン酸は、ケト原性アミノ酸である。
5. バリンは、糖原性アミノ酸である。

解説　1. 2. ロイシンとリシンは、糖原性アミノ酸ではない純粋なケト原性アミノ酸である。　3. アラニンはピルビン酸になり、アセチル CoA にもなるが、直接なるわけではなくケト原性アミノ酸には属さない。　4. アスパラギン酸は、オキサロ酢酸に変化するので糖原性アミノ酸である。　**解答** 5

(2) 分岐鎖アミノ酸（バリン・ロイシン・イソロイシン）の代謝

バリン、**ロイシン**、**イソロイシン**は、**分岐鎖アミノ酸**（branched-chain amino acids：BCAA、分枝鎖アミノ酸ともよばれる。）とよばれ、アミノ酸側鎖が炭素と水素のみから構成され、枝分かれ構造を持つという特徴がある。異化過程では、最初の2つの段階がミトコンドリアにある共通の酵素で行われる（図11.6）。また、代謝する臓器は主に筋肉であり、他のアミノ酸が、肝臓を中心とする臓器で行われるのと対照的である。これらのアミノ酸は側鎖が炭素に富むためエネルギーになりやすく、特にロイシンは代謝されるとすべての炭素がアセチルCoAとなるので、エネルギー効率がよい。また、分岐鎖アミノ酸はヒトでは必須アミノ酸であり、筋たんぱく質中の必須アミノ酸の35%を占めることから、筋肉がエネルギー不足の場合は、筋肉そのものを分解することで容易に得ることができる。ただし、運動トレーニングによる筋肉の分解は、スポーツなどにとっては不利となることから、運動時には、たんぱく質栄養としての分岐鎖アミノ酸の摂取が有効との報告がある。さらに、分岐鎖アミノ酸、特にロイシンは、筋肉たんぱく質の合成を促進する働きがある。

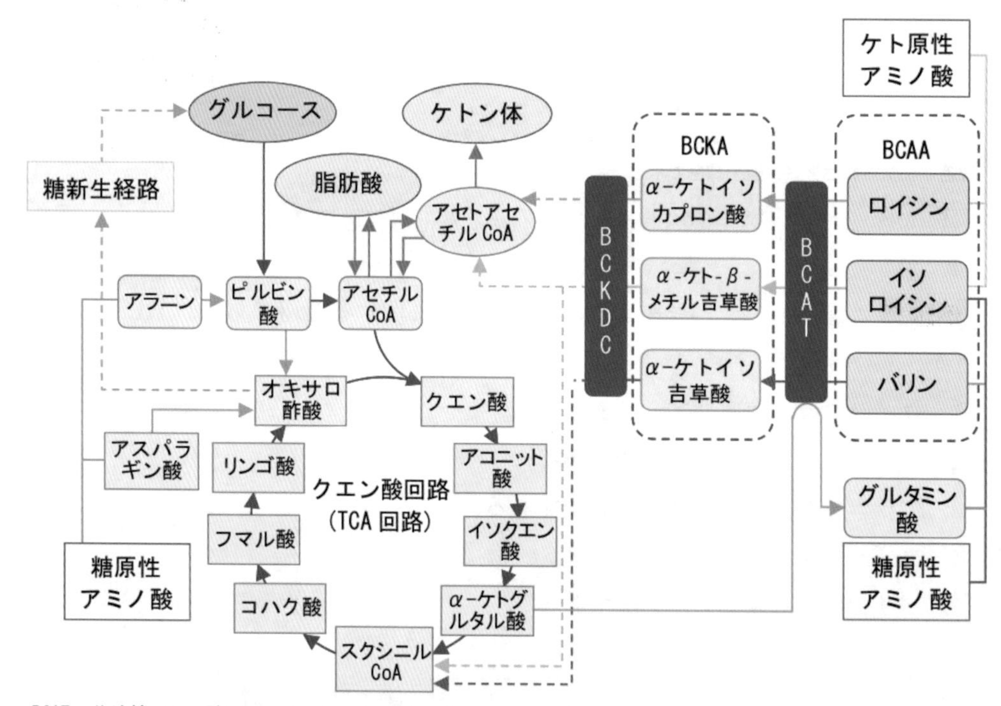

BCAT：分岐鎖アミノ酸アミノトランスフェラーゼ（branched-chain amino acid aminotransferase）、
BCKDC：分岐鎖α-ケト酸デヒドロゲナーゼ複合体（branched-chain α-ketoacid dehydrogenase complex）
　分岐鎖アミノ酸（Branched-Chain Amino Acid：BCAA）の最初の反応は、ミトコンドリアに存在する共通の酵素により行われる。BCAAの代謝は主に筋肉で行われる。ロイシンが純粋なケト原性アミノ酸、バリンが純粋な糖原性アミノ酸、イソロイシンが両方という特徴もある。また、分岐鎖α-ケト酸デヒドロゲナーゼ複合体（BCKD）を構成するたんぱく質の遺伝子は、メープルシロップ症候群の原因遺伝子である。

図11.6　分岐鎖アミノ酸（BCAA）の代謝過程

(3) メチオニンと一炭素代謝

メチオニンは**システイン**と同じく**含硫アミノ酸**であり、S-アデノシルメチオニンを経由して色々な場面で生体物質をメチル化する反応にかかわっている。この過程を一炭素代謝とよぶ（図 11.7）。メチオニンは、必須アミノ酸であるが、ヒトにはメチオニンシンターゼが存在し、合成も行われている。ただし、図 11.7 に示したように、その原料となるホモシステインはメチオニンから生じるので、新規に合成されるわけではない。

メチオニンシンターゼの反応は、葉酸やビタミン B_{12} を必要とする。したがって、これらのビタミンの不足により、メチオニンシンターゼの反応が阻害されると、ホモシステインが余剰となり、血中ホモシステイン量が増加する。また、S-アデノシルメチオニンによるメチル化は、DNA のメチル化を通じて、発生や分化などの生物の基本過程にもかかわっている。ホモシステインは、システインの合成にも使われ、その経路の酵素のひとつであるシスタチオニン β 合成酵素は、ホモシスチン尿症の原因遺伝子となっている。

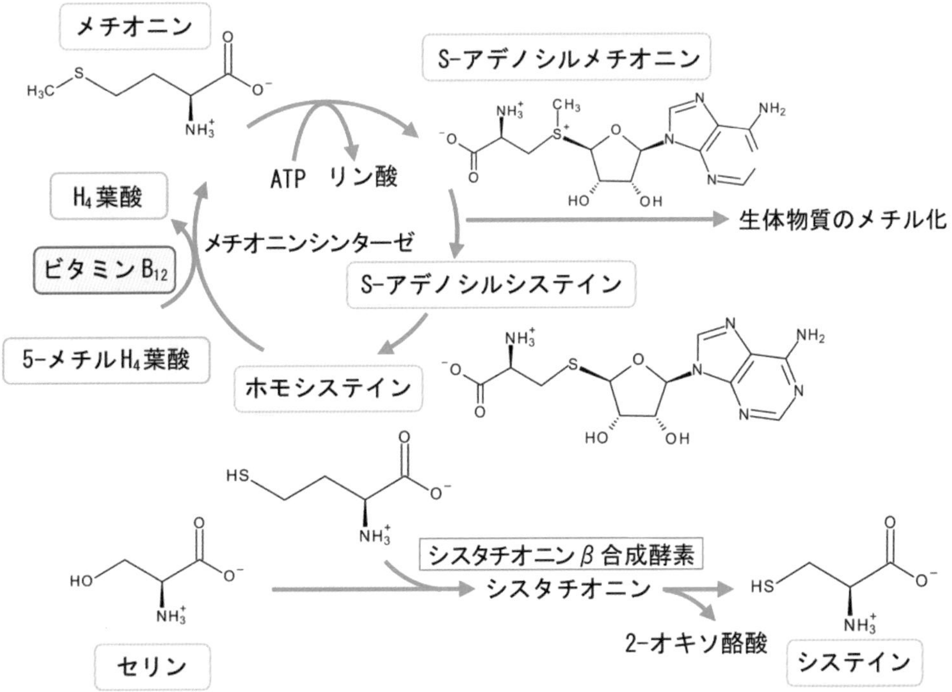

メチオニンのメチル基は、S-アデノシルメチオニンを介して、生体物質のメチル化に用いられる。メチル基の脱離後は、ホモシステインを経由して、またメチオニンに戻る。このときに使われるのは、5-メチルテトラヒドロ葉酸（5-メチル H_4 葉酸）のメチル基であり、もとをたどると、グリシンまたはセリン側鎖に由来する。シスタチオニン β 合成酵素はホモシスチン尿症の原因遺伝子となっている。

図 11.7　一炭素代謝の概略

例題 6　分岐鎖アミノ酸（BCAA）に関する記述である。正しいのはどれか。1つ選べ。

1. イソロイシンは、純粋な糖原性アミノ酸である。
2. 非必須アミノ酸を含んでいる。
3. 主に筋肉で代謝される。
4. 側鎖には、カルボキシ基がある。
5. フェニルケトン尿症では、摂取が制限される。

解説　1. イソロイシンは、糖原性アミノ酸であると同時にケト原性アミノ酸である。2. すべて必須アミノ酸である。　4. 側鎖は、枝分かれのある炭化水素からできている。　5. メープルシロップ尿症で摂取が制限される。　**解答** 3

3.3 アミノ酸の生理活性物質への変換

アミノ酸は、分子に1つ以上のアミノ基（$-NH_2$）を含むため、アミノ基を持つ生体物質の原料に用いられる。アミノ基を持つ化合物を**アミン**とよぶが、ホルモンや神経伝達物質などのアミノ酸から生じる生理活性物質には、この形の化合物が多い。また、**グルタミン酸**や**グリシン**はアミノ酸としても神経伝達物質の働きを持っている。

(1) アミノ酸の脱炭酸反応による生理活性物質（アミン）の生成

アミンを中心としたアミノ酸から生じる生理活性物質を図 11.8 に示す。反応としては、アミノ酸からカルボキシル基が脱離する脱炭酸反応や水酸化反応、また S-アデノシルメチオニンを介したメチル化などが使われる。脱炭酸反応は、多くの種類のデカルボキシラーゼがかかわり、この反応にもビタミン B_6 の補酵素型であるピリドキサールリン酸を必要とする。

チロシンはフェニルアラニンの水酸化により生じ、**ドーパミン**や**アドレナリン**などの神経伝達物質やホルモンを生じる。ドーパミンは神経伝達物質のひとつで、パーキンソン病では、この物質の分泌低下が起こることが知られている。

アドレナリンは副腎髄質から出るホルモンで、よく似た神経伝達物質の**ノルアドレナリン**のメチル化により生じる。ノルアドレナリンは、交感神経の末梢から分泌され、代謝の亢進や心拍数の増加などの作用を持つ。

トリプトファンからは、脱炭酸反応を通じて、神経伝達物質の**セロトニン**などが生じる。

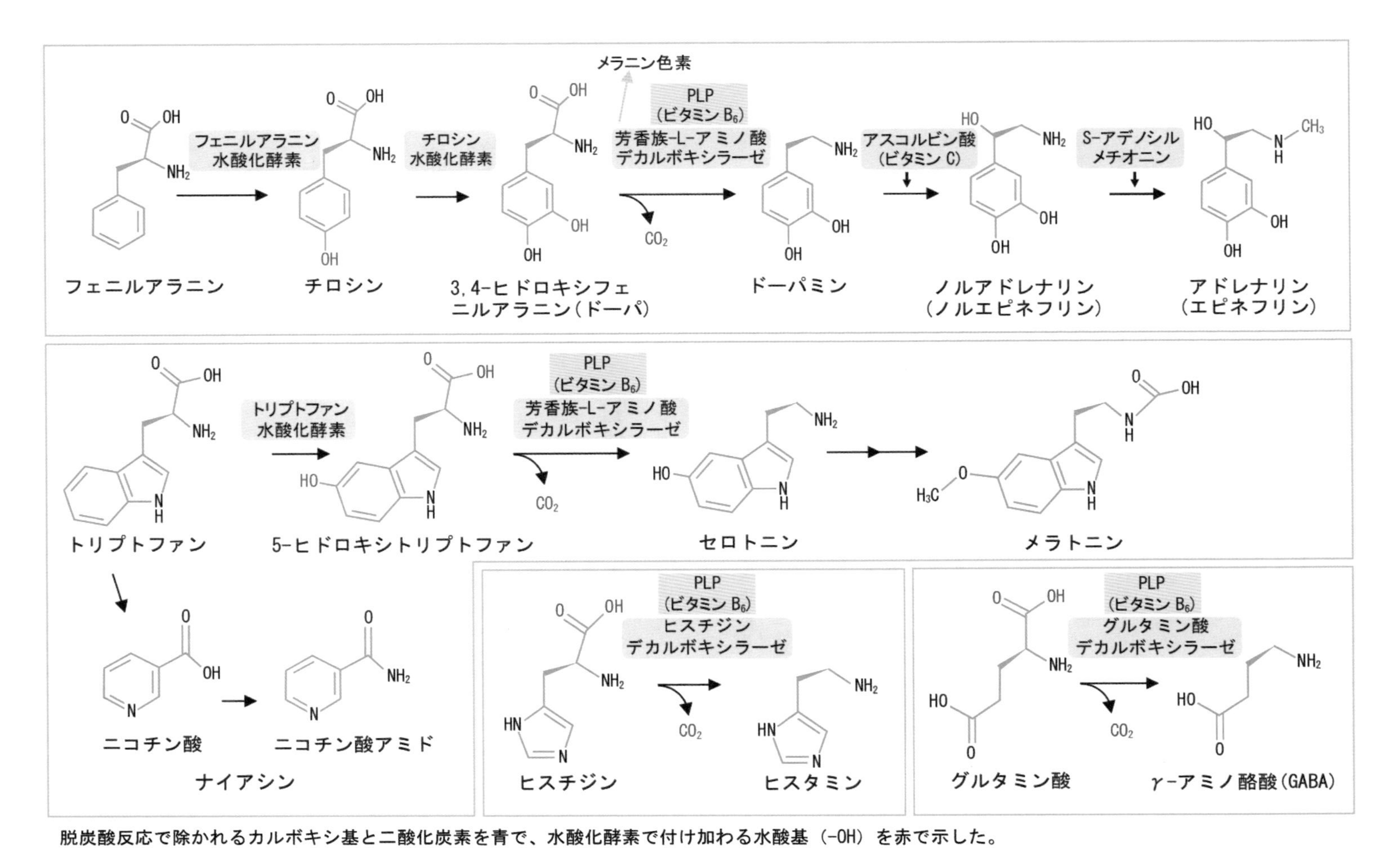

脱炭酸反応で除かれるカルボキシ基と二酸化炭素を青で、水酸化酵素で付け加わる水酸基（-OH）を赤で示した。

図11.8 アミノ酸から生じるアミンを中心とした生理活性物質

メラトニンは、脳内の松果体でセロトニンから産生されるホルモンで、概日周期（サーカディアンリズム）を司るホルモンである。また、ビタミンである**ナイアシン**（ニコチン酸およびニコチン酸アミドの総称）もトリプトファンから合成が可能である。ナイアシンの不足に**ペラグラ**があり、トウモロコシを主食とする南米や西アフリカで多く発生することが知られているが、これはトウモロコシにトリプトファンが少ないことが原因となっている。

ヒスチジンからは、脱炭酸反応で**ヒスタミン**が生じる。ヒスタミンは、アレルギーの中でも急激な反応を引き起こすⅠ型アレルギーのアナフィラキシーショックにかかわる物質である。

グルタミン酸からは、同じく脱炭酸反応で、神経伝達物質である**γ-アミノ酪酸**（**GABA**）が生じる。γ-アミノ酪酸は、抑制系のシナプスでの神経伝達物質として重要である。

(2) 一酸化窒素の生成

アルギニンからは、NOシンターゼ（NOS）の働きで、生理活性物質である**一酸化窒素**（**NO**）が生じる。NOには、生理活性物質として平滑筋の弛緩、血管拡張、血圧降下作用、免疫機能の調整など多くの機能を持つ。

$$\text{アルギニン} + \text{NADPH} + O_2 \xrightarrow{\text{NOシンテターゼ}} \text{シトルリン} + \text{NO} + \text{NADP}^+$$

(3) その他のアミノ酸から誘導される生理活性物質

タウリンは、アミノエチルスルホン酸で、厳密な意味でのアミノ酸ではないが、アミノ酸とよばれることが多い。胆汁酸や有機化合物の抱合体を作る際に使われる。**グルタチオン**は、γ-L-グルタミル-L-システイニルグリシンの構造を持つトリペプチドで、システイン部分のチオール基（-SH）で二量体を作ることで、抗酸化作用を示す。細胞内では高濃度で存在している。セレンを含む酵素であるグルタチオンペルオキシダーゼの基質となり、電子伝達系などで発生する過酸化水素（H_2O_2）の消去を行っている。また、酸化型グルタチオンの還元は、グルタチオン還元酵素で行われ、NADPHを必要とする。

3.4 クレアチンの生成と代謝

クレアチンは、筋肉中で**クレアチンリン酸**となり、ATPの嫌気的合成に関与する物質である。急激な運動のエネルギー源として使われ、最大10秒以下の強い運動時のATP供給にかかわる。

クレアチンは腎臓および肝臓を経由して、生合成される（図11.9）。また、クレアチンリン酸は、高エネルギーリン酸化合物であり、非酵素的な分解で**クレアチニン**を生じる。生じたクレアチニンはそれ以上代謝されることはなく、血管を介して、腎臓で濾過され尿として排泄される。クレアチニンの生成量は、食事などの影響を受けず、ヒトの場合は筋肉量に比例することが知られている。また、クレアチニンは腎臓での再吸収を実質上受けないようにふるまうことから、血漿中のクレアチニン濃度は、腎機能の指標となる。

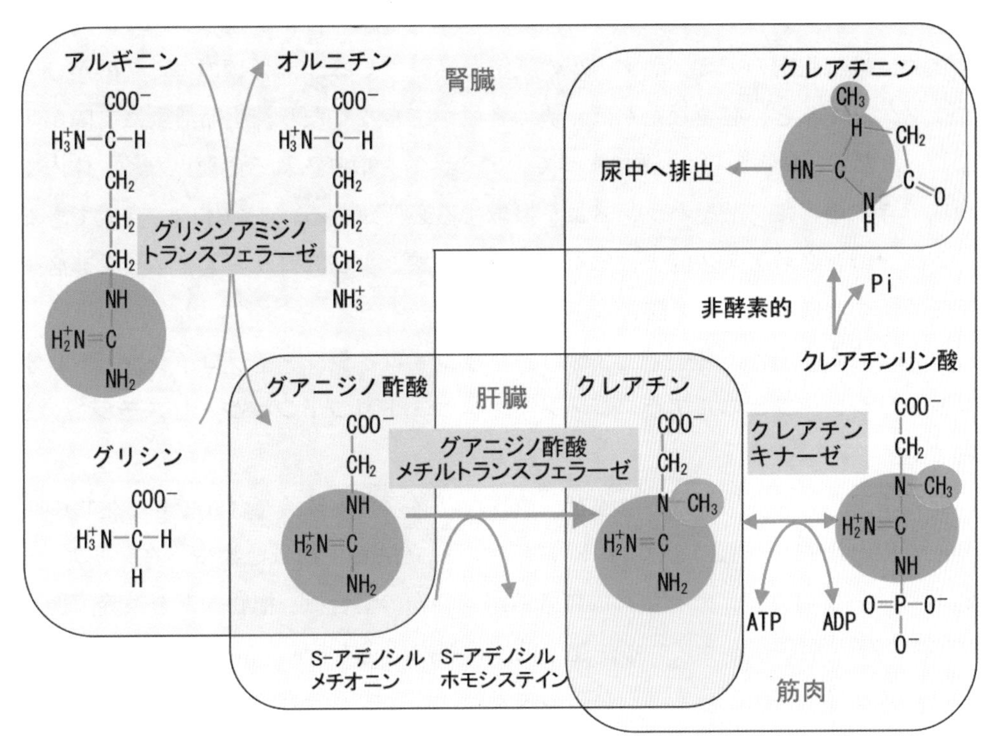

クレアチニンは、アルギニンのグアニジノ基とグリシンおよびS-アデノシルメチオニンからのメチル基により合成される。腎臓、肝臓を経由して合成され、筋肉でリン酸化されたのち、運動のためのATP供給を行う。クレアチンはカルボキシ基を持つがアミノ基のかわりにグアニジノ基を持つのでアミノ酸ではない。

図 11.9　クレアチニンの合成

例題 7　アミノ酸から生合成される生理活性物質に関する記述である。正しいのはどれか。1つ選べ。

1. アドレナリンはトリプトファンから生じる。
2. ナイアシンはグルタミン酸から生じる。
3. セロトニンはチロシンから生じる。
4. ヒスタミンはヒスチジンから脱アミノ反応で生じる。
5. 一酸化窒素（NO）はアルギニンから生じる。

解説　1. アドレナリンはチロシン（フェニルアラニン）から生じる。　2. ナイアシンはトリプトファンから生じる。　3. セロトニンはトリプトファンから生じる。4. ヒスタミンはヒスチジンから脱炭酸反応で生じる。　**解答** 5

4 非必須アミノ酸の合成

たんぱく質栄養の第一の機能は、体たんぱく質合成の材料となることであり、そのためには細胞内のアミノ酸プールの維持が必要である。20 種類のアミノ酸がひとつでも欠乏すると、必要なたんぱく質の合成ができなくなり、生命活動に支障が生じる。ただし、食物から 20 種類すべてのアミノ酸を取り入れる必要はなく、体内で合成できないアミノ酸をバランスよく摂取する必要がある。この体内で合成できないアミノ酸を**必須アミノ酸**または**不可欠アミノ酸**とよび、残りのアミノ酸を**非必須アミノ酸**または**可欠アミノ酸**とよぶ。

ヒトの成人の場合、必須アミノ酸は、**バリン・ロイシン・イソロイシン・トレオニン・リシン・フェニルアラニン・メチオニン・トリプトファン・ヒスチジン**の 9 種である。

非必須アミノ酸の生合成の過程を、植物など必須アミノ酸を合成できる生物の生合成過程と比較したものを図 11.10 に示す。独立栄養生物の植物やバクテリアは、20 種類すべてのアミノ酸を生合成できるが、動物の場合は、植物などを栄養源として必須アミノ酸を摂取している。化学的に複雑な構造を持ち、生合成過程が長いものは、必須アミノ酸として外部からの栄養源に依存する一方で、尿素回路など必須の代謝過程に付随するものや、クエン酸回路など重要な代謝系に付随して合成できるものは非必須アミノ酸として、体内で合成している。

4.1 ピルビン酸、オキサロ酢酸、α-ケトグルタル酸から合成されるアミノ酸

アラニン、アスパラギン酸、グルタミン酸はそれぞれ、ピルビン酸、オキサロ酢酸、α-ケトグルタル酸からアミノ基転移反応で合成される。アスパラギン、グルタミンはそれぞれアスパラギン酸、グルタミン酸の側鎖の末端のカルボキシ基がアミド基になることで合成される。プロリンは、グルタミン酸からグルタミン酸γ-セミアルデヒドを経由して合成される。アルギニンは、グルタミン酸γ-セミアルデヒドから、アミノ基転移反応でオルニチンが生じ尿素回路でアルギニンとなる。

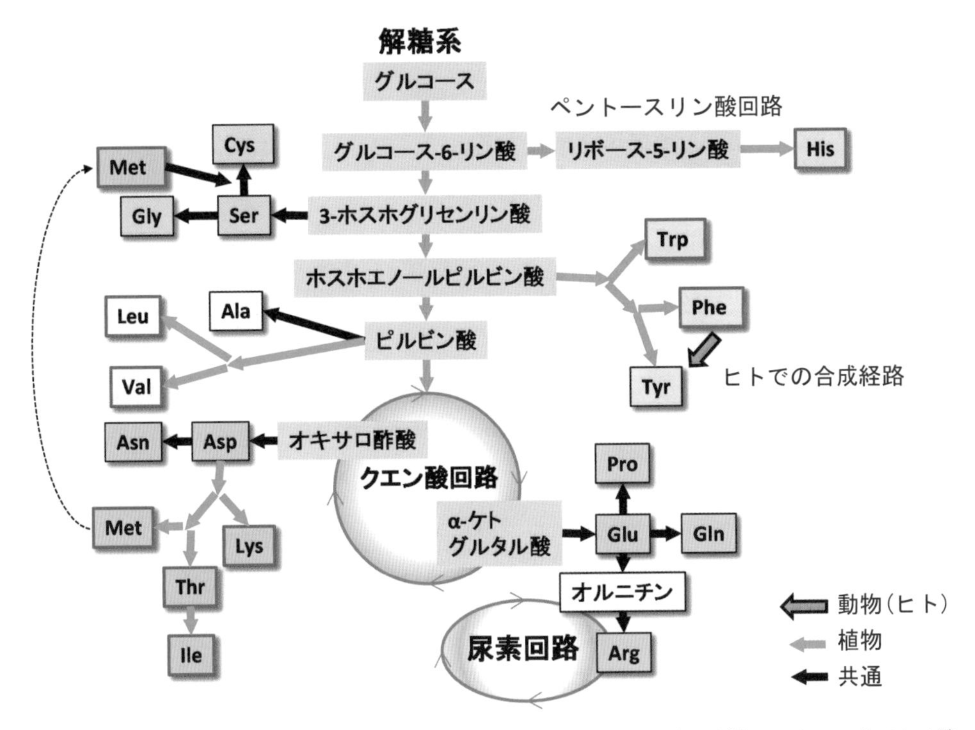

動物および植物のアミノ酸合成過程を示した。植物のみの矢印（緑色）が指し示しているアミノ酸（赤枠で囲ったもの）が動物の必須アミノ酸となる。動物では、フェニルアラニン（Phe）からフェニルアラニン水酸化酵素によりチロシン（Tyr）が合成される部分が付け加わっている。この酵素の遺伝子は、フェニルケトン尿症の原因遺伝子でもある。

図 11.10　動物と植物におけるアミノ酸の生合成過程

4.2 3-ホスホグリセリンから合成されるアミノ酸

3-ホスホグリセリンからは、セリンが合成される。セリンからは、グリシンが合成される。この反応は可逆的なので、グリシンからもセリンが合成される。システインの合成は、メチオニンの代謝でふれたように、メチオニンからホモシステインを経由して合成される。

4.3 チロシンの生合成

チロシンは、**フェニルアラニン**より、フェニルアラニン水酸化酵素により合成される。この遺伝子は、**フェニルケトン尿症**の原因遺伝子である。フェニルケトン尿症では、フェニルアラニンが異化できなくなり、フェニルアラニンがその誘導体とともに蓄積する。つまり、この経路は、チロシンの合成経路であるとともにフェニルアラニンの異化過程（排泄過程）の一部であることを示している（図 11.8 および図 11.10）。

例題 8　必須アミノ酸に関する記述である。正しいのはどれか。1つ選べ。
1. アラニンは、必須アミノ酸である。
2. グルタミン酸は、必須アミノ酸である。
3. アルギニンは、必須アミノ酸である。
4. フェニルアラニンは、必須アミノ酸である。
5. セリンは、必須アミノ酸である。

解説　必須アミノ酸は、たんぱく質栄養の栄養計算でも必要な項目なので、暗記しておくことが望ましい。フロバイスヒトリジメ（風呂場椅子独り占め）などの語呂合わせで覚えておこう。
フ：フェニルアラニン、ロ：ロイシン、バ：バリン、イ：イソロイシン、ス：スレオニン（トレオニン)、ヒ：ヒスチジン、ト：トリプトファン、リジ：リジン（リシン)、メ：メチオニン

解答 4

＊アミノ酸の呼び方が古い呼び方（スレオニン、リジン）になっているので注意。

5 アミノ酸の代謝異常症

アミノ酸の代謝に関する酵素の遺伝子の異常で、代謝酵素の活性が弱かったり、また酵素そのものが欠損している場合には、いろいろな代謝疾患が引き起こされる。これらの疾患では精神遅滞を伴うなど、放置すると著しくQOLを下げる場合がある。これらの疾患は、大きくアミノ酸代謝異常症と有機酸代謝異常症に分けることができる。

アミノ酸代謝異常症は、アミノ酸を直接基質とする酵素、または、そのすぐ下流にある酵素の遺伝子の異常によるもので、血漿中の特定のアミノ酸濃度が上昇する疾患群をさす。有機酸代謝異常症は、アミノ酸からアミノ基が外された後のカルボキシ基を持つ有機酸を基質とする酵素遺伝子の異常によるもので、血漿中に特定の有機酸の増加を認めるが、アミノ酸の濃度の上昇を伴わないものもある。アミノ酸代謝異常症の代表的なものには、**フェニルケトン尿症**、**メープルシロップ尿症**、**ホモシスチン尿症**などがある。また、有機酸代謝異常症には、**プロピオン酸血症**、**メチルマロン酸血症**などがある。

■ 新生児マススクリーニング

先天性代謝異常については、上にあげた5つの疾患を含め、いくつかの疾患においては、出生後すぐに食事療法を始めることで発症を抑えたり、症状を改善できる

場合がある。そのような疾患について、わが国では、生後すぐに血液検査を行い疾患であるかを判定する制度が実施されている。従来は、化学的な手法による臨床検査で行っていたが、2013 年頃から、タンデムマスとよばれる小型の質量分析装置による検査が取り入れられ、アミノ酸や有機酸の代謝異常症を含む、多くの先天性代謝異常の検査が全国で行われ、発症前から治療が可能となっている。

5.1 フェニルケトン尿症

フェニルアラニンをチロシンに転換するフェニルアラニン水酸化酵素の遺伝的欠損により発症する（図 11.8 および図 11.10）。症状としては、血中フェニルアラニン濃度が上昇し、尿にはその代謝物であるフェニルケトンが大量に排泄される。発症頻度は、世界的には約 1 万人に一人、日本では 7～8 万人に一人の割合で、アミノ酸代謝異常の中では最も頻度が高い。放置すると、重度の精神発達遅延、てんかんなどの症状を示す。また、チロシンからは色素であるメラニンが生成するため、色素異常の症状を示す。新生児マススクリーニングでは、フェニルアラニンの高値で発見される。治療は、乳児の場合は、フェニルアラニンを制限した特殊ミルクを用い、その後は、たんぱく質を制限してフェニルアラニンの摂取を抑え、フェニルアラニンを制限した特殊ミルクなどで不足するアミノ酸を補う方法がとられる。アミノ酸代謝異常症に共通であるが、アミノ酸摂取の制限は一生涯続ける必要がある。

5.2 メープルシロップ尿症

分岐鎖アミノ酸である、ロイシン、イソロイシン、バリンから生じた α-ケト酸を代謝する酵素である、分岐鎖 α-ケト酸デヒドロゲナーゼ複合体の構成たんぱく質の遺伝子欠損により発生する（図 11.6）。発生頻度は、約 50 万人に一人である。症状は、無治療の場合、意識障害、けいれん、呼吸困難、筋緊張低下、後弓反張などが現れ、治療が遅れると死亡するか重篤な神経後遺症を残す。新生児マススクリーニングでは、ロイシンの高値により判定する。治療は、分岐鎖アミノ酸の摂取を制限する。

5.3 ホモシスチン尿症

メチオニンの代謝酵素のひとつであるシスタチオニン β 合成酵素の遺伝子欠損または異常により発生する（図 11.7）。この酵素が触媒するホモシステインからシスタチオニンへの反応が進まないことで、余剰のホモシステインが蓄積する。そのため、血中ホモシステイン濃度が上昇し、また尿中へのホモシステイン排泄量が増加する疾患である。日本人での頻度は、非常に低く 50～100 万人に一人といわれている。症状は、無治療の場合、1 歳児過ぎから知的障害が現れ、3 歳頃から、骨格異常、高身長、四肢指伸長、水晶体脱臼などが現れる。新生児マススクリーニングでは、メチオニンの高値として判定される。治療としては、メチオニンの制限と、必要に応じて、システインの補充が行われる。

例題 9　アミノ酸代謝異常に関する記述である。正しいのはどれか。1 つ選べ。

1. ホモシスチン尿症では、メチオニンの摂取を制限する。
2. メープルシロップ尿症では、フェニルアラニンの摂取を制限する。
3. フェニルケトン尿症では、血漿中のロイシンの濃度が増加する。
4. メープルシロップ尿症では、血漿中のメチオニンの濃度が上昇する。
5. フェニルケトン尿症の食事療法は、幼児期だけでよい。

解説　2. メープルシロップ尿症では、分岐鎖アミノ酸（ロイシン、バリン、イソロイシン）の摂取を制限する。　3. フェニルケトン尿症では、血漿中のフェニルアラニンの濃度が増加する。　4. メープルシロップ症候群では、血漿中のロイシンの濃度が上昇する。　5. フェニルケトン尿症については、食事制限は幼児のみでよいとされた時代もあったが、現在では、一生食事制限を続ける必要があるとされている。

解答 1

章末問題

1　アミノ酸・たんぱく質の代謝に関する記述である。正しいのはどれか。1 つ選べ。

1. ドーパミンは、グルタミン酸から生成される。
2. γ-アミノ酪酸（GABA）は、チロシンから生成される。
3. ユビキチンは、たんぱく質合成に関与する。
4. プロテアソームは、たんぱく質の分解に関与する。
5. オートファジー（autophagy）は、過食によって誘導される。

（第 28 回国家試験 26 問）

解説　1. ドーパミンはチロシンから生成される。　2. γ-アミノ酪酸はグルタミン酸から生成される。　3. ユビキチンは、ユビキチン-プロテアソーム系のたんぱく質分解にかかわる。　5. オートファジーは飢餓により誘導される。

解答 4

2 アミノ酸・たんぱく質の代謝に関する記述である。正しいのはどれか。1つ選べ。

1. γ-アミノ酪酸（GABA）は、トリプトファンから生成される。
2. アドレナリンは、ヒスチジンから生成される。
3. ユビキチンは、必須アミノ酸の合成に関与する。
4. プロテアソームは、たんぱく質リン酸化酵素である。
5. オートファジー（autophagy）は、絶食によって誘導される。（第29回国家試験26問）

解説 1. GABAは、グルタミン酸から生成される。 2. アドレナリンはチロシンから生成される。 3. ユビキチンは、たんぱく質の分解に関与する。 4. プロテアソームは、たんぱく質分解酵素を含む。

解答 5

3 たんぱく質とアミノ酸の代謝に関する記述である。正しいのはどれか。1つ選べ。

1. 食事たんぱく質由来の遊離アミノ酸は、体内のアミノ酸プールに入る。
2. 体たんぱく質の分解で生じた遊離アミノ酸は、体たんぱく質合成に再利用されない。
3. 体たんぱく質の合成は、インスリンによって抑制される。
4. 骨格筋たんぱく質の平均半減期は、消化管たんぱく質の平均半減期より短い。
5. 分岐鎖アミノ酸は、肝臓に優先的に取り込まれて代謝される。（第28回国家試験80問）

解説 2. 体たんぱく質の分解で生じた遊離アミノ酸も体たんぱく質の合成に使われる。 3. インスリンは同化ホルモンとして、体たんぱく質合成を促進する。 4. 骨格筋たんぱく質の半減期は、かなり長い。 5. 分岐鎖アミノ酸は、主に筋肉で代謝され、筋肉に優先的に取り込まれる。

解答 1

4 たんぱく質・アミノ酸の代謝に関する記述である。正しいのはどれか。1つ選べ。

1. たんぱく質の平均半減期は、肝臓よりも骨格筋の方が短い。
2. 食後に血糖値が上昇すると、筋肉たんぱく質の分解は促進される。
3. エネルギー摂取量が減少すると、たんぱく質の必要量は減少する。
4. 分岐鎖のアミノ基は、骨格筋でアラニン合成に利用されない。
5. グルタミンは、小腸粘膜のエネルギー源となる。（第29回国家試験80問）

解説 1. 肝臓の方が骨格筋よりも短い。 2. 血糖値が上昇すると、インスリンの働きで筋肉たんぱく質の合成が促進される。 3. エネルギー摂取量が減少すると、糖新生やエネルギー産生のためたんぱく質の必要量が増加する。 4. 分岐鎖アミノ酸のアミノ基は、筋肉でアラニンとなって、肝臓へ運ばれる（グルコースアラニン回路）。

解答 5

5 アミノ酸・たんぱく質の代謝に関する記述である。正しいのはどれか。1つ選べ。

1. 尿素回路は、アンモニア代謝に関与する。
2. 唾液は、たんぱく質分解酵素を含む。
3. アラニンは、アミノ基転移反応によりオキサロ酢酸になる。
4. アドレナリンは、トリプトファンから合成される。
5. ユビキチンは、たんぱく質合成を促進する。（第31回国家試験22問）

解説　2. 唾液は、たんぱく質分解酵素を含まない。　3. アラニンは、アミノ基転移反応で、ピルビン酸になる。　4. アドレナリンはフェニルアラニンから作られる。　5. ユビキチンは、たんぱく質分解にかかわる。
解答 1

6　たんぱく質・アミノ酸の代謝に関する記述である。正しいのはどれか。1つ選べ。
1. トランスフェリンの半減期は、レチノール結合たんぱく質より短い。
2. たんぱく質の平均半減期は、筋肉より肝臓で長い。
3. アミノ酸の筋肉への取り込みは、インスリンにより抑制される。
4. バリンは、ケト原性アミノ酸である。
5. ロイシンは、筋たんぱく質の合成を促進する。
（第31回国家試験75問）

解説　1. レチノール結合たんぱく質は、血液に含まれるたんぱく質としては最も半減期が短いものの1つである。　2. たんぱく質の平均半減期は、肝臓の方が筋肉より短い。　3. インスリンは、アミノ酸の筋肉への取り込みを促進する。　4. バリンは、純粋な糖原性アミノ酸である。
解答 5

7　たんぱく質とアミノ酸の代謝に関する記述である。最も適当なのはどれか。1つ選べ。
1. 過剰なたんぱく質の摂取は、アミノ酸の異化を抑制する。
2. ロイシンは、体たんぱく質の合成を抑制する。
3. インスリンは、体たんぱく質の合成を抑制する。
4. 絶食時には、体たんぱく質の合成が抑制される。
5. アルブミンは、トランスサイレチンより代謝回転速度が速い。
（第34回国家試験72問）

解説　1. 過剰なたんぱく質の摂取は、アミノ酸の異化を促進する。　2. ロイシンは、体たんぱく質の合成を促進する。　3. インスリンは、同化ホルモンとして、体たんぱく質の合成を促進する。　5. アルブミンの代謝回転速度は、トランスサイレチンより長い。アルブミンはたんぱく質栄養の静的評価、トランスサイレチンは動的評価に使われる。
解答 4

8　たんぱく質とアミノ酸の代謝に関する記述である。最も適当なのはどれか。1つ選べ。
1. 空腹時は、体たんぱく質合成が亢進する。
2. 食後は、血中アミノ酸濃度が低下する。
3. たんぱく質の摂取量が増加すると、ビタミンB_6の要求量が減少する。
4. たんぱく質の過剰摂取は、アミノ酸の異化を亢進する。
5. 糖質を十分に摂取すると、たんぱく質の要求量が増加する。
（第36回国家試験72問）

解説　1. 空腹時は、体たんぱく質の合成が抑制される。　2. 食後は、血中アミノ酸濃度が増加する。　3. たんぱく質の摂取量が増加すると、ビタミンB_6の必要量が増加する。ちなみに、トリプトファンから合成される、ナイアシンの必要量は低下する。　5. 糖質を十分にとると、エネルギー産生のためのたんぱく質要求量が減るので、全体のたんぱく質の要求量が低下する。
解答 4

9 たんぱく質とアミノ酸の代謝に関する記述である。正しいのはどれか。1つ選べ。

1. たんぱく質の摂取量が不足すると、窒素出納は正になる。
2. たんぱく質の摂取量が増加すると、尿中への尿素排泄量は減少する。
3. アルブミンは、腎臓で合成される。
4. トリプトファンは、パントテン酸に変換される。
5. バリンは、糖新生に利用される。

(第33回国家試験73問)

解説 1. たんぱく質の摂取量が不足しても、不可避損失窒素の量は変わらないので、窒素出納は、負になる。 2. たんぱく質の摂取量が増加すると、異化されるアミノ酸が増えるので、尿中への窒素排泄量は増加する。 3. 血清アルブミンは、肝臓で合成される。 4. トリプトファンからは、ナイアシンが生成される。パントテン酸はビタミンであり、体内では合成できない

解答 5

10 ホモシスチン尿症の治療で制限するアミノ酸である。最も適当なのはどれか。1つ選べ。

1. ロイシン
2. バリン
3. メチオニン
4. シスチン
5. フェニルアラニン

(第37回国家試験136問)

解説 5.3項 ホモシスチン尿症 参照

解答 3

ヌクレオチド代謝

達成目標

■プリンヌクレオチドとピリミジンヌクレオチドとでは、塩基の合成方法が異なることを理解する。
■ヌクレオチドの生合成には全く新たに合成するデノボ合成と、ヌクレオチドの分解過程で生じる代謝物を再利用するサルベージ経路があることを理解する。
■巨赤芽球性貧血の発症を、ヌクレオチドの合成と葉酸およびビタミンB_{12}の働きの点から理解する。
■痛風について、核酸代謝の観点から理解する。

1 ヌクレオチドの代謝

核酸は、細胞の増殖やたんぱく質の合成などに必須の物質である。したがって、核酸の基本単位であるヌクレオチドの代謝は、生命活動にとって重要な役割を果たす。ヌクレオチドは、糖、塩基、リン酸から構成され、塩基の基本骨格の違いによって**プリンヌクレオチド**と、**ピリミジンヌクレオチド**に分類される（5章参照）。ヌクレオチドが多数結合したものを**ポリヌクレオチド**といい、DNAとRNAはポリヌクレオチドである。ヌクレオチドの合成には、アミノ酸などを材料として新たなヌクレオチドを合成する**デノボ合成**（***de novo*** **合成、新規合成**）と、ヌクレオチドの分解過程で生じる代謝物を再利用してヌクレオチドを合成する**サルベージ経路**（**再利用経路**）がある。

ヌクレオチドの代謝異常にはさまざまなものがあるが、葉酸やビタミンB_{12}の欠乏によりDNAの合成に異常を来すことで発症する**巨赤芽球性貧血**と、**プリン塩基から生じる尿酸**の血中濃度が上昇することによって発症する**高尿酸血症**に起因する**痛風**は、栄養学的に重要である。

1.1 プリンヌクレオチドのデノボ合成

プリンヌクレオチドの**デノボ合成**は、合成されたプリンヌクレオチド全体の約10％を占める。**デノボ合成**は、**ペントースリン酸回路**（第９章）から供給されるリボース5-リン酸の 1'位の炭素に結合するヒドロキシ基（OH）にATPが反応して、5-ホスホリボシル1α-二リン酸（**ホスホリボシル二リン酸**；PRPP）が作られることで始まる。次に、**グルタミン**、**グリシン**、**アスパラギン酸**、葉酸の補酵素型である**テトラヒドロ葉酸**（THF、N^5,N^{10}-メテニル-THF、N^{10}-ホルミル-THF)、二酸化炭素（CO_2）から部品が供給されることによって塩基が組み立てられる（**図12.1**）。そして、プリンヌクレオチドとして最初に完成するのは、塩基が**ヒポキサンチン**の**イノシン酸**（イノシン一リン酸；IMP）である（**図12.2**）。

この反応系の律速酵素は、**アミドホスホリボシルトランスフェラーゼ**で、PRPPにグルタミンのアミノ基を転移させる酵素である（**図12.2**）。

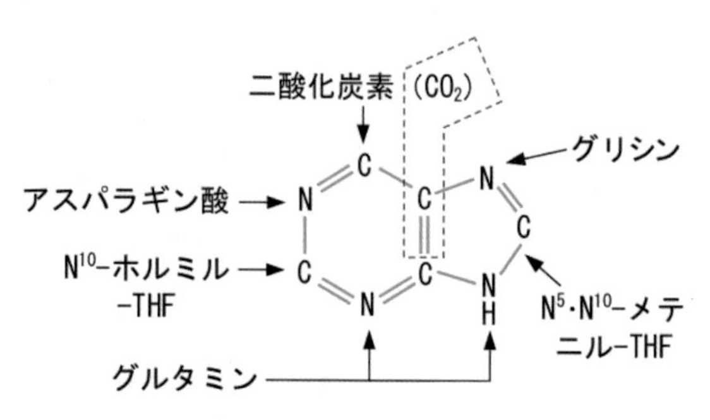

図 12.1　プリン骨格の炭素原子（C）と窒素原子（N）の由来

この酵素は、合成系の最終産物である**アデノシン一リン酸**（AMP）や**グアノシン一リン酸**（GMP）によって**フィードバック阻害**を受ける。その一方で、基質であるPRPPによって**フィードフォワード活性化**を受ける。

その後、IMPの塩基部分がそれぞれアデニンやグアニンに変化することによってAMPおよびGMPが作られる（図12.3）。さらに、リン酸が結合したり、糖から酸素が離脱したりして、ADP、ATP、GDP、GTPなどのプリンヌクレオチドが合成される。

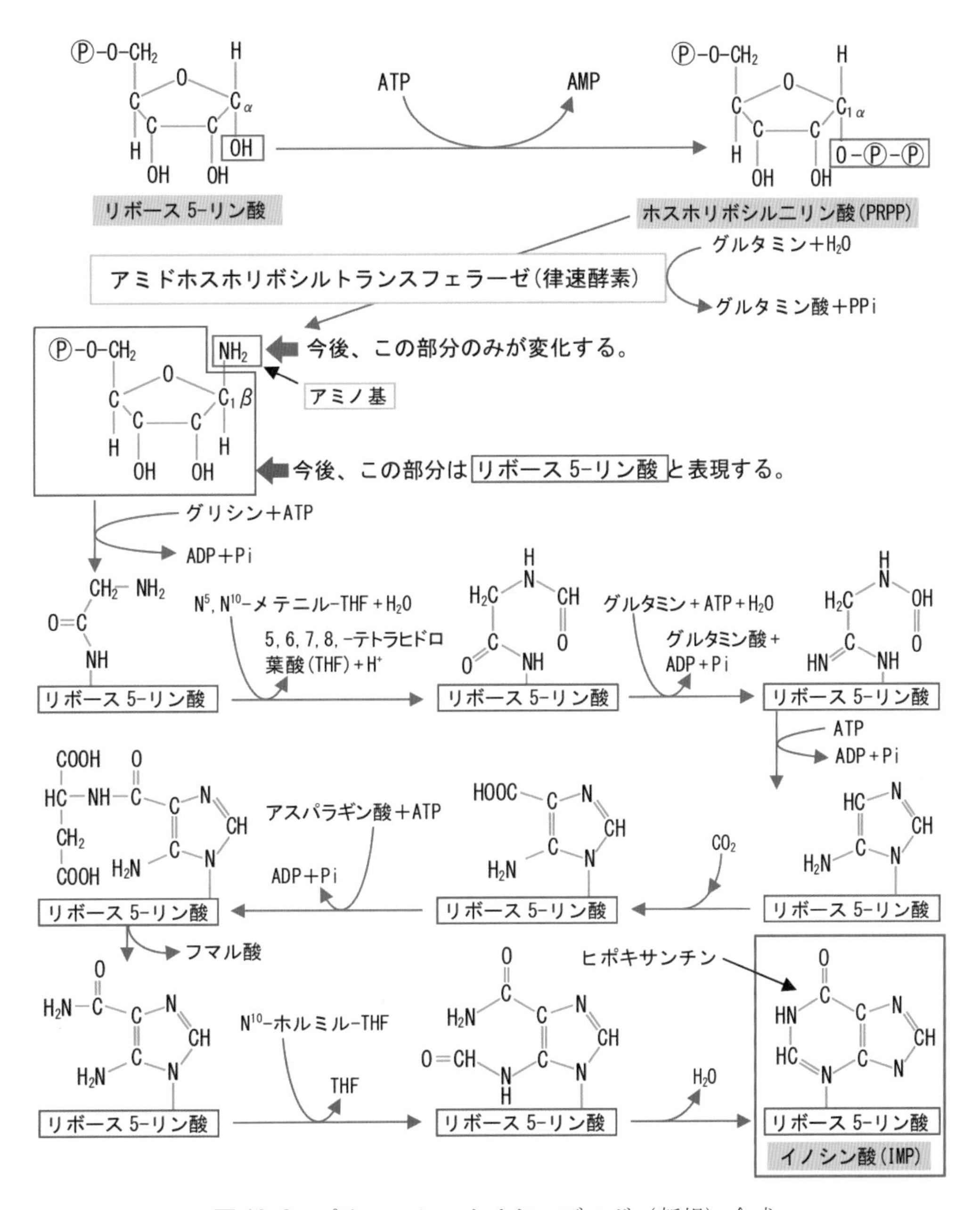

図12.2　プリンヌクレオチドのデノボ（新規）合成

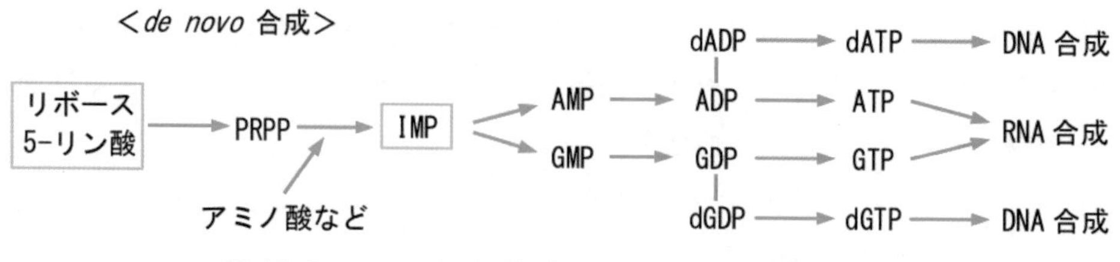

図 12.3　IMPから各種プリンヌクレオチドの合成

例題1　プリン骨格の原材料となるアミノ酸の組み合わせである。最も適当なのはどれか。1つ選べ。

1. アラニン、グルタミン酸、アスパラギン
2. バリン、ロイシン、イソロイシン
3. アラニン、アルギニン
4. システイン、メチオニン
5. グリシン、アスパラギン酸、グルタミン

解説　プリン骨格は、グルタミン、グリシン、アスパラギン酸、葉酸の補酵素型であるテトラヒドロ葉酸および二酸化炭素（CO_2）から部品が供給されることによって組み立てられる。

解答 5

例題2　プリンヌクレオチドのデノボ合成において、最初に合成されるヌクレオチドはどれか。最も適当なのはどれか。1つ選べ。

1. IMP　　2. CMP　　3. GDP　　4. dTMP　　5. AMP

解説　プリンヌクレオチドのデノボ合成において、最初に合成されるヌクレオチドはIMPである。CMPとdTMPは、ピリミジンヌクレオチド。

解答 1

1.2 ピリミジンヌクレオチドのデノボ合成

ピリミジン塩基の骨格は、**グルタミン**、二酸化炭素（CO_2）、アスパラギン酸から部品が供給されて生じる（図12.4）。ピリミジンヌクレオチドの生合成は、プリンヌクレオチドの場合と異なり、最初に**グルタミン**、二酸化炭素（CO_2）、水（H_2O）、ATPが反応して**カルバモイルリン酸**が合成される。 次にカルバモイルリン酸と**アスパラギン酸**が反応してカルバモイルアスパラギン酸となり、2段階の反応を経て**ピリミジン骨格**を持つ**オロト酸**（オロチン酸）が合成される（図12.5）。オロト酸は、PRPPと反応してオロチジル酸（オロチジン一リン酸）となった後に脱炭酸反応を受けて

塩基として**ウラシル**を持った**ウリジン一リン酸**（UMP）となる（**図12.5**）。UMPは、ATPから**リン酸基**を受け取ってUDPやUTPとなる（**図12.6**）。UTPは、**グルタミン**と反応してCTPとなった後に、脱リン酸化を受けてCDPとなる（**図12.6**）。

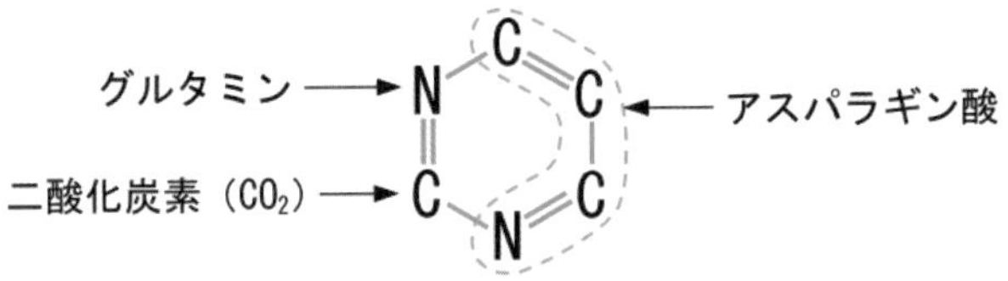

グルタミン → N
二酸化炭素（CO_2）→ C
アスパラギン酸

図 12.4　ピリミジン骨格炭素原子（C）と窒素原子（N）の由来

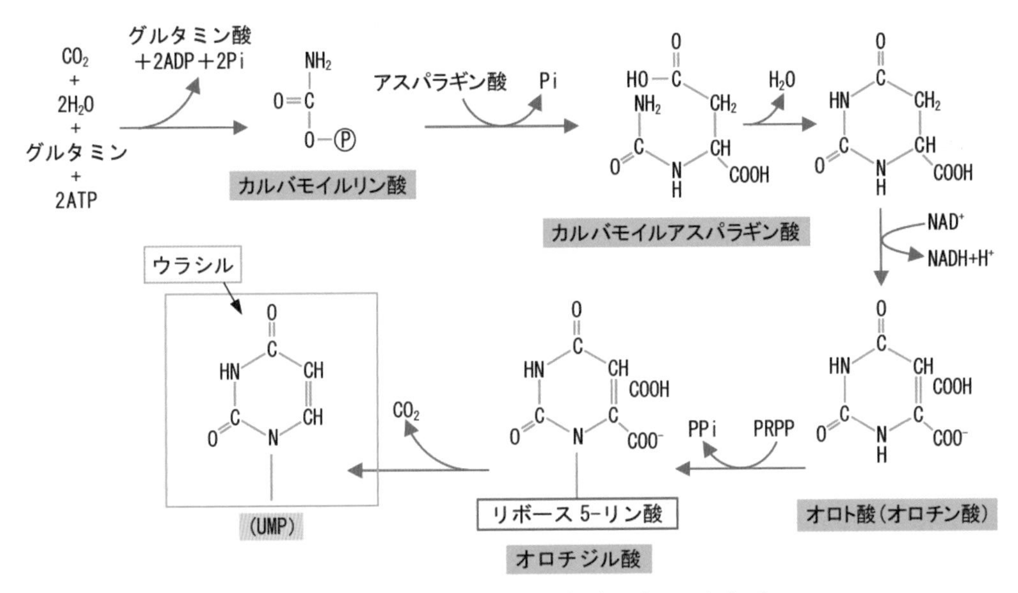

図 12.5　ウリジン一リン酸（UMP）の生合成

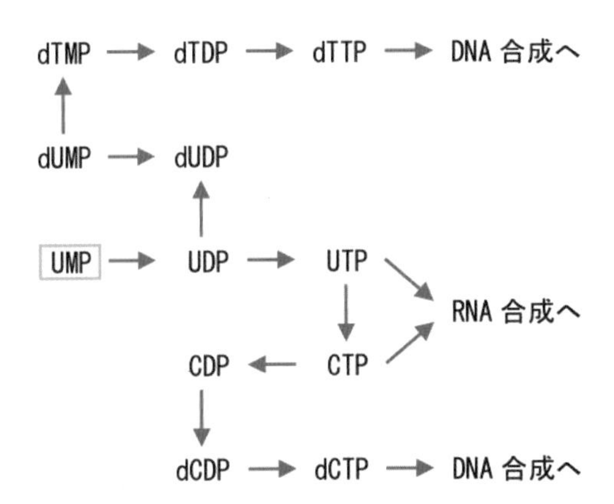

図 12.6　UMP を始点とした各種ピリミジンヌクレオチドの合成

例題3　ピリミジン骨格の原材料となるアミノ酸の組み合わせである。最も適当なのはどれか。1つ選べ。

1. グリシン、プロリン、トリプトファン
2. アラニン、メチオニン
3. アスパラギン酸、グルタミン
4. アスパラギン酸、グルタミン酸
5. ヒスチジン、アルギニン、チロシン

解説　ピリミジン骨格は、アスパラギン酸、グルタミンおよび二酸化炭素から部品が供給されることによって塩基が組み立てられる。　**解答** 3

例題4　ピリミジンヌクレオチドのデノボ合成において最も早い段階で合成されるヌクレオチドはどれか。最も適当なのはどれか。1つ選べ。

1. dUMP　2. ATP　3. dTMP　4. UMP　5. CDP

解説　5つの物質の中で、最も早い段階で合成されるピリミジンヌクレオチドはUMPである。ATPは、プリンヌクレオチド。　**解答** 4

1.3 デオキシリボヌクレオチド合成

遺伝子DNAの合成に必要なデオキシリボヌクレオチドは、**ADP**、**GDP**、**CDP**、**UDP**といった4種類の**リボヌクレオシドニリン酸**から合成される。**還元型チオレドキシン**を**還元剤**として**リボヌクレオチドレダクターゼ**の作用によって**リボースの2'位の炭素に結合したヒドロキシ基**(OH)から**酸素**(O)**が離脱**されて**デオキシリボース**(2'-デオキシリボース)を生成する。この反応は、チオレドキシンレダクターゼが酸化型となった**チオレドキシン**を、**NADPH+H⁺**を**還元剤**として還元型($NADP^+$)に戻す反応が共役している(**図12.7**)。

この反応により生成した**dADP**、**dGDP**、**dCDP**は、**ATP**よりリン酸基の供与を受けて、それぞれ**dATP**、**dGTP**、**dCTP**となって、**DNAの合成材料となる**。一方、**dUDP**は、脱リン酸を受けて**dUMP**となるため、DNAには取り込まれない。

1.4 チミンを持つヌクレオチドの合成

チミンを持つヌクレオチドは、**dUMP**を起点物質として合成される。**チミジル酸シンターゼ**の作用によって**dUMP**の塩基である**ウラシル**に**N^5, N^{10}-メチレン-テトラヒド**

ロ葉酸（N^5, N^{10}-**メチレン-THF**）から**メチル基**が供与されて**チミン**となり、dTMPが生成する（**図12.8**）。dTMPは、ATPからリン酸基の供与を受けて、**dTMP→dTDP→dTTP**と変化して行き、**dTTPがDNAの合成材料となる。**

1.5 ヌクレオチドの分解とサルベージ経路によるヌクレオチドの再合成

ヌクレオチドは、まずヌクレオチダーゼの作用により脱リン酸化を受けてヌクレオシドとなる（**図12.9**）。さらに、ヌクレオシドホスホリラーゼ等の作用により糖が離脱することにより塩基を生じる。

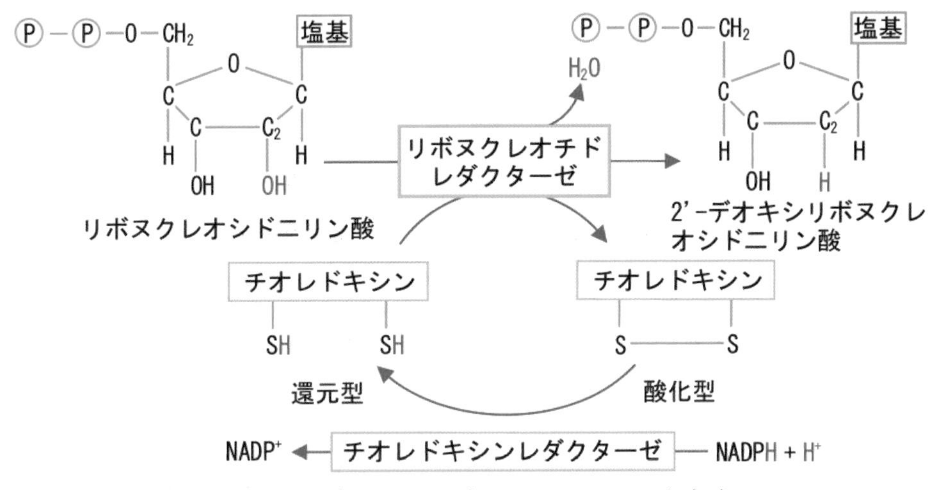

図 12.7　デオキシリボヌクレオチドの生合成

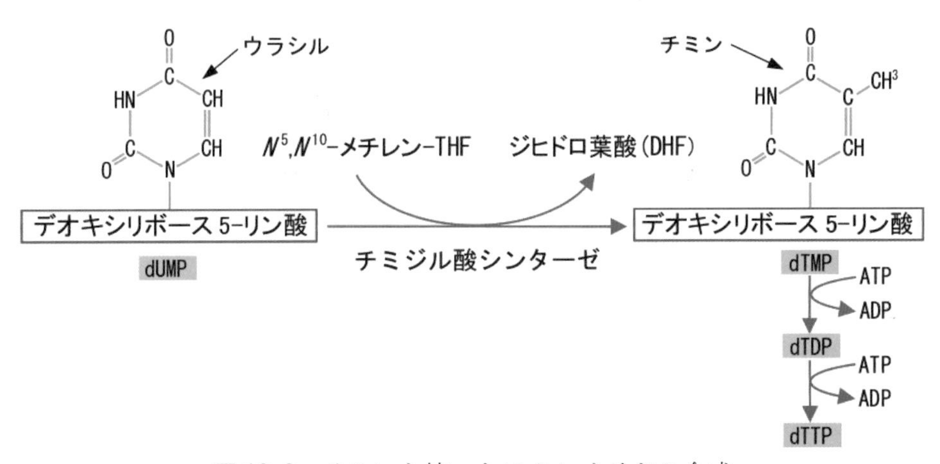

図 12.8　チミンを持ったヌクレオチドの合成

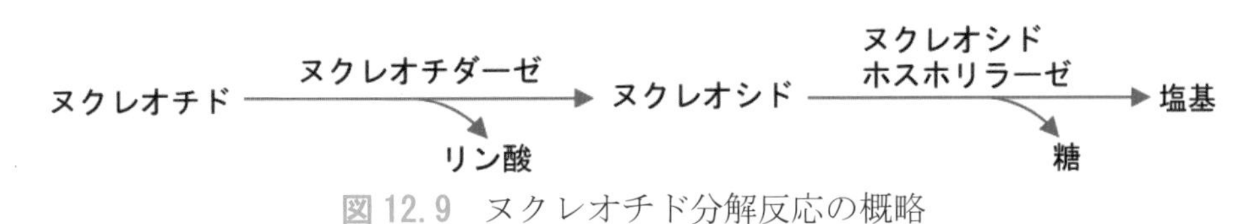

図 12.9　ヌクレオチド分解反応の概略

1.6 プリンヌクレオチドの分解

プリンヌクレオチドは、まずヌクレオチダーゼの作用により**（デオキシ）アデノシン**や**（デオキシ）グアノシンなどのヌクレオシド**となる（図12.10）。これらのうち、（デオキシ）アデノシンは、アデノシンデアミナーゼの作用によって**（デオキシ）イノシン**となる。（デオキシ）イノシンはプリンヌクレオチドホスホリラーゼの作用により糖が離脱し、遊離塩基のヒポキサンチンを生じる。**ヒポキサンチン**はキサンチンオキターゼの作用を受けて、**キサンチン**となる。一方、**（デオキシ）グアノシン**はプリンヌクレオチドホスホリラーゼにより**（デオキシ）グアニン**となり、**グアニンデアミナーゼ**の作用により**キサンチン**となる。**キサンチン**はキサンチンオキターゼの作用を受けて**尿酸**となり腎臓から**尿中に排泄される**か、サルベージ経路により再利用される。

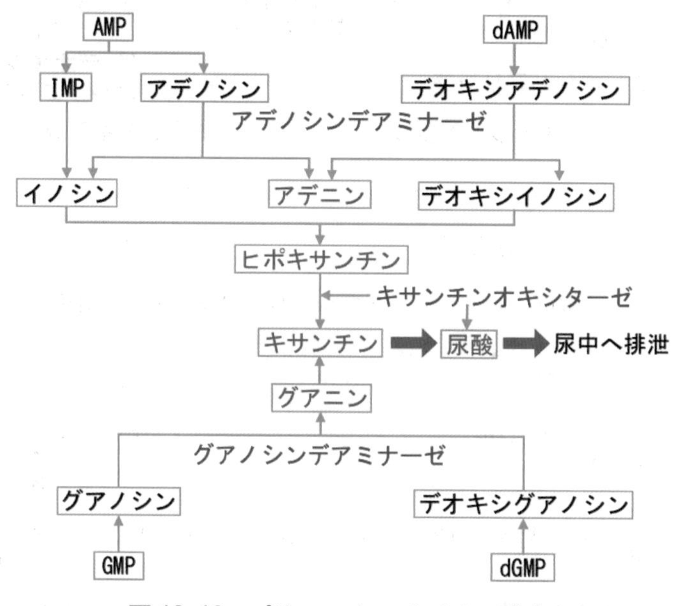

図12.10　プリンヌクレオチドの分解

例題5　プリン塩基は最終的に尿酸に代謝されるが、尿酸の直前の物質はどれか。最も適当なのはどれか。1つ選べ。

1. イノシン　2. ヒポキサンチン　3. キサンチン　4. アデニン　5. グアニン

解説　アデニンは、ヌクレオシド（糖と結合している）の状態でヒポキサンチンに変化し、糖が離脱してヒポキサンチン単体となった後にキサンチン→尿酸へと変化する。グアニンは、ヌクレオシドの状態から糖が離脱してグアニン単体となった後にキサンチン→尿酸へと変化する。

解答 3

1.7 ピリミジンヌクレオチドの分解

ピリミジンヌクレオチドは、ヌクレオチダーゼの作用により（**デオキシ**）**シチジン**、**ウリジン**、**デオキシチミジン**を生じる（図12.11）。このうち、（**デオキシ**）**シチジン**は、シチジンデアミナーゼの作用を受けて（**デオキシ**）**ウリジン**となる。（**デオキシ**）**ウリジン**は、ウリジンホスホリラーゼの作用により糖が離脱して**ウラシル**となる。ウラシルは、β-アラニンを経てマロニルCoAとなり脂肪酸合成に利用される。また、デオキシチミジンはチミジンホスホリラーゼの作用により糖が離脱して**チミン**となる。チミンはβ-アミノイソ酪酸となり、スクシニルCoAを経てクエン酸回路に入る。なお、ウラシルやチミンが分解される際にCO_2とアンモニアが生じる。アンモニアは尿中に排出される。

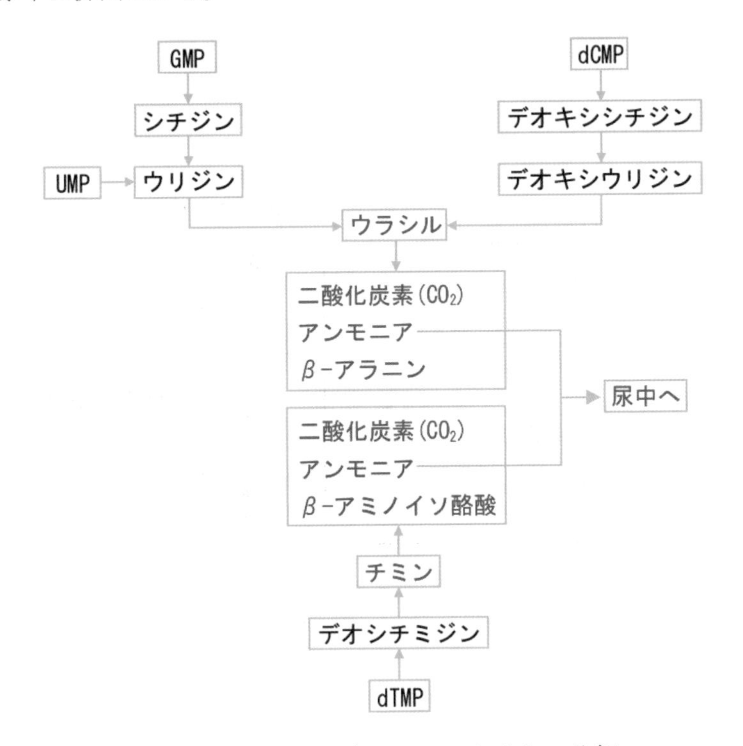

図12.11　ピリミジンヌクレオチドの分解

例題6　シトシンはアンモニアと二酸化炭素とβ-アラニンに分解されるが、その前に一旦、別の塩基に変化する。シトシンが変化する塩基はどれか。最も適当なものを１つ選べ。

1. グアニン　2. ウラシル　3. アデニン　4. ヒポキサンチン　5. キサンチン

解説　シトシンは、ヌクレオシド(糖と結合している)の状態でシチジンデアミナーゼの作用を受けて、シトシンがウラシルに変化する。その後、糖が離脱してウラシルとなり、ウラシルはアンモニアと二酸化炭素とβ-アラニンに分解される。**解答** 2

1.8 サルベージ経路によるヌクレオチドの合成

プリンヌクレオチドの分解で生じたプリン塩基である**アデニン、グアニン、ヒポキサンチン**は、アデニンホスホリボシルトランスフェラーゼ（APRT）やヒポキサンチン－グアニンホスホリボシルトランスフェラーゼ（HGPRT）の作用により、PRPPと反応してそれぞれAMP、GMP、IMPとなる。また、**キサンチン**は、PRPPと反応してキサントシン-5'-一リン酸（キサンチル酸、XMP)となる。この経路を特に**プリン塩基のサルベージ経路（再利用経路）**という（図12.12)。デノボ合成に比べて、少ないエネルギーでヌクレオチドを合成することができるため、ヒトでは約90%の塩基が再利用されている。

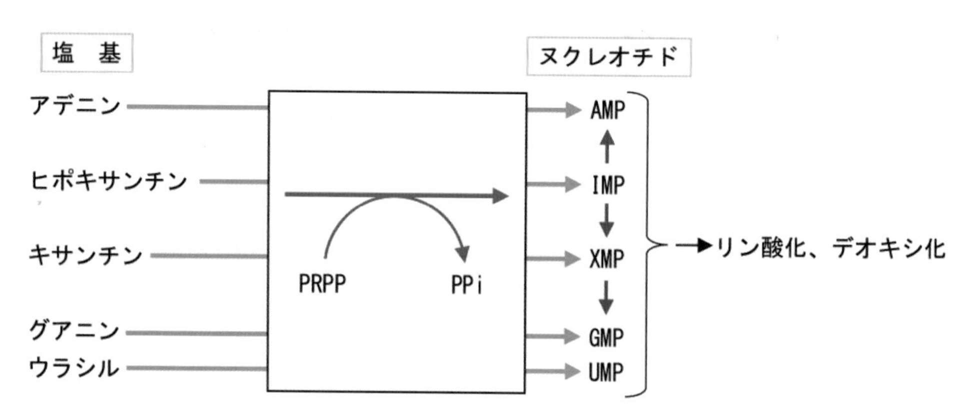

図 12.12　再利用経路によるヌクレオチドの合成

例題7　次の塩基の中で、ホスホリボシル二リン酸（PRPP）と反応してヌクレオチド生成しないものはどれか。最も適当なのはどれか。1つ選べ。

1. チミン　2. ウラシル　3. アデニン　4. グアニン　5. ヒポキサンチン

解説　プリン塩基であるアデニン、グアニン、キサンチン、ヒポキサンチンは、PRPPと反応してヌクレオチド生成する。ピリミジン塩基で同様の反応を起こすのはウラシルのみ。

解答 1

2 ヌクレオチド代謝異常症

2.1 巨赤芽球性貧血

巨赤芽球性貧血は、**葉酸もしくはビタミンB_{12}の欠乏**による**DNA合成障害**のためにクロマチンが濃縮されていない大型かつ有核の赤血球前駆細胞である巨赤芽球の出現を特徴とする造血障害である。疾患の直接的な原因は葉酸の機能不全によるチミン(DNA)の合成障害である。

葉酸は、**N^5,N^{10}-メテニル-THF**、**N^{10}-ホルミル-THF**の形でプリン塩基の合成に関与するとともに、**N^5,N^{10}-メチレン-THF**の形でチミンの合成に関与している(図12.1)(図12.8)。これら3つの物質は、**5,6,7,8-テトラヒドロ葉酸**(THF)を起点とする代謝系で合成される。THFは、摂取した葉酸がジヒドロ葉酸(DHF)を経て生成されるが、N^5,N^{10}-メチレン-THFを経て**N^5-メチル-テトラヒドロ葉酸**(THF)となってしまう。

THFを十分に確保するためにはN^5-メチル-THFをTHFに再生しなくてはならない。その再生反応にはホモシステインからメチオニンを合成するメチオニンシンターゼが関与する。この酵素は補酵素として**ビタミンB_{12}**(メチルコバラミン)を要求する(図12.13)。このため、ビタミンB_{12}が不足すると、N^5-メチル-THFからのTHFの再生が滞り、チミン(DNA)の合成に支障が生じる。**ビタミンB_{12}欠乏**の場合、**神経障害を併発**することから、**悪性貧血**とよばれている。

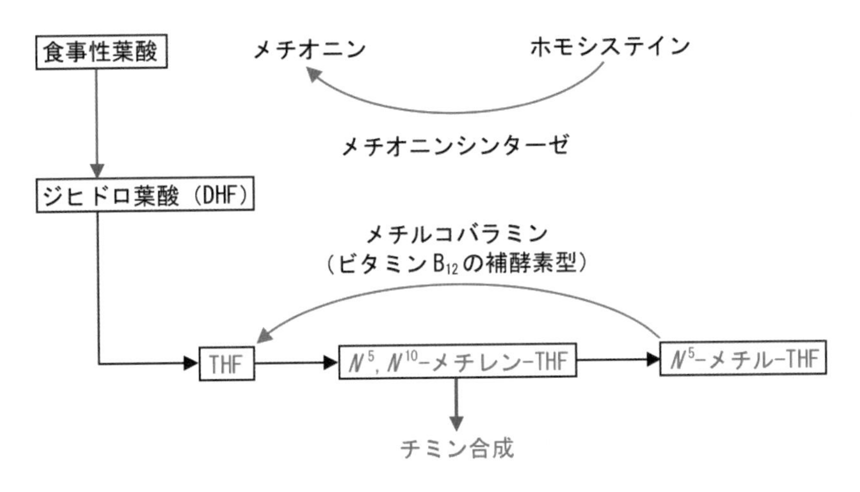

図12.13 葉酸・ビタミンB_{12}と、チミン合成のかかわり

例題8　ビタミンB_{12}が葉酸の働きに及ぼす作用である。最も適当なのはどれか。1つ選べ。

1. 腸管における葉酸の吸収を促進する。
2. 生体内におけるアミノ酸からの葉酸の生合成を促進する。
3. ビタミンB_{12}自体が葉酸に転換する。
4. 腎臓における葉酸の排泄を阻害する。
5. N^5-メチル-THFをTHFに変換する反応の補酵素となる。

解説　核酸の合成に関与する葉酸の誘導体は、THFを起点とする代謝系で合成される。したがって、THFの不足は、核酸合成に支障を来す。ビタミンB_{12}は、N^5-メチル-THFをTHFに変換する反応の補酵素となって、THFの維持に関与している。　**解答**　5

2.2 痛風

尿酸の合成亢進や排泄障害により引き起こされた高尿酸血症（7.0 mg/dL）に起因して**尿酸塩（尿酸Na）の結晶が関節（特に足の親指の付け根部分にある第一中足趾節関節）内に析出することによって**激烈な痛みを伴う疾患を痛風という。進行すると腎機能障害や結石ができる**尿路結石**などを引き起こす。女性ホルモンの**エストロゲンには尿酸の排泄を促進する働きがある**ことから、男性に好発する。水分摂取の推奨や飲酒や鶏レバーや魚卵など核酸（プリン塩基）を多く含む食品の過剰摂取を制限する。治療薬のアロプロノールはキサンチンオキシダーゼの阻害剤であり、尿酸合成を抑制する。

例題9　高尿酸血症と診断される血清尿酸濃度(mg/dL)である。最も適当なのはどれか。1つ選べ。

1. 3以上　2. 7以上　3. 10以上　4. 50以上　5. 200以上

解説　血清尿酸濃度が7 mg/dLを超えると結晶として析出しやすくなり、高尿酸血症と診断される。　**解答**　2

2.3 レッシュ・ナイハン症候群

プリンヌクレオチドの分解で生じたプリン塩基は、通常、**サルベージ経路**に入って再利用される。**レッシュ・ナイハン症候群**は、先天性代謝異常症のひとつで、**HGPRT遺伝子の異常によって引き起こされる。プリン塩基**の再利用が滞ることによって、

尿酸の生成が過剰となる。症状としては、**高尿酸血症**（**痛風**）や**神経症状**などが見られる。

2.4 アデノシンデアミナーゼ欠損症

アデノシンデアミナーゼ欠損症は、プリン塩基のアデニンの脱アミノ化を行う**アデノシンデアミナーゼ**の遺伝子の異常に起因する。体内でのアデノシンやデオキシアデノシンの代謝異常により、リンパ球減少や低γグロブリン血症を起こす。リンパ球の減少は、重篤な免疫不全状態（**重症複合免疫不全症**（SCID））を引き起こす。

章末問題

1 核酸の構造と機能に関する記述である。最も適当なのはどれか。1つ選べ。

1. ヌクレオチドは、六炭糖を含む。
2. DNA鎖中でアデニンに対応する相補的塩基は、シトシンである。
3. RNA鎖は、2重らせん構造をとる。
4. DNAからmRNA（伝令RNA）が合成される過程を、翻訳とよぶ。
5. 尿酸は、プリン体の代謝産物である。

（第33回国家試験20問）

解説 1. ヌクレオチドは、五炭糖を含む。 2. DNA鎖中でアデニンに対応する相補的塩基は、チミンである。 3. RNA鎖は、1本鎖構造をとる。 4. DNAからmRNA（伝令RNA）が合成される過程を、転写とよぶ。

解答 5

2 核酸とその分解産物に関する記述である。最も適当なのはどれか。1つ選べ。

1. ヌクレオチドは、構成糖として六炭糖を含む。
2. シトシンは、プリン塩基である。
3. 尿酸の排泄は、アルコールの摂取により促進される。
4. アデニンの最終代謝産物は、尿酸である。
5. 核酸は、ペプチドに分解される。

（第34回国家試験19問）

解説 1. ヌクレオチドは、構成糖として五炭糖を含む。 2. シトシンは、ピリミジン塩基である。 3. 尿酸の排泄は、アルコールの摂取により抑制される。 5. 核酸は、ペプチドに分解されない。解答 4

3　高尿酸血症・痛風に関する記述である。正しいのはどれか。１つ選べ。
1. 女性に多い。
2. 腎障害を合併する。
3. ピリミジン塩基を含む食品の過剰摂取によって起こる。
4. 高尿酸血症は、血清尿酸値が5.0 mg/dLを超えるものをいう。
5. アルコールは、尿酸の尿中排泄を促進する。　(第28回国家試験35問)

解説　1. 痛風患者は、男性の方が多い。　3. プリン塩基を含む食品の過剰摂取によって起こる。　4. 高尿酸血症は、血清尿酸値が7.0 mg/dLを超えるものをいう。　5. アルコールは、尿酸の尿中排泄を抑制する。
解答 2

4　巨赤芽球性貧血の検査所見に関する記述である。正しいのはどれか。１つ選べ。
1. ビタミンB_6欠乏により引き起こされる。
2. 葉酸が欠乏していなければ発症することはない。
3. 高尿酸血症が原因である。
4. ピリミジン塩基の分解不良が原因である。
5. 赤芽球のDNAの合成が障害されている。　(予想問題)

解説　1. ビタミンB_6欠乏により引き起こされることはない。(第33回出題) ビタミンB_{12}欠乏により引き起こされることがよく出題される。　2. 葉酸が欠乏していなくても、ビタミンB_{12}の不足で葉酸の利用効率が悪くなると発症する。　3. 高尿酸血症は関係ない。　4. プリン塩基の分解不良も、ピリミジン塩基の分解不良も関係ない。
解答 5

5　核酸の塩基と、その代謝産物の組み合わせである。正しいのはどれか。１つ選べ。
1. アデニン ---------- β-アミノイソ酪酸
2. ウラシル ---------- 尿酸
3. グアニン ---------- β-アラニン
4. チミン ---------- β-アミノイソ酪酸
5. シトシン ---------- 尿酸　(予想問題)

解説　1. アデニン---尿酸　2. ウラシル---β-アラニン　3. グアニン---尿酸　5. シトシン---β-アラニン
解答 4

参考文献

1) 遠藤克己・三輪一智　共著:「生化学ガイドブック」改訂第3版増補 南江堂　2019
2) 清水孝雄　監修・翻訳：「イラストレイテッドハーパー・生化学」原書30版　丸善　2016
3) 日本生化学会　編：「細胞機能と代謝マップ　I 細胞の代謝・物質の動態」東京化学同人　1997
4) 林 典夫・廣野治子 監修，野口正人・五十嵐和彦 編集：「シンプル生化学」改訂第7版　南江堂　2020
5) 中島邦夫・柏俣重夫・樋廻博重 著：「新生化学入門」第5版　南山堂　2002
6) 日本痛風・核酸代謝学会：「高尿酸血症・痛風の治療ガイドライン」第3版 診断と治療社　2018
7) 今堀和友・山川民夫　監修：「生化学辞典」第4版　東京化学同人　2007

第13章 代謝の統合

達成目標

- ■摂食時の肝臓・筋肉・脂肪組織における代謝の変化を理解する。
- ■空腹・絶食時の肝臓・筋肉・脂肪組織における代謝の変化を理解する。
- ■運動時の代謝の変化を理解する。
- ■栄養素の相互変換がどのように起こるのかを理解する。

1 はじめに

正常な代謝では摂食時、空腹時、運動時にそれぞれ特徴的な変化を生じる。また、妊娠・授乳中も体は適応し代謝に変化を認める。本章では摂食時、空腹時、運動時の代謝変化について述べる。これまでに学んできた種々の代謝経路は実際の体の中ではどのように働いているのかについて考えてみよう。

食事を摂ると、三大栄養素である糖質、たんぱく質、脂質が摂取され体内に吸収される。これらすべての栄養素は代謝されアセチル CoA となり、クエン酸回路や電子伝達系で酸化されて CO_2 と H_2O と ATP が生成される（**図 13.1**）。この大きな代謝の流れは重要である。また、体内では中枢神経系と赤血球はグルコースを主なエネルギー源とするため、常に血中グルコース濃度を維持する必要があるということを理解しておく必要がある（もっとも中枢神経系はグルコースとケトン体をエネルギー源とすることができる）。

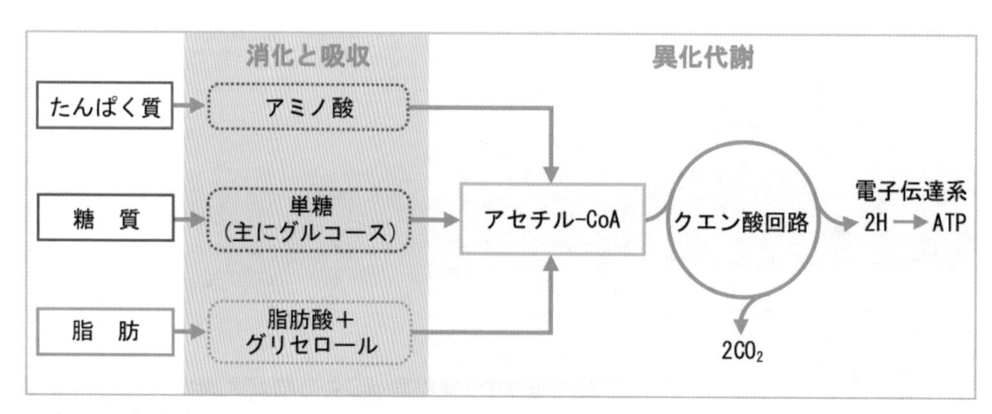

すべての経路がアセチル-CoA の産生につながり、アセチル-CoA はクエン酸回路で酸化される。最終的には電子伝達系で酸化的リン酸化により ATP が生産される。

図 13.1　糖質、たんぱく質、脂肪代謝の概略

例題 1　代謝されエネルギー源とならないものを 1 つ選びなさい。

1. 糖質
2. ビタミン B_1
3. 脂質
4. たんぱく質
5. ケトン体

解説　3大栄養素はエネルギー源となる。空腹時に生成されるケトン体は中枢神経系・筋肉でエネルギー源となる。ビタミンB_1そのものはエネルギー源とならない。

解答　2

食後は血中グルコース量が豊富になるため、ほとんどの組織では**グルコース**を代謝エネルギー源とする。消費しきれないグルコース量は、**グリコーゲン**（肝臓と筋肉）や、**トリグリセリド**（脂肪組織や肝臓）として貯蔵される。摂取エネルギー量が消費エネルギー量より常に多いと、余分なエネルギー量に相当するトリグリセリドが脂肪組織や肝臓に蓄えられていく。過食や運動不足などが原因で摂取エネルギー量の過剰状態が続き、トリグリセリドの蓄積が常態化すると、肥満症やメタボリックシンドロームの原因となり得る。肝臓に多くのトリグリセリドが蓄積すると**脂肪肝**が生じる。

一方、食事と食事の間など空腹時は、貯蔵していたグリコーゲンを分解しグルコースを生成したり、肝臓・筋肉・脂肪細胞などの組織では、脂肪やたんぱく質を分解してエネルギー源とする。これによりグルコースを主なエネルギー源として用いる中枢神経系や赤血球が機能するための血中グルコース濃度を、空腹時においても維持しようとする。恒常的に摂取エネルギー量が消費エネルギー量より少ない場合、グリコーゲンや脂肪の貯蔵は速やかに減少し、たんぱく質代謝により生成されたアミノ酸がエネルギー産生のため分解される。たんぱく質の貯蔵庫でもある筋肉は、たんぱく質が分解されるため筋肉量の減少が生じる。特に高齢者では低栄養から筋肉量が減少すると**サルコペニア**[*1]や**フレイル**[*2]などの病態が生じたり悪化することが問題となっている。

本章では、摂食・絶食・運動時に肝臓・筋肉・脂肪細胞で認められる代謝のダイナミックな変化を解説する。糖質としてはグルコース、脂質はトリグリセリドとその分解物であるグリセロールと脂肪酸、アミノ酸は総体として取り扱う。つまり生体にとって主な栄養素に関して取り上げる。それぞれの代謝経路の詳細は各項を参照いただきたい。

*1　**サルコペニア**：加齢による筋肉量の減少と、筋力の低下を来す疾患である。

*2　**フレイル**：加齢に伴う予備能力の低下のため、さまざまなストレスに対する抵抗力・回復力が低下した状態であり、身体的、精神・心理的、社会的などの多面的な問題を重複しやすく、生活機能障害や死亡などの負のアウトカムを招きやすい状態である。（令和2年度長寿科学研究業績集「フレイル予防・対策：基礎研究から臨床、そして地域へ」p10より）

「加齢とともに心身の活力（運動機能や認知機能等）が低下し、複数の慢性疾患の併存などの影響もあり、生活機能が障害され、心身の脆弱性が出現した状態であるが、一方で適切な介入・支援により、生活機能の維持向上が可能な状態像」

2 摂食時の代謝

2.1 肝臓

食事中の糖質が分解され生成されたグルコースは、消化管で吸収されて**肝門脈**を通って肝臓に至る。肝臓はグルコースを細胞内に取り込むのにグルコーストランスポーターとして **GLUT2** を用いている。GLUT2 は血糖が高いとグルコースを取り込むため食後の高血糖時には、積極的に肝細胞内にグルコースが取り込まれる（第 9 章参照）。肝臓へのグルコース取り込みにはインスリンは関与しない。肝臓に存在するヘキソキナーゼのアイソザイムである**グルコキナーゼ**はグルコースに対して大きな Km 値を持ち、肝細胞内に取り込まれたグルコースは速やかに**グルコース 6-リン酸**となる。大量に生成されたグルコース 6-リン酸は、解糖系で代謝されエネルギー産生に用いるのに必要とされる量を超えてしまうため、主にグリコーゲンの合成に利用されることとなる（図 13.2）。さらに一部はアセチル CoA から脂肪酸を経てトリグリセリド産生に利用される。

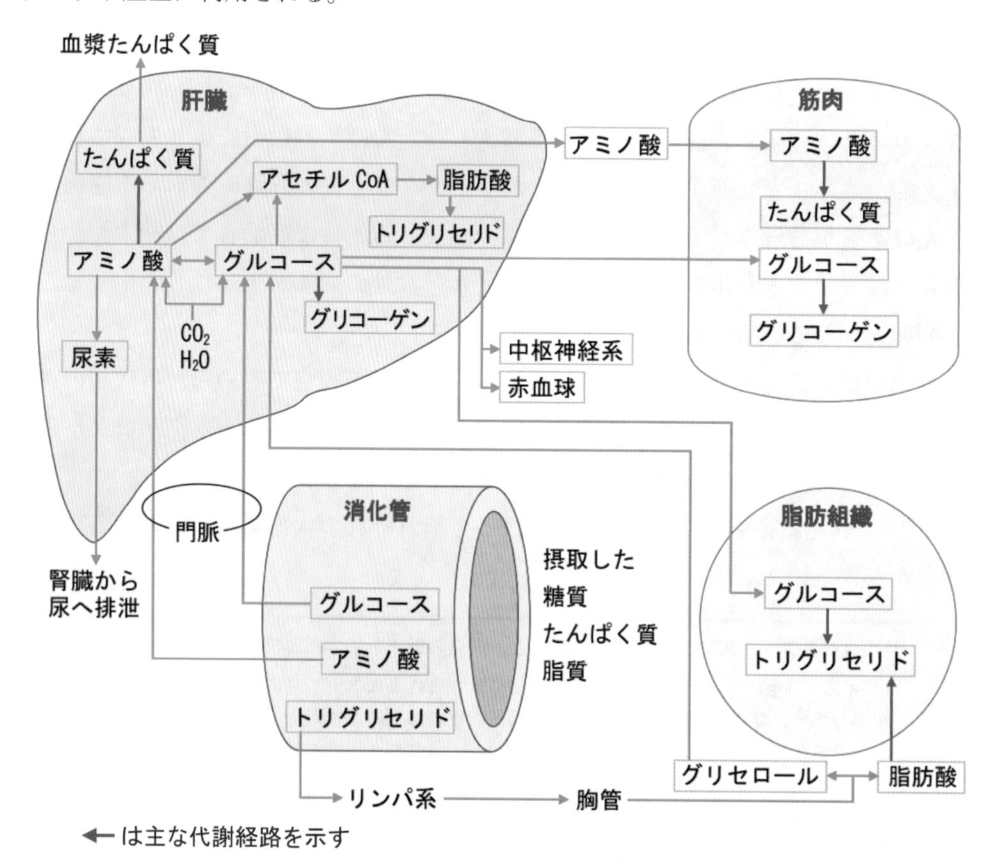

図 13.2　摂食期の代謝

食物中のガラクトースは肝臓内でグルコースに変換される。フルクトースは解糖系で速やかに代謝され脂肪酸合成からトリグリセリド生成が促進される。

消化管で吸収され肝門脈を通り肝臓に入ったアミノ酸は、肝細胞内に取り込まれ、アルブミンなどの血漿たんぱく質の合成に用いられる。余剰となったアミノ酸は不足しているアミノ酸に変換されたり、脱アミノ化されα-ケト酸と尿素が生成されたり、アセチル CoA へと代謝され一部は脂肪酸合成に利用される（第 11 章参照）。

例題 2　摂食時の肝臓での代謝に関する記述である。最も適当なのはどれか。1 つ選べ。

1. ケトン体産生が促進される。
2. グルコース産生が促進される。
3. グリコーゲン合成が促進される。
4. アセチル CoA 産生が低下する。
5. 脂肪酸合成が低下する。

解説　摂食時にはグルコースが肝臓に濃度依存的に取り込まれ、グルコキナーゼによりグルコース 6-リン酸に代謝される。解糖系に必要とされる量を超え、グリコーゲン合成に利用される。

解答 3

2.2 筋肉

筋肉と脂肪組織でのグルコースの取り込みは **GLUT4** による。GLUT4 はインスリンの作用により細胞内小胞から細胞膜にトランスロケーションし、グルコースを細胞内に取り込む。このためこれらの組織は**インスリン感受性**であり、インスリンが存在する場合にのみグルコースを取り込むことができる。取り込まれたグルコースは、筋肉では肝臓と同様に主にグリコーゲンの合成に利用される。

摂食により吸収されたアミノ酸は、**筋肉でたんぱく質の合成**に利用される。筋肉量は除脂肪体重の約 50％を占めると推定されており、筋肉はたんぱく質の主要な貯蔵源である。

例題 3　摂食時の筋肉における代謝に関する記述である。最も適当なのはどれか。1 つ選べ。

1. グルコース輸送体（GLUT4）が減少する。
2. グリコーゲン合成が低下する。
3. アラニン産生が促進される。
4. たんぱく質合成が促進される。
5. 脂肪酸合成が促進される。

解説　摂食・吸収されたアミノ酸は、筋肉内でたんぱく質合成に利用される。筋肉は主要なたんぱく質貯蔵組織である。
解答 4

2.3 脂肪組織

摂取された脂肪（トリグリセリド）は消化により脂肪酸とモノアシルグリセロールとなり、小腸上皮細胞内で再エステル化され**トリグリセリド**となる。腸管の細胞内で**キロミクロン**となり、リンパ管を通って**胸管**から全身の体循環に入る。脂肪組織と骨格筋で合成されたリポたんぱく質リパーゼ（LPL）は、インスリン存在下で活性化される。キロミクロンのトリグリセリドはLPLにより**遊離脂肪酸**（NEFA：非エステル化脂肪酸）と**グリセロール**に分解される。遊離脂肪酸は脂肪細胞に取り込まれ、脂肪組織内でトリグリセリド合成に用いられる。グリセロールは肝臓に取り込まれて糖新生、グリコーゲン合成やトリグリセリド合成に使われる。

脂肪組織においても筋肉と同様にインスリンによってGLUT4が細胞表面にトランスロケーションしてグルコースが細胞内に取り込まれる。取り込まれたグルコースはトリグリセリドの生成に用いられる。インスリンによりホルモン感受性リパーゼは抑制されるためトリグリセリドは分解されず、脂肪の蓄積が促進される。

例題 4　摂食時の脂肪組織における代謝に関する記述である。最も適当なのはどれか。１つ選べ。

1. リポたんぱく質リパーゼ活性が低下する。
2. 遊離脂肪酸を用いてトリグリセリドが合成される。
3. グリセロールを用いてグルコースが合成される。
4. ホルモン感受性リパーゼ活性が促進される。
5. グリコーゲン合成が促進される。

解説　摂食時には、脂肪酸を用いてトリグリセリド合成が促進される。摂食時に分泌されるインスリンは、ホルモン感受性リパーゼを抑制しトリグリセリド分解が抑制される。
解答 2

2.4 インスリンの作用

摂食後に血糖値が上昇するとインスリンが分泌され多くの代謝に影響を及ぼす。例えば、筋肉・脂肪組織ではインスリンにより制御されるグルコーストランスポーターGLUT4が細胞表面に移動し、グルコースの細胞内への取り込みが起こる。肝臓・

筋肉では、グリコーゲン合成が促進され、脂肪組織ではLPLが活性化し、ホルモン感受性リパーゼは抑制される。インスリンの肝臓・筋肉・脂肪組織での主な作用を表13.1に示す。

表13.1　主なインスリン感受性組織におけるインスリンの作用

肝臓	骨格筋
グリコーゲン合成の促進、解糖系の促進	グルコース取り込み促進
糖新生抑制とグルコース放出抑制	グリコーゲン合成の促進
たんぱく質合成の促進	アミノ酸取り込み促進
脂肪酸合成促進	たんぱく質合成促進
トリグリセリド合成の促進	たんぱく質異化の抑制
ケトン体生成抑制	糖新生性アミノ酸放出抑制
	ケトン体取り込み促進
	K^+取り込み促進
脂肪細胞	**組織一般**
グルコース取り込み促進	細胞成長促進
トリグリセリド合成の促進	
トリグリセリド分解の抑制	
リポたんぱくリパーゼの活性化	
ホルモン感受性リパーゼの抑制	
K^+取り込み促進	

3 空腹時の代謝

絶食中に血糖が低下すると、膵β細胞からのインスリン分泌が減少し、膵α細胞からの**グルカゴン**分泌が増加する。そのため、肝臓ではグリコーゲンの分解が生じ、解糖系が抑制されて糖新生が行われる。脂肪組織では脂肪合成が抑制されて、トリグリセリドの分解が生じ、グリセロールと遊離脂肪酸が血中に供給される。脂肪組織より供給されたグリセロールは肝臓で糖新生に用いられる。遊離脂肪酸は筋肉・肝臓でβ酸化され代謝エネルギー源となる。肝臓では脂肪酸のβ酸化により生成されたアセチルCoAから**ケトン体**が作られる。ケトン体は骨格筋や心筋で用いられるほか、脳・神経細胞でも代謝エネルギーとして使用される（図13.3）。筋肉ではグリコーゲンの分解が起こり、また、たんぱく質分解により生成された**アラニン**が血中に放出され糖新生に用いられる。これらの代謝の変化により各組織のグルコース消費量が減少し、肝臓では糖が新生され中枢神経系や赤血球で必要とされるグルコース量を維持するのに役立つ。

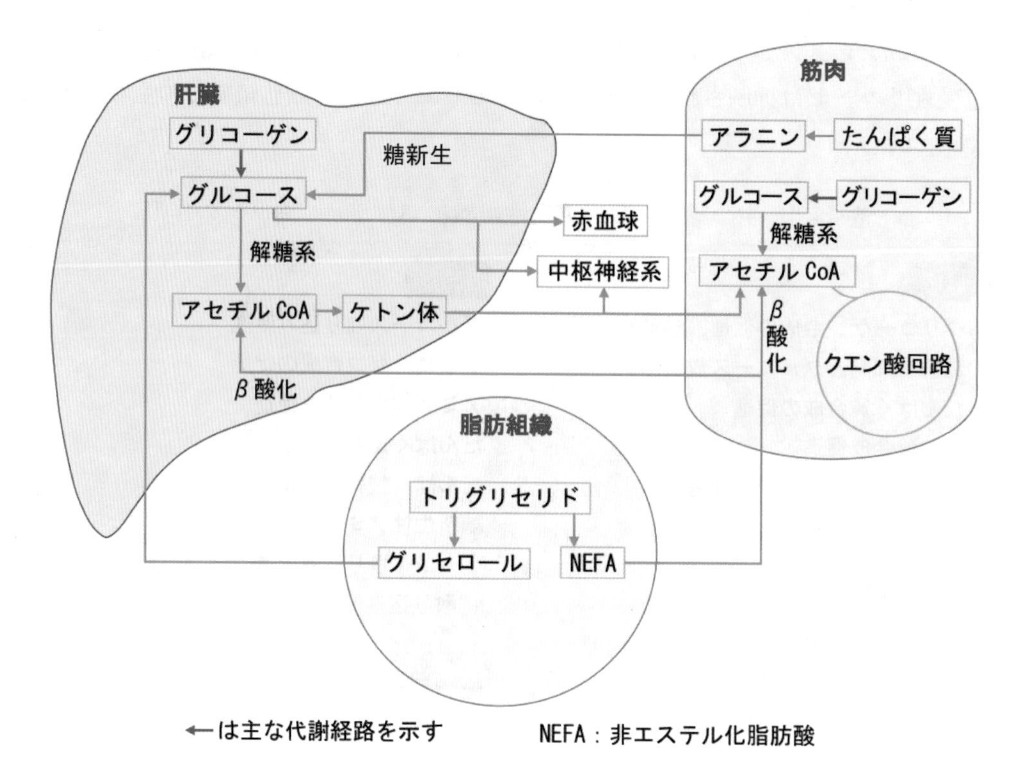

図 13.3　空腹時の代謝

3.1 肝臓

グリコーゲンは分解されてグルコースを供給する。解糖系は抑制され糖新生系が亢進する。筋肉から供給されたアラニンは肝臓で糖新生に用いられる。脂肪細胞由来の遊離脂肪酸はβ酸化されアセチル CoA からケトン体が生成され、筋肉や中枢神経系でエネルギー源として用いられる。脂肪酸の代謝により生成されたアセチルCoAはグルコース合成には用いられない。

例題 5　絶食時の肝臓における代謝に関する記述である。最も適切なものはどれか。1つ選べ。

1. ケトン体産生が促進される。
2. グリコーゲン合成が促進される。
3. 解糖系が促進される。
4. 脂肪酸合成が促進される。
5. たんぱく質合成が促進される。

解説　グリコーゲン分解・糖新生が促進されてグルコース産生が行われる。脂肪組織由来の脂肪酸は代謝されアセチル CoA が生成される。このアセチル CoA はケトン体産生に用いられる。

解答 1

3.2 筋肉

グリコーゲンを分解するが、筋肉には**グルコース 6-ホスファターゼ**が存在しないため、グルコースを新生することはできない。このため、グリコーゲン分解により生成された**グルコース 6−リン酸**はすべて解糖系で代謝される。筋肉に豊富に存在するたんぱく質は分解されアミノ酸となる。血中に放出されたアミノ酸の中で、特にアラニンは肝臓で糖新生に用いられる。脂肪細胞が生成した遊離脂肪酸を細胞内に取り込んでβ酸化を行い**アセチル CoA** を生成する。また、肝臓から供給されたケトン体は、筋肉ではアセチル CoA に代謝される。これらのアセチル CoA はクエン酸回路・電子伝達系でエネルギーの生成に使われる。

例題 6　絶食時の筋肉における代謝に関する記述である。最も適当なのはどれか。1 つ選べ。

1. グリコーゲン合成が促進される。
2. トリグリセリド合成が促進される。
3. たんぱく質合成が促進される。
4. 脂肪酸合成が促進される。
5. ケトン体代謝が促進される。

解説　絶食時、筋肉内のグリコーゲン分解により生成されたグルコースは、解糖系・クエン酸回路で代謝されエネルギー産生に用いられる。肝臓で生成されたケトン体は筋肉で代謝されエネルギー産生が行われる。　**解答** 5

3.3 脂肪組織

絶食時にはグルカゴンが増加し、**ホルモン感受性リパーゼが活性化**される。結果として、トリグリセリドが分解され**グリセロール**と**遊離脂肪酸**が生成され、細胞外に放出される。グリセロールは肝臓で糖新生に用いられ、遊離脂肪酸は肝臓・筋肉においてエネルギー源として用いられる。

例題 7　絶食時の脂肪組織における代謝に関する記述である。最も適当なのはどれか。1 つ選べ。

1. リポたんぱく質リパーゼ活性が上昇する。
2. トリグリセリド合成が促進される。
3. グルコースの取り込みが促進される。
4. ホルモン感受性リパーゼ活性が上昇する。
5. グリコーゲン合成が促進される。

解説　絶食時にはインスリン分泌が低下しグルカゴンが分泌される。このため、ホルモン感受性リパーゼ活性が上昇し、トリグリセリドはグリセロールと遊離脂肪酸に分解される。
解答 4

4 運動時の代謝

運動に必要なエネルギー源であるATPは、解糖系、酸化的リン酸化、クレアチンキナーゼの働き、アデニル酸キナーゼにより生成されている（図13.4）。骨格筋には大きく2つのタイプがあり、白筋（速筋）とよばれミオグロビンがなくミトコンドリアの少ないものと、赤筋（遅筋）とよばれるミオグロビンとミトコンドリアを多く含み赤色に見えるものがある。白筋は**嫌気的解糖**によってエネルギーを得ている一方、赤筋は**好気的代謝**によりエネルギーを得ている。

短距離走のような場合、主に白筋が使われる。白筋内ではまず運動開始後、クレアチンリン酸が、クレアチンキナーゼによりクレアチンに代謝される際に産生されるATPが用いられる。数秒後には筋肉内のグリコーゲンから供給されるグルコース6-リン酸が、嫌気的な解糖により代謝されATP供給が行われる。嫌気的な代謝（解糖系）により生成されたピルビン酸は、乳酸に代謝される。乳酸は肝臓や腎臓に運ばれ、グルコースになる（コリ回路）。

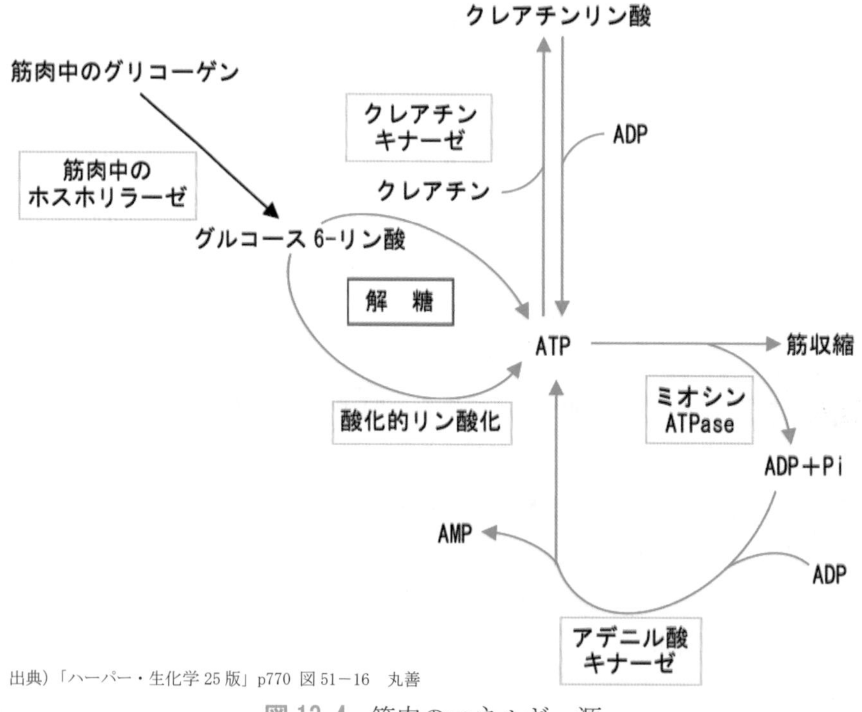

図13.4　筋肉のエネルギー源

例題 8　運動時の白筋における代謝に関する記述である。最も適切なのはどれか。1 つ選べ。

1. 運動開始直後にはクエン酸回路の代謝によりエネルギーを得る。
2. 運動開始直後にはクレアチンがクレアチンリン酸に代謝してエネルギーを得る。
3. 生成されたピルビン酸は乳酸に変換される。
4. グリコーゲン合成が促進される。
5. たんぱく質合成が促進される。

解説　運動時に白筋では、筋肉内のグリコーゲン分解により供給されるグルコース 6-リン酸を嫌気的な解糖により代謝しエネルギー源とする。生成されるピルビン酸は、乳酸に変換される。　**解答** 3

マラソンなどの長距離走の場合は赤筋が主に働く。赤筋では、血糖中のグルコースと遊離脂肪酸を原料とした好気的代謝により ATP が生成される。グルコースは肝臓のグリコーゲン分解により、遊離脂肪酸は脂肪組織のトリグリセリド分解によりそれぞれ供給されるものが主に用いられる。筋肉中のグリコーゲンは短距離走の場合と比較すると、ゆっくりグルコースに分解されエネルギー源の一部となる。

例題 9　運動時の赤筋における代謝に関する記述である。最も適切なのはどれか。1 つ選べ。

1. 解糖系の嫌気的代謝によりエネルギーを得る。
2. 脂肪組織より供給された遊離脂肪酸をエネルギー源として用いる。
3. 筋肉内のたんぱく質を分解し、エネルギー源として用いる。
4. グリコーゲン合成が促進される。
5. ケトン体代謝が促進される。

解説　運動時に赤筋では、肝臓から供給されるグルコースと脂肪組織から供給される脂肪酸を主なエネルギー源とする。　**解答** 2

5 栄養素の相互変換

3 大栄養素である糖質・脂質・たんぱく質はそれぞれに相互変換される（図 13.5）。摂食時の代謝の項に記載したように摂取した糖質の量が、必要なエネルギー産生に

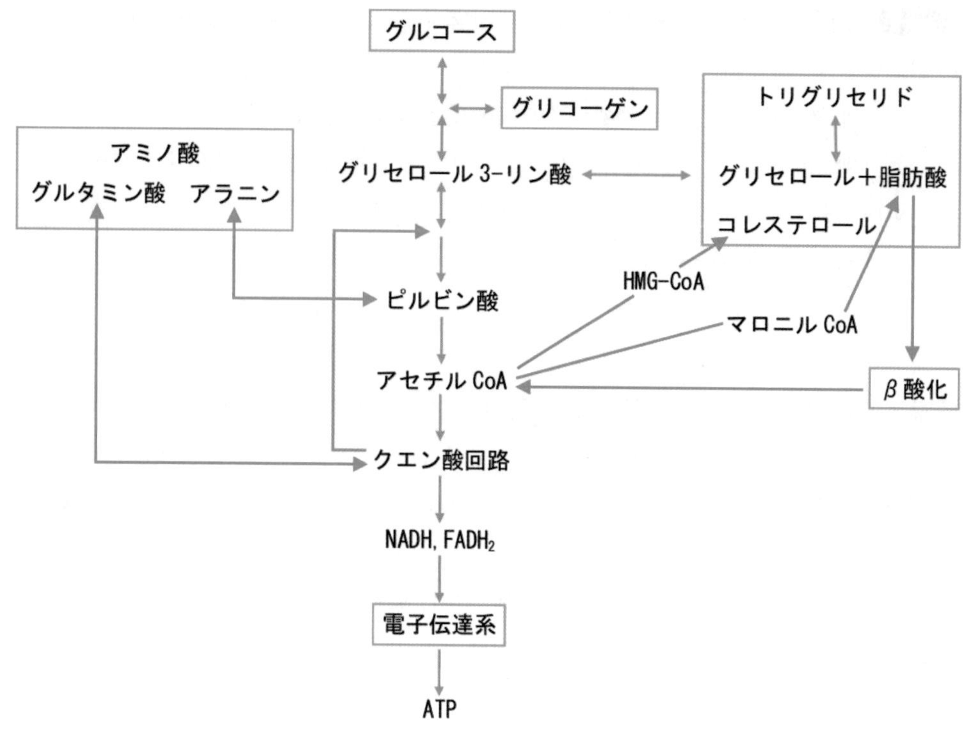

出典）内科学第12版　巻IV　p345　図16－1－3　朝倉書店

図 13.5　栄養素の相互変換

要する量と肝臓・筋肉におけるグリコーゲン合成に必要な量を超えると、アセチルCoAから脂肪酸の合成に使われる（一部はコレステロール合成に用いられる）。結果として肝臓・脂肪組織でトリグリセリドが産生される。空腹時には脂肪組織のトリグリセリドが分解されてグリセロールと遊離脂肪酸が生成され、グリセロールは肝臓で糖新生に用いられる。

アミノ酸は、組織のたんぱく質合成に必要な量を超えると、ピルビン酸やα-ケト酸となりクエン酸回路で代謝される。ピルビン酸とクエン酸回路の中間体となった代謝物は糖新生に用いられる（糖原性アミノ酸）。空腹時に筋肉でたんぱく質分解により生成されたアラニンは糖新生に用いられる。一方、グルコースが解糖系で代謝され生成されるピルビン酸はアラニン合成に用いられ、クエン酸回路の中間体はアミノ酸合成に用いられる。

このように摂食時・空腹時それぞれに栄養素が豊富なときはグリコーゲン、脂肪やたんぱく質として貯蔵され、エネルギーが不足すると貯蔵された栄養素が代謝され、エネルギー源として用いられる。その間に、それぞれの栄養素はお互いの原料となり相互変換されている。

例題 10 栄養素の相互変換に関する記述である。最も適切なのはどれか。1つ選べ。

1. 食後は、筋肉からのアラニン生成が促進される。
2. 食後は、グリセロールからの糖新生が促進される。
3. 空腹時は、脂肪酸からの糖新生が促進される。
4. 空腹時は、糖質からの脂肪酸合成が促進される。
5. 空腹時は、アラニンからのグルコース合成が促進される。

解説 3大栄養素はそれぞれ相互変換される。空腹時には筋肉でたんぱく質分解により生成されたアラニンが肝臓で糖新生に用いられ、グルコースが合成される。

解答 5

章末問題

1 糖質代謝に関する記述である。最も適当なのはどれか。1 つ選べ。

1. グリセロールは、グリコーゲンの分解により生じる。
2. ヘキソキナーゼは、グルコースを基質とする。
3. グルコース輸送体 4（GLUT4）は、肝細胞に存在する。
4. アラニンは、筋肉でグルコースに変換される。
5. ロイシンは、糖原性アミノ酸である。

（第 37 回国家試験 21 問）

解説 1. トリグリセリドの分解により生じる。 3. 筋肉や脂肪細胞に存在する。 4. 肝臓で糖新生に利用される。 5. ケト原性アミノ酸である。

解答 2

2 食後の糖質代謝に関する記述である。最も適当なのはどれか。1 つ選べ。

1. 脂肪組織へのグルコースの取り込みが亢進する。
2. 肝臓グリコーゲンの分解が亢進する。
3. グルコース・アラニン回路によるグルコースの合成が亢進する。
4. 脂肪酸からのグルコース合成が亢進する。
5. グルカゴンの分泌が亢進する。

（第 37 回国家試験 71 問）

解説 1. 食後にはインスリンが分泌され脂肪組織の GLUT4 を細胞表面に移動させる。このためグルコースの取り込みが亢進する。 2. グリコーゲンの合成が促進される。 3. グルコースの合成が低下する。 4. 脂肪酸からはグルコースは合成できない。 5. インスリン分泌が促進される。

解答 1

3 糖質代謝に関する記述である。最も適当なのはどれか。1 つ選べ。

1. 空腹時は、筋肉への血中グルコースの取り込みが亢進する。
2. 空腹時は、肝臓でのグリコーゲン分解が抑制される。
3. 空腹時は、グリセロールからのグルコース合成が亢進する。
4. 食後は、乳酸からのグルコース合成が亢進する。
5. 食後は、GLP-1（グルカゴン様ペプチド-1）の分泌が抑制される。　（第 36 回国家試験 71 問）

解説 1. 血中のグルコースの取り込みは抑制される。 2. グリコーゲン分解は促進される。 4. グルコース合成は抑制される。 5. GLP-1 の分泌は促進される。　解答 3

4 空腹時の脂質代謝に関する記述である。最も適当なのはどれか。1 つ選べ。

1. 脂肪組織では、リポたんぱく質リパーゼの活性が上昇する。
2. 脂肪組織では、トリグリセリドの分解が抑制される。
3. 肝臓では、脂肪酸の合成が促進される。
4. 肝臓では、エネルギー源としてケトン体を利用する。
5. 筋肉では、エネルギー源として脂肪酸を利用する。　（第 34 回国家試験 74 問）

解説 1. リポたんぱく質リパーゼの活性は低下し、ホルモン感受性リパーゼの活性が上昇する。 2. トリグリセリドの分解が促進される。 3. 脂肪酸合成は抑制される。 4. ケトン体を合成する。 解答 5

5 脂質の代謝に関する記述である。最も適当なのはどれか。1 つ選べ。

1. ホルモン感受性リパーゼの活性は、インスリンにより亢進する。
2. 脂肪細胞内のトリグリセリドは、主にリポたんぱく質リパーゼにより分解される。
3. 食後は、肝臓でケトン体の産生が促進する。
4. キロミクロンは、小腸上皮細胞で合成される。
5. VLDL のトリグリセリド含有率は、キロミクロンより高い。　（第 35 回国家試験 74 問）

解説 1. ホルモン感受性リパーゼの活性は、アドレナリンやグルカゴンにより促進される。 2. ホルモン感受性リパーゼにより分解される。 3. ケトン体の産生は、空腹時に促進される。 5. キロミクロンの方が含有率が高い。　解答 4

6 脂質代謝に関する記述である。最も適当なのはどれか。1 つ選べ。

1. 空腹時は、ホルモン感受性リパーゼ活性が上昇する。
2. 空腹時は、肝臓での脂肪酸合成が亢進する。
3. 食後は、肝臓でのケトン体産生が亢進する。
4. 食後は、血中のキロミクロンが減少する。
5. 食後は、リポたんぱく質リパーゼ活性が低下する　（第 36 回国家試験 74 問）

解説 2. 脂肪酸合成は抑制される。 3. 空腹時にケトン体合成が亢進する。 4. キロミクロンは増加する。 5. インスリンによりリポたんぱく質リパーゼ活性は上昇する。　解答 1

7 糖質の代謝に関する記述である。正しいのはどれか。**2つ**選べ。

1. 腎臓は、糖新生を行う。
2. 吸収された単糖類は、リンパ管を介して肝臓に運ばれる。
3. 肝臓は、グルコースから脂肪酸を合成できない。
4. 骨格筋は、グルコース 6-リン酸からグルコースを生成する。
5. 脳は、飢餓のときにケトン体を利用する。（第 33 回国家試験 75 問）

解説 2. 血液中に入り門脈を経て肝臓に運ばれる。 3. できる。脂肪酸からグルコースは合成できない。 4. グルコース 6-ホスファターゼが存在しないため、生成できない。 解答 1、5

8 糖質・脂質代謝に関する記述である。正しいのはどれか。1つ選べ。

1. 腎臓は、糖新生を行わない。
2. 筋肉は、糖新生を行う。
3. インスリンは、肝細胞のグルコース輸送体（GLUT2）に作用する。
4. ホルモン感受性リパーゼの活性は、インスリンによって抑制される。
5. 過剰なアルコール摂取により、血清トリグリセリド値は低下する。（第 32 回国家試験 21 問）

解説 1. 糖新生は肝臓と腎臓で行われる。 2. 筋肉はグルコース 6-ホスファターゼが存在しないため、糖新生を行えない。 3. 作用しない。 5. 血清トリグリセリド値は上昇する。 解答 4

9 血糖とその調節に関する記述である。正しいのはどれか。1つ選べ。

1. グルコースの筋肉組織への取り込みは、インスリンにより促進される。
2. グルカゴンは、筋肉グリコーゲンの分解を促進する。
3. 組織重量当たりのグリコーゲン量は、肝臓より筋肉の方が多い。
4. コリ回路では、アミノ酸からグルコースが産生される。
5. 脂肪酸は、糖新生の材料として利用される。（第 32 回国家試験 75 問）

解説 2. アドレナリンが筋肉グリコーゲンの分解を促進する。 3. 肝臓の方が多い。 4. アミノ酸ではなく、乳酸である。 5. 脂肪酸（アセチル CoA）は糖新生の基質にならない。 解答 1

10 炭水化物の栄養に関する記述である。正しいのはどれか。1つ選べ。

1. コリ回路では、アラニンからグルコースが産生される。
2. 空腹時には、糖原性アミノ酸からグルコースが産生される。
3. 組織へのグルコースの取り込みは、コルチゾールによって促進される。
4. 血糖値が低下すると、脂肪組織のトリアシルグリセロールの分解は抑制される。
5. 健常者では、食後 2 時間で、血糖値が最大となる。（第 31 回国家試験 78 問）

解説 1. アラニンではなく乳酸である。 3. 組織へのグルコースの取り込みは、インスリンによって促進される。 4. トリアシルグリセロールの分解は促進される。 5. 食事内容により食後 2 時間とは限らない。 解答 2

11　炭水化物の栄養に関する記述である。正しいのはどれか。１つ選べ。

1. 筋肉のグリコーゲンは、血糖値の維持に利用される。
2. 赤血球は、エネルギー源として乳酸を利用している。
3. 肝臓は、脂肪酸からグルコースを産生している。
4. 脳は、エネルギー源としてリボースを利用している。
5. 脂肪組織は、グルコースをトリアシルグリセロールに変換して貯蔵する。（第 30 回国家試験 73 問）

解説　1. グルコース 6-ホスファターゼがないため、血糖値の維持に利用できない。筋肉自身のエネルギー源となる。 2. 乳酸ではなくグルコースである。 3. 脂肪酸からグルコースは合成できない。 4. 糖質ではグルコースのみである。
解答 5

12　脂質代謝に関する記述である。正しいのはどれか。**2 つ**選べ。

1. 食後、血中のキロミクロン（カイロミクロン）濃度は低下する。
2. 食後、肝臓では脂肪酸合成が低下する。
3. 空腹時、血中の遊離脂肪酸濃度は上昇する。
4. 空腹時、脳はケトン体をエネルギー源として利用する。
5. 空腹時、筋肉はケトン体を産生する。

（第 30 回国家試験 77 問）

解説　1. キロミクロン（カイロミクロン）濃度は上昇する。 2. 脂肪酸合成は促進される。 5. ケトン体を産生するのは肝臓で、筋肉はエネルギー源として利用する。
解答 3、4

13　糖質・脂質の代謝に関する記述である。正しいのはどれか。1 つ選べ。

1. 肝臓のグリコーゲンは、血糖値の維持に利用される。
2. 糖新生は、筋肉で行われる。
3. 脂肪細胞中のトリアシルグリセロールの分解は、インスリンにより促進される。
4. 脂肪酸合成は、リボソームで行われる。
5. β 酸化は、細胞質ゾルで行われる。

（第 29 回国家試験 27 問）

解説　2. 糖新生は、肝臓と腎臓で行われる。 3. インスリンにより抑制される。 4. リボソームではなく細胞質ゾルにて行われる。 5. 細胞質ゾルではなく、ミトコンドリアにて行われる。
解答 1

14　血糖の調節に関する記述である。正しいのはどれか。1 つ選べ。

1. 筋肉グリコーゲンは、分解されて血中グルコースになる。
2. 脂肪酸は、グルコースの合成材料になる。
3. 乳酸は、グルコースの合成材料になる。
4. グルカゴンは、血糖値を低下させる。
5. インスリンは、血中グルコースの脂肪組織への取り込みを抑制する。

（第 29 回国家試験 82 問）

解説　1. 筋肉グリコーゲンは、グルコースにはなれない。 2. 脂肪酸は糖新生の基質ではない。 4. 血糖値を上昇させる。 5. GLUT4 の細胞膜へのトランスロケーションを介して取り込みを促進する。
解答 3

15 食後の代謝変化に関する記述である。正しいのはどれか。1つ選べ。

1. 脳では、ケトン体の利用は増加する。
2. 筋肉では、グルコースの取り込みは減少する。
3. 肝臓では、脂肪酸合成は増加する。
4. 肝臓では、ケトン体合成は増加する。
5. 脂肪組織では、脂肪酸の取り込みは減少する。

（第26回国家試験84問）

解説 1. ケトン体は空腹時に合成されるため、利用されない。 2. インスリンが分泌されるため、GLUT4の細胞膜へのトランスロケーションにより取り込みは促進される。 4. ケトン体合成は抑制される。5. インスリンによりリポたんぱく質リパーゼ活性が上昇するため、脂肪酸の取り込みは増加する。

解答 3

第14章 情報伝達の機構と恒常性

達成目標

- 情報伝達物質の構造、性質、作用機序について概説できる。
- 代表的な情報伝達物質の分泌器官・細胞、作用、作用機序について説明できる。
- 受容体を介した細胞内情報伝達について概説できる。
- ホルモン分泌の調節による恒常性維持について概説できる。

1 細胞間情報伝達

1.1 細胞間情報伝達による恒常性の維持

ヒトが体温や血糖値、体液の pH・イオン組成など、体内の環境を最適な状態に保つためには、ヒトの体を構成する多数の細胞が外部環境や内部環境の変化に応じて適切に反応する必要がある。ヒトを含む生物が体内の環境を常に最適な状態に保つ性質のことを**恒常性**（**ホメオスタシス**）という。ヒトの恒常性を維持するため、体を構成する多数の細胞同士が**細胞間情報伝達**により緊密に連絡を取り合い、環境の変化に対応している。また、細胞間情報伝達は恒常性の維持だけでなく、ヒトのあらゆる活動において、細胞同士が連携するために必須の営みである。

1.2 細胞間情報伝達の経路

細胞間情報伝達は、情報を発信する細胞が特定の**情報伝達物質**を細胞外へ分泌し、標的となる特定の細胞がそれを受け取ることで成り立つ。標的細胞には、特定の情報伝達物質を結合する専用の**細胞膜受容体**もしくは**核内受容体**が存在する。細胞膜受容体に情報伝達物質が結合した場合、その情報はさらに細胞内情報伝達へと変換される。

細胞間情報伝達の経路には大別して、血流を介する**内分泌型**、分泌細胞付近の細胞へ作用する**パラクリン型**、分泌細胞自身に作用する**オートクリン型**、神経細胞の終末から近接する細胞へ作用する**シナプス型**の 4 種類ある（図 14.1）。

ヒトの体内で最も使われている情報伝達物質は内分泌型のホルモンである。ホルモンは内分泌細胞から血液中に分泌され、全身の細胞へ運ばれる。例えば、膵臓ホルモンのインスリンは血流を介して全身に広がり、筋肉や脂肪組織において細胞内へのグルコースの取り込みを促進する。

パラクリン型では、細胞から分泌された情報伝達物質は細胞外液などに広がり、近くの細胞にだけ作用する。情報伝達物質が分泌細胞自身に作用するオートクリン型も含め、微生物の感染時などに免疫担当細胞から分泌される**サイトカイン**がその典型例であり、さまざまな免疫応答を調節する作用がある。

神経型情報伝達では、情報は主に**活動電位**として神経細胞内を伝わるが、神経細胞の終末に存在する標的細胞とのわずかな隙間（**シナプス**）に、細胞間情報伝達（神経の場合は特に**神経伝達物質**とよぶ）が分泌される（図 14.1）。神経伝達物質は、標的細胞の細胞膜受容体に結合し、脱分極などの細胞応答を引き起こす。

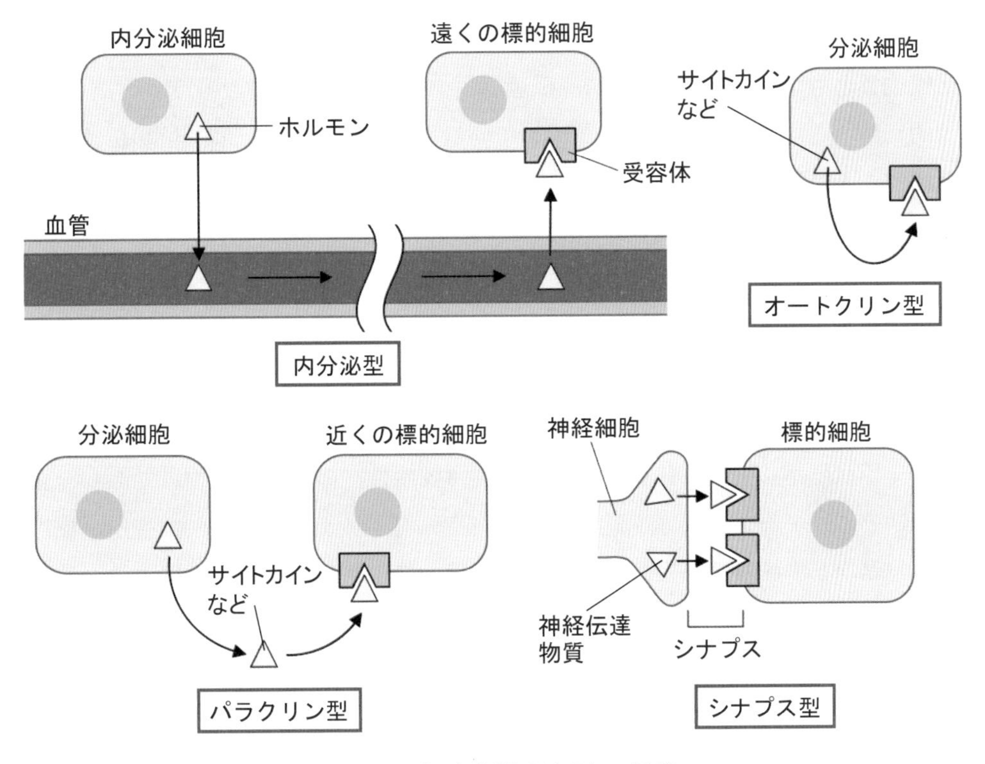

図 14.1　細胞間情報伝達の経路

例題 1　細胞間情報伝達に関する記述である。正しいのはどれか。2 つ選べ。

1. ホルモンは、ヒトの恒常性維持に関与する。
2. サイトカインは、常に血流を介して標的細胞に作用する。
3. 情報伝達物質が分泌細胞自身に作用する場合をパラクリン型という。
4. 神経細胞では、神経伝達物質が細胞内を移動して情報を伝える。
5. シナプスにおいて、神経細胞の終末と標的細胞は近接している。

解説　2. サイトカインは主に細胞外液を介して標的細胞に作用する。　3. パラクリン型ではなく、オートクリン型である。　4. 神経細胞内の情報伝達は活動電位による。

解答 1、5

1.3 情報伝達物質

単に情報伝達物質という場合、正確には細胞間で働くものと細胞内で働くものが含まれるが、ここでは細胞間の情報伝達物質について解説する。情報伝達物質にはたんぱく質、ペプチド、アミノ酸誘導体、ヌクレオチド、脂肪酸誘導体、ステロイド、気体が含まれ、数百種類にも及ぶ（表 14.1〜4）。情報伝達物質は、的細胞の細胞膜や細胞内の受容体に結合し、微量でも細胞の反応を引き起こすことから、**生理活性物質**ともよばれる。1つの情報伝達物質に対して複数の異なる受容体が存在し、標的細胞ごとに異なる受容体を発現している場合があるため、同じ情報伝達物質でも細胞ごとに異なった反応を引き起こす。

情報伝達物質の水溶性や脂溶性の違いから、細胞での情報伝達の経路は大きく2つに分けられる。1つ目はペプチド、アミノ酸誘導体等の水溶性（親水性）の情報伝達物質で、標的細胞の細胞膜受容体に結合して情報を伝達する（図 14.2）。ほとんどの情報伝達物質はこの経路から**セカンドメッセンジャー**を介して情報を伝達し、リン酸化などによるたんぱく質の活性化を引き起こす。もう1つは**ステロイドホルモン**や**甲状腺ホルモン**に代表される脂溶性（疎水性）の情報伝達物質であり、細胞膜を通り抜けて細胞内へ入り込む（図 14.2）。このような物質は、細胞内で核内受容体と結合し、転写調節により遺伝子の発現を変化させる。また、気体の一酸化窒素（NO）はステロイドホルモンと同様、細胞膜を通り抜ける情報伝達物質であるが、受容体へは結合せずに**標的の酵素（グアニル酸シクラーゼ）へ直接結合**する。

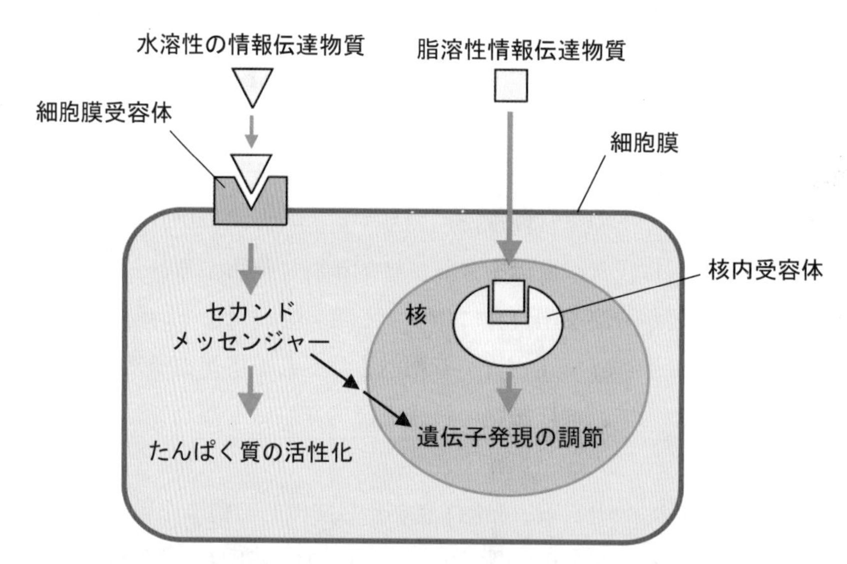

図 14.2　細胞膜受容体と核内受容体を介した情報伝達

例題 2　情報伝達物質に関する記述である。正しいのはどれか。1つ選べ。

1. 細胞間情報伝達物質のうち、ホルモンのみが生理活性物質とよばれる。
2. 同じホルモンが引き起こす細胞内の応答は、どの器官・臓器でも同じである。
3. 水溶性のホルモンは細胞膜を通り抜ける。
4. 一酸化窒素（NO）は細胞膜受容体に結合して作用する。
5. 情報伝達物質と結合した核内受容体は遺伝子の発現を調節する。

解説　1. ホルモン以外の情報伝達物質も含まれる。　2. 器官・臓器ごとに受容体が異なり、細胞内の応答も異なる場合がある。　3. 通り抜けない。　4. NOは細胞内の酵素に結合する。
解答 5

(1) 内分泌型情報伝達物質（ホルモン）

ホルモンとは、生体内の**内分泌器官**（視床下部、下垂体前葉・後葉、副腎髄質・皮質、甲状腺、膵臓など）から**血液中**に分泌される情報伝達物質の総称であり、さまざまな構造の分子が含まれる（表14.1）。インスリンやステロイドホルモンなど、医薬品として使われる物質も多い。

以下に代表的なホルモンをあげる。

1) 視床下部ホルモン

放出ホルモンと抑制ホルモンがあり、対応する下垂体前葉ホルモンの分泌を促進もしくは抑制する。放出ホルモンには、甲状腺刺激ホルモン放出ホルモン（TRH）、副腎皮質刺激ホルモン放出ホルモン（CRH）、性腺刺激ホルモン放出ホルモン（GnRH）、成長ホルモン放出ホルモン（GHRH）、プロラクチン放出ホルモン（PRH）がある。

2) 下垂体前葉ホルモン

他の内分泌器官のホルモン分泌を促進する刺激ホルモンが多いが、標的器官に直接作用するホルモンも含まれる。刺激ホルモンには、**甲状腺刺激ホルモン**（TSH）、**副腎皮質刺激ホルモン**（ACTH）、**卵胞刺激ホルモン**（FSH）、**黄体形成ホルモン**（LH）がある。FSHとLHを合わせて性腺刺激ホルモン（ゴナドトロピン；GnH）とよぶ。直接、標的器官に作用するホルモンは、**成長ホルモン**（GH）と**プロラクチン**（乳汁分泌ホルモン；PRL）である。成長ホルモンはノンレム睡眠時に分泌量が大きく増加して血糖値を上昇させ、肝臓、骨、筋肉などでたんぱく質の合成や細胞増殖を促進する。プロラクチンは乳腺の発達や乳汁の産生・分泌を促進する。

3) 下垂体後葉ホルモン

オキシトシンは子宮収縮作用や、乳汁分泌作用、抗ストレス作用、摂食抑制作用などがある。**バソプレシン**は、抗利尿ホルモンともよばれる。腎臓で**水分の再吸収を促進**し、利尿を抑制するのと同時に血管を収縮させ、**血圧を上昇**させる。

4) 松果体ホルモン

メラトニンは視床下部の視交叉上核などに作用して、睡眠を誘導し、体内時計を調節する。メラトニンの分泌は夜間に増加し、日中は消失する。メラトニンはトリプトファンの誘導体であり、セロトニンから合成される。

5）甲状腺ホルモン

トリヨードチロニン（T3）と**チロキシン**（T4）は、チロシン由来のホルモンであり、それぞれヨウ素が3つもしくは4つ結合している。いずれも核内受容体に結合し、遺伝子発現を変化させる。熱の産生、**代謝・心機能・消化管運動の促進**などの作用がある。

6）カルシトニン

カルシトニンは甲状腺傍濾胞細胞から分泌されるが、「甲状腺ホルモン」には含まれない。カルシトニンは、腸管からのカルシウム吸収抑制、血液から骨へのカルシウム移動（骨形成）の促進、腎臓での**カルシウム排泄の促進と再吸収の抑制**などにより、血液中のカルシウム濃度を下げる。

7）副甲状腺ホルモン（パラトルモン、PTH）

副甲状腺ホルモンは、カルシトニンとは逆に、血液中のカルシウム濃度を上げる。具体的には、活性型ビタミンDの産生促進、骨から血液へのカルシウム移動（骨吸収）の促進、腎臓で**カルシウム再吸収の促進**などの作用がある。活性型ビタミンDは腸管からのカルシウム吸収を促進する。

8）心臓ホルモン

心房から分泌される**心房性ナトリウム利尿ペプチド**（ANP）は、血管の拡張を促進し、腎臓での**ナトリウム再吸収抑制**により、利尿を促進する。

9）膵臓ホルモン

膵臓のランゲルハンス島α細胞からは**グルカゴン**、β細胞からは**インスリン**、δ細胞からは**ソマトスタチン**が分泌される。グルカゴンは肝臓で**グリコーゲンの分解や糖新生を促進**して血糖値を上昇させ、脂肪組織では中性脂肪の分解を促進する。インスリンは血糖値を低下させる唯一のホルモンであり、肝臓では**糖新生の抑制**、**グリコーゲンの合成促進**、骨格筋や脂肪組織でGLUT4を介した**グルコースの取り込みを促進**する。ソマトスタチンはパラクリン型情報伝達によりインスリンやグルカゴンの分泌を抑制する。

10）副腎皮質ホルモン

ステロイドホルモンのグルココルチコイド（糖質コルチコイド）、ミネラルコルチコイド（鉱質コルチコイド）、副腎アンドロゲンが分泌される。いずれも核内受容体に結合し、遺伝子発現を変化させる。グルココルチコイドの中では、**コルチゾール**の分泌量が最も多い。コルチゾールは肝臓での糖新生を促進して血糖値を上昇させ、たんぱく質・中性脂肪の分解を促進し、**抗炎症作用**、**免疫抑制作用**を示す。主なミネラルコルチコイドである**アルドステロン**は腎臓の遠位尿細管で**ナトリウムと水の**

再吸収、カリウムの排泄を促進し、血液量の増加により血圧を上昇させる。

11）副腎髄質ホルモン

アドレナリンと**ノルアドレナリン**がチロシンから合成され、分泌される。どちらのホルモンも脂肪組織での**中性脂肪分解**、肝臓での糖新生促進、褐色脂肪組織での熱産生亢進作用などがある。アドレナリンは**血糖値の上昇**や心機能の促進作用が強く、ノルアドレナリンは末梢血管の収縮による血圧上昇作用が強い。アドレナリンとノルアドレナリンはどちらも細胞膜のアドレナリン受容体（全５種類）に結合するが、各受容体への親和性がアドレナリンとノルアドレナリンで異なるために、それぞれ少し違った作用を示す。

アドレナリンとノルアドレナリンは**カテコールアミン**ともよばれ、神経伝達物質としても使われる。

12）腎臓ホルモン

レニンは血液中でアンギオテンシノーゲンをアンギオテンシンⅠに変換する。血圧の上昇によりレニンの分泌は抑制される。活性型ビタミンD_3は、小腸でのカルシウムの吸収と腎臓でのカルシウムの再吸収を促進し、血中カルシウム濃度を上昇させる。エリスロポエチンは骨髄の赤血球前駆細胞に作用し、赤血球への分化を促進する。

13）男性ホルモン（アンドロゲン）

精巣から分泌されるステロイドホルモンで、ほとんどが**テストステロン**である。男性生殖器の発育促進、二次性徴促進、たんぱく質合成促進作用がある。

14）消化管ホルモン

消化管から血液中に分泌されるホルモンで、胃から分泌される**ガストリン**、**グレリン**、十二指腸から分泌される**セクレチン**、**コレシストキニン**、小腸・大腸から分泌される**インクレチン**がある。ガストリンは胃酸や膵液の分泌を促進し、下部食道括約筋を収縮させる。グレリンは**摂食促進作用**、成長ホルモンの分泌促進作用を有し、空腹時に分泌量が増加する。セクレチンは膵液の分泌を促進するとともに、**胃酸の分泌を抑制**する。コレシストキニンは、**膵液と胆汁の分泌を促進**する。インクレチンは膵臓からの**インスリン分泌促進作用**を有し、食後に分泌量が増加する。インクレチンには、グルコース依存性インスリン分泌刺激ポリペプチド（GIP）と**グルカゴン様ペプチド-1（GLP-1）**が含まれる。

表 14.1　主な内分泌型情報伝達物質（ホルモン）

＊GPCR：G たんぱく質共役型受容体

分泌器官・細胞		名　称	構造による分類	受容体の分類	標的器官	主な作用
視床下部		甲状腺刺激ホルモン放出ホルモン（TRH）	ペプチド	GPCR*	下垂体前葉	TSH 分泌促進
		副腎皮質刺激ホルモン放出ホルモン（CRH）	ペプチド	GPCR	下垂体前葉	ASTH 分泌促進
		性腺刺激ホルモン放出ホルモン（GnRH）	ペプチド	GPCR	下垂体前葉	FSH、LH 分泌促進
		成長ホルモン放出ホルモン（GHRH）	ペプチド	GPCR	下垂体前葉	GH 分泌促進
		プロラクチン放出ホルモン（PRH）	ペプチド	GPCR	下垂体前葉	PRL 分泌促進
		ソマトスタチン	ペプチド	GPCR	下垂体前葉	GH 分泌抑制
下垂体	前葉	甲状腺刺激ホルモン（TSH）	ペプチド	GPCR	甲状腺	T3、T4 分泌促進
		副腎皮質刺激ホルモン（ACTH）	ペプチド	GPCR	副腎皮質	副腎皮質ホルモン分泌促進
		性腺刺激ホルモン（ゴナドトロピン） 卵胞刺激ホルモン（FSH）	ペプチド	GPCR	卵胞 精巣	卵胞発育促進 精子形成促進
		黄体形成ホルモン（LH）	ペプチド	GPCR	黄体	黄体形成促進
		成長ホルモン（GH）	ペプチド	酵素共役型	全身	成長促進 血糖値上昇
		プロラクチン（PRL）	ペプチド	酵素共役型	乳腺	乳腺形成促進 乳汁産生促進
	後葉	オキシトシン	ペプチド	GPCR	子宮、乳腺	子宮収縮促進 乳汁分泌促進
		バソプレシン	ペプチド	GPCR	腎臓、血管	水の再吸収抑制による抗利尿作用、血圧上昇
松果体		メラトニン	アミノ酸誘導体	GPCR	視交叉上核	睡眠誘発
甲状腺	濾胞細胞	甲状腺ホルモン トリヨードチロニン（T_3）、 チロキシン（T_4）	アミノ酸誘導体	核内受容体	全身	熱産生・代謝促進
	傍濾胞細胞	カルシトニン	ペプチド	GPCR	骨、腎臓、腸管	腎臓での Ca^{2+} 排出促進等による血中 Ca^{2+} 低下

表 14.1　つづき

副甲状腺		副甲状腺ホルモン（パラトルモン、PTH）	ペプチド	GPCR	骨、腎臓、腸管	腎臓での Ca^{2+} 再吸収促進等による血中 Ca^{2+} 増加
心臓		心房性ナトリウム利尿ペプチド（ANP）	ペプチド	酵素共役型	血管、腎臓	血管拡張、Na^+ 再吸収抑制による利尿促進
膵臓ランゲルハンス島	α 細胞	グルカゴン	ペプチド	GPCR	肝臓、脂肪組織	グリコーゲン分解、糖新生促進により血糖値上昇
	β 細胞	インスリン	ペプチド	酵素共役型	肝臓、筋肉、脂肪組織	グルコースの細胞内取り込み促進等により血糖値低下
	δ 細胞	ソマトスタチン	ペプチド	GPCR	膵臓（パラクリン型情報伝達）	インスリン・グルカゴン分泌抑制
副腎	皮質	グルココルチコイド（主にコルチゾール）	ステロイド	核内受容体	肝臓、筋肉など全身	糖新生促進などによる血糖値上昇、抗炎症作用など
		ミネラルコルチコイド（主にアルドステロン）	ステロイド	核内受容体	腎臓など	Na^+ 再吸収・K^+ 排出促進、血圧上昇
		副腎アンドロゲン	ステロイド	核内受容体	性腺	性腺の発達
	髄質	アドレナリン	アミノ酸誘導体	GPCR（5 種類）	肝臓、心臓など	血糖値上昇、心機能亢進など
		ノルアドレナリン	アミノ酸誘導体	GPCR（5 種類）	血管、心臓など	血管収縮、血圧上昇など
腎臓		レニン	たんぱく質（酵素）	―	―	アンギオテンシンⅠ産生
		活性型ビタミン D_3	ステロイド	核内受容体	小腸、腎臓	血中 Ca 値上昇
		エリスロポエチン	ペプチド	酵素共役型	骨髄	赤血球の増加
性腺	精巣	アンドロゲン（主にテストステロン）	ステロイド	核内受容体	精巣など	第二次性徴の発現、卵胞の発育
	卵巣	エストロゲン（卵胞ホルモン）	ステロイド	核内受容体	卵巣、子宮、乳腺	第二次性徴の発現
		プロゲステロン（黄体ホルモン）	ステロイド	核内受容体	子宮、乳腺	受精卵の着床、乳腺の発達
消化管ホルモン	胃	ガストリン	ペプチド	GPCR	胃、膵臓など	胃酸・膵液の分泌促進
		グレリン	ペプチド	GPCR	胃	摂食促進、成長ホルモン分泌促進
	十二指腸	セクレチン	ペプチド	GPCR	膵臓	膵液分泌促進、胃酸分泌抑制
		コレシストキニン	ペプチド	GPCR	膵臓、胆のう	膵液・胆汁の分泌促進
	小腸、大腸	インクレチン	ペプチド	GPCR	膵臓	インスリン分泌促進

例題3　ホルモンと分泌部位の組み合わせである。最も適当なのはどれか。1つ選べ。

1. 成長ホルモン ------- 視床下部
2. ソマトスタチン ----- 膵臓
3. カルシトニン ------- 下垂体前葉
4. バソプレシン ------ 副甲状腺
5. グレリン ---------- 腎臓

解説　1. 成長ホルモンは下垂体前葉から分泌される。　3. カルシトニンは甲状腺から分泌される。　4. バソプレシンは下垂体後葉から分泌される。　5. グレリンは胃から分泌される。

解答　2

例題4　ホルモンに関する記述である。正しいのはどれか。1つ選べ。

1. バソプレシンは、血圧を低下させる。
2. インスリンは、骨格筋に作用しグルコースの排出を促進する。
3. 甲状腺ホルモンは、代謝を促進させる。
4. コルチゾールは、免疫機能を活性化する。
5. アドレナリンは、血糖値を低下させる。

解説　1. 血圧を上昇させる。　2. グルコースの取り込みを促進する。　4. 免疫機能を抑制する。　5. 血糖値を上昇させる。

解答　3

(2) パラクリン型・オートクリン型情報伝達物質

1) オータコイド（表 14.2）

一般にオータコイドは血液や細胞外液中に分泌された後、速やかに分解されて活性を失うため、分泌細胞付近の細胞にのみ作用するものが多い。しかしながら、アンギオテンシンやブラジキニンのように血流を介してホルモンのように作用するものも含まれる。ほぼすべてのオータコイドが標的細胞の細胞膜受容体に結合するが、一酸化窒素（NO）のみは受容体を介さずに直接細胞内へ入り込み、細胞質の酵素に結合する。

(i) エイコサノイド

脂溶性の情報伝達物質であるが、いずれも標的細胞の細胞膜受容体であるGPCRに結合する。**プロスタグランジン**、**トロンボキサン**、**ロイコトリエン**などがあり、**炎症**、**発痛**、**発熱**、子宮収縮、血液凝固、アレルギーなど多様な生理機能に関与する。プロスタグランジンやトロンボキサンの合成酵素であるシクロオキシゲナーゼは解熱鎮痛・抗炎症薬の標的になっている。

表 14.2 代表的なオータコイド

分泌器官・細胞	名　称	構造による分類	標的器官・細胞	受容体の分類	主な作用
脳、胃、血管、子宮、マクロファージなど	プロスタグランジン（4 種類）	脂質酸誘導体	脳、胃、血管、子宮、リンパ球など	GPCR（7 種類）	発熱、発痛、胃粘膜保護、血管拡張、子宮収縮、リンパ球の分化・増殖など
血小板	トロンボキサン	脂質酸誘導体	血小板、血管	GPCR	血小板凝集、血管収縮など
マスト細胞、好酸球など	ロイコトリエン（5 種類）	脂質酸誘導体	好中球、気管支、血管など	GPCR（4 種類）	好中球の遊走促進、気管支収縮、血管透過性促進など
腸、血小板	セロトニン	アミノ酸誘導体	腸管神経系、血管	GPCR（6 種類以上）	消化管運動促進、血管収縮など
マスト細胞、好塩基球など	ヒスタミン	アミノ酸誘導体	鼻、気管支、消化管など	GPCR（4 種類）	鼻炎、気管支・消化管収縮など
血液中で産生	アンギオテンシンⅡ	ペプチド	血管、副腎皮質など	GPCR	血管収縮、アルドステロン分泌など
血液中で産生	ブラジキニン	ペプチド	血管、神経	GPCR	血管拡張、血管透過性亢進、発痛
血管内皮細胞	一酸化窒素（NO）	気体	血管平滑筋細胞	なし	血管拡張

（ii）セロトニン

腸のクロム親和性細胞や血小板でトリプトファンから合成され、血管・腸管・気管支・子宮の平滑筋収縮、止血作用、中枢神経系では、神経伝達物質として働く。

（iii）ヒスタミン

肥満細胞や白血球（好塩基球）でヒスチジンから産生され、血管透過性亢進、気管支平滑筋収縮を引き起こす。また、さまざまな**アレルギー反応**を引き起こす。

（iv）アンギオテンシンⅡ

アンギオテンシンⅡは、血液中でアンギオテンシン変換酵素（ACE）によりアンギオテンシンⅠから産生される。アンギオテンシンⅡにより血管が収縮し、副腎皮質からのアルドステロン分泌が促進されるため循環血液量が増加して、**血圧が上昇**する。

（v）ブラジキニン

ブラジキニンは血液中で産生され、血管拡張による血圧低下や、血管透過性亢進による浮腫を引き起こす。

（vi）一酸化窒素（NO）

血管内皮細胞でアルギニンから**一酸化窒素（NO）**が産生されて速やかに細胞外へ拡散し、近くの血管平滑筋細胞内へ入り込む。NO は受容体を介さずにグアニル酸シクラーゼを直接活性化して平滑筋細胞を弛緩させ、**血管が拡張**する。

2) サイトカイン（表 14.3）

サイトカインは、微生物の感染などに対する免疫応答としてマクロファージやリンパ球などから分泌されるたんぱく質であり、免疫細胞同士や免疫細胞とその近傍の細胞との情報伝達を仲介する。**インターロイキン**、**インターフェロン**、ケモカイン、増殖因子、造血因子などがあり、免疫・炎症反応の調節や細胞増殖・分化の調節などさまざまな作用を持つ。

（i）インターロイキン

インターロイキンは、これまでに30種類以上見つかっており、マクロファージやリンパ球から分泌されて**リンパ球の増殖や分化**を促進する。

（ii）インターフェロン

インターフェロンは、これまでに10種類以上見つかっており、マクロファージやリンパ球などから分泌され、マクロファージやリンパ球などの免疫細胞に作用して、**ウイルスに対抗**するための遺伝子を発現させる。

（iii）ケモカイン

ケモカインは微生物の感染や炎症の起きている部位において、さまざまな細胞から分泌され、単球、リンパ球、好中球などに作用して、血管から組織への細胞の遊走を誘導する。これまでに40種類以上のケモカインが見つかっており、炎症発生時だけではなく通常状態の細胞遊走にも重要な働きをしている。

（iv）腫瘍壊死因子（TNF）

TNFαを含め10種類以上の腫瘍壊死因子が見つかっている。TNFαは主に活性化したマクロファージから分泌され、さまざまな細胞に作用し、**炎症を促進**するとともに、細胞の生存を制御する。

例題5　オータコイド、サイトカインに関する記述である。**誤っている**のはどれか。1つ選べ。

1. プロスタグランジンは、発熱や発痛を引き起こす。
2. ヒスタミンは、脂肪細胞から分泌され、アレルギー反応に関与する。
3. アンギオテンシンⅡは、血圧を上昇させる。
4. インターロイキンは、免疫細胞の分化に関与する。
5. インターフェロンは、抗ウイルス作用を持つ。

解説　2. ヒスタミンは肥満細胞から分泌される。　**解答** 2

表 14.3 代表的なサイトカイン

分泌細胞	名称	構造による分類	標的細胞	受容体の分類	主な作用
マクロファージ、リンパ球など	インターロイキン（30 種類以上）	たんぱく質	リンパ球	酵素共役型（30 種類以上）	リンパ球の活性化、増殖・分化の促進
マクロファージ、線維芽細胞など	インターフェロン（10 種類以上）	たんぱく質	NK 細胞、マクロファージ	酵素共役型（6 種類）	抗ウイルス作用、細胞増殖抑制
マクロファージ、血管内皮細胞など	ケモカイン（40 種類以上）	たんぱく質	顆粒球、単球、リンパ球など	GPCR（20 種類以上）	炎症部位に細胞を遊走させる
マクロファージ、顆粒球、リンパ球など	腫瘍壊死因子（TNF）（10 種類以上）	たんぱく質	単球、マクロファージ、顆粒球、リンパ球など	酵素共役型（30 種類以上）	炎症・細胞生存の促進など

(3) アディポカイン（アディポサイトカイン）

アディポカイン（アディポサイトカイン）は、**脂肪細胞**から分泌されるたんぱく質性の情報伝達物質の総称であり、**アディポネクチン**、**レプチン**、**アンギオテンシノーゲン**、**プラスミノゲン 1**（PAI-1）、**腫瘍壊死因子α**（TNF-α）などがある。アディポカインはホルモンのように血流を介してさまざまな細胞に作用する。肥満に伴う脂肪細胞の肥大化により、アディポネクチンの分泌量は減少し、それ以外のアディポカインの分泌量は増加する。

1）アディポネクチン

アディポネクチンは、筋肉や肝臓に作用して脂肪酸の分解を促進し、**インスリン抵抗性を改善**する。

2）レプチン

レプチンは脳に作用して**食欲を抑制**し、**エネルギー消費を亢進**する。

3）その他

アンギオテンシノーゲンは、血液中でアンギオテンシンⅡに変換されると、血管の収縮を引き起こす（(2) 1) オータコイド参照）。TNF-αは筋肉や肝臓に作用し、**インスリン抵抗性**を引き起こす（(2) 2) サイトカイン参照）。PAI-1 は、血液中で血栓を溶解するプラスミンの生成を阻害する。

(4) 神経伝達物質

末梢神経系の体性神経系と自律神経系（交感神経、副交感神経）の多くの神経終末からは**アセチルコリン**が分泌されるが、交感神経の終末からは**ノルアドレナリン**も分泌される（表 14.4）。中枢神経系の神経終末からは、アセチルコリン、ノルアドレナリン、アドレナリン、ドーパミン、γ-アミノ酪酸（GABA）、グルタミン酸、グリシン、セロトニンなどが分泌される。神経細胞や筋細胞の細胞膜受容体に神経伝達物質が結合し、ナトリウムイオン（Na^{+}）の流入が起きる場合には、**脱分極**により**活動電位**が発生し（興奮性の情報伝達）、塩素イオン（Cl^{-}）の流入が起きる場合には、**過分極**により活動電位の発生が抑制される（抑制性の情報伝達）。

表 14.4　代表的な神経伝達物質

	分泌神経	名　称	構造による分類	標的器官（分泌部位）	受容体の分類	主な作用
末梢神経系	自律神経節前繊維、運動神経	アセチルコリン	アミノ酸誘導体	自律神経節、骨格筋	イオンチャネル型（ニコチン受容体）（2 種類）	脱分極（興奮性）、骨格筋収縮
	副交感神経節後繊維	アセチルコリン	アミノ酸誘導体	心臓、消化管平滑筋など	GPCR（ムスカリン受容体）（5 種類）	心臓では過分極（抑制性）により心拍数減少、消化管では脱分極（興奮性）により消化管収縮
	交感神経節後線維	ノルアドレナリン	アミノ酸誘導体	心臓、血管平滑筋	GPCR（2 種類）	脱分極（興奮性）により心臓では心拍数増加、血管は収縮
中枢神経系	脳全体のグルタミン酸作動性神経	グルタミン酸	アミノ酸	脳全体	イオンチャネル型（3 種類）、GPCR（2 種類）	脱分極（興奮性）
	前脳基底部などのコリン作動性神経	アセチルコリン	アミノ酸誘導体	大脳皮質など	イオンチャネル型、GPCR（5 種類）	脱分極（興奮性）
	黒質などのドーパミン作動性神経	ドーパミン	アミノ酸誘導体	線条体、辺縁系など	GPCR（5 種類）	活動電位発生の促進や抑制、運動・認知機能の調節、報酬系の機能
	橋などのノルアドレナリン作動性神経	ノルアドレナリン	アミノ酸誘導体	脳全体	GPCR（5 種類）	過分極（抑制性）
	延髄などのアドレナリン作動性神経	アドレナリン	アミノ酸誘導体	視床下部、脊髄	GPCR（5 種類）	過分極（抑制性）、循環器系や内分泌系の調節
	橋や脳幹のセロトニン作動性神経	セロトニン	アミノ酸誘導体	脳全体	イオンチャネル型、GPCR（13 種類）	過分極（抑制性）や脱分極（興奮性）、体温低下、摂食抑制、睡眠抑制、性行動抑制など
	大脳皮質などの GABA 作動性神経	γ-アミノ酪酸（GABA）	アミノ酸誘導体	脳全体	イオンチャネル型、GPCR	過分極（抑制性）
	脳幹、脊髄などのグリシン作動性神経	グリシン	アミノ酸誘導体	脊髄、延髄など	イオンチャネル型	過分極（抑制性）

例題 6 アディポカイン（アディポサイトカイン）、神経伝達物質に関する記述である。正しいのはどれか。1つ選べ。
1. アディポネクチンは、インスリン抵抗性を引き起こす。
2. レプチンは、食欲を抑制する。
3. TNF-α（腫瘍壊死因子α）は、インスリン抵抗性を改善する。
4. 副交感神経終末の伝達物質は、ノルアドレナリンである。
5. 過分極が起きると活動電位の発生は促進される。

解説 1. アディポネクチンは、インスリン抵抗性を改善する。 3. TNF-αは、インスリン抵抗性を引き起こす。 4. 副交感神経終末の伝達物質は、アセチルコリンである。 5. 過分極が起きると活動電位の発生は抑制される。 **解答** 2

2 受容体による情報伝達

細胞間情報伝達物質の標的細胞には各情報伝達物質に特異的な受容体が存在し、各受容体は細胞内において特徴的な細胞応答を引き起こす（表 14.1～4）。各細胞がどの情報伝達物質に反応するかは、その細胞がどの受容体を発現しているかによって決定される。また、受容体に結合する情報伝達物質のことを一般に**リガンド**という。

2.1 細胞膜受容体

水溶性の情報伝達物質や一部の脂溶性情報伝達物質は、細胞膜に存在する特定の細胞膜受容体へ結合する。細胞膜受容体はそれらの構造と情報伝達様式の違いにより、**G たんぱく質共役型受容体**（GPCR）、**酵素共役型受容体**、**イオンチャネル型受容体**の3つに大別される（図 14.3）。

ヒトの体内には、情報伝達物質よりもはるかに多種類の細胞膜受容体が存在し、器官や組織、細胞ごとに異なる細胞膜受容体を発現している。**同じ情報伝達物質に対して複数の異なる受容体が存在**するため、受容体の違いにより細胞内で異なった反応が引き起こされる。例として、アドレナリン受容体は5種類存在し、いずれもGPCRであるが、共役するGたんぱく質の違いにより、筋肉の収縮と弛緩という全く逆の反応を引き起こす。また、アセチルコリン受容体にはGPCRとイオンチャネル型受容体という全く性質の異なる受容体が存在する。細胞膜受容体の活性化や阻害により細胞のさまざまな機能を調節できることから、細胞膜受容体は医薬品の有望な標的となっている。

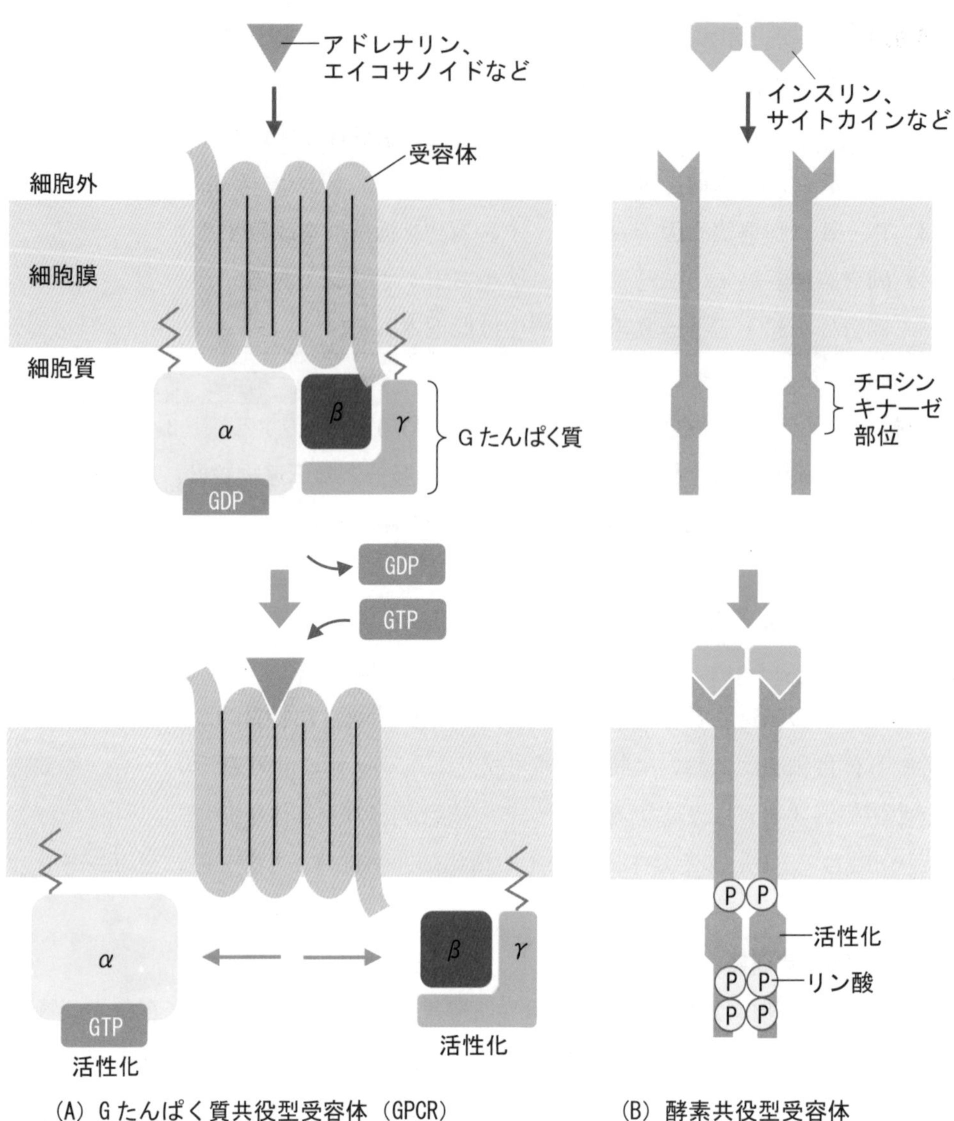

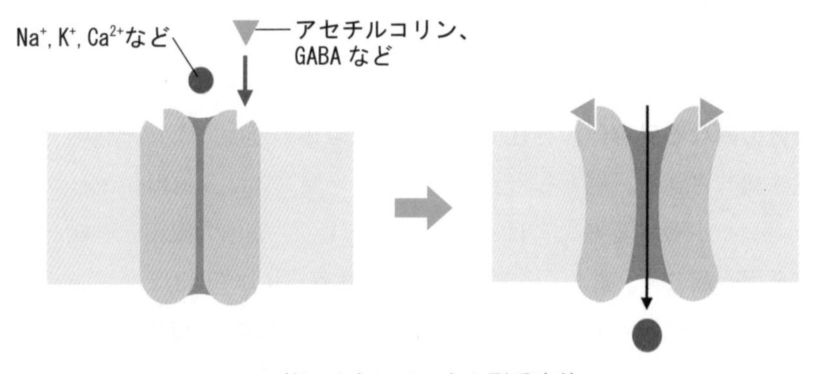

図 14.3　細胞膜受容体の構造と活性化のしくみ

(1) G たんぱく質共役型受容体（GPCR）

G たんぱく質共役型受容体（GPCR）は、これまでに800種類以上見つかっており、ホルモンや神経伝達物質、エイコサノイド、ケモカインなど数多くの情報伝達物質の受容体となっている。GPCRを介した情報伝達は感覚、情動、体循環、代謝、免疫、炎症などさまざまな生理機能を担う。GPCRは**細胞膜を7回貫通**する共通の立体構造を持っており、細胞内での情報伝達を担う**G たんぱく質**（GTP結合たんぱく質）が結合している（図14.3(A)）。Gたんぱく質はα、β、γの3種類のサブユニットから構成され、αとγサブユニットは細胞膜へ結合している。Gたんぱく質が活性化していない状態ではαサブユニットにGDPが結合しており、αβγサブユニットは複合体を形成する。GPCRへ情報伝達物質が結合して活性化すると、αサブユニットのGDPがGTPに置き換えられて活性化し、βγ複合体も活性化してαサブユニットから解離する。αサブユニットは4種類存在し、それぞれ活性化したときの機能が異なる。GPCRごとに共役（結合）するαサブユニットが異なるため、アドレナリン受容体のように共役するαサブユニットの違いにより異なる細胞の反応が引き起こされる。

(2) 酵素共役型受容体

細胞膜を1回貫通する受容体であり、受容体自身が細胞内に酵素活性部位を持つか（図14.3(B)）、あるいは細胞内の酵素が受容体に結合して機能する。受容体の酵素活性部位もしくは受容体と結合する酵素の多くが**チロシンキナーゼ**である。酵素共役型受容体のリガンド（情報伝達物質）は通常2個の分子が結合した状態で存在しており、それらが受容体に結合すると、2つの同じ受容体同士も結合する。それにより細胞内のチロシンキナーゼ等が活性化してお互いの受容体のチロシン残基を**リン酸化**し合う。リン酸化されたチロシン残基は細胞内のさまざまなたんぱく質を呼び寄せてそれらを活性化する。**インスリン**や多くの**サイトカイン**が酵素共役型受容体に結合する。

(3) イオンチャネル型受容体

イオンチャネル型受容体は、活動電位による高速の情報伝達が必要な神経細胞や筋細胞に存在し、いくつかの神経伝達物質がリガンドとして結合する。受容体への情報伝達物質の結合により、Na^+、K^+、Ca^{2+}、Cl^-などのイオンチャネルが開くと、特定のイオンが細胞内へ流入するか細胞から流出して、膜電位が変化する（図14.3(C)）。神経伝達物質のうち、**アセチルコリン**やグルタミン酸の受容体は**陽イオンチャネル**であり、神経伝達物質が結合すると、Na^+が細胞内へ流入して脱分極が起こり、活動電位が発生する。一方、GABAやグリシンの受容体は**陰イオンチャネル**であり、神経伝達物質の結合により、Cl^-の細胞膜透過性が上昇して過分極が起こり、活動電位の発生は抑制される。

2.2 核内受容体

ステロイドホルモンや**甲状腺ホルモン**などの脂溶性の情報伝達物質の一部は細胞膜受容体へ結合せずに、細胞膜を通り抜けて細胞内の核内受容体と結合する。情報伝達物質と核内受容体が結合するタイミングは、細胞質の場合と核内の場合があるが、いずれの場合も情報伝達物質と結合して活性化した核内受容体が転写調節因子として核内で特定のDNA配列へ結合し、**遺伝子の転写を促進もしくは抑制**する。遺伝子の転写が活性化された場合には新しくたんぱく質が合成され、それらが細胞に何らかの変化を引き起こす。遺伝子の発現調節を伴う情報伝達は、すでに存在するたんぱく質を活性化する場合よりも細胞の反応を引き起こすまでに時間を要する。

例題7　受容体に関する記述である。正しいのはどれか。1つ選べ。

1. 一般に、水溶性の細胞間情報伝達物質は核内受容体に結合する。
2. アドレナリンが引き起こす細胞の応答（反応）は、すべて同じである。
3. Gたんぱく質共役型受容体（GPCR）の活性化により、細胞内のGたんぱく質が活性化する。
4. 活性化した酵素共役型受容体のチロシンキナーゼは、受容体を脱リン酸化する。
5. イオンチャネル型受容体は、すべて陽イオンチャネルである。

解説　1. 核内受容体ではなく細胞膜受容体である。　2. 細胞の応答は、受容体や標的細胞の違いにより異なる。　4. 脱リン酸化ではなく、リン酸化する。　5. 陽イオンだけでなく陰イオンチャネルもある。　**解答**　3

例題8　受容体に関する記述である。正しいのはどれか。1つ選べ。

1. ステロイドホルモンは、遺伝子の転写を調節する。
2. 甲状腺ホルモンは、細胞膜にある受容体に結合して作用する。
3. アセチルコリンは、核内受容体に結合して作用する。
4. インスリンは、細胞膜を通り抜ける。
5. 脂溶性の情報伝達物質はすべて核内受容体に結合して作用する。

解説　2. 細胞膜受容体ではなく、核内受容体に結合する。　3. 核内受容体ではなく、細胞膜受容体に結合する。　4. ペプチドは細胞膜を通り抜けない。　5. エイコサノイドなどの脂溶性の情報伝達物質は細胞膜受容体に結合する。　**解答** 1

3 細胞内情報伝達

ほとんどの情報伝達物質は水溶性であり細胞膜を通り抜けずに、細胞膜受容体へ結合する。GPCR と酵素共役型受容体では、受容体が受け取った情報は細胞内で別の情報伝達物質に変換され、細胞内情報伝達として伝えられる。1 つの細胞膜受容体が受け取った情報は細胞内で増幅され、さらに複数の異なる細胞内情報伝達物質となって枝分かれし、細胞の代謝や運動、形態、遺伝子発現などを複雑に変化させる。細胞膜受容体を介した細胞内情報伝達の場合にも、核内受容体のように**遺伝子の発現調節**を伴う場合がある（図 14.2）。この場合、細胞内に既に存在するたんぱく質を活性化する反応は速やかに進行し、遺伝子の発現（新たなたんぱく質の合成）を伴う反応はゆっくり進む。

細胞膜受容体の種類は膨大であるが、細胞内情報伝達の様式は後述の通り、細胞膜受容体のグループごとにある程度決まっている。また、細胞内情報伝達においてたんぱく質の活性化によく使われる方法が 2 つある。1 つ目はたんぱく質の**リン酸化**であり、細胞内情報伝達経路のたんぱく質がリン酸化により活性化し、脱リン酸化により不活性化する。2 つ目はたんぱく質への **GTP の結合**であり、たんぱく質が GTP の結合により活性化し、GTP の加水分解（GDP への変換）により不活性化する。

3.1 G たんぱく質共役型受容体（GPCR）を介した細胞内情報伝達

ホルモンなどの情報伝達物質が G たんぱく質共役型受容体に結合し、受容体が活性化すると、細胞内で G たんぱく質の α サブユニットに結合していた GDP が GTP へ置き換えられる。GTP を結合した α サブユニット（活性型 α サブユニット）は、$\beta\gamma$ 複合体から分離し、それと同時に $\beta\gamma$ 複合体も活性化して、それぞれ細胞膜の特定の酵素活性を促進もしくは阻害する。活性化した G たんぱく質により活性が制御される酵素の典型例は**アデニル酸シクラーゼ**と**ホスホリパーゼ C** である。活性型 α サブユニットにより活性化されたアデニル酸シクラーゼは大量の ATP を**サイクリック AMP**（**cAMP**）に変換する（図 14.4）。また、活性型 α サブユニットや $\beta\gamma$ 複合体により活性化されたホスホリパーゼ C は、細胞膜のホスファチジルイノシトール 4,5-二リン酸（PIP_2）から**イノシトール 1,4,5-三リン酸**（IP_3）と**ジアシルグリセロール**

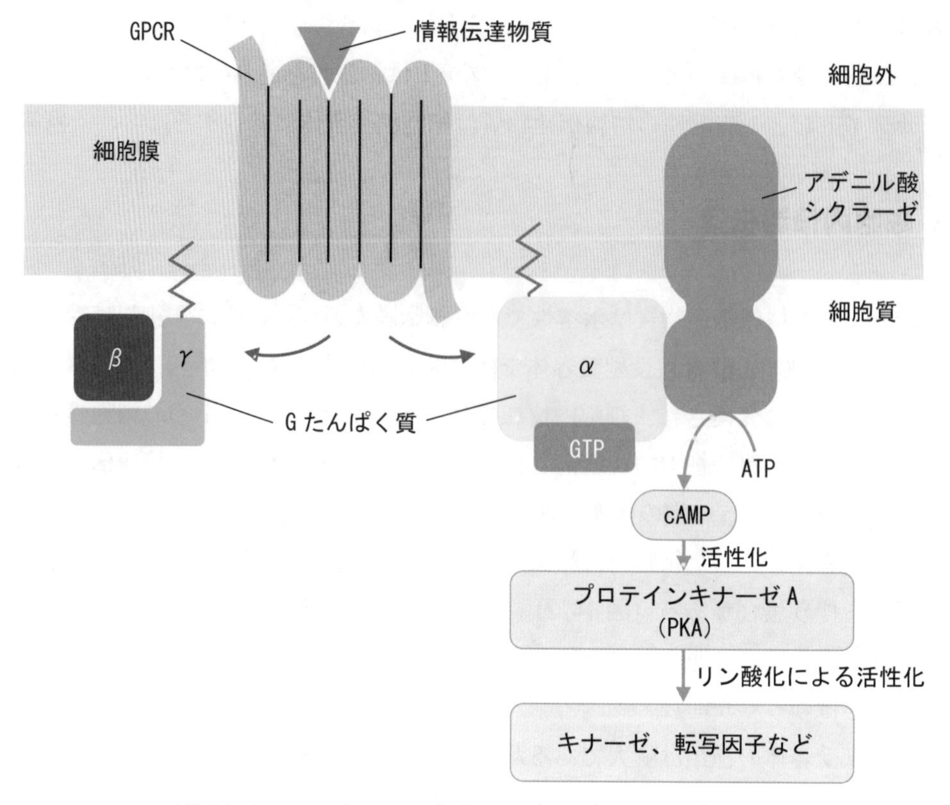

図 14.4　GPCR と cAMP を介した細胞内情報伝達の例

(DAG) を大量に産生する。IP_3が小胞体の Ca^{2+}チャネルに結合すると、小胞体内腔に貯蔵されている Ca^{2+}が細胞質へ一気に流れ込み、プロテインキナーゼなどが活性化される。細胞質での Ca^{2+}濃度の急上昇は、神経細胞での情報伝達物質の分泌や筋肉の収縮などの GPCR を介さない反応においても重要である。

細胞膜受容体の活性化により、細胞内で産生される cAMP や IP_3、DAG、Ca^{2+}などの小さい分子は**セカンドメッセンジャー**とよばれ（図 14.2)、これらのセカンドメッセンジャーがさらに細胞内のプロテインキナーゼやチャネルを活性化することで情報が細胞内で連鎖的に伝わっていく。

3.2 酵素共役型受容体を介した細胞内情報伝達

代表例として、チロシンキナーゼ活性を持つ酵素共役型受容体（受容体チロシンキナーゼ）について、記述する。受容体に情報伝達物質が結合すると、2つの同じ受容体同士が結合して細胞内のチロシンキナーゼが活性化し、互いの受容体のチロシン残基をリン酸化し合う（図 14.3)。そこへ細胞内の情報伝達を担う多数のたんぱく質が結合し活性化される。この仕組みにより、受容体チロシンキナーゼは、さまざまな情報を同時に伝達することができる。この受容体により活性化されるたんぱく質には、ホスホリパーゼCや低分子量GTP結合たんぱく質の**Ras**がある。不活性型のRasはGDPを結合しているが、受容体チロシンキナーゼの活性化により、RasのGDPがGTPに変換されると活性化する。活性型のRasはMAPキナーゼカスケードとよばれる**連鎖的なリン酸化反応**を引き起こす。活性化したMAPキナーゼは転写調節因子などをリン酸化することで、遺伝子の発現を変化させ、細胞の増殖や分化などを促進する。受容体チロシンキナーゼを介した細胞内情報伝達は細胞の成長や増殖、分化、生存の調節に関与するため、この細胞内情報伝達の異常は、がん発症の原因となっている。

3.3 グアニル酸シクラーゼを介した細胞内情報伝達

一酸化窒素（NO）は受容体へ結合することなく細胞膜を通り抜けて、細胞内のグアニル酸シクラーゼに直接結合する。NOが結合したグアニル酸シクラーゼは活性化し、GTPをサイクリックGMP（cGMP）に変換する。cAMPと同様、cGMPはセカンドメッセンジャーとして働き、プロテインキナーゼを活性化する。

例題9　細胞内情報伝達に関する記述である。正しいのはどれか。1つ選べ。

1. 活性化したアデニル酸シクラーゼは、大量のcGMPを産生する。
2. セカンドメッセンジャーは、細胞内の情報伝達物質である。
3. 細胞膜受容体の活性化は、遺伝子の発現調節を引き起こさない。
4. ホスファチジルイノシトール4,5-二リン酸（PIP_2）は、セカンドメッセンジャーである。
5. 活性型のRasは、連鎖的な脱リン酸化反応を引き起こす。

解説　1. cGMPではなくcAMPである。　3. 遺伝子の発現調節を引き起こす場合もある。　4. PIP_2はセカンドメッセンジャーではない。　5. 脱リン酸化ではなくリン酸化である。

解答 2

4 ホルモン分泌の調節

甲状腺や副腎皮質、性腺からのホルモン分泌は、**視床下部**から分泌される**放出ホルモン**（表14.1）と**下垂体前葉**から分泌される**刺激ホルモン**（表14.1）により階層的に支配されるのと同時に、放出ホルモンや刺激ホルモンの分泌は甲状腺、副腎皮質、性腺から分泌されるホルモンによって調節されており（**フィードバック調節**）、血液中のホルモン濃度が適切に制御されている（図 14.5）。

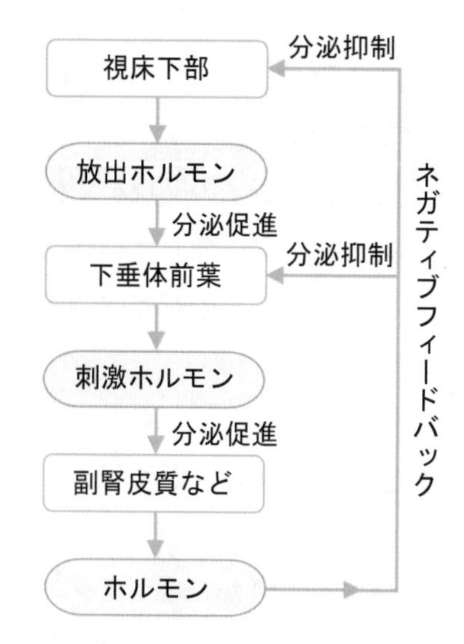

図 14.5　ホルモン分泌の階層構造とフィードバック調節

4.1 各器官によるホルモン調節機構

(1) 甲状腺ホルモン分泌の調節

視床下部の**甲状腺刺激ホルモン放出ホルモン**（TRH）は下垂体前葉に作用し、**甲状腺刺激ホルモン**（TSH）の分泌を促進し、TSH は甲状腺に作用して甲状腺ホルモンのトリヨードチロニン（T_3）とチロキシン（T_4）の分泌を促進する。一方、血液中の甲状腺ホルモンが過剰になった場合には、甲状腺ホルモンが視床下部と下垂体前葉に作用し、それぞれ **TRH と TSH の分泌を抑制**する。このようなホルモン分泌抑制機構を**ネガティブフィードバック（負のフィードバック）調節**という（図 14.5）。寒冷刺激は TRH の分泌を促進する。

(2) 副腎皮質ホルモン分泌の調節

視床下部の**副腎皮質刺激ホルモン放出ホルモン**（CRH）と下垂体前葉の**副腎皮質刺激ホルモン**（ACTH）により階層的に副腎皮質ホルモンの分泌は促進され、**ネガティブフィードバック調節**により血液中の過剰な副腎皮質ホルモンは **CRH と ACTH の分泌を抑制**する。

主なグルココルチコイドであるコルチゾールの分泌には概日リズムがあり、コルチゾールの血中濃度は朝高く、夕方から夜にかけて低下する。また、ストレスは CRH と ACTH の分泌を介してコルチゾールの分泌量を増加させる。

アンギオテンシンⅡは、ミネラルコルチコイドの**アルドステロンの合成と分泌を**

促進する。血圧が上昇すると、ネガティブフィードバック調節により、アンギオテンシンⅡの合成量は減少する。

(3) 女性ホルモン分泌の調節

女性ホルモンには、成熟卵胞や黄体から分泌される卵胞ホルモン（エストロゲン）と黄体から分泌される黄体ホルモン（プロゲステロン）がある。視床下部の性腺刺激ホルモン放出ホルモン（GnRH）、下垂体前葉の**卵胞刺激ホルモン**（**FSH**）と**黄体形成ホルモン**（**LH**）は、階層的に女性ホルモンの分泌を促進し、女性ホルモンはフィードバック調節によりFSHやLHの分泌量を調節する。

月経周期は女性ホルモンとFSH、LHの複雑な作用により調節されている。まず、FSHの働きにより卵胞が成熟するにつれて、卵胞からの**エストロゲン**の分泌量が増加する。通常、エストロゲンはネガティブフィードバック調節によりFSHやLHの分泌を抑制するが、排卵前の高濃度のエストロゲンはポジティブフィードバック（正のフィードバック）調節により下垂体前葉から**大量のLHを分泌**させる（**LHサージ**）。LHサージにより排卵が起きると、LHの作用により排卵後の卵胞は黄体に変化し、エストロゲンとプロゲステロンが分泌される。その後、妊娠が成立しなかった場合は、黄体が退化し、エストロゲンとプロゲステロンの分泌量も低下する。

また、**閉経**により卵胞が減少するとエストロゲン、プロゲステロンの分泌量は減少し、エストロゲンによるネガティブフィードバックの減弱により、**FSHとLHの分泌量が増加**する。

(4) 男性ホルモン（アンドロゲン）分泌の調節

女性ホルモンと同様、視床下部の性腺刺激ホルモン放出ホルモン（GnRH）、下垂体前葉の卵胞刺激ホルモン（FSH）と黄体形成ホルモン（LH）により階層的に男性ホルモンの分泌が促進される。精巣に黄体形成ホルモン（LH）が作用すると、テストステロンの合成と分泌が促進される。テストステロンはその代謝物とともにネガティブフィードバック調節によりGnRH、FSH、LHの分泌を抑制する。

(5) 副腎髄質ホルモン分泌の調節

副腎髄質ホルモンの分泌は交感神経に支配されているため、アドレナリンやノルアドレナリンは、興奮したときやストレスを受けたときなど交感神経が優位なときに分泌される。

(6) 膵臓ホルモン分泌の調節

1) インスリン

血液中の糖質やアミノ酸はインスリンの分泌を促進する。食後の急激な血糖値上昇によりインスリン分泌は一時的に急増する。また、グルカゴンはインスリンの分泌を促進し、ソマトスタチンは抑制する。

2）グルカゴン

グルカゴンの分泌は低血糖により促進され、**高血糖により抑制**される。糖質コルチコイドはグルカゴンの分泌を促進し、**インスリン、ソマトスタチンは抑制**する。

(7) プロラクチン、オキシトシン分泌の調節

下垂体前葉からのプロラクチンの分泌と、下垂体後葉からのオキシトシンの分泌は乳児による乳首の吸引刺激（吸啜刺激）により促進される。

(8) カルシトニン、副甲状腺ホルモン分泌の調節

血中カルシウム濃度が上昇すると**カルシトニンが分泌**され、低下したときには**副甲状腺ホルモンが分泌**される。カルシトニンと副甲状腺ホルモンの働きにより、血中カルシウム濃度は一定に保たれる。

(9) 消化管ホルモン分泌の調節

消化管内の食物の分解物による刺激や消化管の伸展収縮による機械的刺激により消化管ホルモンの分泌が促進される。

例題10　ホルモン分泌の調節に関する記述である。正しいのはどれか。1つ選べ。

1. 血液中の副腎皮質ホルモンが過剰になると、ネガティブフィードバック調節により、副腎皮質刺激ホルモン放出ホルモン（CRH）の分泌量は増加する。
2. アンギオテンシンⅡは、アルドステロンの合成と分泌を促進する。
3. 血中カルシウム濃度が上昇すると、副甲状腺ホルモンの分泌が促進される。
4. 排卵直前に黄体ホルモン（プロゲステロン）の分泌量が急増する。
5. ソマトスタチンは、グルカゴン分泌を促進する。

解説　1. CRHの分泌量は減少する。　3. Ca^{2+}濃度上昇時ではなく低下時である。4. 黄体ホルモンではなく、黄体形成ホルモン（LH）である。　5. 促進ではなく抑制である。

解答 2

章末問題

1 生体の情報伝達に関する記述である。正しいのはどれか。1つ選べ。

1. 脂溶性ホルモンの受容体は、細胞膜にある。
2. セカンドメッセンジャーは、細胞間の情報伝達に働く。
3. 副交感神経終末の伝達物質は、アセチルコリンである。
4. シナプスにおける情報伝達は、双方向である。
5. 神経活動電位の伝導速度は、無髄繊維が有髄繊維より速い。 （第33回国家試験24問）

解説 1. 細胞内にある。 2. 細胞内の情報伝達に働く。 4. 一方向である。 5. 無髄繊維の方が遅い。
解答 3

2 ホルモンの構造と作用機序に関する記述である。正しいのはどれか。1つ選べ。

1. ドーパミンは、ペプチドホルモンである。
2. cAMP（サイクリック AMP）は、セカンドメッセンジャーである。
3. チロキシンは、細胞膜にある受容体に結合して作用する。
4. アドレナリンは、核内受容体に結合して作用する。
5. インスリンは、細胞膜を通過して作用する。 （第32回国家試験32問）

解説 1. アミノ酸誘導体である。 3. 核内受容体に結合して作用する。 4. 細胞膜受容体に結合して作用する。 5. 細胞膜受容体に結合して作用する。
解答 2

3 内分泌系と神経系による情報伝達機構に関する記述である。正しいのはどれか。**2つ**選べ。

1. セカンドメッセンジャーは、細胞質内で働く。
2. 脱分極は、細胞膜電位が負の方向に変化することをいう。
3. 神経活動電位の伝導速度は、無髄線維が有髄線維より速い。
4. アドレナリンは、細胞質内の受容体に結合する。
5. ノルアドレナリンは、内分泌系と神経系で働く。 （第31回国家試験24問）

解説 2. 細胞膜電位が正の方向に変化することをいう。 3. 無髄線維の方が遅い。 4. 細胞膜受容体に結合する。
解答 1, 5

4 情報伝達に関する記述である。正しいのはどれか。1つ選べ。

1. 副交感神経終末の伝達物質は、ノルアドレナリンである。
2. インスリン受容体は、細胞膜を7回貫通する構造を持つ。
3. グルカゴン受容体刺激は、肝細胞内でcGMP（サイクリック GMP）を生成する。
4. 細胞内カルシウムイオン濃度の低下は、筋細胞を収縮させる。
5. ステロイドホルモンは、遺伝子の転写を調節する。 （第29回国家試験28問）

解説　1. ノルアドレナリンではなく、アセチルコリンである。　2. 細胞膜を1回貫通する構造（酵素共役型）を持つ。　3. cAMP（サイクリック AMP）を生成する。　4. 細胞内カルシウムイオン濃度の上昇である。
解答 5

5　アディポカイン（アディポサイトカイン）に関する記述である。正しいのはどれか。1つ選べ。
1. アディポネクチンは、インスリン抵抗性を引き起こす。
2. アンギオテンシノーゲンは、血管を拡張する。
3. レプチンは、食欲を亢進する。
4. PAI-1（プラスミノーゲン活性化抑制因子1）は、血栓溶解を抑制する。
5. TNF-α（腫瘍壊死因子α）は、インスリン抵抗性を改善する。　（第31回国家試験28問）

解説　1. 抵抗性を改善する。　2. アンギオテンシノーゲンがアンギオテンシンⅡまで変換されると、血管を収縮させる。　3. 食欲を抑制する。　5. インスリン抵抗性を引き起こす。
解答 4

6　脂肪細胞から分泌されるアディポサイトカインである。**誤っている**のはどれか。1つ選べ。
1. GLP-1（グルカゴン様ペプチド1）
2. PAI-1（プラスミノーゲン活性化抑制因子1）
3. TNF-α（腫瘍壊死因子α）
4. アディポネクチン
5. レプチン　（第29回国家試験33問）

解説　1. GLP-1は、小腸から分泌されるインクレチンの一種である。
解答 1

7　ホルモンの分泌と働きに関する記述である。最も適当なのはどれか。1つ選べ。
1. ソマトスタチンは、インスリン分泌を促進する。
2. グルカゴンは、糖新生を抑制する。
3. アディポネクチンは、インスリン抵抗性を増大させる。
4. レプチンは、食欲を抑制する。
5. 血中グレリン値は、空腹時に低下する。　（第37回国家試験26問）

解説　1. 分泌を抑制する。　2. 糖新生を促進する。　3. インスリン抵抗性を改善する。　5. 空腹時に上昇する。
解答 4

8　栄養・代謝に関する生理活性物質とその働きの組み合わせである。最も適当なのはどれか。1つ選べ。
1. 成長ホルモン ---------- 血糖低下
2. グレリン -------------- 摂食抑制
3. ガストリン ------------ 下部食道括約筋弛緩
4. インスリン ------------ グリコーゲン分解
5. アドレナリン ---------- 脂肪分解　（第36回国家試験26問）

解説 1. 血糖上昇 2. 摂食促進 3. 下部食道括約筋収縮 4. グリコーゲン合成 解答 5

9 腎臓に作用するホルモンに関する記述である。最も適当なのはどれか。1 つ選べ。

1. バソプレシンは、水の再吸収を抑制する。
2. カルシトニンは、カルシウムの再吸収を促進する。
3. 副甲状腺ホルモン（PTH）は、カルシウムの再吸収を促進する。
4. 心房性ナトリウム利尿ペプチド（ANP）は、ナトリウムの再吸収を促進する。
5. アルドステロンは、カリウムの再吸収を促進する。（第 36 回国家試験 32 問）

解説 1. 水の再吸収を促進する。 2. 再吸収を抑制する。 4. 再吸収を抑制する。 5. 排泄を促進する。 解答 3

10 ホルモンと分泌部位の組み合わせである。最も適当なのはどれか。1 つ選べ。

1. 成長ホルモン ---------- 視床下部
2. オキシトシン ---------- 下垂体後葉
3. アルドステロン -------- 副腎髄質
4. プロラクチン ---------- 甲状腺
5. ノルアドレナリン ----- 副腎皮質（第 35 回国家試験 32 問）

解説 1. 下垂体前葉から分泌される。 3. 副腎皮質から分泌される。 4. 下垂体前葉から分泌される。 5. 副腎髄質から分泌される。 解答 2

11 栄養・代謝にかかわるホルモン・サイトカインに関する記述である。最も適当なのはどれか。1 つ選べ。

1. アドレナリンは、脂肪細胞での脂肪分解を促進する。
2. グルカゴンは、グリコーゲン分解を抑制する。
3. アディポネクチンの分泌は、メタボリックシンドロームで増加する。
4. グレリンは、脂肪細胞から分泌される。
5. GLP-1（グルカゴン様ペプチド-1）は、空腹時に分泌が増加する。（第 34 回国家試験 26 問）

解説 2. グリコーゲン分解を促進する。 3. メタボリックシンドロームで減少する。 4. 胃から分泌される。 5. 食後に分泌が増加する。 解答 1

12 内分泌器官と分泌されるホルモンの組み合わせである。最も適当なのはどれか。1 つ選べ。

1. 甲状腺 ---------- カルシトニン
2. 下垂体前葉 ----- メラトニン
3. 副腎髄質 -------- レプチン
4. 副腎皮質 ------ ノルアドレナリン
5. 下垂体後葉 ----- 黄体形成ホルモン（第 34 回国家試験 31 問）

解説　2. 松果体　3. 脂肪細胞　4. 副腎髄質　5. 下垂体前葉　　解答 1

13　栄養・代謝にかかわるホルモン・サイトカインに関する記述である。正しいのはどれか。1 つ選べ。

1. グレリンは、食前に比べて食後に分泌が増加する。
2. レプチンは、エネルギー代謝を抑制する。
3. アディポネクチンは、インスリン抵抗性を増大させる。
4. TNF-α（腫瘍壊死因子α）は、インスリン抵抗性を軽減する。
5. インクレチンは、インスリン分泌を亢進させる。　（第 33 回国家試験 29 問）

解説　1. 食後に比べて食前に分泌が増加する。　2. エネルギー代謝を亢進する。　3. インスリン抵抗性を改善する。　4. インスリン抵抗性を増大させる。　　解答 5

14　消化管ホルモンとその作用の組み合わせである。正しいのはどれか。1 つ選べ。

1. セクレチン ---------- 胃酸分泌の促進
2. ガストリン ---------- 胃酸分泌の抑制
3. インクレチン -------- インスリン分泌の促進
4. コレシストキニン ---- 膵酵素分泌の抑制
5. グレリン ------------ 摂食抑制　（第 29 回国家試験 36 問）

解説　1. 胃酸分泌の抑制　2. 胃酸分泌の促進　4. 膵酵素分泌の促進　5. 摂食促進　　解答 3

15　ホルモン分泌の調節機構に関する記述である。正しいのはどれか。1 つ選べ。

1. 血糖値の上昇は、グルカゴンの分泌を促進する。
2. 血中カルシウム値の低下は、カルシトニンの分泌を促進する。
3. ストレスは、副腎皮質刺激ホルモン（ACTH）の分泌を促進する。
4. チロキシンの過剰分泌は、甲状腺刺激ホルモン（TSH）の分泌を促進する。
5. 閉経により、卵胞刺激ホルモン（FSH）の分泌が低下する。　（第 30 回国家試験 34 問）

解説　1. グルカゴンの分泌を抑制する。　2. カルシトニンの分泌を抑制する。　4. TSH の分泌を抑制する。　5. FSH の分泌が増加する。　　解答 3

参考文献

1) 中村桂子/松原謙一 監訳. Essential 細胞生物学原書第 4 版. 南江堂, 2016.

2) 薗田　勝 編. 栄養科学イラストレイテッド 生化学　第 3 版. 羊土社, 2017.

3) 荒木英爾 藤田守 編著. Nブックス 改訂 人体の構造と機能：解剖生理学. 建帛社 , 2017.

4) 片野由美、内田勝雄 著. 新訂版 図解ワンポイント 生理学. サイオ出版 , 2015.

5) 川﨑 英二 編. 内分泌のふしぎがみるみるわかる！ 栄養療法にすぐ活かせるイラストホルモン入門. メディカ出版, 2020.

6) 中島泉/高橋利忠/吉開泰信 著. シンプル免疫学 改訂第 5 版. 南江堂, 2017.

7) 宮園浩平, 秋山　徹, 宮島　篤, 宮澤恵二 編. 膨大なデータを徹底整理するサイトカイン・増殖因子キーワード事典. 羊土社, 2015.

8) 脳科学辞典編集委員会（日本神経科学学会). 脳科学辞典. 2020. https://bsd.neuroinf.jp/wiki/, (参照 2023-07-31).

第15章 遺伝情報の発現と制御

達成目標

1. 遺伝子と染色体の機能を構造に基づき説明できる。
2. DNA の複製と修復の機構について説明できる。
3. DNA の塩基配列からたんぱく質の一次構造への情報の流れを説明できる。
4. 遺伝子発現の調節機構について説明できる。

1 遺伝子とは

我々ヒトのはじまりは、1個の精子と1個の卵子が受精した1個の受精卵である。受精卵は、単に細胞分裂を繰り返して同種の細胞を増やしているだけではなく、受精卵からさまざまな形やはたらきを持った細胞が生じ（細胞分化）、さらに組織や器官が形成されて、やがて約37兆個の細胞から構成される個体となる。個体では、それぞれの組織や器官が、変化する環境に協調的に対応することで、常に一定の体内環境が保たれている（ホメオスタシス（homeostasis））。例えば、肝臓の細胞は肝臓のはたらきを、筋肉の細胞は筋肉のはたらきをというように、各種の組織・細胞はそれぞれに固有のはたらきを行っているが、状況に応じて神経系や内分泌系がそれぞれのはたらきを連携させることで個体は成り立っているのである。

細胞は、通常、それぞれ父親（精子核）と母親（卵核）から受け継いだ遺伝情報をひとつずつ持っている。この情報をもとに、ヒト1個体が作られ、また生涯生命活動を営むことができる。この遺伝情報全体のことを**ゲノム**（genome）という。ヒトゲノムは、半数体当たり約30億塩基対を含む**デオキシリボ核酸**（**DNA**）で構成されている。このうち、たんぱく質をコードしている部分を**遺伝子**（gene）という。ヒトには、約22,000個の遺伝子が存在する。精子や卵などの生殖細胞と一部の免疫系の細胞を除くほぼすべての体細胞は、受精卵と同じ遺伝情報を含んでいる。したがって、分化した組織・細胞は、共通の遺伝情報から、それぞれのはたらきに応じて、ある特定の遺伝子を利用してたんぱく質を合成している。このとき、すべての組織・細胞で発現している遺伝子を**ハウスキーピング遺伝子**（housekeeping gene）といい、特定の時期や細胞でのみ発現している遺伝子を**組織特異的遺伝子**（tissue-specific gene）という。これらの遺伝子の発現が精緻に調節されることで、ヒトは生命活動を営んでいくことができる。

2 染色体と遺伝子

真核生物（eukaryote）では、遺伝子は細胞の核内に含まれており、たんぱく質が結合した線状2本鎖DNAとして存在しているが、細胞分裂中期にはそれが凝縮し、光学顕微鏡で**染色体**（chromosome）として観察できるようになる。ヒトの体細胞の核内には、第1番～第22番までの22対の**常染色体**（44本）と2本の**性染色体**（X染色体やY染色体）の計46本の染色体が存在する（図15.1）。男性の場合、性染色

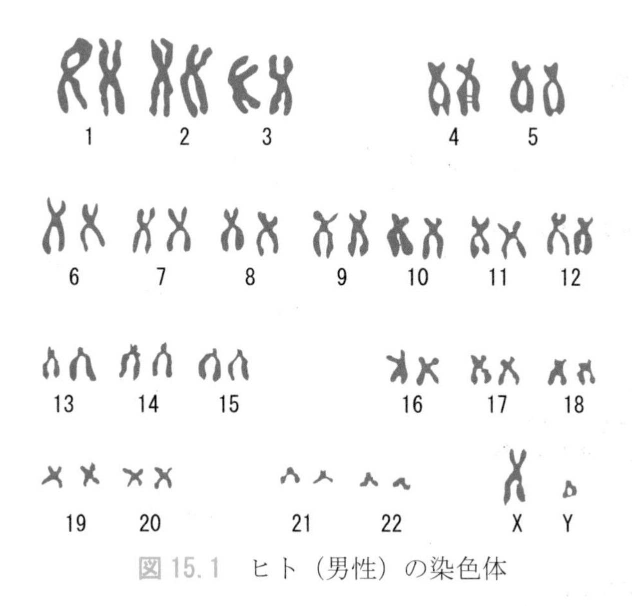

図 15.1 ヒト（男性）の染色体

体は XY、女性の場合、XX である。父親と母親から、それぞれ 22 本の常染色体と 1 本の性染色体を受け取るため、46 本となる。これらの染色体は、遺伝子の本体である DNA とたんぱく質が結合した**クロマチン**（chromatin）という複合体からなる。クロマチンは、塩基性たんぱく質である**ヒストン**（histone）のうち H2A、H2B、H3、H4 分子が各々2 分子ずつ結合した八量体たんぱく質をコア（中心）として、それに DNA が 1.7 回巻き付いた**ヌクレオソーム**（nucleosome）**構造**を構成単位とする（図 15.2）。このヌクレオソームがさらに折りたたまれていき、直径約 30 nm のクロマチン繊維となり、これがさらにコンパクトに収納されて染色体となる。染色体の両端には、**テロメア**（telomere）とよばれる DNA の特定の塩基の繰り返し配列（反復配列）からなる特殊な構造が存在している。正常体細胞ではテロメアの長さは、細胞分裂のたびに短くなっていく。また、DNA はミトコンドリアにも存在する。

例題 1 染色体や遺伝子に関する記述である。正しいのはどれか。1 つ選べ。

1. ヒトの染色体数は、23 本である。
2. クロマチンにたんぱく質は含まれない。
3. ヒト遺伝子は、RNA で構成されている。
4. ヒストンは、塩基性たんぱく質である。
5. テロメアは、細胞分裂のたびに長くなる。

解説 1. 46 本である。 2. ヒストンたんぱく質が含まれる。 3. DNA で構成されている。 5. 細胞分裂のたびに短くなる。 **解答** 4

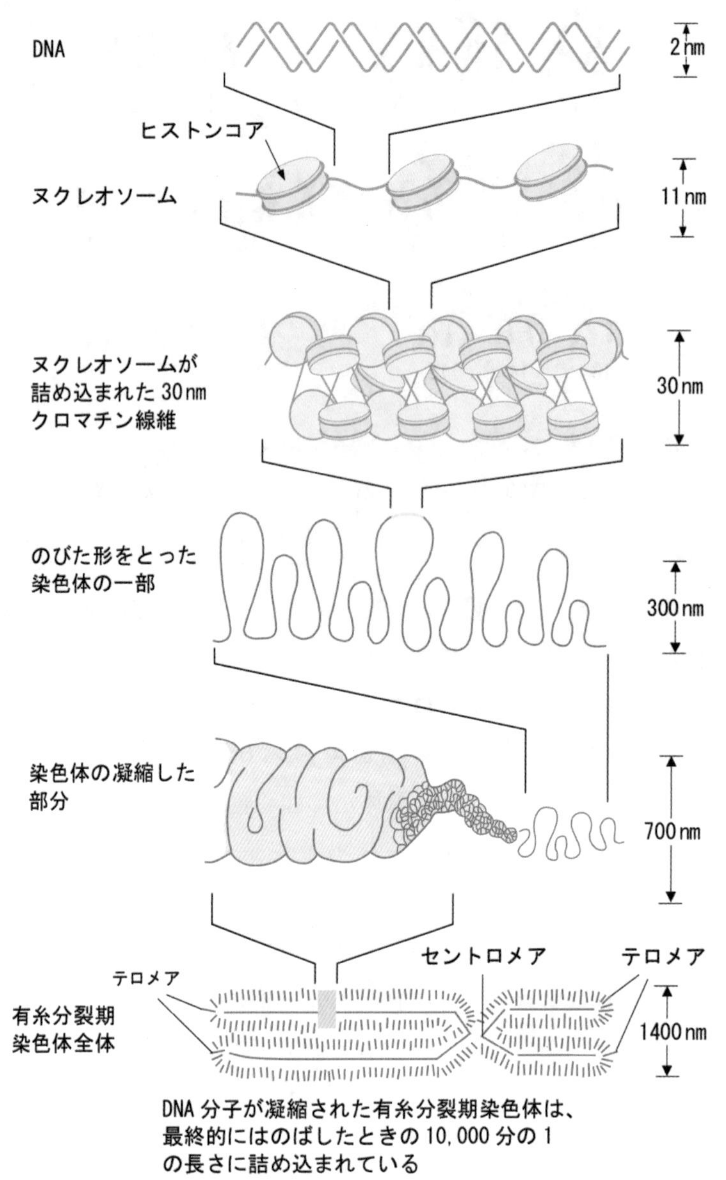

出典）中村桂子、松原謙一 監訳「細胞の分子生物学 第6版」p.215 図4-61 ニュートンプレス 2017

図15.2　DNAから染色体へ

3 遺伝情報の流れ

遺伝子には、親の形質を子へと受け継ぐことと、遺伝情報をもとに生命活動を維持するという2つのはたらきがある。

遺伝情報は、親から子へと正確に、また、同一の個体内ではひとつの親細胞が分裂して2つの娘細胞が生じる際にも、同じ量あるいは同じ質で受け継がれている。

DNA を正確に2倍にすることを**複製**（replication）という。

DNA の持つ遺伝情報をもとに、実際に生命活動を担う分子であるたんぱく質の合成が行われることを**遺伝子発現**（gene expression）という。遺伝子発現では、まず、DNA の塩基配列が持つ遺伝情報が、RNA に塩基配列として写しとられ（**転写**（transcription））、次に、この RNA の塩基配列をもとに決められた順序でアミノ酸がペプチド結合してたんぱく質が合成される（**翻訳**（translation））。すなわち、遺伝情報は、DNA から RNA、RNA からたんぱく質へと一方向に流れ、逆向きには進まない。細菌からヒトに至るすべての生物に共通しているこの生命の基本原理のことを、**セントラルドグマ**（central dogma）という（図 15.3）。例外として、ある種のウイルスは、**逆転写**（reverse transcription）とよばれる反応で RNA から DNA を合成することができる。

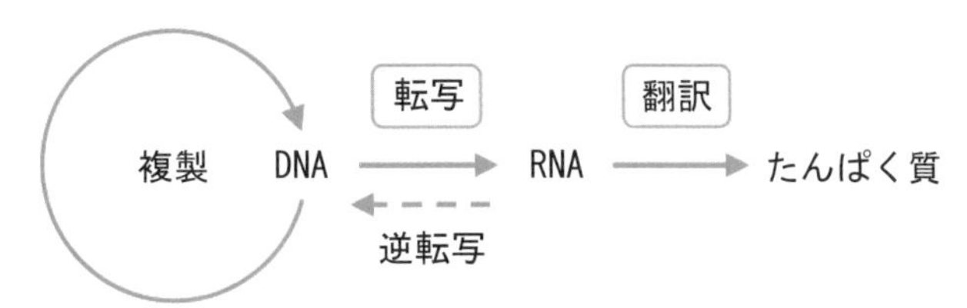

出典）川崎祥二・古庄 律「ヒトと環境の生命科学-生物学」p. 121 図 5-21 建帛社 2009

図 15.3 セントラルドグマ

4 遺伝子の複製

DNA は**2重らせん**（double helix）構造をしている。複製される際には、**DNA ヘリカーゼ**（helicase）が2本鎖 DNA の水素結合を切断して1本鎖にする。次に、それぞれの1本鎖 DNA を鋳型にして、互いに向かい合う鎖を相補的（A の向かいは T、G の向かいは C というぐあい）に複製する。したがって、生じた2組の2本鎖 DNA は、鋳型となった合成前の古い鎖と新たに合成された相補的 DNA 鎖の組み合わせとなっている。この複製様式のことを**半保存的複製**（semi-conservative replication）という（図 15.4）。

例題 2　ある DNA 試料においてアデニンが 24% のとき、グアニンの含有率はどれだけか。

1. 14%　　2. 24%　　3. 26%　　4. 36%　　5. 76%

解説　相補的（A-T、G-C）にヌクレオチドが結合しているため、A と T の濃度および G と C の濃度は常に同じである。　**解答** 3

複製は、DNA の一方の端から他方の端へ向かって行われるのではなく、2 本鎖 DNA の途中の複数箇所（**複製開始点**）から始まり、同時に両側に向かって進む。複製が行われているところを**複製フォーク**（replication fork）という（**図 15.5**）。

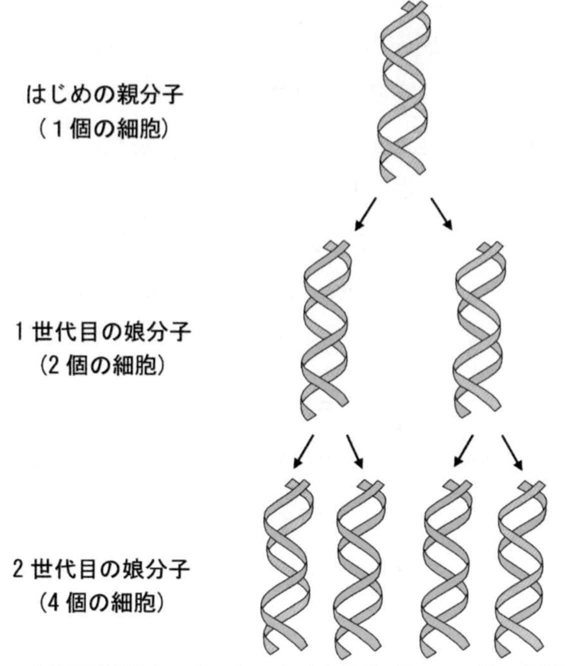

出典）薗田 勝編「栄養科学イラストレイテッド 生化学 第 3 版」p. 193 図 1 羊土社 2007

図 15. 4　DNA の半保存的複製

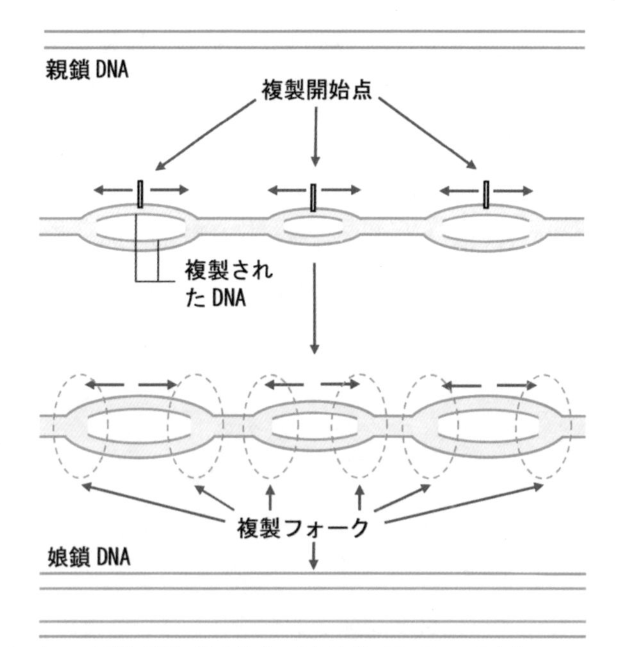

出典）伊東蘆一・木元幸一・小林修平編著「生化学・分子生物学 第 2 版」図 3-6 建帛社 2013

図 15. 5　複製開始点と複製フォーク

DNA 複製を行う酵素を**DNA ポリメラーゼ**（polymerase）という。この酵素は、2 本鎖 DNA の片側の鎖を鋳型として、4 種類のデオキシリボヌクレオシド三リン酸（dATP、dGTP、dCTP、dTTP）を基質として反応を行う。すなわち、DNA ポリメラーゼは、合成途上の DNA 鎖の 3'-OH 基と次のヌクレオチドの 5'-リン酸基との間で**リン酸ジエステル結合**（phosphodiester bond）を行い、重合させる（図 15.6）。したがって、この酵素は、5'→3' 方向にのみ DNA を合成する性質を持つ。また、DNA の 3'-端は常に-OH 基となるため、DNA は方向性を持っており、2 重らせん構造で向かい合う DNA 鎖は、互いに逆向きになっている。

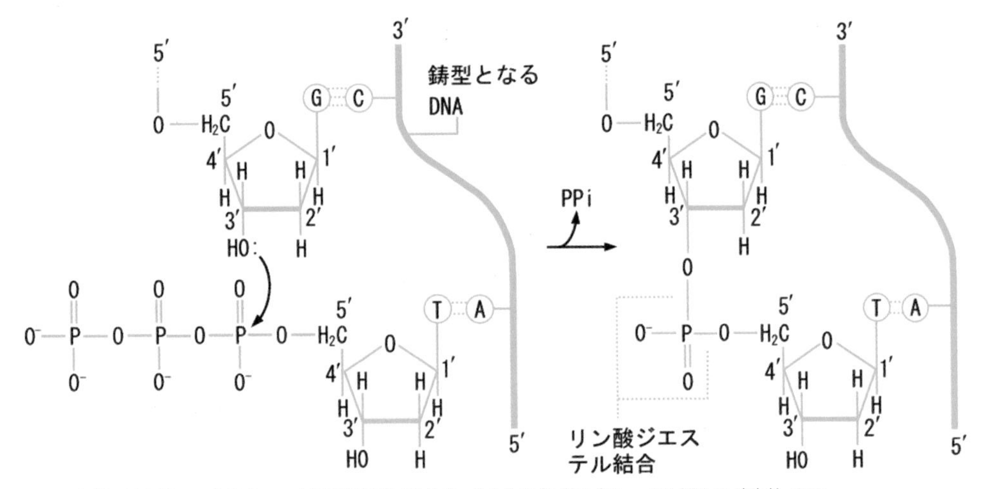

出典）伊東蘆一・木元幸一・小林修平編著「生化学･分子生物学 第 2 版」p. 159 図 3-2 建帛社 2013

図 15.6　DNA ポリメラーゼ反応

例題 3　2 本鎖 DNA の片側の塩基配列が下記のような場合、向かい側の鎖の塩基配列を 5'→3' 順に書きなさい。

5'-AGCTCTGAATCTGGATCCG-3'

解説　相補的（A-T、G-C）なヌクレオチドを結合させる。

解答　5'-CGGATCCAGATTCAGAGCT-3'

DNA の複製は複製開始点から同時に両方向に向かって進むが、DNA ポリメラーゼは、5'→3' 方向にしか合成できない。複製の際に、3'→5' 方向の鎖を鋳型にした場合、鎖の合成は、複製フォークの進行方向と同じ 5'→3' 方向に進むため、連続的に複製を行うことができる。この鎖のことを**リーディング鎖**（leading strand）という。一方、向かい側の鎖の複製は、複製フォークの進行方向とは異なり、3'→5' 方向への合成となる。このため、複製フォークの進行方向とは逆向きに不連続にDNA鎖を合成した後、それら互いをつなぎ合わせるという方法をとっている（図15.7）。これには、まず、**プライマーゼ**（primase）が10塩基前後の長さの相補的な**RNAプライマー**を合成し、次に、DNAポリメラーゼが、そのRNAプライマーからDNA鎖を伸長させて、短いDNA断片（**岡崎フラグメント**（Okazaki fragment））を不連続に合成する。さらに、RNA部分をDNAに置き換えた後、DNA鎖同士が**DNAリガーゼ**（ligase）により連結されている。不連続に複製されるDNA鎖のことを**ラギング鎖**（lagging strand）という。

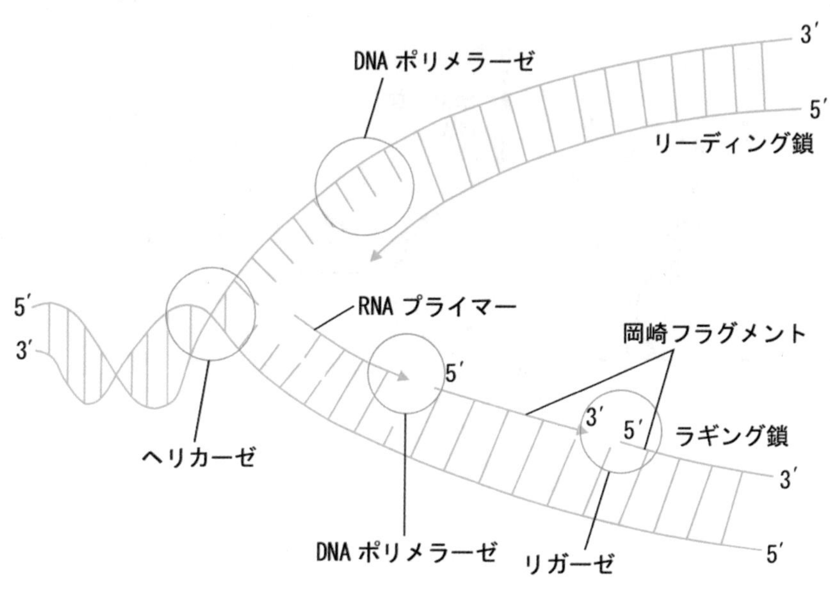

図15.7　リーディング鎖とラギング鎖

5 たんぱく質合成

DNAの持つ遺伝情報からたんぱく質が合成される流れを図15.8に示した。DNAからRNAへの転写やプロセシング（processing）は核内で、RNAからたんぱく質への翻訳は細胞質で行われる。

5.1 転写

DNAからのRNAの合成は、RNAポリメラーゼが行う。RNAポリメラーゼには、Ⅰ、ⅡおよびⅢの3種類が存在するが、これらのうち、RNAポリメラーゼⅠは、仁（核小体）でリボソームの構成成分であるリボソームRNA（ribosomal RNA：rRNA）前駆体の合成を、RNAポリメラーゼⅡは、たんぱく質をコードする伝令RNA（messenger

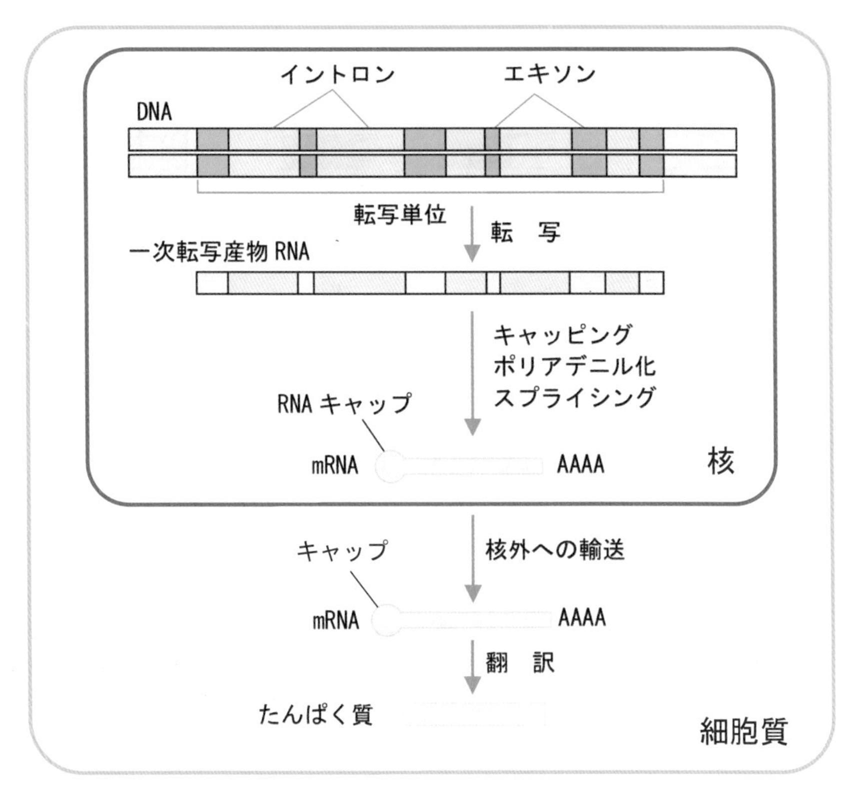

出典）中村桂子、松原謙一監訳「細胞の分子生物学 第6版」p.315 図6-20(A) ニュートンプレス 2017

図15.8　遺伝子発現の流れ

RNA：mRNA）の前駆体であるhnRNA（heterogeneous nuclear RNA）の合成を、RNAポリメラーゼⅢは、運搬RNA（transfer RNA：tRNA）前駆体などの合成を行う。

遺伝情報を持つDNAからたんぱく質が合成されるには、たんぱく質をコードしている構造遺伝子（structural gene）を転写する必要がある。ヒトゲノムでは、DNAの全塩基配列のうちたんぱく質（アミノ酸）をコードしている領域はわずかに1.5%にすぎない。他の領域は、遺伝子発現の調節領域・アミノ酸をコードしない領域・同じ配列の繰り返し領域である反復配列などである。

構造遺伝子は、転写開始部位（transcription initiation site）から転写終了部位（ターミネーター（terminator））までが転写される。転写される構造遺伝子の単位をシストロン（cistron）という（図15.9）。転写開始点より5'側（上流）には、RNAポリメラーゼⅡが結合し、転写の開始にかかわるプロモーター（promoter）領域と、プロモーター活性を増強するエンハンサー（enhancer）や抑制するサイレンサー（silencer）という調節領域が存在する。

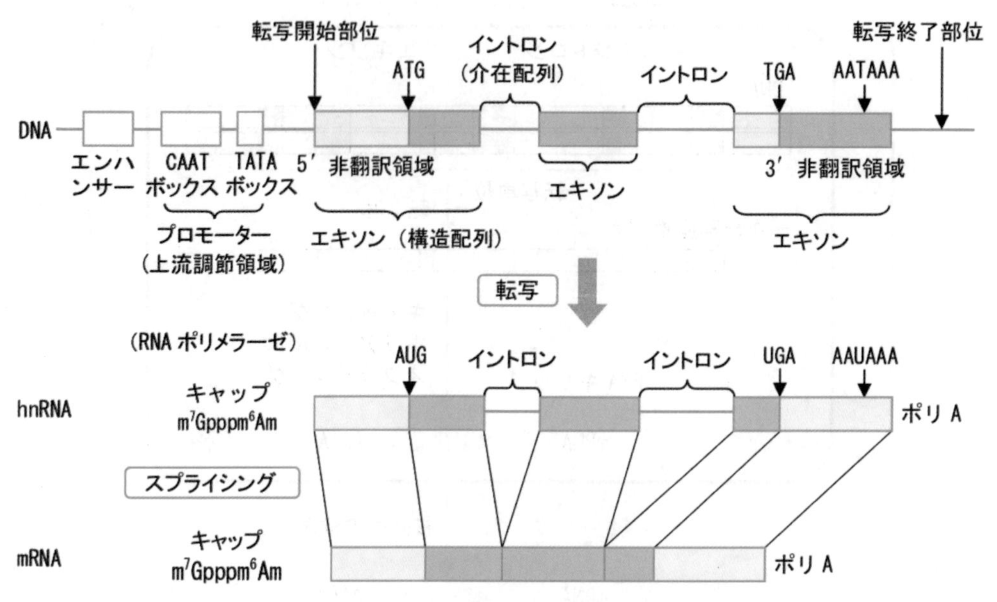

エンハンサーやプロモーター（CAAT ボックスや TATA ボックス）は、転写制御に関連する因子が結合する部位であり、これら因子の作用によって転写効率（RNA 合成量）が変化する。スプライシングは、イントロンを切り取り、隣り合うエキソン同士をつなぐ細胞核内で行われる反応である。

出典）薗田 勝編「栄養科学イラストレイテッド 生化学 第3版」p. 195 図3 羊土社 2007

図15.9　遺伝子の構造と転写・成熟 mRNA の形成

例題 4　遺伝子発現に関する記述である。正しいのはどれか。1つ選べ。

1. プロモーターは、mRNA の翻訳に関係する。
2. DNA から mRNA（伝令 RNA）への転写は、RNA ポリメラーゼによる。
3. たんぱく質をコードする DNA 配列は、全ゲノムの約 30%に及ぶ。
4. リボソームでは、DNA から RNA への転写が行われる。
5. サイレンサーは、プロモーター活性を増強する。

解説　1. 翻訳ではなく転写である。　3. 全ゲノムの 1.5%である。　4. リボソームではなく核である。　5. 増強ではなく抑制する。　**解答**　2

転写が始まるには、まず、TATA 結合たんぱく質を含む TFIID 等の基本転写因子が転写開始点上流約 30 bp のプロモーター領域に存在する TATA ボックスとよばれる塩基配列に結合する（TATA ボックスを持たない遺伝子もある）。さらに、RNA ポリメラーゼⅡが結合して転写開始複合体を形成する。RNA ポリメラーゼⅡは、DNA の 2 重らせんをほどきながら 2 本鎖 DNA の片側の鎖（アンチセンス鎖（antisense strand））を鋳型として、4 種類のリボヌクレオシド三リン酸（ATP、GTP、CTP、UTP）のうち、相補的な塩基を持つヌクレオチド（nucleotide）を5'→3'方向に結合していく。このとき、アデニン（adenine）に相補的な塩基としてウラシル（uracil）を用いる。

2本鎖 DNA　5'-AGCTCGTAGCATTCAGCTG-3'　非鋳型鎖（センス鎖）
　　　　　　3'-TCGAGCATCGTAAGTCGAC-5'　鋳型鎖（アンチセンス鎖）
　　　　　　　　　　↓転写
hnRNA　5'-AGCUCGUAGCAUUCAGCUG-3'

例題5　次の2本鎖DNAから転写されるhnRNAの塩基配列を書きなさい。
5'-CTGATCGAATCATTGGCATG-3'　非鋳型鎖（センス鎖）
3'-GACTAGCTTAGTAACCGTAC-5'　鋳型鎖（アンチセンス鎖）

解説　DNAのアンチセンス鎖を鋳型にして、相補的なヌクレオチドを結合させる。RNAのヌクレオチドは、A、G、C、Uの4つである。

解答 5'-CUGAUCGAAUCAUUGGCAUG-3'

5.2 RNA プロセシング

転写された1次転写産物であるhnRNAは、キャッピング（capping）、ポリアデニル化（poly adenylation）、スプライシング（splicing）の3段階のプロセシングを受けて成熟mRNAとなった後、核膜を通過して細胞質へ移行するようになる。

転写されたhnRNAの5'-端はリン酸基が遊離しており、ここにGTPが結合した後メチル化され7-メチルグアノシンとなる。これをキャッピングという。転写されたhnRNAの3'-端には、AAUAAAというポリアデニル化（ポリA付加）シグナル配列があり、その配列の約20塩基下流から、Aばかり数十から数百個結合する。ポリA配列は、RNA分解酵素からmRNAを保護する役割を持っている。また、転写されたhnRNAにはアミノ酸配列をコードしていないイントロン（intron）とよばれる不要な配列が含まれている。この配列を切断して、アミノ酸配列をコードしているエキソン（exon）とよばれる配列同士を連結させて、成熟mRNAとなる。このことをスプライシングという。

イントロンの始まり（5'-スプライス部位）の塩基配列はGU、イントロンの終わり（3'-スプライス部位）の塩基配列はAGと決まっており、この部分が切断されたあとエキソン同士が連結される。原核生物（prokaryote）のゲノムには、イントロンは存在しない。

5.3 翻訳のルールとアミノアシル tRNA

核膜を通過した成熟 mRNA は細胞質へ行き、リボソーム（ribosome）上でたんぱく質へと翻訳されるが、どのような仕組みなのだろうか。

まず、問題となるのが A、G、C、U といった RNA の塩基配列からどのようにして 20 種類のアミノ酸を規定するかということである。この問いに答えるために、ニーレンバーグは U だけからできている mRNA を合成し、無細胞翻訳系に加えた。すると、フェニルアラニン（Phe）のみからできているポリペプチドが合成された（図 15.10）。同様にして、さまざまな mRNA を合成して翻訳させた結果、最終的に 3 つのヌクレオチドで 1 つのアミノ酸を規定することが明らかになった（トリプレット説）。1 つのアミノ酸を規定する mRNA の 3 つのヌクレオチド配列のことをコドン（codon）という。図 15.11 に、すべてのコドンを示した（遺伝暗号表）。4 塩基が、3 つ並んでできるコドンの組み合わせは、4 × 4 × 4 ＝ 64 通りであるが、UAA、UAG、UGA の 3 種類は対応するアミノ酸を持たないため終止コドン（stop codon）とよばれる。メチオニンとトリプトファン以外のアミノ酸は、複数のコドンを持っている。AUG は翻訳開始を規定するメチオニンであるため、開始コドン（initiation codon）とよばれる。

次に、mRNA 上のコドンに対応して、正確にアミノ酸を選択しなければならない。ここで、鍵となる分子が tRNA である。tRNA は、mRNA ともアミノ酸とも結合できるアダプターのはたらきを持つ分子である。tRNA は、クローバ葉状の特徴的な 2 次構造をとっている。tRNA の分子内には、mRNA 上のコドンに相補的に結合するアンチコドン（anticodon）とよばれる領域と、3'-末端にコドンに適合するアミノ酸を結合することができる領域が存在する。アミノ酸が結合した tRNA をアミノアシル tRNA（aminoacyl tRNA）という。メチオニンを結合しているアミノアシル tRNA には、開

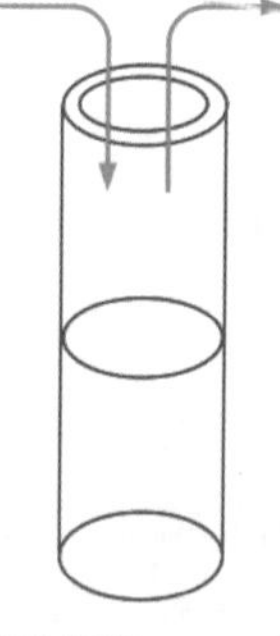

出典）中村桂子、松原謙一 他 監訳「Essential細胞生物学原書 第5版」p. 247 図7-29 南江堂 2021

図15.10　ニーレンバーグの実験

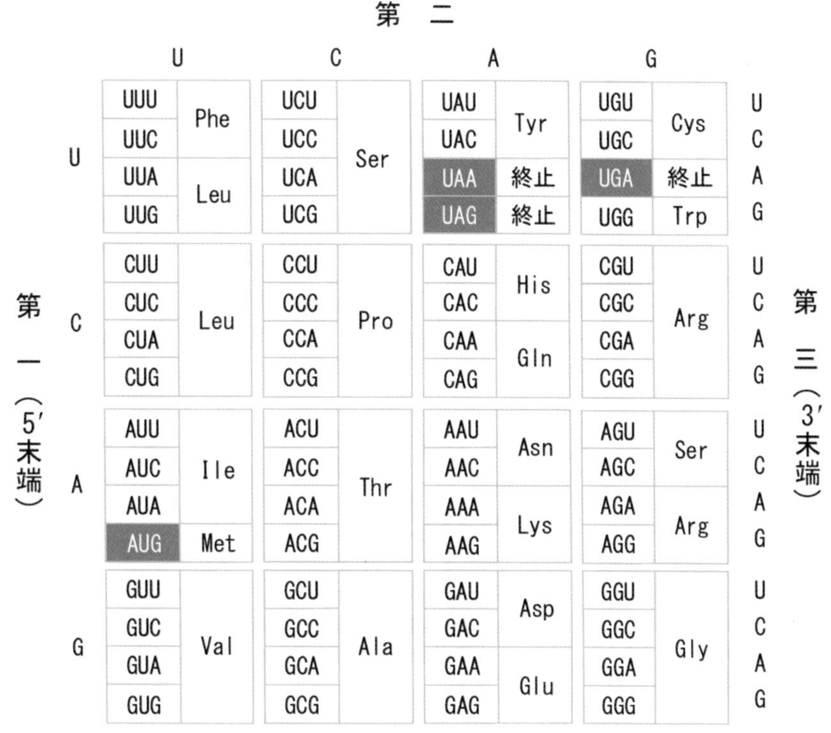

第二

第一（5′末端）	U		C		A		G		第三（3′末端）
U	UUU	Phe	UCU	Ser	UAU	Tyr	UGU	Cys	U
	UUC		UCC		UAC		UGC		C
	UUA	Leu	UCA		UAA	終止	UGA	終止	A
	UUG		UCG		UAG	終止	UGG	Trp	G
C	CUU	Leu	CCU	Pro	CAU	His	CGU	Arg	U
	CUC		CCC		CAC		CGC		C
	CUA		CCA		CAA	Gln	CGA		A
	CUG		CCG		CAG		CGG		G
A	AUU	Ile	ACU	Thr	AAU	Asn	AGU	Ser	U
	AUC		ACC		AAC		AGC		C
	AUA		ACA		AAA	Lys	AGA	Arg	A
	AUG	Met	ACG		AAG		AGG		G
G	GUU	Val	GCU	Ala	GAU	Asp	GGU	Gly	U
	GUC		GCC		GAC		GGC		C
	GUA		GCA		GAA	Glu	GGA		A
	GUG		GCG		GAG		GGG		G

出典）川崎祥二・古庄 律「ヒトと環境の生命科学-生物学」p. 124 図 5-25 建帛社 2009

図15.11　遺伝暗号表

始コドンに対応するものとたんぱく質中のメチオニンに対応するものの 2 種類が存在し、厳密に区別されている。

5.4 翻訳の過程

たんぱく質への翻訳はリボソームで行われる。リボソームは大サブユニットと小サブユニットと rRNA の複合体である。大サブユニットと小サブユニットが結合すると、アミノアシル tRNA の結合部位である A 部位、ペプチド鎖を結合した tRNA の結合部位である P 部位、アミノ酸もペプチドも結合していない tRNA の結合部位である E 部位が形成される。

アミノ酸をコードしている mRNA の翻訳領域（coding sequence）の両端には、非翻訳領域（noncoding sequence）がある。翻訳は、mRNA の 5’-側に存在する最初のメチオニンをコードする開始コドン（AUG）から始まり、3’-方向へ向かって進み、対応するアミノ酸がない終始コドン（UGG、UGA、UAG）で終わる。このとき、たんぱく質は、N-末端側から合成が進み C-末端側で終わる。翻訳の過程には、翻訳開始複合体の形成、翻訳伸長反応、翻訳終結反応の 3 段階がある（図 15.12）。

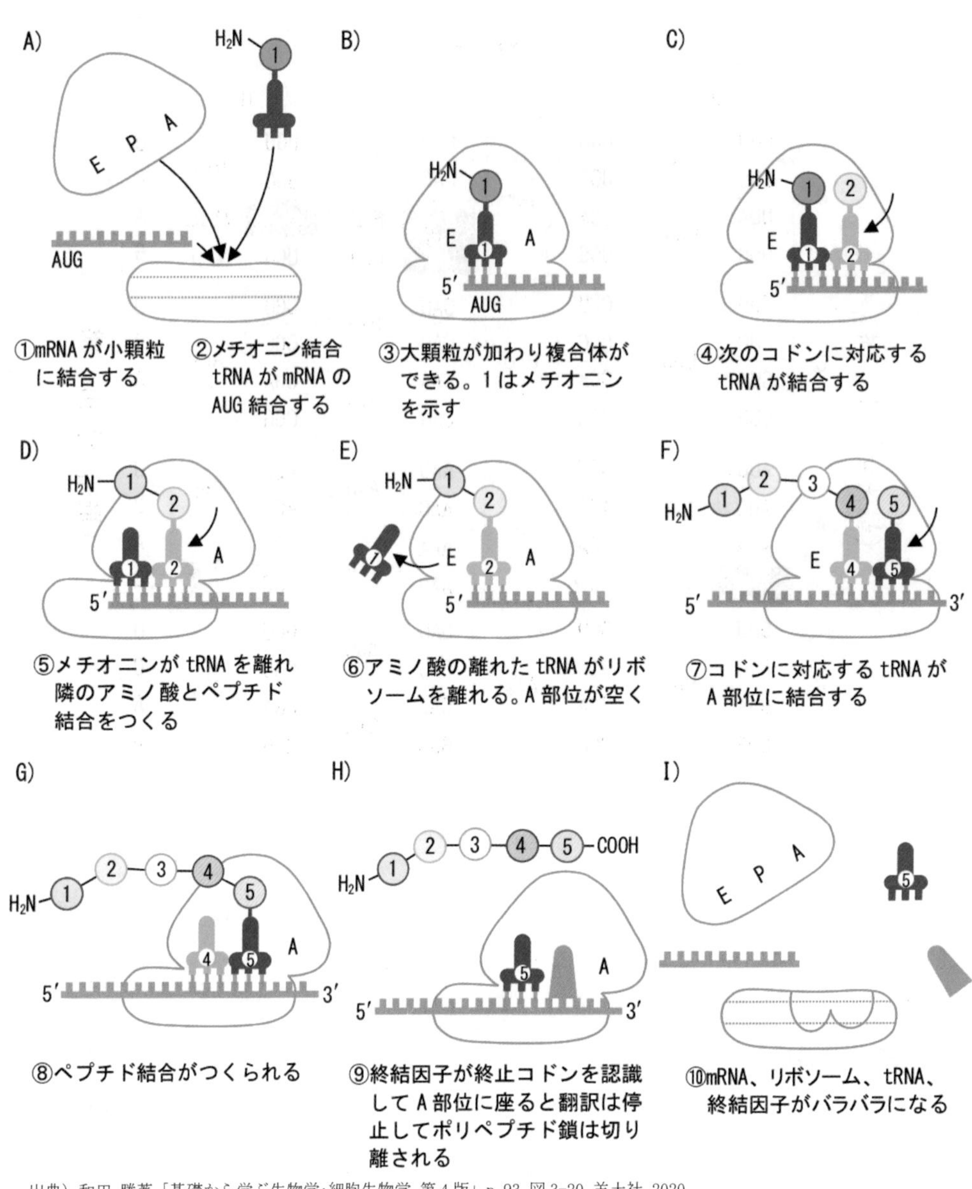

出典）和田 勝著「基礎から学ぶ生物学・細胞生物学 第 4 版」p. 93 図 3-20 羊土社 2020

図15. 12　翻訳の過程

まず、第 1 段階として、翻訳開始のメチオニンを結合したアミノアシル tRNA が、開始因子・小サブユニットと結合する。そこに、mRNA が結合し、5’→3’へ向かって最初の AUG を探しあてると、開始因子が解離して大サブユニットが結合する（このとき、P 部位に入る）。次に、A 部位に、次のコドンに対応するアミノアシル tRNA が結合して最初のペプチド結合が生じる。すると、メチオニンが解離した tRNA が E 部位にずれる。A 部位に、次のコドンに対応するアミノアシル tRNA が結合してペプチド結合が生じる。同様に、3 塩基ずつずれながら、ペプチド鎖の合成が続けられる

(伸長反応)。

終止コドンがくると、そこに終結因子が結合して、A部位→P部位→E部位に移動した後、リボソーム、mRNA、tRNAがすべてばらばらに解離し、ポリペプチド鎖（たんぱく質）合成が完了する。合成されたたんぱく質は、特定の立体構造を形成した後、はたらくことができるようになるが、基本的にたんぱく質は1次構造（アミノ酸配列）が決まれば3次構造（立体構造）が決定される。

たんぱく質合成は、1つのmRNA分子に1つのリボソームが結合して進むのではなく、1つのmRNA分子に複数のリボソームが結合し（ポリソーム（polysome））、同時にいくつものたんぱく質が合成される。

例題6　RNAに関する記述である。正しいのはどれか。1つ選べ。

1. mRNAを構成する塩基には、チミンが含まれる。
2. 成熟したmRNA（伝令RNA）は、イントロンを持つ。
3. イントロンは、RNAポリメラーゼにより転写されない。
4. tRNAは、アンチコドンを持つ。
5. イントロンは、開始コドンを持つ。

解説　1. チミンではなくウラシルである。　2. イントロンはスプライシングにより除去されている。　3. 転写される。　5. イントロンは翻訳前に除去されるため開始コドンは持たない。

解答　4

例題7　翻訳に関する記述である。正しいのはどれか。1つ選べ。

1. 各アミノ酸に対応するコドンは、それぞれ1種類である。
2. 4つの塩基配列で、1つのアミノ酸が規定される。
3. tRNAは、アミノ酸を結合できるRNAである。
4. mRNAで、遺伝情報を含む部分をイントロンとよぶ。
5. 翻訳は、DNAを鋳型とするtRNA合成の過程である。

解説　1. 1種類ではなく複数であることが多い。　2. 4つではなく3つである。　4. イントロンではなくエキソンである。　5. mRNAをもとにたんぱく質を合成する過程である。

解答　3

5.5 たんぱく質の局在と修飾

たんぱく質は合成された後、細胞膜、核、ミトコンドリア、細胞質などに局在して機能する。細胞質の遊離リボソームで合成されたたんぱく質は、細胞内で使用され、粗面小胞体のリボソームで合成されたたんぱく質は、ゴルジ装置で糖鎖を付加された後、エキソサイトーシス（exocytosis）で細胞膜に挿入されたり、細胞外へ分泌される。このように、合成されたたんぱく質が細胞内外のどこに局在するかは、そのたんぱく質のアミノ酸配列の中に存在する、行き先を指定する特殊な配列（局在化シグナル配列）により決められている。

たんぱく質は、さまざまな化学修飾を受けることによりその活性が制御されている。例えば、チロシン残基・セリン残基・トレオニン残基のリン酸化・脱リン酸化やリシン残基のアセチル化・脱アセチル化がある。これらの化学修飾は可逆的であるが、不可逆的な例もある。インスリン（insulin）は、不活性なたんぱく質として合成されるが、たんぱく質分解酵素による部分分解を受けることにより活性型に変換されてはたらくようになる（図 15.13）。分解されて活性化されるため、この反応は不可逆的である。

6 遺伝子発現の制御

遺伝子発現は、DNA の構造変化（転写前レベル）、mRNA の合成（転写レベル）と分解（転写後レベル）、たんぱく質への翻訳（翻訳レベル）や修飾の段階（翻訳後レベル）で調節されている。

6.1 転写レベルでの調節

遺伝子の転写は、転写開始部位上流に位置するプロモーターやエンハンサー・サイレンサーなどのシス作動性エレメント(cis-acting element) といわれる特別な DNA の塩基配列に、トランス作動性因子（trans-acting factor）とよばれるたんぱく質の転写因子が特異的に結合すること、次に、DNA に結合した転写因子と RNA ポリメラーゼなどの転写開始複合体同士を結び付けるような転写共役因子（コファクター（cofactor））との相互作用により調節されている（図 15.14）。

(1) ホルモンによる転写調節

ステロイドホルモン（steroid hormone）は、コレステロールから合成される脂溶性ホルモンである。男性ホルモンのテストステロン（testosterone）、女性ホルモンのエストロゲン（estrogen）やプロゲステロン（progesterone）の他、副腎皮質ホ

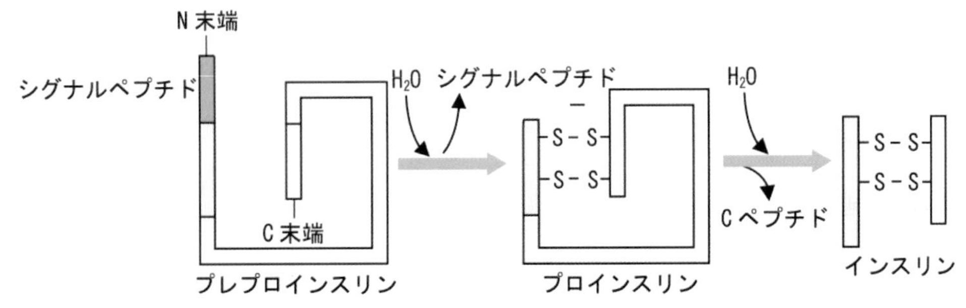

出典）林淳三監修 木元幸一編著「Nブックス 人体の構造と機能 生化学」p. 163 図10-9 建帛社 2003

図15.13　インスリンの部分分解による活性化

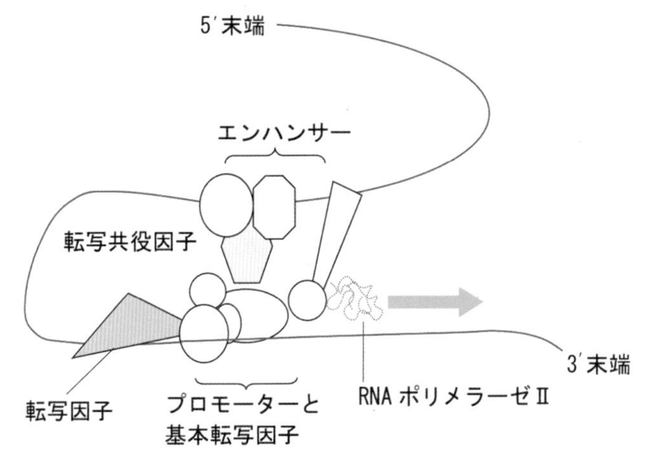

出典）金本竜平編「エキスパート管理栄養士養成シリーズ 分子栄養学」p. 11 図2-3 化学同人 2005

図15.14　転写複合体

ルモンのグルココルチコイド(glucocorticoid)やミネラルコルチコイド(mineral-corticoid)などがある。

ステロイドホルモンは脂溶性の低分子であるため、細胞膜を自由に通過し、細胞質または核内にある特異的な受容体（receptor）と結合して、標的遺伝子の転写制御領域内に存在するホルモン応答性エレメント（hormone response element : HRE）とよばれる塩基配列に特異的に結合して遺伝子の転写を促進する。すなわち、これらの受容体は、それ自身が転写因子となっている。また、これらの受容体は、いずれもホルモンが結合するリガンド結合ドメインと標的遺伝子のDNAの塩基配列の結合に関与するDNA結合ドメインを持っており、構造的に互いに非常によく似ていることから、スーパーファミリー（superfamily）とよばれている。

グルココルチコイド受容体は、細胞質に存在する熱ショックたんぱく質（heat shock protein 90 : HSP90）と結合している。グルココルチコイドが細胞膜を通過し、細胞質のグルココルチコイド受容体-HSP90複合体に結合すると、HSP90が解離して、ホルモン–受容体複合体が核へ移行し、二量体を形成して、標的遺伝子の HRE に結合して転写を促進する。HRE の塩基配列は、5'-側から AGAACAnnnTGTTCT という配列でパリンドローム（回文（palindrome））型とよばれる（図 15.15）。

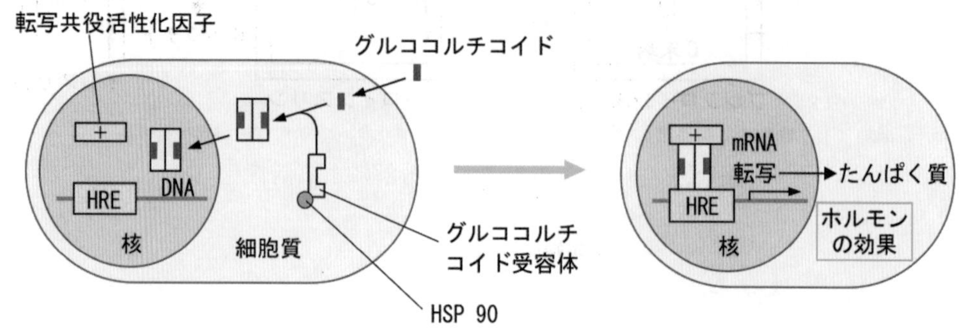

出典）伊東廬一・木元幸一・小林修平編著「生化学·分子生物学 第2版」p. 188 図 3-41(a) 建帛社 2013

図 15.15　グルココルチコイドによる遺伝子の転写制御

例題 8　ステロイドホルモンに関する記述である。正しいのはどれか。1つ選べ。

1. グルカゴンは、ステロイドホルモンの1種である。
2. ステロイドホルモンは、細胞膜上の受容体と結合する。
3. ホルモン応答性エレメントは、mRNA に存在する。
4. ステロイドホルモン受容体は、遺伝子の転写を調節することはない。
5. AGAACAnnnTGTTCT のような配列をパリンドローム型という。

解説　1. ステロイドホルモンではなく、ペプチドホルモンである。　2. 細胞膜上ではなく、細胞内である。　3. mRNA ではなく、標的遺伝子の転写制御領域（DNA）である。　4. 遺伝子の転写を調節する。　**解答** 5

(2) 脂溶性ビタミンによる転写調節

脂溶性ビタミンであるビタミン A やビタミン D などは、標的細胞の核内に存在する受容体に結合して遺伝子発現を制御している。ビタミン A には、all-*trans*-レチノイン酸（retinoic acid）と 9-*cis*-レチノイン酸の2種類があり、それぞれの受容体をレチノイン酸受容体（retinoic acid receptor : RAR）およびレチノイド X 受容体（retinoid X receptor : RXR）という。また、ビタミン D の受容体は、ビタミン D 受容体（vitamin D receptor : VDR）という。RAR や VDR はともに、RXR とヘテロ二量体を形成している。

ビタミンが結合するとこれらのヘテロ二量体は、標的遺伝子の転写制御領域に存在するビタミンA応答性配列やビタミンD応答性配列に結合して転写を調節する（図15.16）。これらのビタミン応答性配列は、AGGTCAという配列が2つ順列に配置したダイレクトリピート（direct repeat：DR）型配列とよばれている。2コピーのAGGTCAの間に、スペーサー配列といわれる非特異的な塩基配列が1塩基から5塩基まで挿入されている。それぞれスペーサーの数に応じて、DR-1～DR-5とよばれている。ビタミンA応答性配列のレチノイン酸応答性配列はDR-1、DR-2、DR-5の3種類で、ビタミンD応答性配列はDR-3の1種類のみである。このように、脂溶性ビタミンは、各々特異的な受容体が存在する細胞にのみ作用し、2コピーのAGGTCA配列の間のスペーサー配列を正確に識別して、標的遺伝子の転写制御領域に結合して転写を調節している。

また、これらのビタミン受容体や前述のステロイドホルモン受容体は、DNAの特異的塩基配列との結合に必要な構造として、亜鉛フィンガー（Zn finger）とよばれる構造を持っている。これは、2つのシステイン残基と2つのヒスチジン残基の間、または、4つのシステイン残基の間に、亜鉛イオン（Zn^{2+}）が結合するというものであり、亜鉛イオンの結合は、転写因子のDNAへの結合に必須である。したがって、亜鉛は転写因子がはたらくために必須の栄養素なのである。

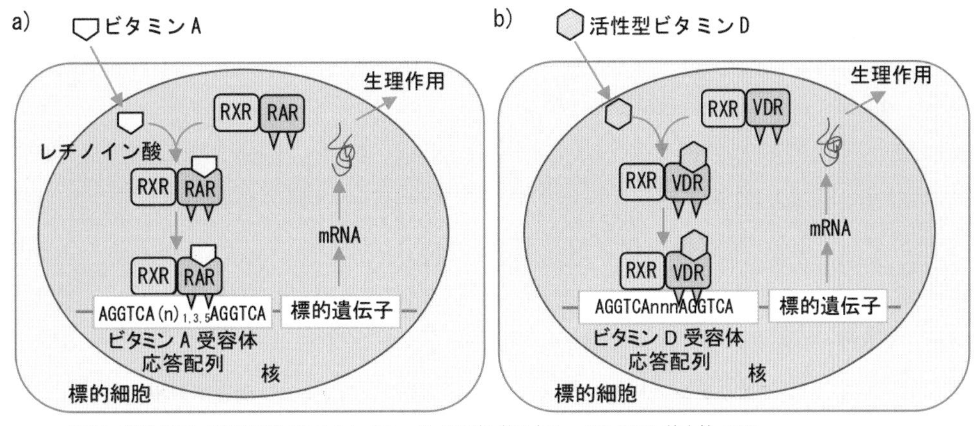

出典）薗田 勝編「栄養科学イラストレイテッド 生化学 第3版」p. 207 図11 羊土社 2007

図15.16　ビタミンA・Dによる遺伝子の転写制御

例題9　脂溶性ビタミンに関する記述である。正しいのはどれか。1つ選べ。

1. ビタミンAやDの受容体は、細胞膜上に存在する。
2. 活性型ビタミンDは、RXRに結合する。
3. ビタミンAやDの受容体は、ダイレクトリピート型のDNA配列に結合する。
4. ビタミンAの貯蔵臓器は、腎臓である。
5. 活性型ビタミンDは、水によく溶ける。

解説　1. 細胞膜上ではなく核内である。　2. RXRではなく、VDR（ビタミンD受容体）である。　4.腎臓ではなく肝臓である。5. 水には不溶である。　**解答** 3

6.2 転写後レベルでの調節

細胞外から細胞内への鉄（Fe）の取り込みにはトランスフェリン受容体（transferrin receptor）が、細胞内にはFe貯蔵たんぱく質としてフェリチン（ferritin）が存在している。細胞内のFe濃度は、これらのたんぱく質により調節されている。この調節にはIRP1（iron response element-binding protein 1）というたんぱく質が関与している。IRP1は、mRNA上にある鉄応答性エレメント（iron response element：IRE）に結合する性質を持つ分子であるが、Feが豊富に存在する環境では、FeがIRP1に結合し、IREに結合できなくなる性質を持っている。

細胞内で、Fe濃度が低下したときに、IRP1にはFeが結合しなくなるため、IRP1はIREに結合できるようになる。例えば、フェリチンmRNAの開始コドンのすぐ上流の5'-非翻訳領域にあるIREにIRP1が結合する（図15.17）。すると、フェリチンmRNAの翻訳が阻害され、フェリチン量が低下し、結果的に貯蔵Fe量が低下し、細胞質に遊離したFeが増加する。同時に、IRP1はトランスフェリン受容体mRNAの3'-非翻訳領域に5カ所存在するIREに結合して、mRNAの分解を抑制し、mRNAを安定化する。すると、トランスフェリン受容体量が増加して、細胞内へのFeの取り込みが盛んになり、細胞内のFe濃度が増加する。

一方、細胞内で、Fe濃度が増加した場合、FeがIRP1に結合することで、IREに結合できなくなり離脱する。すると、フェリチンmRNAの翻訳が促進され、フェリチン量の増加とFeの貯蔵量の増加（遊離Feの減少）に至る。また、トランスフェリン受容体mRNAの分解が促進されるため、トランスフェリン受容体量の低下と細胞内へのFeの取り込みが低下し、細胞内のFe濃度が低下する。

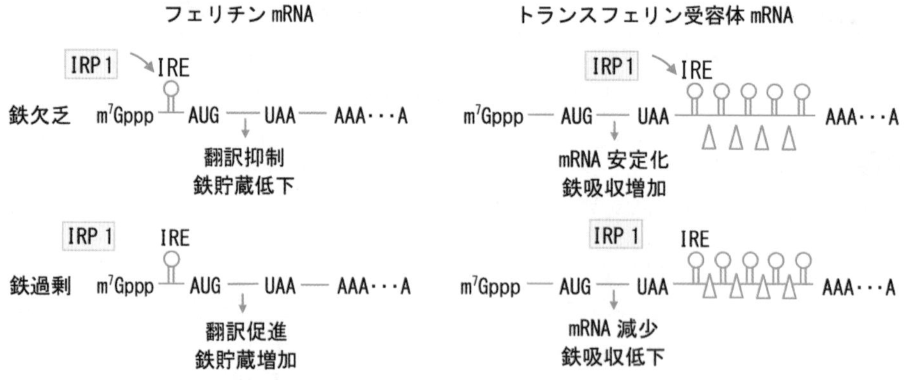

出典）林淳三監修 木元幸一編著「Nブックス 人体の構造と機能 生化学」p.165 図10-11 建帛社 2003

図15.17　転写後レベルでの細胞内鉄濃度調節

7 DNAの修復機構

細胞分裂のたびに行われるDNA複製の際に誤りがあれば、遺伝情報が変わってしまう（変異（mutation））。遺伝情報は、非常に重要なものなので、私たちの細胞には、そう簡単に変異が永続的に伝達されないように、誤りがあればそれをもとに戻す仕組みが存在する。DNA複製は、DNAポリメラーゼが行うことを学んだが、DNAポリメラーゼは、DNA合成活性とDNA分解活性の両方を持っている。すなわち、合成活性でDNAを複製した際に誤りがあると、分解活性で誤ったヌクレオチドを除去し、正しいヌクレオチドを付加する。この機構を校正（proofreading）という（図15.18）。また、誤りを含む領域は、向かい合った塩基の間で水素結合ができないため、いびつな形態になる。その部分を認識して、新生DNA鎖を切断して、再度合成し直す。このことをミスマッチ修復（mismatch repair）という（図15.19）。

複製時以外にも、DNAは紫外線や活性酸素などさまざまな要因により傷つけられている。これらの要因を変異原という（図15.20）。修復（repair）しないと遺伝情報が変わり、がんを引き起こすこともある。特に、隣り合った塩基のTとTは架橋を形成して、チミンダイマーを形成し、あたかも1塩基のようになる。このままだと塩基配列が変わってしまうので、このように傷ついたヌクレオチドをヌクレアーゼ（nuclease）が切り出して、DNAポリメラーゼが正確なヌクレオチドを付加し、DNAリガーゼが連結する。この機構のことをヌクレオチド除去修復機構という（図15.21）。この修復にかかわる酵素の欠損症により色素性乾皮症（xeroderma pigmentosum：XP）が引き起こされる。

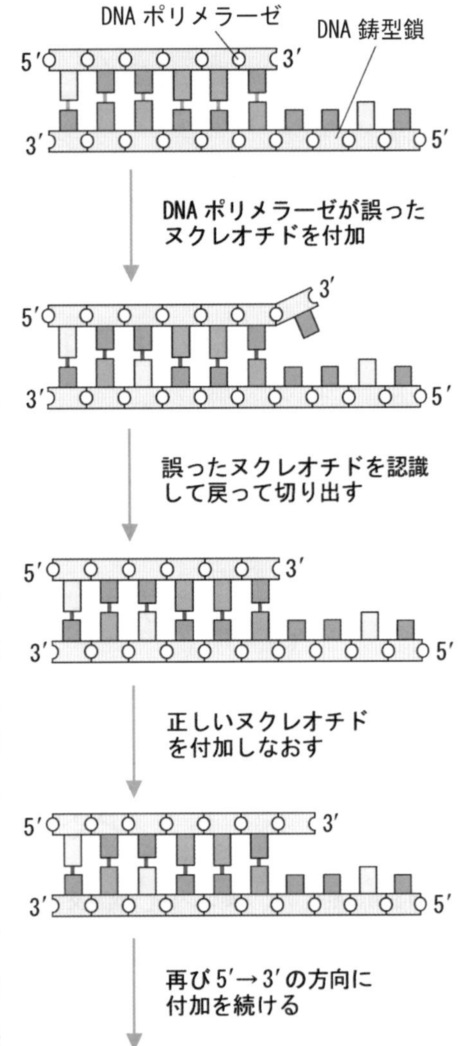

出典）和田 勝著「基礎から学ぶ生物学・細胞生物学 第4版」p. 182 図7-18 羊土社 2020

図15.18 DNAポリメラーゼによる校正機構

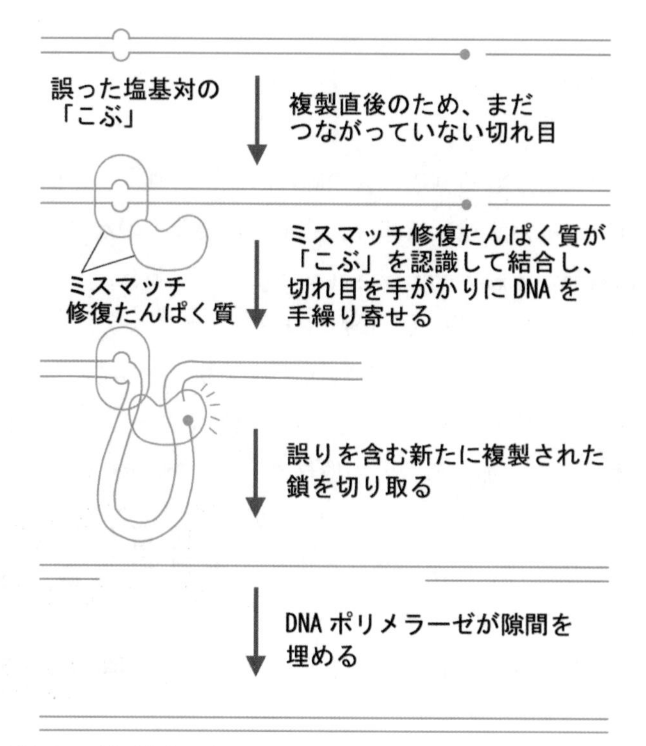

出典）和田 勝著「基礎から学ぶ生物学・細胞生物学 第4版」p. 182 図7-19 羊土社 2020

図15.19　ミスマッチ修復機構

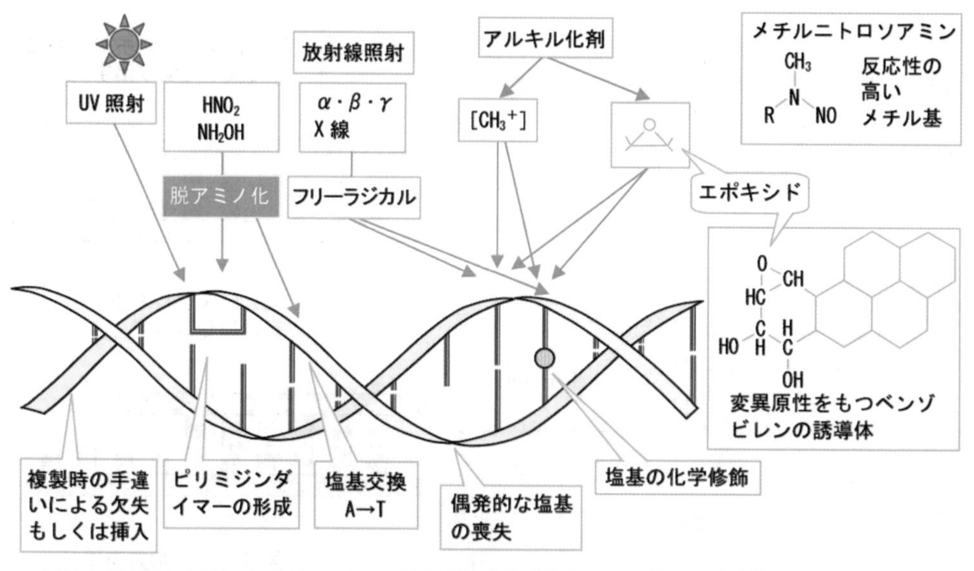

出典）林淳三監修 木元幸一編著「Nブックス 人体の構造と機能 生化学」p. 166 図10-12 建帛社 2003

図15.20　DNAを損傷させる要因

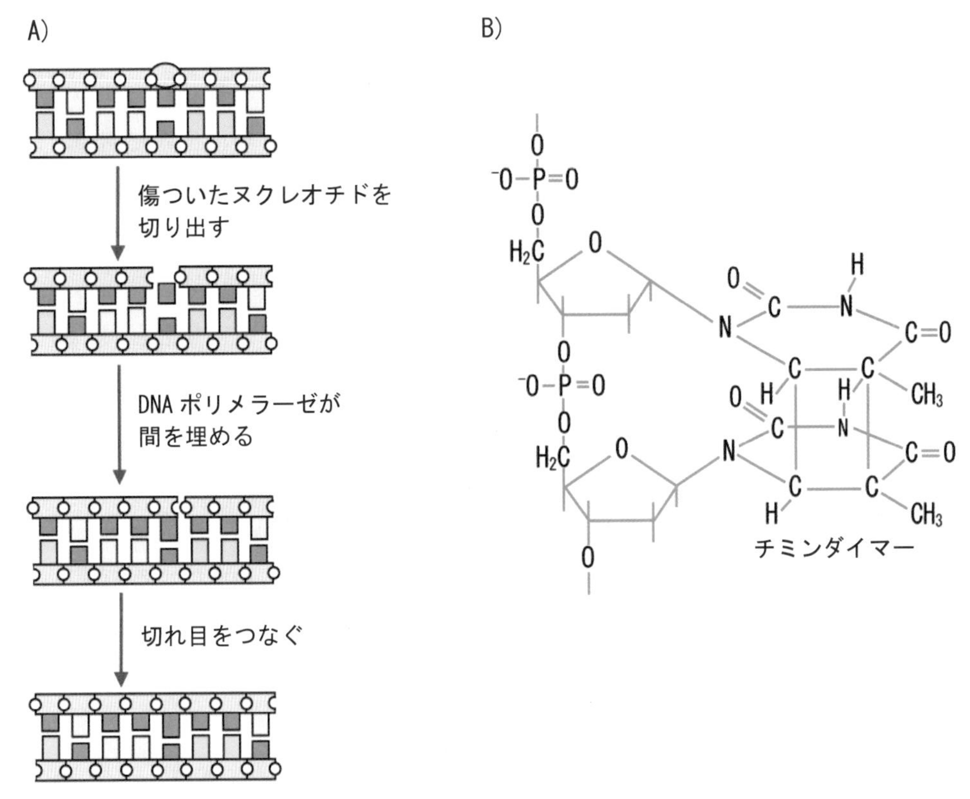

出典）和田 勝著「基礎から学ぶ生物学・細胞生物学 第4版」p. 183 図7-20 羊土社 2020

図 15.21 チミンダイマーの形成とヌクレオチド除去修復機構

例題 10 遺伝子の複製と修復に関する記述である。正しいはどれか。1つ選べ。

1. DNA の複製中に生じた誤りをもとに戻す仕組みを逆転写という。
2. DNA ポリメラーゼは、DNA 合成活性と DNA 分解活性の両方を持つ。
3. 紫外線や活性酸素は、DNA を保護する。
4. DNA リガーゼは、DNA を分解する。
5. DNA の2重らせん構造を保持する相補的塩基対は、配位結合によって形成されている。

解説 1. 逆転写ではなく修復である。 3. DNA を保護するのではなく、傷つける。 4. 分解するのではなく連結させる。 5. 配位結合ではなく水素結合である。

解答 2

コラム　iPS 細胞

人工多能性幹細胞（induced pluripotent stem cells, iPS 細胞）を知っているだろうか？京都大学の山中伸弥先生のグループが、2006 年に世界で初めて作製した細胞である。私たちの体は、約 37 兆個 2 百数十種類の細胞から構成されている。これらの細胞は、たった 1 個の受精卵から生じたものである。すなわち、受精卵は、ヒト 1 個体を形成する能力を持ついわば万能細胞である。私たちの体を構成する細胞も、受精卵の子孫細胞であるので、基本的には受精卵と同じ遺伝情報を持っているが、通常は神経細胞・腎細胞・脂肪細胞など、それぞれ固有のはたらきを持つ細胞に分化している。しかし、皮膚細胞でも条件を与えられると、受精卵のようにあらゆる細胞を生み出すことのできる万能細胞になることができる。この細胞のことを iPS 細胞という。現在、重篤な疾患で、臓器移植を受けなければならない患者は、臓器移植を他人から受けるため、免疫による拒絶反応が起こらないように常に気をつけなければならない。しかし、自分の皮膚の細胞から iPS 細胞を作り、そこから目的の臓器を作って、移植すれば元来自分の細胞なので拒絶反応は全く起きない。これ以外にも多くの可能性を持つ夢のような細胞なので、iPS 細胞にかかわる研究は世界的にも熾烈な競争となっている。iPS 細胞づくりにも遺伝子発現調節の学問的理解が重要な役割を果たしている。

章末問題

1 核酸の構造と機能に関する記述である。最も適当なのはどれか。1 つ選べ。

1. DNA の構成糖は、リボースである。
2. ヒストンは、DNA と複合体を形成する。
3. クロマチンの主成分は、RNA である。
4. mRNA は、アミノ酸と結合する部位を持つ。
5. イントロンは、転写されない。

（第 37 回国家試験 19 問）

解説 1. リボースではなくデオキシリボースである。 3. RNA ではなく DNA である。 4. mRNA ではなく tRNA である。 5. イントロンも転写される。

解答 2

2 ヒトのmRNAに関する記述である。最も適当なのはどれか。1つ選べ。

1. 核小体で生成される。
2. チミンを含む。
3. コドンを持つ。
4. プロモーター領域を持つ。
5. mRNAの遺伝情報は、核内で翻訳される。

（第36回国家試験19問）

解説 1. 核小体ではなく核である。 2. チミンは含まない。 ウラシルを含む。 4. プロモーター領域は含まない。 5. 核内ではなく、細胞質のリボソームである。 解答3

3 核酸の構造と機能に関する記述である。正しいのはどれか。1つ選べ。

1. RNA鎖は、2重らせん構造をとる。
2. DNA鎖中でアデニンに対応する相補的塩基は、シトシンである。
3. ヌクレオチドは、六炭糖を含む。
4. DNAからmRNA（伝令RNA）が合成される過程を、翻訳とよぶ。
5. 尿酸は、プリン体の代謝産物である。

（第33回国家試験20問）

解説 1. 2重らせん構造ではなく、1本鎖である。 2. シトシンではなくチミンである。 3. 六炭糖ではなく五炭糖である。 4. 翻訳ではなく転写である。 解答5

4 核酸およびたんぱく質の構造と機能に関する記述である。正しいのはどれか。1つ選べ。

1. アデノシン3-リン酸（ATP）は、ヌクレオチドである。
2. イントロンは、RNAポリメラーゼにより転写されない。
3. アミノ酸を指定するコドンは、20種類である。
4. たんぱく質の変性では、1次構造が変化する。
5. プロテインキナーゼは、たんぱく質脱リン酸化酵素である。

（第31回国家試験19問）

解説 2. イントロンも転写される。 3. 61種類である。 4. 1次構造ではなく3次構造である。 5. たんぱく質リン酸化酵素である。 解答1

5 核酸に関する記述である。正しいのはどれか。1つ選べ。

1. RNAは、主にミトコンドリアに存在する。
2. tRNA（転移RNA）は、アミノ酸を結合する。
3. DNAポリメラーゼは、RNAを合成する。
4. cDNA（相補的DNA）は、RNAポリメラーゼによって合成される。
5. ヌクレオチドは、六炭糖を含む。

（第29回国家試験23問）

解説 1. ミトコンドリアではなく細胞質である。 3. DNAポリメラーゼではなくRNAポリメラーゼである。 4. RNAポリメラーゼではなく逆転写酵素である。 5. 六炭糖ではなく五炭糖である。 解答2

参考文献

1)　松村瑛子、安田正秀著「基礎固め生物」化学同人
2)　中村桂子、松原謙一監訳「細胞の分子生物学第６版」ニュートンプレス
3)　川崎祥二、古庄律編「生物学−ヒトと環境の生命科学」建帛社
4)　薗田勝編「生化学 第３版」羊土社
5)　伊藤蘆一・木元幸一、小林修平編「生化学・分子生物学」建帛社
6)　近藤和雄、脊山洋右、藤原葉子、森田寛編「人体の構造と機能 II. 生化学」東京化学同人
7)　中村桂子、松原謙一監訳「エッセンシャル細胞生物学原書第５版」南江堂
8)　和田勝著「基礎から学ぶ生物学・細胞生物学第４版」羊土社
9)　金本龍平編「分子栄養学」化学同人

第16章 遺伝子変異・遺伝子組み換え技術

達成目標

1. 遺伝子の変異と疾病や体質との関係を説明できる。
2. ポリメラーゼ連鎖反応（PCR）の原理について説明できる。

1 遺伝子変異と先天性代謝異常

疾病の発症には遺伝的要因と後天的要因がある（**図16.1**）。単一遺伝子変異により、発症する疾病を遺伝子病といい、この場合、遺伝的要因が100％と考えられる。しかし、生活習慣病を含めて多くの疾病は、遺伝だけではなく環境など後天的要因にも影響される。例えば、全く同じ遺伝情報を持つ一卵性双生児が、同じ生活習慣病になるリスクは50〜70％ぐらいのことが多い。このことは、栄養（食生活）で遺伝的支配から逃れられることを意味している。すなわち、栄養学とは、ある意味で遺伝子との戦いでもあるといえる。

また、遺伝子病の原因となる変異は後に述べる一塩基多型と比べて、人口に占める変異を持つ人の割合が非常に低いのが特徴である。

DNAの塩基配列の変異により、アミノ酸配列が変化した異常な酵素たんぱく質が合成されることがある。この酵素は、正常な酵素に比べて多くの場合、活性の低下をもたらすため、例えば、その酵素が代謝に関与する酵素であるならば、代謝系の速度が低下してしまい、代謝障害が生じる。これが進むと、さまざまな症状として現れる。代謝酵素の遺伝子変異によって、生まれながらにして発症する疾患を先天性代謝異常症という。**表16.1**に、代表的な例を示した。

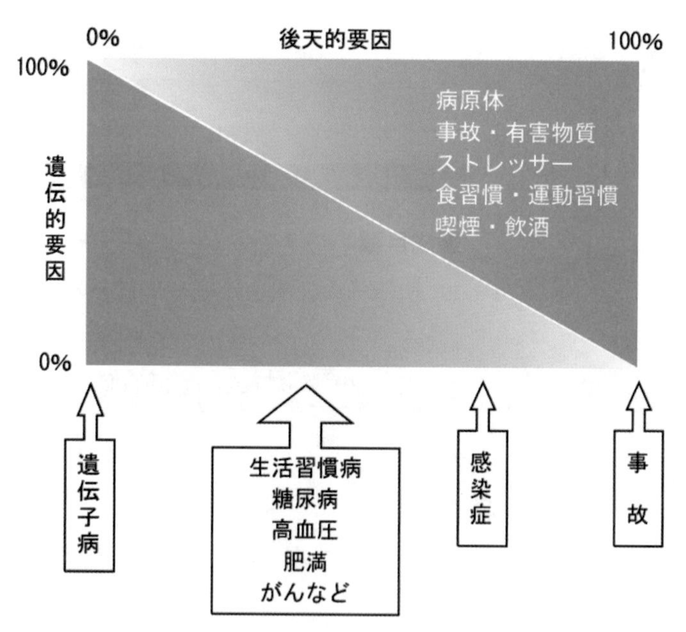

出典）金本竜平編「分子栄養学」p.4 図1-4 改変　化学同人 2005

図16.1　遺伝的要因と後天的要因の関係

表 16.1　先天性代謝異常症と食事療法

病　名	代謝異常経路	原因酵素	症状など	食事療法	
				制限物質	補充物質
フェニルケトン尿症	フェニルアラニン→チロシン	フェニルアラニンヒドロキシラーゼ	知能障害、痙攣	フェニルアラニン	チロシン
ヒスチジン血症	ヒスチジン→葉酸	ヒスチダーゼ	軽い知能障害、言語発達遅延	ヒスチジン(現在では必ずしも行われていない)	
ホモシスチン尿症	メチオニン(ホモシスチン)→(シスタチオニン)(システイン)シスチン	シスタチオニンβシンターゼ	精神発達遅延、痙攣、水晶体偏位	メチオニン	シスチン
メープルシロップ尿症	分枝鎖アミノ酸→2-オキソ酸	分枝鎖 2-オキソ酸デヒドロゲナーゼ	脳障害、痙攣、メイプルシロップ様の臭気	ロイシン、バリン、イソロイシン	左記 3 種アミノ酸を除くアミノ酸混合物、炭水化物や脂肪によるエネルギー
ガラクトース血症	ガラクトース 1-リン酸→グルコース 1 ーリン酸	ガラクトース 1-リン酸ウリジルトランスフェラーゼ	知能障害、肝硬変、白内障	乳糖(母乳、牛乳)ガラクトース	デンプン、グルコース
フルクトース不耐症	フルクトース→フルクトース 1-リン酸	フルクトース 1-リン酸アルドラーゼ B	発育障害、肝不全	果糖、砂糖、ソルビトール	ビタミン C

出典）薗田勝編「栄養科学イラストレイテッド 生化学」p. 206 表 2 羊土社 2007

現在では、DNA の塩基配列の変異は DNA 型診断で、異常酵素たんぱく質の検出は酵素診断で可能であるので、これらの異常が新生児マススクリーニングなどで発見された場合、食事療法で適切に対処できるようになっている。

2 一塩基多型

ヒトを含む多くの生物のゲノムが解読され、ヒトとヒトの間の違いは 0.5％であり、ヒトとチンパンジーの間でも、その違いは 1.23％に過ぎないことが明らかになった。病気というほどではないが、太りやすいとか血圧が上がりやすいという各個人の持つ体質の違いは、当然各個人の持つ遺伝情報の違いによると考えられる。このような変異は、約 30 億塩基対あるヒトゲノムの 300～1,000 塩基対に 1 つあるといわれている。このうち、人口の 1％を超えて蓄積されているものを**一塩基多型**(**single nucleotide polymorphism：SNP**)という。多くの SNP は、ほとんど生物学的意味を持たないが、なかには、薬の効きやすさや太りやすさなどに関連するものもある。また、遺伝子病とは異なり、SNP があればすぐに疾病が発症することもない。DNA の塩基配列が 1 塩基だけ変異する仕組みを点突然変異という。これらのうちアミノ酸配列が変わってしまう変異を**ミスセンス変異**、終止コドンになってしまい、以後のたんぱく質合成が行われなくなり正常よりも小さなたんぱく質しか作られなくなる変異を**ナンセンス変異**という。また、アミノ酸配列に影響しない変異を**サイレント変異**という。

お酒に含まれるアルコールは、肝臓で**アルコールデヒドロゲナーゼ**（alcohol dehydrogenase）という酵素の作用でアセトアルデヒド（acetaldehyde）になる。次に、**アルデヒドデヒドロゲナーゼ**（aldehyde dehydrogenase：ALDH）のはたらきで酢酸にまで分解される。ALDH には、ALDH1 と ALDH2 がある。ALDH2 は、517 個のアミノ酸残基から構成されているが、このうち 487 番目のアミノ酸残基がグルタミン酸（GAA）からリシン（AAA）に変わる遺伝子変異が存在する（**図 16.2**）。リシンになると、酵素活性がほぼなくなってしまい、アセトアルデヒドの代謝が極端に低下し、有害なアセトアルデヒドの血中濃度が上がる。すると、顔面紅潮や動悸などのフラッシング反応が見られるため、お酒に弱いタイプといわれる。日本人では、この変異遺伝子を持っている人がそれぞれ 56：44 なので、2 人に 1 人はお酒に弱いということになる。一方、白人や黒人はリシンへの変異はほとんど存在しない。このように、SNP には人種的偏りも存在するため、日本人で科学的に証明された SNP 以外は慎重に判断する必要がある。

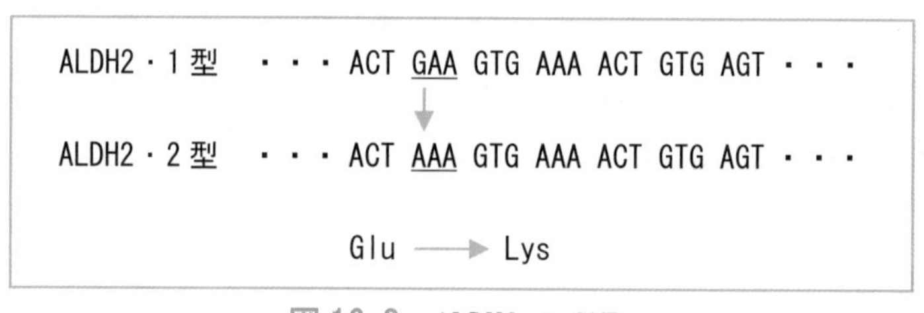

図 16.2　ALDH2 の SNP

β3-アドレナリン受容体（β3-adrenergic recptor）は、408 個のアミノ酸残基からなる膜受容体である。アドレナリンが脂肪細胞（adipocytes）のβ3-アドレナリン受容体に結合すると、**アデニル酸シクラーゼ**（adenylatecyclase）を活性化し、**セカンドメッセンジャー**である cAMP 濃度を上昇させる。これにより、**ホルモン感受性リパーゼ**（hormone-sensitive lipase）が活性化して、**トリグリセリド**（triglyceride）が分解される。このβ3-アドレナリン受容体の 64 番目のアミノ酸残基がトリプトファン（TGG）からアルギニン（CGG）に変わってしまう変異を日本人の約 39%、すなわち、約 3 人に 1 人が持っている（**表 16.2**）。この変異により、受容体の機能低下が起こり、一日当たりの基礎代謝が 200 kcal 低くなり、太りやすい性質を持つことになる。

表 16.2 β3-AR の SNP

人種	サンプル	Trp/Trp	Arg/Trp	Arg/Arg
モンゴロイド	ビマ族（アメリカ先住民）	46	45	9
モンゴロイド	日本人	61	34	5
ネグロイド	アメリカ在中	75	24	1
コーカソイド	アメリカ在中	89	10	1

出典）林淳三監修 木元幸一編著「Nブックス 生化学」p.172 表 10.3 建帛社 2003

現代のように、いつでもどこでも食べられるという状況は、ヒトの長い歴史のうちで、ほとんど皆無であった。したがって、進化的には粗食・飢餓に耐えられる遺伝子を持つ個体が選択されてきた。この遺伝子のことを**倹約遺伝子**（thrifty gene）という。この遺伝子は、粗食・飢餓という環境ではヒトの生存に有利にはたらいていたが、現代の飽食の時代には、肥満や生活習慣病の原因となってしまっており、不利にはたらいている。

例題 1 遺伝子変異に関する記述である。正しいのはどれか。1 つ選べ。

1. 1 つの遺伝子の変異だけでは疾病の原因にならない。
2. SNP は、体質を決めることがある。
3. SNP に人種間の違いはない。
4. アミノ酸の変化を伴う遺伝子変異をナンセンス変異という。
5. 倹約遺伝子は、飽食の時代の人類にとって生存に有利にはたらく。

解説 1. 遺伝子病は、1 つの遺伝子の変異の結果である。 3. 人種差がある。
4. ナンセンス変異ではなくミスセンス変異である。 5. 不利にはたらく。**解答** 2

3 エピジェネティクス

エピジェネティクス（epigenetics）とは、DNA の塩基配列中のシトシンのメチル化状態や DNA に結合するヒストンたんぱく質のリシン残基のメチル化状態により、遺伝子発現に変化がもたらされる仕組みをいう。すなわち、遺伝的な DNA の塩基配列に依存しない遺伝子発現制御機構である。

食事や運動を含む個人の生活習慣の違いにより生活習慣病が発症するといわれているが、発症の仕方には個人差が大きい。このことは、各個人の持つ遺伝的な DNA の塩基配列の違いに加えて、環境要因としてエピジェネティクスも関与している。例えば、妊娠時に飢餓状態に置かれた母親から生まれた子は、成人後に糖尿病や心疾患などの生活習慣病に罹患する確率が高いが、これは倹約遺伝子のエピジェネティクスによるものと考えられている。

4 遺伝子組み換え技術

4.1 遺伝子組み換え技術

DNA の特異的な塩基配列を切断するヌクレアーゼのことを**制限酵素**（restriction endonuclease）という。代表的な制限酵素とその認識配列を示す(表 16.3)。DNA リガーゼは末端が同じ形状の DNA 断片同士の間でリン酸ジエステル結合をさせて、これらの断片同士を連結させる酵素である。すなわち、制限酵素はハサミの役割を、DNA リガーゼはノリの役割を持っているといえる。これらをうまく使うことにより、例えば、ヒトの遺伝子 DNA を EcoRI という制限酵素で消化した DNA 断片と、同様に EcoRI で消化した大腸菌遺伝子断片を準備し、これらの異種の遺伝子同士を DNA リガーゼで連結させることができる。このように、遺伝子の断片を自由につぎはぎすることを**遺伝子組み換え**（genetic recombination）という。実際には、制限酵素で消化した DNA 断片を同じ制限酵素で消化した**プラスミド**（plasmid）や**ファージ**（phage）などの**ベクター**（vector）とよばれる DNA 断片と DNA リガーゼにより連結させたあと、その DNA を大腸菌に導入(**形質転換**(transformation))する(図 16.3)。生育してきたひとつひとつのコロニーは、それぞれたった 1 個のベクターで形質転換された菌の子孫である。これを**クローン**（clone）という。この技術を用いて、特定の遺伝子を単離して大量に増やすことを**遺伝子（DNA）クローニング**という。

表 16.3　制限酵素の例

制限酵素	認識配列と切断位置	切断面(末端)	制限酵素	認識配列と切断位置	切断面(末端)
*Bam*H I	5′-GGATCC-3′ 3′-CCTAGG-5′	5′突出	*Not* I	5′-GCGGCCGC-3′ 3′-CGCCGGCG-5′	5′突出
Bgl II	5′-AGATCT-3′ 3′-TCTAGA-5′	5′突出	*Pst* I	5′-CTGCAG-3′ 3′-GACGTC-5′	3′突出
*Bst*X I	5′-CCANNNNNNTGG-3′ 3′-GGTNNNNNNACC-5′	3′突出	*Sac* I	5′-GAGCTC-3′ 3′-CTCGAG-5′	3′突出
*Eco*R I	5′-GAATTC-3′ 3′-CTTAAG-5′	5′突出	*Sma* I	5′-CCCGGG-3′ 3′-GGGCCC-5′	平滑
Hind III	5′-AAGCTT-3′ 3′-TTCGAA-5′	5′突出	*Xba* I	5′-TCTAGA-3′ 3′-AGATCT-5′	5′突出
Kpn I	5′-GGTACC-3′ 3′-CCATGG-5′	3′突出			

G：グアニン、A：アデニン、T：チミン、C：シトシン、N：任意の塩基

出典）伊藤薫一、木元幸一、小林修平「生化学・分子生物学 第 2 版」p. 191 表 2-3 建帛社 2013

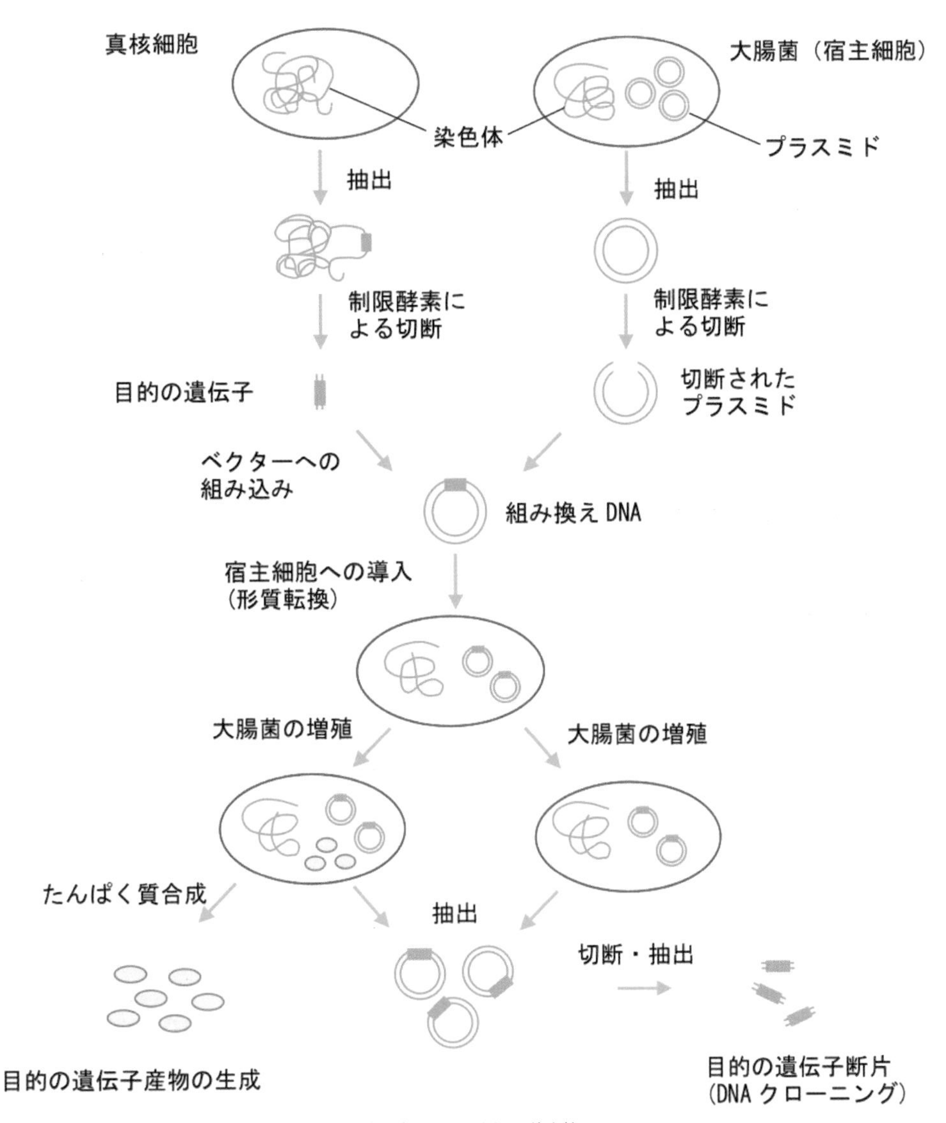

出典）薗田勝編「栄養科学イラストレイテッド生化学」p. 210 図 12 羊土社 2007

図 16.3 遺伝子組み換え実験

4.2 ポリメラーゼ連鎖反応

ポリメラーゼ連鎖反応（polymerase chain reaction：**PCR**）**法**とは、微量の DNA から目的とする DNA 領域を大量に増幅させる反応である。

PCR 反応には、3 つのステップがある（図 16.4）。まず、2 本鎖 DNA を加熱することで、1 本鎖 DNA にさせる**変性**（denaturation）。次に、増幅したい目的の遺伝子領域を挟み込むように、2 種類の相補的な短い合成ヌクレオチド（1 つはセンス鎖と同じ塩基配列を持ち、もう 1 つはアンチセンス鎖と同じ塩基配列を持つ。これらを**プライマー**（primer）という）を水素結合させる**アニーリング**（annealing）。次に、

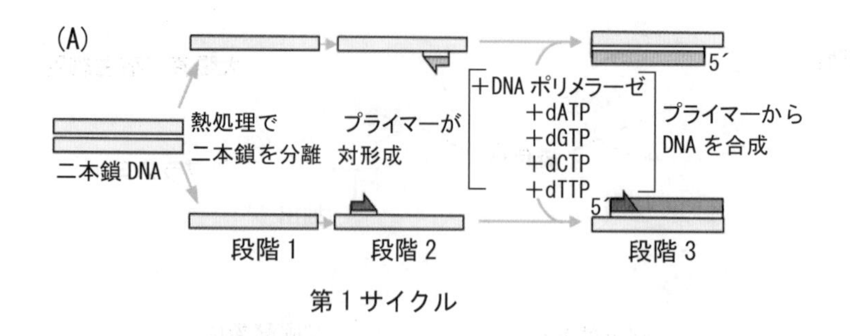

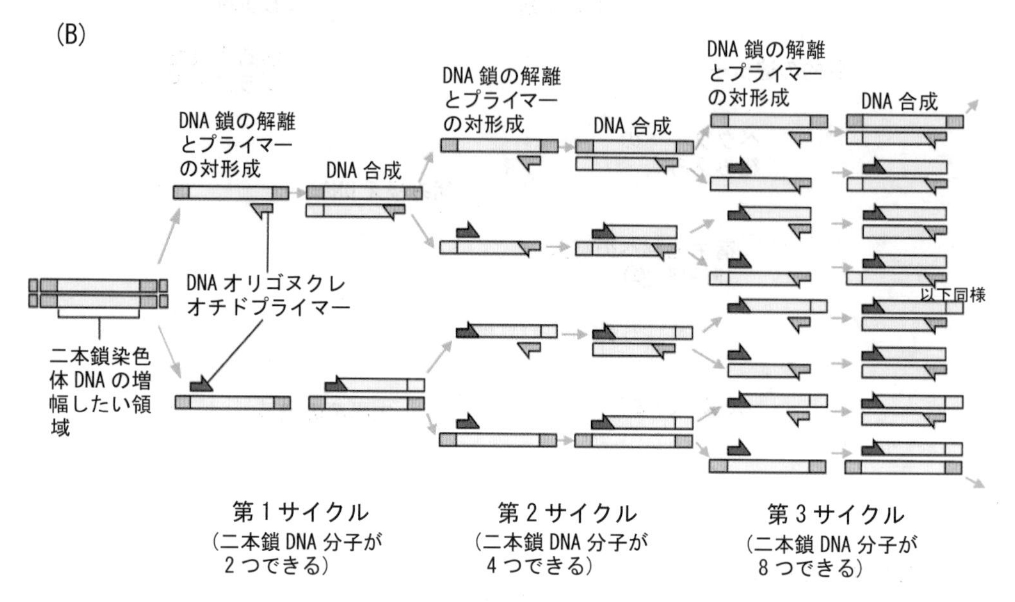

出典）中村桂子、松原謙一監訳「細胞の分子生物学 第 6 版」p. 474 図 8-36 ニュートンプレス 2017

図 16. 4　PCR 法の原理

高温でも失活しない耐熱性の DNA ポリメラーゼ反応を行うことにより、プライマー結合部位からの DNA の**合成**（synthesis）。これらの 3 ステップを 1 サイクルの反応とする。理論的には、1 サイクルの反応ごとに DNA 量は 2 倍ずつ増えていく。このサイクルを数十回繰り返すことで、目的の遺伝子を数億倍以上に大量に増幅させることができる。

以前は、PCR 反応後の産物をアガロースゲル電気泳動にかけ、定性的に分析することが行われていたが、近年では定量的 PCR（リアルタイム PCR）法の開発により、目的の遺伝子の発現量が直接定量できるようになった。

PCR 法は、新型コロナウイルス感染症や各種疾病の遺伝子診断・犯罪捜査や親子鑑定・食中毒など感染源の特定・食品の偽装を見破る種別判定など、さまざまな分野で広く用いられている。

例題2 PCRに関する記述である。正しいのはどれか。1つ選べ。

1. PCRでは、RNAポリメラーゼが用いられる。
2. PCRで鋳型となるDNAを2本鎖から1本鎖にする過程を分解という。
3. PCRでは、たんぱく質が増幅される。
4. PCRでは、耐熱性酵素が使用される。
5. PCRでは、1サイクルでDNA量が3倍になる。

解説 1. RNAポリメラーゼではなくDNAポリメラーゼである。 2. 分解ではなく変性である。 3. たんぱく質ではなくDNAである。 5. 3倍ではなく2倍である。

解答 4

4.3 塩基配列の決定

DNAの塩基配列を決定する方法として、主にサンガー法が用いられている。この方法では、**ジデオキシリボヌクレオチド**（dideoxyribonucleic acid）というヌクレオチドを反応に用いる。DNAの複製のところで述べたように、通常、DNA合成には、一方のヌクレオチドの3'-位と次のヌクレオチドの5'-位の間で、リン酸ジエステル結合が行われる。しかし、ジデオキシリボヌクレオチドは、デオキシリボヌクレオチドの3'-位のOH基から酸素原子が離脱しており、H基になっているため、リン酸ジエステル結合が形成できない（図16.5）。したがって、A, G, C, Tの4種類のジデオキシリボヌクレオチドを利用する合成反応の過程で、ジデオキシリボヌクレオチドが取り込まれたところで、必ずDNA合成反応は停止する。この取り込みはランダムに生じるので、一塩基ずつ長さの異なるDNA鎖が生成する。これを電気泳動により分離することにより、塩基配列が決定できる(図16.6)。蛍光色素を結合したジデオキシリボヌクレオチドを用いて反応を行い、レーザー光を照射してそれぞれの蛍光色素を検出して、A, G, C, Tの塩基を特定する自動塩基配列解析装置（シークエンサー（sequencer））も利用されている。なお、近年では、コンピューターとデータベースを駆使した次世代シークエンスにより、短時間で1人分の全遺伝子配列を決定できるようになっている。

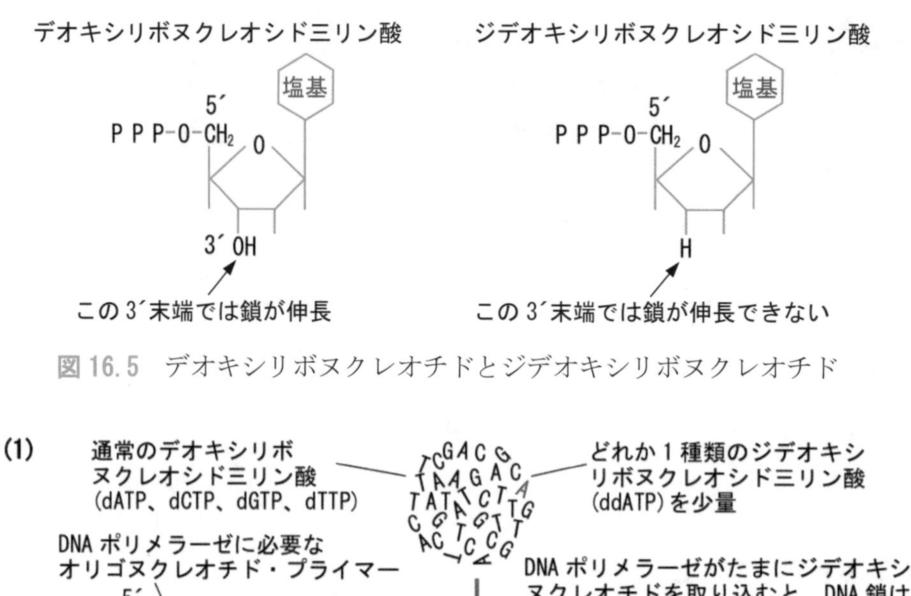

図16.5　デオキシリボヌクレオチドとジデオキシリボヌクレオチド

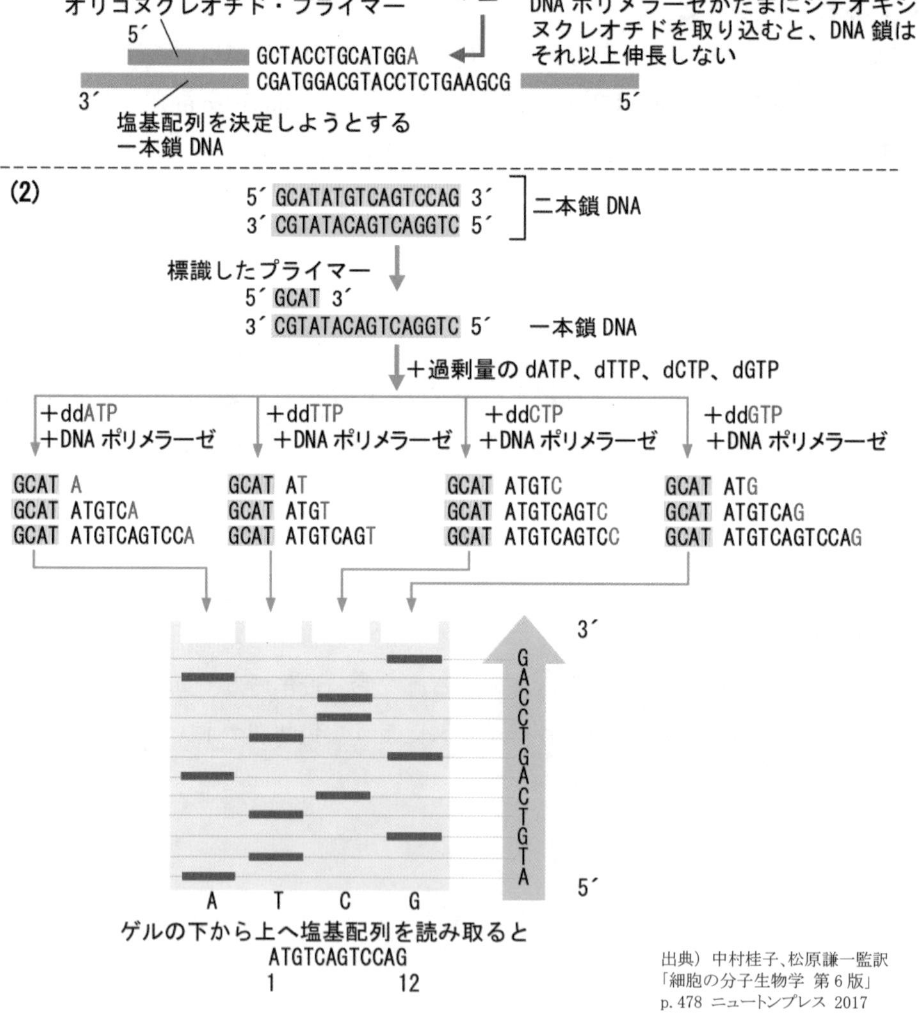

出典）中村桂子、松原謙一監訳
「細胞の分子生物学　第6版」
p. 478　ニュートンプレス　2017

図16.6　サンガー法による塩基配列の決定

例題 3 遺伝子操作に関する記述である。正しいものを 1 つ選べ。

1. エピジェネティックス制御は、遺伝子の塩基配列に依存している。
2. サンガー法で遺伝子の塩基配列を決定する場合、トリデオキシリボヌクレオチドが用いられる。
3. 制限酵素は、たんぱく質分解酵素の 1 種である。
4. DNA 断片同士を連結させる酵素を DNA ポリメラーゼという。
5. 異種の DNA 断片を連結することを遺伝子組み換えという。

解説 1. 塩基配列ではなくシトシンやヒストンのメチル化状態に依存する。
2. トリデオキシリボヌクレオチドではなくジデオキシリボヌクレオチドである。
3. たんぱく質分解酵素ではなく DNA 分解酵素である。 4. DNA ポリメラーゼではなく DNA リガーゼである。 **解答** 5

4.4 DNA マイクロアレイ

以前は、遺伝子の発現量（mRNA 量）を測定するためには、放射性同位元素を用いた方法で、検出したい遺伝子を標識して、一度に 1 種類の遺伝子の発現量を検出することが通常であった。定量的 PCR 法が行われるようになって、一度に検出・定量できる遺伝子数は多くなったものの、解析したいひとつひとつの遺伝子の反応を行わなければならないことには変わりはない。それまでとは逆の発想で、一度に数多く（数万）の遺伝子発現を網羅的にスクリーニングできる優れた方法として、**DNA マイクロアレイ**（microarray）が開発された。

この方法は、多種類の遺伝子に対応する合成ヌクレオチドがスポットされているスライドガラスを用いる（図 16.7）。組織・細胞から抽出した mRNA を**逆転写酵素**（reverse transcriptase）を用いて**相補的な DNA**（complementary DNA：cDNA）にする。この時、蛍光色素で cDNA を標識する。その cDNA を用いて、スポットされた遺伝子との間で相補的な塩基対合を生じさせる（**ハイブリダイゼーション**（hybridisation））。その後、蛍光画像を取り込みコンピューターで画像解析を行う。蛍光強度により、各遺伝子の発現量を測定するため、蛍光強度が高いほど、その遺伝子の発現量が多いといえる。この方法を応用することにより、例えば、ホルモン処理前後の細胞からそれぞれ mRNA を調製して、処理前の cDNA は赤色蛍光色素で、処理後の cDNA は緑色蛍光色素で標識して同様の解析を行ったとする。ホルモン処理前の細胞で発現量の多い遺伝子は赤色に、処理後の細胞で発現量の多い遺伝子は緑色に、処理前後で発現量の変わらない遺伝子は赤色と緑色が混合した黄色として検出される。これにより、ホルモン処理により発現が影響される遺伝子や影響されない遺伝子を判断することが可能となる。近年では、細胞で発現しているmRNAを逆転写してcDNAにしたあと、次世代シークエンスにかけて、発現している遺伝子量を網羅的に解析するRNAシークエンス（RNAseq）も用いられている。

4.5 遺伝子改変生物

遺伝子組み換え技術を用いて、ある遺伝子を強制的に発現させた生物（**トランスジェニック生物**（transgenic organism））や、特定の遺伝子を破壊した生物（**ノックアウト生物**（knockout organism））などの**遺伝子改変生物**（genetically modified organism：GMO）を作製できるようになっている。以前はノックアウト生物を作製するために相同組み換えを利用していたため、長い時間がかかっていたが、近年はCRISPR-Cas9を利用した**ゲノム編集**（genome editing）技術の発達により、狙った遺伝子を容易にノックアウトできるようになった。これにより、学問的に遺伝子の機能解析が進むのはもちろんのこと、例えば通常よりも筋肉量が多い魚や牛が作製されたり、質のよい作物や病気に強い作物を作ったり、単位面積当たりの作物の収量を増やせたり、作物の成育中に使用する農薬の量を激減させることも可能になっている。

遺伝子を特異的に代表するDNAを集める。
PCR増幅
自動装置でガラス板に“印刷”
試料1から作ったcDNA：赤色蛍光色素で標識
試料2から作ったcDNA：緑色蛍光色素で標識
ハイブリット形成
洗　浄
赤色と緑色の信号を走査し、画像を組み合わせる。

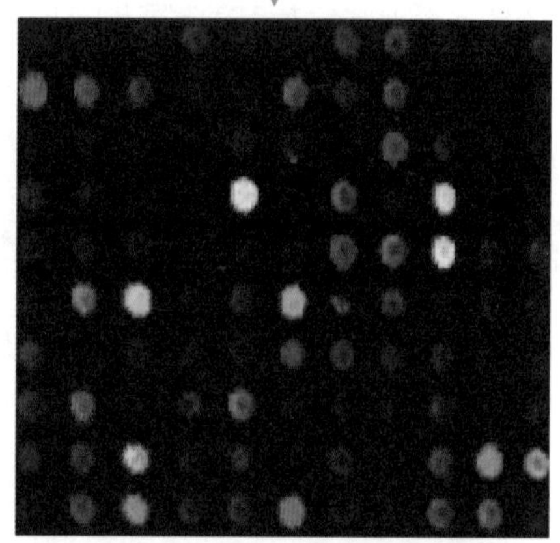

マイクロアレイの小領域を拡大
110個の酵母遺伝子の発現が表されている。

出典）中村桂子、松原謙一監訳
「細胞の分子生物学 第6版」p.504 図8-64
ニュートンプレス 2017

図16.7　マイクロアレイ

血糖を低下させるホルモンであるインスリンが遺伝的に作られないために高血糖となり発症する疾病をI型糖尿病という。この患者は、インスリンを投与することによって血糖を低下させることができる。患者の治療のために使用されているインスリンは、遺伝子操作により、ヒト型インスリンを大腸菌や酵母菌に作らせて大量生産したものである。こういう技術を**バイオ**

テクノロジー（biotechnology）という。

このように、安全性の検証は常に必要であるが、遺伝子操作技術を適切に用いることにより、人類にとっても多くの有益性をもたらすことができる。

例題 4　遺伝子操作・解析に関する記述である。正しいものを 1 つ選べ。

1. 遺伝子組み換え技術によりヒトインスリンが生産されている。
2. 目的の遺伝子を破壊した生物をトランスジェニック生物という。
3. RNA シークエンスでは、直接 RNA を解析する。
4. cDNA を合成する酵素は、DNA ポリメラーゼである。
5. DNA マイクロアレイは、一度に 1 つの遺伝子発現を解析する。

解説　2. トランスジェニック生物ではなくノックアウト生物である。　3. 直接ではなく一度、cDNA に変換する。　4. DNA ポリメラーゼではなく逆転写酵素である。5. 1 つではなく多数である。　**解答**　1

コラム　遺伝子型検査

遺伝子型検査は今やさまざまな分野で用いられている。例えば、既に遺伝子病の原因として明らかになっている原因遺伝子を持つかどうかのスクリーニングはもちろんのこと、ある体質をもたらす SNP の解析により、将来、その人がどのような病気に気をつけなければならないかが指導できるようにもなってきている。当然、その情報をもとに一部で栄養指導も行われている。また、新型コロナウイルスの検出や個人鑑定を行うことにも用いられている。ヒトゲノム内のアミノ酸をコードしない領域には、反復配列が多く含まれている。その中でも、10 塩基未満の長さの塩基配列が直列に繰り返し存在する**短鎖縦列反復配列**（short tandem repeat：STR）とよばれる領域は、人々の間で反復数に大きな差異を持つ領域である。個人鑑定を行う場合、複数の STR の領域に関して、STR を挟み込むようにして PCR 反応を行い、その反復数を決定することにより、その個人の持つ DNA 型が判定できる。その精度も、今や 4 兆 7000 億人に 1 人のところまで来ているため、一卵性双生児を除けば、同じ DNA 型を検出する他人の存在は地球上ではあり得なくなっている。

章末問題

1　核酸の構造と機能に関する記述である。正しいのはどれか。1つ選べ。

1. ポリメラーゼ連鎖反応（PCR）法には、プライマーが必要である。
2. プロモーターは、mRNAの移動に必要である。
3. rRNA（リボソームRNA）は、脂肪酸を運ぶ。
4. イントロンは、たんぱく質に翻訳される。
5. DNA分子中のシトシンに対応する相補的塩基は、アデニンである。　（第30回国家試験20問）

解説　2. 移動ではなく転写である。　3. rRNAはリボソームの構成成分である。　4. 翻訳されない。　5. アデニンではなくグアニンである。　解答 1

2　核酸に関する記述である。正しいのはどれか。1つ選べ。

1. tRNA（転移RNA）は、脂肪酸を運ぶ。
2. RNAは、チミンを含む。
3. DNAポリメラーゼは、DNAを分解する。
4. ポリメラーゼ連鎖反応（PCR）法は、DNAを増幅する。
5. アデニンとシトシンは、相補的塩基対をなす。　（第28回国家試験23問）

解説　1. 脂肪酸ではなくアミノ酸である。　2. チミンではなくウラシルである。　3. 分解ではなく合成である。　5. アデニンとチミンまたはグアニンとシトシンである。　解答 4

参考文献

1）松村瑛子、安田正秀著「基礎固め生物」　化学同人
2）中村桂子、松原謙一監訳「細胞の分子生物学 第6版」ニュートンプレス
3）川崎祥二、古庄律編「生物学‐ヒトと環境の生命科学‐」建帛社
4）生化学第3版　薗田勝編　羊土社
5）生化学・分子生物学　伊藤薫一・木元幸一、小林修平編　建帛社
6）近藤和雄、脊山洋右、藤原葉子、森田寛編「人体の構造と機能Ⅱ 生化学」東京化学同人
7）中村桂子、松原謙一監訳「エッセンシャル細胞生物学原書 第5版」南江堂
8）和田勝著「基礎から学ぶ生物学・細胞生物学 第4版」羊土社
9）金本龍平編「分子栄養学」化学同人

索　引

ギリシャ文字

α

β

γ

数字

1

2

3

5

7

和文

あ

さ

し

す

せ

そ

た

ち

つ

て

『栄養管理と生命科学シリーズ』
生化学

2024 年 7 月 17 日　初版第 1 刷発行

編著者　山　田　一　哉

発行者　柴　山　斐呂子

発行所　**理工図書株式会社**

〒102-0082　東京都千代田区一番町 27-2
電話 03（3230）0221（代表）
FAX03（3262）8247
振替口座　00180-3-36087 番
http://www.rikohtosho.co.jp

ISBN978-4-8446-0940-7
印刷・製本　丸井工文社

栄養管理と生命科学シリーズ

公衆衛生学

網中 雅仁 編著

理工図書

はじめに

2023（令和5年）年1月、管理栄養士国家試験出題基準（ガイドライン）改訂検討会によって、新たなガイドラインが示された。これは、新たな法律や制度の改正に対して迅速に対応するためであり、おおむね4年に1度実施されている。

今回の改定は、超高齢社会であるわが国の人口構成が、今後2040（令和22）年の老齢人口割合で35%に達することを考慮し、その時代を見据えた多業種連携に必要な知識及び技能や法改正に伴う適切かつ効果的な栄養管理の能力を修得した管理栄養士の養成を目的としている。

これからの管理栄養士養成施設に求められる教育として、国家試験の合格をめざすことは専門職としてのスタートであって、各々の養成施設が質の高いプロフェッショナリズムを備えた人材を育てる教育プログラムを学生へ提供することになる。学生は、今後に訪れる我が国の社会的諸問題に多業種とともに収拾する役割を担っていることを自覚し、期待される管理栄養士となるべく研鑽を積むことを嘱望する。

公衆衛生学の分野では、栄養管理を実践する上で基本となる人間の健康（疾病）と社会・環境、食べ物の関係について広く学修することが求められる。健康増進に関する統計では、レセプト情報・特定健診等データベース（NDB）、国保データベース（KDB）が追加された。また、関連する医療保険制度において、保険者の役割とデータヘルス計画も重要視されており、既に関連事項が第37回国家試験に出題される状況である。

本書は、新たな出題基準に準拠させ、出題基準の大・中・小項目の内容を含む構成となるように配慮している。また、各項目の重要事項に焦点を合わせた例題を適時加えることで、内容の理解と知識の定着を図っている。さらに章末には、関連する国家試験レベルの問題を掲載し、各章ごとの学修到達度を各自が判断できるように配置した。

本書を手に取り、活用される皆さんが、管理栄養士国家試験に合格されることを心から願う次第である。

2023（令和5）年3月

編集（著者代表）　網中雅仁

編集者

網中　雅仁　くらしき作陽大学　食文化学部　栄養学科　教授

執筆者（五十音順）

網中　雅仁　くらしき作陽大学　食文化学部　栄養学科　教授（1章、7章5～7節）

清原　康介　大妻女子大学　家政学部　食物学科　准教授（3章、4章）

熊田　　薫　茨城キリスト教大学　生活科学部　食物健康科学科　教授(2章)

後藤　政幸　和洋女子大学　名誉教授（7章9節）

古屋　博行　東海大学　医学部　基盤診療学系　教授（6章、7章）

村田　貴俊　鶴見大学　歯学部　口腔衛生学　講師（5章）

本橋　隆子　聖マリアンナ医科大学　医学部　予防医学　講師（7章1～4節）

依田　健志　川崎医療福祉大学　医療技術学部　健康体育学科　准教授（7章8節、7章10～11節）

目　次

第４章　健康状態・疾病の測定と評価／87

第6章　主要疾患の疫学と予防対策／145

第1章

社会と健康

1 健康の概念

日本人の平均寿命は、男性が 81.47 歳、女性が 87.57 歳（2021（令和 3）年）に達した。新型コロナウイルスの影響で前年に比べて男性が 0.09 歳、女性が 0.14 歳短くなったが、いずれも世界と比較的して男性が第 3 位、女性が第 2 位の長寿国である。とくに近年、がんや心疾患、脳血管疾患などの死亡率の低下が、平均寿命の延びた要因であるとされる。平均寿命だけからも分かるように、わが国は世界有数の衛生立国であるといえよう。その一方で、わが国の自殺死亡数は、2 万人を超えた状態が恒常化し、特に若年者から青年期の死亡原因の 1 位となっている。また、超高齢社会に歯止めがかからず、合計特殊出生率は、1.30、人口の自然増減数の減少も約 62 万 8 千人を超え、過去最大となった（2021(令和 3)年)。このような状況で日本が真の衛生立国として評価され続けるためには、どのような施策をとっていくことが必要なのであろうか。多くの日本人は、さまざまな国の施策（健康日本 21 第二次等）によって健康を意識する生活スタイルへと変化してきている。公衆衛生の目的は、まさに人々の健康を保持・増進させることである。

健康とは何か、どこからが不健康なのか。はっきりと区切ることができるものではない。また、健康の概念は、時代や環境、国策によって影響を受ける。図 1.1 は、健康の概念を示したものである。

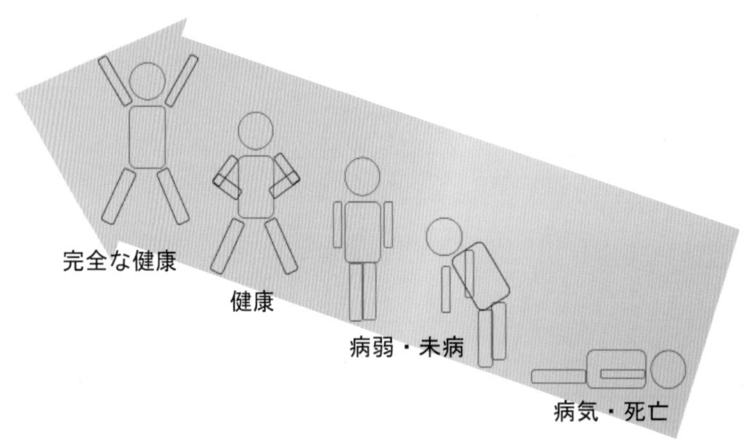

図 1.1　健康の概念

1.1 健康の定義

社会・環境と健康では、公衆衛生学の領域を学ぶ。公衆衛生は個人ではなく、集団の健康を対象としており、日本国憲法第 25 条に示された「すべての国民は健康で文化的な最低限度の生活を営む権利（生存権）」及び２項の「すべての生活部面について、社会福祉、社会保障及び公衆衛生の向上及び増進に努めなければならない」に基づいている。

健康の定義については、世界保健機関（WHO）設立以前の1946年にWHO憲章前文で示されており、健康を「病気でない」という状態だけで捉えるのではなく、「完全に良好な状態」として積極的かつ精神的、社会的な健康も加味した健康観で示している。WHOによる健康の定義では「健康とは、**身体的**、**精神的**及び**社会的**に完全に良好な状態であり、単に疾病又は病弱の存在しないことではない。(Health is a state of complete **physical**, **mental** and **social** well-being and not merely the absence of disease or infirmity.)」としている。また、これからの健康観では、疾病や障害とうまくバランスをとりながら、生活の質（*Quality of Life*；***QOL***）を維持する考え方も許容される社会へと変化してきている。

例題１　健康の定義について、提唱されたのはどれか。１つ選べ。

1. 国連憲章
2. オタワ憲章
3. WHO憲章前文
4. バンコク憲章
5. アルマ・アタ宣言

解説　1. 国連憲章は、国際連合（UN）の設立条約である。　2. 4. オタワ憲章とバンコク憲章では、ヘルスプロモーションを提唱した。　5. アルマ・アタ宣言ではプライマリヘルスケアを提唱した。これらの詳細については（1.2項　公衆衛生の概念）に後述する。

解答　3

1.2 健康づくりと健康管理

わが国では、日本国憲法に基づいて私たちの生存権を保障している。また、これを履行するためにさまざまな法律や施策、予算が費やされている。これらは、すべて健康で文化的な生活を営むうえで必要なことである。一方、健康の捉え方は、社会の発展とともに変化してきた。かつて健康は、疾病の治療や治癒の先にある概念であった。しかし、医学の進歩によって疾病の予防や寿命の延長が可能となり、さらに寿命を伸ばすことが目的ではなく、QOLを求めるようになってきた。さらに、なぜ健康でいられるのか、どうすれば健康でいることができるのかという健康生成論も発展してきている。

疾病は、予防医学の概念から図1.2に示すように疾病前段階（感受性期）、疾病段階（前期）、疾病段階（後期）に分けられ、その予防手段として健康保持・増進、早期発見・早期治療、機能障害防止・リハビリテーションが提唱された。これらの概念を一次予防・二次予防・三次予防とよぶ（詳細は2.3を参照）。

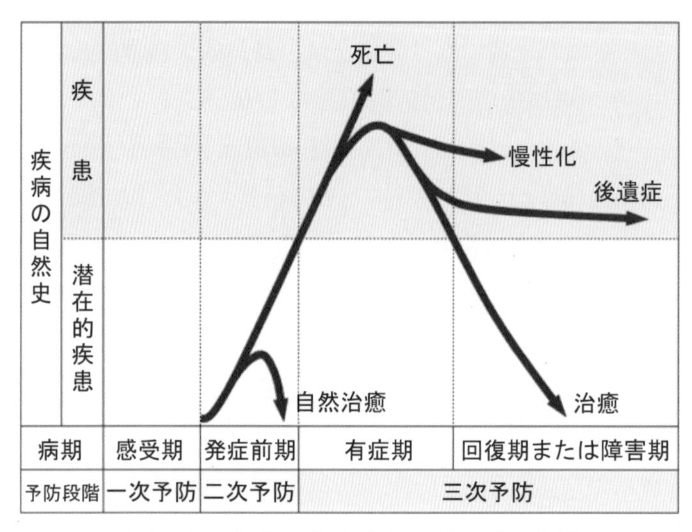

図1.2　疾病の自然史と予防医学の概念

2 公衆衛生の概念

2.1 公衆衛生の定義

第二次世界大戦前、アメリカの公衆衛生学者であるWinslow（1877-1957）は、現在に続く公衆衛生の基礎をつくった。Winslowによる公衆衛生の定義では、「公衆衛生とは組織的な地域社会の努力によって疾病を予防し、寿命の延伸を測り、身体的および精神的健康と能力を増進するための技術と科学である」とし、現在でも広く受け入れられている。具体的には、それまで公衆衛生の中心とされた環境衛生のほかに感染症の予防、母子保健、学校保健、精神保健、栄養改善、疾病の早期発見や治療のための医療保健サービスの組織化、衛生教育や健康を維持するための社会制度の構築や改善などである。公衆衛生は、病気の治療を目的とするものではない。病気の人のみならず、健康な人を含めた集団を対象に健康生成や予防活動を提供し、地域社会における活動として実践される学問である。その領域は医療統計学、疫学、保健施策、医療管理学、保健衛生学、医療社会学、産業保健学、環境保健学など多岐にわたる。

2.2 公衆衛生の目標

公衆衛生は、個々の健康を優先するのではなく、社会全体として健康向上を目指す学問である。病気を見つけ出すことや予防のための衛生教育のみならず、社会全体の保健福祉に関するシステムの構築も含めて発展してきた。公衆衛生が目指す目標とは、社会的な存在である個人と集団としての健康について、適度な運動、十分な休養、バランスのよい栄養を柱とする健康保持・増進を推進し、疾病の予防、生命の延長および健康寿命の延伸に必要な生活環境、社会福祉、医療体制を構築することである。

2.3 公衆衛生と予防医学：一次・二次・三次予防

公衆衛生の基本は、健康保持・増進である。これを一次予防とよんでいる。一次予防は健康な段階で行う疾病予防活動であり、健康増進活動と特異的一次予防活動に分けられる。健康増進活動には、健康教育や栄養教育、衛生教育、適切な栄養摂取や生活環境の確保、快適かつ健康的な労働条件の提供などがある。具体的には、乳幼児健診や学校健診、一般健診などの他、減塩指導、禁煙教育、転倒予防、食習慣などの栄養改善、労働環境の改善、企業における THP 活動、労働衛生での 3 管理（作業管理、作業環境管理、健康管理）などがある。また、特異的一次予防活動として予防接種、感染流行地への移動制限、性感染症予防のためのコンドーム使用などがある。

二次予防は、早期発見・早期治療を目的とする。具体的には新生児マススクリーニング、人間ドック、特定健診・特定保健指導、職域での特殊検診、地域保健でのがん検診などがある。

三次予防は疾病による後遺症予防や再発防止など機能障害防止を目的とする。具体的にはリハビリテーションなどの機能回復訓練、精神科デイケア、介護施設の整備、職場復帰後の適正配置などがある。

例題 2　公衆衛生活動における一次予防である。正しいのはどれか。1 つ選べ。

1. ドライクリーニング工場で働く労働者の特殊検診
2. 給食事業の就業者に対する健康診断での検便
3. 50 歳の専業主婦が受ける特定健診
4. 療養中の脳血管疾患の患者に対する歩行訓練
5. 新生児に実施する新生児マススクリーニング

解説　一次予防は健康保持増進活動である。給食事業者に実施する検便は、年に1度行われる一般健診の中で検査する。一般健診は労働安全衛生法に基づく健康保持増進を目的に実施することが事業者に義務づけられている。 1. 特殊検診は職業病の早期発見、早期治療を目的とする二次予防。 3. 特定健診は、生活習慣病の早期発見を目的とする二次予防。 4. リハビリテーションは三次予防。 5. 先天性代謝異常症の早期発見、早期治療を目的とした二次予防。 **解答** 2

2.4 プライマリヘルスケア

プライマリヘルスケア（PHC）とは、1978年のアルマ・アタ宣言に基づく「2000年までにすべての人に健康を」という基本戦略で提唱された。これは、人間の基本的な権利である健康において格差や不平等が容認されるべきではないという基本精神に基づいている。プライマリヘルスケアの概念として、専門家による一方的な保健医療の押し付けでなく、地域社会を主体に自ら保健サービスに参画するもので、実用的、科学的、社会的に受け入れられる健康状態を得ることを目的とする。
WHOが提唱するプライマリヘルスケア（PHC）の活動内容を図1.3に示す。

1. 健康問題とその予防・対策に関する衛生教育
2. 食糧供給と適正な栄養摂取の推進
3. 安全な水の供給と基本的な環境衛生
4. 家族計画を含む母子保健サービス
5. 主要な感染症に対する予防接種
6. 風土病の予防と対策
7. 一般的な疾病と傷害の適切な処置
8. 必須医薬品の準備・供給

図1.3　プライマリヘルスケア（PHC）の活動内容

2.5 ヘルスプロモーション

WHO憲章前文にある健康の定義で掲げたように、我々がめざす健康とは、身体的、精神的そして社会的に完全に良好な状態である。WHOは、1986（昭和61）年の「**オタワ憲章**」において新たな健康観に基づいた**ヘルスプロモーション**を提唱し、「自らの健康を改善する能力を高めること」を定義とした。また、その後の**バンコク憲章**では加えて「人々が自らの健康とその決定要因をコントロールし、改善することができるようにするプロセスである」とした。ヘルスプロモーションを理解するため、その理念と活動を健康の坂道として図示される。図 1.4 は、それを具体化したもので、めざすべき QOL の向上には険しい坂道が待ち受けているがその坂道を 1 人で克服するのではなく、住民参画やヘルスサービス事業、専門職による知識や技術など、自助・共助・公助によるヘルスプロモーション活動の普及が進み、健康への道のりも緩やかになってきている。

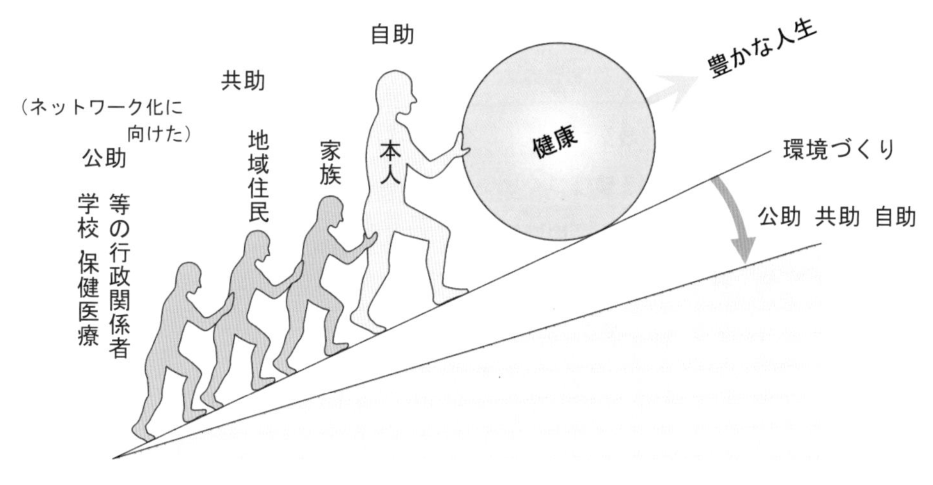

図 1.4　ヘルスプロモーション活動による健康への道のり

ヘルスプロモーションは、疾病変化を考慮したグローバルな視点から健康を推進することを目的に WHO が示した 5 つの健康増進プログラムをもとにオタワ憲章によって提唱された健康戦略である。図 1.5 に健康増進プログラムの基本的な考え方を示す。図 1.5 の考え方をもとに 1986 年、第 1 回ヘルスプロモーション国際会議が開催され、オタワ憲章が採択された。

1. 特定の疾病に対するリスクをもつ者に限らず、人口集団全員を対象として、日常生活の改善に焦点を絞ること
2. 保健医療以外の幅広い資源を活用して、環境整備を行うこと
3. マスコミ、教育、法律の制定、財政措置などあらゆる方法を活用すること
4. 有効な住民参加を得ること
5. 保健関係専門職種の協力を得ること

図 1.5　WHO によるヘルスプロモーションの健康増進プログラム

2005（平成17）年の第6回ヘルスプロモーション国際会議において、ヘルスプロモーションのための3つの戦略（図1.6）および5つの活動分野（図1.7）に関するバンコク憲章を採択した。

1. 能力の付与：人々の主体性が発揮されるように個人の能力を高めること
2. 唱　　道：政治、経済、文化、環境を含めた健康のための条件を整えていくこと
3. 調　　停：保健分野のみならず社会のあらゆる分野が協力・共同し、活動や関心を調整すること

図1.6　ヘルスプロモーションのための3つの戦略

1. 健康的な公共政策づくり：　公共の場所での禁煙活動など
2. 健康を支援する環境づくり：　ウォーキングできる歩道整備など
3. 地域活動の強化：　地域住民への健康教育など
4. 個人技術の開発：　家庭で利用できる医療機器の開発など
5. ヘルスサービスの方向転換：　二次予防から一次予防へ

図1.7　ヘルスプロモーションのための5つの活動分野

例題3　プライマリヘルスケアについてである。最も適切なのはどれか。1つ選べ。

1. ADLやQOLの向上、社会復帰を目的とした公衆衛生の予防活動である。
2. 人々が自らの健康をコントロール、改善することができるプロセスである。
3. 労働者に対する「心とからだの健康づくり運動」のことである。
4. リスクの高い個人を対象にリスクの軽減を図ることである。
5. 「すべての人に健康を」を基本理念とする。

解説　プライマリヘルスケアは地域が主体となって自らの保健サービスを運営するものである。　1. 公衆衛生活動の三次予防のこと。　2. ヘルスプロモーションのこと。　3. 労働者の健康保持増進政策をトータル・ヘルス・プロポーション・プラン（THP）という。　4. ハイリスクアプローチのこと。　解答 5

2.6 公衆衛生活動の進め方

(1) 公衆衛生とマネジメントサイクル

公衆衛生活動の課題は、個人のみならず、地域や集団が関与する栄養、保健、福祉、医療などさまざまな分野にわたる。公衆衛生活動を適切かつ迅速に提供するに

は、個人から形成される集団における公衆衛生上の諸問題を明確に示す必要がある。改善すべき問題の到達目標を設定し、それを実行して事後評価を行い、さらに次に進むための課題や解決策を掲げる必要がある。Plan（計画）－Do（実行）－Check（評価）－Action（改善）といういわゆる**PDCAサイクル**とよばれる**マネジメントサイクル**を行う。

例として図1.8には、保健事業（健診・保健指導）のPDCAサイクルを示す。

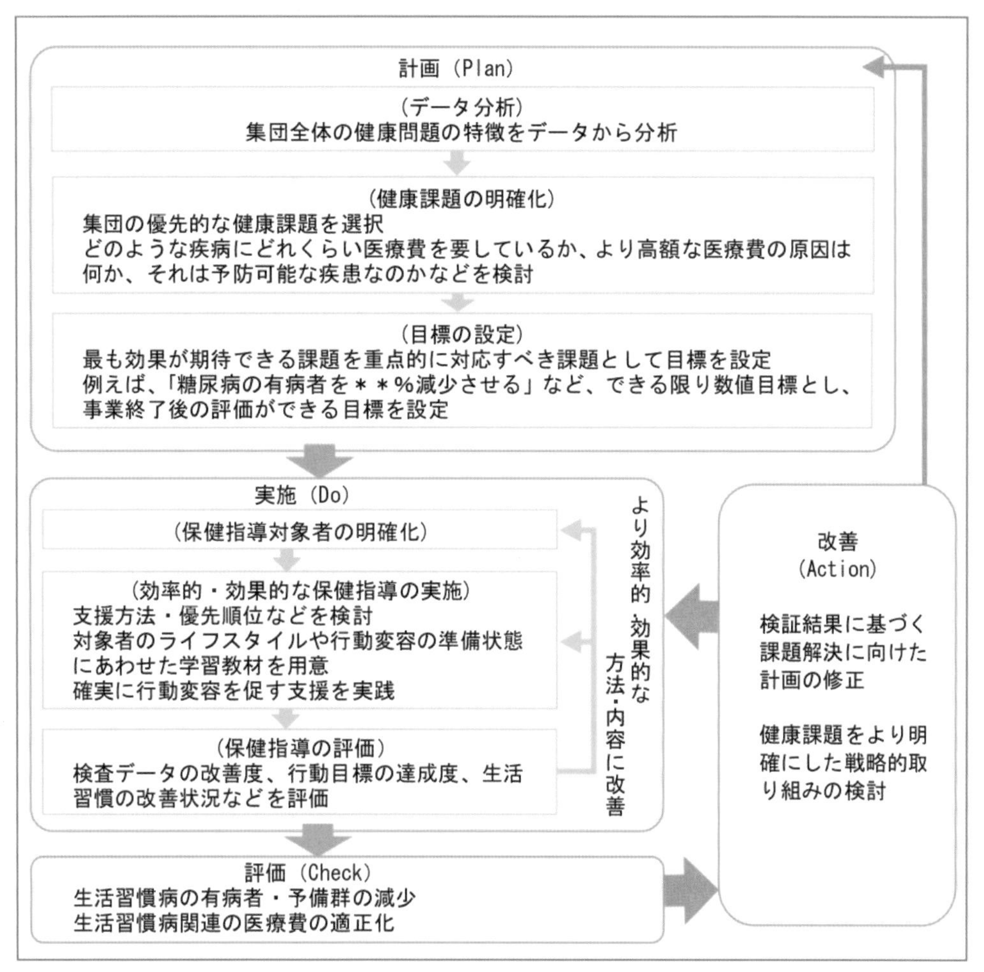

出典）厚生労働省健康局「標準的な健診・保健指導プログラム（改訂版）」

図1.8　保健事業（健診・保健指導）におけるPDCAサイクル

評価にはプリシード－プロシードモデルが活用される。これは、世界的に活用されているヘルスプロモーションや保健活動のプログラム企画・評価モデルである。

❖プリシード（PRECEDE）として5段階：

1. **社会診断**　2. **疫学診断**　3. **行動・環境診断**　4. **教育・組織診断**　5. **行政・政策診断**

❖プロシード（PROCEDE）として4段階：

6.**実行**　7.**プロセス評価**　8.**影響評価**　9.**結果評価**

プリシード－プロシードモデルでは、評価を設定したうえで以上のプログラム企画および評価へと続くため、実際にはこれらのデザインを組むことから始まる。プリシード－プロシードモデルは診断から実施、評価という手順で進むが、特にプロセス評価と結果評価は、具体的な生活習慣や疾病予防などで活用されている。

(2) 公衆衛生とリスクアナリシス

危険な状況が起こる可能性を情報確認・管理・交換するなどして分析し、判断することを**リスクアナリシス（危機分析）**という。リスクアナリシスは、科学的側面からアプローチするリスクアセスメント、行政が管理を行うリスクマネジメント、関係するすべての人達の間でのリスクに関する情報や意見の相互交換をするリスクコミュニケーションからなる。

具体例としては、「食品安全管理におけるリスクアナリシスの導入」などがある。

(3) 公衆衛生と地域診断

地域診断とは、「対象となる地域の客観的指標やきめ細かい観察からその地域の問題や特徴を把握すること」である。地域診断などの際に役に立つフレームワークには、前述のプリシード・プロシードモデルやドナベディアンモデルがある。ドナベディアンモデルは医療の安全や医療の質について考えるときに用いられるモデルで、公衆衛生マネジメント全般について用いられる汎用性が高いフレームワークであり、Structure（構造）、Process（課程）、Outcome（結果）に分けて考えるモデルである。Structure（構造）では、人・物・金の状態がどうなっているか。Process（課程）では、どのように運用されているか。Outcome（結果）ではどうなったかを考える。厚生労働省の医療計画は、このモデルをベースに考えられている。

2.7 予防医学のアプローチ

(1) ハイリスクアプローチとポピュレーションアプローチ

公衆衛生における疾病予防活動には、集団全体に働きかける**ポピュレーションアプローチ**と高いリスクをもっている個人に働きかける**ハイリスクアプローチ**がある。健康日本21（第二次）（21世紀における国民健康づくり運動）でもポピュレーションアプローチとハイリスクアプローチを組み合わせた対策を推奨している。ポピュレーションアプローチは低リスクの集団に対する一次予防としての活動であり、集団全体への効果や経済性が高い一方で費用対効果が低く、また個人での効果は限定され、低いモチベーションなどの欠点があげられる。具体的には地域の栄養教室や禁煙ポスターの掲示、たばこパッケージの警告表示などである。ハイリスクアプローチは、高いリスクをもつ個人を対象とした二次予防としての活動であり、個人への高い効果が期待され、費用対効果も優れている一方、成果が一時的・限定的なことや全体の健康増進につながらないこと、費用もポピュレーションアプローチより高額になることが欠点である。具体的には、特定保健指導や禁煙外来などがある。

(2) リスクパラドックス

リスクがあるという認知度が高いにもかかわらず、そのリスクに対する防護行動を取らないなどの行為をリスクパラドックスという。リスクがあるということを認知させるだけでは、行動を促すことは難しい。防護意図や防護行動の促進、阻害要因を抽出しても、その要因が防護意図や防護行動に与える影響や結果が異なるからである。具体例として東日本大震災直後の原発事故での情報と行動、食品の健康リスクに関する情報と消費者心理などがあげられる。

3 社会活動の公正と健康格差の是正

3.1 社会的公正の概念

社会的公正とは、人間の権利を守り不公平をなくすという意味で、公平な社会を構築する政策のことをさす。平等と公平は異なり、平等はすべての対象者が均等に分配され、等しく享受することであるが、公平はルールの下ですべての多様なコミュニティーや対象者が納得できるものを享受することである。ただし、法に基づく平等については社会的公正に含まれる。社会的公正を保つには、社会正義といわれる社会の常識から考えて正しいとされる道理が理解される必要がある。代表的な社会的公正として所得税の累進課税がある。所得が多いものほど課税比率が上昇する制度であり、収める税金の金額は平等ではない。しかし、必要な税収を平等の税比率分徴収した場合、手元に残る絶対的な金額は、低所得者にとって厳しく、社会的公正を欠いてしまう。

社会的公正はヒトの健康にも影響を及ぼす。経済的な格差は健康格差を引き起こすため、社会的公正を担保することが健康格差を抑制するうえで重要となる。

3.2 健康の社会的決定要因、健康格差

1998（平成10）年にWHOヨーロッパ事務局が発表した「The solid Facts：Social determinants of health　(根拠のある事実：健康の社会的決定要因)」という報告書に社会的決定要因の重要性が示された。また、The Solid Facts (2003) identifies

10 social determinants of health では、社会的公正を担保するための決定要因として、以下の 10 項目が示された（表 1.1）。

表 1.1　保健事業（健診・保健指導）における PDCA サイクル

1. 社会的格差	社会地位が低いほど平均余命は短い。疾病の罹患も多い。
2. ストレス	精神的な不安が増加する。気力が失われる。
3. 生い立ち（幼少期）	幼少期の発達や教育が及ぼす健康影響は生涯続く。
4. 社会的排除	貧困や社会的排除、差別は生命に影響する
5. 労働	職場のストレスは疾病リスクを上げる。ワークライフバランスのとれることが重要である。
6. 失業	安定した雇用が健康や福祉、仕事の満足度を向上させる。
7. 社会的支援	社会との良好なつながりが健康を推進する。
8. 薬物依存（中毒）	薬物、飲酒や喫煙習慣は個人の健康に影響を与え、さまざまな社会環境にも影響する。
9. 食品	食品安全保障における健康的な食品の確保は、政治的な問題である。
10. 交通	公共交通機関の整備が健康的な社会をもたらす。

上記の WHO の報告書には以下の内容が記されている。

教育水準の低下は、所得の低下を招き、良好な住居や健康的な食品の取得を阻み、医療へのアクセスを制限する。その結果としての平均余命の短縮に関連する。健康と病気は、私たちの環境と私たちの生活の状況に大きく影響する。

ヒトの健康と社会的決定要因の分野では、さまざまな要因が健康に影響を与える。例としてヒトは人生の平均 3 分の 1 を仕事に費やしており、多くは雇用からアイデンティティを引き出している。不安定な低賃金の仕事は、健康的な食品を食べ、医療サービスにアクセスする可能性を低下させるだけでなく、依存症につながり、人々の寿命を縮める可能性のあるストレスレベルを高める。同様に、安定した財政とよい仕事をもち、ストレスのレベルが低く、強力な社会的支援を経験しているヒトは、より長く健康的な生活を送ることができる。

(1) ヘルスリテラシー

健康に関するさまざまな情報を探索し、正しい情報を取捨選択してそれを実践する能力をヘルスリテラシーとよぶ。Healthy People 2010（Centers for Disease Control and Prevention : CDC）に掲げられたヘルスリテラシーの定義によれば、正しい健康情報を入手し、理解・評価し、活用するための知識や意欲、能力のことであり、それによって、日常生活におけるプライマリヘルスケアや疾病予防、ヘルスプロモーションから判断したり、意思決定をしたり、生涯を通じて生活の質を維持・向上させることができるようにする能力と記されている。また、学校教育におけるヘルスリテラシー向上への取り組みとして中学校学習要領第7章「保健・体育」には、以下の項目が記載されている。

1. 個人生活における健康・安全に関する理解を通して、生涯を通じて自らの健康を適切に管理し、改善していく資質や能力を育てる。
2. 健康な生活と疾病の予防について理解を深めることができるようにする。
3. 健康の保持増進や疾病の予防には、保健・医療機関を有効に利用することがあること、また、医薬品は正しく使用すること。

(2) 健康格差

これまでの健康教育では、例えば喫煙など不適切な生活習慣が疾病につながることをリスクとして示し、本人へのアプローチから自らの行動変容を促すことを目的としていた。つまり、個々の健康は自助努力によって成し遂げられるということが前提であった。しかし、現在は多様な社会概念が進み、人々の考え方もさまざまとなって従来の健康教育では健康格差が広がっていくことが大きな懸念材料である。新たな健康づくりのための施策が必必要とされる。

章末問題

1 公衆衛生活動とPDCAサイクルの組合せである。正しいのはどれか。1つ選べ。

1. 地域の高齢者に転倒予防教室を開催する — Plan
2. 中間評価を実施する ———— Do
3. 運動しやすい生活環境を整備する ———— Do
4. 最終評価を次期計画へ反映させる ———— Check
5. 数値目標を設定する ———— Act

(30回国家試験改変)

解説 PDCAサイクルとは、Plan(計画)、Do(実行)、Check(評価)、Act(改善)を順次進め、その活動を向上させる手法である。公衆衛生活動においてPDCAサイクルを活用した取り組みが行われている。
1. は転倒予防教室を開催するのでDo(実行)である。 2. は中間評価の実施であるからCheck(評価)である。 4. は最終評価で得た内容を反映させるのでAct(改善)である。 5. は数値目標を設定するのでPlan(計画)である。

解答 3

2　国内外の公衆衛生・予防医学の歴史上の出来事である。正しいのはどれか。2つ選べ。

1. ジョン・スノーによる実地調査が、コレラの蔓延を抑えるきっかけとなった。
2. 近代公衆衛生は、産業革命下の英国で始まった。
3. ヘルスプロモーションの概念は、アルマ・アタ宣言により世界的に広まった。
4. わが国の保健所は、第二次世界大戦後に設置された。
5. わが国の母子健康手帳の交付は、少子化対策の一環として導入された。　(31回国家試験改変)

解説　ジョン・スノーは疫学の父とよばれ、1854年に発生したロンドンのコレラ大流行で井戸とコレラ感染の疫学調査を行い、コレラのまん延を抑制させた。また、近代における公衆衛生の発展は、歴史的にはイギリス産業革命と資本主義の成立を契機としている。　3. ヘルスプロモーションは、オタワ憲章において提唱した新しい健康観に基づいた21世紀の健康戦略である。　4. 保健所は、第二次世界大戦前の1937（昭和12）年に保健所法が制定され、翌年4月から設置された。　5. 母子健康手帳の交付は、1942（昭和17）年の妊産婦手帳に始まり、1948（昭和23）年に母子手帳、1965（昭和40）年に施行した母子保健法に基づいて母子健康手帳として交付されている。妊産婦および乳幼児の健康管理の記録として交付されている。

解答 1、2

3　減塩に関する活動と、関連する概念の組み合わせである。正しいのはどれか。1つ選べ。

1. 地域住民を対象とした減塩教室の実施 ―――― PDCAサイクルのC（Check）
2. 高血圧症患者に対する減塩の食事療法 ――― ポピュレーションアプローチ
3. 一般家庭への減塩食品の普及 ――――――― ハイリスクアプローチ
4. マスメディアを用いた減塩キャンペーン ―――――― 一次予防
5. 減塩指導の高血圧予防効果に関するメタアナリシス ―― インフォームド・コンセント

(32回国家試験)

解説　1. PDCAサイクルとは、Plan(計画)、Do(実行)、Check（評価）、Act（改善）を順次進め、その活動を向上させる手法である。地域住民を対象とした減塩教室の実施は、Do(実行)である。　2. 高血圧症患者に対する減塩の食事療法はリスクのある個人に対する取り組みであり、ハイリスクアプローチである。　3. 一般家庭への減塩食品の普及は、不特定多数の一般を対象者とした健康増進活動であり、ポピュレーションアプローチである。　4. マスメディアを用いた減塩キャンペーンは健康保持・増進活動であり、一次予防である。　5. 減塩指導の高血圧予防効果に関するメタアナリシスは、多角的な研究を分析することであり、直接減塩指導を対象者へ行う研究ではないため、インフォームドコンセントは関係ない。

解答 4

4　国内外の公衆衛生・予防医学に関する記述である。正しいのはどれか。1つ選べ。

1. ジョン・スノウは、結核の流行様式を解明した。
2. プライマリヘルスケアは、アルマ・アタ宣言で示された。
3. ヘルスプロモーションは、ウインスローにより提唱された。
4. わが国の国民皆保険は、第二次世界大戦前に確立された。
5. わが国の保健所の数は、近年増加している。　(33回国家試験改変)

解説　1. ジョン・スノウは、コレラ感染の疫学研究を行い、疫学の父とよばれている。 2. プライマリヘルスケアは、「すべての人に健康を」を基本理念としてアルマ・アタ宣言で提唱された。 3. ヘルスプロモーションは「人々が自らの健康とその決定要因をコントロールし、改善することができるようにするプロセス」としてオタワ宣言で提唱された。ウインスローは、公衆衛生の定義示した。 4. 国民皆保険は第二次世界大戦後に確立した。 5. わが国の保健所は近年ほぼ、一定である。 解答 2

5 健康日本21（第二次）における健康寿命に関する記述である。誤っているのはどれか。1つ選べ。

1. 「日常生活に制限のない期間」をさす。
2. 健康寿命の上昇分を上回る平均寿命の上昇を目標としている。
3. 健康寿命は、女性の方が男性よりも長い。
4. 都道府県格差の縮小を目標としている。
5. 社会環境の整備によって、地域格差が縮小される。 （34回国家試験改変）

解説 健康日本21（第二次）では健康寿命の延伸を実現することを目指している。健康寿命とは、日常的・継続的に医療や介護に依存せずに自分自身で生活を維持し、自立した生活ができる生存期間のことをいう。健康寿命と平均寿命の差をなくすことが目標である。健康寿命は2019（令和元）年において男性が81.41歳、女性は87.45歳である。平均寿命との差は、男性が約9年、女性が約12年である。地域格差の解消を目指しており、社会環境の整備によって地域格差は縮小する。 解答 2

6 健康の「生物心理社会モデル」に関する記述である。誤っているのはどれか。1つ選べ。

1. 生物医学的側面を考慮する。
2. 疾病の原因の解明を含む。
3. 対象者のニーズに応える。
4. 疾病を単一要因により説明する。
5. 栄養ケア・マネジメントの基礎となる概念である。 （35回国家試験）

解説 健康の「生物心理社会モデル」とは、1997(平成9)年にジョージ・エンゲルが提唱した。人間を生物的側面、心理的側面、社会的側面から捉えようとする枠組みである。これら3つは互いに影響している。1.2.は生物的側面であり、3.は社会的側面である。 5.は3つの側面から捉える概念である。解答 4

7 減塩教室におけるPDCAサイクルのうち、A（Act）に該当するものである。最も適当なのはどれか。1つ選べ。

1. アンケートにより参加者の満足度の集計を行った。
2. 参加する対象者の選定を行った。
3. 評価項目を定めた。
4. 参加者の要望を受けて新たなプログラムを検討した。
5. 開催中にスタッフによる指導内容を記録した。 （36回国家試験）

解説 PDCAサイクルとは、Plan(計画)、Do(実行)、Check（評価）、Act（改善）を順次進め、その活動を向上させる手法である。 1. はDo（実行）である。 2. はPlan（計画）である。 3. はPlan（計画）である。 4. はAct（改善）である。5. はDo（実行）である。 解答 4

参考文献

1）国民衛生の動向 2022/2023　厚生の指標　増刷　一般財団法人　厚生労働統計協会　2022 年 8 月 26 日発行

2）厚生労働省：標準的な健診・保健指導プログラム（平成 30 年版）
https://www.mhlw.go.jp/stf/seisakunitsuite/bunya/0000194155.htm（2023.1.21）

3）Healthy People 2010（Centers for Disease Control and Prevention：CDC）
https://www.cdc.gov/nchs/healthy_people/hp2010.htm（2023.1.21）

4）WHO:The Solid Facts（2003）Europe　second edition　World Health Organization 20 Avenue Apia　Geneva 27, 1211 Switzerland
http://www.mengage.org.au/images/e81384_1111.pdf　（2023.1.21）

環境と健康

1 生態系と人々の生活

1.1 生態系と環境の保全

(1) 環境とは

人間を含む生物は、単独で生存を維持することはできず、自己の周辺に存在するものとの相互作用をもちながら生存している。自己の周辺に存在するものには、食糧、水や生息の場所となる土壌や水、光や熱、空気などの大気、同種の生物や他種の生物などありとあらゆるものが含まれる。環境（environment）とは、このような生物を取り巻く総体ということができる。環境には食糧や空気などその生物にとってごく身近なもの、空気や食糧のあり方に影響を及ぼすより広範な地域のあり方、さらに地球全体、光や放射線を生み出す太陽、さらには宇宙全体までが含まれることになる。

生物は、環境を利用しながら生存すると同時に環境を変化させながら生存を保っている。

(2) 生態系とは

生態学（ecolgy）という用語は、ギリシア語のoikos（家）が語源である。家は生活の場である。生態系（ecosystem）とは、生物とその生活の場である環境と相互作用をひとつのシステムとして捉えた用語といえよう。生態学とは生態系を研究する学問といえる。

(3) 人間にとっての環境

人間も生物であるから、環境と相互作用しながら生存を確保している。環境との相互作用の仕方には、他の生物、特に動物と同様の相互作用もあるが、人間特有のものもある。人間にとっては、他の動物と比べると社会的環境の占める部分が非常に大きい。また、生物は環境に働きかけ環境を改変するが、人間の環境改変は大きくまたそのスピードも非常に大きいように思われる。これが、今日の公害問題や地球規模での環境問題を引き起こす大きな原因といえる。

人間にとっての環境としては、物理的環境、化学的環境、生物的環境および社会的環境に区分して考えることができる。もちろんこれ以外の区分も考えることができるし、それぞれに重複する部分もあるが、一応このように区分して考える。物理的環境には、音、光、熱、放射線、気圧、水圧、湿度、気流・風などがある。化学的環境としては、空気、水、化学物質などがある。生物的環境には、食物、周辺に生息する動植物、微生物などがある。社会環境には、家庭、学校、職場、都市・農村などの地域コミュニティー、交通や輸送機関、国家（社会体制、医療や法制度）、衣服、住居などがある。

1.2 地球規模の環境

(1) 宇宙環境の一部としての地球環境

地球は太陽系の惑星であり太陽の核融合によって生じるエネルギーが、地球の駆動エネルギー源である。太陽は約46億年前に誕生し、核融合反応が活発になり現在は安定的にエネルギーを供給している。安定的といっても、全く定常状態にあるのではなく、周期的あるいは非周期的な変動が存在している。それにより、地球が受け取るエネルギーも変動し、地球の環境も変動する。太陽自身も銀河系（天の川銀河）周縁部に位置する恒星であり、銀河系を約2億5000万年かけて一周している。その間に星間物質の濃淡に違いがあるので、地球が太陽から受けるエネルギーには差異が生じる。このように、地球は太陽や天の川銀河、さらには宇宙全体から影響を受け、環境変動が起きているといえる。

地球環境は時間によっても変動している。地球も太陽とほぼ同時期の約46億年前に誕生し、その間には大きな変動を起こしている。地球誕生当初は、地球全体がドロドロに溶けたマグマオーシャンの時代もあった。赤道まで氷に覆われた全球凍結の時代もあった。現在は、陸上の一部に氷床が存在しているので氷河期にあたるが、そのうちでは比較的温暖な間氷期である。

(2) 環境と生物の相互影響

1) 地球史における環境と生物

地球誕生の数億年後に生物が登場したと考えられているので、地球生命の歴史は約40億年に及んでいる。この間に、生物は進化し全体としては多様性を増してきた。しかし、環境に適応できない生物種は滅び、絶滅した生物のいなくなった生活の場を新たに進化した生物が取って代わってきた。例えば、直近の大絶滅は約6500万年前に起こり、恐竜をはじめとしてすべての生物種の70%が絶滅したと考えられている。この絶滅の原因は巨大隕石の落下による急激な環境変動であると考えられている。しかし、この大量絶滅を生き延びた生物種は、新たな環境に適応し進化の道をたどり始めた。このなかで大きな発展を遂げた生物種には人間を含む哺乳類と恐竜の生き残りが進化して登場した鳥類が含まれている。

大量絶滅は、6500万年前のみでなく、知られているだけでも5回起きている（図2.1）。その度に新たな環境が出現し、これに適応できなかった種は消滅し、適応した生物種は大きな発展を遂げてきた。

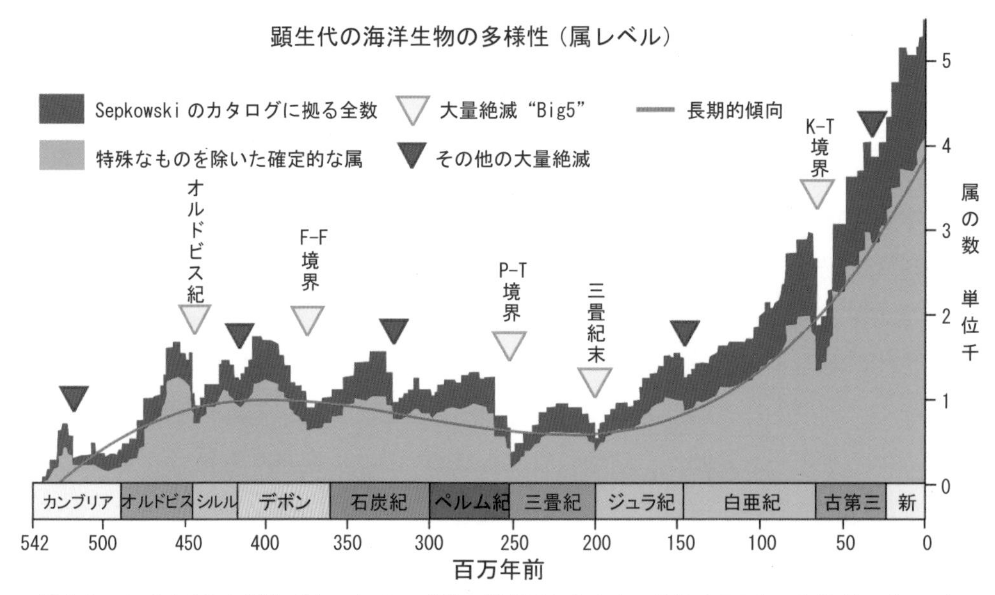

顕生代における生物多様性（科レベル）の推移。横軸は年代を表し単位は百万年。青色がセプコスキのデータ、緑色が"well-defined"データ、黄色の三角が5大絶滅事件（ビッグファイブ）。2億5100万年前に位置する谷間がP-T境界、右側6550万年前の谷が恐竜が絶滅したK-T境界。P-T境界の谷は他の4回より極端に深く、しかもそれからの回復速度が遅いことが分かり、多様な生物の破滅的終局が起こったことを示している。

図2.1　生物の多様性の増加と大量絶滅

2）環境を改変する生物

生物は環境に適応できないと絶滅し適応できると進化発展するが、一方生物活動は環境を改変する。生物による最も大きな環境改変としては地球大気における酸素濃度の上昇がある。酸素発生型光合成生物であるシアノバクテリア（藍藻）の出現と増殖が、地球大気に酸素をもたらした。地球初期大気には酸素はほとんど含まれておらず、したがって初期の生物は、酸素の存在しない環境下でのみ増殖できる生物（嫌気性生物）のみであった。シアノバクテリアは約27億年前から大量に増殖し、数億年かけて地球大気から二酸化炭素（CO_2）を減少させ、酸素を増加させた。その結果、初期の嫌気性生物の多くは死滅したが、生き残った生物の中から酸素を効率的に利用できる生物（好気性生物）が進化し、さらには多細胞生物を生み出してきたと考えられている。現在、地球大気の酸素濃度は約21%であるが、これらはすべて光合成生物の産生したものである。また現在の地球大気中の二酸化炭素濃度は、400 ppm（0.04%）を超す勢いであるが、地球史の初期の時代は現在の数千倍の濃度があったと考えられている。生物活動が認められない地球の隣の惑星である金星や火星では、酸素はほとんど存在せず、二酸化炭素は大気の95%以上を占めている。光合成生物の出現と繁栄は、生物が環境を改変した最も大きな活動であると考えられる。

人間の活動は不可避的に環境の改変をもたらす。人間以外の生物も環境改変を引き起こすが、人間活動がもたらす環境改変は、他の生物のそれに比べて大規模であり急激である。地球大気中の酸素濃度の増加はきわめて大規模であり、すべての生物の生存に大きな影響を及ぼしたが、数億年にわたる長期間で起きた現象であった。

今日の人間活動による環境改変は多岐に及び、生活を豊かにしてきた面も多くある。しかし、この活動により他の生物はもとより人間自身をも絶滅に追いやるものかもしれない。

2 環境汚染と健康影響

前述したように、生物と環境は相互作用を及ぼし合っている。しかし、今日の人間活動の影響はあまりに大きく急速である。現在、生物種は1年間に4万種が絶滅しているという推計がある。これに対し、約6500万年前の大量絶滅では、1年あたり10種から100種程度の種が絶滅し、恐竜が絶滅するのに60万年かかっている。したがって現在は大量絶滅の時代であるといえる。そしてその原因の大半は人間活動の影響によるものである。人間活動が環境を改変し、その環境に適応できないものは絶滅しても仕方ないというだけの理由で、人間活動も許容できるのだろうか。また、人間活動により人間自身が絶滅してもそれは生態学の法則によるものであり、特に問題にする必要もないといってよいのだろうか。

シアノバクテリアを初めとする光合成生物は、地球の大気環境を大幅に改変してきたが、当然のことながらその事実を認識していなかった。しかし、人類は自己の活動が地球環境を改変し、他の生物はもとより人類自身をも生存の危機に追いやっていることを認識している。であれば、自己保存とともに他の生物の保存を意識的に取り組む必要があると考えられる。

例題1　環境と生態系に関する記述である。誤っているのはどれか。1つ選べ。

1. 生命は地球環境の変化に適用し進化してきた。
2. 人間は、自己を取り巻く環境を改変しながら生存してきた。
3. 人間を除くと、生物自身が環境を改変しながら生き延びた例は知られていない。
4. 学校、職場、政治体制などは、社会環境の一例である。
5. 生物は、同種・異種の生物を含む環境との相互作用を営みながら生活している。

解説　生物は環境と相互作用を及ぼし合いながら生存を保っている。したがって、人間以外の生物でも環境を改変する。知られている最も大きな環境改変は、光合成生物の登場と繁栄による地球大気の大規模な改変であった。これにより、大気に酸素が増え二酸化炭素が減少したと考えられている。　**解答**　3

2.1 地球（世界規模）での取り組み

人間活動による環境悪化といえる現象には多くのものがあるが、地球温暖化、オゾン層破壊、酸性雨、砂漠化、森林破壊、生物多様性の危機、大気・水・土壌環境の悪化、廃棄物、海岸浸食、難分解化学物質問題などはその典型的なものである。以下、そのうちのいくつかについて簡単に述べる。

(1) 地球温暖化

地球は太陽から主に光としてエネルギーを受け取り、赤外線を宇宙空間に放出している。このバランスが保たれていると地球の温度は一定に保たれる。今日、人類は化石燃料の大量消費により二酸化炭素（CO_2）を大気中に放出している。また、森林破壊によりCO_2の樹木への吸収も減少している。CO_2は赤外線を吸収するので、熱収支バランスが崩れ、より高い温度でバランスが取れる。二酸化炭素以外にも温暖化に寄与する成分で人間活動によるものとしては、メタン、フロン、一酸化二窒素などがある。大気中の二酸化炭素（CO_2）濃度の変化を図 2.2 に示した。CO_2濃度は一貫して増加しており、今日では400 ppm（0.04%）を超えている。また、実際の地球の平均気温もCO_2増加に伴って増加しているように見える（図 2.3）。気温上昇のすべての原因をCO_2濃度の増加によると断定することはできないが、明らかな相関が認められる。

気候変動に関する政府間パネル（Intergovernmental Panel on Climate Change : IPCC）第６次評価報告書（AR6）の政策決定者向け要約の暫定訳では次のような指摘がなされている。以下はその一部の抜粋である。

「人間の影響が大気、海洋および陸域を温暖化させてきたことには疑う余地がない。大気、海洋、雪氷圏および生物圏において、広範囲かつ急速な変化が現れている。気候システム全般にわたる最近の変化の規模と、気候システムの側面の現在の状態は、何世紀も何千年もの間、前例のなかったものである。

世界平均気温は、本報告書で考慮したすべての排出シナリオにおいて、少なくとも今世紀半ばまでは上昇を続ける。向こう数十年の間に二酸化炭素およびその他の温室効果ガスの排出が大幅に減少しない限り、21 世紀中に、地球温暖化は1.5℃および 2℃を超える。

二酸化炭素（CO_2）排出が増加するシナリオにおいては、海洋と陸域の炭素吸収源が大気中の CO_2 蓄積を減速させる効果は小さくなると予測される。過去および将来の温室効果ガスの排出に起因する多くの変化、特に海洋、氷床および世界海面水位における変化は、百年から千年の時間スケールで不可逆的である。」

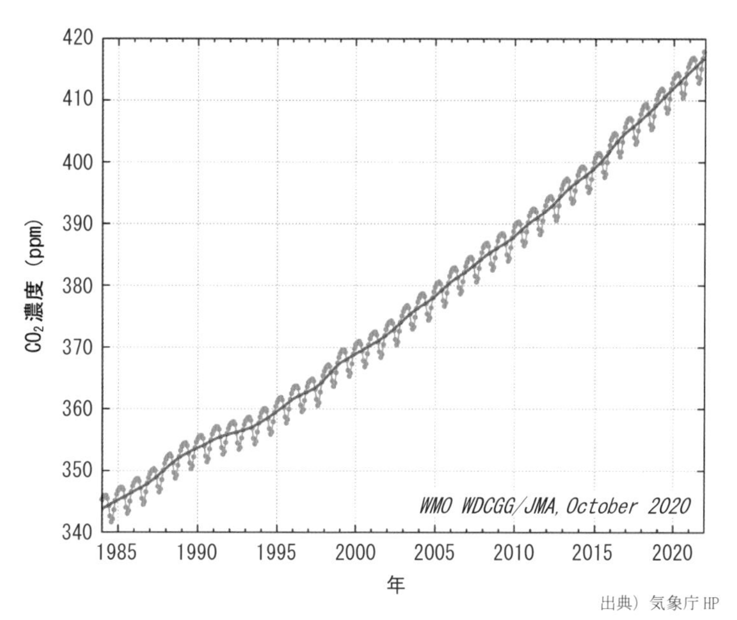

出典）気象庁 HP

図 2.2　地球全体の二酸化炭素の経年変化

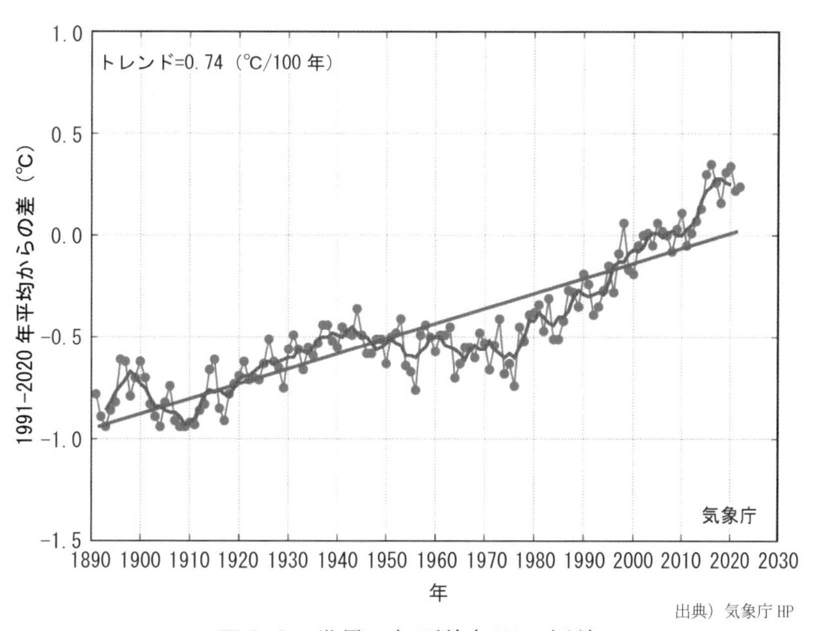

出典）気象庁 HP

図 2.3　世界の年平均気温の偏差

パリ協定は、第21回気候変動枠組条約締約国会議（COP21）が開催されたフランスのパリで2015（平成27）年12月に採択された、気候変動抑制に関する多国間の国際的な協定（合意）である。これは、1997（平成9）年に採択された京都議定書以来18年ぶりとなる気候変動に関する国際的枠組みであり、気候変動枠組条約に加盟する全196カ国すべてが参加する枠組みとしては史上初である。パリ協定では、世界共通の長期目標として、産業革命前からの平均気温の上昇を2℃より低くすること、さらに1.5℃に抑える努力を追求することが目的とされている。そのために、21世紀後半における温暖化ガスの排出と吸収をバランスさせ（カーボンニュートラル）、排出ピークの前倒しと排出の急速な削減を実現することを目標としている。

日本政府は1998（平成10）年に制定された「地球温暖化対策の推進に関する法律」を2020（令和2）年に改正するとともに、地球温暖化対策計画を改定し、2030（令和12）年には温暖化ガスを46%削減し2050年にはカーボンニュートラルを実現する計画を発表している。

(2) オゾン層破壊

オゾン層とは、大気の上層部である成層圏（約10から50 km）に存在するオゾン（O_3）が集積している層の部分である。オゾン層は動植物に有害な太陽からの紫外線を吸収する作用がある。特に最も有害な280 nm未満（UV-C）はオゾン分子により完全に吸収される。

オゾン層はこれまで自然の状態では分解と生成が平衡してきた。しかし、20世紀には入り冷蔵庫やエアコンなどの冷媒その他の用途で使用されたフロンなど塩素を含む化学物質が大気中に放出されることによりオゾンの分解速度が上昇し、平衡が崩れてきた。オゾンホールは、南極上空のオゾン量が極端に少なくなる現象で、オゾン層に穴の空いたような状態であることからその名がつけられた。南半球の冬季から春季にあたる8～9月ごろ発生し急速に発達し、11～12月頃に消滅するという季節変化を示している。1980（昭和55）年代初めからこのような現象が観測されている。

これに対応するために、1985（昭和60）年にオゾン層保護のためのウィーン条約が採択され、1987（昭和62）年にはモントリオール議定書の採択により世界的なフロン規制が始まった。日本では、モントリオール議定書を履行するために、1988（昭和63）年、「特定物質の規制等によるオゾン層の保護に関する法律」（オゾン層保護法）を制定し、1989（平成元）年7月からオゾン層破壊物質の生産および消費の規制を開始している。

国立環境研究所は、オゾン層に関する現在の科学的知見として、「①極域のオゾン破壊は、今後十数年にわたり現状程度の深刻な状態が続く。②中緯度・熱帯で極域の影響を受けない地域のオゾン層破壊は、これ以上進むとは考えにくい。しかし、回復には半世紀以上かかることが予想される。」と発表している。ただし、温暖化のオゾン層に対する影響については今後の研究結果によること、改定モントリオール議定書による対策が守られることが前提となっている。

(3) 酸性雨

雨は純粋な水ではなく、酸性に傾く傾向にある。大気中に含まれる二酸化炭素や火山活動により生じた硫黄酸化物など雨水に溶け込むからである。大気中の二酸化炭素を飽和するまで純粋に溶かした場合の pH は 5.6 となる。通常 pH 5.6 以下の雨を酸性雨という。火山活動が活発になれば雨の水素イオン濃度は pH 5.6 を下回ることもあるが、人為的な原因で pH が 5.6 を下回る場合がある。国立環境研究所では、pH だけでなく雨に含まれるイオンの種類と量を知る必要があるといっている。

酸性雨の影響としては以下のようなものがある。

- 湖沼を酸性化し、魚類その他の生物の生育を脅かす。
- 土壌を酸性化し、植物の生存に必要なカルシウムイオンやマグネシウムイオンが溶解して流失する。さらに、植物に有害なアルミニウムや重金属イオンを溶け出させる。また、溶け出した金属イオン（特にアルミニウムイオン）が河川に流入することで、水系の動物に被害を与える。
- 植物を枯死させる。樹木の立ち枯れの原因となる。
- 屋外にある銅像や歴史的建造物を溶かすなど、文化財に被害を与えている。
- 鉄筋コンクリート構造の建物、橋梁などに用いられる鉄筋の腐食を進行させる。

酸性雨は、原因物質の発生源から離れた場所でも影響が懸念されるため、国際的な取り組みは重要性をもっている。国際的な取り組みとしては、長距離越境大気汚染条約（1983 年発効）、硫黄酸化物削減を目的としたヘルシンキ議定書（1985 年発効）、窒素酸化物削減を目的としたソフィア議定書（1991 年発効）などがある。また、世界人口の 1/3 以上が住んでいる東アジア地域においては、東アジア酸性雨モニタリングネットワーク（EANET）が 2001（平成 13）年に本格的に稼働している。国内においても環境省の酸性雨長期モニタリングの実施が大気汚染防止法などの法律と連携して取り組まれている。

(4) 砂漠化

砂漠化対処条約（深刻な干ばつまたは砂漠化に直面する国（特にアフリカの国）において砂漠化に対処するための国際連合条約、1996（平成 8）年 12 月発効）において、砂漠化とは「乾燥地域、半乾燥地域および乾燥半湿潤地域における種々の要因（気候の変動および人間活動を含む。）による土地の劣化」と定義されている。

砂漠化の原因として、気候的要因と人為的要因が考えられる。気候的要因としては、地球的規模での気候変動、干ばつ、乾燥化などがある。人為的要因には、乾燥地の脆弱な生態系の中で、その許容限度を超えて行われる人間活動がある。例えば、農地の拡大、家畜による過放牧、都市の拡大、インフラ開発、鉱山開発などの持続不可能な土地管理が主な要因である。こうした人為的な要因は、人口増加、土地所有の変化、移住、消費需要の増加、市場経済の進展、貧困などのために生じる。このような活動が、さらに土地の劣化をもたらし、砂漠化を進行させるという負のフィードバックが生じる。図 2.4 に砂漠化と気候変動の関係を示した。砂漠化に対処するための国際間の取り組みには上述の砂漠化対処条約があり、締約国には各種の義務が課されている。

砂漠化に対処するための日本政府の取り組みとしては、(1)国際機関への拠出、(2)二国間援助、(3)NGO 支援を通じた草の根レベルの協力などがある。具体的には、砂漠化対処条約事務局およびその他の多国間環境条約などに対する拠出、水資源保護、森林保全・植林、農業開発、能力開発・教育等の分野への技術協力、砂漠化に関する研究・調査（CST への貢献）、NGO 活動の援助（草の根技術協力、地球環境基金を通じた協力）などである。

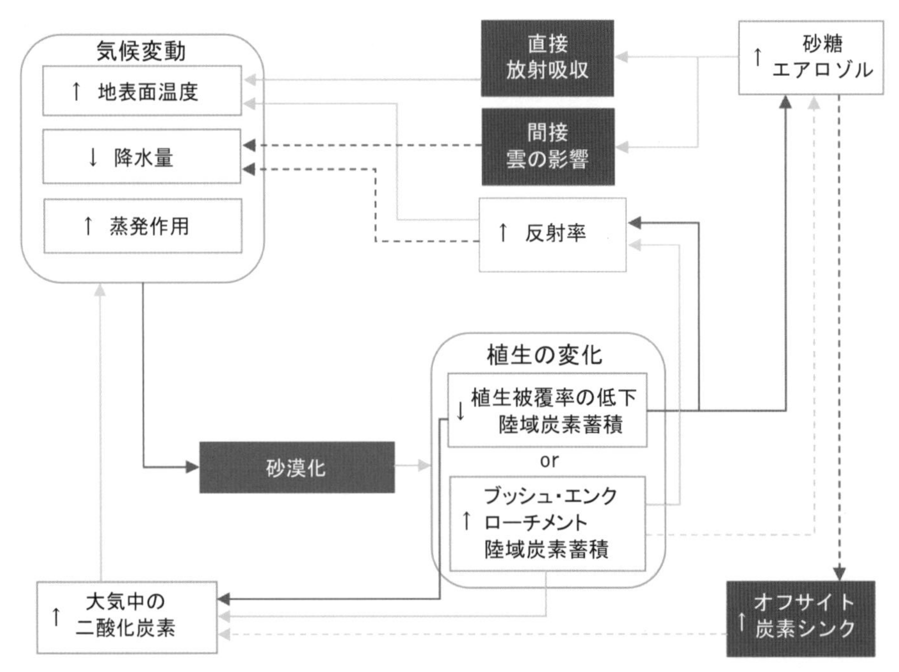

注：赤い線は正（増加）の影響、青い線は負（減少）の影響、緑色の線は不確定な影響（正と負の双方の可能性がある）。実線は直接的影響、点線は間接的影響。

図 2.4　砂漠化と気候変動の関係

(5) 森林破壊

森林破壊とは、自然の回復力を超える樹木の伐採により森林が減少もしくは存在しなくなることをいう。環境省によれば、2015（平成27）年の世界の森林面積は約39.9億ヘクタールで、全陸地面積の30.6％を占めていたが、世界の森林は減少を続けており、毎年330万ヘクタールが減少している（2010（平成22）年から2015（平成27）年までの平均の純変化）。特に、南アメリカ、アフリカなどの熱帯の森林を中心に減少面積が大きくなっている。一方、アジア、ヨーロッパを中心として森林面積が増加している国もある。

森林は、保水力をもち、その結果土壌の栄養分の流出を防ぎ、土砂崩れを防止する。また、森林は二酸化炭素を固定し地球温暖化などの気候変動を緩和する。森林は陸上生態系の基盤であり、生態系の安定に寄与している。森林が破壊されることにより生物多様性が失われる。さらに、森林破壊によりマラリアやデング熱などの昆虫媒介感染症を増加させているとの報告もある。

森林破壊の要因には、農地開発、燃料生産、木材需要、インフラ整備、山火事、製紙パルプの原料、採掘などがある。農地開発は、人口増加による需要を満たすため森林を伐採し、耕作地や放牧地を拡大することにより行われる。人口増加と貧困は森林伐採などの環境破壊につながり、これが悪循環を繰り返している。

森林保全のためには「持続可能な森林経営」が不可欠である。木材生産国において国の法律に違反して伐採が行われると、持続可能な森林経営は不可能となり、森林破壊が促進されることになる。

森林破壊を防ぐためには、植林、違法伐採の排除、木質燃料の削減、発展途上国への支援などがある。1992（平成4）年の地球サミットでの「森林原則声明」を踏まえて先進国主導による持続可能な森林経営、国連食糧農業機関（FAO）による熱帯林行動計画、国際熱帯木材機関（ITTO）による木材生産国と消費国間の国際協力促進などの取り組みや各団体による植林活動が行われている。

(6) 生物多様性の危機

生物はその誕生から現在に至るまでに、全体としては多様性を増加させてきたことは既に述べた（図2.1）。今日その多様性が急速に失われており、第6回の大量絶滅の時代に直面しているという主張もなされており、これを完新世大量絶滅とよぶ者もいる。現在、多くの種が絶滅危惧種に指定されている。なお、生物多様性には、種の多様性、生態系の多様性および遺伝子の多様性というような複数の側面がある。よって、多様性というときどのような意味で多様性をという用語を使用しているのかを明確にする必要がある場合がある。

種の絶滅とそれに伴う生物多様性の減少の主な要因は、人間活動による生息地の破壊、自然に対する働きかけの縮小、人間により持ち込まれたものによる危機、地球環境の変化による危機がある。

人間活動による生息地の破壊の原因は、人口爆発、森林破壊、汚染（大気汚染・水質汚濁・土壌汚染）、および地球温暖化や気候変動などがある。自然に対する働きかけの減少としては、里地・里山などに対する手入れ不足によるものなどがある。

人間により持ち込まれたものによる危機としては、意図的であるか否かは別として外来種の導入がある。陸地や島は海洋によって隔絶されており、地球各地に多様な生物が多様な生態系を形成している。しかし、船や航空機の発明により、過去の進化史上出会うはずのなかった生物種が接触することになった。外来生物が新たな環境に適応した場合、在来の生物を捕食し、栄養、水、光を奪う事態が生じ在来生物は絶滅の危機に瀕することになる。見方によっては、人間自身が他の生物にとって攻撃的な外来生物であるといえるのかもしれない。

地球環境変化も現在ではその多くを人間活動に起因していると考えられる。人間活動がなくても長期的には地球環境は変化しているので、生物種および生態系の多様性が減少する事態もあったが、総じて多様性は増加していると考えられる。

生物多様性の保全に関する国際的取り組みは、1971（昭和46）年に採択されたラムサール条約（特に水鳥の生息地として国際的に重要な湿地に関する条約）、1973（昭和48）年に締結されたワシントン条約（絶滅の恐れのある野生動植物の国際取引に関する国際条約）、1993（平成5）年に発効した生物の多様性に関する条約、2003（平成15）年に発効したカルタヘナ議定書（生物の多様性に関する条約のバイオセーフティに関するカタルヘナ議定書）などがある。これを踏まえてわが国でも1993（平成5）年に種の保存法制定、1995（平成7）年に生物多様性国家戦略策定、2004（平成16）年に遺伝子組み換え規制法制定、2005（平成17）年に外来生物法施行、2008（平成20）年に生物多様性基本法制定などがある。

例題２　大気環境についてである。<u>誤っているの</u>はどれか。１つ選べ。

1. 地球大気に占める二酸化炭素濃度が上昇すると、地球が太陽から受け取るエネルギ－と放出するエネルギーのバランスが崩れる。
2. 二酸化炭素濃度が上昇すると、地球大気上層部に存在するオゾン層が破壊される。
3. 温暖化を引き起こすガス（温室効果ガス）は二酸化炭素以外にも複数存在する。
4. 地球が誕生したばかりの頃は、地球大気中に酸素はほとんど存在しなかった。
5. 地球の気温は、今後も上昇するであろうと考えられている。

解説　オゾン層を破壊する大きな原因は、フロン、ハロン、臭化メチルなどの物質（オゾン層破壊物質）である。二酸化炭素は赤外線を吸収する性質があるので、地球が赤外線の形でエネルギーを宇宙空間に放出するのを妨げる。その結果、受け取ったエネルギーと放出するエネルギーのバランスが崩れ新たな平衡点に移動する。その結果が温暖化である。このように温暖化を促進する物質には、メタン、一酸化二窒素、フロンなどがある。　**解答** 2

例題3　酸性雨に関する記述である。正しいのはどれか。1つ選べ。

1. 雨はほぼ純粋な水であるので、水素イオン濃度はほぼ pH 7.0 である。
2. 大気中の二酸化炭素が雨水に溶解することで酸性雨は生じる。
3. 火山活動などにより排出された硫黄酸化物などが、酸性雨の最も大きな原因となっている。
4. 原因物質の発生源とは離れた場所で、酸性雨が生じることがある。
5. オゾン層の破壊が酸性雨の間接的原因である。

解説　大気中の二酸化炭素が溶けるので雨水は酸性である。しかし、大気中の二酸化炭素が飽和まで溶解しても、pH 5.6 なので、pH 5.6 以下の雨水を酸性雨とする定義の仕方もある。火山活動による硫黄酸化物も雨水を酸性にするが、今日問題となっている最も重要な原因は人間活動によるものである。酸性雨とオゾン層破壊の間に直接的な関係は知られていない。　**解答** 4

例題4　環境の変化とその原因についてである。誤っているのはどれか。1つ選べ。

1. 人間の交流が盛んになると、動植物の地理的移動が盛んになり、生物の多様性は増加する。
2. 人間活動が原因となる生物種の絶滅は異常な勢いで進んでいる。
3. 森林破壊は、多様な生物の生息域を圧迫し、生物多様性を減少させる。
4. 過放牧は、砂漠化の原因のひとつである。
5. 酸性雨は樹木の立ち枯れを引き起こす。

解説　動植物が本来の生息地から移動すると、外来種と在来種の競争が起こり、在来種を絶滅の危機に追い込むことがある。意図的な場合とそうでない場合はあるが、人間の移動に伴い、生物種の移動も起こりやすくなる。結果として、外来種が在来種を圧迫して多様性が減少する場合が起こる。　**解答** 1

2.2 環境保全、環境汚染

(1) 環境基本法

環境に関する法は、今日、国際的な取り決め、国内法、さらに自治体が定めた条例など、多岐にわたって存在する。また、歴史的にも多種の環境に関連する法が存在してきた。しかし、現行の日本国憲法が制定された当時は、良好な環境を享受する権利が人権であるという認識が十分成立していなかったためか、環境権に関する直接の規定はない。1960年代の高度経済成長の時代に、大気汚染、水質汚濁、騒音、振動などの公害が発生し、生活環境が悪化した。これに伴って、新しい人権としての環境権が提唱されてきた。

環境に関する基本的法は、1993（平成5）年に交付された環境基本法であるといえる。環境基本法は、図2.5に環境基本法の概要を示したように、総則、環境保全に関する基本的施策、環境保全のための組織についての規定が定められている。環境基本法に示された理念に基づき、各種の法規が制定されている（図2.6）また、代表的な国際条約等には以下のようなものがある。

- 「気候変動枠組条約」(1992年）およびその第3回締約国会議（COP3）で成立した「京都議定書」(1997年)、第21回締約国会議（COP21）で成立した「パリ協定」(2015年)
- 「生物多様性条約」(1992年）およびそれに附属する「カルタヘナ議定書」(2000年)、「名古屋議定書」(2010年)
- 「砂漠化対処条約」(1994年)
- 「有害廃棄物の国境を越える移動およびその処分の規制に関するバーゼル条約」(1989年)
- 「オゾン層の保護のためのウィーン条約」(1985年）およびそれに附属する「モントリオール議定書」(1987年)
- 「絶滅のおそれのある野生動植物の種の国際取引に関する条約（ワシントン条約; CITES)」(1973年)
- 「世界の文化遺産および自然遺産の保護に関する条約（ユネスコ世界遺産条約)」(1972年)
- 「特に水鳥の生息地として国際的に重要な湿地に関する条約（ラムサール条約)」(1971年)

環境基本法の概要

1. 総則

環境保全の基本理念 第3条～第5条）
①現在及び将来の世代の人間が環境の恵沢を享受し、将来に継承
②全ての者の公平な役割分担の下、環境への負担の少ない持続的発展が可能な社会の構築
③国際的強調による積極的な地球環境保全の推進

各主体の責務　第6条～第9条）
国　地方公共団体　事業者　国民

2. 環境の保全に関する基本的施策

施策策定の指針　第14条）
①環境の自然的構成要素が良好に維持
②生物多様性の確保等
③人と自然との豊かなふれあいの確保

環境基本計画の策定　第15条）

国の具体的施策
・大気汚染、水質汚濁、土壌汚染、騒音の係る環境基準（第16条）
・公害防止計画及びその達成の推進（第17、18条）
・環境配慮　― 国の施策の策定（第19条）
　　　　　　― 環境影響評価の推進（第20条）
・規則（第21条）
・経済的措置　― 経済的助成、経済的負担による誘導（第22条）
・環境への負荷低減に資する製品等の利用（第23条）
・環境の保全に関する教育・学習（第25条）
・民間団体等の自発的な活動の促進（第26条）
・施策の策定に必要な調査の実施、監視等の体制の整備（第28、29条）
・科学技術の振興（第30条）
・公害による紛争の処理（第31条）
・地球環境保全等に関する国際協力（第32～35条）

地方公共団体の施策　第36条）

費用負担等　第37～40条）　原因者負担/受益者負担/国と地方の関係（第37～40条）

3. 環境の保全のための組織

①中央環境審議会の設置（第41条）
都道府県、市町村の合議制の機関（第43、44条）
②公害対策会議の設置（第45、46条）

図 2.5　環境基本法の概念

例題5　環境に関連する法律についてである。誤っているのはどれか。1つ選べ。

1. 日本国憲法には、人権として環境権に関する直接の規定がある。
2. 環境基本法には、環境を保全するために基本理念が定められている。
3. 環境を保全するための国際条約などが多数存在する。
4. 環境基本法には、国、地方公共団体、事業者だけでなく国民も責務を負う主体とされている。
5. 生物多様性の確保は、環境基本法の基本的施策のひとつである。

解説　1. について日本国憲法には環境権に関する直接の規定はない。しかし、第13条（幸福追求権）および25条（生存権）から、環境権が導かれるという主張がなされている。

解答 1

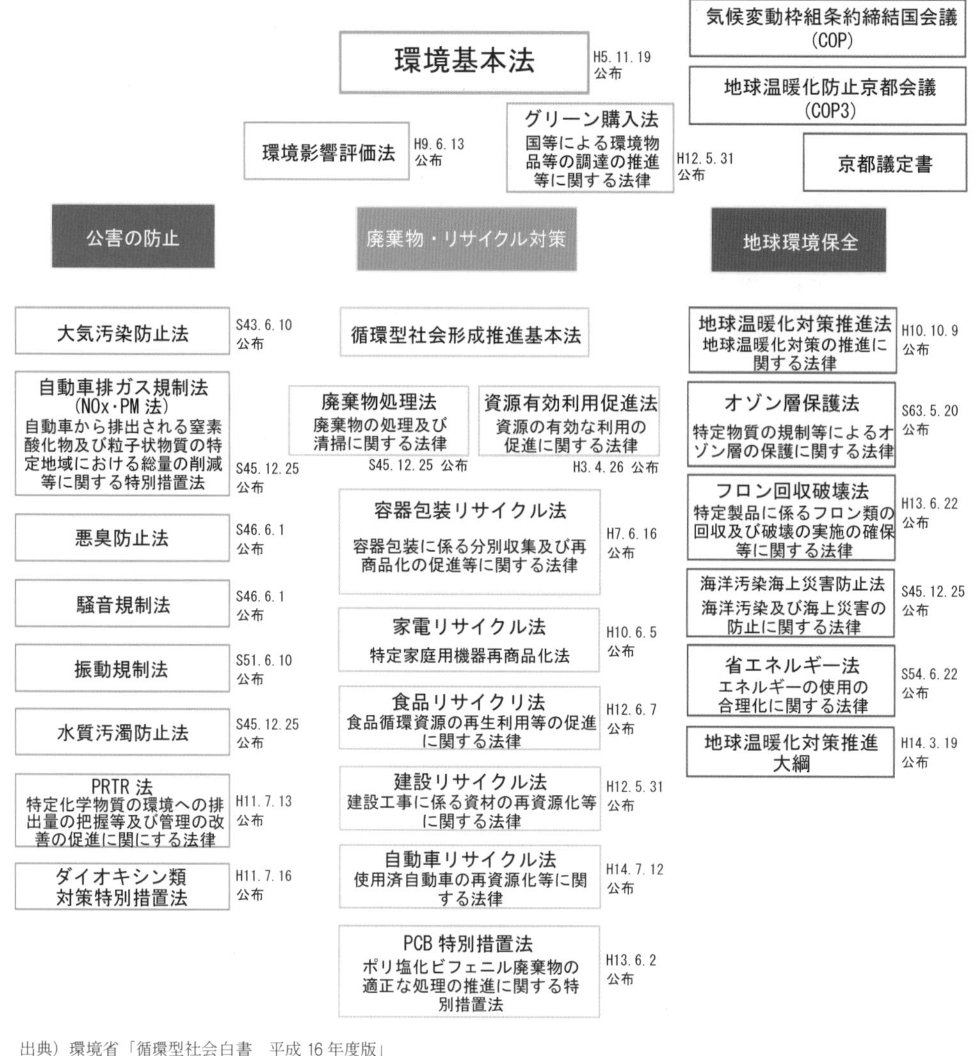

出典）環境省「循環型社会白書　平成 16 年度版」

図 2. 6　環境法の体系

例題 6　温室効果ガス削減のための国際的枠組みである。正しいのはどれか。1 つ選べ。

1. ラムサール条約　　2. パリ協定　　3. ワシントン条約
4. モントリオール議定書　　5. カルタヘナ議定書

解説　ラムサール条約は湿地とそこに生息する動植物を保全するための条約、ワシントン条約は絶滅危惧種の取引を規制する条約、モントリオール議定書はオゾン層を保護するための議定書、カルタヘナ議定書は国境を越える生物の移動に焦点をあわせ、生物多様性を保全するための議定書である。ラムサール条約、ワシントン条約およびカルタヘナ議定書は、生物多様性の保全に焦点をあわせたものといえる。**解答** 2

(2) 大気汚染防止法

現在の自然界の空気の成分は、表 2.1 に示したが、その他に含まれる有害な気体成分が増加することで大気汚染が生じる。自然界でも火山活動、山火事、砂嵐などにより人体に有害な大気汚染は生じる、しかし、鉱工業活動を中心とした人間活動により生じる大気汚染が圧倒的に多い。大気汚染は、古代ローマの文献にも記述されているが、産業革命により鉱工業活動が盛んになった都市部で深刻化した。イギリスでは 18 世紀後半から工業化が急速に進展し、19 世紀には、大気汚染による死者数の増加が確認されている。また、smoke と fog を合成した smog（スモッグ）という言葉も使われるようになった。その後、ヨーロッパやアメリカを中心に大規模な大気汚染が起きるようになった。

表 2.1　地球表層の平均大気
（水蒸気を除いたもの）

窒素	78.08%
酸素	20.95%
アルゴン	0.93%
二酸化炭素	0.03%
その他	0.01%

日本では、明治時代から鉱山や工場からのばい煙の問題が現れている。第二次世界大戦後のいわゆる高度経済成長の時代の 1960 年代になると、大気汚染問題は顕著になってきた。1962（昭和 37）年に「ばい煙の排出の規制等に関する法律」が制定され、石炭の燃焼に伴うばい煙の規制が行われた。しかし、燃料が石炭から石油に移行することにより硫黄酸化物が多く排出されるようになり、ばい煙の規制だけでは対応できない状況が生じた。そこで、1968（昭和 43）年に大気汚染防止法が制定された。しかし、大気汚染の改善はみられず大気汚染に原因をもつ公害が発生するようになった。1970（昭和 45）年に大気汚染防止法の抜本的な改正が行われた。その後数次の改正により現在の大気汚染防止法（2022（令和 4）年）に至っている。本法では、ばい煙、揮発性有機化合物、粉じん、有害大気汚染物質、自動車排出ガスの 5 種類を規制している。そのうち、有害大気汚染物質の環境基準を表 2.2 に示した。

(3) 水質汚濁防止法

河川・湖沼・沿岸海域・潅漑用水など（公共用水域）の水、および地下水が汚染されると、人間が利用する水の水質が悪化し、健康被害、生活環境の悪化がもたらされる。河川、湖沼、海などには、自浄能力があり、人間が農村に分散して生活し、汚染水の量と質において自浄能力を超過していなかった時代には、大きな問題は起こらなかった。しかし、鉱工業が発達し人間活動による水への付加が大きくなってくるに従って、水質汚染の問題が注目され健康被害も増大していった。そこで、工場や事業所から排出される水、生活排水に一定の基準を設けることで水に関わる生活環境の保全を図るために、1970（昭和 45）年に制定されたのが水質汚濁防止法で

表 2.2　大気汚染物質の環境基準

大気汚染物質	環境基準	人および環境に及ぼす影響
二酸化硫黄 (SO_2)	1時間値の1日平均値が0.04ppm以下であり、かつ、1時間値が0.1ppm以下であること。(48.5.16告示)	四日市喘息などのいわゆる公害病の原因物質である他、森林や湖沼などに影響を与える酸性雨の原因物質ともなる。
一酸化炭素 (CO)	1時間値の1日平均値が10ppm以下であり、かつ、1時間値の8時間平均値が20ppm以下であること。(48.5.8告示)	血液中のヘモグロビンと結合して、酸素を運搬する機能を阻害するなど影響を及ぼす他、温室効果ガスである大気中のメタンの寿命を長くすることが知られている。
浮遊粒子状物質 (SPM)	1時間値の1日平均値が0.10mg/m^3以下であり、かつ、1時間値が0.20mg/m^3以下であること。(48.5.8告示)	大気中に長時間滞留し、肺や気管などに沈着して呼吸器に影響を及ぼす。
二酸化窒素(NO_2)	1時間値の1日平均値が0.04ppmから0.06ppmまでのゾーン内またはそれ以下であること。(53.7.11告示)	呼吸器に影響を及ぼす他、酸性雨および光化学オキシダントの原因物質となる。
光化学オキシダント (OX)	1時間値が0.06ppm以下であること。(48.5.8告示)	いわゆる光化学スモッグの原因となり、粘膜への刺激、呼吸器への影響を及ぼす他、農作物など植物への影響も観察されている。
微小粒子状物質 (PM2.5)	1年平均値が15μg/m^3以下であり、かつ、1日平均値が35μg/m^3以下であること。(H21.9.9告示)	疫学および毒性学の数多くの科学的知見から、呼吸器疾患、循環器疾患および肺がんの疾患に関して総体として人々の健康に一定の影響を与えていることが示されている。

ある。その後数次の改正がなされ、最終改正は、2022（令和4）年である。

本法では、対象となる施設（特定施設）を設定し、この施設を設置している事業者が公共水域への汚染水の排出および地下水への浸透に関する規制を行っている。したがって、すべての汚染水の排出規制を行っているわけではない。水質基準は、人の健康の保護に関する環境基準で、カドミウム、全シアン、鉛、六価クロムなど27項目について基準値が定められている。生活環境の保全に関する環境基準は、河川と海域で別に定められており、河川については水素イオン濃度（pH）・化学的酸素要求量（COD）・浮遊物質量（SS）・溶存酸素量（DO）が利用目的の特性に応じて定められている。生活環境の汚染指標、有機汚染の指標および富栄養化に関する指標を表2.3に示す。

表 2.3 水の汚染指標

生活環境の汚染指標	水素イオン濃度 (pH)	アオコや 赤潮の状態なると、水はアルカリ性が強くなる。光が余り届かず、植物プランクトンが生活しづらい湖の下層では、微生物が活発に分解活動を行うと水は酸性になり pH が低くなる。
	大腸菌群数	人や動物のし尿によって汚染されている可能性がある。
	浮遊物質 (SS)	水の中に浮遊している直径 2mm 以下の、懸濁性物質（水の濁りの元になる物質）の量ことである。
有機汚染の指標	溶存酸素 (DO)	水に溶解している酸素の量。有機汚染の指標。河川の限界 DO は 4mg/L 程度である。
	生物化学的酸素要求量 (BOD)	水中の比較的分解されやすい有機物が、好気性微生物により酸化分解される時に消費される酸素の量。河川における有機汚濁の指標に用いられる。
	化学的酸素要求量 (COD)	水中の有機物を酸化剤で化学的に酸化する際に消費される酸化剤の量を酸素量に換算したもの。湖沼・海域などの停滞性水域や藻類の繁殖する水域の有機汚濁の指標に用いられる。
富栄養化に関する指標	T-N:総窒素、 T-P:総リン	富栄養化の代表的な原因物質。3 大栄養素である窒素、リン、カリウムのうち、カリウムは比較的天然に多く存在するため、窒素とリンが富栄養化の原因となる。総窒素、総リンは、ともに有機態と無機態に大別される。
	クロロフィル a	クロロフィル(葉緑素)a は光合成細菌を除くすべての緑色植物に含まれるため、水中の植物プランクトン量の指標として用いられる。

例題 7 大気汚染防止法の規制対象である。誤っているのはどれか。1 つ選べ。

1. 粉じん　2. 揮発性有機化合物　3. フロンガス　4. 自動車排出ガス　5. ばい煙

解説 フロンガスの排出を抑制するための規制は、フロン排出抑制法（フロン類の使用の合理化及び管理の適正化に関する法律）によっている。CFC（クロロフルオロカーボン）、 HCFC（ハイドロクロロフルオロカーボン）、HFC（ハイドロフルオロカーボン）をフロン排出抑制法ではフロン類とよんでいる。CFC、HCFC はオゾン層を破壊するだけでなく温室効果も大きい。HFC は、オゾン層破壊効果はないが温室効果が大きい。

解答 3

例題 8 環境への影響についてである。最も適当なのはどれか。1 つ選べ。

1. 溶存酸素が低下すると河川や湖沼の生き物が死ぬ。
2. BOD は、嫌気的微生物による有機物分解の指標である。
3. 総リン（T-P）が増加すると、湖沼は貧栄養状態になる。
4. 植物プランクトンは、湖沼の水素イオン濃度を低下させる。
5. クロロフィル a は、光合成細菌に含まれているので細菌汚染の指標になる。

解説　溶存酸素は水に溶解している酸素の量を示す。水中の魚介類や昆虫などはこの酸素を呼吸に利用しているので、低下すると生命が脅かされる。BOD（生物化学的酸素要求量）は、好気的微生物による有機物分解の指標である。総リンおよび総窒素は、富栄養化の指標であり、植物プランクトンが増加しやすくなる。クロロフィルａは、植物プランクトン量の指標である。光合成細菌のクロロフィルａはバクテリオクロロフィルであり、非酸素発生型の光合成を行う。すべての細菌に存在するわけではなく、細菌汚染の指標というわけではない。　**解答**　1

2.3 公害

日本の公害の原点といわれているのが、足尾銅山鉱毒事件である。栃木県の足尾銅山から排出される鉱毒ガス（亜硫酸ガスが主成分）による酸性雨により、付近の山の樹木が枯死し、渡良瀬川の魚が大量に死んだことから始まった。被害は拡大し、農作物、魚介類、家畜そして人の健康被害に及んだ。また、被害地域も拡大し渡良瀬川流域のみでなく、利根川を経由し霞ヶ浦にまで及んだ。原因となった物質は、亜硫酸ガスの他、銅・鉛・亜鉛・ヒ素などであった。その他、カドミウムなどの重金属汚染も起きていた。

その後も、多くの公害および公害病が起きた。明治期には「浅野セメント降灰事件」、「別子銅山事件」などがあった。大正期には「イタイイタイ病」、昭和になると「水俣病」「四日市ぜんそく」「光化学スモッグ」などがある。平成に入っても「アスベスト被害」や「福島第一原子力発電所事故」などがよく知られている。

環境基本法第２条第３項によれば、公害とは、

①「事業活動その他の人の活動に伴って生ずる」

②「相当範囲にわたる」

③「大気の汚染、水質の汚濁、土壌の汚染、騒音、振動、地盤の沈下及び悪臭によって人の健康または生活環境に係る被害が生ずること」と定義されている。

また、③に具体的に示されている公害を典型７公害といっている。

(1) 四大公害病

日本の高度経済成長期（1950〜1970 年代）には、公害による住民への多様な被害が生じた。そのうち、水俣病、第二水俣病、四日市ぜんそく、およびイタイイタイ病を四大公害病とよんでいる（表 2.4）。それぞれ、被害者が公害を引き起こした企業の責任を追及し訴訟になったが、すべて企業側の責任が認められ被害者側が勝訴している。しかし、法的に決着しても、それぞれの公害問題の最終的な解決とまではいえない。

表 2.4　四大公害病

水俣病 (熊本水俣病)	熊本水俣病は1956年熊本県水俣市で発生が確認された。チッソ（チッソ株式会社）の水俣工場が廃棄していた有機水銀が原因で、食物連鎖の中で有機水銀が蓄積され、その魚介類を食べた人およびその子（先天性）が発症した。手足のしびれ、感覚障害、言語障害、聴力障害、歩行障害などがあり死亡する場合もあった。認定された患者の数は2,200人以上であり､国や企業から一時金が支払われた人の数は11,000人以上にのぼる。現在の水俣湾の魚介類は国の基準以下であるが、他の海に比べ、水銀の値は今も高い。
第二水俣病	新潟水俣病や阿賀野川有機水銀中毒ともよばれる。新潟県阿賀野川下流域において昭和40年に発生し、熊本の水俣病と同様の症状を呈した。昭和電工の鹿瀬工場がアセトアルデヒドの製造中に廃棄した有機水銀化合物による有機水銀中毒で、患者の数は約700人にのぼった。
四日市ぜんそく	三重県四日市市と三重県三重郡楠町で、1960年から1972年にかけて発生した大気汚染によるぜんそく障害である。四日市市の四日市コンビナートには石原産業、中部電力、昭和四日市石油、三菱油化、三菱化成工業、三菱モンサント化成など多くの化学製品工場があり、それらの工場から排出された一酸化硫黄、二酸化硫黄、三酸化硫黄などの硫黄酸化物による大気汚染により集団ぜんそくが発生した。症状には、呼吸器疾患、慢性閉塞性肺疾患、喉の痛み、ぜんそくの発作、呼吸困難、心臓発作、肺気腫（肺がん）などであり、死亡することもあった。
イタイイタイ病	岐阜県の三井金属鉱業神岡事業所（神岡鉱山）による鉱山の精錬に伴う未処理廃水により、1910年代から1970年代にかけて神通川下流域の富山県で発生した鉱害である。廃液に含まれたカドミウムが原因であった。患者が「痛い、痛い」と痛みを訴えたことからその病名がついた。症状は多発性近位尿細管機能異常症、骨軟化症による筋力低下や骨折、体の痛み、肝不全、貧血などであった。

1）水俣病

1953（昭和28）～1960（昭和35）年にかけて熊本県水俣湾周辺の住民に発生した（1956年確認）。新日本窒素肥料（現・チッソ）の水俣工場が廃棄していた有機水銀（メチル水銀）が原因で、食物連鎖の中で有機水銀が蓄積され、その魚介類を食べた人およびその子（先天性）が発症した。メチル水銀に多量に曝露されると中枢神経系の障害が生じ、四肢末端の感覚障害、運動失調、求心性視野狭窄、中枢性聴覚障害などであり、死亡する場合もある。

工場廃液に含まれるメチル水銀は、海に出て希釈されるが、生息するプランクトンにより摂取され、さらに動物プランクトン、小型海産生物、大型海産生物へと摂取される過程で、1～10万倍に濃縮される。このような食物連鎖の過程を通じて食物連鎖の頂点に立つ人間に高濃度に蓄積されることになった。

熊本大学医学部水俣病研究班は、1959（昭和34）年に原因物質を究明していたが、政府が認めたのは1968（昭和43）年であった。この遅れのため、新潟水俣病を防げなかったともいえる。その後、外国でも水俣病の発生が報告されている。

水俣病の認定は、公害健康被害補償法に基づいて行われている。2020（令和2）年10月までの認定された患者数は2,200人を超えている。また、国や企業から一時金が支払われた人の数は 11,000 人以上である。

現在の水俣湾の魚介類は国の基準以下だが、他の海に比べ水銀の値は今も高い。

2）第二水俣病

新潟水俣病、阿賀野川有機水銀中毒ともよばれている。新潟県阿賀野川下流域で 1965（昭和 40）年に発生し、熊本の水俣病と同様の症状を示した。昭和電工の鹿瀬工場がアセトアルデヒドの製造中に廃棄した有機水銀化合物による有機水銀中毒であった。患者の数は約 700 人である。

3）四日市ぜんそく

三重県四日市市と三重県三重郡楠町で、1960（昭和 35）年から 1972（昭和 47）年にかけて発生した大気汚染によるぜんそく障害である。四日市市の四日市コンビナートには石原産業、中部電力、昭和四日市石油、三菱油化、三菱化成工業、三菱モンサント化成など多くの化学製品工場があり、それらの工場から排出された一酸化硫黄 、二酸化硫黄、三酸化硫黄などの硫黄酸化物による大気汚染により集団ぜんそくが発生した。

症状には、呼吸器疾患、慢性閉塞性肺疾患、喉の痛み、ぜんそくの発作、呼吸困難、心臓発作、肺気腫（肺がん）などであり、死亡することもあった。水俣病やイタイイタイ病は、加害企業がひとつであったが、本事件は複数の企業の共同不法行為が成立するかどうかが、大きな争点になった。

4）イタイイタイ病

岐阜県の三井金属鉱業神岡事業所（神岡鉱山）による鉱山の製錬に伴う未処理廃水により、1910 年代から 1970 年代にかけて神通川下流域の富山県で発生した公害あるいは鉱害である。廃液に含まれたカドミウムが神通川と流域を汚染し、汚染された水を利用した農地でとれた米などを通じて人体に摂取されたことが原因となった。

症状は多発性近位尿細管機能異常症、骨軟化症による筋力低下や骨折、体の痛み、肝不全、貧血などである。患者が「痛い、痛い」と痛みを訴えたことからその病名がついた。

(2) 日本におけるその他の公害病

日本では、四大公害病以外にも多数の公害病が知られている（表 2.5）。高度経済成長期に多く発生したが、現在まで時代とともに性格を変えながら公害および公害病は存在している。公害病には、水銀、鉛、ヒ素による中毒、二酸化硫黄などの硫黄酸化物、窒素酸化物などによるぜんそく、放射線、アスベスト、ダイオキシン類などが原因となる場合がある。

表 2.5　日本におけるその他の公害および公害病

足尾銅山鉱毒事件	1879 年頃、栃木県と群馬県の渡良瀬川周辺で起きた。銅山から排出された煙や鉱山ガスが原因であった。
浅野セメント降灰事件	1883 年頃、当時東京都深川市にあった浅野セメント会社の工場の煙突から大量のセメント粉末が飛散し、周辺住民の多く健康被害が発生した。
別子銅山煙害事件	1893 年、愛媛県新居浜市の山麓部にあった銅山からの銅精錬排ガスによると思われる、大規模な水稲被害が発生した。
小中野ぜんそく	青森県八戸市で 1965 年前後に発生した集団ぜんそくで、原因は八戸市の工業化に伴う大気汚染。症状は気管支ぜんそく、慢性気管支炎、ぜんそく性気管支炎、肺気腫など。
杉並病	東京都杉並区にあった不燃ごみ中継施設「杉並中継所」周辺で発生した健康被害で、咳、喉や目の痛み、呼吸困難など化学物質過敏症によるものと思われる症状が発生。杉並中継所は 1996 年に運転が開始されその直後からさまざまな症状を訴える人が出ており、2009 年 3 月 31 日に杉並中継所は運転を停止。
川崎公害	神奈川県川崎市で発生した大気汚染による公害問題で、1994 年までに公害病認定者は 5,900 人以上、死者は 1,500 名以上。川崎市は 1950 年代から工業発展に伴い大気が汚染され、気管支炎やぜんそくなどの症状を訴える住民が多く発生。1969 年には大師・田島地区が公害病救済特別措置法の指定地域となり、1971 年には川崎区全域と幸区のほぼ全域が大気汚染地域に指定された。現在は、多くの工場は移転などにより、公害問題もほぼなくなった。
土呂久砒素公害	宮崎県西臼杵郡高千穂町の旧土呂久鉱山で 1920 年から 1941 年と、1955 年から 1962 年に発生したヒ素中毒による公害。土呂久鉱山で行われていた亜砒酸（亜ヒ酸）の製造の際に発生した、亜硫酸ガス・重金属の粉塵・鉱山からの汚染された排水が原因。住民に、肺がん、皮膚がん、ボーエン病、皮膚の色素異常や角化、鼻中隔穿孔症などの症状が発生。1975 年 12 月には被害者 5 人と遺族が、当時の鉱業権をもっていた住友金属鉱山株式会社を訴え、1990 年に和解が成立し見舞金が支払われた。
松尾鉱山ヒ素公害	宮崎県木城町の旧松尾鉱山で 1934 年から 1958 年かけて亜砒酸（亜ヒ酸）の製造の際に発生した砒素（ヒ素）中毒による公害。
関川水俣病	新潟県上越地方を流れる関川流域で、1973 年に水俣病によく似た症状の患者が 10 名発生した。関川水系にはダイセルや日曹の工場がありそれらの排水から微量の水銀が検出されたが因果関係は分からず、関川上流に位置する黒姫山、妙高山、新潟焼山などからの鉱物によるものが原因との説も出ている。
倉敷公害病	岡山県倉敷市の水島コンビナート周辺で発生した大気汚染による公害で、 肺気腫、気管支ぜんそく、慢性気管支炎、ぜんそく性気管支炎の患者が 4,000 人近く発生した。これにより公害患者らは 1983 年に川崎製鉄、中国電力、三菱化成、岡山化成、水島共同火力、旭化成、三菱石油、日本鉱業の 8 社を相手取り提訴。1996 年に企業が解決金 13 億 9 千 2 百万円の支払いと、公害防止に協力することで和解が成立。
光化学スモッグ	日本で始めて検知されたのは 1970 年の夏である。排出されるガスに含まれる窒素酸化物、または炭化水素などの化学物質が、紫外線により発生する有害物質（光化学スモッグ）により発生する。都内の学校の運動場で中高生 43 名が目の違和感やのどの痛みを訴えた。その後、被害は減少傾向にある。しかし、未だに環境基準が満たされていない状況である。
アスベスト被害	2005 年にアスベストが原因の中皮腫が発生した。アスベスト（石綿）は、耐火性、断熱性、電気絶縁性が優れた建築材として、広く使用されてきた。アスベストそのものが健康被害を起こすのではなく、アスベストの微細な繊維が飛散し、人間が吸引した場合にさまざまな健康被害が起きる。アスベストは、肺の繊維化、肺がん、肺や心臓、胃、肝臓などの臓器を覆う中皮細胞にできる悪性腫瘍などを引き起こす。
福島第一原子力発電所事故	2011 年 3 月 11 日に発生した東日本大震災による地震および津波の影響を受け、福島第一原発では原子炉建屋や送電設備などが大きく損壊し、大気中に大量の放射性物質が拡散した。そのため原発周辺は汚染地域と化してしまったため、地域住民たちは避難を余儀なくされた。この事故は、国際原子力事象評価尺度（INES）において最悪のレベル 7（深刻な事故）に分類された。

(3) 世界の公害病

世界の諸国では、人口増加、産業の発展に伴い多くの環境問題・公害が発生しており、人々の健康を害している。先進地域では大気汚染やエネルギー問題、開発途上地域では森林、水域などの劣化や都市化の進行による影響が進行している。例えば、アフリカでは、土地の劣化が起こり干ばつや渇水、アジア太平洋諸国では、工業化の進展により大気汚染、交通問題、淡水の不足、廃棄物に関わる問題が起きている。表2.6に、代表的な公害とそれに伴う公害病の一例を示す。

表2.6　世界における公害病

温山病	韓国の蔚山広域市蔚州郡温山邑で発生した公害病で、1980年代に住民に神経痛や全身麻痺などの症状が現れた。現在も温山病の原因は不明だが、当時周辺に非鉄金属を精錬する工場が集中していた温山工業団地や、石油化学工場が集中していた蔚山石油化学団地が位置していたことから、これらの工業地帯からの有毒物による公害病と考えられている。
ロンドンスモッグ	イギリスのロンドンで1952年の発生した大気汚染による公害で、暖房や火力発電所による大量の石炭の使用と、ディーゼル車からの排ガスにより発生した。このスモッグでは気管支炎や肺炎、心臓病などで合計1万2千人以上が死亡したとされている。
山東省の甲状腺腫	中国山東省荷澤市東明県の住民の多くが、化学工場からの排水による汚染のため、甲状腺腫瘍を発症している。
新疆ウイグル自治区の放射能被害	新疆ウイグル自治区（東トルキスタン）で中国が行っていた核実験の影響で、放射能による影響で19万人近くが死亡し、129万人近くに健康被害が発生しているとされている。
北京市の大気汚染	中国の北京市で、2013年1月10日ごろから、暖房により石炭の使用や車の排気ガスから大気汚染が発生し、ぜんそくなどにより数千人の被害者が出ているとされている。
インドの大気汚染	ニューデリーをはじめとする大都会では、深刻な大気汚染が発生している。咳やのどの痛みなどの症状を訴える患者が増加している。現在も改善されているとはいえない。

例題9　公害とその原因の組み合わせである。正しいのはどれか。1つ選べ。

1. 四日市ぜんそく・・・・・オキシダント
2. 水俣病・・・・・ヒ素
3. イタイイタイ病・・・・・カドミウム
4. 光化学スモッグ・・・・・亜硫酸ガス
5. 新潟水俣病・・・・・ウイルス

解説　水俣病と新潟水俣病の原因は、有機水銀（メチル水銀）、四日市ぜんそくは硫黄酸化物、光化学スモッグはオキシダントが原因である。　**解答** 3

3 環境衛生

人間は地球環境の中に誕生し生育してきたのであるから、環境の影響を受けながら生きていくのは、当然である。そのような環境としては、物理的環境、化学的環境、社会環境、さらには政治的環境がある。ここでは、それらのうちのいくつかについて取り上げる。

3.1 気候、季節

例年、夏には熱中症が話題になり、冬には心筋梗塞などが増加するなど、季節や気候が人間の生死にも影響を及ぼしていることは周知のことである。図 2.7 に 2020（令和 2）年、2021（令和 3）年の死亡数の月次変化を示した。総じて夏期は死亡が減少し、冬期に増加する傾向がある。ただし、夏季でも特に暑い 8 月はその前後の月に比べ多いと思われる。

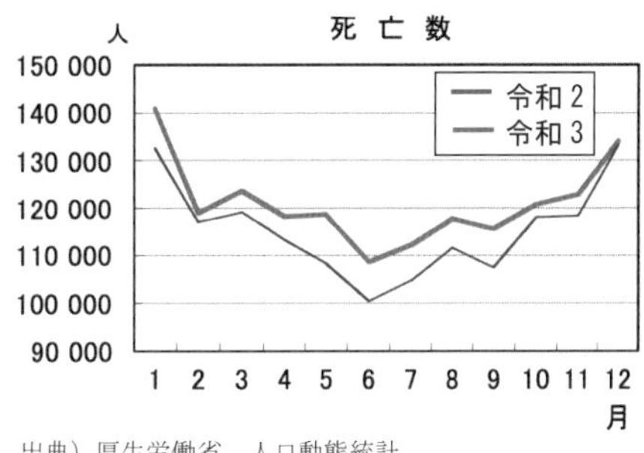

図 2.7　死亡数の月次推移

気候とは、ある地域の大気の状態をいう。具体的には気温、湿度、気流、降水、気圧、日射などの要素を含んでいる。地球全体では、大気、海洋、陸上とそこに生息している生物が関連をもちながら一体となって気候を生み出し、変動させている。

地球は太陽の周りを約 365 日で一周している。地軸が傾いていること、地球と太陽の距離が変化すること（地球は太陽を焦点のひとつとする楕円軌道を周回する）などにより、特定の気候（気温・湿度・気流）や昼夜の長さなどが周期的に変動する。これらの特性を季節として区別している。日本などの温帯地方では 4 季が明確に区分できるとされている。

3.2 空気

空気とは地球大気圏の下層を構成している気体で、人間は空気中の酸素を利用して生活している。空気は複数の気体の混合物であり、約 80％が窒素、約 20％が酸素である。前述したように、酸素は生命活動（光合成）の結果生じた物質であり、他の地球型惑星である金星や火星にはほとんど存在しない。また、空気には水蒸気が含まれるが、その濃度は温度や周辺に存在する液体の水により大きく変動する。水蒸気を除いた空気を乾燥空気、水蒸気を含めたものを湿潤空気という。地球表層の大気組成は表2.1に示したとおりである。大気組成は、季節や地域により変動するので、一応の目安である。特に、二酸化炭素は年々増加する傾向にあり、既に0.04%に達している。その他にはネオン、ヘリウム、メタンなどが含まれている。空気に人工的に生成した有害気体が一定以上含まれると、大気汚染の原因となり、主として呼吸器系の疾患を引き起こす。

3.3 圧力

空気には質量があるので重力の影響を受け圧力が生じる。圧力の大きさは、単位面積当たりに働く力で国際単位系における圧力の単位はパスカルで、1Pa＝1N/m²である。海面上で面積1 cm²当たりの空気の圧力は1013.25 hPa（ヘクトパスカル）であり、これを1気圧という。大気圧は高度が高くなると減少する。高度5,800 mでは0.5気圧にまで減少する。水中の圧力（水圧）は水深が10 m増すごとに約1気圧上昇する。

高山などでは、低圧低酸素環境が出現するので、低酸素症を発症し頭痛、呼吸や脈拍の増加、吐き気、めまいなどの症状が現れ、重篤な場合は意識が失われ死に至ることもある。

潜水作業などの高圧環境では、耳や鼻などの締め付け障害が起きる。また、高圧により酸素、窒素、二酸化炭素などの分圧が上昇し、酸素酔い、窒素酔い、二酸化炭素中毒が起きる。

高圧環境から急激に減圧した場合は、呼吸困難、皮膚掻痒感などの減圧症が発症する。高圧環境下で脂肪組織に溶解していた窒素が気体となり微小血管を閉塞することが原因である。

3.4 温熱

人は恒温動物であるので、体温を一定に保って生活している。そのためには、体内での熱の産生と放出のバランスが取れていなければならない（恒常性）。活動が円滑に行われるための温度条件は、年齢、体格、性別などの個人の固有の条件、活動の強度、さらに、湿度や気流によって変動する。環境温度が上昇すると皮膚血管の拡張、発汗などにより熱を外部に放散しようとする。逆に温度が低下すると、血管の収縮、体内での熱産生の増加により体温を一定に保とうとする。人の場合、動物としての体温維持以外に、衣服、住居、エアコンなどにより体温を調節することも行われている。

体温調節に失敗し、低温あるいは高温に長時間曝露されると低体温症や熱中症が起き、重篤な症状を呈することもある。

高温環境における障害を熱中症という。高温（多くの場合多湿も伴う）環境下では、深部体温上昇、発汗による塩分喪失と脱水が原因となり発症する。めまい、筋肉痛、痙攣、疲労、嘔吐、意識障害など多彩な症状を示す。

夏期には野外でも室内でも高温環境は出現する。高齢者のなかには、高温状態に対する感覚が鈍りエアコンの使用を控えて熱中症を発症する例もある。外気温がある程度低くても、熱を多く使用する高温の作業場、安全服、防護マスク、ゴーグルなどの装着により熱収支バランスが崩れると熱中症は起こる。

低温環境下では、低体温症が発症する場合がある。冬山での遭難、泥酔状態での寒冷曝露などにより、深部体温が35℃以下になると発症する。深部体温が31℃を下回ると重症であり凍死の危険が高くなる。低体温になると筋肉が震えて熱をつくり体温を上げようとする。エネルギーを使い果たしても震えは止まらず、動作が緩慢になり、思考や判断力が低下する、その後意識障害などを起こし、最悪の場合死に至る。

3.5 放射線

高エネルギーの粒子線であるα線（ヘリウム原子核）、β線（電子または陽電子）、陽子線など、および電磁波のうち波長10 nm以下のX線、波長10 pm以下のγ線は、照射した対象物をイオン化（電離）するので、電離放射線という。物質をイオン化する性質をもたない電磁波（電波、赤外線、可視光線、紫外線）は非電離放射線という。

電離放射線が、物質にあたると物質を構成する原子から電子をはじき出したり、原子核を破壊したりする。その結果、物質は多様でランダムな化学反応を起こす。また、はじき出された電子は、細胞を構成する分子を傷つける。細胞の核に存在するDNAを傷つけると、細胞の死が生じる。その結果、白血球の減少、内臓諸器官の損傷などが起こる。細胞が死に至らない程度の放射線の場合、細胞が自己修復をする過程で遺伝子に変異が起こることもある。そのような細胞の中からがんが起きる場合もある。

放射線の強さを表す単位には、ベクレル、グレイ、シーベルトなど複数ある。放射線源の強さを表す単位はBq（ベクレル）であり、1秒間に1個の原子核が壊変する場合を1Bqと定義する。吸収線量を表す単位は、Gy（グレイ）であり、放射線が物質にあたっときにどのくらいのエネルギーを与えたのかを表す。1 kg当たり1J（ジュール）のエネルギー吸収があった場合を1Gyと定義する。単位はJ/kgである。

生体に放射線が照射された場合の影響は、放射線の種類と対象組織により異なるので、吸収線量値に放射線の種類と対象組織ごとに一定の修正係数を乗じて線量当量を表す。これをSv（シーベルト）という。Sv＝修正係数×Gyとなる。

放射線の人体への影響はシーベルトを基準として考えることになる。表2.7に被曝線量と健康への影響を示した。

非電離放射線は、電離作用を及ぼすことはないが、紫外線（波長200～380 nm）は人体に影響を及ぼす。波長が短い方が危険である。紫外線は、皮膚や目に損傷を与える。また、DNAにも損傷を与える。250 nm近辺の波長はDNAに対する影響が特に大きい。紫外線は透過力は低いが、殺菌能があるので、表面、空間および水などの殺菌に用いられる。

表2.7　放射線の人体影響

<table>
<tr><td rowspan="9">高線量放射線</td><td rowspan="4">致死的</td><td>100Sv</td><td>即死</td></tr>
<tr><td>～100Sv</td><td>がんの放射線治療を行うときの局所的な照射</td></tr>
<tr><td>50Sv</td><td>（局部照射）壊死</td></tr>
<tr><td>10Sv</td><td>（全身照射）1～2週間でほとんど死亡、（局部照射）紅斑</td></tr>
<tr><td rowspan="2">重症</td><td>5Sv</td><td>白内障</td></tr>
<tr><td>4Sv</td><td>吐き気、半数が死亡する</td></tr>
<tr><td rowspan="3">軽症</td><td>3Sv</td><td>発熱・感染・出血・脱毛・子宮が不妊になる</td></tr>
<tr><td>2Sv</td><td>倦怠・疲労感、白血球数低下、睾丸が不妊になる</td></tr>
<tr><td>1Sv(1000mSv)</td><td>吐き気などの「放射線病」（死亡率は低い）</td></tr>
<tr><td colspan="2" rowspan="5">低線量放射線</td><td>250mSv</td><td>胎児の奇形発生（妊娠14日～18日）</td></tr>
<tr><td>～200mSv</td><td>（これ以下の被曝では放射線障害の臨床的知見はない）</td></tr>
<tr><td>50mSv</td><td>原子力施設で働く人たちへの基準（年間）</td></tr>
<tr><td>10mSv</td><td>ガラバリ（ブラジル）の人が年間に受ける自然の放射線量</td></tr>
<tr><td>0.6mSv</td><td>1回の胃のX線診断で受ける量</td></tr>
<tr><td colspan="2" rowspan="4">自然放射線</td><td>4.4mSv</td><td>（医療機関も含めて）日本人が1年間に受ける平均の放射線量</td></tr>
<tr><td>2.4mSv</td><td>1年間に自然から受ける平均の放射線量</td></tr>
<tr><td>1.0mSv</td><td>原子力施設の公衆への基準（年間）</td></tr>
<tr><td>0.2mSv</td><td>成田・ニューヨーク間の国際線航空機片道飛行で宇宙線からあびる量</td></tr>
</table>

3.6 上水道と下水道

人間の暮らしに水は不可欠であり、衛生的な水は健康維持に欠かすことはできない。日本人は平均すると1人当たり1日214 L程度使用している（平成30（2018）年）。利用したあと、水の処理も衛生上非常に重要である。日本の上水道普及率は98%を超えている。下水道普及率は80%程度である。上水道も下水道も感染症予防の観点からは重要な社会インフラであるといえる。

日本の水道水は水道法によって規制されており、飲用可能な水を供給している。国によっては、上水道で供給される水であっても飲用可能ではない場合もある。飲用可能な水を家庭に提供するために、浄水場での浄水処理が不可欠である。浄水処理は、沈殿、ろ過、消毒の3段階の方法で処理を行う。ろ過方法には代表的な2つの方法があり、短時間で多くの水を処理する急速ろ過とゆっくり水を清浄にする緩速ろ過とに分けられる。最近では高度浄水処理も普及してきている。高度浄水とは通常の浄水処理に加え、オゾンの酸化力と生物活性炭による吸着機能を活用した浄水処理である。これまで取り除くことが困難であった水に残るごく微量のトリハロメタンやニオイをほぼ除去することができる。水道水の消毒には塩素が使われている。安全な水を届けるために必要であり給水栓（蛇口）で0.1 mg/L以上になることが必要とされている。

日本では家庭に提供される水道水は、水道法第4条の規定に基づいて、表2.8に示した51項目の基準を満たさなければならない。また、水質管理上留意すべき項目として「水質管理目標設定項目」があり、そのなかに今後必要な情報・知見の収集に努めていくべき項目として「要検討項目」が、それぞれ定められている。

下水道は、生活排水を下水道処理場である程度きれいな水に戻してから川などに放流する施設である。下水道は、家庭や工場から出る汚水を集める下水道管と汚水を送るために中継するポンプ所、運ばれてきた水を浄化する下水処理施設からなる。

下水道処理施設では、沈砂池、最初沈殿池、反応タンク、最終沈殿池、塩素混和池などを経由して清浄化された水が、川、湖、海などに放流される。また、高度に処理された下水は再生水として工業用水として利用される。反応タンクでは通常、好気条件下で好気性微生物による処理（活性汚泥法）が行われる。

3.7 廃棄物処理

廃棄物は廃棄物処理法（廃棄物の処理及び清掃に関する法律）により規定されている。「廃棄物」とは、「ごみ、粗大ごみ、燃え殻、汚泥、ふん尿、廃油、廃酸、廃アルカリ、動物の死体その他の汚物又は不要物であって固形状又は液状のもの」と定義されている。廃棄物は、一般廃棄物と産業廃棄物に分類されている。産業廃棄物は、事業活動から生じる廃棄物のうち、燃え殻、汚泥、畜産業から排出される動物のふん尿、廃油、廃酸、廃アルカリ、畜産業から排出される動物の死体など20種類の廃棄物がある。また、自治体によってはこれら20種類の廃棄物以外に独自に産業廃棄物を指定している場合もある。産業廃棄物以外を一般廃棄物という。一般廃棄物は家庭から排出される廃棄物と事業活動によって生じる産業廃棄物以外の廃棄物がある。一般廃棄物は、ごみ、し尿および特別管理一般廃棄物に分けられる。特別管理一般廃棄物は「爆発性、毒性、感染性等人の健康又は生活環境に被害が生ずるおそれのある一般廃棄物のうち政令で定めるもの」とされている。図 2.8 に廃棄物の分類を示す。

表 2.8　水質基準と基準値

項目	基準	項目	基準
一般細菌	1ml の検水で形成される集落数が 100 以下	総トリハロメタン	0.1mg/L 以下
大腸菌	検出されないこと	トリクロロ酢酸	0.03mg/L 以下
カドミウム及びその化合物	カドミウムの量に関して、0.003mg/L 以下	ブロモジクロロメタン	0.03mg/L 以下
水銀及びその化合物	水銀の量に関して、0.0005mg/L 以下	ブロモホルム	0.09mg/L 以下
セレン及びその化合物	セレンの量に関して、0.01mg/L 以下	ホルムアルデヒド	0.08mg/L 以下
鉛及びその化合物	鉛の量に関して、0.01mg/L 以下	亜鉛及びその化合物	亜鉛の量に関して、1.0mg/L 以下
ヒ素及びその化合物	ヒ素の量に関して、0.01mg/L 以下	アルミニウム及びその化合物	アルミニウムの量に関して、0.2mg/L 以下
六価クロム化合物	六価クロムの量に関して、0.02mg/L 以下	鉄及びその化合物	鉄の量に関して、0.3mg/L 以下
亜硝酸態窒素	0.04mg/L 以下	銅及びその化合物	銅の量に関して、1.0mg/L 以下
シアン化物イオン及び塩化シアン	シアンの量に関して、0.01mg/L 以下	ナトリウム及びその化合物	ナトリウムの量に関して、200mg/L 以下
硝酸態窒素及び亜硝酸態窒素	10mg/L 以下	マンガン及びその化合物	マンガンの量に関して、0.05mg/L 以下
フッ素及びその化合物	フッ素の量に関して、0.8mg/L 以下	塩化物イオン	200mg/L 以下
ホウ素及びその化合物	ホウ素の量に関して、1.0mg/L 以下	カルシウム、マグネシウム等（硬度）	300mg/L 以下
四塩化炭素	0.002mg/L 以下	蒸発残留物	500mg/L 以下
1,4-ジオキサン	0.05mg/L 以下	陰イオン界面活性剤	0.2mg/L 以下
シス-1,2-ジクロロエチレン及びトランス-1,2-ジクロロエチレン	0.04mg/L 以下	ジェオスミン	0.00001mg/L 以下
ジクロロメタン	0.02mg/L 以下	2-メチルイソボルネオール	0.00001mg/L 以下
テトラクロロエチレン	0.01mg/L 以下	非イオン界面活性剤	0.02mg/L 以下
トリクロロエチレン	0.01mg/L 以下	フェノール類	フェノールの量に換算して、0.005mg/L 以下
ベンゼン	0.01mg/L 以下	有機物(全有機炭素（TOC）の量)	3mg/L 以下
塩素酸	0.6mg/L 以下	pH 値	5.8 以上 8.6 以下
クロロ酢酸	0.02mg/L 以下	味	異常でないこと
クロロホルム	0.06mg/L 以下	臭気	異常でないこと
ジクロロ酢酸	0.03mg/L 以下	色度	5 度以下
ジブロモクロロメタン	0.1mg/L 以下	濁度	2 度以下
臭素酸	0.01mg/L 以下	（空白）	（空白）

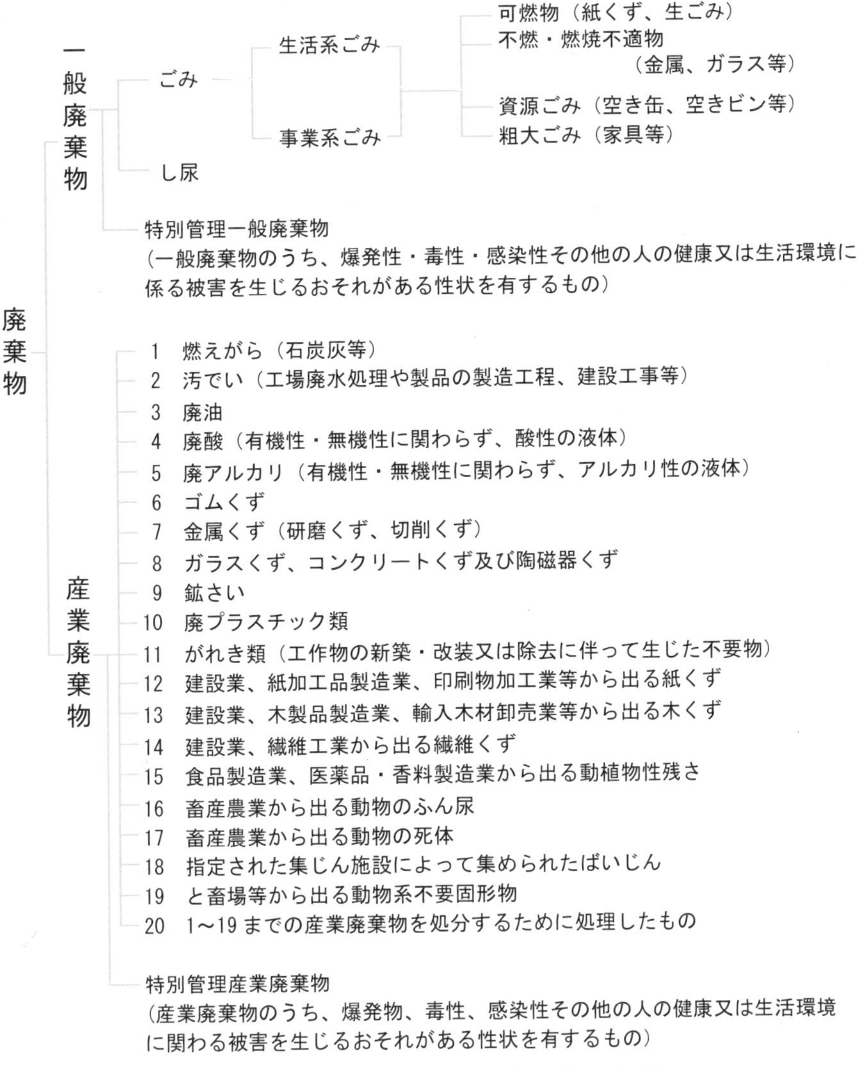

図 2.8 廃棄物処理法による廃棄物の分類

3.8 住居の衛生

住居は人間の生活の場であり、人は野外にいるときを除いて生活の大部分を建物の中で過ごす。住居は物理的空間として重要であるばかりか、心理的空間でもあるので、身心の衛生に重要な役割を果たしている。住居のあり方を定める法には、「建築基準法」、「建築物における衛生的環境の確保に関する法律」（建築物衛生法）などがある。建築物衛生法には「建築物環境衛生管理基準」が定められており、「空気環境の調整、給水及び排水の管理・清掃、ねずみ・昆虫等の防除その他環境衛生上良好な状態を維持するのに必要な」基準が定められている。建築基準法は、住居環境のあるべき理想の基準を定めたものではなく、生命・健康・財産保護のための最低限の基準を定めたものである。

住居は、外部の気候条件を緩和し、化学物質、騒音、臭いなどの有害刺激を軽減する機能をもつ。また、健康な住居環境の条件としては、住居の気密性、断熱性、採光、防音、気温、湿度などがある。また、地震、台風、大雪などにより倒壊しない構造の強靱性が求められる。

良好な住居には上述したような多様な条件があるが、空気汚染は健康に大きな影響を及ぼす。室内空気環境を悪化させるものには、一酸化炭素、たばこやアスベストなどのガス・粒子状物質、建築材料から排出される揮発性有機化合物（VOC）、ペットの毛、エアコンから排出されるカビや細菌の死骸、花粉など多様なものがある。建築基準法では、浮遊粉じんの量、一酸化炭素、二酸化炭素、温度、相対湿度、気流、ホルムアルデヒドの量についての基準が設けられている。特にホルムアルデヒドは、シックハウス症候群の原因物質のひとつとして注目されるようになった。シックハウス症候群は、目がチカチカする、咳や鼻水、めまい、吐き気、じんま疹などの症状を呈する。なお、シックハウス症候群を引き起こす物質には、トルエン、キシレン、エチルベンゼン、スチレン、アセトアルデヒドなどがある。ホルムアルデヒドを含めこれらの6物質は、住宅性能表示制度における測定対象とされている。

例題10　環境による影響についてである。正しいのはどれか。1つ選べ。

1. 日本では冬より夏に死亡率が増加する。
2. 二酸化炭素濃度は、年ごとに増減を繰り返しているが、全体として定常的である。
3. 高山では、低圧環境が出現し頭痛、吐き気などの症状が現れやすい。
4. 熱中症は高温環境で起こるが、屋内で発生する例は少ない。
5. 低温環境下で体表温度が31℃を下回ると、低体温症と診断される。

解説　1. 日本では、熱中症などは夏季に多いが、全体としては冬季の死亡率が高い。　2. 二酸化炭素濃度は、季節的な変動を示すが全体として上昇傾向にある。　4. 熱中症が最も多く発生する場所は室内である。　5. 深部体温が35℃を下回ると低体温症と診断される。

解答　3

例題11　電離放射線にあたる電磁波はどれか。1つ選べ。

1. X線　　2. α線　　3. β線　　4. 紫外線　　5. 電波

解説　X線、紫外線、電波は電磁波であるが、電離する能力があるのはX線である。α線とβ線は、電離能はあるが、それぞれヘリウム原子核および電子（陽電子）なので電磁波ではない。　**解答** 1

例題 12　水道および下水道についてである。正しいのはどれか。1つ選べ。

1. 日本の上水道普及率は90%に達していない。
2. 日本の上水道水は、風呂や洗濯には使用できるが飲用には不適なものが多い。
3. 日本の下水道普及率は50%程度である。
4. 上水道の基準で一般生菌数は100/mL以下と定められている。
5. 水道水は塩素消毒されるが、給水栓段階では検出されてはならない。

解説　日本の上水道の普及率は98%を超えている。下水道の普及率は80%程度である。また、日本の水道水は飲用可能であり、安全のために給水栓（蛇口）段階で塩素濃度0.1mg/L以上である必要がある。　4.は（表2.8）参照　**解答** 4

例題 13　廃棄物に関する記述である。<u>誤っている</u>のはどれか。1つ選べ。

1. 廃棄物は、大きく一般廃棄物と産業廃棄物に区分される。
2. 学校から出る紙くずや生ごみは、産業廃棄物である。
3. 家庭から出る家具などの粗大ゴミは、一般廃棄物である。
4. 食品製造業において、野菜や魚介類から出る残さは産業廃棄物である。
5. 揮発性・毒性・感染性のある廃棄物は、一般廃棄物であっても産業廃棄物であっても特別な管理が必要な廃棄物に分類される。

解説　学校は事業所と考えられ、そこから出される紙くずや生ごみは事業系ごみであり一般廃棄物に分類される。　**解答** 2

例題 14　シックハウス症候群を引き起こす原因物質である。<u>誤っている</u>のはどれか。1つ選べ。

1. ホルムアルデヒド
2. トルエン
3. キシレン
4. アスベスト
5. アセトアルデヒド

解説　アスベスト（石綿）は、建築材料として利用されてきた。現在は使用を禁止されているが建物の解体のときなどに、微細な繊維となり肺から吸い込まれると、肺線維症、肺がん、中皮腫などを引き起こすことがある。シックハウス症候群との関連はない。
解答　4

章末問題

1　上水道および水質に関する記述である。最も適当なのはどれか。1つ選べ。

1. クリプトスポリジウムは、塩素消毒で死滅する。
2. 水道水の水質基準では、一般細菌は「検出されないこと」となっている。
3. 水道水の水質基準では、pHの基準値が定められている。
4. 水道水の水質基準では、水銀の量に関して「検出されないこと」となっている。
5. 生物化学的酸素要求量が低いほど、水質は汚濁している。

（36回国家試験）

解説　クリプトスポリジウムは塩素に強いので、水道水に混入すると大規模な食中毒を起こすことがある。一般細菌数は100/mL以下、pH5.8以上8.6以下、水銀は0.0005mg/L以下と定められている。生物化学的酸素要求量（BOD）が低いと一般に微生物により分解される有機物が少ないことを意味する。解答 3

2　水道法に基づく上水道の水質基準に関する記述である。最も適当なのはどれか。1つ選べ。

1. 末端の給水栓では、消毒に用いた塩素が残留してはならない。
2. 生物化学的酸素要求量（BOD）についての基準値が定められている。
3. 一般細菌は、「1 mLの検水で形成される集落数が100以下」となっている。
4. 総トリハロメタンは、「検出されないこと」となっている。
5. 臭気は、「無いこと」となっている。

（36回国家試験）

解説　1. 上水道の水質基準は、水道法で定められている。水道水は塩素殺菌されるが、給水栓（蛇口）から排出される段階まで一定の殺菌能力が備わっている必要があり、残留塩素濃度は0.1mg/L以上と定められている。　2. BODは河川水など自然界の水の基準であり、上水の基準ではない。　4. トリハロメタンは、総トリハロメタンで0.1mg/L以下となっており、「検出されないこと」とはなっていない。
4. 臭気の基準は「無いこと」ではなく「異常でないこと」とされている。
解答 3

3 公害の発生地域と原因物質の組合せである。最も適当なのはどれか。1つ選べ。

1. 阿賀野川下流地域 ―――― ヒ素
2. 神通川下流地域 ―――― カドミウム
3. 四日市市臨海地域 ―――― アスベスト
4. 宮崎県土呂久地区 ―――― メチル水銀
5. 水俣湾沿岸地域 ―――― 鉛

(35回国家試験)

解説 阿賀野川下流域で起きた公害は、新潟水俣病または阿賀野川有機水銀中毒といわれている。四日市市臨界海域で起きた公害は四日市ぜんそく（亜硫酸ガスなどの大気汚染物質）、宮崎県土呂区地区で起きた公害の原因物質はヒ素であり、水俣湾では有機水銀中毒である水俣病が起きた。 解答 2

4 「持続可能な開発目標（SDGs）」に先立ち、地球規模の環境問題に対する行動原則として、「持続可能な開発」を示した文書である。最も適当なのはどれか。1つ選べ。

1. モントリオール議定書
2. 京都議定書
3. リオ宣言
4. バーゼル条約
5. ワシントン条約

(34回国家試験)

解説 モントリオール議定書はオゾン層保護のための国際取り決めである。京都議定書は、温室効果ガス排出量についての取り決め、バーゼル条約は有害廃棄物の国境を超えた移動を規制するための条約である。また、ワシントン条約は、絶滅危惧種の輸出・輸入などに関する条約である。 解答 3

5 上・下水道および水質に関する記述である。最も適当なのはどれか。1つ選べ。

1. 急速ろ過法では、薬品は用いられない。
2. 末端の給水栓では、消毒に用いた塩素が残留してはならない。
3. 水道水の水質基準では、一般細菌は検出されてはならない。
4. 活性汚泥法は、嫌気性微生物による下水処理法である。
5. 生物化学的酸素要求量が高いほど、水質は汚濁している。

(34回国家試験)

解説 1. 急速ろ過法は、粗い砂や砂利を使って水中の不純物をろ過する方法であるが、ろ過する前段階で硫酸アルミニウム、ポリ塩化アルミニウムなどの凝集剤を用いて小さな粒子を凝集させる。 2. 末端の給水栓では残留塩素濃度は0.1mg/L以上必要である。 3. 一般細菌は100/mL以下と定められている。 4. 活性汚泥法は、好気性微生物の活動によって下水を処理する方法である。そのために曝気して常に酸素を供給する。 5. 有機物が多いと、有機物を分解するために微生物が消費する酸素量が増加する。生物化学的酸素要求量（BOD）は、この指標でありBODが高いと水は汚濁しているといえる。化学的酸素要求量（COD）も水に含まれる有機物を分解するのに必要な酸素の量であるが、この場合は酸化剤を用いる。 解答 5

6　大気汚染物質とその健康影響の組み合わせである。正しいのはどれか。１つ選べ。

1. 光化学オキシダント――――肺がん
2. 二酸化窒素――――中枢神経障害
3. 微小粒子状物質（PM 2.5）――――気管支喘息
4. トリクロロエチレン――――糖尿病
5. ダイオキシン類――――慢性気管支炎

（33 回国家試験）

解説　1. 光化学オキシダントは、窒素酸化物や炭化水素（揮発性有機化合物（VOC））が光化学反応により、オゾン、PAN（パーオキシナイトレート）などの酸化物質に変化した物質をいう。粘膜を刺激したり農作物に害を与えたりする。肺がんの原因になることは知られていない。　2. 二酸化窒素（NO_2）は、呼吸器系統への影響がある。なお、大気中に排出された一酸化窒素（NO）は光反応により NO_2 に変化するが、光化学オキシダントには含めないことになっている。　3. PM2.5 は、粒子状物質のうち粒子径が 2.5 μm 以下のものをいう。粒子が小さいので肺胞にまで進入し気管支ぜんそくなどの呼吸器疾患の原因となる。4. トリクロロエチレンは、中枢神経抑制作用、発がん性などがある。　5. ダイオキシン類は、ポリ塩化ジベンゾパラジオキシン（PCDD）、ポリ塩化ジベンゾフラン（PCDF）、ダイオキシン様ポリ塩化ビフェニル（DL-PCB）の総称であり、一般毒性、発がん性、生殖毒性、免疫毒性など多岐にわたる毒性が知られているが、慢性気管支炎は知られていない。

解答　3

7　水道水の水質基準において、「検出されないこと」とされているものである。正しいのはどれか。１つ選べ。

1. 一般細菌　2. 大腸菌　3. 水銀　4. 放射性セシウム　5. トリハロメタン

（33 回国家試験）

解説　一般細菌数は 100/mL 以下、水銀 0.0005mg/L 以下、放射線セシウム 10Bq/kg 以下、総トリハロメタン 0.1mg/L 以下という基準があり、大腸菌は「検出されないこと」となっている。なお放射性セシウムに関しては、管理目標値とされている。

解答　2

8　わが国の環境汚染に関する記述である。正しいのはどれか。１つ選べ。

1. 微小粒子状物質は、大気に浮遊する粒径 10nm 以下の粒子をいう。
2. 二酸化硫黄の主な発生源は、自動車の排気ガスである。
3. 光化学オキシダントの環境基準達成率は、90%を超える。
4. ジクロロメタンは、主にクリーニング用洗浄剤として使用される。
5. ベンゼンは、白血病の原因となる。

（32 回国家試験）

解説　1. 微小粒子状物質は PM2.5 ともよばれ、粒径 2.5 μm 以下のものをいう。なお、（粒子状物質）PM10 は 10 μm 以下のもの、超微小粒子は PM0.1 ともいい、0.1 μm（100nm）以下のものをいう。　2. 二酸化硫黄（SO_2）は亜硫酸ガスともいわれ、化石燃料の燃焼に伴って発生する。特に、重油の燃焼に伴うものが多い。ディーゼルエンジンで走行する自動車の排気ガスは、SO_2 の排出源であったが、今日は排気ガス対策が厳重になされているので、主たる排出源ではない。なお、SO_2 は火山活動によっても排出される。3. 光化学オキシダントの環境基準は、１時間値が 0.06ppm 以下とされているが、環境基準達成率はきわめて低い状況である。　4. ジクロロメタンは、有機溶剤として金属加工業などで広く用いられている。ドライクリーニングに用いられる有機溶剤には複数のものがあるが、テトラクロロエチレンなどが用いられている。
解答 5

9　電離放射線の曝露により早期に発生する健康影響である。正しいのはどれか。1 つ選べ。

1. 白内障　2. 白血病　3. 胎児の障害　4. 皮膚の紅斑　5. 皮膚がん

(32 回国家試験)

解説　電離放射線による急性の障害には、皮膚紅斑、脱毛、骨髄、胃腸障害、中枢神経障害などがある。白内障、白血病、皮膚がん、胎児への障害などは数カ月から数年の時間をおいて現れる。
解答 4

10　河川または湖沼の水質改善を示す所見である。正しいのはどれか。1 つ選べ。

1. 大腸菌群数の増加
2. 溶存酸素量（DO）の低下
3. 浮遊物質（SS）の増加
4. 生物化学的酸素要求量（BOD）の低下
5. 化学的酸素要求量（COD）の上昇

(31 回国家試験)

解説　河川や湖沼に存在する微生物が分解できる有機物が減少すると、微生物が分解のために利用する酸素も減少するので、生物化学的酸素要求量が低下する。問題に示されたその他の項目は水質悪化を示す所見である。
解答 4

11　食物連鎖が大きく影響した公害病または事件である。正しいのはどれか。 1 つ選 べ。

1. 水俣病
2. 四日市喘息
3. イタイイタイ病
4. 慢性ヒ素中毒
5. 足尾銅山鉱毒事件

(31 回国家試験)

解説　水俣病は、工場排水に含まれるメチル水銀が湾内の生物による食物連鎖によって濃縮され、食物連鎖の頂点に立つ人に高濃度で摂取され発病したものである。他の選択肢は食物連鎖と直接の関連を持たない。
解答 1

12　オゾン層保護対策を目的に含む国内外の取り決めである。正しいのはどれか。 2 つ選べ。

1. ラムサール条約
2. フロン排出抑制法
3. 食品リサイクル法
4. 容器包装リサイクル法
5. 家電リサイクル法

(30 回国家試験)

解説　1. ラムサール条約は「特に水鳥の生息地として国際的に重要な湿地に関する条約」という正式名称が示すとおり、水鳥とその生息地である湿地の保護に関する国際的取り決めである。　3. 食品リサイクル法は正式名称「食品循環資源の再生利用等の促進に関する法律」が示すとおり、食品循環資源の再利用、熱回収、食品廃棄物の発生抑制を目的とするものである。　4. 容器包装リサイクル法（容器包装に係る分別収集及び再商品化の促進等に関する法律）は、容器包装廃棄物の排出抑制、分別収集による再利用などを定めた法律である。　2. 4. はオゾン層保護を目標にしている。　解答 2、5

13　オゾン層の保護に関する国際的取り決めである。正しいのはどれか。１つ選べ。

1. バーゼル条約
2. ラムサール条約
3. 京都議定書
4. カルタヘナ議定書
5. モントリオール議定書

（29 回国家試験）

解説　1. バーゼル条約は、国境を越える廃棄物の移動を規制する条約である。　2. ラムサール条約は、水鳥の生息地としての湿地の保護に関する条約である。　3. 京都議定書は、温暖化ガスの排出を規制し地球温暖化に対応する取り決めである。なお、現在パリ協定に引き継がれている。　4. カルタヘナ議定書は、遺伝子組み換え生物等が生物の多様性の保全などに悪影響を及ぼすことを防止するための国際的取り決めを定めている。　解答 5

14　わが国における熱中症の発生状況と予防・治療に関する記述である。正しいのはどれか。1つ選べ。

(1) 救急搬送者数は、最近 10 年間横ばいである。
(2) 患者の半数以上は、九州・沖縄地方で発生する。
(3) 屋内での発症は、ほとんど見られない。
(4) 予防のための指標として、湿球黒球温度（WBGT）がある。
(5) 熱痙攣の発症直後には、電解質を含まない水を与える。

（29 回国家試験）

解説　1. 消防庁の資料によると、近年の熱中症の救急搬送状況は年による変動が認められる。例えば、令和元年は 71,137 人、令和 2 年は 64,869 人、令和 3 年は 47,877 人、令和 4 年は 71,029 人である。これは夏季の気温が影響していると考えられる。　2. 患者の多くは大都市で発生しており、都道府県としては東京、大阪、埼玉、愛知などで多くの患者が発生している。　3. 熱中症の住居内での発生は 40%前後であり割合としては最も多い。　4. 湿球黒球温度（WBGT）は、暑さ指数ともいい、黒球温度、湿球温度および乾球温度をもとに算出される温度であり、熱中症発症予防に利用される。　5. 高温化で激しい肉体労働をすると、汗とともに塩分が失われ、熱痙攣が起きるので、電解質を含む水分の補給は重要である。　解答 4

15　大気中の物質と、それに関連する地球環境問題の組み合わせである。正しいのはどれか。1つ選べ。

(1) 一酸化炭素 ———— 砂漠化
(2) 二酸化炭素 ———— オゾン層破壊
(3) 一酸化窒素 ———— 海洋汚染
(4) 二酸化窒素 ———— 地球温暖化
(5) 二酸化硫黄 ———— 酸性雨 (28回国家試験)

解説　1. 一酸化炭素は不完全燃焼により発生し、一酸化炭素中毒を引き起こすが、砂漠化とは関係ない。　2. 二酸化炭素は温室効果ガスの1つであり、地球温暖化の主要な原因である。オゾン層を破壊に寄与するガスはフロンガスなどである。　3. 一酸化窒素は、光化学オキシダントの1つである。　4. 二酸化窒素は、大気汚染の主要な原因物質であり、呼吸器系への影響がある。　解答 5

16　廃棄物に関する記述である。正しいのはどれか。1つ選べ。

1. 学校給食施設からの残菜は、一般廃棄物である。
2. 一般廃棄物の総排出量は、年々増加している。
3. 一般廃棄物のリサイクル率は、年々減少している。
4. 一般廃棄物の処理責任は、市町村にある。
5. 産業廃棄物の処理責任は、都道府県にある。 (29回国家試験)

解説　1. 学校給食センターは食品製造業に分類されると考えると、その残菜は産業廃棄物になる。ただし、学校が単独で給食を行っていて、学校として廃棄物を出している場合、学校は食品製造業者ではないので一般廃棄物となる。　2. 3. 一般廃棄物の総排出量は、減少傾向にある。これは、リサイクル率の上昇が影響していると考えられる。　4. 5. 一般廃棄物の処理責任は、市町村にあるが、産業廃棄物の処理責任者は事業者自身である。　解答 4

第3章

健康、疾病、行動に関わる統計資料

1 保健統計

1.1 保健統計の概要

保健統計は、集団としての健康度、保健衛生、社会生活の状況を定量的に把握するための基礎的データである。国や自治体が健康施策を立案、実施するための資料として用いられる。

保健統計には、人口・出生・死亡などを扱う人口統計や、疾病の状況・受療行為などを扱う傷病統計がある。

1.2 わが国の主な保健統計

わが国の保健統計として、表 3.1 のような保健統計調査が行われている。ほとんどの保健統計調査は母集団から一部を抽出して行う標本調査であるが、国勢調査と人口動態調査は全国民を対象とした全数調査として行われている。

表 3.1　わが国の主な保健統計

	保健統計調査名	対象	実施頻度	主な調査内容
人口統計	国勢調査 （人口静態統計）	国民（全数調査）	5 年に 1 回	常住人口、個人調査（性、年齢、地域、配偶関係、就業など）、世帯調査（世帯の種類、住居の種類など）
	人口動態調査 （人口動態統計）	国民の市区町村への届け出 （全国民が対象）	届出は随時、公開は月毎および年毎	出生、死亡、死産、婚姻、離婚
傷病統計	国民生活基礎調査	国民（無作為抽出）	大規模調査は 3 年に 1 回、小規模調査は 1 年に 1 回	有訴者率、通院者率、健康診断受診状況、要介護の原因など
	患者調査	医療施設 （無作為抽出）	3 年に 1 回	入院および外来受療率、推計患者数、総患者数、平均在院日数など

2 人口静態統計

2.1 人口静態統計と国勢調査

国勢調査は、わが国の人口静態（ある一時点での人口の規模や構成）を表す統計として、総務省統計局が管轄する調査である。全国民を対象に、5 年に 1 度（5 の倍数の年）、10 月 1 日時点の状況を把握するために実施される全数調査である。第 1 回の国勢調査は、1920（大正 9）年に実施された。

(1) 主な調査項目

国勢調査では、総人口数、性、年齢、家族構成、配偶者の有無、職業、家計収入の種類、住居の種類などを把握する。

(2) 調査方法

調査員が世帯ごとに調査票を配布し、記入してもらった調査票を回収する訪問調査である。2015（平成27）年調査からは、インターネットでの回答が可能になった。

例題1　国勢調査についての記述である。正しいのはどれか。1つ選べ。

1. 調査は世帯ごとに実施する。
2. 層化無作為抽出法で地域を選定する。
3. わが国の人口動態を把握する調査である。
4. 3年に一度実施する。
5. 厚生労働省が実施する。

解説　2. 全地域を対象とする全数調査である。　3. わが国の人口静態を把握する調査である。　4. 5年に一度実施する。　5. 総務省が実施する。　**解答** 1

2.2 人口の推移

2020（令和2）年の国勢調査によると、わが国の人口は1億2,614万6,099人であった。2017（平成29）年に1920（大正9）年の第1回の国勢調査以来、初めて人口の減少が確認された（2010（平成22）年から約107万人減少）（図3.1）。

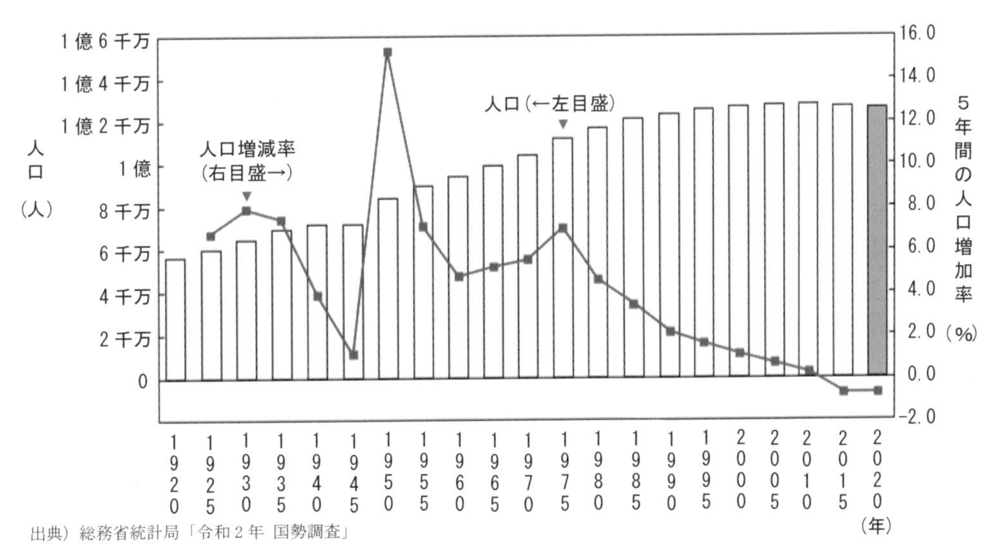

出典）総務省統計局「令和2年 国勢調査」

図3.1　わが国の人口の推移

(1) 人口増減率

基準となる時点からみて、何％人口が変化したかを示す指標として、人口増減率が用いられる。人口増減率は、以下のように算出する。なお、「その他増減」とは、住民基本台帳の記録漏れまたは誤記などを知った際の職権による住民票の記載、消除または修正による増減、外国人の帰化や国外からの転入による増、国籍喪失による減をいう。

- 自然増減数＝出生者数－死亡者数
- 社会増減数＝転入数－転出数＋その他増減
- 人口増減数＝自然増減数＋社会増減数
- 人口増減率＝人口増減数÷人口×100

(2) 都道府県別の人口増減

2010（平成 22）～2015（平成 27）年に比べて、2015（平成 27）～2020（令和 2）年に人口が増加した都道府県は、東京都、沖縄県、神奈川県、埼玉県、千葉県、愛知県、福岡県、滋賀県の 8 都県であった（図 3.2）。他のすべての道府県では人口が減少したが、特に人口減少が大きかったのは秋田県、青森県、高知県などで、高齢者の人口割合が高い地域に多い傾向がある。

(3) 世帯の状況

2020（令和 2）年の国勢調査によると、わが国の世帯数は 5,583 万 154 世帯であり、世帯数は年々増加傾向にある。このうち、65 歳以上世帯員のいる一般世帯は 2,265 万 5 千世帯となっており、一般世帯に占める割合は 40.7％となっている。高齢者のいる世帯の割合は年々増加傾向にある。

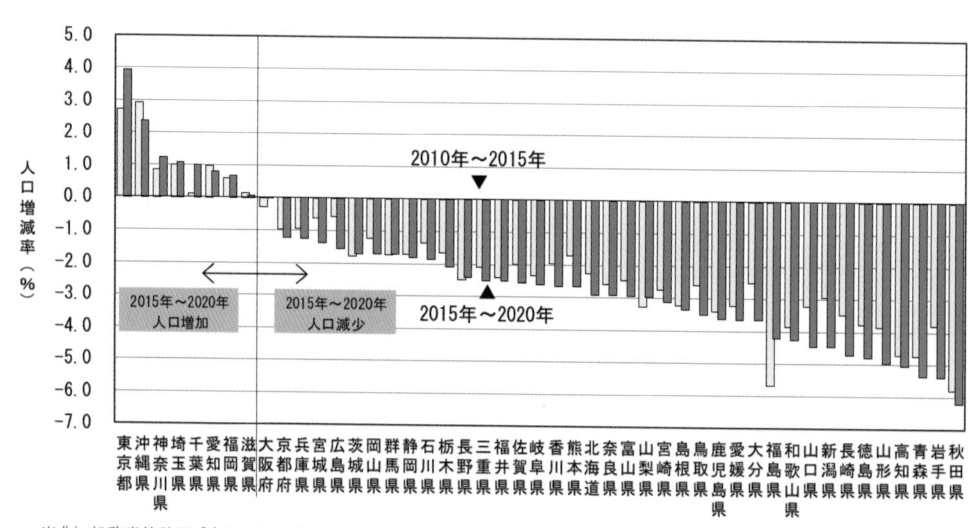

出典）総務省統計局「令和２年 国勢調査」

図 3.2　都道府県別の人口増減率

(4) 人口ピラミッド

人口ピラミッドは、性別・年齢別・人口構成を棒グラフで描写したものである。男女別、年齢別の人口を横棒グラフで表す（縦軸に年齢、横軸に人口、左に男性、右に女性)。人口ピラミッドは、過去から現在までの社会情勢を反映した出生・死亡の特徴を把握するのに利用される。さまざまな形状の人口ピラミッドがあるが、ここでは主な3つの形状（ピラミッド型、釣り鐘型、つぼ型）を紹介する（図 3.3)。

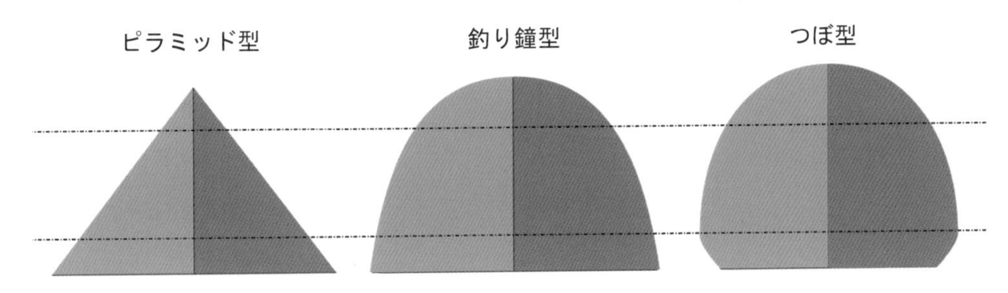

図 3.3　人口ピラミッドの類型

1) ピラミッド型（富士山型）

若年者が多く高齢者が少ない、多産多死の人口構成である。ピラミッド型の地域は、人口は増加する傾向にある。発展途上国に多い類型である。

2) 釣り鐘型（ベル型）

ピラミッド型の人口ピラミッドの地域で医療・公衆衛生が発達して死亡率が低下すると、中間の膨らみが大きくなり、釣り鐘型に移行していく。釣り鐘型の地域は、人口が静止する傾向にある。

3) つぼ型（紡錘型）

釣り鐘型の人口ピラミッドの地域で少子化が進み若年層の人口が減少すると、つぼ型に移行していく。つぼ型の地域は、人口は減少する傾向にある。先進国に多い類型である。

4) 日本の人口ピラミッドの推移

日本の人口ピラミッドは、1920（大正 9）年は若者が多く高齢者が少ないピラミッド型を示していたが、2015（平成 27）年は 2 つの膨らみ（第 1 次ベビーブーム人口と第 2 次ベビーブーム人口）をもつつぼ型を示している（図 3.4)。

(5) 人口指標

人口構成を年齢で区分すると、年少人口（0～14 歳の人口)、生産年齢人口（15～64 歳の人口)、老年人口（65 歳以上の人口）の 3 つに分けられる。また、年少人口と老年人口との合計を従属人口という。

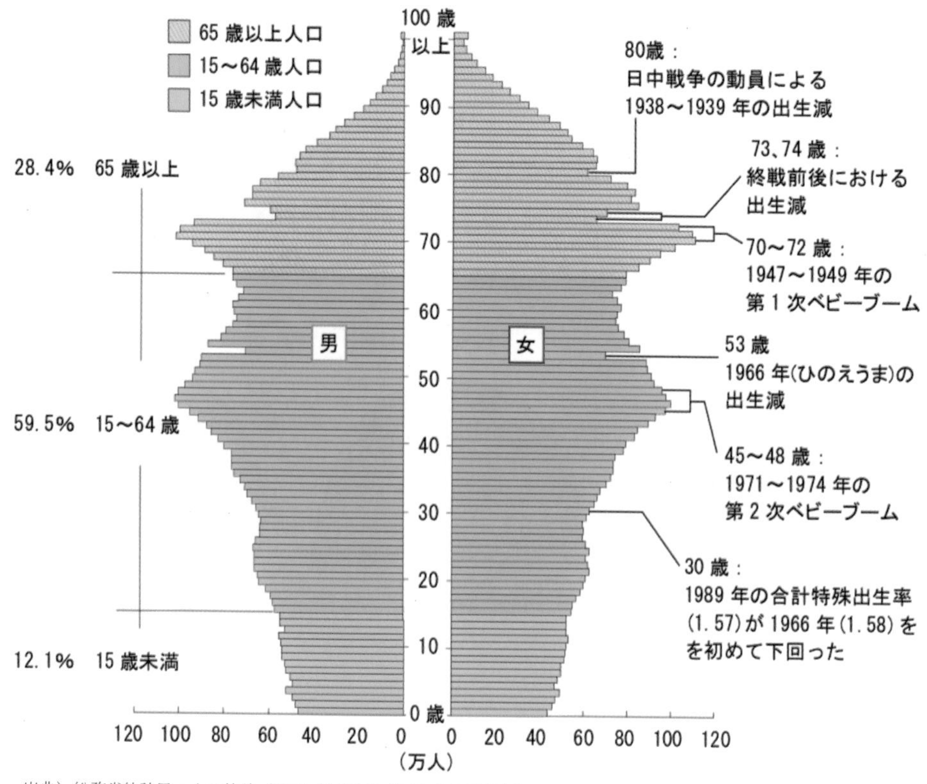

出典）総務省統計局：人口統計（2019（令和元）年 10 月 1 日現在）

図 3.4　日本の人口ピラミッド（2019 年 10 月 1 日現在）

1）日本の人口構成

2020（令和 2）年の国勢調査によると、わが国の年少人口は約 1,503 万人（11.9%）で減少傾向、生産年齢人口は約 7,508 万人（59.5%）で減少傾向、老年人口は約 3,602 万人（28.6%）で増加傾向であった（図 3.5）。

2）人口指数

上記の 3 つの年齢区分の人口の比をとった人口指数を算出することで、人口構成の関係性を把握することができる。人口指数として、以下の 4 つが知られている。

（i）年少人口指数

年少人口指数は、働き世代による子供の扶養負担の指標である。2020（令和 2）年の年少人口指数は 20.0 であり、低下傾向にある。

年少人口指数＝(年少人口/生産年齢人口)×100

（ii）老年人口指数

老年人口指数は、働き世代による高齢者の扶養負担の指標である。2020（令和 2）年の老年人口指数は 48.0 であり、上昇傾向にある。

老年人口指数＝(老年人口/生産年齢人口)×100

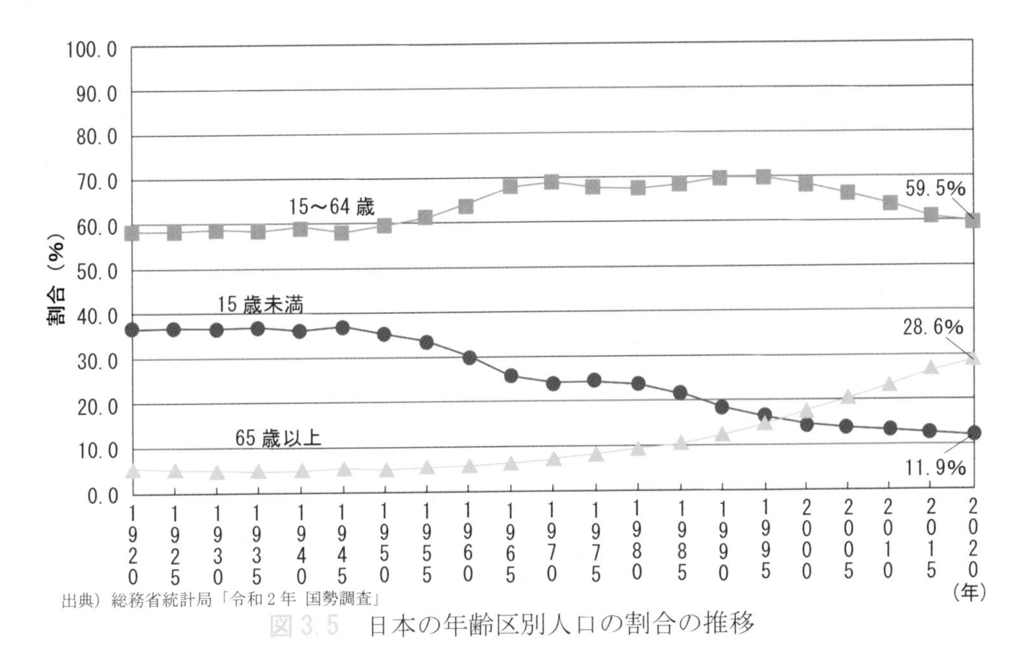

出典）総務省統計局「令和2年 国勢調査」

図3.5　日本の年齢区別人口の割合の推移

（iii）従属人口指数

従属人口指数は、働き世代による子供と高齢者の扶養負担の指標である。2020（令和2）年の従属人口指数は68.0であり、上昇傾向にある。

従属人口指数＝{(年少人口＋老年人口)/生産年齢人口}×100

（iv）老年化指数

老年化指数は、高齢化の進行状況の指標である。2020（令和2）年の老年化指数は239.7であり、上昇傾向にある。

老年化指数＝(老年人口/年少人口)×100

2.3 世界の人口

2020（令和2）年の世界人口は約77億5,815万人と推計されている。2020（令和2）年時点では、日本の人口は世界第11位となっている。世界人口は近年急増しており、1998（平成10）年には60億人、2011（平成23）年には70億人を突破し、2050年には98億人に達すると予測されている。現在、世界人口の増加は、先進国よりも発展途上国で顕著である。

また、世界各国の総人口に占める老年人口の割合の推移をみると、日本では1950（昭和50）年は5%前後であったが、近年急激に増加しており、イタリアやドイツよりも高く、世界で最も高い水準となっている（図3.6）。すなわち、日本は世界で最も速いスピードで高齢化が進んでいる国であるといえる。

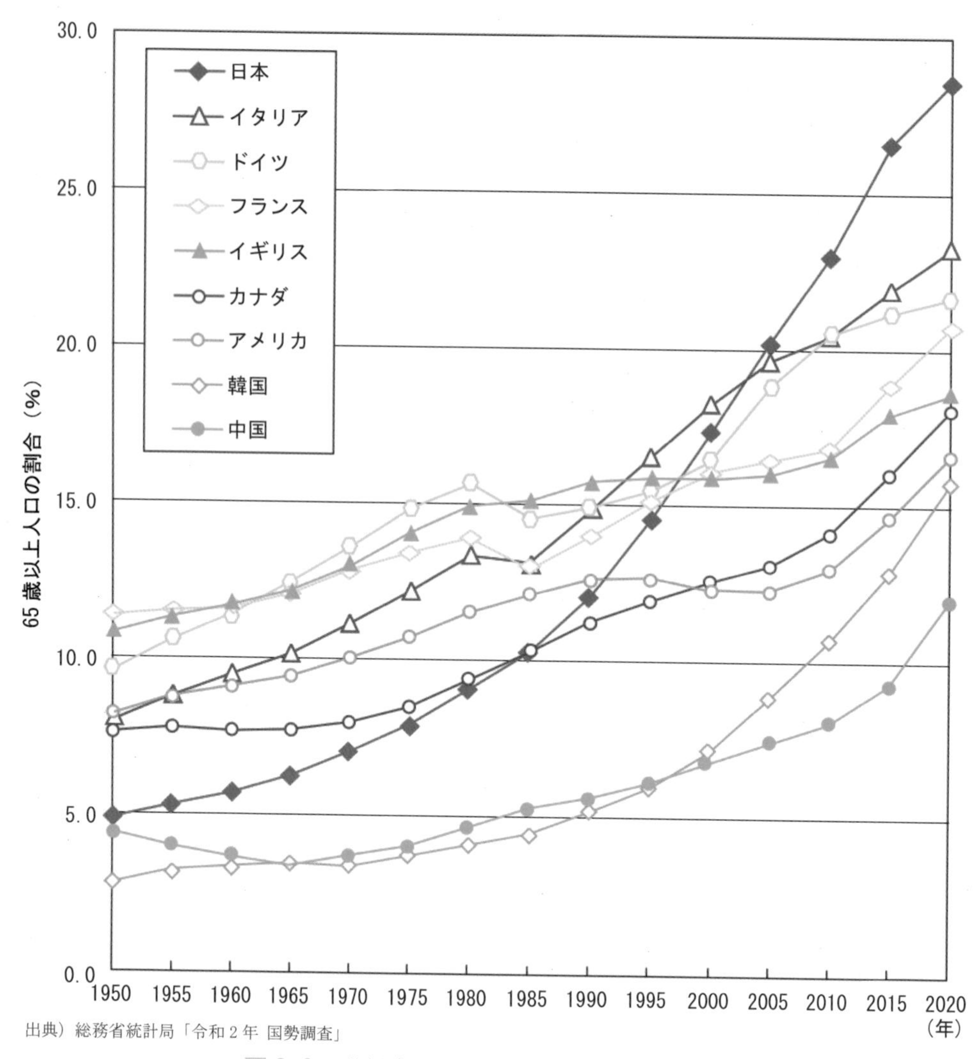

出典）総務省統計局「令和２年 国勢調査」

図 3.6　世界各国の老年人口の割合の推移

例題２　近年のわが国の人口に関する記述である。正しいのはどれか。1つ選べ。

1. 年少人口指数は低下している。
2. 高齢者のいる世帯は、児童のいる世帯よりも少ない。
3. 高齢化のスピードは、欧米先進国よりも遅い。
4. 総世帯数は減少している。
5. 東京都の人口は減少が続いている。

解説　2. 高齢者のいる世帯は、児童のいる世帯よりも多い。　3. 高齢化のスピードは、欧米先進国よりも速い。　4. 総世帯数は増加している。　5. 東京都の人口は増加傾向である（図 3.2 参照）。

解答　1

3 人口動態統計

3.1 人口動態統計と各指標の届出制度

人口動態調査は、わが国の人口動態（ある一定期間内での人口の変動）に関わる指標を集約した統計調査である。市区町村に届け出られた各項目について、市区町村長が作成する人口動態調査票に基づき、厚生労働省が集計・公表する。全国民が対象となる全数調査である。

例題 3　人口動態調査に関する記述である。正しいのはどれか。1 つ選べ。

1. 3 年に一度実施する。
2. 疾病の発生状況を把握する。
3. 文部科学省が所管する。
4. 調査対象を無作為抽出して選ぶ。
5. 市区町村長が作成する人口動態調査票に基づく。

解説　1.（表 3.1 参照）市区町村への届出は年中を通して実施され、集計結果の公開は月毎、年毎に行われる。　2. 人口動態統計で把握する項目は、死産、出生、婚姻、離婚、死亡である。　3. 厚生労働省が所管する。　4. 全国民の届出を対象とする。

解答　5

人口動態調査では、人口の増減に直接関わる出生、死亡、死産に加えて、間接的に関わる婚姻、離婚の 5 項目を扱う。国民は、出生については生後 14 日以内、死亡および死産については 7 日以内に各市区町村に届け出ることになっている。

3.2 出生

人口動態統計において、1 年間に生死にかかわらず生まれてくる子どもの数を出産数といい、そのうち生きて生まれる子供の数を出生数という。なお、出生性比（女子 100 人に対する男子の割合）は一般に 105 前後となっており、男児が生まれてくる確率がやや高い。

(1) 出生数

近年、わが国の出生数は減少の一途をたどっている。第二次世界大戦後の第一次ベビーブーム（1947（昭和 22）～1949（昭和 24）年）時には出生数は毎年 260 万人を超えていた。その子ども世代にあたる第二次ベビーブーム（1971（昭和 46）〜1974（昭和 49）年）時以降、出生数は減少し続け、2016（平成 28）年には 100 万人の大台を切った（図 3.7）。2021（令和 3）年の出生数は 811,604 人、出生率（人口のうちの 1 年間の出生数の割合）は 6.6（人口 1,000 対）となっている。少子化の原因としては、非婚化、晩婚化による 20 代での出産の減少や、それに関連して結婚した夫婦が一生の間に産む子供の数の減少があげられる。

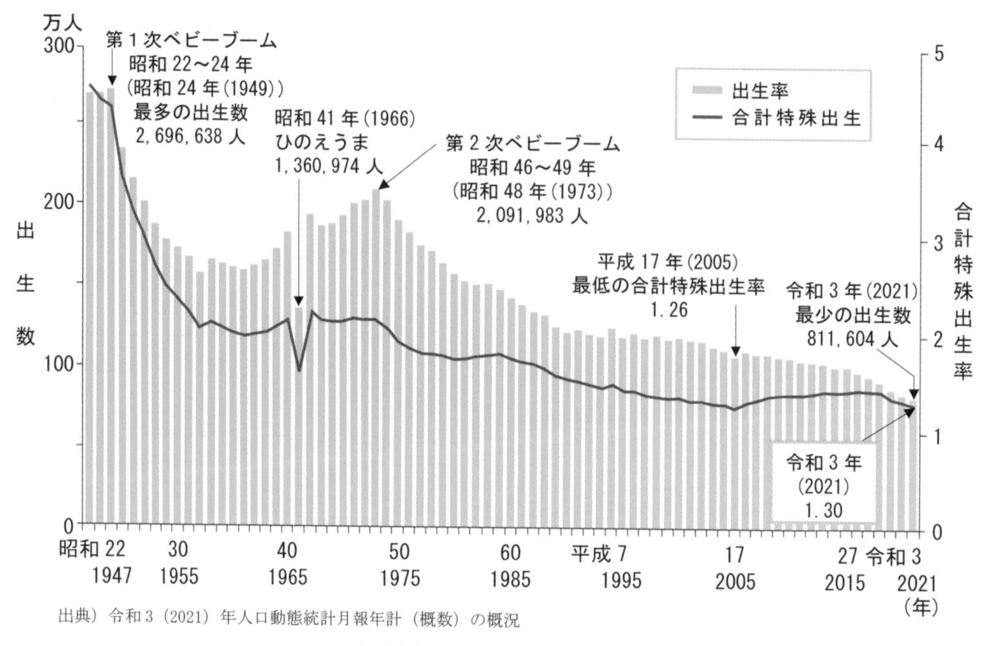

出典）令和 3（2021）年人口動態統計月報年計（概数）の概況

図 3.7　出生数と合計特殊出生率の年次推移

(2) 合計特殊出生率（粗再生産率）

合計特殊出生率は、1 人の女性が一生の間に産むと推定される平均子ども数である。その年の 15〜49 歳の女性の年齢別出生率を合計した値である。合計特殊出生率が 2.1 を割ると将来人口が減少すると予測される。

合計特殊出生率は、近年、減少傾向にある。母の年齢別にみると、2005（平成 17 年）年以降出生率が最も高いのは 30〜34 歳である。また、35〜39 歳の出生率も上昇している。一方、20 歳代の出生率は低下傾向にある（表 3.2）。

(3) 再生産に関する指標

再生産率は、将来の人口増減の予測に用いられる指標である。女性が出産可能な年齢を 15〜49 歳と定義し、その年齢の女性が一生のうちにどれくらい子どもを産むかを示した数字である。

表 3.2　母の年齢（5 歳階級）別にみた合計特殊出生率の年次推移

年　齢	昭和 60 年 (1985)	平成 7 年 (1995)	平成 17 年 (2005)	平成 27 年 (2015)	平成 30 年 (2018)	令和元年 (2019)	令和 2 年 (2020)	令和 3 年 (2021)
総　数 (合計特殊出生率)	1.76	1.42	1.26	1.45	1.42	1.36	1.33	1.30
15～19 歳	0.0229	0.0185	0.0253	0.0206	0.0153	0.0137	0.0123	0.0100
20～24 歳	0.3173	0.2022	0.1823	0.1475	0.1329	0.1243	0.1148	0.1035
25～29 歳	0.8897	0.5880	0.4228	0.4215	0.4038	0.3858	0.3744	0.3615
30～34 歳	0.4397	0.4677	0.4285	0.5173	0.5118	0.4940	0.4877	0.4820
35～39 歳	0.0846	0.1311	0.1761	0.2864	0.2895	0.2805	0.2777	0.2799
40～44 歳	0.0094	0.0148	0.0242	0.0557	0.0609	0.0609	0.0610	0.0641
45～49 歳	0.0003	0.0004	0.0008	0.0015	0.0017	0.0017	0.0018	0.0018

出典）令和 3（2021）年人口動態統計月報年計（概数）の概況

1) 総再生産率

総再生産率は、1 人の女性が一生の間に産むと推定される平均女児数。総再生産率が 1 を割ると将来人口が減少すると予測される。2020（令和 2）年の総再生産率は 0.65 であった。

2) 純再生産率

純再生産率は、1 人の女性が一生の間に産む女児のうち、母親と同じ年齢まで生きると推定される平均女児数である。純再生産率が 1 を割ると約 30 年以降に人口が次第に減少すると予測される。日本では、1970（昭和 45）年代には純生産率が 1 を下回っており、2020（令和 2）年の純再生産率は 0.64 であった。

(4) 都道府県別の合計特殊出生率

合計特殊出生率を都道府県別に比較すると、最も高いのは沖縄県（2021（令和 3）年は 1.80）で、最も低いのは東京都（2021（令和 3）年は 1.08）である。また、2020（令和 2）年と 2021（令和 3）年をみるかぎり、ほとんどの都道府県において合計特殊出生率は減少傾向にある（表 3.3）。

表 3.3　都道府県別にみた合計特殊出生率

都道府県	2021	2020	都道府県	2021	2020	都道府県	2021	2020	都道府県	2021	2020
全　国	1.30	1.33	千　葉	1.21	1.27	三　重	1.43	1.42	徳　島	1.44	1.48
北海道	1.20	1.21	東　京	1.08	1.12	滋　賀	1.46	1.50	香　川	1.51	1.47
青　森	1.31	1.33	神奈川	1.22	1.26	京　都	1.22	1.26	愛　媛	1.40	1.40
岩　手	1.30	1.32	新　潟	1.32	1.33	大　阪	1.27	1.31	高　知	1.45	1.43
宮　城	1.15	1.20	富　山	1.42	1.44	兵　庫	1.36	1.39	福　岡	1.37	1.41
秋　田	1.22	1.24	石　川	1.38	1.47	奈　良	1.30	1.28	佐　賀	1.56	1.59
山　形	1.32	1.37	福　井	1.57	1.56	和歌山	1.43	1.43	長　崎	1.60	1.61
福　島	1.36	1.39	山　梨	1.43	1.48	鳥　取	1.51	1.52	熊　本	1.59	1.60
茨　城	1.30	1.34	長　野	1.44	1.46	島　根	1.62	1.60	大　分	1.54	1.55
栃　木	1.31	1.32	岐　阜	1.40	1.42	岡　山	1.45	1.48	宮　崎	1.64	1.65
群　馬	1.35	1.39	静　岡	1.36	1.39	広　島	1.42	1.48	鹿児島	1.65	1.61
埼　玉	1.22	1.27	愛　知	1.41	1.44	山　口	1.49	1.48	沖　縄	1.80	1.83

出典）令和 3（2021）年人口動態統計月報年計（概数）の概況

例題4　わが国の出生と人口に関する記述である。正しいのはどれか。1つ選べ。

1. 2000年以降、年間出生数は増加傾向である。
2. 第二次世界大戦後、年間出生数が100万人を下回ったことはない。
3. 都道府県別の合計特殊出生率が最も高いのは東京都である。
4. 年あたり出生数は、男性の方が女性より多い。
5. 第二次世界大戦後、合計特殊出生率は2を下回ったことはない。

解説　1. 出生数は減少傾向である。　2. 2016年以降、100万人を下回っている。3. 合計特殊出生率が最も高いのは沖縄県である（表3.3参照）。　5. 1950年に初めて2を下回り、その後ずっと2以下で推移している。　**解答**　4

3.3 死亡

わが国の死亡数は、第二次世界大戦後いったん低下傾向であったが、1966（昭和41）年に最低の死亡数を記録して以降、上昇し続けている。2021（令和3）年の死亡数は全国で約143万9,809人であった。

(1) 粗死亡率と年齢調整

粗死亡率は、1年間の人口当たりの死亡数で表される。図3.8(A)は、日本の全死因の粗死亡率の推移である。戦後低下していたが、1980（昭和55）年頃から上昇に転じた。これは、近年の急激な高齢化が大きく影響している。

このように、集団の死亡状況の経年変化を検討したり地域比較をしたりする際には、年齢構成が異なることによって単純な比較が難しくなることが多い。そこで、ある基準集団を設定して、年齢構成の異なる集団同士を比較する年齢調整という方法が用いられる。

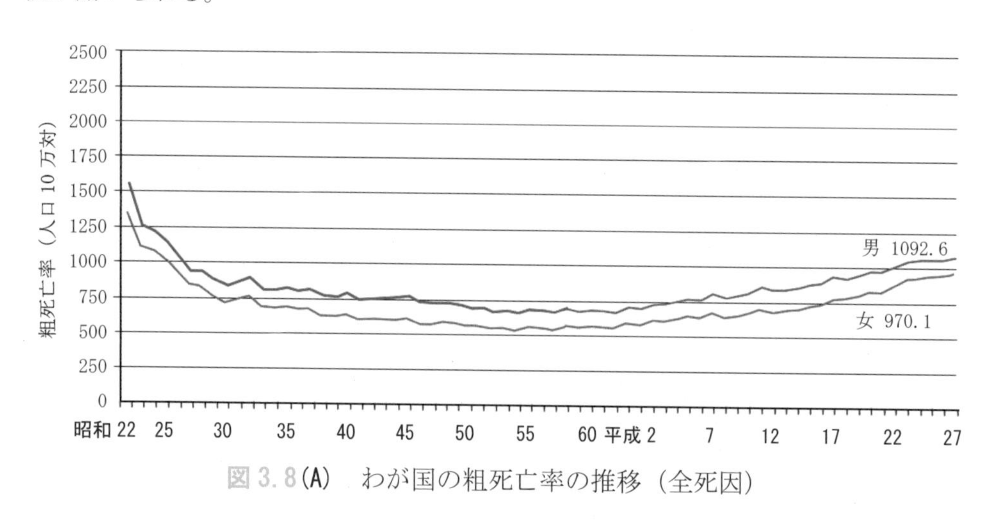

図3.8(A)　わが国の粗死亡率の推移（全死因）

3.4 年齢調整死亡率

年齢構成の影響を調整した年齢調整死亡率を図示したのが図 3.8(B) である。年齢構成の影響が取り除かれれば、日本人の死亡率は戦後ほぼ一方的に下がり続けていることが分かる。年齢調整の方法には直接法と間接法が存在する。ここではそれぞれの方法を、具体例をもとに解説する。

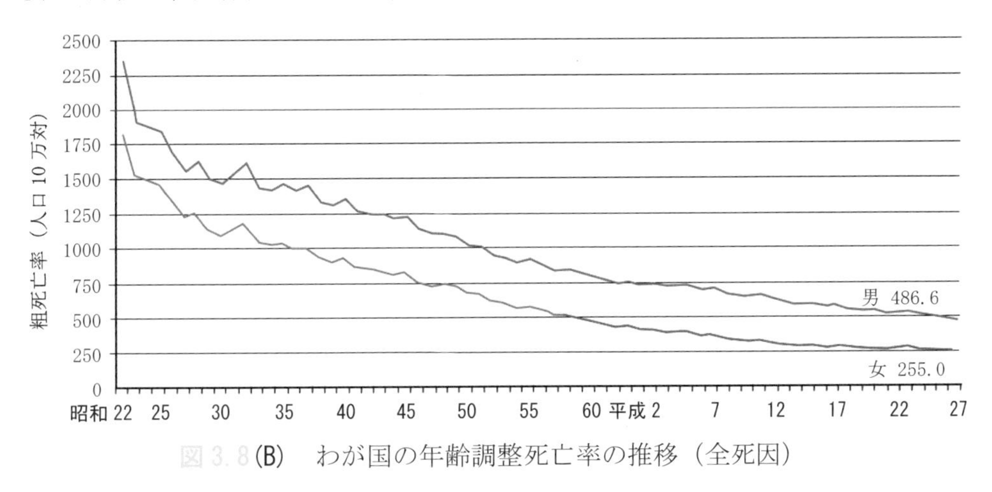

図 3.8(B) わが国の年齢調整死亡率の推移（全死因）

(1) 直接法による年齢調整

表 3.4 は人口 10 万人のＹ市の年齢階級別の人口と死亡者数を示した仮想データである。表 3.5 に示した基準集団の人口構成を用いて、直接法によるＹ市の年齢調整死亡率（人口 10 万人対）を算出する。

表 3.4 Ｙ市の年齢階級別人口および死亡者数

年齢階級	人口	死亡者数
0～14 歳	30000	900
15～64 歳	60000	600
65 歳以上	10000	1000
合　計	100000	2500

表 3.5 基準集団の年齢階級別人口

年齢階級	人口
0～14 歳	40000
15～64 歳	140000
65 歳以上	20000
合　計	200000

観察集団の年齢階級別死亡率が基準集団の人口構成で起きた場合、集団全体の死亡率がどうなるかを求めるのが直接法による年齢調整の考え方である。一般に、特別に断り書きがなければ年齢調整は直接法によるものである。直接法による年齢調整率の計算式は下のとおりである。

$$\text{年齢調整死亡率(人口10万人対)} = \frac{\text{(観察集団の年齢階級別死亡率} \times \text{基準集団の年齢階級別人口)の各年齢階級の合計}}{\text{基準集団の総人口}} \times 100000$$

年齢調整の計算は、下のとおり順を追って進めるのが分かりやすい。

・手順 1…観察集団の年齢階級別死亡率を計算する。

Y 市の 0〜14 歳の死亡率 ＝ 900/30000 ＝ 0.03

Y 市の 15〜64 歳の死亡率 ＝ 600/60000 ＝ 0.01

Y 市の 65 歳以上の死亡率 ＝ 1000/10000 ＝ 0.1

・手順 2…基準集団の年齢階級別に期待死亡数を計算する。

基準集団の 0〜14 歳の期待死亡数 ＝ 40000 × 0.03 ＝ 1200

基準集団の 15〜64 歳の期待死亡数 ＝ 140000 × 0.01 ＝ 1400

基準集団の 65 歳以上の期待死亡数 ＝ 20000 × 0.1 ＝ 2000

・手順 3…基準集団全体の期待死亡数を計算する。

基準集団全体の期待死亡数 ＝ 1200 ＋ 1400 ＋ 2000 ＝ 4600

・手順 4…人口 10 万人当たりの死亡数に単位を揃える。

年齢調整死亡率（人口 10 万人対）＝(4600/200000) × 100000 ＝ 2300

以上が直接法による年齢調整死亡率の算出手順である。計算された値は、『1 年間で人口 10 万人当たり 2,300 人が死亡する』という解釈になる。基準集団は仮想のデータでも構わない。国内では基準集団として平成 27（2015）年モデル人口を用いるのが一般的である。直接法は、観察集団の年齢階級別死亡率を計算する必要があるため、観察集団が小規模な場合には使用しにくいのが欠点である。実際にはこの例のように年齢を大雑把に 3 区分するのではなく、5 歳階級ごとに細分することが多い。そのため、観察集団の人口が少ないと、各年齢階級の人数が少なくなり過ぎる可能性がある。

(2) 間接法による年齢調整と標準化死亡比（SMR）

間接法による年齢調整では、基準集団の年齢階級別死亡率が観察集団の人口構成で起きたとした場合の期待死亡数を求め、観察集団の実際の死亡数との比（＝標準化死亡比：Standardized Mortality Ratio：SMR）を求める。

表 3.6 は人口 2,000 人の Z 村の年齢階級ごとの人口と全体の死亡者数を示した仮想データである。ここでは、年齢階級別の死亡者数は不明とする。表 3.7 に示した基準集団の年齢階級別の人口と死亡者数を用いて、間接法による年齢調整を行う。Z 村の標準化死亡比を計算する。

表 3.6　Z 村の年齢階級別人口および総死亡者数

年齢階級	人口	死亡者数
0〜14 歳	500	—
15〜64 歳	700	—
65 歳以上	800	—
合　計	2000	20

表 3.7　基準集団の年齢階級別人口および死亡者数

年齢階級	人口	死亡者数
0〜14 歳	200000	600
15〜64 歳	700000	700
65 歳以上	100000	500
合　計	1000000	1800

間接法によるSMRの計算式は以下のとおりである。

$$\text{SMR}=\frac{\text{観察集団の総死亡数}}{(\text{基準集団の年齢階級別死亡率}\times\text{観察集団の年齢階級別人口})\text{の各年齢階級の合計}}\times100$$

ここでも、下のとおり順を追って計算を進めていく。

・手順1…基準集団の年齢階級別死亡率を計算する。

基準集団の0～14歳の死亡率＝600/200000＝0.003

基準集団の15～64歳の死亡率＝700/700000＝0.001

基準集団の65歳以上の死亡率＝500/100000＝0.005

・手順2…観察集団の年齢階級別に期待死亡数を計算する。

Z村の0～14歳の期待死亡数＝500×0.003＝1.5

Z村の15～64歳の期待死亡数＝700×0.001＝0.7

Z村の65歳以上の期待死亡数＝800×0.005＝4

・手順3…観察集団全体の期待死亡数を計算する。

Z村全体の期待死亡数＝1.5＋0.7＋4＝6.2

・手順4…SMRを計算する。

SMRは、基準集団をもとにして計算した期待死亡数を100とした場合の観察集団の実際の死亡状況の値である。ここでは、6.2人を100としたら、20人はいくつにあたるかを計算すればよい。

SMR＝（20/6.2）×100≒322.6

以上が間接法によるSMRの算出手順である。計算された値は、『基準集団の死亡状況を100とすれば、Z村の死亡状況は322.6にあたる』という解釈になる。SMRは都道府県別の死亡状況を比較する際などによく用いられる。この場合の基準集団としては、日本全国の死亡状況を利用することが多い。間接法による年齢調整は、観察集団の年齢階級別死亡率を計算する必要がないため（ただし総死亡数のデータは必要）、観察集団の人口が比較的小規模であっても使用することができる。

例題5　直接法による年齢調整死亡率についての記述である。正しいのはどれか。1つ選べ。

1. 基準集団には昭和40年モデル人口が使われる。
2. 値はSMRとして示す。
3. 計算には観察集団の年齢階級別死亡率が必要である。
4. 年齢構成の異なる集団の死亡状況は比較できない。
5. 年齢調整死亡率が高いほど、健康レベルが高いと判断できる。

解説　1. 一般的に、基準集団には平成27（2015）年モデル人口を用いる。
2. SMRは標準化死亡比のことで、間接法による年齢調整で用いられる指標である。
4. 年齢構成の異なる集団の死亡状況を比較するのが年齢調整の目的である。
5. 年齢調整死亡率が低いほど、集団の健康レベルが高いと判断できる。　**解答** 3

例題6　基準集団とA市の年齢階級別人口と死亡数を表に示す。直接法によるA市の人口1万人当たりの年齢調整死亡率と、間接法による標準化死亡比の組み合わせとして、正しいのはどれか。1つ選べ。

	A市		基本集団	
	年齢階級別人口	死亡数	年齢階級別人口	死亡数
40歳未満	3000人	6人	80000人	80人
40～64歳	6000人	6人	80000人	160人
65歳以上	9000人	18人	40000人	100人

1. 年齢調整死亡率…16　　標準化死亡比…120
2. 年齢調整死亡率…160　　標準化死亡比…80
3. 年齢調整死亡率…1600　　標準化死亡比…120
4. 年齢調整死亡率…16　　標準化死亡比…80
5. 年齢調整死亡率…160　　標準化死亡比…40

解説　直接法による年齢調整死亡率の計算は以下のとおり。
① A地域の40歳未満の死亡率・・・6÷3000＝0.002
② A地域の40～64歳の死亡率・・・6÷6000＝0.001
③ A地域の65歳以上の死亡率・・・18÷9000＝0.002
④ 基準集団の40歳未満の期待死亡数・・・80000×0.002＝160
⑤ 基準集団の40～64歳の期待死亡数・・・80000×0.001＝80
⑥ 基準集団の65歳以上の期待死亡数・・・40000×0.002＝80
⑦ 基準集団全体の期待死亡数・・・160＋80＋80＝320
⑧ 年齢調整死亡率・・320÷(80000＋80000＋40000)×10000＝16（人口10万対）
間接法による標準化死亡比の計算は以下のとおり。
① 基準集団の40歳未満の死亡率・・・80÷80000＝0.001
② 基準集団の40～64歳の死亡率・・・160÷80000＝0.002
③ 基準集団の65歳以上の死亡率・・・100÷40000＝0.0025
④ A市の40歳未満の期待死亡数・・・3000×0.001＝3
⑤ A市の40～64歳の期待死亡数・・・6000×0.002＝12
⑥ A市の65歳以上の期待死亡数・・・9000×0.0025＝22.5
⑦ A市全体の期待死亡数・・・3＋12＋22.5＝37.5
⑧ 標準化死亡比・・・(6＋6＋18)÷37.5×100＝80　**解答** 4

3.5 死因統計と死因分類（ICD）

わが国の死因統計は、人口動態統計の一項目として、死亡診断書と死体検案書を基に作成される。

(1) 国際疾病分類（ICD）

死亡診断書、死体検案書に記載される疾病名の分類には国際疾病・障害および死因の統計分類（International Statistical Classification of Diseases and Related Health Problems : ICD）が用いられる。WHO が作成した分類で、異なる時点、異なる地域における死因、疾病構造の比較を行うために用いる。現在、日本では ICD-10（2013年版）が適用されている。

(2) 日本の主要死因

2021（令和 3）年のわが国の死因は、1 位が悪性新生物、2 位が心疾患（高血圧性を除く）、3 位が老衰、4 位が脳血管疾患、5 位が肺炎となっており、上位 5 つの死因で全体の約 2／3 を占めている（図 3.9）。なお、欧米先進国では虚血性心疾患や脳卒中が死亡原因の上位であり、これらの疾患の死亡率は日本より高い状況である。

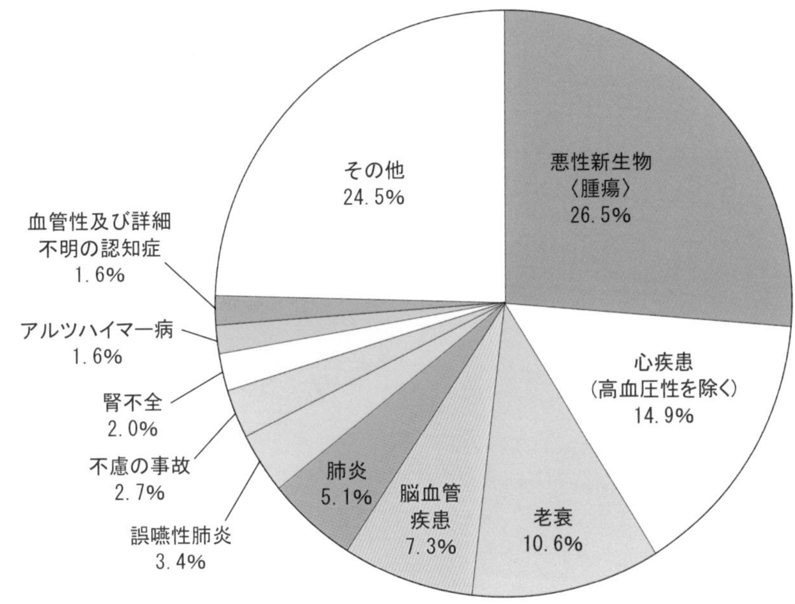

出典）令和 3（2021）年人口動態統計月報年計（概数）の概況

図 3.9　主な死因の構成割合（2021（令和 3）年）

1) 悪性新生物（がん）

悪性新生物（がん）による死亡数は約 38.1 万人（2021（令和 3）年）で、日本人の死因の第 1 位であり、総死亡の約 26.5%を占めている。部位別の死亡数は多い方から、男性は肺、大腸、胃、膵、肝、女性は大腸、肺、膵、乳房、胃の順である。

2）心疾患（高血圧性を除く）

心疾患による死亡数は約 21.5 万人（2021（令和 3）年）で、日本人の死因の第 2 位であり、総死亡の約 14.9%を占めている。心疾患には、心筋梗塞や狭心症などの虚血性心疾患（33.7%（平成 18 年値））、心不全（40.0%（平成 18 年値））、慢性リウマチ性心疾患（1.1%（平成 18 年値））などが含まれる。

3）脳血管疾患

脳血管疾患による死亡数は約 10.5 万人（2021（令和 3）年）で、日本人の死因の第 4 位であり、総死亡の約 7.3%を占めている。脳血管疾患には、脳梗塞（47.6%）、脳内出血（26.2%）、くも膜下出血（8.9%）などが含まれる。

(3) 日本の主要死因の粗死亡率と年齢調整死亡率の推移

わが国では 1950 年代以降、死因の中心が感染症から慢性疾患、生活習慣病に変化した。第二次世界大戦後、死因の 1 位であった結核の粗死亡率は急激に低下し、脳血管疾患が死因の 1 位となった。その後、1980 年代に入って悪性新生物が死因の 1 位となり、近年も悪性新生物の粗死亡率は増加し続けている（図 3.10）。

一方、年齢調整死亡率をみてみると、近年は悪性新生物、心疾患、脳血管疾患といった疾病の年齢調整死亡率は低下傾向にある。特に、脳血管疾患の年齢調整死亡率の低下が著しい（図 3.11）。

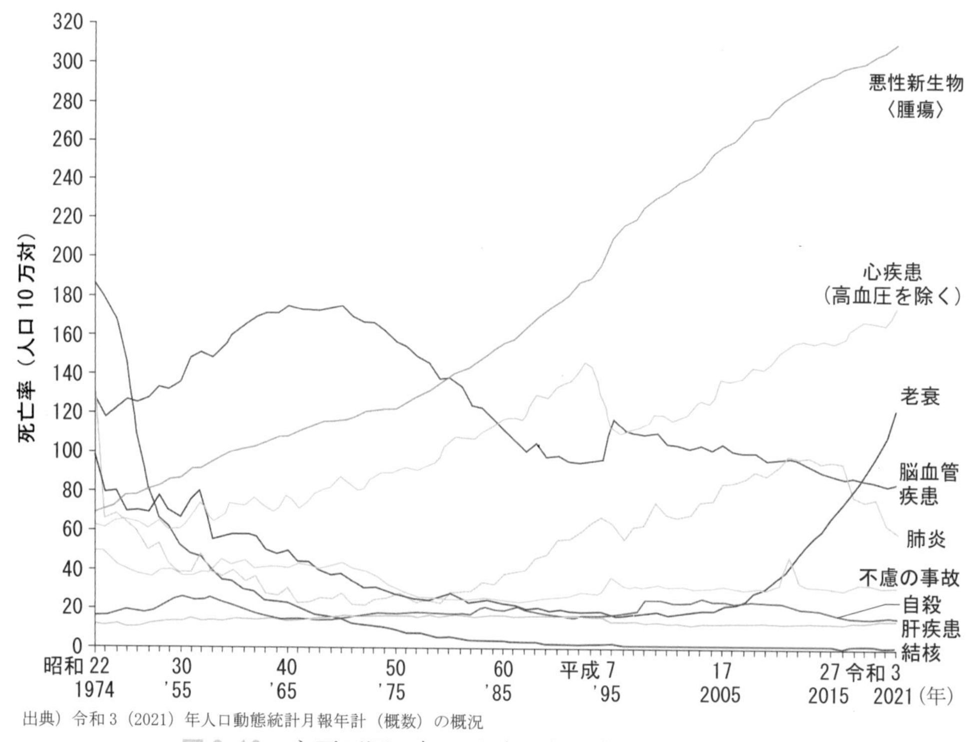

出典）令和 3（2021）年人口動態統計月報年計（概数）の概況

図 3.10　主要死因の粗死亡率の年次推移（男女計）

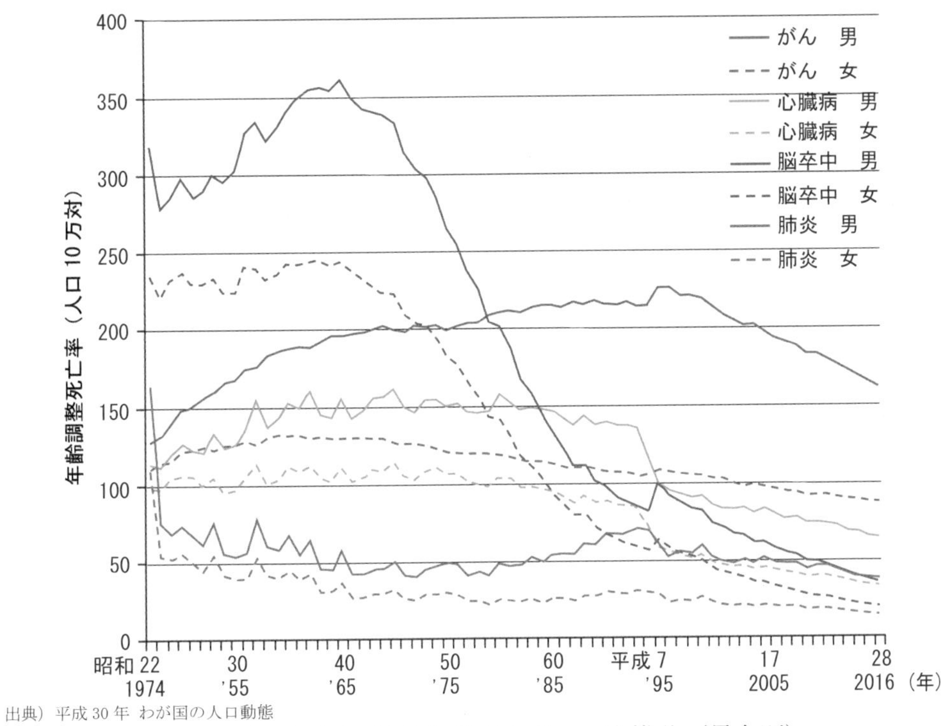

出典）平成30年 わが国の人口動態

図3.11 主要死因の年齢調整死亡率の年次推移（男女別）

例題7 わが国の死因統計に関する記述である。正しいのはどれか。すべて選べ。

1. 2000年以降、死因の1位は脳血管疾患である。
2. 近年、悪性新生物の年齢調整死亡率は上昇傾向にある。
3. 心疾患の粗死亡率は、欧米先進国よりも高い。
4. 死亡診断書に記載する傷病名は、国際疾病分類（ICD）に準ずる。
5. 1950年以降、結核による死亡が増加し続けている。

解説 1. 死因の1位は悪性新生物である。 2. 悪性新生物の年齢調整死亡率は低下傾向にある。 3. 心疾患の粗死亡率は、欧米先進国よりも低い水準である。 5. 結核による死亡は激減している。

解答 4

3.6 出生前後の死亡

出生前後の死亡に関する指標として、妊産婦死亡率、死産率、早期新生児死亡率、新生児死亡率、乳児死亡率、周産期死亡率などが用いられる。新生児や乳児の死亡率は、母体の健康状態、養育条件などの影響が強く、地域の健康状態や衛生水準を表す指標となる。いずれの指標も、わが国では第二次世界大戦後大きく改善しており、現在では世界最良の水準を維持している。

(1) 妊産婦死亡率

妊産婦死亡とは、妊娠中または分娩後 42 日未満における母親の死亡である。妊娠もしくはその管理に関連した死亡に限られる。その年の出産数のうちの妊産婦死亡数の割合が妊産婦死亡率である。

妊産婦死亡率(出産 10 万対)＝{妊産婦死亡数/(出生数＋死産数)}×100000

(2) 死産率

死産とは、妊娠満 12 週以後の死児の出産であり、自然死産と人工死産に分けられる。出産数のうちの死産数の割合が死産率である。1980 年代半ばまでは自然死産の方が多かったが、近年は人工死産のほうが多い。

死産率（出産 1000 対）＝{死産数/(出生数＋死産数)}×1000

(3) 早期新生児死亡率

早期新生児死亡とは、生後 1 週未満の死亡のことである。出生数のうちで早期新生児死亡数の割合が早期新生児死亡率である。

早期新生児死亡率(出生 1000 対)＝(生後 1 週未満の死亡数/出生数)×1000

(4) 新生児死亡率

新生児死亡とは、生後 4 週未満の死亡のことである。なお、新生児死亡数には早期新生児死亡数も含む。出生数のうちで新生児死亡数の割合が新生児死亡率である。

新生児死亡率（出生 1000 対)＝(生後 4 週未満の死亡数/出生数)×1000

(5) 乳児死亡率

乳児死亡とは、生後 1 年未満の死亡のことである。なお、乳児死亡数には新生児死亡数も含む。出生数のうちで乳児死亡数の割合が乳児死亡率である。

乳児死亡率（出生 1000 対)＝(生後 1 年未満の死亡数/出生数)×1000

(6) 周産期死亡率

周産期死亡とは、妊娠満 22 週以後の死産および早期新生児死亡のことである。妊娠満 22 週以後の死産数に出生数を加えた数のうちで周産期死亡数の割合が周産期死亡率である。周産期死亡率は、国や地域により死産の取り扱い方が一定していない点をカバーしうるため、衛生水準の国際比較の指標としてよく用いられる。

周産期死亡率（出産 1000 対）

$$= \frac{(\text{妊娠満 22 週以後の死産数}+\text{早期新生児死亡数})}{(\text{妊娠満 22 週以後の死産数}+\text{出生数})}\times 1000$$

例題8　日本における出生前後の死亡の指標についての記述である。誤りはどれか。1つ選べ。

1. 死産とは、妊娠満12週以後の死児の出産である。
2. 新生児死亡とは、生後4週未満の死亡である。
3. 早期新生児死亡とは、生後1週未満の死亡である。
4. 死産は出生数に含まれる。
5. 近年は、自然死産より人工死産のほうが多い。

解説　4. 死産は出産数には含まれるが、出生数には含まれない。　**解答** 4

4 生命表

4.1 生命表

生命表は、ある期間における死亡状況が**今後変化しないと仮定**したときに、各性別、各年齢の者が1年以内に死亡する確率や平均してあと何年生きられるかという期待値（平均余命）を表したものである。わが国の生命表として、厚生労働省が完全生命表と簡易生命表の2種類を作成し、公表している（表3.8）。

表3.8　完全生命表と簡易生命表の概要

	完全生命表	簡易生命表
更新時期	5年ごと（国勢調査実施年）に更新	毎年更新
用いる人口データ	国勢調査	10月1日現在推計人口
死亡・出生数のデータ	人口動態統計（確定数）	人口動態月報年計（概数）

4.2 平均余命と平均寿命

ある年齢の人が、平均して後何年生きることができるかを示す期待値を、平均余命という。生命表には男女別、年齢別の平均余命が示されている。0歳児の平均余命のことを、特に平均寿命とよんでいる。平均寿命は、保健福祉水準を総合的に示す指標として広く利用されている。

(1) わが国の平均寿命

日本人の平均寿命は、2021（令和3）年は男性81.47歳、女性87.57歳であり、世界最高の水準にある。平均寿命は第二次世界大戦後一貫して延長傾向にある。これは、戦後の乳児死亡率の低下、青年期の結核の克服が大きな要因である。その後延びは緩やかになったが、平均寿命は延び続けている。

(2) 特定死因の除去による平均余命の変化

ある特定の死因が克服されたと仮定すれば、その死因によって死亡していた者は、その死亡年齢以降に他の死因により死亡することになる。その結果、死亡時期が繰り越され、余命が延びることになる。この延びは、その死因のために失われた余命と考えられることから、これらによって各死因が平均余命に与える影響の大きさを測ることができる。

2021（令和3）年の特定死因を除去した場合の平均寿命の延びを主要死因についてみると、男女とも悪性新生物、心疾患、脳血管疾患、肺炎の順になっている（表3.9）。

表3.9　特定死因を除去した場合の平均寿命の延び（2021年）

死　因	男性	女性
悪性新生物	＋3.43年	＋2.81年
心疾患（高血圧性を除く）	＋1.42年	＋1.23年
脳血管疾患	＋0.69年	＋0.62年
肺炎	＋0.43年	＋0.29年

出典）厚生労働省．令和元年簡易生命表の概況．4 死因分析より著者抜粋

例題9　生命表に関する記述である。正しいのはどれか。1つ選べ。

1. 完全生命表は毎年作成される。
2. 国勢調査と患者調査の結果から作成される。
3. 男女別の平均余命は算出できない。
4. 0歳の平均余命が平均寿命である。
5. わが国の平均寿命は男女とも85歳以上である。

解説　1．完全生命表は5年に1度作成される。　2．国勢調査と人口動態調査から作成される。　3．男女別の平均余命も算出される。　5．2021年の平均寿命は女性87.57歳、男性81.47歳である。

解答　4

4.3 健康寿命

近年、平均寿命だけではなく寿命の内容についても問われるようになってきた。健康寿命は、日常的・継続的な医療・介護に依存しないで、自分の心身で生命を維持し、自立した生活ができる生存期間のことである。健康寿命は、不健康割合の資料を基に算出される。

わが国の健康寿命は、2019（令和元）年時点で男性が72.68年、女性が75.38年

となっている。平均寿命と健康寿命との差分は、日常的・継続的な医療・介護に依存して生きた期間であるため、この期間は短縮できることが望ましい。しかし、2001（平成 13）年時点と比べて、2019（令和元）年の健康寿命と平均寿命との差は、さほど縮まっていない（図 3.12）。

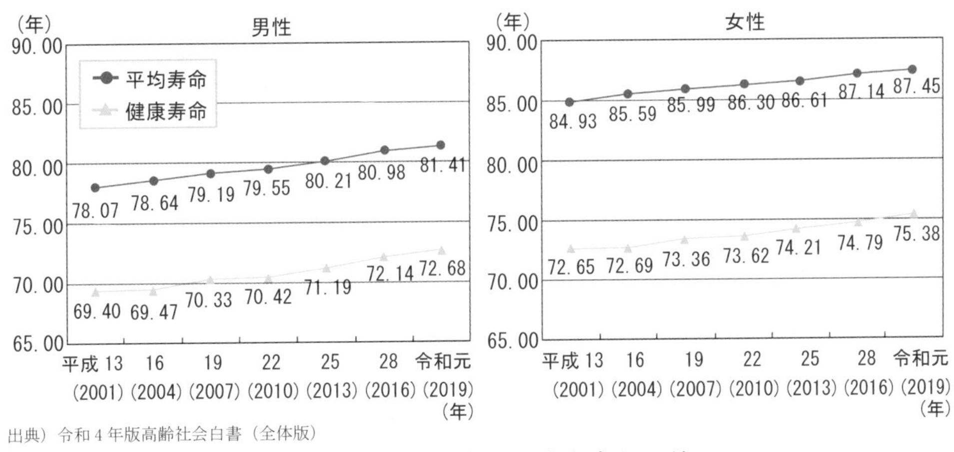

出典）令和 4 年版高齢社会白書（全体版）

図 3.12　健康寿命と平均寿命との差

5 傷病統計

5.1 患者調査

患者調査は、厚生労働省が実施する医療施設利用者の数や傷病状態を把握するための調査である。全国の医療機関を対象に、無作為抽出による標本調査が 3 年ごとに実施される（直近は 2020（令和 2）年）。推計患者数、受療率、平均在院日数、総患者数などが把握できる。なお、医療機関が回答するため、主傷病名は正確である。

(1) 推計患者数

推計患者数は、指定した 1 日に全国の病院、一般診療所、歯科診療所で受療した患者数の推計値である。2020（令和 2）年の患者調査によると、入院患者は 121.1 万人、外来患者は 713.7 万人であった。患者の年齢では、65 歳以上が入院患者の約 7 割、外来患者の約 5 割を占める。

(2) 受療率

受療率は、推計患者数を人口 10 万人当たりで表した数である。2020（令和 2）年の患者調査によると、入院受療率は 960（人口 10 万対）、外来受療率は 5658（人口 10 万対）であった。傷病分類別では、入院では精神および行動の障害（約 6 割が統合失調症など）、外来では消化器系の疾患（約 8 割が歯の疾患）が第 1 位であった。

(3) 平均在院日数

平均在院日数は、指定した1カ月間中に退院した患者の在院日数の平均である。2020（令和2）年の患者調査によると、退院患者の平均在院日数は総数で32.3日であった。傷病分類別では、平均在院日数が最も長いのは、精神および行動の障害である（294.2日）。

(4) 総患者数

推計患者数は指定された1日の調査結果によるものであるため、継続的に医療を受けているものの調査日当日は受療しなかった者は含まれていない。そこで患者調査では、調査日当日に医療機関を受診した患者数に加えて、調査日現在において継続的に医療を受けている者も含めた患者数を推計する。これを総患者数という。2020年（令和2）年の患者調査によると、総患者数が最も多いのは、循環器系の疾患であった（20,411千人）。

5.2 国民生活基礎調査

国民生活基礎調査は、厚生労働省が実施する、国民の健康状態や疾病による受療行動を把握するための調査である。全国の世帯を対象に、無作為抽出による標本調査が行われる。調査員が各世帯を訪れ、面接聞き取りのうえ、調査票を回収する。毎年調査が行われているが、3年ごとに大規模調査が実施（直近は2019年）される。有訴者率、通院者率などが把握できる。なお、疾病名は世帯員による申告のため、不正確なこともある。

(1) 有訴者率

病気や怪我などで自覚症状のある者を有訴者という。有訴者率は、世帯人員全体における有訴者数の割合である。

2019（令和元）年の有訴者率は302.5（人口千対）であり、国民全体の約3割が何らかの自覚症状をもっていることが分かる。症状別にみると、男性では腰痛の有訴者率が最も高く、女性では肩こりが最も多い（図3.13）。

(2) 通院者率

通院者とは、世帯員のうち、医療施設、あんま、はり・きゅう、柔道整復師などに通院している者を通院者という。通院者率は、世帯人員全体における通院者数の割合である。

2019（令和元）年の通院者率は390.2（人口千対）であった。傷病別にみると、男女ともに通院理由の1位は高血圧症であった（図3.14）。

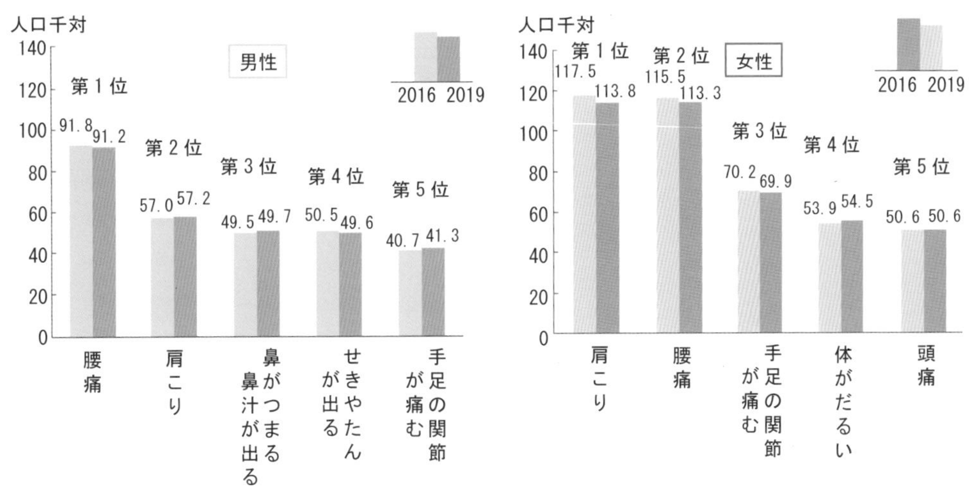

出典）2019年国民生活基礎調査の概況

図 3.13　性別にみた有訴者率の上位5症状

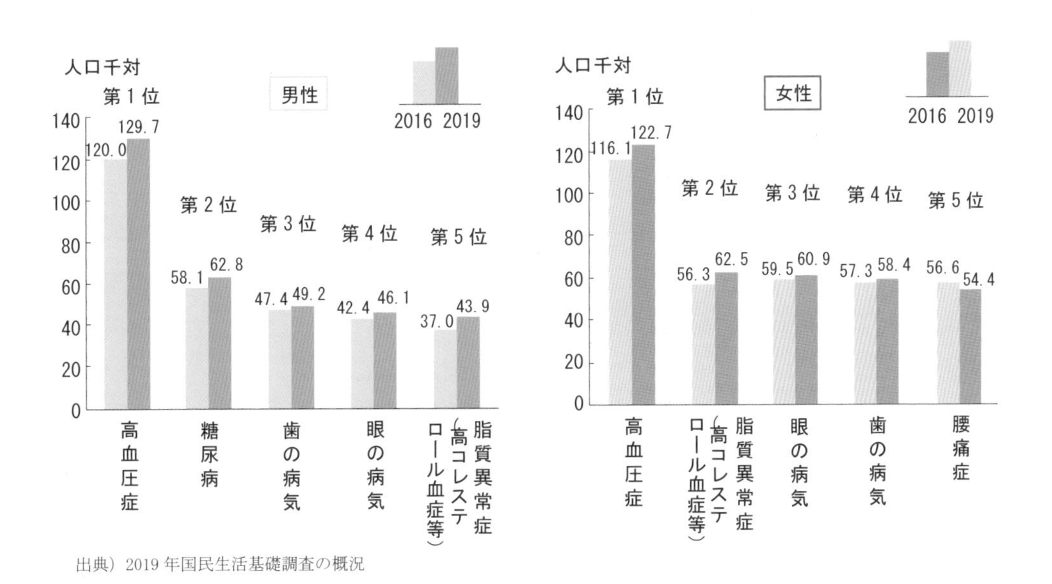

出典）2019年国民生活基礎調査の概況

図 3.14　性別にみた通院者率の上位5症状

例題 10　傷病統計に関する記述である。正しいのはどれか。1つ選べ。

1．患者調査は毎年実施される。
2．入院患者の平均在院日数が最も長い傷病は、精神および行動の障害である。
3．国民生活基礎調査の対象は、全国の医療機関である。
4．国民生活基礎調査は5年に1回実施される。
5．有訴者率が最も高い自覚症状は、男女とも腰痛である。

解説　1．患者調査は3年に1回実施される。　3．国民生活基礎調査の対象は、全国の世帯および世帯員である。　4．国民生活基礎調査の小規模調査は毎年、大規模調査は3年に1回実施される。　5．有訴者率が最も高い自覚症状は、男性は腰痛、女性は肩こりである。
解答 2

章末問題

1　健康、疾病、行動に関わる統計資料である。全数を対象としたものとして、正しいのはどれか。1つ選べ。

1. 患者調査
2. 学校保健統計調査
3. 人口動態統計
4. 国民健康・栄養調査
5. 国民生活基礎調査

（26回国家試験）

解説　この中では、3以外は無作為抽出による標本調査である。　**解答** 3

2　人口の動向に関する記述である。正しいのはどれか。1つ選べ。

1. わが国の人口の年平均増加率は、約1%である。
2. 老年人口割合の高い都道府県ほど、人口増加率は高い傾向にある。
3. 国連の推計では、世界人口は2050年に約61億人に達する。
4. 近年の世界人口の増加は、発展途上地域より先進地域の方が大きい。
5. わが国の従属人口指数は、上昇傾向にある。

（21回国家試験）

解説　1. わが国の人口は減少しているため、増加率はマイナスである。　2. 老年人口割合の高い都道府県ほど、人口が減少している傾向にある。　3. 2050年には90億人以上になる予測である。　4. 人口の増加は発展途上地域で大きい。
解答 5

3　人口動態統計に含まれる事象である。誤っているのはどれか。1つ選べ。

1. 死産
2. 出生
3. 離婚
4. 転出入
5. 死亡

（24回国家試験）

解説　人口動態統計に含まれる事象は、死産、出生、婚姻、離婚、死亡である。　**解答** 4

4　出生と人口に関する記述である。正しいのはどれか。1つ選べ。

1. 総人口に占める生産年齢人口の割合は、低下傾向にある。
2. 老年人口割合は、年少人口割合よりも小さい。
3. 母の年齢別にみた出生率は、どの年齢層でも20年前より低下している。
4. 合計特殊出生率は、昭和50年以来1.0を下回っている。
5. 沖縄県と東京都を除く道府県では、人口が減少している。　(20回国家試験)

解説　2. 老年人口割合は、年少人口割合よりも大きい。　3. 母親の年齢別では、30代以上の出生率は上昇している。　4. 合計特殊出生率が1.0を下回ったことはない。　5. 沖縄県と東京都以外でも人口が増加している道府県はある。　解答 1

5　2011年以降のわが国の人口に関する記述である。正しいのはどれか。1つ選べ。

1. 総人口は約1億1千万人である。
2. 合計特殊出生率は減少している。
3. 従属人口指数は減少している。
4. 人口構造はピラミッド型を示している。
5. 自然増減数はマイナスである。　(29回国家試験)

解説　1. 総人口は約1億2700万人（2015年）である。　2. 2000年代半ばから合計特殊出生率はやや回復傾向にある。　3. 従属人口指数は増加している。　4. 人口構造はつぼ型を示している。　解答 5

6　死亡率に関する記述である。正しいのはどれか。1つ選べ。

1. PMI（50歳以上死亡割合）の計算には、その集団の年齢階級別人口が必要である。
2. SMR（標準化死亡比）の計算には、基準集団の年齢階級別死亡率が必要である。
3. 直接法による年齢調整死亡率の計算には、基準集団の年齢別平均余命が必要である。
4. 高齢者の割合が多い集団では、粗死亡率より年齢調整死亡率が高く算出される。
5. わが国では、第二次世界大戦後、粗死亡率が低下し続けている。　(22回国家試験)

解説　1. PMIの計算に必要なのは、総死亡者数と50歳以上の死亡者数である。　3. 直接法は、観察集団の年齢階級別の人口と死亡数、基準集団の年齢階級別の人口で計算できる。　4. どのような基準集団を設定するかによるので何ともいえない。　5. 近年、粗死亡率は上昇傾向にある。　解答 2

7　年齢調整死亡率に関する記述である。正しいのはどれか。1つ選べ。

1. 対象集団の年齢構成の違いによらず、粗死亡率より大きくなる。
2. 老年人口が多い集団と少ない集団を比較できる。
3. 標準化死亡比は、対象集団の人口規模が小さいと使用できない。
4. 基準集団を設定しなくても算出できる。
5. 海外の集団との比較はできない。　(30回国家試験)

解説　1. どのような基準集団を設定するかによるので何ともいえない。　3. 標準化死亡比は、人口規模が小さい場合に有用である。　4. 年齢調整死亡率の計算には基準集団の設定が必要である。　5. 海外の集団との比較も可能である。
解答 2

8　直接法による年齢調整死亡率に関する記述である。正しいのはどれか。1つ選べ。

1. 基準集団の年齢階級別死亡率が必要である。
2. 標準化死亡比として算出する。
3. 人口規模の小さな集団に適した方法である。
4. 集団によらず、粗死亡率は年齢調整死亡率よりも高い。
5. 観察集団の年齢階級別死亡率が必要である。

（第26回国家試験）

解説　1. 直接法は、観察集団の年齢階級別の人口と死亡数、基準集団の年齢階級別の人口で計算できる。2. 標準化死亡比は間接法で算出する指標である。　3. 直接法は人口規模の小さな集団には適さない。　4. どのような基準集団を設定するかによるので何ともいえない。
解答 5

9　A地域における年齢階級別人口と1年間の死亡数、ならびに基準集団の年齢階級別人口を表に示した。直接法によるA地域の年齢調整死亡率（人口10万対）である。正しいのはどれか。1つ選べ。

年齢階級	A地区		基準集団
	年齢階級別人口（千人）	死亡数（人）	年齢階級別人口（10万人）
0〜39歳	200	400	400
40〜64歳	300	600	400
65歳以上	500	1,500	200
合計	1,000	2,500	1,000

1. 2,200　2. 1,000　3. 250　4. 220　5. 2,500

（第27回国家試験）

解説　①A地域の0〜39歳の死亡率・・・400÷200000＝0.002
②A地域の40〜64歳の死亡率・・・600÷300000＝0.002
③A地域の65歳以上の死亡率・・・1500÷500000＝0.003
④基準集団の0〜39歳の期待死亡数・・・40000000×0.002＝80000
⑤基準集団の40〜64歳の期待死亡数・・・40000000×0.002＝80000
⑥基準集団の65歳以上の期待死亡数・・・20000000×0.003＝60000
⑦基準集団全体の期待死亡数・・・80000＋80000＋60000＝220000
⑧年齢調整死亡率・・・220000÷100000000×100000＝220（人口10万対）
解答 4

10　人口動態に関する指標の組み合わせである。正しいのはどれか。

1. 新生児死亡 ---------- 生後2週未満の死亡
2. 人口増減率 ---------- 出生率と死亡率との差
3. 乳児死亡 ------------ 生後1年未満の死亡
4. 合計特殊出生率 ------ 1人の女性が生涯に生む女児数
5. 周産期死亡 ---------- 妊娠満22週以後の死産のみ

（27回国家試験）

解説　1. 新生児死亡は、生後4週未満の死亡である。　2. 人口増減は、自然増減と社会増減の和である。　4. 合計特殊出生率は、1人の女性が生涯に産む男女あわせた子どもの数である。　5. 周産期死亡は、妊娠満22週以後の死産と早期新生児死亡の和である。　解答 2

11　わが国の保健統計に関する記述である。正しいのはどれか。1つ選べ。

1. 周産期死亡においては、死産数よりも早期新生児死亡数の方が多い。
2. 平均寿命と健康寿命の差は、女性より男性の方が大きい。
3. 老年人口割合の増加にもかかわらず、老年人口指数は低下している。
4. 特定死因を除去した場合の平均寿命の延びが最も大きい死因は、心疾患である。
5. 平均寿命が延伸した理由に、乳児死亡率の低下がある。　(32回国家試験)

解説　1. 周産期死亡では、早期新生児死亡数より死産数の方が多い。　2. 平均寿命と健康寿命の差は、女性の方が大きい。　3. 老年人口指数は上昇傾向にある。　4. 特定死因を除去した場合の平均寿命の延びが最も大きい死因は、悪性新生物である。　解答 5

12　平均寿命、平均余命および健康寿命に関する記述である。正しいのはどれか。1つ選べ。

1. 健康寿命は、人口動態統計から算出できる。
2. 100歳の平均余命は、算出できない。
3. 平均寿命は、その年に死亡した人の年齢を平均して算出できる。
4. 40歳の平均余命に40を加えた値は、平均寿命より大きい。
5. 乳児の死亡率が低下すると、平均寿命も低下する。　(30回国家試験)

解説　1. 健康寿命は、人口動態統計の性別・年齢階級別死亡に加え、不健康割合の資料をもとに作成する。　2. 100歳の平均余命も算出できる。　3. 0歳の平均余命が平均寿命である。　5. 乳児死亡率が低下すると、平均寿命は延びる。　解答 4

13　わが国の保健統計指標とそのもととなる資料の組み合わせである。正しいのはどれか。1つ選べ。

1. 胃がん検診の受診率 ----- 国民生活基礎調査
2. 通院者率 --------------- 国勢調査
3. 食料費 ----------------- 国民健康・栄養調査
4. 老年人口指数 ----------- 人口動態統計
5. 平均余命 --------------- 患者調査　(33回国家試験)

解説　2. 通院者率は国民生活基礎調査で把握する。　3. 食糧費は家計調査で把握する。　4. 老年人口指数は国勢調査で把握する。　5. 平均余命は生命表で求める。　解答 1

14　保健統計指標と調査名の組み合わせである。正しいのはどれか。１つ選べ。

1. 純再生産率 --- 人口動態統計調査
2. 受療率 ------- 国民健康・栄養調査
3. 有訴者率 ----- 患者調査
4. 出生率 ------- 国民生活基礎調査
5. 離婚率 ------- 国勢調査

（28 回国家試験）

解説　2. 受療率は患者調査で把握する。　3. 有訴者率は国民生活基礎調査で把握する。　4. 出生率は人口動態調査で把握する。　5. 離婚率は人口動態調査で把握する。　解答 1

15　傷病統計における患者調査で得られる指標である。誤っているのはどれか。１つ選べ。

1. 退院患者平均在院日数
2. 総患者数
3. 罹患率
4. 受療率
5. 推計患者数

（25 回国家試験追試）

解説　患者調査は１日だけで行う調査であるため、追跡調査が必要な罹患率は求められない。　解答 3

第4章

健康状態・疾病の測定と評価

1 疫学の概念と指標

1.1 疫学の定義、対象と領域

日本疫学会では、疫学を「明確に規定された人間集団のなかで出現する健康関連のいろいろな事象の頻度と分布およびそれらに影響を与える要因を明らかにして、健康関連の諸問題に対する有効な対策樹立に役立てるための科学」と定義している。

すなわち、疫学は人間集団における疾病の発生頻度や原因を明らかにし、予防対策や健康増進施策を実施するための科学的根拠を提供する学問である。古くは感染症を扱う学問領域であったが、近年では生活習慣病などの非感染性疾患も幅広く扱っている。

1.2 疾病頻度、死亡頻度の指標

疫学では、疾病を有している、罹る、治る、死亡するなど、集団における健康事象の発生状況を集約した指標を求める。このような指標として、有病率、罹患率、累積罹患率、死亡率、致命率などが用いられる。

なお、これらの指標を計算する際の対象となる集団は、その疾患に罹る可能性がある者に限るのが一般的である。これを危険曝露人口（population at risk）という。例えば、子宮がんの新規罹患（新たに病気に罹ること）を考える際には、男性や既に子宮がんになったことのある女性は対象集団から除外する。

(1) 有病率

有病率は、集団のなかで有病者（病気をもっている人）がどれくらいいるかを示す指標である。有病率には、時点有病率と期間有病率がある。『疾患Aの有病率は○○%』というように、百分率（%）で表すことが多い。

1) 時点有病率

ある一時点において、危険曝露人口のうち疾病を有している者の割合として表される。一般に、有病率といえばこの時点有病率のことである。

時点有病率＝観察時の有病者数／危険曝露人口

2) 期間有病率

危険曝露人口のうち、ある一定期間中のいずれかの時点で疾病を有していた者の割合として表される。

期間有病率＝一定期間中に有病していたことのある人数／危険曝露人口

(2) 罹患率

罹患率は、一定期間中に疾病が新規にどれくらい発生したかを示す指標である。すなわち、罹患率は集団における疾病発生のスピードを表す。ある集団を追跡調査する際には、疾患と関係のない死亡や引越などのために途中で追跡不能になったり（「打ち切り」や「脱落」という）、集団に途中加入する者がいたりするなど、さまざまな原因で一人ひとり観察期間が異なることが多い。そこで、罹患率を計算する際には、対象者一人ひとりの観察期間の総和を「人年」という単位で分母に取る人年法という方法が用いられる。『疾患Aの罹患率は○○人／10万人年』というように記されるが、これは『1年間で10万人当たり○○人が疾患Aに罹患する』という意味である。

罹患率＝一定期間中の新規罹患者数／集団全員の観察期間の総和

(3) 累積罹患率

累積罹患率は、対象集団において一定期間内に疾患に罹患した者の割合である。観察開始時点の危険曝露人口を観察終了または罹患時まで追跡し、罹患した人数の割合を算出したものである。脱落があった場合は対象から除外するため、対象者の人数が少なく脱落が多い場合は結果に偏りが生じる可能性がある。対象者の数が非常に多く脱落を無視できる場合や、全対象者の追跡期間がほぼ同じ場合には、罹患率の代わりに使用できる。『疾患Aの10年間の累積罹患率は○○％』というように、百分率（％）で表すことが多い。

累積罹患率＝一定期間中の新規罹患者数／集団の観察開始時点の危険曝露人口

(4) 死亡率

死亡率は、罹患率と同じ考え方で求められる指標であり、「罹患」を「死亡」に置き換えたものである。罹患率と同様、人年法を用いて算出する。

死亡率＝一定期間中の死亡者数／集団全員の観察期間の総和

(5) 致命率（致死率）

致命率は、ある疾患に罹患した者のうち、一定期間内にその疾患が原因で死亡した者の割合である。有病率などと同じく、百分率（％）で表すことが多い。

致命率＝当該疾患による死亡者数／当該疾患の罹患者数

例題１　疫学で用いる疾病や死亡の指標に関する記述である。誤っているのはどれか。１つ選べ。

1. 生存率は、ある疾患に罹患した者のうち、一定期間内に死亡から免れた割合である。
2. 罹患率は、ある一時点において疾病を有する人数を、危険曝露人口で割ったものである。
3. 累積罹患率は、ある集団において、一定期間内に新たに疾病が発生した人数を集団の観察開始時点の危険曝露人口で割ったものである。
4. 致命率は、ある疾病に罹患した者のうち、その疾病が原因で死亡した者の割合である。
5. 期間有病率は、一定期間中のいずれかの時点で疾病を有していた人数を、危険曝露人口で割ったものである。

解説　2. 罹患率は、一定期間内に新たに疾病が発生した人数を、危険曝露人口一人ひとりの観察期間の総和で割ったものである。

解答　2

1.3 曝露因子の影響評価

ある健康事象が起こる原因と推定される因子を有していることを、曝露という。性、年齢、性格、遺伝的素因などの内的な因子を宿主要因といい、生活習慣、気候、文化、教育などの外的な因子を環境要因という。また、曝露のうち、疾病発症の確率を高くする要因のことを危険因子（リスクファクター）、疾病発生の確率を低くする要因のことを予防因子（防御因子）という。

また、疫学調査で発生を検討したい健康事象のことをアウトカムという。曝露のアウトカム発生への影響の大きさを示す指標は、大きく分けて相対危険と寄与危険がある。なお、相対危険や寄与危険は累積罹患率や罹患率を用いて算出するが、本書では理解が容易な累積罹患率を使用して解説する。表 4.1 はある要因に曝露したグループ（曝露群）と曝露しなかったグループ（非曝露群）のアウトカム発生状況を 2×2 のクロス表にまとめたものである。A～D はそれぞれの人数を示す。

表 4.1　曝露とアウトカム発生状況のクロス表

		アウトカム発生		計
		あり	なし	
曝露	あり（曝露群）	A	B	A+B
	なし（非曝露群）	C	D	C+d
計		A+C	B+D	A+B+C+D

(1) 相対危険

曝露のアウトカム発生への影響を比で表す相対危険の指標として、相対危険度（リスク比）、オッズ比、ハザード比などを用いる。相対危険は、曝露が個人にどれくらい強い影響を与えるかを検討する際に重要な指標である。

1) 相対危険度（リスク比）

相対危険度は、曝露群の累積罹患率（または罹患率）と非曝露群の累積罹患率（または罹患率）との比で表される。『曝露群は非曝露群の何倍アウトカムが発生しやすいか』、または『曝露があるとアウトカムが発生する可能性が何倍になるか』を示す指標である。累積罹患率の比で表した場合は累積罹患率比、罹患率の比で表した場合は罹患率比とよぶこともある。

相対危険度＝曝露群の累積罹患率／非曝露群の累積罹患率
＝[A/(A＋B)]／[C/(C＋D)]

2) オッズ比

症例対照研究（本章2節参照）などの研究デザインでは、相対危険度が算出できないため、オッズ比を相対危険度の代替指標として用いる。オッズとは、ある事象が起こる確率をpとしたとき、pと（1－p）との比のことである。疾病ありのグループの曝露のオッズと疾病なしのグループの曝露のオッズの比がオッズ比になる。疾病発生頻度がまれである場合には、オッズ比は相対危険度の近似値になることが知られている。

オッズ比＝(A/C)／(B/D)

3) ハザード比

ハザード比も、曝露群と非曝露群のアウトカム発生状況の比をとった相対危険の指標である。対象者を追跡してアウトカム発生を評価する際、アウトカムが発生したかどうかだけではなく、アウトカム発生までの経過時間も重要であることがある。追跡期間中のどの時点でアウトカムが発生したかといった時間情報を組み込んだ分析を、生存時間分析という。生存時間分析の手法のひとつに、Coxの比例ハザードモデルを用いた分析がある。ある瞬間にアウトカムが発生する確率のことをハザードといい、曝露群と非曝露群のハザードの比をとったものがハザード比である。ハザード比は、Coxの比例ハザードモデルを用いた解析を行った場合に特別に用いられる指標である。

(2) 寄与危険

寄与危険は、曝露のアウトカム発生への影響を差で表す指標である。曝露が集団に与える影響の大きさを表すため、保健医療政策において重要な指標である。

1）寄与危険度（リスク差）

寄与危険度は、曝露群の累積罹患率（または罹患率）と非曝露群の累積罹患率（または罹患率）との差で表される。『曝露群は非曝露群よりどれくらいアウトカム発生が多いか（少ないか）』、または『曝露群において曝露が原因でアウトカムがどれくらい増えたか（減ったか）』を示す指標である。

寄与危険度＝曝露群の累積罹患率－非曝露群の累積罹患率

＝A/(A＋B)－C/(C＋D)

2）寄与危険割合

上記の寄与危険度を用いた指標として、寄与危険割合がある。寄与危険割合は、寄与危険度を曝露群の累積罹患率（または罹患率）で割ったものである。『曝露群のアウトカム発生のうち、曝露が原因なのは何％か』を示す指標である。

寄与危険割合＝寄与危険度／曝露群の累積罹患率

＝[A/(A＋B)－C/(C＋D)]／[A/(A＋B)]

3）集団寄与危険度（人口寄与危険度）

実際の人間集団は、曝露群と非曝露群が混在しており、その構成割合は集団によってさまざまである。個人レベルで曝露のアウトカム発生への影響が大きかったとしても、曝露群がほとんどいないような集団では、集団全体に対する曝露の影響は小さくなる。例えば、個人レベルでは多量飲酒の習慣があると肝がんになるリスクが10倍になることが分かっていたとする。しかし、地域住民の0.01％しか多量飲酒の習慣がある者がいないのであれば、その地域全体としては多量飲酒が肝がん発症に与える影響は小さいことになる。曝露の集団全体への影響を評価する指標として、集団寄与危険度と後述の集団寄与危険割合がある。これら２つの指標は、集団における疾病対策を論じる際に重要な指標となる。

集団寄与危険度は、集団全体の累積罹患率（または罹患率）と非曝露群の累積罹患率（または罹患率）との差で表される。『集団全体のなかで曝露が原因でアウトカムがどれくらい増えたか（減ったか）』を示す指標である。

集団寄与危険度＝集団全体の累積罹患率－非曝露群の累積罹患率

＝[(A＋C)/(A＋B＋C＋D)]－[C/(C＋D)]

4）集団寄与危険割合（人口寄与危険割合）

集団寄与危険割合は、上述の集団寄与危険度を集団全体の累積罹患率（または罹患率）で割ったものである。『集団全体のアウトカム発生のうち、曝露が原因なのは何％か』を示す指標である。

集団寄与危険割合＝集団寄与危険度／集団全体の累積罹患率

＝{[(A＋C)/(A＋B＋C＋D)]－[C/(C＋D)]}／[(A＋C)/(A＋B＋C＋D)]

例題 2　疫学の効果指標に関する記述である。正しいのはどれか。1 つ選べ。

1. 相対危険は、曝露のアウトカム発生への影響を差で表す指標である。
2. 寄与危険度は、マイナスの値をとることはない。
3. ハザード比は、寄与危険を表す指標のひとつである。
4. 集団寄与危険割合は、曝露群において曝露が原因でアウトカムがどれくらい増減したかを表す指標である。
5. 疾患の発生頻度がまれな場合、オッズ比はリスク比の近似値になる。

解説　1. 相対危険は、曝露のアウトカム発生への影響を比で表す指標である。　2. 寄与危険度は差で表されるので、マイナスの値をとることもある。　3. ハザード比は、相対危険を表す指標のひとつである。　4. 集団寄与危険割合は、集団全体のアウトカム発生のうち、曝露が原因で発生した割合を表す指標である。　**解答** 5

例題 3　ある地域における喫煙者と非喫煙者とに分けた疾患の罹患率（人口 10 万人年対）について調査した結果を表に示す。喫煙による寄与危険が最も大きな疾患はどれか。1 つ選べ。

	肺がん	咽頭がん	慢性閉塞性肺疾患	虚血性心疾患
喫煙者	120	80	150	350
非喫煙者	30	20	70	180

1. 肺がん　2. 咽頭がん　3. 慢性閉塞性肺疾患　4. 虚血性心疾患
5. このデータからは判断できない。

解説　寄与危険は、曝露群と非曝露群の罹患率の差で表される。各疾患の寄与危険の計算は以下のとおりである。

1. 肺がん・・・ 120－30＝90（人口 10 万人年対）
2. 咽頭がん・・・ 80－20＝60（人口 10 万人年対）
3. 慢性閉塞性肺疾患・・・ 150－70＝80（人口 10 万人年対）
4. 虚血性心疾患・・・ 350－180＝170（人口 10 万人年対）

解答 4

2 疫学の方法

2.1 疫学研究のデザイン

疫学研究にはさまざまな種類の研究デザインがあり、それぞれに長所、短所がある。明らかにしたい課題を精査し、実現可能性、かけられる時間、労力やコストなどさまざまな点を考慮して、最も適切な研究デザインを採用する必要がある。

(1) 研究デザインの種類

疫学の研究デザインの分類はさまざまなものが提案されているが、本書では表4.2のような分類を紹介する。まず、疫学の研究デザインは観察研究と介入研究に大別される。観察研究には、健康関連事象の頻度や分布を測定し、仮説を設定する記述疫学と、仮説が正しいかどうかを検証する分析疫学がある。分析疫学には、横断研究、生態学的研究、コホート研究、症例対照研究といった種類の研究デザインがある。介入研究は実験疫学ともよばれ、集団に対して要因の介入を行い、その影響を確認する研究デザインであり、実験的に仮説検証を行うものである。

表 4.2　疫学の研究デザインの種類

<table>
<tr><td rowspan="5">観察研究</td><td colspan="2">記述疫学</td></tr>
<tr><td rowspan="4">分析疫学</td><td>横断研究</td></tr>
<tr><td>生態学的研究</td></tr>
<tr><td>コホート研究</td></tr>
<tr><td>症例対照研究</td></tr>
<tr><td rowspan="3">介入研究（実験疫学）</td><td colspan="2">ランダム化比較試験</td></tr>
<tr><td rowspan="2">非ランダム化比較試験</td><td>前後比較デザイン</td></tr>
<tr><td>準実験デザイン</td></tr>
</table>

(2) 疫学のサイクル

疫学研究は、図4.1のように、仮説の設定と仮説の検証のプロセスを循環させて追及される。まず、第一段階として対象とする疾病の特徴を詳細に把握し、発生要因に関する仮説を設定する（記述疫学）。第二段階として、記述疫学で設定した仮説を検証し、因果関係を推測する（分析疫学）。第三段階として、分析疫学の結果として推測された因果関係を実験的に検証する（介入研究）。

(3) 記述疫学

観察研究は、対象者に意図的な操作を加えることなく、ありのままの状態を観察することによりデータを収集し、分析する研究手法である。観察研究は記述疫学と分析疫学とに大別される。

記述疫学は、「人」、「場所」、「時間」の3つの観点から、集団の健康事象の分布を詳細に記述するものである。すなわち、誰が（人）、どこで（場所）、いつ（時間）、疾病に罹患したのかについて詳細に観察し、頻度や分布を報告する。得られた結果をもとに、疾病の発生要因に関する仮説を設定することが記述疫学の主な目的である。

記述疫学は、疾病の疫学的特性を基礎的資料として提示するものであり、疫学のサイクル（図4.1）における第一段階となる。記述疫学は単に健康事象の分布状況を明らかにするものであるため、他の研究デザインに比べると疫学研究のなかでも一段低くみられがちである。しかし、公衆衛生対策を検討するための基礎的な資料としてきわめて重要な研究である。

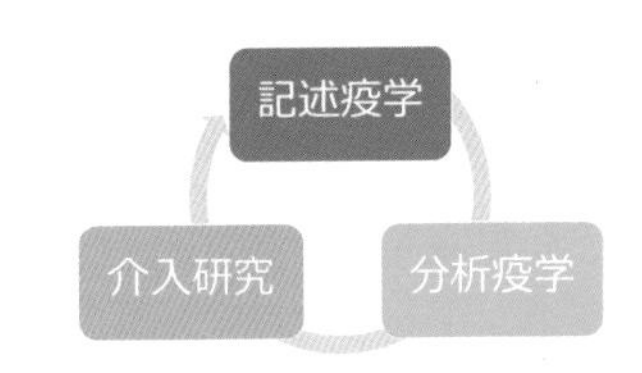

図4.1　疫学研究のサイクル

なお、1例から数例程度を対象とし、個々の症例の状態を詳細に記述する研究を症例報告（ケースレポート）という。また、より多くの症例を対象とし、集団としての特徴を平均値や割合で記述する研究を症例集積（ケースシリーズ）という。疫学は基本的に集団を対象として扱うので、記述疫学は症例集積のことをさすのが一般的である。

2.2 横断研究

分析疫学は、記述疫学によって導き出された仮説（ある曝露要因とアウトカムの発生とに関連があるかどうか）を検証することを目的とした研究デザインである。疫学のサイクル（図4.1）における第二段階であり、観察された関連が因果関係であるといえそうかどうかを推測する。分析疫学には、横断研究、生態学的研究、コホート研究、症例対照研究といった研究デザインがある。このうち、横断研究と生態学的研究は仮説設定を目的として用いられることも多い。

横断研究は、ある一時点において、観察集団の曝露要因の保有状況とアウトカムとを同時に調査し、その関連を検討するものである。横断研究では、対象者を追跡しないので、罹患率や死亡率などの一定期間内におけるアウトカム発生の指標は算出できない。そのため、その時点でアウトカムを有するかどうかを示す有病率を用いることが多い。

横断研究の長所は、曝露とアウトカムの情報を比較的容易に、少ないコストで把握できることである。また、現時点の状況を調査するため、曝露情報もアウトカム情報も比較的正確に測定できるという長所もある。短所としては、曝露とアウトカム発生の時間的な前後関係が不明なため、因果関係の推測が困難な点があげられる。

2.3 生態学的研究（地域相関研究）

生態学的研究は、個人ではなく、国や都道府県などの集団単位で曝露とアウトカムとの関連を検討する研究方法である。

生態学的研究の長所は、公開されている既存資料を用いて研究できることが多く、データ収集が比較的容易である点である。短所としては、集団レベルにおいてみられる関連が個人レベルではあてはまらないという現象が起こる可能性がある点があげられる。これを生態学的誤謬（エコロジカルファラシー）という。また、さまざまな交絡因子（3節参照）の影響を十分に考慮できないといった短所もあり、因果関係を証明する根拠としてはコホート研究や症例対照研究より一段低いとされる。

2.4 コホート研究

分析疫学の研究デザインのなかでも、コホート研究と症例対照研究はしばしば対比的に扱われる。両デザインとも曝露とアウトカム発生との時間的な前後関連が明確であるため、分析疫学のなかでは因果関係に言及する力が強い研究デザインである。

コホートという言葉は、疫学ではある共通の曝露要因を有する集団の意味として使われている。コホート研究は、目的とするアウトカムがまだ発生していない集団を対象として、一定期間にわたって追跡調査をする研究方法である。そのため、一般に前向き研究とよばれる。調査開始時点において、ある要因に曝露している集団（曝露群）と曝露していない集団（非曝露群）を長期間観察し、曝露要因の有無とアウトカム発生との関連を調べる（図4.2）。対象者を追跡することで疾病の罹患率を算出し、曝露効果の指標として相対危険や寄与危険を用いることが多い。

コホート研究の長所として、曝露情報の信頼性が高い点があげられる。曝露は調査開始時点の状況を調査するため、比較的正確な情報収集が可能だからである。一方、短所としては、追跡調査中に対象者が追跡不能（ドロップアウト）になってしまう可能性があり、アウトカム発生情報が不確かなことがある点である。その他にも、追跡のために時間とコストがかかることが短所としてあげられる。また、まれなアウトカムの発生を対象とする場合（例えば100万人に1人しか発症しないような希少疾患など）、非常に多くの対象者が必要になる点も短所である。

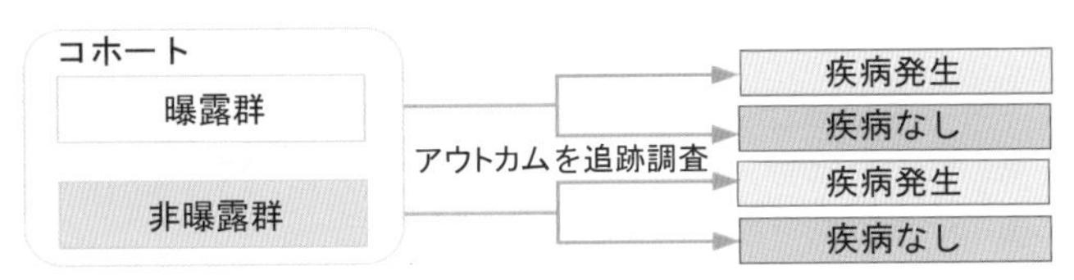

図4.2 コホート研究の実施イメージ

2.5 症例対照研究（ケースコントロール研究）

症例対照研究は、目的とする疾病に現在罹患している集団（症例群：ケース）と、罹患していない集団（対照群：コントロール）を対象者として選び、過去にさかのぼって各群の曝露状況を調査し、曝露とアウトカムとの関連を調べる方法である（図4.3）。すなわち、コホート研究とは調査の時間軸が逆になるため、後ろ向き研究ともよばれる。

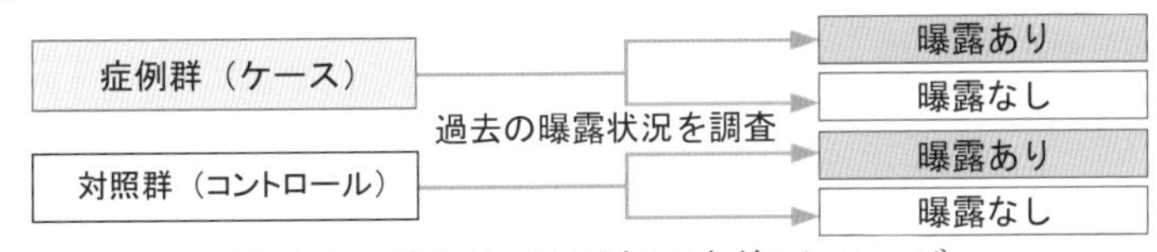

図4.3 症例対照研究の実施イメージ

症例対照研究では、症例群と対照群の比率を研究者が任意に決める。そのため、疾病の罹患率や死亡率を求めることができず、相対危険や寄与危険を算出することができない。そこで、オッズ比を求めることで曝露効果の指標とすることが多い。

症例対照研究の長所として、症例と対照の設定時点でアウトカム情報を収集するため、その信頼性が高い点があげられる。また、対象者を追跡しないため、比較的時間をかけずに研究を実施することができ、コストや労力も小さくすむことが多い（必ずしもそうでない場合もあるが）。さらに、まれな疾患であっても症例を一定数集めることができれば調査が成立するため、希少疾患の疫学調査の方法として採用されることが多い。一方、曝露要因に関する情報の信頼性が低い点が短所としてあげられる。曝露状況は過去の情報であるため、対象者が正確に思い出せなかったり、カルテ情報などが手に入らなかったり、情報が既に散逸してしまっていたりする可能性があるからである。

2.6 コホート研究と症例対照研究の比較

上述のように、コホート研究は時間軸を前向きに、症例対照研究は後ろ向きに調査する研究デザインであり、比較の対象とされることが多い。表4.3にコホート研究と症例対照研究の特徴の違いをまとめた。コホート研究と症例対照研究にはそれぞれ相反するような長所と短所があり、これらを理解したうえで研究デザインを選択する必要がある。

表4.3　コホート研究と症例対照研究の特徴比較

コホート研究		症例対照研究
前向き	調査時間軸	後ろ向き
アウトカムの発生を追跡	調査方法	過去の曝露を調査
負担大	コスト	負担小
高い	曝露情報の信頼性	低い
低い	アウトカム発生情報の信頼性	高い
長い年月が必要	研究期間	短くすむ
調査が難しい	まれなアウトカム	調査可能
できる	罹患率の計算	できない
できる	相対危険の計算	オッズ比で近似
できる	寄与危険の計算	できない

例題4　疫学の研究デザインに関する記述である。正しいのはどれか。1つ選べ。

1. 横断研究では、疾患の罹患率を計算できる。
2. 記述疫学では、ある要因の有無が疾病発生に関連があるか検証する。
3. ケースシリーズでは、1人の患者のみを対象として、状況を詳細に記述する。
4. 症例対照研究では、過去の要因曝露の状況を調査する。
5. ケースレポートでは、対象者に介入を行う。

解説　1. 罹患率の計算には対象者の追跡が必要であるため、横断研究では計算できない。　2. 記述疫学は、曝露とアウトカム発生との関連を検証しない。　3. ケースシリーズは複数の症例の状況を集約して記述する。　5. ケースレポートでは介入を行わない。

解答　4

例題5　コホート研究に関する記述である。正しいのはどれか。1つ選べ。

1. 曝露情報の信頼性が高い。
2. 時系列的に後ろ向きに調査する。
3. 研究結果を短期間で得られる。
4. 相対危険の計算はできない。
5. 罹患率の計算ができない。

解説 （例題5は表4.3参照） 2. 時系列的に前向きに調査する。 3. 長期間の追跡が必要である。 4. 相対危険の計算は可能である。 5. 罹患率の計算ができない。

解答 1

2.7 介入研究（実験疫学）

研究者が対象者に意図的な操作（予防プログラムや治療などの介入）を加え、その影響を前向きに評価するのが介入研究である。疫学のサイクル（図4.1）の第三段階として、分析疫学によって推測された要因と疾病との因果関係を実験的に検証するものである。介入研究はいわば人体実験であるので、倫理的に実施が困難な場合も多い。一般的には個人に対する介入効果を評価することが多いが、個人ではなく地域全体を対象として、集団に対する介入効果を評価する地域介入試験が行われることもある。

2.8 ランダム化比較試験（Randomized Controlled Trial：RCT）

研究参加者をランダム（無作為）に2群に分け、介入を行うグループ（介入群）と行わないグループ（対照群）とを設定し、効果を比較する方法をランダム化比較試験（RCT）という。無作為化比較試験ともいう。研究参加者を介入群と対照群に無作為割付することで、介入以外の両群の背景要因（未知なものも含めて）がバランスよく分布することが期待される。そのため、純粋に介入の効果を検証することができる研究デザインである。

単一の研究デザインとしては因果関係を証明する力が最も強いとされるが、倫理的な制約が大きく実施が困難な場合が多い。例えば、喫煙が肺がん発生を増加させるかどうかといったRCTは倫理的に許されない。それゆえ、非常に限定された条件下でのみ実施可能であり、一般集団に結果が必ずしもあてはまらない可能性もある。RCTを行う上では、以下のような実施上の工夫や注意点を知っておく必要がある。

(1) 無作為割付

上記のように、RCTではコンピュータの乱数や乱数表を用い、研究参加者を介入群と対照群に割り付ける。詳細は割愛するが、無作為割付の主な方法として、単純ランダム化、ブロックランダム化、層別ランダム化などが知られている。

(2) 盲検化（ブラインド）

有効成分が含まれていない偽薬（プラセボ）を投与しても、症状の改善や副作用の出現がみられることがあり、これをプラセボ効果とよんでいる。プラセボ効果が起こる理由はよく分かっていないが、服薬によって効果を期待する心理的効果や、投薬を受けたことによる安心感が背景にあるのではないかといわれている。そのため、薬剤の効果を検証するRCTでは、研究参加者自身が介入と対照のどちらの群に割り付けられたか分からないようにする盲検化（ブラインド）という方法を用いる。これにより、プラセボ効果による結果への影響を防ぐことができる。また、対象者だけではなく、研究を実施する者（特にアウトカムを評価する者）にも割り付けを秘密にする二重盲検化（ダブルブラインド）が行われることもある。ただし、食事療法や運動プログラムの介入などでは、プラセボを用いることができないため、盲検化は不可能なことが多い。

(3) インフォームド・コンセント

上述のように、RCTは研究者が介入の有無を無作為割付によって決定する実験的な研究である。そのため、研究参加者は自由意思による研究への参加と途中離脱の権利が保証されることがきわめて重要である。そのため、研究者は事前に参加者に対して研究内容を説明し、参加同意を得る必要がある（インフォームド・コンセント）（6節 参照）。

2.9 非ランダム化比較試験

無作為割付を行わない介入研究を非ランダム化比較試験という。前後比較デザインや準実験デザインなどの方法がある。RCTに比べて実施が容易なことが多いが、因果関係を証明する力はRCTに比べて弱いとされている。

(1) 前後比較デザイン

全研究参加者に対して介入を行い、その前と後の変化を評価する研究方法である。非介入群（介入を行わない比較対照集団）を設定しないため、単群介入試験ともよばれる。前後比較デザインの長所は、別途対照群を設定しないため、日常診療や保健活動のなかで実施でき、倫理的な問題も生じにくいことがあげられる。一方、短所としては、介入前後の変化が介入によるものなのか、時期的な変動や平均への回帰（異常な値はもう一度測定すると平均値に近い値になる現象）などの介入以外の影響によるものなのかが区別できない点があげられる。

(2) 準実験デザイン

研究参加者を介入群と対照群に分けて介入の効果を比較検討する方法であり、RCTと似ているが、どちらの群に入るかは参加者自身の希望もしくは研究者の判断で決めるのが準実験デザインである。前後比較デザインと同様、RCTよりも倫理的な制約が小さく、実施が比較的容易であることが長所といえる。反面、結果の解釈には注意が必要である。例えば、肥満者を対象に減量プログラムを受けてもらうかどうかを参加者自身に自由に決めてもらい、減量効果を比較する研究を行ったとする。もともと減量に対する意識の高い参加者が選択的に介入群に入った場合、本当は減量プログラムそのものに効果がなかったとしても、よい結果が得られる可能性がある。また、研究者が介入群と非介入群を任意に割り当てる場合にも、同様の問題が生じることがある。例えば、研究者自身が介入の効果を期待していた場合、効果が出そうな対象者を選択的に介入群に割り当ててしまい、介入の正確な影響が確認できないということがあり得る。

例題 6　ランダム化比較試験に関する記述である。正しいのはどれか。1 つ選べ。

1. 対象を無作為に抽出する。
2. 対象にランダムに介入を割り当てる。
3. 対象となるのは健常人のみである。
4. まれな疾患の調査に向いている。
5. 仮説設定のために行う。

解説　1. ランダム化比較試験では、対象者に介入を無作為に割り付ける。　3. 試験の対象者は健常人のみとは限らない。　4. コホート研究などと同様、まれな疾患の調査には多くの対象者が必要となるため、向いていない。　5. 仮説の検証のために行う。

解答　2

3 バイアス、交絡の制御と因果関係

3.1 バイアス、疫学研究における誤差

疫学研究で観察される値は、さまざまな原因により真の値（本当に知りたい値）とはずれが生じる。観測値と真の値とのずれのことを誤差といい、大きく偶然誤差（ランダムエラー）と系統誤差（バイアス）とに分類される（図 4.4）。疫学研究では真の値に可能な限り近い値を観察するため、誤差を最小限に抑えることが重要である。そのためには、誤差の分類、誤差が生じる原因、誤差の制御方法を知っておくことが必要である。

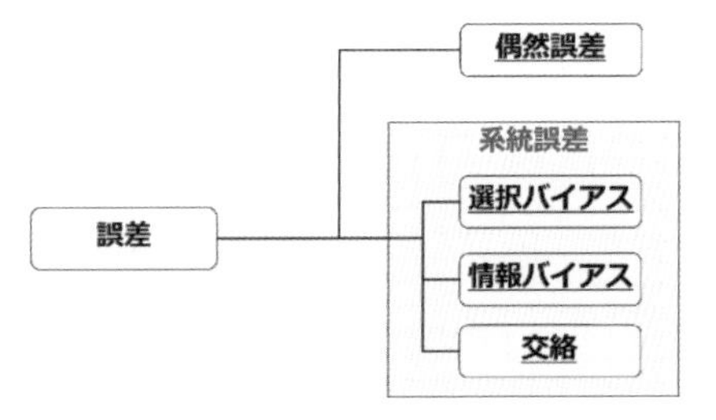

図 4.4　疫学研究で発生する誤差の分類

偶然誤差（ランダムエラー）とは、母集団から標本集団を抽出した際に、偶然の影

響で標本ごとに異なった結果が得られることをという。標本調査では偶然誤差は必ず生じる。そこで、推計統計学を用いて、偶然誤差の大きさを評価し、母集団の状況を推定する。

偶然誤差はサンプルサイズ（対象者の数）の大きさに影響される。偶然誤差を小さくするには、サンプルサイズを大きくすればよい。なお、全数調査を行えば偶然誤差は0になる。偶然誤差が小さいことを精度が高いという。

系統誤差（バイアス）とは、偶然誤差以外の原因によって、真の値とは一定方向に偏った誤差が生じることをという。系統誤差は、一般にバイアスや偏りとよばれる。バイアスはその原因を取り除かない限り、サンプルサイズを増やしても小さくすることができない。バイアスが小さいことを妥当性が高いという。

バイアスは、選択バイアス、情報バイアス、交絡に大別される（図4.4）。交絡はバイアスとは別の概念として扱われることもあるが、本書ではバイアスの一種として解説する。

(1) 選択バイアス（セレクションバイアス）

選択バイアスは、調査対象者が選ばれる際に起こるバイアスである。調査対象集団が母集団を正確に代表していない場合、調査対象集団の参加率が100%でない場合に生じる。選択バイアスは解析段階での制御ができず、研究計画段階での対処が必須である。対策としては、調査対象集団が母集団を代表するように抽出する（無作為抽出が有効)、調査対象集団にできる限り高い参加率をよびかけるなどの方法がある。

(2) 情報バイアス（インフォメーションバイアス）

情報バイアスは、情報を収集する際に起こるバイアスである。誤分類ともよばれる。調査で収集された情報が真実と異なる場合に生じる。情報バイアスも選択バイアスと同様、解析段階での制御ができず、研究計画段階での対処が必須である。対策としては、主観的な情報ではなく客観的な情報を収集することや、確立された尺度を使用して情報収集することなどがあげられる。

3.2 交絡と標準化

交絡は、交絡因子の影響によって起こるバイアスである。交絡因子とは、要因と結果との関係に見た目上の影響を与え、本当の関係とは異なった観察結果をもたらす第3の因子のことである。例えば、ライターを所持していることと肺がんの発症とには本来因果関係はないはずだが、実際ライター所持者には肺がん発症者が多い。これは、喫煙者のライター所持割合が高く、また喫煙者は肺がんを発症する者が多いため、見た目上ライター所持と肺がん発症に関係があるようにみえるのである。この例では、要因（ライター所持）と結果（肺がん発症）の両方に関連がある喫煙が交絡因子となっている。このように、交絡が起こると、本当は要因と疾病に関連がないのにあるようにみえたり、本当は関連があるのにないようにみえたりする。

交絡を制御する方法には、表 4.4 のように研究実施段階で行われる方法と結果の分析段階で行われる方法とがある。ただし、可能な限り研究実施段階で交絡の制御ができるような研究計画を立てることが望ましい。

表 4.4　交絡因子の制御方法

研究計画段階での制御方法	無作為割付（ランダム化比較試験で行う）	対象者を介入群、非介入群にランダムに割り付ける。未知の交絡因子も制御できることが期待できるが、倫理的に実施不可能な場合も多い。（ランダム化比較試験で行う）
	限定（制限）	非喫煙者のみ、男性のみを対象とするなど、交絡因子のひとつの水準だけに対象者を限定する。限定した交絡因子については完全に制御できるが、結果の一般化に問題が残る。
	マッチング	2 群間で交絡因子の分布が等しくなるように対象者を選ぶ。症例対照研究で行われることが多いが、前向き研究でも使える。年齢層と性別など、複数の要因をマッチングすることもある。
分析段階での制御方法	層別化	年代別、性別など、交絡因子の水準ごとに分析結果を提示する。結果の解釈が容易で、分析段階での制御方法として最初に用いることが多い。ただし、層の数が増えるに従って各層内の人数が減って精度が落ちる。
	標準化	ある基準集団を設定し、層別化した各水準の結果を統合してひとつの値として示す方法である。年齢調整死亡率などがこれにあたる。
	数学的モデリング（多変量解析）	多変量解析を行い、交絡要因の影響を除去する。多くの交絡因子を同時に扱える。

例題 7　交絡因子の制御方法と特徴に関する記述の組み合わせとして、正しいのはどれか。1 つ選べ。

1. 無作為割付　―　観察研究で用いる方法である。
2. マッチング　―　交絡因子の分布が等しくなるよう対象者を選択する。
3. 制限　―　すべての交絡因子が制御できる。
4. 層別化　―　多変量解析を行って交絡因子の影響を除去する方法である。
5. 数学的モデリング　―　研究計画段階で行う制御方法である。

解説　（例題 7 は表 4.4 参照）1. 無作為割付は介入試験（ランダム化比較試験）で行う。　3. 制限は、一部の交絡因子のみ制御可能である。　4. 層別化は、交絡因子の水準ごとに分析結果を提示する方法である。　5. 数学的モデリングは、分析段階で行う制御方法である。　**解答** 2

3.3 疫学研究の評価と因果関係の捉え方、Hillの判定基準

疫学の目的のひとつは、ある要因と疾病が原因と結果の関係にあるかどうかを調べることである。すなわち、因果関係を究明し、疾病発生の予防対策を樹立することである。感染症では細菌やウイルスなどのひとつの要因が疾病の発症の決定的要因である（特異的病因論）が、生活習慣病などでは病気の成因は単一ではなく、多数の要因が複雑に絡み合って発生すると考えられている（多要因原因説）。現実世界においては因果関係を完全に立証することは難しいことが多く、因果関係の有無を判定するための一定の基準が必要となる。

因果関係の有無を判定する基準のひとつとして、米国公衆衛生局長諮問委員会の5基準（Hillの判定基準）が知られている。以下の5つの条件すべてが満たされている必要はないが、あてはまる基準が多いほど因果推論が強まるとされている。

(1) 関連の強固性

要因と結果とに強い関連が確認できることである。具体的には、オッズ比やリスク比や相関係数などの指標が大きいかどうかや、要因と結果との間に量反応関係がみられるかどうかなどで判断する。

(2) 関連の一致性

異なる状況や集団でも同じ関連がみられることである。例えば、日本人とアメリカ人で同じ関連がみられるかどうか、夏と冬で同様の現象が起こるかどうかなどで判断する。

(3) 関連の特異性

要因と結果との関係が必要十分条件であることである。すなわち、要因のある所に疾病があり、疾病のある所に要因があるというように、特定の要因と疾患との間に特異的な関連が存在することである。現実世界においては完全な特異性が認められることはまれである。

(4) 関連の時間性（時間的関連性）

要因が結果よりも先に起こることである。時間的な前後関係が確認できることは一般的に因果推論に必須の条件とされており、因果関係の検討に特に重要である。

(5) 生物学的勾配（量反応関係）

要因の程度が強くなるほど、結果が起こりやすくなる（もしくはその逆）という関係が成り立つことである。例えば、喫煙本数が増えるほど肺がん死亡率が高くなる、というような関連が見られるかどうかで判断する。

(6) 生物学的蓋然性（妥当性）

要因と結果との関連について、生物学的に説得力のある説明ができることである。

(7) 関連の整合性（一貫性）

既存の研究結果や常識と矛盾がないことである。動物実験や細胞実験の結果など、現在の理論や知見と照らして矛盾なく説明できるかどうかで判断する。

(8) 実験的証拠

要因と結果との関連性について、それを支持する実験的研究の結果が存在することである。

(9) 類似性

要因と結果との関連に、既に認められている因果関係に類似したものが存在することである。

4 スクリーニング

4.1 スクリーニングの目的と適用条件

スクリーニングは、対象とする疾病に罹患していると疑われる者を一定の検査項目によって『ふるい分け』するための検査である。スクリーニングの目的は、疾病の早期発見・早期治療（2 次予防）である。疾患の確定診断となる精密検査は一般的に侵襲が高く（対象者への負担が大きいこと）、コストや時間もかかる。そこで、より簡易な検査によって精密検査に回す対象を絞り込むことで、効率的な 2 次予防を実現しようとするものである。

どのような場合にスクリーニング検査を実施するのがよいかは、表 4.5 のような要件が知られている。

表 4.5　スクリーニング検査の主な実施要件

疾患の要件	❖対象疾患が重要な健康問題である（有病率や死亡率が高い、あるいは 早期治療の必要性がある） ❖早期発見により適切な治療法が存在する ❖確定診断法が存在する ❖臨床的徴候の発現から明確な発病までの時間が長い（潜伏期間・無症状期間が長い）
検査方法の要件	❖検査法が簡便 ❖侵襲性が低い ❖費用対効果が高い ❖検査の性能（敏感度と特異度）が高い ❖検査の再現性が高い

例題8　よいスクリーニング検査の要件に関する記述である。誤っているのはどれか。1つ選べ。

1. 発見したい疾患に対する敏感度が高い。
2. 費用対効果が高い。
3. 侵襲性が高い。
4. 再現性が高い。
5. 受検することにより、対象疾患による死亡率が低下する。

解説　3. 侵襲性は低い方がよい。　**解答** 3

4.2 スクリーニングの精度

検査で疾患が疑われるかどうかの判定基準となる検査値のことを、カットオフ値という。カットオフ値によって検査を受けた者を陽性（有病していると判断した場合）と陰性（有病していないと判断した場合）にふるい分ける。カットオフ値より検査値が高い場合を陽性とするか、低い場合を陽性とするかは、疾病や検査によって異なる。

スクリーニングはあくまでも振るい分けのための簡易検査であるため、本当は有病者であるにもかかわらず陰性と判定されたり、非有病者であっても陽性と判定されたりすることがある。これらは表4.6のように2×2のクロス表にまとめられる。A～Dはそれぞれの人数を示す。

有病者のうち、検査で陽性になる者を真陽性、陰性になる者を偽陰性という。また、非有病者のうち、検査で陰性になる者を真陰性、陽性になる者を偽陽性という。

(1) 検査の性能を示す指標

検査の性能を示す指標として、敏感度（感度）や特異度が用いられる。表4.6において、真陽性や真陰性が多く、偽陽性や偽陰性が少ないほど検査の性能がよいといえる。

表4.6　スクリーニング検査結果と疾患の有無との関係

		確定診断の判定		計
		有病者	非有病者	
スクリーニング検査結果	陽性	A（真陽性）	B（偽陽性）	A+B
	陰性	C（偽陰性）	D（真陰性）	C+D
計		A+C	B+D	A+B+C+D

1）敏感度（感度）

有病者を検査で正しく陽性と判定する確率である。『あたりをあたりといえる性能』と覚えるとよい。

敏感度＝A/(A＋C)

2）特異度

非有病者を検査で正しく陰性と判定する確率である。『外れを外れといえる性能』と覚えるとよい。

特異度＝D/(B＋D)

3）偽陽性率

非有病者を誤って陽性と判定してしまう確率である。偽陽性率と特異度を足すと100%になる。すなわち、特異度が高い検査では偽陽性が生じにくいため、もし陽性となったら有病者の可能性が高いことになる。

偽陽性率＝B/(B＋D)＝１－特異度

4）偽陰性率

有病者を誤って陰性と判定してしまう確率である。すなわち、疾患を『見落としてしまう』確率である。偽陰性率と敏感度を足すと100%になる。すなわち、敏感度が高い検査では偽陰性が生じにくいため、もし陰性となったら有病している可能性が低いということになる。そのため、敏感度が高い検査は除外診断に有用である。

偽陰性率＝C/(A＋C)＝１－敏感度

(2) 検査の的中度を示す指標

感度や特異度は検査の性能を示す指標だが、臨床現場で患者や医療者にとって重要なのは、スクリーニング検査の結果がどれだけあたっているのかである。すなわち、検査で陽性になった場合は本当に有病者であるのかどうか、陰性になった場合に本当に非有病者であるのかどうかである。これらの「検査のあたり外れ」を示す指標として、陽性反応的中度と陰性反応的中度がある。表 4.6 の値を用いることで、以下のように算出することができる。

1）陽性反応的中度

検査で陽性になった者のうち、本当に有病者である確率である。

陽性反応的中度＝A/(A＋B)

2）陰性反応的中度

検査で陽性になった者のうち、本当に非有病者である確率である。

陰性反応的中度＝B/(B＋D)

(3) カットオフ値と検査の精度の関係

上述のように、スクリーニング検査では対象者をカットオフ値によって陽性と陰性とを振るい分ける。カットオフ値を変更することで、検査の性能である敏感度と特異度が変化する。

例えば、カットオフ値より検査値が高い場合を陽性とする検査を考えてみよう。ある検査のカットオフ値が 10 であったとして、カットオフ値を 20 に上げたと仮定する。影響を受けるのは検査値が 10〜20 の者である。検査値が 10〜20 であった有病者は、もとの基準では正しく陽性と判定されていたが、新しい基準では偽陰性になってしまう。逆に、検査値が 10〜20 であった非有病者は、もとの基準では偽陽性だったのが、新しい基準では正しく陰性と判定されることになる。つまり、カットオフ値を上げた場合には敏感度が下がり、特異度が上がることになる。逆にカットオフ値を下げた場合は、敏感度が上がり、特異度が下がることになる。このように、カットオフ値を変更することによって、敏感度と特異度は一方を上げれば一方が下がるという関係（トレードオフの関係）にあることが分かる。

(4) ROC 曲線

ひとつの疾病のスクリーニング検査には、いくつかの方法があることが多い。複数の検査の性能を比較するとき、受信者動作特性曲線（receiver operating characteristic curve：ROC 曲線）を作図して評価する。ROC 曲線は、縦軸に敏感度、横軸に偽陽性率（すなわち、1-特異度）をプロットして描く（図 4.5）。コストや負担などの条件が同じならば、一般に ROC 曲線が左上に位置する検査のほうがスクリーニング検査としてより優れていると判断できる。

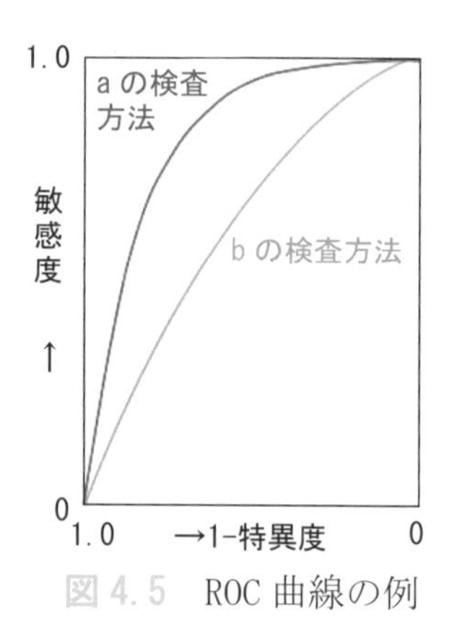

図 4.5　ROC 曲線の例

(5) 有病率と的中度の関係

敏感度や特異度は検査に固有の性能であり、どのような集団に検査を実施しても変わらない。しかし、的中度は集団の対象疾患の有病率の影響を受ける。例えば、疾患の有病率の高い集団を対象にスクリーニング検査を実施した場合、陽性反応的中度が高くなる。一方、有病率の低い集団に対して検査した場合は、陽性反応的中度が低くなってしまう。すなわち、有病率の低い集団を検査した場合、本当は非有病者の多くが陽性と判定されてしまうため、検査効率が悪くなる。言い換えると、偽陽性が多く発生し、無駄に精密検査を受けなければならない者が多くなるということである。そのため、疾病のリスクが高い集団に絞ってスクリーニングを実施することが多い。これを選択的スクリーニングという。

例題9 スクリーニングに関する記述である。正しいのはどれか。1つ選べ。

1. 確定診断を目的とする検査である。
2. 敏感度100%の検査の結果が陽性であれば必ず有病者である。
3. 陰性反応的中度は有病率の影響を受けない指標である。
4. 偽陽性率が低い検査は、敏感度が高い。
5. ROC曲線は、縦軸を敏感度、横軸を偽陽性率として描く。

解説 1. スクリーニングの目的は振るい分けである。 2. 特異度が100%でないと偽陽性者が生ずる可能性はある。 3. 陰性反応的中度は有病率の影響を受ける。4. 偽陽性率が低い検査は、特異度が高い（特異度＋偽陽性率＝100%）。 **解答** 5

例題10 あるスクリーニング検査とその後の確定診断の判定結果を表に示す。この表から求めたスクリーニング検査の特異度と陽性反応的中度の組み合わせとして、正しいのはどれか。1つ選べ。

		確定診断の判定	
		疾患なし	疾患あり
スクリーニング検査結果	陽性	100人	900人
	陰性	1900人	300人

1. 特異度：95%　陽性反応的中度：25%
2. 特異度：90%　陽性反応的中度：90%
3. 特異度：95%　陽性反応的中度：10%
4. 特異度：90%　陽性反応的中度：25%
5. 特異度：95%　陽性反応的中度：90%

解説 特異度・・・1900／(100＋1900)＝0.95＝95%
陽性反応的中度・・・900／(100＋900)＝0.9＝90% **解答** 5

5 根拠（エビデンス）に基づいた医療（EBM）及び保健対策（EBPH）

5.1 EBMとEBPH

1990年代に入り、医療の選択は正しい方法論に基づいた観察や実験を根拠とすべきであるとの主張が現れ、根拠（エビデンス）に基づいた医療（Evidence-based

Medicine : EBM）という用語が用いられるようになった。

(1) EBM

厚生労働省の医療技術評価推進検討会は、EBMを「診ている患者の臨床上の疑問点に関して、医師が関連文献等を検索し、それらを批判的に吟味したうえで患者への適用の妥当性を評価し、さらに患者の価値観や意向を考慮したうえで臨床判断を下し、自分自身の専門技能を活用して医療を行うこと」と定義している[2)]。すなわち、①既存の医療情報や研究成果（エビデンス）、②患者の価値観、③医療者の技能・経験、の3つを統合して医療を行うという考え方である。

(2) EBPH

上述のようにEBMの普及が推奨されてきたが、質の高い医療の提供は医療体制や社会政策などの幅広い分野においても論理性・合理性のある整備が必要である。そこで、これらの事柄を考慮に入れた医療をより広義に捉え、集団を対象とした予防医学においても、根拠に基づいた保健対策（evidence-based public health : EBPH）が重要になってきている。高齢化の進む日本において、質の高い医療や公衆衛生対策を実施するためには、倫理性、合理性を導入したEBMとEBPHは重要な手段である。

5.2 エビデンスの質のレベル

EBMの手順において、検索された情報の科学的根拠としての質の強さを、採用した研究デザインによって判断する方法がある。図4.6はEBMピラミッドとよばれており、さまざまな分類方法が提唱されているが、これはその1例である。図4.6のように、人を対象としたデータに基づかない専門家個人の意見が最もエビデンスとしては弱く、上に記載のある研究デザインほどエビデンスレベルが高いとする考え方である。ただし、同じ研究デザインを採用していたとしてもそれぞれの研究にはさまざまな固有のバイアスが存在する可能性がある。また、これに加えて出版バイアスや言語バイアスの可能性もある。さらに、設定した臨床疑問と各研究の患者背景や介入方法が大きく異なる場合、直接結果を適用することが難しいこともある。そのため、すべてを適切に総合評価したうえで実臨床への適用を考慮する必要がある。そのため、EBMピラミッドの研究デザインのみでエビデンスレベルを判断する方法には問題があるという指摘もある。

5.3 系統的レビュー（システマティックレビュー）とメタアナリシス

図4.6のEBMピラミッドにおいて、最もエビデンスレベルが高い結論を導き出すことのできるのは、系統的レビューである。質の高い系統的レビューを行う方法論

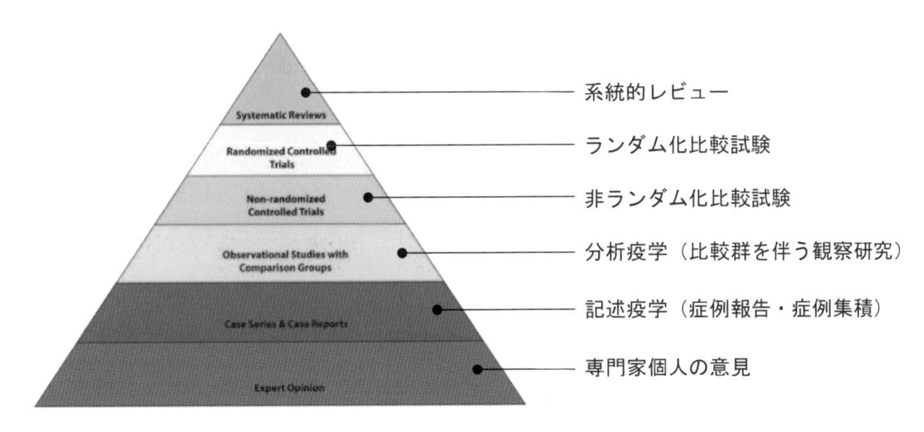

図 4.6　EBM ピラミッドによるエビデンスレベル分類

が確立されつつあり、近年発表論文数が急増している研究デザインである。

ランダム化比較試験の結果を中心にさまざまな分野の系統的レビューを実施している団体として、コクラン（Cochrane）が広く知られている。コクランが行った系統的レビューは定期的にアップデートが繰り返され、データベースとして公開されている（https://www.cochranelibrary.com/）。

(1) 系統的レビュー

研究対象者から直接データを収集して分析する研究を一次研究という。これとは異なり、既に公にされているエビデンスを収集し、統合することによって新たな結論を生み出す研究手法を二次研究という。系統的レビューは二次研究のひとつに位置づけられる研究手法である。

系統的レビューでは、ある一定の規則に基づき、再現性のある方法で文献を網羅的に収集し、研究の質を評価し、結果を量的または質的に統合することで新たな結論を導き出す。収集した研究結果を質的に統合する定性的な系統的レビューと、複数の研究から抽出した値を数量的に統合する定量的な系統的レビューがある。

(2) メタアナリシス

定量的な系統的レビューの一環で、各研究から抽出した値を統合する方法として用いられるのが、メタアナリシスである。メタアナリシスは、類似した条件で行われた複数の研究結果の指標（リスク比、リスク差、 オッズ比など）を定量的に統合してひとつの結果にまとめる分析手法である。ひとつの研究では対象者数が少なくはっきりとした結果が導き出せないことも多い。しかし、類似する複数の研究結果を用いたメタアナリシスを行うことで、全体としてより明確な結論を出すことができる。

メタアナリシスの結果は、フォレストプロットという図で表される（図 4.7）。フォレストプロットにおいて、正方形は各研究の効果指標（リスク比、リスク差、オッズ比など）の値を示す。正方形の大きさは各研究の症例数を表し、正方形から伸びる横棒は効果指標の値の95%信頼区間を示す。一番下のひし形はメタアナリシスによって算出された統合値であり、ひし形の横幅は統合値の95%信頼区間を示す。すなわち、ひし形が縦線（有効と無効の境界線）をまたいでいる場合は、メタアナリシスの結果が統計的に有意ではなかったことを示す。

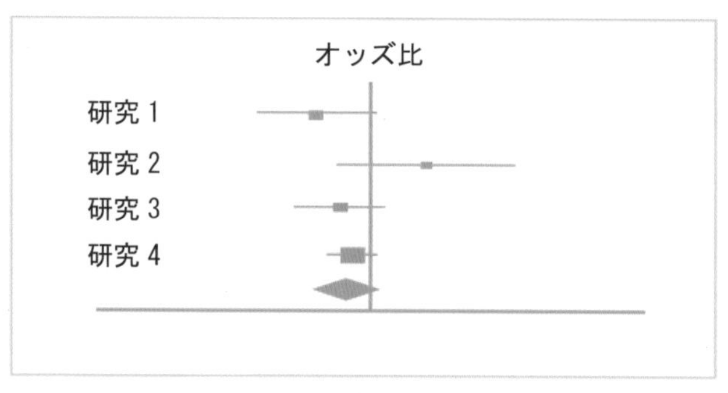

図 4.7　フォレストプロットの例

例題 11　健康情報の根拠の質に関する記述である。(A) の方が (B) より質が高いものの組みわ合せとして、正しいのはどれか。1つ選べ。

1. (A) ランダム化比較試験------- (B) 権威者の意見
2. (A) 学会での口頭発表--------- (B) 学術誌に掲載された論文
3. (A) 動物実験----------------- (B) 非ランダム化比較試験
4. (A) 日本語で書かれた論文----- (B) 英語で書かれた論文
5. (A) 生態学的研究------------- (B) 系統的レビュー

解説　2. 学会発表か学術論文かはエビデンスレベルと無関係である。
3. 動物実験より非ランダム化比較試験のエビデンスレベルが高い。
4. 日本語で書かれたか英語で書かれたかはエビデンスレベルと無関係である。
5. 生態学的研究より系統的レビューのエビデンスレベルが高い。　**解答** 1

5.4 診療ガイドライン、保健政策におけるエビデンス

診療ガイドラインは、EBMの考えに基づき、日常診療におけるさまざまな臨床状況において患者と医療者が最善の診療行為が選択できるよう支援するために作成された文書である。日本医療機能評価機構Mindsでは、診療ガイドラインを「診療上の重要度の高い医療行為について、エビデンスのシステマティックレビューとその

総体評価、益と害のバランスなどを考量して、患者と医療者の意思決定を支援するために最適と考えられる推奨を提示する文書」と定義している[3)]。このように、診療ガイドラインは体系的な方法論に則って作成され、診療上の疑問（クリニカルクエスチョン）に対して系統的レビューに基づいた推奨を提示することで、臨床判断の助けとなるものである。すなわち、診療ガイドラインは、その疾患・トピックに関する現時点での最新のエビデンスが集約された、系統的レビューの集大成といえる。

6 疫学研究と倫理

6.1 人を対象とした研究調査における倫理的配慮

人を対象とした研究を行うにあたって、その実施内容に倫理上の問題があってはならない。人間を対象とする医学研究に関わる医師・その他の関係者が守るべき倫理原則として、ヘルシンキ宣言が知られている。ヘルシンキ宣言は、ナチスの人体実験の反省により生じたニュルンベルク綱領（1947（昭和 22）年発表）を受けて、1964（昭和 39）年にフィンランドの首都ヘルシンキにおいて開かれた世界医師会第 18 回総会で採択された。その内容は、被検者の人権擁護を主旨とし、医学研究の原則、実験計画書の作成、倫理審査委員会、インフォームド・コンセントなどについて定めている。日本でも、ヘルシンキ宣言に基づいて各種の倫理指針などが規定され、人を対象とした研究を行う際の規範となっている。

(1) 研究倫理審査、人を対象とする医学系研究に関する倫理指針

日本では、2021（令和 3）年に「人を対象とする生命科学・医学系研究に関する倫理指針」が制定された。本指針は 2022（令和 4）年に一部改正され、現在に至る。指針の本文やガイダンス、Q&A は厚生労働省のホームページ上で公開されている。この指針は、人を対象とする生命科学・医学系研究に携わるすべての関係者が遵守すべき事項を定めることにより、人間の尊厳および人権が守られ、研究の適正な推進が図られるようにすることを目的とする。研究の実施にあたって、本指針が示す関係者が遵守すべき基本原則方針は表 4.7 のとおりである。

表 4.7 「人を対象とする生命科学・医学系研究に関する倫理指針」の基本方針

① 社会的及び学術的意義を有する研究を実施すること
② 研究分野の特性に応じた科学的合理性を確保すること
③ 研究により得られる利益及び研究対象者への負担その他の不利益を比較考量すること
④ 独立した公正な立場にある倫理審査委員会の審査を受けること
⑤ 研究対象者への事前の十分な説明を行うとともに、自由な意思に基づく同意を得ること
⑥ 社会的に弱い立場にある者への特別な配慮をすること
⑦ 研究に利用する個人情報等を適切に管理すること
⑧ 研究の質及び透明性を確保すること

6.2 インフォームド・コンセントとオプトアウト

(1) インフォームド・コンセント（Informed consent : IC）

研究対象者（被検者）となることを求められた人が研究実施者から事前に疫学研究に関する十分な説明を受け、研究の目的・方法・予期される効果と危険性を理解し、自由意思で研究の対象となることに同意・承諾することをインフォームド・コンセントという。また、同意は自由意思で受諾するものであるから、研究対象者がいつの時点においても研究から離脱できることとしていなければならない。未成年を対象とした疫学研究では保護者や親権者のインフォームド・コンセントが必要である。

原則として、インフォームド・コンセントは書面（同意書）で残しておく必要がある。書面による同意が必須である場合は、介入研究、データ取得に対象者への侵襲が伴う場合、人の遺伝子を取り扱う臨床研究である場合があげられる。「人を対象とする医学系研究に関する倫理指針」では、侵襲と介入の有無によって同意の取得について道筋が示されている。

(2) オプトアウト（opt-out）

臨床研究を実施する場合には、文書もしくは口頭で説明して、同意書を受領する。臨床研究のうち、被検者への侵襲や介入がなく、問診など診療情報を利用する場合や他の検査試料の残りを使って調者する研究などでは、「人を対象とする医学系研究に関する倫理指針」に基づき、被検者全員から個別に改めて同意を取る必要はない。研究の目的や結果など研究情報を公開し、被検者ができる限り拒否できる機会を保障する。このような方法をオプトアウトという。公開文書への容易なアクセスと被検者が公表を望まない場合の適切な対応を保障することが重要である。

6.3 倫理審査委員会

研究を実施しようとした場合、研究者は事前に倫理審査委員会の審査の許可を得なければならない。大学をはじめ、人を対象とした研究を実施する研究機関では倫理審査委員会を機関内に設置することがほとんどである。倫理審査委員会は男女両性、機関内外の医学・医療・倫理・法律の専門家に加え、一般の立場から意見を述べることができる者で構成される。倫理審査委員会は提出された研究計画の適否について、倫理的および科学的観点から審査を行う。また、進行中の研究をモニタリングし、有害事象情報などの提供を受けて研究の継続の可否を審査する。

6.4 利益相反（Conflict of interest：COI）

近年、人を対象とした研究における利益相反の開示と配慮が重要視されるようになっている。

日本疫学会によると、利益相反は「研究者の個人的利益（金銭的利益、昇進、名声）と研究の倫理的妥当性（研究参加者の福利、研究結果の客観性）とが相反している状態」と定義されている[1)]。例えば、研究資金が特定の企業から出されており、研究結果によってその企業の利益となる可能性がある場合などが該当する。

研究者は研究の発表に際して、その研究に関する利益相反があるかどうかを宣言することが求められる。また、その利益相反によって研究結果や解釈が影響を受けないようにする手段を講じる必要がある。

例題 12　疫学研究と倫理に関する記述である。正しいのはどれか。1つ選べ。

1. 民間企業との共同研究で得られた成果は、利益相反を開示する必要がない。
2. ランダム化比較試験では、介入終了後にインフォームド・コンセントを得る。
3. 研究対象者の個人情報は、適切に保護されなければならない。
4. 介入研究の実施は、事前に倫理委員会の承認を受ける必要がない。
5. 侵襲性の高い介入はインフォームド・コンセントを得る必要はない。

解説　1. 利益相反の開示は必須である。　2. 研究開始時点でインフォームド・コンセントを取得しておく必要がある。　4. 各施設の倫理委員会で承認を受ける必要がある。　5. インフォームド・コンセントの取得は必須である。　**解答** 3

章末問題

1　疫学指標に関する記述である。正しいのはどれか。1つ選べ。

1. 罹患率は、一定期間中のいずれかの時点で疾病を有していた人数を、危険曝露人口で割ったものである。
2. 死亡率は、ある疾病に罹患した者のうち、その疾病が原因で死亡した者の割合である。
3. 致命率は、一定期間中にある疾病で死亡した人数を、総人口で割ったものである。
4. 時点有病率は、ある一時点において疾病を有する人数を、危険曝露人口で割ったものである。
5. 期間有病率は、一定期間中に新たに疾病を発症した人数を、危険曝露人口で割ったものである。

（24回国家試験）

解説　1. この記述は期間有病率のこと。　2. この記述は致命率のこと。　3. この記述は死亡率のこと。5. この記述は累積罹患率のこと。

解答 4

2　あるコホート集団において、肺がんによる死亡を5年間追跡調査した結果を、下表に示す。肺がんに対する曝露Aの寄与危険（10万人年対）である。正しいのはどれか。1つ選べ。

		観察人年	肺がんによる死亡数（人）
曝露A	あり	20,000	200
	なし	30,000	150

1. 100　　2. 1.5　　3. 500　　4. 50　　5. 2.0

（26回国家試験）

解説　計算手順は以下のとおり。
①曝露Aありの死亡リスク・・・200人/20000人年=0.01人/1人年
②曝露Aなしの死亡リスク・・・150人/30000人年=0.005人/1人年
③寄与危険（1人年対）・・・0.01-0.005=0.005
④寄与危険（10万人年対）・・・0.005×100000=500

解答 3

3　相対危険に関する記述である。誤っているのはどれか。1つ選べ。

1. マイナスの値はとらない。
2. 曝露群と非曝露群におけるリスクの比として求められる。
3. コホート研究によって得られる。
4. ハザード比が含まれる。
5. 曝露の除去により予防可能な人口割合を示す。

（29回国家試験）

解説　5. この記述は集団寄与危険度のことである。

解答 5

4　要因曝露群における疾病の罹患率がA、非曝露群における罹患率がBのとき、要因曝露による疾病罹患の相対危険と寄与危険の組み合わせである。正しいのはどれか。1つ選べ。

1. 相対危険：A−B　　寄与危険：A÷(A+B)
2. 相対危険：A÷B　　寄与危険：A÷(A+B)
3. 相対危険：A÷B　　寄与危険：A−B
4. 相対危険：A−B　　寄与危険：A÷B
5. 相対危険：A÷(A+B)　　寄与危険：A−B

(21回国家試験)

解説　相対危険は曝露群と非曝露群のリスク（この場合は罹患率）の比で表し、寄与危険は差で表す。

解答 3

5　ある疾患に関して、横断研究に基づき算出できる疫学指標である。正しいのはどれか。1つ選べ。

1. リスク因子の寄与危険
2. リスク因子の相対危険
3. 致命率
4. 罹患率
5. 有病率

(27回国家試験)

解説　1～4の疫学指標を算出するためには、対象者の追跡調査が必要。　解答 5

6　コホート研究（cohort study）が症例対照研究（case-control study）より優れている点に関する記述である。正しいのはどれか。1つ選べ。

1. 調査人数が少なくてすむ。
2. 観察期間が短いので費用・労力が少ない。
3. まれな疾病の相対危険（relative risk）を求めやすい。
4. 寄与危険（attributable risk）を計算できる。
5. 二重盲検法を用いることができる。

(20回国家試験)

解説　1. コホート研究のほうが多くの対象者を必要とする。　2. コホート研究は対象者を長期間観察するため、費用や労力がかかる。　3. コホート研究はまれな疾患の発生状況の調査に多くの対象者が必要となるため、不向きである。　5. 二重盲検法はランダム化比較試験で行う工夫のひとつである。

解答 4

7　ランダム化比較対照試験に関する記述である。正しいのはどれか。2つ選べ。

1. 仮説を設定するために用いられる。
2. 曝露と結果との時間的関係が明確である。
3. 未知の背景要因の差異を制御しやすい。
4. 発生頻度の低い疾患に適用しやすい。
5. 研究倫理上の問題が生じにくい。

(28回国家試験)

解説 1. ランダム化比較試験は仮説を検証するために用いる。　4. 発生頻度が低い疾患は対象者が多く必要なので、適用しにくい。　5. 対象者に介入を行うため、倫理的な問題が生じやすい。 解答 2、3

8 無作為化比較対照試験（RCT）で用いられる手技に関する記述である。<u>誤っている</u>のはどれか。

1. 介入群は患者集団から、対照群は一般集団から無作為抽出する。
2. 研究対象者には、介入群と対照群のどちらに割り付けられたかを教えない。
3. 無作為割り付けを行う前に、インフォームド・コンセントをとる。
4. 乱数表を用いて、研究対象者を介入群と対照群とに分ける。
5. 介入群には試験薬を、対照群にはプラシーボ（placebo）を投与する。　（23回国家試験）

解説 1. RCTでは、対象者を介入群または対照群にランダムに割り付ける。 解答 1

9 疫学の方法に関する記述である。<u>誤っている</u>のはどれか。1つ選べ。

1. 減塩指導を受けた人々と受けなかった人々とで、血圧の変化を比較したものは、介入研究である。
2. 都道府県別の食塩摂取量と脳卒中年齢調整死亡率の関連を調べたものは、生態学的研究である。
3. 肺がん患者群と対照群とを追跡して予後を比較したものは、症例対照研究である。
4. ある町で住民の身長、体重、血圧を測定し、BMIと血圧の関連を調べたものは、横断研究である。
5. 地域住民を長期間追跡して、高血圧者と正常血圧者とで脳卒中罹患率を比較したものは、コホート研究である。　（22回国家試験）

解説 3. 症例対照研究は患者群と対照群の過去の曝露状況を比較する。 解答 3

10 がんを早期に発見するためのスクリーニング検査に求められる要件である。<u>誤っている</u>のはどれか。1つ選べ。

1. 受検した人のほうが、そのがんによる死亡率が低下する。
2. 実施にかかる費用が低額である。
3. 検査を行う者の技量によらず、一定の結果が出る。
4. 発見したいがんに対する敏感度・特異度が高い。
5. 受検した人のほうが、そのがんに罹患しにくい。　（30回国家試験）

解説 5. スクリーニング検査は、既にがんに罹患しているかどうかを調べるものである。 解答 5

11 疾病のスクリーニング検査の評価指標に関する記述である。正しいのはどれか。1つ選べ。

1. 空腹時血糖値による糖尿病のスクリーニングにおいて、カットオフ値を高く設定すると、敏感度は高くなるが特異度は低下する。
2. 敏感度は、スクリーニング検査で陽性であった者のうち、実際に疾病があった者の割合である。
3. 陽性反応的中度は、スクリーニングを行う集団における当該疾病の有病率の影響を受ける。
4. 陽性反応的中度は、実際に疾病がある者のうちスクリーニング検査で陽性であった者の割合である。
5. 特異度は、スクリーニング検査で陰性であった者のうち、実際には疾病がなかった者の割合である。

（32回国家試験）

解説 1. カットオフ値を高くすると、敏感度が下がり、特異度が上がる。 2. 敏感度は、実際に疾病がある者のうち、スクリーニング検査で陽性になった者。 4. 陽性反応的中度は、スクリーニング検査で陽性になった者のうち、実際に疾病がある者。 5. 特異度は、実際には疾病がない者のうち、スクリーニング検査で陰性になった者。 解答 3

12 ある疾病の有病率が 10%である 1,000 人の集団に対して、敏感度（sensitivity）70%、特異度（specificity）80%のスクリーニング検査を行ったときに、検査陽性となる者の期待人数である。正しいのはどれか。1 つ選べ。

1. 180 人　2. 250 人　3. 70 人　4. 80 人　5. 150 人　（25 回国家試験）

解説 検査陽性の人数＝真陽性の人数＋偽陽性の人数。計算手順は以下のとおり。

①真陽性の人数・・・(1000×10%)×70%＝70

②偽陽性の人数・・・(1000−100)×80%＝720

③検査陽性の人数・・・70＋720＝250 解答 2

13 「根拠（evidence）に基づく保健対策」において質が最も高い根拠である。正しいのはどれか。1 つ選べ。

1. よくデザインされたコホート研究から得られた根拠
2. 1 つの無作為化比較試験から得られた根拠
3. よくデザインされた非無作為化比較試験から得られた根拠
4. 臨床的経験、専門家委員会の報告に基づいた権威者の見解から得られた根拠
5. 無作為化比較試験のメタアナリシスから得られた根拠　（25 回国家試験追試）

解説 エビデンスレベルが最も高い研究デザインは、システマティックレビュー／無作為化比較試験のメタアナリシス。 解答 5

14 根拠（エビデンス）に基づいた医療（EBM）に関する記述である。正しいのはどれか。1 つ選べ。

1. メタアナリシスは、複数の研究において得られた効果を総合的に判断するときに有用である。
2. 民間企業との共同研究で得られた成果は、利益相反を開示しなくてもよい。
3. 臨床経験の豊富な権威者による意見は、質の高いエビデンスとみなされる。
4. 系統的レビューは、研究倫理審査委員会の報告書のことをさす。
5. 診療ガイドラインの作成は、法律で定められている。　（33 回国家試験）

解説 2. 利益相反の開示は必須である。 3. 人を対象としたデータに基づかない専門家個人の意見のエビデンスレベルは低い。 4. 系統的レビューは、あるテーマに関する複数の研究結果を系統的に収集してまとめる研究デザインである。 5. 診療ガイドラインの作成に法的な根拠はない。 解答 1

15　疫学研究と倫理に関する記述である。誤っているのはどれか。１つ選べ。

1. 研究参加の同意は、研究対象者から資料や生体試料を得る前でなければならない。
2. 研究は、「人を対象とする生命科学・医学系研究に関する倫理指針」に従う。
3. 研究対象者は、研究参加を一度同意すると撤回できない。
4. 研究者は、継続して研究倫理に関する教育や研修を受けなければならない。
5. 研究対象者の個人情報は、適切に保護されなければならない。　(32 回国家試験一部改変)

解説　3. 研究対象者は研究への参加をいつでも撤回することができる。　解答 3

参考文献

1)　日本疫学会. はじめて学ぶやさしい疫学：改訂第3版
2)　https://www.mhlw.go.jp/www1/houdou/1103/h0323-1_10.html
3)　https://minds.jcqhc.or.jp/s/about_guideline
4)　https://www.mhlw.go.jp/stf/seisakunitsuite/bunya/hokabunya/kenkyujigyou/i-kenkyu/index.html

第5章

生活習慣（ライフスタイル）の現状と対策

1 健康に関連する行動と社会

1.1 健康の生物心理社会モデル

健康の生物心理社会モデルとは、個人の健康あるいは疾患を生物・医学的側面からだけではなく、心理的状態、社会的環境も含め、総合的に捉えようとするモデルである。このモデルによると、健康は生物・心理・社会の複雑な要因のバランスが取れた状態であり、不健康時にはそれぞれの要因だけではなく、総合的に対処する必要がある。この概念はWHO憲章の健康の定義と共通性がある。WHO憲章では、「健康とは、肉体的、精神的および社会的に完全に良好な状態であり、単に疾病または病弱の存在しないことではない。」と定義している。「肉体的：生物、精神的：心理、社会的：社会」と置き換えれば、健康の生物心理社会モデルと共通性があることが理解できる。

1.2 生活習慣病、NCDの概念

生活習慣病は栄養、運動、休養、喫煙、飲酒などの生活習慣が発症に深く関与する疾患の総称である。悪性新生物、心疾患、脳血管疾患、高血圧症、糖尿病、慢性呼吸器疾患、動脈硬化症、脂質異常症などが含まれる。NCD（Non-Communicable Diseases；非感染性疾患）は、上記の生活習慣病に加え、微生物の感染が関与しない外傷や精神疾患などを含む。超高齢社会を迎えたわが国では生活習慣病罹患者が多く（図5.1）、死因に占める生活習慣病の割合も高い（図5.2）。今後も罹患者数の増加が予想され、医療費のますますの上昇が見込まれている。

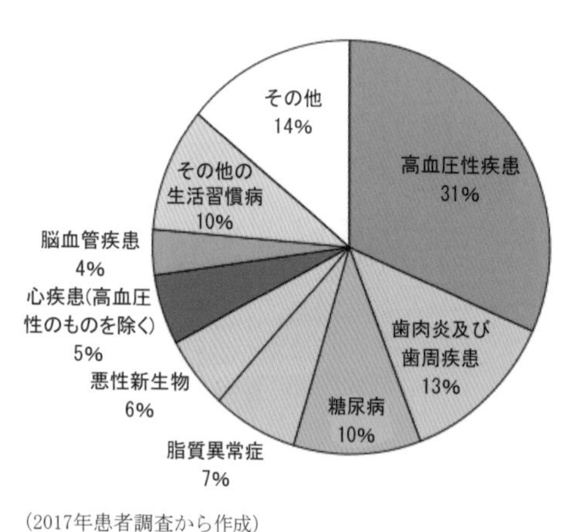

(2017年患者調査から作成)

カラー部分が生活習慣病

図5.1　主な傷病の患者数の割合

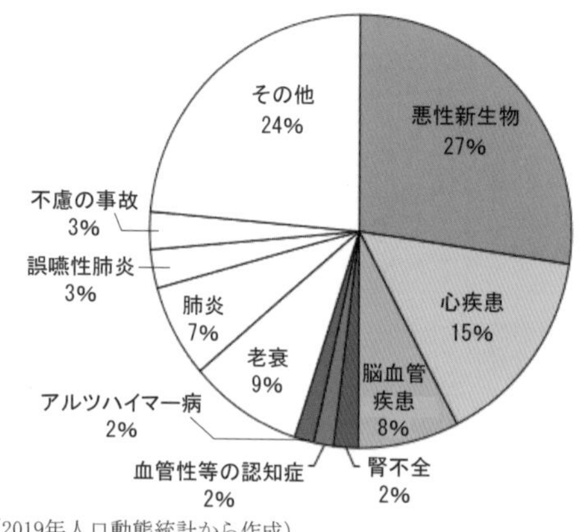

(2019年人口動態統計から作成)

わが国の死因上位10位までを示す。カラー部分が生活習慣病。「その他」にも生活習慣病が含まれる。

図5.2　死亡総数に占める主な死因の割合

例題 1 生活習慣病に含まれない疾病を 1 つ選べ。

1. 歯周炎
2. 脳血管疾患
3. 悪性新生物
4. 脂質異常症
5. 肺炎

解説 （図 5.1、図 5.2 参照） 5. 肺炎は肺内に病原体が侵入し、増殖することが原因で罹患する病である。ただし、生活習慣病が間接的な要因になり、罹患しやすくなることもある。 **解答** 5

1.3 健康日本 21

健康日本 21 とは、健康増進法に基づき厚生労働大臣が定める「国民の健康の増進の総合的な推進を図るための基本的な方針」であり、国の健康施策の根幹である。2013 年より「健康日本 21（第二次）」が適用されている。そのなかで 5 つの項目が「基本的な方向」として示された（表 5.1）。

図 5.1 国民の健康の増進の推進に関する基本的な方向

一 **健康寿命[*1]の延伸と健康格差[*2]の縮小**
二 **生活習慣病の発症予防と重症化予防の徹底（NCD の予防）**
三 **社会生活を営むために必要な機能の維持および向上**
四 **健康を支え、守るための社会環境の整備**
五 **栄養・食生活、身体活動・運動、休養、飲酒、喫煙および歯・口腔の健康に関する生活習慣および社会環境の改善**

＊1 健康寿命：健康上の問題で日常生活が制限されることなく生活できる期間
＊2 健康格差：地域や社会経済状況の違いによる集団間の健康状態の差

「基本的な方向」を実現するために、栄養・食生活、身体活動・運動、休養、飲酒、喫煙および歯・口腔の健康に関する生活習慣の改善が重要であることが明記されている。本章の以降の節が、栄養・食生活を除き、2 身体活動・運動、3 喫煙行動、4 飲酒行動、5 睡眠、休養、ストレス、6 歯科保健行動としている。

健康日本 21（第二次）では、国民の健康増進について開始から 10 年後（2022 年）の具体的な目標値を設定していたが、2023（令和 5）年に延長されることとなった。目標値に変更はない（参考資料参照）。目標値達成に向けての健康施策が、国をはじめ地方自治体により推進されている。

例題2　健康日本21（第二次）の基本的な方向に関する記述である。正しいのはどれか。1つ選べ。

1. 終末期医療の充実
2. 救命・救急施設の整備
3. 高度先進医療技術の開発
4. 健康寿命の延伸と健康格差の縮小
5. 新興感染症の発症予防と重症化予防の徹底

解説　健康日本21（第二次）は、生活習慣病の第一次予防を推進するための方針である。感染症は含まれない。　1.は第三次予防、　2.は第二次予防、　3.は第二次予防、　5.は感染症である。

解答　4

2 身体活動、運動

2.1 身体活動・運動の現状

適度の身体活動・運動は、生活習慣病予防、メンタルヘルス向上に効果がある。健康日本21（第二次）では、「日常生活における歩数の増加」、「運動習慣者（1回30分以上の運動を週2回以上実施し、1年以上継続している者）の割合の増加」の2023（令和5）年までの目標値が設定されている（表5.2）。

「歩数の平均値」をこの10年間でみると、男女ともに大きな増減はみられない（図5.3）。2019（令和元）年の国民健康・栄養調査の結果では、1日の平均歩数は各年代とも男性の方が女性より多く、男女とも60歳以降減少傾向にある（図5.4）。

表5.2　身体活動・運動の目標値

平均歩数（1日）	男性	女性
20～64歳	9000歩	8500歩
65歳以上	7000歩	6000歩

運動習慣者の割合の目標値（%）	男性	女性
20～64歳	36%	33%
65歳以上	58%	48%

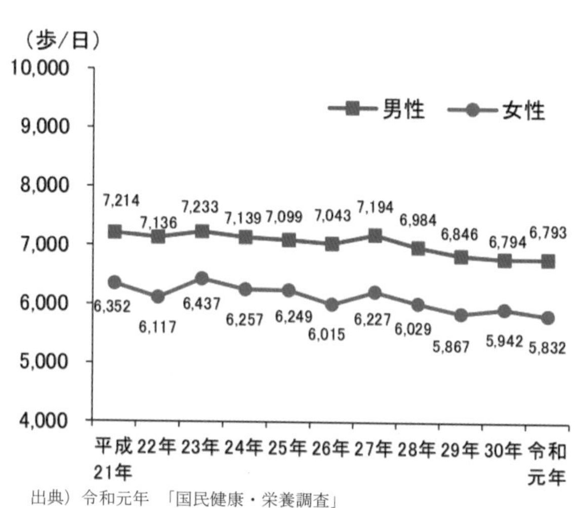

出典）令和元年「国民健康・栄養調査」

図5.3　歩数の平均値の年次推移（20歳以上）

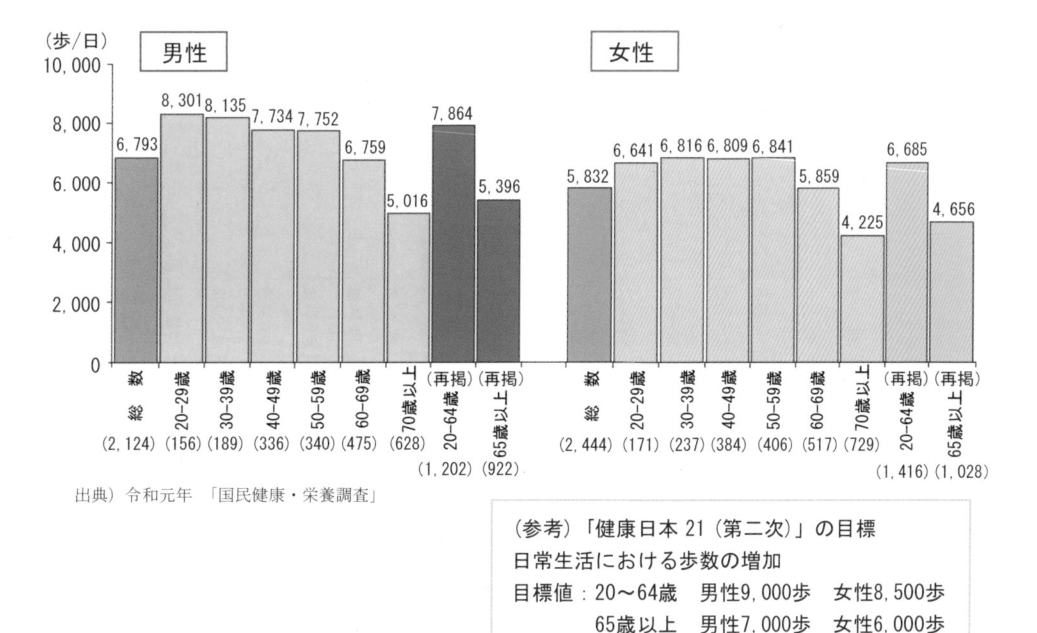

出典）令和元年　「国民健康・栄養調査」

（参考）「健康日本 21（第二次）」の目標
日常生活における歩数の増加
目標値：20～64歳　男性9,000歩　女性8,500歩
　　　　65歳以上　男性7,000歩　女性6,000歩

図 5.4　歩数の平均値（20歳以上、性・年齢階級別）

「運動習慣のある者の割合」をこの 10 年間でみると、女性に減少傾向が認められる（図 5.5）。「運動習慣のある者の割合」は、男女とも 20 歳代が最も低く、年齢の上昇に従い増加する傾向である（図 5.6）。

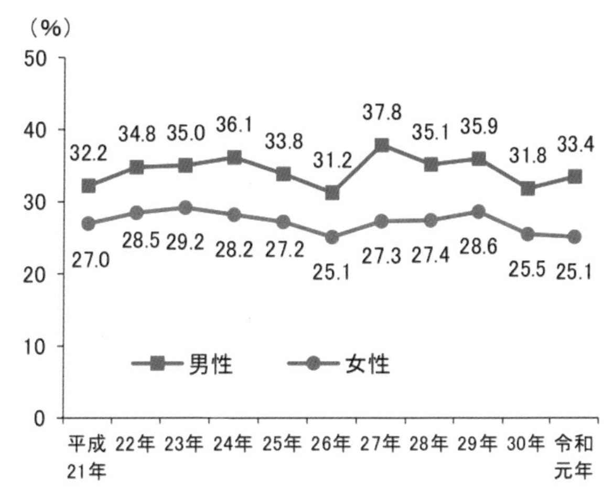

※「運動習慣のある者」とは、1 回 30 分以上の運動を週 2 回以上実施し、1 年以上継続している者

出典）令和元年　「国民健康・栄養調査」

図 5.5　運動習慣のある者の割合の年次推移（20歳以上）

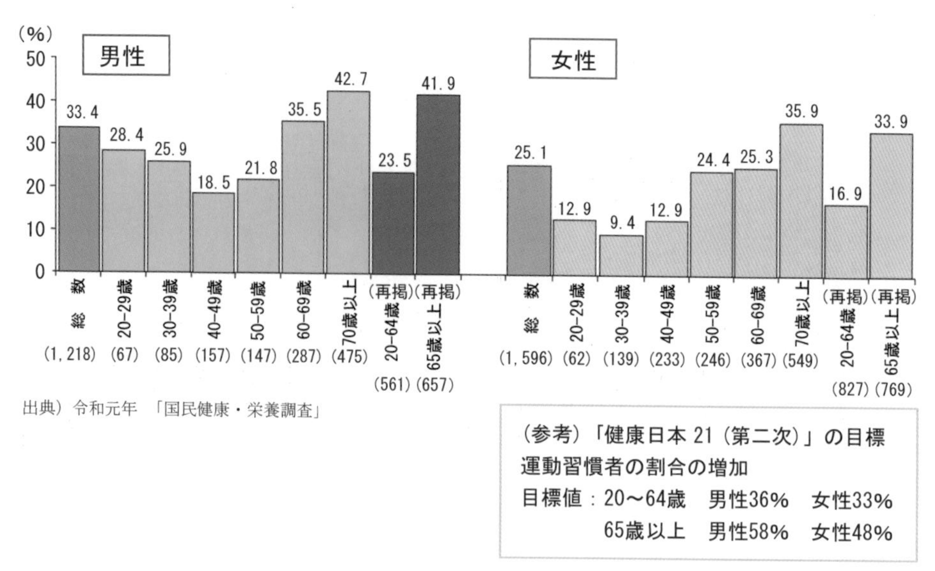

図5.6　運動習慣のある者の割合（20歳以上、性・年齢階級別）

例題3　運動習慣に関する記述である。正しいのはどれか。1つ選べ。

1. 1日当りの歩数は60歳代が最も多い。
2. 若い年代ほど運動習慣のある者の割合が高い。
3. 健康日本21（第二次）の1日の平均歩数の目標値を達成した。
4. どの年代でも女性より男性の方が運動習慣のある者の割合が高い。
5. 20歳以上の女性における1日の平均歩数は、10年間で劇的に増加している。

解説　1. 若い年代ほど「1日の平均歩数」が多い。　2.「運動習慣のある者の割合」は若年者の方が低い。　3. 全体では健康日本21（第二次）の「1日の平均歩数」、「運動習慣のある者の割合」の目標値を達成していない。　4.「1日の平均歩数」、「運動習慣のある者の割合」は、どの年代でも男性が高い。　5. 女性の「1日の平均歩数」は減少傾向にある。

解答　4

2.2 身体活動・運動の健康影響

健康の維持・増進、生活習慣病の予防には適切な強度の身体活動・運動が重要である（表5.3）。

表5.3　定期的な身体活動・運動の効果

- 体重の維持
- 高い血圧の低下、2型糖尿病、心臓発作、脳卒中、いくつかの種類の悪性腫瘍の発症リスクの減少
- 関節炎の痛みとそれに付随する障害の軽減
- 骨粗鬆症と転倒リスクの減少
- うつ病や不安感の軽減

出典）米国疾病予防管理センター

2.3 健康づくりのための身体活動基準及び指針

健康日本21（第二次）の取り組みの一環として、「健康づくりのための身体活動基準2013」（表5.4）、および「健康づくりのための身体活動指針（アクティブガイド）」が作成された。そのなかで、身体活動の増加でリスクを低減できるものとして、従来の糖尿病、循環器疾患に加え、がん、ロコモティブシンドローム、認知症が含まれることを明確化している。身体活動の強度の単位はメッツ（安静時の状態を1メッツ）を使用している。

表5.4　定健康づくりのための身体活動基準2013（概要）

<table>
<tr><th colspan="2">血糖・血圧・脂質に関する状況</th><th colspan="2">身体活動（生活活動・運動）</th><th colspan="2">運動</th><th>体力
（うち全身持久力）</th></tr>
<tr><td rowspan="3">検診結果が基準範囲内</td><td>65歳以上</td><td>強度を問わず、毎日40分
（＝10メッツ・時/週）</td><td rowspan="3">今より少しでも増やす（例えば10分多く歩く）</td><td>—</td><td rowspan="3">運動習慣をもつようにする（30分以上・週2日以上）</td><td>—</td></tr>
<tr><td>18～64歳</td><td>3メッツ以上の強度の身体活動を毎日60分
（＝23メッツ・時/週）</td><td>3メッツ以上の強度の運動を毎週60分
（＝4メッツ・時/週）</td><td>性・年代別に示した強度での運動を約3分間継続可能</td></tr>
<tr><td>18歳未満</td><td>—</td><td>—</td><td>—</td></tr>
<tr><td colspan="2">血糖・血圧・脂質のいずれかが保健指導レベルの者</td><td colspan="5">医療機関にかかっておらず、「身体活動のリスクに関するスクリーニングシート」でリスクがないことを確認できれば、対象者が運動開始前・実施中に自ら体調確認ができるよう支援した上で、保健指導の一環としての運動指導を積極的に行う。</td></tr>
<tr><td colspan="2">リスク重複者またはすぐに受診を要する者</td><td colspan="5">生活習慣病患者が積極的に運動をする際には、安全面での配慮がより重要になるので、まずかかりつけの医師に相談する。</td></tr>
</table>

出典）厚生労働省「健康づくりのための身体活動基準2013」

例題4　「健康づくりのための身体活動基準2013」に関する記述である。正しいのはどれか。1つ選べ。

1. 生活習慣病罹患者は対象外である。
2. 小児の身体活動の基準値が示されている。
3. 身体活動強度は、消費カロリーを使用する。
4. 血糖値が保健指導レベルの者に運動指導を行わない。
5. 「運動習慣をもつようにする」ことを世代共通の方向性としている。

解説　1. 生活習慣病罹患者も対象である。　2. 小児も対象であるが基準値の定めはない。　3. メッツを用いる。　4. 自ら体調確認ができるように支援した上で、保健指導の一環として運動指導を行う。　5. 世代共通の方向性は、「身体活動を今より少しでも増やす」、「運動習慣をもつようにする」である。　**解答** 5

3 喫煙行動

3.1 喫煙の現状

喫煙は、がん、循環器疾患、糖尿病、COPD など、NCD の予防可能な最大の危険因子である。受動喫煙もさまざまな疾病の原因となるため、喫煙による健康被害を回避することが重要である。健康日本 21（第二次）では、「成人の喫煙率の減少」、「受動喫煙（家庭・職場・飲食店・行政機関・医療機関）の機会を有する者の割合の減少」の 2023（令和 5）年までの目標値、2023 年までに「未成年者の喫煙をなくす」、「妊娠中の喫煙をなくす」、が設定されている（参考資料参照）。

「喫煙習慣のある者の割合」をこの 10 年間でみると、男女とも減少傾向にある（図 5.7）。令和元年の国民健康・栄養調査の結果では、30〜60 歳代男性で「喫煙習慣のある者の割合」が高く 3 割を超えている（図 5.8）。

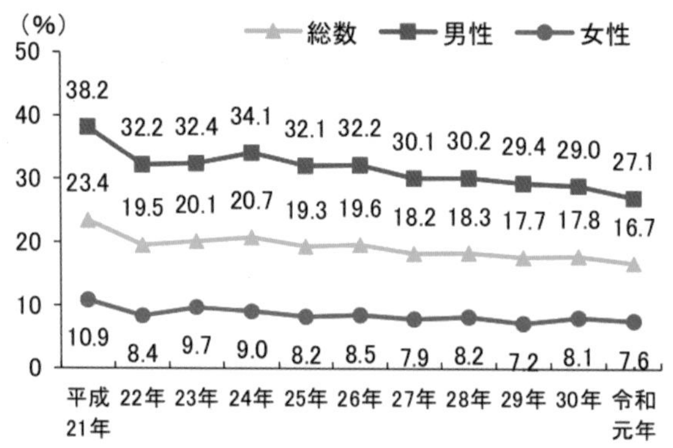

※「現在習慣的に喫煙している者」とは、たばこを「毎日吸っている」または「時々吸う日がある」と回答した者。
出典）令和元年　「国民健康・栄養調査」

図 5.7　現在習慣的に喫煙している者の割合の年次推移（20 歳以上）

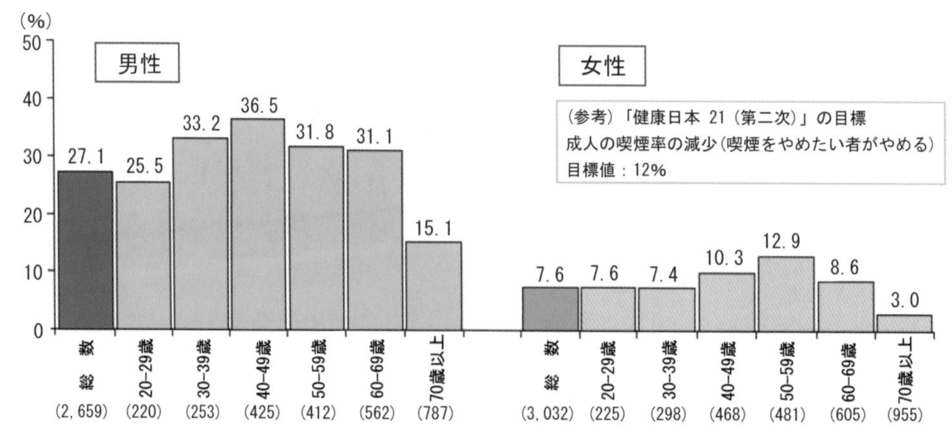

図 5.8　現在習慣的に喫煙している者の割合（20 歳以上、性・年齢階級別）
出典）令和元年　「国民健康・栄養調査」

例題5 喫煙の現状（20歳以上）に関する記述である。正しいのはどれか。1つ選べ。

1. 20歳代の喫煙率が最も高い。
2. 「喫煙習慣のある者の割合」は男女とも20%を超えている。
3. 「喫煙習慣のある者の割合」は男女とも増加傾向である。
4. どの年代でも女性より男性の方が「喫煙習慣のある者の割合」が高い。
5. 健康日本21（第二次）の「成人の喫煙率の減少」の目標値を達成した。

解説 30歳～60歳代男性の喫煙率が高く30%を超え、女性は全世代を通じ15%以下の喫煙率である。喫煙習慣のある者の割合は男女とも減少傾向にあるが、健康日本21（第二次）の「成人の喫煙率の減少」の目標値を達成するレベルには到達していない（目標値12%）

解答 4

3.2 喫煙の健康影響と社会的問題

「喫煙と発症の因果関係を推定するのに十分な科学的証拠がある」と判定された疾患を示す（表5.5）。喫煙の問題は喫煙者とその周囲の人の健康を害するだけにとどまらず、社会的影響も大きい（表5.6）。

表5.5 喫煙の健康影響

能動喫煙	がん	肺、口腔・咽頭、喉頭、鼻腔・副鼻腔、食道、胃、肝、膵、膀胱、子宮頸部
	循環器	虚血性心疾患、脳卒中、腹部大動脈瘤、末梢性の動脈硬化症
	呼吸器	慢性閉塞性肺疾患（COPD）、呼吸機能低下
	妊娠・出産	早産、低出生体重児・胎児発育遅延
	その他	2型糖尿病発症、歯周病、ニコチン依存症
受動喫煙	がん	肺
	循環器	虚血性心疾患、脳卒中
	呼吸器	臭気・鼻への刺激感、小児の喘息、乳幼児突然死症候群

出典）厚生労働省「喫煙と健康喫煙の健康影響に関する検討会報告書」（2016年）

表5.6 喫煙の経済的損失

- ❖たばこ関連疾病の医療費国民負担
- ❖喫煙が原因の病欠・早期死亡による生産性低下
- ❖喫煙が原因の早期死亡による扶養家族への年金支給前倒し
- ❖喫煙設備、清掃にかかる費用
- ❖たばこの不始末による火事、消火費用

例題6　受動喫煙に関する記述である。正しいのはどれか。1つ選べ。

1. 受動喫煙はC型肝炎の原因である。
2. 受動喫煙は壊血病のリスク因子である。
3. 副流煙は主流煙より有害物質の数が少ない。
4. 受動喫煙によりニコチン依存症が発症する。
5. 乳幼児突然死症候群と受動喫煙との因果関係を推定できる。

解説　受動喫煙との因果関係を推定するのに十分な科学的証拠がある疾患は、肺がん、虚血性心疾患、脳卒中、臭気・鼻への刺激感、小児の喘息である。　**解答**　5

3.3 禁煙サポートと喫煙防止

わが国は2004（平成16）年に「たばこの規制に関する世界保健機関枠組条約」を批准した（表5.7）。これを受けて、禁煙希望者への禁煙サポート、喫煙防止、受動喫煙防止対策が推進されている。

令和元年の国民健康・栄養調査の結果では、「現在習慣的に喫煙している者におけるたばこをやめたいと思う者の割合」は男女とも平均3割を超えている（図5.9）。2006（平成18）年より禁煙治療に保険適用がなされるようになった。

表5.7　「たばこの規制に関する世界保健機関枠組条約」の主な規定内容

- ❖受動喫煙防止対策
- ❖包装およびラベルの健康警告表示
- ❖広告、販売促進、スポンサーシップの禁止または制限
- ❖不法取引禁止
- ❖未成年者への販売禁止

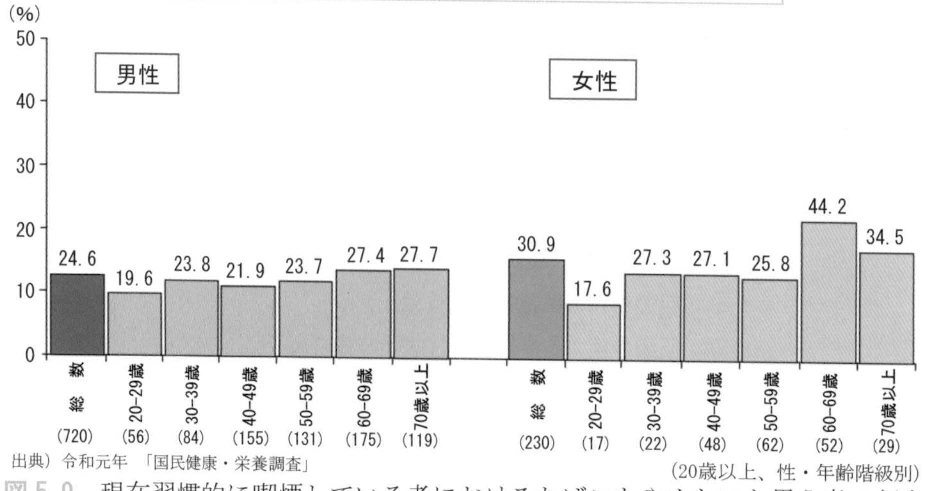

図5.9　現在習慣的に喫煙している者におけるたばこをやめたいと思う者の割合

3.4 受動喫煙防止

令和元年の国民健康・栄養調査の結果によると、主な受動喫煙の機会は、飲食店、路上、遊技場、職場である（図 5.10）。健康増進法の改正により、2020 年より学校、病院、児童福祉施設、行政機関などの敷地内での喫煙が禁止されている。その他、「多数の者が利用する施設」で屋内喫煙が禁止されている（喫煙室除く）。また、労働者の受動喫煙防止が、労働安全衛生法で事業者の努力義務として規定されている。

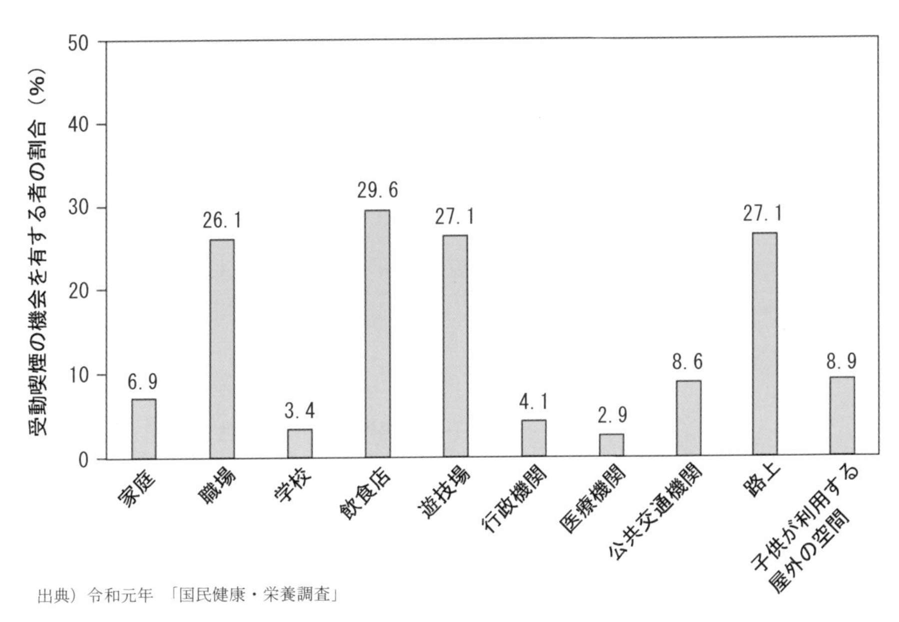

図 5.10　受動喫煙の機会を有する者（現在喫煙者を除く）の割合

例題 7　喫煙に関する記述である。正しいのはどれか。1 つ選べ。

1. わが国は、「たばこの規制に関する世界保健機関枠組条約」の非締約国である。
2. 児童福祉施設の禁煙は児童福祉法に基づく。
3. 禁煙治療は、保険診療で認められていない。
4. 受動喫煙の機会が最も多いのは飲食店である。
5. 労働者の受動喫煙防止が、労働安全衛生法で事業者の義務として規定されている。

解説　1. わが国は 2004 年に批准した。　2. 健康増進法に基づく。　3. 2006 年より禁煙治療に保険適用がなされるようになった。　5. 事業者の努力義務として規定されている。

解答　4

3.5 その他のたばこ対策

わが国では各ライフステージでのたばこ対策が取られている。例えば、妊産婦健診時での受動喫煙に関する保健指導、学校での喫煙に関する保健教育、特定健康診査・特定保健指導での喫煙者の保健指導などがある。

わが国のたばこ価格は国際的にみて低価格に留まっており、たばこ増税政策によるたばこ対策の余地が十分にある。

4 飲酒行動

4.1 飲酒の現状

「生活習慣病のリスクを高める量を飲酒している者の割合」をこの10年間でみると、女性が増加傾向にある（図5.11）。令和元年の国民健康・栄養調査の結果では、男性では40歳代で、女性では50歳代で「生活習慣病のリスクを高める量を飲酒している者の割合」が高い（図5.12）。

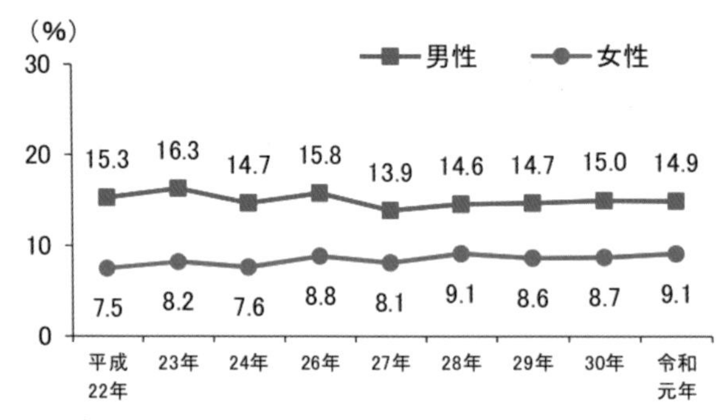

※生活習慣病のリスクを高める量：1日あたりの純アルコール摂取量が男性40g以上、女性20g以上

出典）令和元年「国民健康・栄養調査」

図5.11　生活習慣病のリスクを高める量を飲酒している者の割合の年次比較

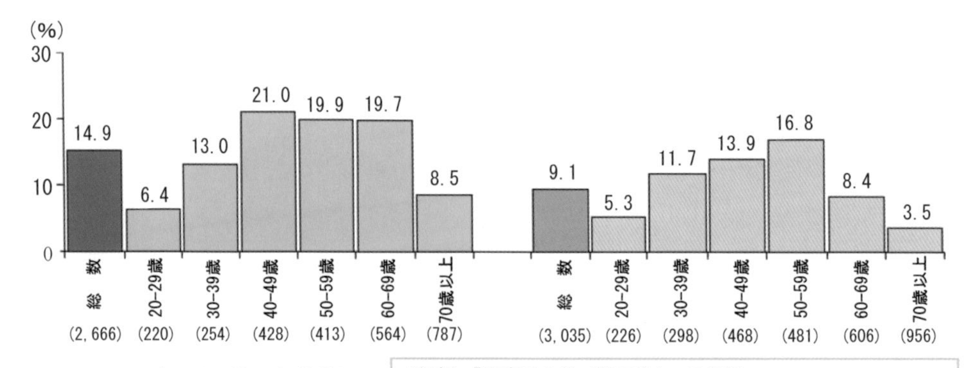

20歳以上、性・年齢階級別

（参考）「健康日本21（第二次）」の目標
生活習慣病のリスクを高める量を飲酒している者の割合の減少
目標値：男性13%　女性6.4%

出典）令和元年「国民健康・栄養調査」

図5.12　生活習慣病のリスクを高める量を飲酒している者の割合

例題8 飲酒に関する記述である。正しいのはどれか。1つ選べ。

1. 健康日本21（第二次）の目標値は「妊娠中の飲酒：5%」である。
2. 健康日本21（第二次）の目標値は「未成年者の飲酒：1%」である。
3. 「生活習慣病のリスクを高める量を飲酒している者の割合」は、70歳以上が最も高い。
4. 男性の「生活習慣病のリスクを高める量を飲酒している者の割合」は10年前の約2倍である。
5. どの年代でも女性より男性の方が「生活習慣病のリスクを高める量を飲酒している者の割合」が高い。

解説 1. 0%である。 2. 0%である。 3. 男性では40〜49歳が、女性では50〜59歳が最も高い。 4. 10年前と大きな変化はない。 5. すべての年代を通じて、「生活習慣病のリスクを高める量を飲酒している者の割合」は男性の方が高い。50歳代男性が最も大きく20%を超える。

解答 5

4.2 飲酒の健康影響と社会的問題

総死亡数、虚血性心疾患、脳梗塞、2型糖尿病などでは、非飲酒者より少量飲酒者のリスクが低い。一方、適量を超えた飲酒に起因する障害には、アルコール依存症、肝疾患、高血圧、脳出血などがある。健康関連の問題だけではなく、交通事故、暴力・非行、家庭崩壊などの社会問題の原因となる。

アルコールの影響は、男性より女性、高齢者より若年者（胎児、未成年者）ほど受けやすい。また、飲酒開始年齢が低いほどアルコール依存症罹患リスクが高くなる。依存症の発症に遺伝の影響を受けることも明らかにされている。

例題9 飲酒に関する記述である。正しいのはどれか。1つ選べ。

1. アルコール依存症と遺伝の関連はない。
2. 多量飲酒は、脳出血のリスク因子である。
3. 脳梗塞の発症リスクは飲酒量に正比例する。
4. アルコール代謝能力は一般的に男性より女性の方が高い。
5. 成人前の飲酒習慣はアルコール依存症の発症リスクを下げる。

解説　1. 依存症の発症には遺伝の影響も受ける。　2. 飲酒による健康障害の可能性として、アルコール依存症の他、消化器疾患（肝、膵、消化管障害）、循環器疾患（高血圧、脳出血）などがある。　3. 正比例とはいえない。　4. 個人差はあるが、一般的にアルコール代謝能力は男性の方が女性より高いとされている。したがって、アルコールの影響は、男性より女性の方が受けやすい。　5. 飲酒開始年齢が低いほどアルコール依存症罹患リスクが高くなる。　**解答** 2

4.3 アルコール対策と適正飲酒

過度の飲酒は、多くの生活習慣病のリスクとなる。健康日本21（第二次）では、生活習慣病のリスクを高める量を「1日当りの純アルコール摂取量が男性40g以上、女性20g以上」とし、「生活習慣病のリスクを高める量を飲酒している者の割合の減少」の2023年までの目標値と、2023年までに「未成年者の飲酒をなくす」、「妊娠中の飲酒をなくす」が設定されている（参考資料参照）。また、未成年者の飲酒については法律に基づき禁じられている（未成年者飲酒禁止法）。

2013年には「アルコール健康障害対策基本法」が成立・翌年施行され、この法律に基づき、2016年に「アルコール健康障害対策推進基本計画」が策定された。

アルコール健康障害については、保健所、精神保健福祉センターなどの公的機関の他、自助グループ、リハビリ施設などの民間団体が相談を行なっている。

例題10　アルコール対策に関する記述である。正しいのはどれか。1つ選べ。

1. 保健所はアルコール依存症の相談業務を行う。
2. 未成年の飲酒は健康増進法により禁止されている。
3. 精神保健福祉センターはアルコール依存症の医療を行う。
4. 「生活習慣病のリスクを高める量」は男性より女性の方が多い。
5. 「アルコール健康障害対策推進基本計画」の策定が精神保健福祉法により義務付けられている。

解説　1. 地域保健法で、アルコール依存症を含む「精神保健に関する事項」が保健所の事業と規定されている。その他に、市町村担当窓口、精神保健福祉センター、福祉事務所、地域包括センターなどが相談業務を行う。　2. 法律により禁じられている。　3. 精神保健福祉センターは相談業務を行うが、医療を行うことはない。　4. 生活習慣病のリスクを高める量は、男性40 g以上、女性20 g以上としている。5. 「アルコール健康障害対策推進基本計画」は「アルコール健康障害対策基本法」

に基づき策定するように努めなければならないとされている。　**解答** 1

5 睡眠、休養、ストレス

5.1 睡眠と生活リズム

健康の維持・増進、生活習慣病予防に、十分な時間だけではなく、上質の睡眠をとることが重要である。ノンレム睡眠とレム睡眠の適切な周期とバランスが睡眠の質に影響する。入眠直後に起こるノンレム睡眠の間は、脳を休め、成長ホルモンを分泌している。レム睡眠の間は、脳は活発に活動（夢を見る）しているが体を休めている。

上質の睡眠をとるためには、生活リズムを本来生体がもっている概日リズム（サーカディアンリズム）と同調させることである。起床時に朝日を浴びることは、概日リズムを整える効果的な方法である。松果体から分泌されるメラトニンには概日リズムの調節作用がある。

例題 11　睡眠と生活リズムに関する記述である。正しいのはどれか。1つ選べ。

1. 睡眠と生活習慣病との間に因果関係はみられない。
2. ノンレム睡眠で夢を見ることが多い。
3. 入眠直後に起こるのはレム睡眠である。
4. レム睡眠中は脳は活動を休めている。
5. メラトニンは概日リズムの調節作用がある。

解説　1. 上質の睡眠は生活習慣病予防につながる。　2. 夢を見るのはレム睡眠の間である。　3. 入眠直後に起こるのはノンレム睡眠である。　4. 脳の活動を休めているのはノンレム睡眠の間である。　5. メラトニンがもつ睡眠促進作用により概日リズムを調節する。明るい光によって脳の松果体からのメラトニン分泌は抑制されるので日中のメラトニン分泌量は低く、その後、夜間に分泌量が増加し睡眠を促進する。　**解答** 5

5.2 睡眠障害と睡眠不足の現状、睡眠指針

2018（平成30）年の国民健康・栄養調査の結果によると、「睡眠で休養が十分にとれていない者の割合」は21.7%であり、30歳代、40歳代で3割を超えている（図5.13）。

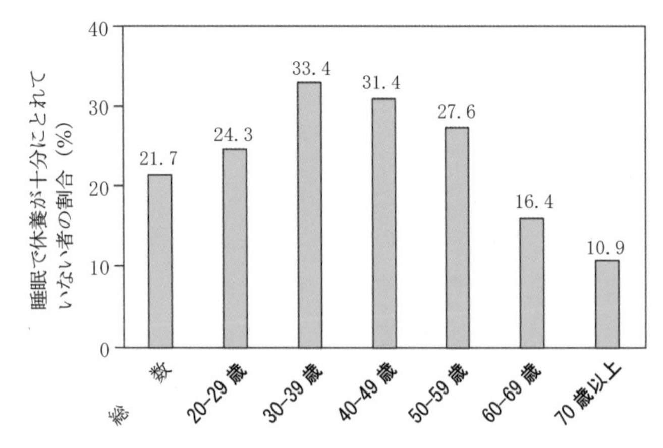

出典）平成30年国民健康・栄養調査の結果改変

図5.13　睡眠で休養が十分にとれていない者の割合

健康日本21（第二次）では、「睡眠で休養が十分にとれていない者の割合」を、2022（令和4）年までの目標値として15%に設定している。この目標に向けて「健康づくりのための睡眠指針2014」が策定された（図5.14）。

1. よい睡眠で、からだもこころも健康に。
2. 適度な運動、しっかり朝食、ねむりとめざめのメリハリを。
3. よい睡眠は、生活習慣病予防につながります。
4. 睡眠による休養感は、こころの健康に重要です。
5. 年齢や季節に応じて、ひるまの眠気で困らない程度の睡眠を。
6. よい睡眠のためには、環境づくりも重要です。
7. 若年世代は夜更かし避けて、体内時計のリズムを保つ。
8. 勤労世代の疲労回復・能率アップに、毎日十分な睡眠を。
9. 熟年世代は朝晩メリハリ、ひるまに適度な運動でよい睡眠。
10. 眠くなってから寝床に入り、起きる時刻は遅らせない。
11. いつもと違う睡眠には、要注意。
12. 眠れない、その苦しみをかかえずに、専門家に相談を。

図5.14　健康づくりのための睡眠指針 2014　～睡眠12箇条～

5.3 休養の概念と休養指針

休養には、睡眠やカラダを動かさずに休息する「消極的休養」、積極的にカラダを動かすことによって疲労回復効果を高める「積極的休養」がある。1994（平成6）年、当時の厚生省より「健康づくりのための休養指針」が策定された（図5.15）。

1. 生活にリズムを
早めに気づこう、自分のストレスに
睡眠は気持ちよい目覚めがバロメーター
入浴で、身体もこころもリフレッシュ
ときには旅に出かけて、こころの切り換えを
休養と仕事のバランスで能率アップと過労防止

2. ゆとりの時間で実りある休養を
1日30分、自分の時間をみつけよう
生かそう休暇を、真の休養に
ゆとりのなかに、楽しみや生きがいを

3. 生活のなかにオアシスを
身近のなかにもいこいの大切さを
食事空間にもバラエティを
自然とのふれあいで感じよう、健康の息吹きを

4. 出会いときずなで豊かな人生を
見出そう、楽しく無理のない社会参加
きずなのなかではぐくむ、クリエイティブ・ライフ

図5.15　健康づくりのための休養指針 2014

5.4 ストレスの概念とストレスマネジメント

ストレスとは、外部からの刺激に応じて生じた緊張状態のことである。外部からの刺激には、天候などの環境的要因、病気・ケガなどの身体的要因、不安などの心理的要因、人間関係に起因する社会的要因などがある。

ストレスマネジメントとは、ストレスとの上手な付き合い方を考え、適切な対処を行うことである。ストレスの自覚後は、早めの対処が重要である。

6 歯科保健行動

6.1 歯の健康と食生活

おおよそ20本以上の歯が残っていれば、硬い食品でもほぼ満足に噛んで食べることができる。また、「自分の歯を20本以上有する者の割合」は歯科疾患実態調査によれば増加傾向である。歯の健康状態がよくないと、歯応えのあるもの（肉類・小魚類）を敬遠し、柔らかい食事（糖質）を嗜好するので、たんぱく質やカルシウムの不足、カロリー過多などの栄養摂取に偏りが起き、フレイルの原因となる。フレ

イル予防の観点からも、歯の喪失の主な原因であるう蝕（むし歯）と歯周病の発症予防・重症化予防が重要である。歯の喪失後でも、義歯によりある程度の咀嚼の回復は可能である。

6.2 歯と全身の健康

「わが国の死因の第6位（2021年）は誤嚥性肺炎である。誤嚥性肺炎は唾液中の口腔細菌を誤嚥することによって発症する。特に歯周病関連細菌は強毒性である。専門家による口腔清掃が誤嚥性肺炎の発症予防に有効である。

その他にも、歯の健康と全身の健康との関連性が報告されている。そのメカニズムは、「う窩や歯周ポケットから口腔細菌が血流に入り全身を循環するため」と考えられている。

6.3 歯科保健行動

歯科の2大疾患であるう蝕（むし歯）と歯周病は、歯垢（デンタルプラーク）中に含まれる口腔細菌が引き起こす。したがって、歯科疾患予防の大原則は、歯垢を取り除くことである。個人で行う歯科保健行動では、歯ブラシ、歯間ブラシ、デンタルフロスなどを使用した口腔清掃が一般的である。一方、セルフケアでの歯垢除去には限界があるため、歯科医院での定期的口腔清掃が最も効果が高い歯科保健行動として推奨される。

う蝕の予防には、歯を強くする効果をもつフッ化物の応用（フッ化物添加歯磨剤、フッ化物洗口、フッ化物塗布）が広く行われている。

6.4 歯科保健対策

歯科保健対策は、歯科疾患の特性から、乳幼児から高齢者までのライフステージに応じた保健対策が必要である（図5.16）。健康日本21（第二次）での、「歯・口腔の健康」に関する目標項目でも、ライフステージごとの目標値が設定されている（参考資料参照）。

健診など	根拠法
1歳6カ月児健康診査（市町村に実施義務）	母子保健法
3歳児健康診査（市町村に実施義務）	母子保健法
学校歯科健康診断（小学校～高校、学校設置者に実施義務）	学校保健安全法
妊産婦健康診査	母子保健法
歯周疾患健診	健康増進法

図5.16　歯科保健対策

2011（平成23）年には、「歯科口腔保健の推進に関する法律」（歯科口腔保健法）が成立した。これを受けて、2012（平成24）年に歯科口腔保健に関する施策を総合的に推進するための「歯科口腔保健の推進に関する基本的事項」が策定された。

例題12 歯科保健に関する記述である。正しいのはどれか。1つ選べ。

1. 歯科の2大疾患はう蝕と口腔がんである
2. う蝕の原因はカルシウム摂取不足である。
3. 歯周病の予防にはフッ化物の応用が効果的である。
4. 「自分の歯を20本以上有する者の割合」は減少傾向である。
5. 健康日本21（第二次）には20歳代の歯周病に関する目標項目がある。

解説 1. 歯科の2大疾患はう蝕と歯周病である。 2. う蝕の原因は歯垢（デンタルプラーク）中に含まれる口腔細菌である。 3. 歯周病の予防のためのセルフケアでの歯垢除去には限界があるため、歯科医院での定期的口腔清掃が最も効果が高い。 4. 近年の調査では、増加傾向にある。 5. 健康日本21（第二次）の「歯・口腔の健康」に関する目標項目はライフステージごとに設定されており、「20歳代における歯肉に炎症所見を有する者の割合の減少」が設定されている。 **解答** 5

章末問題

1 健康の「生物心理社会モデル」に関する記述である。誤っているのはどれか。1つ選べ。

1. 疾病の病因の解明を優先する考え方である。
2. WHO憲章の健康の定義と共通性がある。
3. 病気のみを診るのではなく、病人を診る、という視点が根底にある。
4. 救命・疾患治療の医学の考え方を、さらに発展させたものである。
5. 対象者のニーズを把握するために、有用である。

（26回国家試験）

解説 1. 疾病の病因解明ではなく、心理的状態、社会的環境も含め、疾病を総合的に捉えようとするモデルである。 **解答** 1

2 健康日本21（第二次）における健康寿命に関する記述である。誤っているのはどれか。1つ選べ。

1. 「日常生活に制限のない期間」をさす。
2. 健康寿命の増加分を上回る平均寿命の増加を目標としている。
3. 健康寿命は、女性の方が男性よりも長い。
4. 都道府県格差の縮小を目標としている。
5. 社会環境の整備によって、地域格差が縮小される。

（34回国家試験）

解説　健康日本21（第二次）の健康寿命の延伸と健康格差の縮小の実現に関する目標は、「平均寿命の増加分を上回る健康寿命の増加」である。

解答 2

3　健康日本21（第二次）における「社会生活を営むために必要な機能の維持・向上」の「高齢者の健康」に含まれる目標項目である。誤っているのはどれか。1つ選べ。

1. 介護保険サービス利用者の増加の抑制
2. 認知機能低下ハイリスク高齢者の把握率の向上
3. メタボリックシンドロームに該当する高齢者の割合の減少
4. 足腰に痛みのある高齢者の割合の減少
5. 高齢者の社会参加の促進

（30回国家試験）

解説　1.2.4.5.の他に、「ロコモティブシンドローム（運動器症候群）を認知している国民の割合の増加」、「低栄養傾向（BMI20以下）の高齢者の割合の増加の抑制」が評価項目である（巻末資料 参照）。

解答 3

4　最近（平成30年）の国民健康・栄養調査に示された身体活動・運動の現状に関する記述である。正しいのはどれか。1つ選べ。

1. 「運動習慣のある者」の割合は、20歳以上では女性の方が男性より高い。
2. 「運動習慣のある者」の割合は、65歳以上は20～64歳より高い。
3. 健康日本21（第二次）における「運動習慣者の割合の増加」の目標値は、すでに達成している。
4. 1日の平均歩数は、65歳以上は20～64歳より多い。
5. 20歳以上の男性における1日の平均歩数は、10年間で増加してきている。

（34回国家試験）

解説　1. 近年、20歳以上では男性の方が女性より高い（図5.5参照）。　2. 「運動習慣のある者」の割合は、年齢の上昇に従い増加する傾向がある（図5.6参照）。　3. まだ達成していない（巻末資料参照）　4. 「1日の平均歩数」は65歳以上は20～64歳より少ない（図5.4参照）。　5. ここ10年では横ばいから減少傾向である（図5.3参照）。

解答 2

5　習慣的な運動の影響に関する記述である。誤っているのはどれか。1つ選べ。

1. 血清HDL－コレステロール値を上昇させる。
2. インスリン感受性を低下させる。
3. 認知機能を改善する。
4. うつ状態を改善する。
5. 結腸がんのリスクを低減する。

（33回国家試験）

解説　2. 習慣的な運動はインスリン感受性を増加させ、2型糖尿病の発症・重症化予防に貢献する。

解答 2

6 身体活動・運動に関する記述である。正しいのはどれか。1つ選べ。
1. 健康づくりのための身体活動基準2013では、小児の身体活動の基準値が示されている。
2. 3メッツ以上の身体活動でなければ、健康に対する効果は得られない。
3. 身体活動・運動は、結腸がんのリスクを低減する。
4. 身体活動・運動は、骨格筋のインスリン抵抗性を高める。
5. 身体活動・運動は、HDL－コレステロール値を低下させる。　(32回国家試験)

解説　1. 18～64歳の基準値は示されているが小児の基準値は示されていない（表5.4参照）　2. 3メッツ以上でなくても個々人のライフスタイルにあわせて毎日身体活動に取り組むことが望ましいとしている。　3. 身体活動・運動は、結腸がん、肝がん、膵がん、胃がんなどの悪性新生物の発症リスクを低下させる。　4. 身体活動・運動は、骨格筋のインスリン抵抗性を改善する。　5. HDL－コレステロール値を増加させる。　**解答** 3

7 喫煙に関する記述である。正しいのはどれか。2つ選べ。
1. 喫煙は、脳梗塞のリスク因子である。
2. 医療保険での禁煙治療はニコチン依存症でなくても受けることができる。
3. 未成年者へのたばこの販売は健康増進法で禁止されている。
4. わが国はWHOのたばこ規制枠組条約（FCTC）を批准していない。
5. 健康日本21（第二次）では成人喫煙率の数値目標が示されている。　(31回国家試験)

解説　1. 喫煙は循環器疾患全体のリスク因子である。　2. 2006年から禁煙治療に健康保険が適用されるようになったが、ニコチン依存症は適用の必須条件である。　3. 健康増進法ではなく未成年者喫煙防止法で禁止されている。　4. わが国も2004年に批准しておりさまざまな規制・対策が実施されているが、まだ十分とはいえない。　5. 健康日本21（第二次）での2022年までの成人喫煙率の目標値は12%である。　**解答** 1、5

8 喫煙に関する記述である。正しいのはどれか。1つ選べ。
1. 主流煙は、副流煙より有害物質を多く含む。
2. 禁煙治療は、保険診療で認められていない。
3. わが国は、WHOのたばこ規制枠組条約（FCTC）を批准していない。
4. 受動喫煙の防止は、健康増進法で定められている。
5. 未成年者喫煙禁止法は、第二次世界大戦後に制定された。　(33回国家試験)

解説　1. 副流煙には主流煙よりも何倍もの有害物質が含まれているため、吸っている本人以上に、周りの人達に悪影響を与えている。　2. ニコチン依存症の診断を条件に認められている。　3. わが国も2004年に批准している。　4. 受動喫煙の防止は、健康増進法で定められている。2020年より学校、病院、児童福祉施設、行政機関などの敷地内での喫煙が禁止されている。その他、「多数の者が利用する施設」で屋内喫煙が禁止されている。　5. 未成年者喫煙禁止法が制定されたのは、第二次世界大戦前の1900年である。　**解答** 4

9 飲酒に関する記述である。正しいのはどれか。1つ選べ。

1. 長期にわたる多量飲酒は、骨粗鬆症のリスク因子である。
2. 適正飲酒は、HDL－コレステロ―ル値を低下させる。
3. アルコール依存症の発症リスクは、飲酒開始年齢と関係がない。
4. 総死亡の相対危険は、飲酒量がゼロのときに最も低い。
5. 飲酒した未成年者は、未成年者飲酒禁止法により罰せられる。

（32 回国家試験）

解説　1. 過度の飲酒は骨粗鬆症のリスク因子である。　2. 適正飲酒は、HDL－コレステロ―ル値を上昇させる。　3. 飲酒開始年齢が低いほど、アルコール依存症の発症リスクが高くなる。　4. 総死亡数、虚血性心疾患、脳梗塞、2 型糖尿病などでは、非飲酒者より少量飲酒者のリスクが低い。　5. 飲酒した未成年本人への罰則は定められていないが、未成年者が飲酒することを知りながら酒類を販売・供与した営業者、未成年の飲酒を知って制止しなかった親権者などが罰せられる。

解答 1

10 睡眠と休養に関する記述である。最も適当なのはどれか。1つ選べ。

1. 家に帰ったらできる限り早く眠るようにすることは、積極的休養である。
2. 健康づくりのための休養指針では、他者との出会いやきずなの重要性が示されている。
3. 最近の国民健康・栄養調査によると、「睡眠で休養が十分にとれていない者」の割合は約 50%である。
4. 健康づくりのための睡眠指針では、アルコール摂取による睡眠導入が推奨されている。
5. 健康づくりのための睡眠指針では、1 日 9 時間以上の睡眠をとることが推奨されている。

（34 回国家試験）

解説　1. 家に帰ったらできる限り早く眠るようにすることは、カラダを動かさずに休息する消極的休養である。　2. 1994 年、当時の厚生省より「健康づくりのための休養指針」が策定され、そのなかで「出会いと絆で豊かな人生を」が記されている。　3. 2018（平成 30）年の国民健康・栄養調査の結果によると、21.7%である。　4. 推奨されていない。　5.「年齢や季節に応じて、ひるまの眠気で困らない程度の睡眠を」とあるだけで、具体的な時間の記載はない。

解答 2

11 睡眠と生活リズムに関する記述である。正しいのはどれか。1つ選べ。

1. 概日リズムを調節しているのは、ドーパミンである。
2. 概日リズムは、部屋を暗くすることでリセットされる。
3. 夢を見るのは、ノンレム睡眠時に多い。
4. 睡眠時無呼吸は、心筋梗塞のリスク因子である。
5. 不眠症には、寝酒が有効である。

（33 回国家試験）

解説　1. 概日リズムの調節作用をもつのは、松果体から分泌されるメラトニンである。　2. 起床時に朝日を浴びることが、概日リズムをリセットする効果的な方法である。　3. 夢を見るのは、レム睡眠時である。　4. 睡眠時無呼吸は、夜間の酸素不足を補うために心臓の働きが活発になり、高血圧、動脈硬化を起こしやすくなる。さらに進行すると心筋梗塞、脳梗塞を起こす。　5. 寝酒は睡眠の質を低下させる。

解答 4

12 睡眠に関する記述である。正しいのはどれか。2つ選べ。

1. 年をとると早寝早起きの傾向が強まる。
2. 休日に「寝だめ」をすることで睡眠リズムを改善できる。
3. 飲酒は睡眠の質を高める。
4. レム睡眠のときには骨格筋は緊張している。
5. 睡眠時無呼吸のある人は高血圧になりやすい。　(30回国家試験)

解説　1. 早寝早起きは加齢現象である。　2. 休日の「寝だめ」は睡眠リズムをさらに悪化させる。3. 飲酒は睡眠の質を低下させる。　4. レム睡眠のときには骨格筋を休めている。　5. 睡眠時無呼吸は、夜間の酸素不足を補うために心臓の働きが活発になり、血圧が上昇する。　**解答** 1、5

13 歯科保健に関する記述である。誤っているのはどれか。1つ選べ。

1. 健康日本21の最終評価では、歯の喪失防止に関する目標値を達成した。
2. う歯を有する学童の割合は、減少傾向にある。
3. 喫煙は歯周病のリスク因子である。
4. 歯周病予防として、フッ化物歯面塗布が行われている。
5. 歯周疾患検診は、健康増進法に基づいて実施されている。　(31回国家試験)

解説　1. 健康日本21の歯の喪失防止に関する目標値は、80歳で自分の歯を20歯以上有する者の割合を20%以上、60歳で24歯以上を有する者を50%以上とした。2005年の最終評価では、それぞれ25.0%と60.2%であり、目標値を達成した。　4. フッ化物歯面塗布を含むフッ化物の応用は、う蝕の特異的予防方法である。歯周病予防には、歯の表面に付着した歯垢の除去が最も効果がある。　**解答** 4

第6章 主要疾患の疫学と予防対策

1 がん（Cancer）

1.1 がん（悪性腫瘍）とは

がんは、正常細胞と異なり、①体からの命令を無視して勝手に増えて（自律性増殖）、②周囲の正常な組織が壊したり（浸潤）、③本来がんのかたまりがあるはずがない組織で増殖する（転移）性質をもつがん細胞からなる。がんは、「悪性新生物」、「悪性腫瘍」ともよばれる。腫瘍は、①自律性増殖だけの性質をもつ良性腫瘍と、悪性腫瘍（がん）とに分類される。さらに、悪性腫瘍は発生部位により、造血器から発生するがん（白血病、悪性リンパ腫、骨髄腫など）、上皮細胞から発生するがん（cancer, carcinoma）、骨や筋肉などの非上皮性細胞から発生する肉腫（sarcoma）に分類される。上皮細胞から発生するがんが80%以上を占めている。

ひらがなの「がん」は悪性腫瘍全体を示すときに用いられ、上皮細胞から発生するがんに限定するときは、漢字の「癌」という表現が使用されることが多い。

1.2 主要部位のがん（がんの疫学）

2021（令和3）年の男女あわせた3大死因は、上位から悪性新生物、心疾患、老衰の順であり、がんが一位となっている。がんの全国レベルの疫学では死亡統計が中心であったが、がん登録推進法（2016年施行）により全国レベルでの罹患（病気の発生）が分かるようになった。がんの死亡率と罹患率を比べることで、がんになる人が減っているのか、あるいはがん検診で早期発見の人が増えたため、がん治療が進んだことで死亡が減ったのかが分かる。がんの危険因子と発症部位を図6.1に示す。

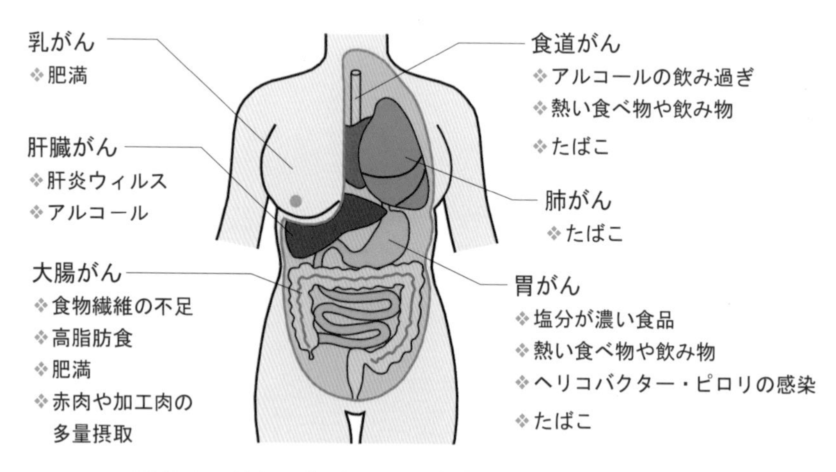

図6.1　がんの危険因子と主な発症部位

年齢が高いほどがんの粗死亡率が高くなるため、年齢構成の違いを加味した年齢調整死亡率により経年的変化や地域間、国際間で比較する必要がある。全部位における男女別の年齢調整死亡率の年齢による変化を図 6.2、図 6.3 に示す。男女とも、年齢調整死亡率の増加は 40 歳台から始まり、おおよそ 60 歳代から急激に増加している。高齢になるほど高く、男性が女性より顕著に高い。がん男女別の年齢調整死亡率は、近年減少しており、がん予防対策や治療が進んだことによる影響が考えられる。

女性は女性特有のがんや性ホルモンの違いがある他、男性では喫煙、飲酒、職業ストレスが高いことから女性に比べがんの年齢調整死亡率が高い。このことからがん統計による死亡や罹患の動向を知るためには、男女別に分けて考えることが重要である。がん死亡統計では、粗死亡率と年齢調整死亡率、男性と女性の組み合わせで 4 種類の結果を比較検討することが基本となる。さらに、がん登録によるがん罹患との比較や 5 年生存率から治療効果についても類推できる。

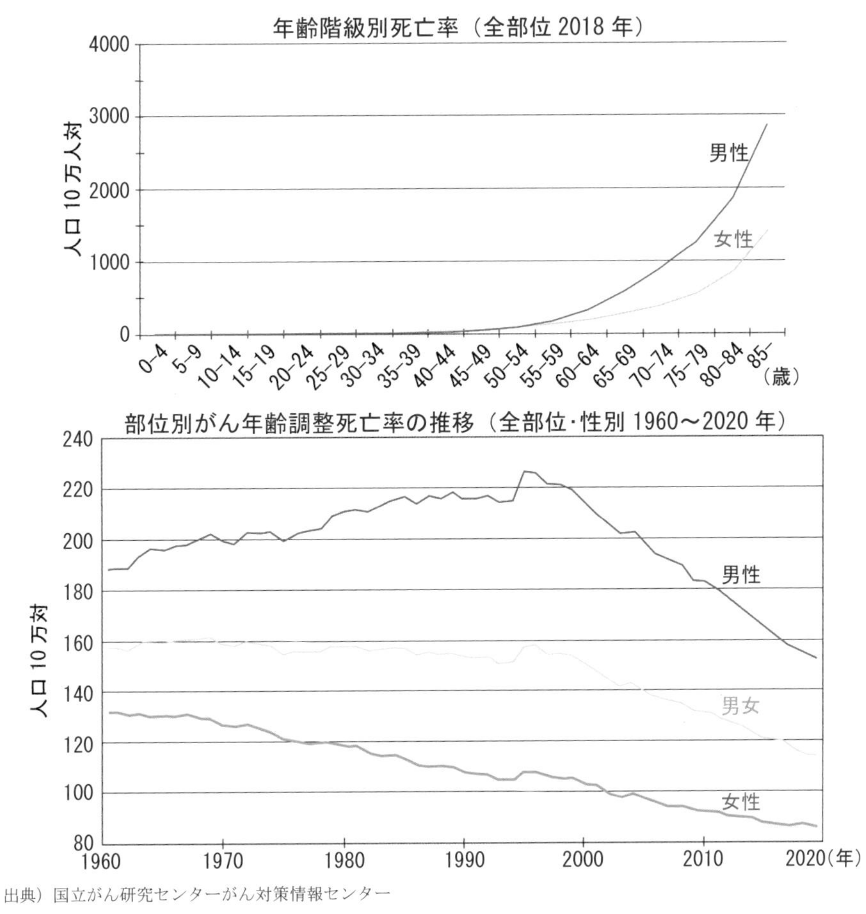

出典）国立がん研究センターがん対策情報センター

図 6.2　年齢別および年代別の部位別がんの年齢調整死亡率の推移

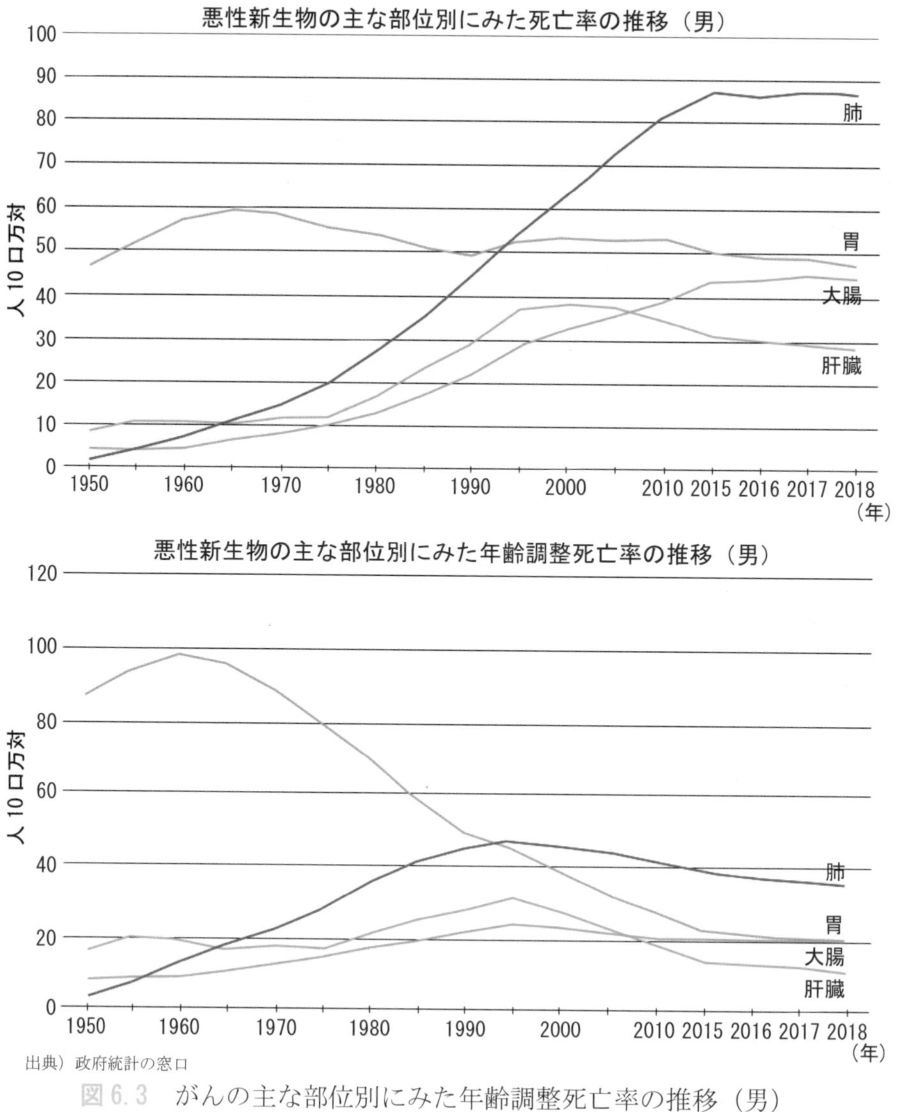

図 6.3　がんの主な部位別にみた年齢調整死亡率の推移（男）

例題１　がんの発症とリスク因子についてである。誤っているのはどれか。１つ選べ。

1. 肺がん　――――　飲酒
2. 胃がん　――――　ヘリコバクターピロリ
3. 乳がん　――――　肥満
4. 肝がん　――――　B 型肝炎ウイルス
5. 大腸がん　――――　高塩分食

解説　（図 6.1 参照）肺がんは喫煙、アスベストなどがリスク因子である。 **解答** 1

2018（平成 30）年における男性の粗死亡率での上位 3 つは、肺がん、胃がん、大腸がんである。年齢調整死亡率の上位 3 つも肺がん、胃がん、大腸がんの順であり(図 6. 3)、近年における経年推移は肺がん、胃がんとも減少、大腸がんは横ばいである。一方、女性の粗死亡率での上位 3 つは、大腸がん、肺がん、胃がんの順である。年齢調整死亡率の上位 3 つは乳がん、大腸がん、肺がんであり（図 6. 4)、近年における年齢調整死亡率の経年推移は、子宮がんで増加、乳がんと大腸がんが横ばい、肺がんは減少している。

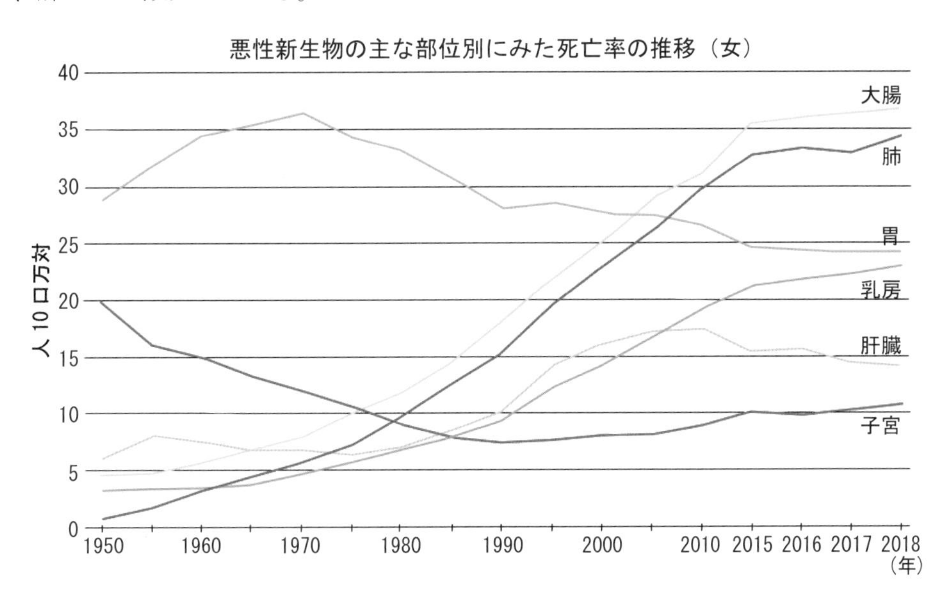

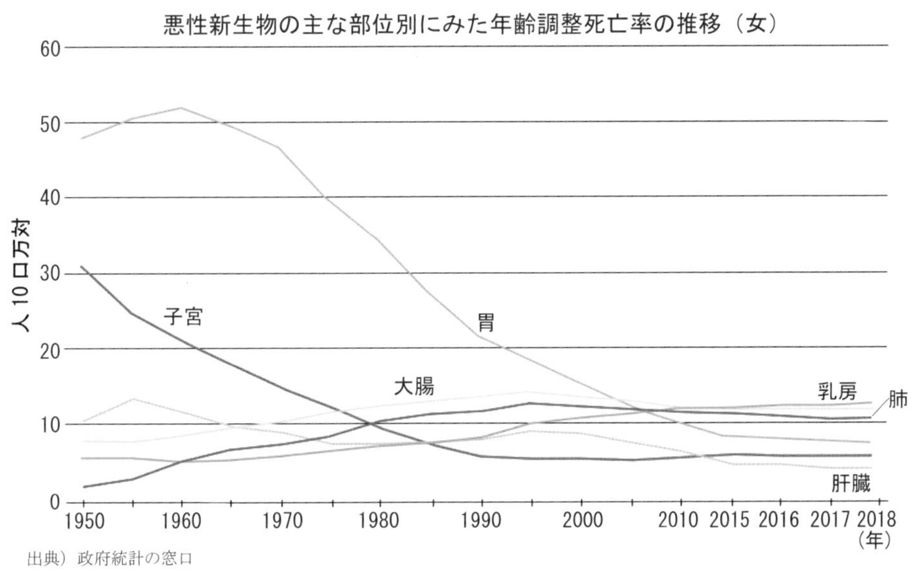

出典）政府統計の窓口

図 6. 4　がんによる主な部位別の年齢調整死亡率の推移（女）

1.3 がん予防と対策

(1) がんの疫学

がん細胞は、正常な細胞の遺伝子に2個から10個程度の傷がつくことにより、発生する。長い間に徐々に誘発されるということから「多段階発がん」といわれている。傷がつく遺伝子の種類としてアクセルの役割をするがん遺伝子の活性化と、ブレーキとなる遺伝子が働かなくなる場合（がん抑制遺伝子の不活化）とがある。

日本人では、男性のがんの53.3%、女性のがんの27.8%は、喫煙、飲酒、食物・栄養、身体活動、体格のような生活習慣によるものや、感染が原因でがんになったと考えられている。そのうち、大きな原因は、喫煙（男：約29.7%、女：約5.0%）と感染（男：約22.8%、女：約17.5%）で占められている（図6.5）。

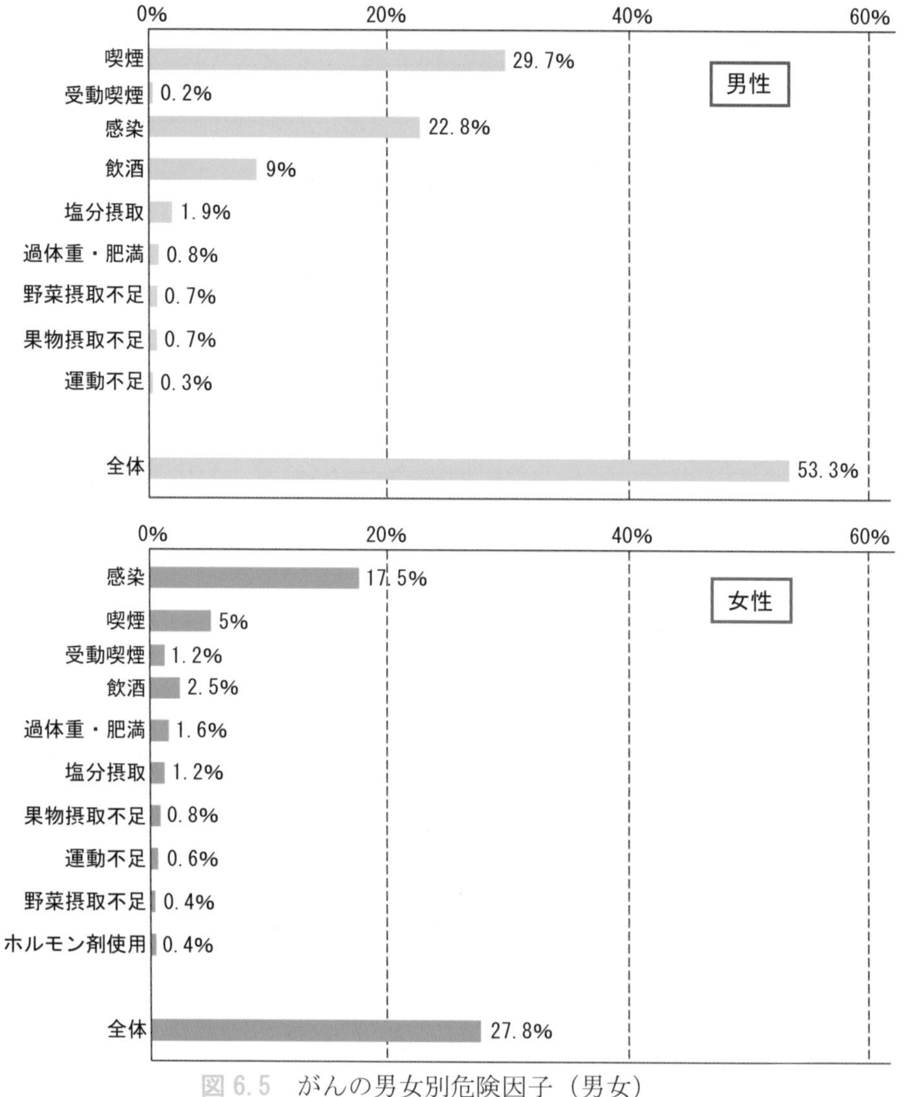

図6.5　がんの男女別危険因子（男女）

たばこの煙の中には、たばこ自体に含まれる物質と、それらが不完全燃焼することによって生じる化合物が含まれる。これらの有害物質は、たばこを吸うと速やかに肺に到達し、血液を通じて全身の臓器に運ばれ、細胞の遺伝子に傷をつくる。肺、口腔・咽頭、喉頭、鼻腔・副鼻腔、食道、胃、肝臓、膵臓、膀胱および子宮頚部のがんについて、喫煙とがんの因果関係が示されている。日本での平山らによるコホート研究（1966～82 年の 16 年間の追跡）による、がんの全部位と部位別にみた死亡についての相対危険度（非喫煙者を 1 としたときの喫煙者の危険度）の結果を男女別に図 6.6 に示す。

最近の喫煙率は、男性 27.1%、女性 7.6%（2019 年）で、男性では、1995 年以降いずれの年齢階級でも減少傾向、女性では、2004 年以降ゆるやかな減少傾向も 50 歳代では増加傾向を示している。喫煙はがん以外にも COPD（慢性閉塞性肺疾患）や心筋梗塞、脳卒中などの循環器疾患のリスクとなっている。2006 年 4 月より禁煙治療に健康保険が適用されるようになった。喫煙を単なる「習慣」ではなくニコチン依存症と考えて、保険診療が適応される。禁煙補助薬として、貼り薬のニコチンパッチによるニコチン代替療法や内服によるものがあり、これらの薬剤によりニコチン離脱症状を抑制することで禁煙しやすくなる。

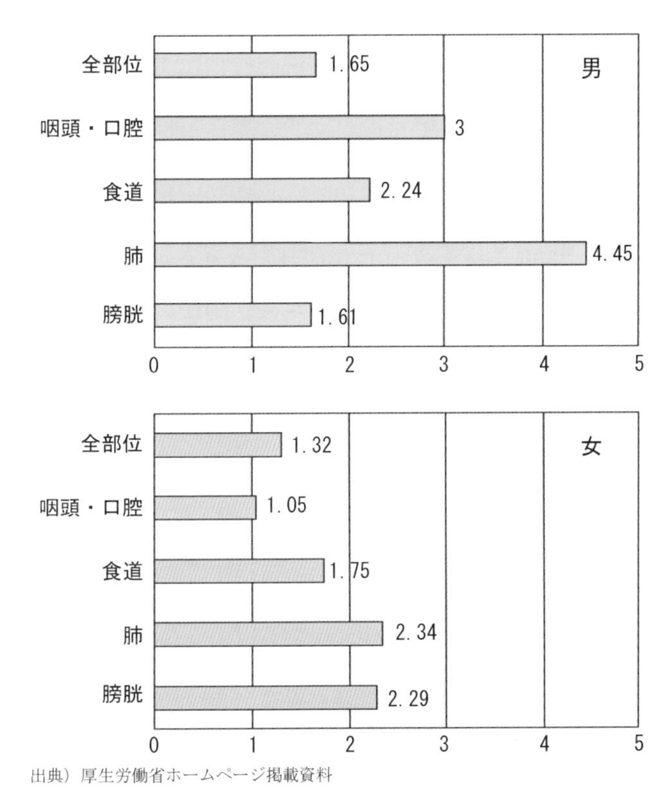

出典）厚生労働省ホームページ掲載資料

図 6.6　がんの全部位と部位別にみた死亡についての相対危険度（男女）

飲酒習慣もがんとの関連が指摘されており、過度のアルコール摂取が口腔、咽頭、喉頭、食道、大腸、肝臓、乳房のがんのリスクを上げるとの報告がある。飲酒により体内に取り込まれたエタノールは、動物で発がん性が示されているアセトアルデヒドに代謝されるため、がんの原因になると考えられている。また、飲酒と喫煙の両方によるがん罹患の相乗効果も認められていることから、適度な飲酒が望まれる。

がん発生には食事習慣の関与も報告されている。確実なものとして、牛・豚・羊などの赤肉や加工肉が大腸がんのリスクを上げるとされています。また、食物繊維を含む食品が大腸がんのリスクを下げ、中～高強度の身体活動が結腸がんのリスクを下げるとされている。また、肥満は、食道・膵臓・肝臓・大腸・乳房（閉経後）・子宮体部・腎臓がんのリスクであるとの報告がある。

感染症は、日本人のがんの原因の約20%を占めると推計される。感染の内容として、日本人では、B型やC型の肝炎ウイルスによる肝がん、ヒトパピローマウイルス（HPV）による子宮頸がん、ヘリコバクター・ピロリ（H. pylori）による胃がんなどがその大半を占める。他には、エプスタインバーウイルス（EBV）による悪性リンパ腫や鼻咽頭がん、ヒトT細胞白血病ウイルスI型（HTLV-1）による成人T細胞白血病／リンパ腫などがある。

感染症が原因のがんは、感染を予防したり治療したりすることで防ぐことができる。ピロリ菌は上水道をはじめとした衛生状況の改善により感染自体が減り、ピロリ菌の除菌療法もある。ウイルス性肝炎も医療現場での対策や治療法の進歩により減少している。

(2) がん対策基本法

がん対策基本法は、2006年（平成18）年に制定された。この法律は、日本人の死因第1位である「がん」について基本理念を定め、国民の一人ひとりが務める責任を明らかにすることを目的としている。がん対策を推進するにあたり、具体的な計画として「がん対策推進計画」の策定やがん対策の基本事項を定めている。がん対策推進計画は少なくとも6年ごとに見直しが行われる。2023年から新たながん推進基本計画が策定された。

(3) がん対策推進基本計画

がん対策基本計画に示されたがん対策の4つの分野を図6.7に示す。

全体目標として「誰もががんとともに自分らしく生きられるよう、すべての国民でがんの克服を目指す」が掲げられている。また、図6.8の基本施策が示されている。

「がん予防」分野
- がんの一次予防、二次予防（がん検診）に係る事項について引き続き記載する。

「がん医療」分野
- がん医療提供体制や、がんに対する治療に係る事項について引き続き記載する。
- また、治療と併せて医療者が提供すべき事項（リハビリテーションや支持療法等）について引き続き記載することとし、同様の観点から、新たに緩和ケアの提供についても記載する。
- 希少がん・難治性がんや、世代に応じたがん医療について引き続き記載する。

「がんとの共生」分野
- 「緩和ケア」は治療と併せて提供されるものであるが、身体的苦痛だけでなく、社会的苦痛・精神的苦痛等といった全人的な苦痛に対し、医療者を含めた多職種で、さらには地域で連携して提供するものであるため、引き続き当該分野にも記載する。
- 就労を含めた社会的問題、サバイバーシップ支援、ライフステージに応じた対策について引き続き記載する。

「これらを支える基盤」分野
- 分野横断的な事項について記載する。
- 「患者・市民参画の推進」及び「デジタル化の推進」を新設する。また、「がん登録」については、がん検診の精度管理等、医療分野以外における利活用を推進する観点から当該分野に記載する。[2]

図 6.7　がん対策基本計画の 4 つの分野

1. 科学的根拠に基づくがん予防・がん検診の充実
❖がんを知り、がんを予防することで、がん罹患率・がん死亡率の減少を目指す

2. 患者本位で持続可能ながん医療の提供
❖適切な医療を受けられる体制を充実させることで、がん生存率の向上・がん死亡率の減少
❖すべてのがん患者およびその家族等の療養生活の質の向上を目指す

3. がんとともに尊厳をもって安心して暮らせる社会の構築
❖がんになっても自分らしく生きることのできる地域共生社会を実現することで、すべてのがん患者およびその家族等の療養生活の質の向上を目指す

図 6.8　がん対策基本計画の全体目標

(4) がん登録

がん登録等の推進に関する法律（がん登録推進法）に基づき、病院または指定診療所の管理者は、原発性がんの診断が行われたとき、一定の期間内に原発性のがんに関する情報を所在地の都道府県知事に届け出ることが義務づけられている。届け出については、患者および家族の同意を必要としない。届け出項目を図 6.9 に示す。

1. がんに罹患した者の姓名・性別・生年月日	5. がんの種類および進行度
2. 届出を出した医療機関	6. 届出をした医療機関が治療している場合はその治療内容
3. がんと診断された日	7. がんと診断された日の居住地
4. がんの発見経緯	8. 生存確認情報　など

図 6.9　がん登録届け出項目

(5) がんと就労

患者の約3分の1は、20代から60代でがんに罹患する。通院治療を受けながら就労するがん患者も多い。がんの診断を受けて退職や廃業した人は就労者の19.8%、そのうち、初回治療までに退職や廃業した人は56.8%となっており、治療と仕事の両立などの就労支援や気軽に相談できる体制づくりが求めらる。厚生労働省は、「第3期がん対策推進基本計画」や「働き方改革実行計画」に基づき、治療と仕事の両立を社会的にサポートする仕組みを構築し、がんになっても生きがいを感じながら働き続けることができる社会づくりに取り組んできた。図6.10に拠点病院におけるがん患者の仕事と治療の両立支援の仕組みを示す。

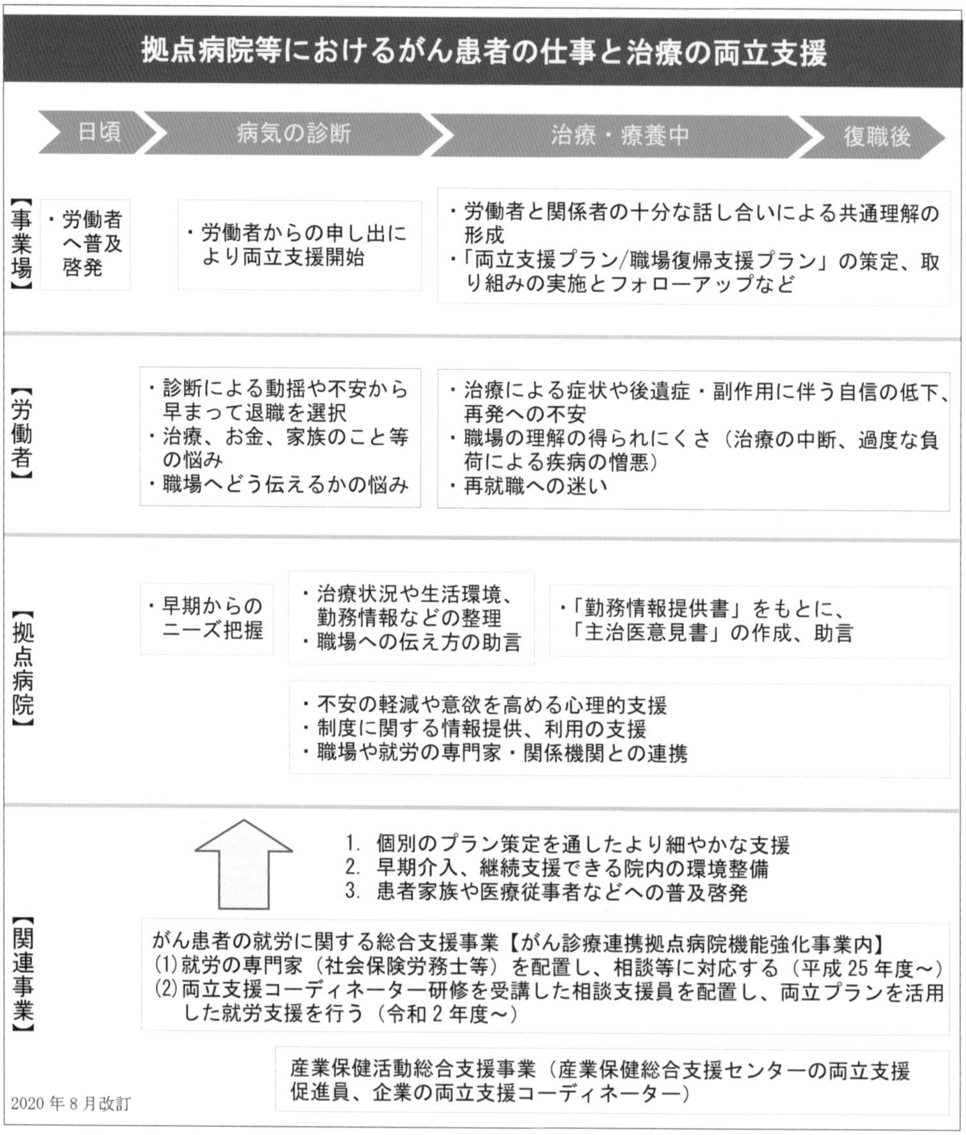

拠点病院等におけるがん患者の仕事と治療の両立支援

日頃 → 病気の診断 → 治療・療養中 → 復職後

【事業場】
- ・労働者へ普及啓発
- ・労働者からの申し出により両立支援開始
- ・労働者と関係者の十分な話し合いによる共通理解の形成
- ・「両立支援プラン/職場復帰支援プラン」の策定、取り組みの実施とフォローアップなど

【労働者】
- ・診断による動揺や不安から早まって退職を選択
- ・治療、お金、家族のこと等の悩み
- ・職場へどう伝えるかの悩み
- ・治療による症状や後遺症・副作用に伴う自信の低下、再発への不安
- ・職場の理解の得られにくさ（治療の中断、過度な負荷による疾病の憎悪）
- ・再就職への迷い

【拠点病院】
- ・早期からのニーズ把握
- ・治療状況や生活環境、勤務情報などの整理
- ・職場への伝え方の助言
- ・「勤務情報提供書」をもとに、「主治医意見書」の作成、助言
- ・不安の軽減や意欲を高める心理的支援
- ・制度に関する情報提供、利用の支援
- ・職場や就労の専門家・関係機関との連携

【関連事業】
1. 個別のプラン策定を通したより細やかな支援
2. 早期介入、継続支援できる院内の環境整備
3. 患者家族や医療従事者などへの普及啓発

がん患者の就労に関する総合支援事業【がん診療連携拠点病院機能強化事業内】
(1)就労の専門家（社会保険労務士等）を配置し、相談等に対応する（平成25年度～）
(2)両立支援コーディネーター研修を受講した相談支援員を配置し、両立プランを活用した就労支援を行う（令和2年度～）

産業保健活動総合支援事業（産業保健総合支援センターの両立支援促進員、企業の両立支援コーディネーター）

2020年8月改訂

図6.10　拠点病院におけるがん患者の仕事と治療の両立支援の仕組み

1.4 がん検診

平成 19（2007）年 4 月に施行されたがん対策基本法では、がん予防と早期発見に向けた対策について述べられている。がん対策としては、がん予防（1 次予防）を基本とし、次いで早期発見、早期治療（2 次予防）が重要である。がん検診はがんがあるかないかということが判明するまでのすべての過程を指す。がん検診の流れを図 6.11 に示す。

国が推奨する対策型のがん検診は、科学的な方法によってがん死亡率の減少が検証されているもので、表 6.1 の 5 項目である。がん検診は、がんの早期発見・早期治療のために地域保健法に基づく努力義務として市町村が実施する。

一方、任意型検診とは、対策型検診以外の検診が該当するが、その方法・提供体制はさまざまで、典型的な例は、医療機関や検診機関が行う人間ドックが該当する。

胃がんの死亡率を減少させることが科学的に認められ、胃がん検診として推奨できる検診方法は「胃部 X 線検査」または「胃内視鏡検査」である。「ペプシノゲン検査」や「ヘリコバクターピロリ抗体検査」あるいはその併用検査などは、死亡率減少効果の有無を判断する証拠が現時点では不十分であるため、対策型検診として勧められておらず、任意型検診として行われる場合がある。

図 6.11　がん検診の流れ

表 6.1　市町村が実施するがん検診の種類と現状

種　類	一次検診の方法	対象年齢	検診回数	過去の受診率
胃がん	問診、胃部 X 線または内視鏡検査	50 歳以上 (40 歳以上)	2 年に 1 回 (年に 1 回)	男 54.2% 女 45.1%
子宮頸がん	問診、視診、子宮頸部の細胞診、内診、必要によりコルポスコープ検査	20 歳以上	2 年に 1 回	女 43.7%
肺がん	問診、胸部 X 線、喀痰細胞診	40 歳以上	年に 1 回	男 53.4% 女 45.6%
乳がん	問診、乳房 X 線（マンモグラフィ）		2 年に 1 回	女 47.4%
大腸がん	問診、便潜血検査		年に 1 回	男 47.8% 女 40.9%

＊受診率は生活基礎調査から抜粋、胃がん検診は当面の間（　）内の条件で実施

子宮頸がんの死亡率を減少させることが科学的に認められ、子宮頸がん検診として推奨できる検診方法は「細胞診」だけである。子宮頸部（子宮の入り口）を、先にブラシのついた専用の器具で擦って細胞を採り、異常な細胞を顕微鏡で調べる検査である。子宮頸部から細胞を採取し、HPVに感染しているかどうかを調べるHPV検査を含む検査は、死亡率減少効果の有無を判断する証拠が不十分であるため、対策型検診として推奨されておらず、任意型検診として行われることがある。

肺がんの死亡率を減少させることができると科学的に認められ、肺がん検診として推奨できる検診方法は「胸部X線検査」と、「喀痰細胞診（喫煙者のみ）」を組み合わせた方法だけである（喀痰細胞診単独では行わない)。「低線量の胸部CT検査」は死亡率減少効果を判断する証拠が不十分であるため、対策型検診（住民検診）として実施することは勧められず、任意型検診として行われる場合がある。

乳がんの死亡率を減少させることが科学的に認められ、乳がん検診として推奨できる検診方法は「乳房X線検査（マンモグラフィ）単独法」である。「視触診単独」や「超音波検査（単独法・マンモグラフィ併用法)」は死亡率減少効果を判断する証拠が現在不十分であるため、対策型検診として実施しない。

大腸がんの死亡率を減少させることが科学的に認められ、大腸がん検診として推奨できる検診方法は「便潜血検査」である。2日分の便を採取し、便に混じった血液を検出する検査である。

例題2　健康増進法に基づくがん検診である。誤っているはどれか1つ選べ。

1. 胃がん　　2. 肝がん　　3. 肺がん　　4. 大腸がん　　5. 乳がん

解説　（表6.1参照）肝がんは、がん検診の検査対象ではない。　**解答** 2

例題3　わが国のがん対策についてである。正しいのはどれか1つ選べ。

1. がん検診の実施主体は医療保険者である。
2. がん検診は、受診者に努力義務が課せられている。
3. 近年、年齢調整死亡率は上昇傾向である。
4. がん登録は患者本人の同意が必要である。
5. がん対策推進計画は都道府県が作成する。

解説　1. 実施主体は市町村　2. がん検診の実施者である市町村に努力義務　3. 低下傾向にある。　4. がん登録推進法に基づき医療機関に届け出義務がある。**解答** 5

1.5 健診と検診

健康診断は成人に対しては、一般に生活習慣病予防を目的として年一回実施される定期健康診断を思い出すことが多い。健康診断は「健診」と略される。一方ある病気の有無を定期的に検査することを「検診」という。健診は、母子保健法、学校保健安全法、労働安全衛生法、健康増進法、高齢者医療確保法などで規定され実施されている。高齢者医療確保法では、公的医療保険者が実施するメタボリックシンドローム対策のための特定健康診査（40歳〜74歳対象）と、75歳以上対象の健康診査について規定されている。検診については、歯周病、骨粗鬆症、肝炎ウイルス、がんの4疾患が市町村の努力義務として健康増進法で規定されている。

2017(平成29)年10月24日に閣議決定された第3期がん対策推進基本計画では、「1.科学的根拠に基づくがん予防・がん検診の充実」、「2.患者本位のがん医療の実現」および「3.尊厳をもって安心して暮らせる社会の構築」が3つの全体目標として設定され、分野別施策として、「1.がん予防」「2.がん医療の充実」「3.がんとの共生」「4.これらを支える基盤の整備」で構成されている。

2 循環器疾患（Cardiovascular disease）

2.1 循環器の疫学

2021（令和3）年の死因別総死亡者数を見ると、悪性新生物が第1位だが、第2位が心疾患、第4位が脳血管疾患である。2017（平成31）年のWHOの国際疾病分類(ICD10）での循環器系疾患には、高血圧性疾患、脳血管疾患、虚血性心疾患を含む。全死亡者数の中で心疾患は14.9%、脳血管疾患は7.3%を占めた。傷病分類別でみると循環器系疾患は、入院では、「精神及び行動の障害」についで第2位、外来では「筋骨格系及び結合組織の疾患」についで第3位であった。一方、2019（令和元）年の国民医療費から医療費を傷病別にみると、医科診療医療費では循環器系の疾患が最も多く、65歳以上では医療費の約4分の1を循環器系の疾患が占める。

2.2 高血圧性疾患

(1) 高血圧の分類

原因が明らかでなく、血圧上昇を来す基礎疾患を見出すことの出来ない高血圧は、**本態性高血圧**とよばれ、40歳以上の高血圧患者の約90%がこれに入る。本態性高血圧症は遺伝的因子や、過剰な塩分摂取、肥満、過剰飲酒、精神的ストレス、自律神経の調節異常、運動不足、野菜や果物（カリウムなどのミネラル）不足、喫煙などの生活習慣の環境因子が関与していることが知られている。一方、原因疾患がある高血圧は**二次性高血圧症**とよばれる。**二次性高血圧症**には、腎実質性高血圧、内分泌性高血圧、血管性高血圧、薬物誘発性高血圧が知られている。このなかには、腎動脈狭窄、原発性アルドステロン症、褐色細胞腫などのように外科手術により高血圧の治療が期待できるものが含まれる。

(2) 日本高血圧学会による高血圧の評価

血圧の測定には、①病院・クリニックなどで測る診察室血圧、②自宅で自分で測る家庭血圧、③特殊な機器をつけて15分〜1時間ごとに1日かけて血圧を測る24時間血圧の3つがある。診察室血圧の測定は1日だけでなく別の日にも行い、数回の測定結果をもとに判定する。そして、上の血圧（収縮期血圧）/下の血圧（拡張期血圧）のどちらか一方でも140/90 mmHg以上であれば高血圧と診断される。また、家庭血圧の値が5〜7日の平均でどちらか一方でも135/85 mmHg以上である場合も高血圧と診断され、高血圧の判定では家庭血圧の値のほうが優先して用いられる。一方、高血圧でなくても、診察室血圧で130/80 mmHg以上、家庭血圧で125/75 mmHg以上の方は高値血圧と診断される。なぜなら、高血圧でなくても、高値血圧の人は、やはり正常血圧の人に比べて脳心血管病の危険性が高いとする報告があるからである。また、その危険性は、糖尿病や慢性腎臓病などの合併症や喫煙習慣のある人ではさらに高くなる。成人における血圧値の分類を表6.2に示す。

(3) 家庭血圧の重要性

最近の研究で、脳心血管病（脳卒中や心筋梗塞など）の発症を予測する方法として、診察室血圧よりも家庭血圧の方が優れているとの報告があり、日本高血圧学会のガイドラインでも高血圧の判定では、診察室血圧よりも家庭血圧を優先している。

表6.2　成人における血圧値の分類

分　類	診察室血圧（mmHg）			家庭血圧（mmHg）		
	収縮期血圧		拡張期血圧	収縮期血圧		拡張期血圧
正常血圧	<120	かつ	<80	<115	かつ	<75
正常高値血圧	120-129	かつ	<80	115-124	かつ	<75
高値血圧	130-139	かつ/または	80-89	125-134	かつ/または	75-84
Ⅰ度高血圧	140-159	かつ/または	90-99	135-144	かつ/または	85-89
Ⅱ度高血圧	160-179	かつ/または	100-109	145-159	かつ/または	90-99
Ⅲ度高血圧	≧180	かつ/または	≧110	≧160	かつ/または	≧100
（孤立性）収縮期高血圧	≧140	かつ	<90	≧135	かつ	<85

血圧はいろいろな条件で変動する。家庭や職場などではいつも135/85 mmHg未満であるのに、診察室血圧は高血圧基準である140/90 mmHgを超える人がいる。このように診察時のみ（白衣を着た人の前では）血圧が高くなる例を「白衣高血圧」とよぶ。診察時に緊張して血圧が上がるなどの理由が考えられるが、家庭血圧が正常であれば、診察室血圧のみが高くても降圧薬による治療の必要は当面ないことが分かってきた。一方、白衣高血圧と反対に、健康診断や診察のときは正常なのに家庭や職場での血圧が高い人がいる。そのような例を、診察時には高血圧が隠れていることから「仮面高血圧」とよぶ。この仮面高血圧の人は、診察室血圧・家庭血圧の両方とも高い「持続性高血圧」の人と同じくらい脳心血管疾患を発症しやすいので、治療が必要である。

(4) 高血圧により引き起こされる症状

本態性高血圧の血圧上昇メカニズムとして、循環血液量の増加、心拍出量の増加、末梢血管抵抗の増加が原因となる。血管の壁は本来弾力性があるが、高血圧状態が長く続くと血管はいつも張りつめた状態におかれ、血管の内膜と中膜が肥厚し、硬くなる。これが高血圧による動脈硬化である。さらに臓器障害として左心室肥大、脳出血や脳梗塞、大動脈瘤、細動脈硬化性腎硬化症、冠動脈性疾患、眼底の細動脈硬化がある。高血圧は、特に脳卒中、冠動脈疾患の重要なリスクファクターである。

(5) 高血圧の治療

高血圧の治療としては、生活習慣の修正と薬物治療がある。具体的な治療計画は、予後に影響する因子である高齢（65歳以上）、男性、喫煙、脂質異常症、糖尿病、脳心血管疾患（脳出血、脳梗塞、心筋梗塞）の既往、非弁膜症性心房細動、蛋白尿のあるCKDの有無と診察室測定血圧値を用いて脳心血管病リスクの層別化（表6.3）に準じて行う。

正常高値血圧レベル以上（120/80mm Hg以上）のすべての者に対して生活習慣の修正を行う。高リスクの高値血圧者および高血圧者（140/90 mmHg以上）では、生活習慣の修正を積極的に行い（生活習慣の修正/非薬物療法）、必要に応じて降圧薬治療を開始する。 高リスクの患者では生活習慣の修正に加えて、早期から薬物治療を開始する。低・中等リスク患者においては、生活習慣の修正を中心に行い、患者の個別性を評価しつつ、経過のなかで薬物治療の必要性を検討する。

生活習慣の修正としては、減塩（6 g/日未満）、食塩以外の栄養素管理（野菜・果物の積極的摂取、コレステロールや飽和脂肪酸の摂取を控える、魚や魚油の積極的摂取）、肥満に対しての減量（BMI 25未満）、定期的な運動（心血管疾患のない高血圧患者が対象で毎日30分以上または週180分以上の運動であるが、運動強度等事前

表 6.3　検査室血圧に基づいた脳心血管病リスク層別化

血圧分類 / リスク層	高値血圧 130-139/80-89 mmHg	Ⅰ度高血圧 140-159/90-99 mmHg	Ⅱ度高血圧 160-179/100-109 mmHg	Ⅲ度高血圧 ≧180/≧110 mmHg
リスク第一層 予後影響因子がない	低リスク	低リスク	中等リスク	高リスク
リスク第二層 年齢（65 歳以上）、男性、脂質異常症、喫煙のいずれかがある	中等リスク	中等リスク	高リスク	高リスク
リスク第三層 脳心血管病既往、非弁膜症心房細動、糖尿病、蛋白尿のある CKD のいずれか、または、リスク第二層の危険因子が 3 つ以上ある	高リスク	高リスク	高リスク	高リスク

JALS スコアと久山スコアより得られる絶対リスクを参考に、予後影響因子の組み合わせによる脳心血管病リスク層別化を行っている。

に主治医と相談して開始するのが望ましい）、節酒（男性ではアルコールとして１日 20～30 mL まで、女性はその半分までが適量）、禁煙などが重要である。生活習慣の修正で治療ができない場合、また高リスク群に対しては薬物治療を行う。降圧薬には、長時間作用型 Ca 拮抗薬、ACE 阻害薬（忍容性がない場合 ARB）、アンジオテンシンⅡ受容体拮抗薬（ARB）、利尿薬、β遮断薬（含αβ遮断薬）がある。

その他、暖かい所から急に寒い所へ出ると、血管が収縮し血圧が上昇する。入浴も血圧の上昇や下降に関係する。特に冬は、寒い脱衣所で裸になると血圧が上がり、熱い風呂に入るとさらに上昇し、風呂に浸かっていると徐々に低下する。そして、風呂から上がると血圧は大きく下がる。このような生活環境によっても血圧が大きく変動する。

2.3 脳血管疾患

脳血管疾患による死亡率（10 万対）の経年変化は昭和 45 年以降減少傾向で、平成７年に ICD-10 の適用で一過性に上昇を認めたが、その後は減少している。

脳卒中は、急激に脳血管に障害（閉塞もしくは出血）が生じることにより、意識障害、運動障害、知覚障害などが急に起こる病態を示す。脳卒中は、原因により①脳梗塞（脳の血管が詰まる）、②脳出血（血管が破れる）、③くも膜下出血（動脈瘤が破れる）、④一過性脳虚血発作（TIA）（脳梗塞の症状が短時間で消失する）に分類される。死亡率で比較すると、脳梗塞、脳出血、クモ膜下出血、その他の順であり、脳梗塞が多い。

(1) 脳梗塞

脳動脈の閉塞ないし、狭窄に伴って神経細胞に血液が十分に供給されなくなり、神経細胞が障害される。脳梗塞は動脈硬化が原因となる脳血栓症と脳以外の場所で形成された血栓（心臓にできる血栓や頸動脈、大動脈の粥状硬化病変）が血流によって運ばれ脳動脈の内腔を塞ぐことが原因となる脳塞栓症に大きく分類される。脳血栓症はさらに病態により、**ラクナ梗塞、アテローム血栓性脳梗塞**に分けられ、細い血管の動脈硬化によるものをラクナ梗塞、太い血管の動脈硬化によるものをアテローム梗塞という。ラクナ梗塞、アテローム血栓性脳梗塞の危険因子としては、高血圧、糖尿病、脂質異常症、喫煙がある。

心原性脳塞栓の原因としては、心房細動が頻度として多く、心房細動は加齢とともにその頻度が増加するため心房細動による心原性脳塞栓は増加傾向を示している。心原性脳塞栓のその他の原因としては、心筋梗塞や心臓弁膜症が知られている。

脳梗塞の診断にはMRI検査が行われるが、特に脳梗塞発症の超急性期では拡散強調画像が診断に有用で発症後数時間以内に異常を認める。一方、頭部CTでは発症12時間から24時間を経て梗塞巣を確認できる。また、脳梗塞の病態を把握するため頸部血管超音波検査、心電図、経胸壁心臓超音波検査と経食道心臓超音波検査が行われる。

脳梗塞では、発症後4.5時間以内、8時間以内の患者のみに行える血栓溶解療法がある（2012年9月からt-PA静注療法の対象患者が発症後3時間から4.5時間に延長）。脳血管に詰まった血栓を特殊なカテーテルを用いて摘出する血管内治療がある。そのため、なるべく早く診断をつけ、治療を開始することで後遺症が軽くなる可能性がある。その他、脳梗塞の症状増悪や再発を予防する抗血栓薬、神経細胞を保護し傷害を遅らせる脳保護薬、脳浮腫を改善させる抗脳浮腫薬が使用される。

抗血栓薬としては、一般的に脳血栓症には抗血小板薬（アスピリン、クロピドグレル、シロスタゾール、オザグレル）が、また脳塞栓症にはワルファリンなどの抗凝固薬が使用される。機能回復には早期からのリハビリテーションが重要である。

(2) 脳出血

脳出血の原因としては大部分高血圧が原因である。きわめて細い動脈（細小動脈：直径200～300μm）の壁が動脈硬化で傷んで血管壊死という状態になり、ついには破れて血管の外に出血する。細小動脈は脳内に入り込んでいるので、出血は脳内に広がる。脳出血の起きやすい部位は分かっており、大脳の被殻、視床、皮質下が多く、ついで橋、小脳に認められる。診断には頭部CT検査が有効であり、脳出血発症直後より頭部CTで高信号（白色）を示す。脳出血の治療としては、坑浮腫療法に加え、高血圧の場合には、脳梗塞と異なり積極的な降圧療法を行う。また、大脳の被殻、視床、皮質下出血では、出血の程度や全身状態を見ながら外科的治療を行う場合がある。脳梗塞と同様に早期からのリハビリテーションが重要である。

(3) くも膜下出血

くも膜下出血の原因としてはこの脳動脈瘤破裂が殆ど（80～90%）である。頻度は1年で人口10万人当たり約20人（日本）、好発年令は50から60歳台、女性が2倍多く、危険因子として高血圧・喫煙・最近の多量の飲酒、家族性などがある。くも膜下出血では20～30%の人は治療により後遺症なく社会復帰できるが、40～50%は初回の出血で死亡するか、病院に来ても治療対象とならず、残り20～30%は後遺障害を残す。典型的な症状は激しい頭痛であり、嘔吐や意識障害を伴う。クモ膜下腔に出血を来した結果、髄膜に病変が及ぶと項部硬直などの髄膜刺激兆候を認めることが多い。診断には、頭部CTが有用だが、ごく軽症の場合はCTでは分からない場合がある。その場合にはMRIや腰椎穿刺による髄液の検査が行われる。

治療としては、厳格な血圧管理と抗浮腫薬の投与が行われ、動脈瘤の場合では開頭による動脈瘤の頸部（根元）を金属製クリップでとめる手術や脳血管内治療が行われる。

(4) 一過性脳虚血発作

一過性脳虚血発作（TIA）は、一過性の脳虚血に伴い、短時間のみ神経症状が生じ、通常24時間以内に症状が消失する病態である。TIAは**脳卒中の前触れ発作**ともいわれ早期に完成型脳梗塞を発症するリスクが高く（TIA発症後90日以内に15～20%、うち半数が2日以内）、専門医療機関での迅速かつ適切な診断・治療が必要である。TIAは大きく分けて動脈硬化と心臓の病気の二つの原因で起こる。この発作は比較的太い動脈（特に頸部の頸動脈）の動脈硬化からその表面に血栓が付着し、この血栓がはがれて、より先の脳の動脈で詰まることで発症、すぐに血栓が溶けることで症状が消失する。また、脳の動脈の動脈硬化で非常に狭くなった部分がある場合、急に血圧が下がるなど脳血流が悪くなり一時的に症状が出現し、再び脳血流が回復すると症状が改善する。

心臓の場合、心臓でつくられた血栓が脳の動脈に流れ、動脈が詰まると症状が認められる。心臓に血栓ができやすくなる病気としては、心房細動という不整脈が圧倒的に多く、心筋梗塞、人工弁などがある。

この発作の原因となり得る動脈や心臓の病気を調べるために、頭部MRI検査（CT検査）、頸部血管超音波検査、心電図、経胸壁心臓超音波検査と経食道心臓超音波検査がある。治療は内科的治療としては、抗血栓薬は「抗血小板薬」と「抗凝固薬」がある。また、原因が狭くなった頸部の頸動脈である場合は「頸動脈内膜剥離術」や「頸動脈ステント留置術」の外科的治療が行われる。

脳卒中の3大症状である、①顔（Face）の片側が力なく垂れ下がる、②片側の手（Arm）に力が入らない、③ろれつ（Speech）が回らない等の症状が出たときは急いで（Time）で行動（119番、専門病院へ）しようという取り組みとしてACT-FASTが知られている。

2.4 心疾患

(1) 急性冠症候群（ACS）

急性冠症候群（ACS）は、冠動脈粥腫（プラーク）の破綻とそれに伴う血栓形成により冠動脈の高度狭窄または閉塞を来して急性心筋虚血を呈する病態で、不安定狭心症（UA）、急性心筋梗塞（AMI）、虚血による心臓突然死を包括した疾患概念である。

本人のAMIと有意な相関を示す冠危険因子として高血圧、糖尿病、喫煙、家族歴、高コレステロール血症があげられ、欧米人とほぼ同様であることが多くの疫学研究により示されている。一般住民を対象に厚生労働省循環器疾患基礎調査のコホートを長期追跡したNIPPON DATAにおいても血圧水準、血清総コレステロール値、喫煙本数は心筋梗塞死亡と正の相関を示すこと、それら冠リスクの集積により循環器疾患死亡の相対リスクがさらに高まることが示されている。

(2) ST上昇型心筋梗塞（STEMI）

STEMIにはACSのうち心電図で持続的なST上昇または新規の左脚ブロックを示すものが含まれる。心電図のST上昇は血栓性閉塞により冠動脈血流が途絶し、貫壁性虚血を生じていることが分かる。

(3) 非ST上昇型心筋梗塞（NSTEMI）

NSTE-ACSには、心電図で持続性または一過性のST下降やT波異常、あるいは心電図変化のない病態が含まれる。NSTE-ACSでは、冠動脈の不完全閉塞または良好な側副血行路からの残存血流が存在するため、STEMIとは異なる治療戦略が必要となる。

(4) 慢性冠動脈疾患、狭心症

狭心症のなかでも、冠動脈の器質的狭窄が原因となる安定狭心症とその病態に冠動脈内血栓が関与する不安定狭心症（UA）とでは予後は大きく異なる。不安定狭心症（UA）は、病態から急性冠症候群（ACS）に含まれる。一方、安定狭心症は慢性期冠動脈疾患に含まれる。慢性冠動脈疾患とは、心筋を灌流する冠状動脈に動脈硬化性狭窄を認める疾患で、近い将来心筋梗塞等の心血管イベントを起こすリスクが高い病態である。この病態には、冠動脈の攣縮による冠攣縮性狭心症、冠動脈有意狭窄の判明している労作性狭心症や無症候性心筋虚血が含まれる。

虚血性心疾患を認める患者で、急性冠症候群が否定された場合には慢性冠動脈疾患の診断となる。検査としては、ホルター心電図、動負荷をかけて心電図検査を行う運動負荷心電図、負荷心筋血流イメージ、負荷心エコー、冠動脈造影検査が行われる。

3 代謝疾患

3.1 肥満（obesity)、メタボリックシンドローム（metabolic syndrome)

BMI＝体重（kg）÷身長（m）^{2} をもとに、日本肥満学会では、肥満を、脂肪組織が過剰に蓄積した状態で、BMI 25kg/m^2 以上のものと定義している。また脂肪組織の蓄積する部位によって、皮下に脂肪のたまりやすい皮下脂肪型肥満と、小腸などの内臓の周囲に脂肪のたまりやすい内臓脂肪型肥満とに分類される。外見上から、皮下脂肪型肥満は「洋なし型肥満」、内臓脂肪型肥満は「りんご型肥満」ともいわれる。肥満を起こす原因別に、単純性肥満（単純に脂肪が過多となった状態）と症候性肥満（ホルモン異常など何らかの原因があって脂肪が過多となった状態）がある。

肥満自体を病気として取り扱う場合、肥満症という。日本肥満学会では、BMI ≧ 25 で 11 の肥満関連疾患（耐糖能障害、脂質異常症、高血圧、高尿酸血症・痛風、冠動脈疾患、脳梗塞、脂肪肝、月経異常および妊娠合併症、睡眠時無呼吸症候群・肥満低換気症候群、整形外科的疾患、肥満関連腎臓病）のうち 1 つ以上の健康障害を合併するか、または BMI ≧ 25 で男女共に CT で測定した内臓脂肪面積が ≧ 100cm^2 を有する場合を肥満症と定義している（表 6.4）。

(1) 肥満の疫学

2019（令和元）年の厚生労働省の「国民健康・栄養調査」によると、肥満者（BMI

表 6.4　肥満度分類

BMI (kg/m^2)	判　定	WHO 基準
＜18.5	低体重	Underweight
18.5≦～＜25	普通体重	Normal range
25≦～＜30	肥満（1度）	Pre-obese
30≦～＜35	肥満（2度）	Obese class Ⅰ
35≦～＜40	肥満（3度）	Obese class Ⅱ
40≦	肥満（4度）	Obese class Ⅲ

❖ただし、肥満（BMI≧25）は、医学的に減量を要する状態とは限らない。なお、標準体重（理想体重）は最も疾病の少ない BMI 22 を基準として、
標準体重（kg）＝身長（m）^{2} × 22 で計算された値とする。
❖BMI≧35 を高度肥満と定義する。

≧25kg/m²）の割合は男性 33.0%、女性 22.3%であり（図 6.12）、この 10 年間でみると、女性では有意な増減はみられないが、男性では平成 25 年から令和元年の間に有意に増加している。やせの者（BMI＜18.5 kg/m²）の割合は男性 3.9%、女性 11.5%であり、この 10 年間でみると、男女とも有意な増減はみられない。また、20 歳代女性のやせの者の割合は 20.7%である（図 6.13）。

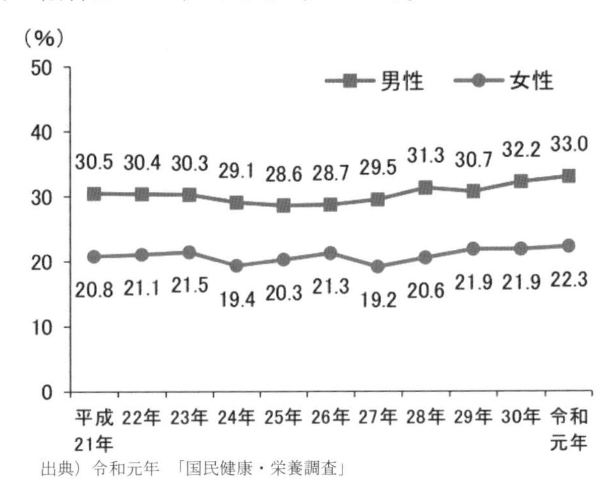

出典）令和元年　「国民健康・栄養調査」

図 6.12　肥満者（BMI≧25kg/m²）の割合の年次推移（20 歳以上）

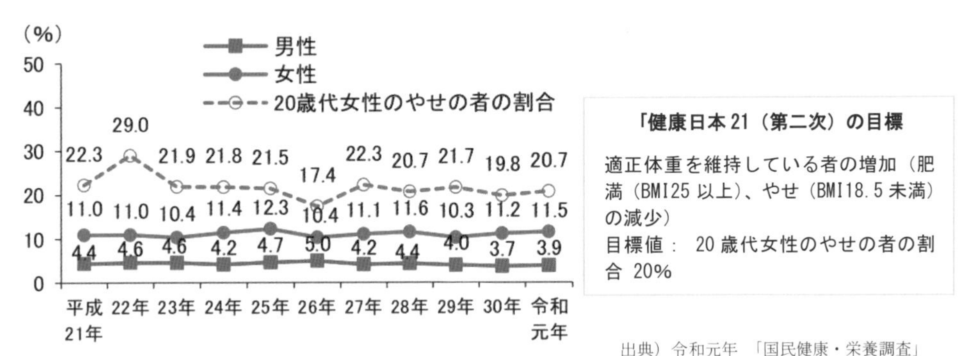

出典）令和元年　「国民健康・栄養調査」

図 6.13　やせの者（BMI＜18.5 kg/m²）の割合の年次推移（20 歳以上）

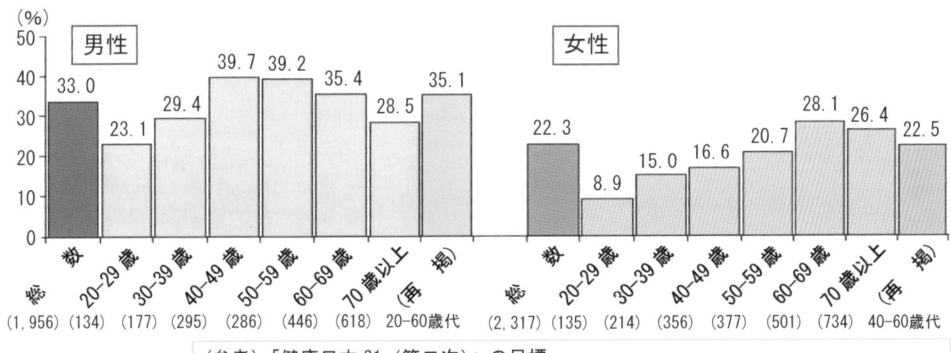

出典）令和元年
「国民健康・栄養調査」

（参考）「健康日本 21（第二次）」の目標
目標値：　20～60 歳代男性の肥満者の割合 28%、40～60 歳代女性の肥満者の割合 19%

図 6.14　肥満者（BMI≧25kg/m²）の割合（20 歳以上、性・年齢階級別）

(2) 肥満対策

食習慣の変化や身体活動量の低下により、摂取エネルギーが消費エネルギーを上回り、過剰分が体脂肪として蓄積され肥満につながる。肥満の家系においても、遺伝のみならず、家族の食習慣や運動習慣など共通した生活習慣が肥満の原因と考えられる。そのため家族での取り組みが必要である。

肥満対策には、エネルギー摂取（食事）と消費（運動）のバランス改善、すなわち摂取エネルギーを減らし、消費エネルギーを増やすことが第一である。しかし、極端な食事制限は長続きせず、また健康障害に至る場合もある。特に若い女性では、自分は太っていると思っている人のうち半数以上が標準体重以下との報告もあり、不必要なダイエットによる健康障害が懸念される。身体活動レベル別に1日に必要なエネルギーを把握し、食べ過ぎないように気をつけることと、摂取エネルギーが過剰になりやすい間食や飲酒量にも留意する必要がある。食事のリズム（欠食、寝る前の食事など）や食事の仕方（糖質を食事の最後になど）を見直すことも重要である。運動を継続的に行うことが大切で、普段の日常生活活動に運動を取り入れるようにすることが長続きするうえで重要といえる。

近年、高齢者肥満も増加しており、減量が糖尿病、血圧、脂質異常症の是正だけでなく、ADL低下を改善するとの報告がある。（日本老年医学会高齢者肥満ガイドライン）

(3) メタボリックシンドローム（内臓脂肪症候群）

動脈硬化を起こしやすくする要因（危険因子）として、高血圧・喫煙・糖尿病・脂質異常症（高脂血症）・肥満などがあり、それぞれ単独で動脈硬化を進行させるが、それぞれの程度が低くても危険因子が重なれば、動脈硬化は進行し、心臓病や脳卒中の危険が高まることが明らかになっている。似たような病態は、「シンドロームX」、「インスリン抵抗性症候群」、「マルチプルリスクファクター症候群」、「死の四重奏」などともよばれる。1999（平成11）年に世界保健機関（WHO）は、このような動脈硬化の危険因子が組み合わさった病態をインスリン抵抗性の観点から整理し、メタボリックシンドロームの概念と診断基準を提唱した。

日本では、2005（平成17）年に日本内科学会などの8つの医学系の学会が合同で診断基準を策定した。腹部CT検査で腹部脂肪面積と腹囲との相関を示し、腹部断面での脂肪面積が100 cm^2を超えるとさまざまな疾患を起こす。ウエスト周囲径（おへその高さの腹囲）が男性85 cm・女性90 cm以上を腹部肥満とし、腹部肥満に血圧・血糖・脂質の3つのうち2つ以上が基準値から外れると「メタボリックシンドローム」と診断され（表6.5）、健康増進法に基づき、特定健診が実施される。

表 6.5 特定健康診査でのメタボリックシンドロームの診断基準

必須項目		(内臓脂肪蓄積) ウエスト周囲径	男性 ≥ 85 cm 女性 ≥ 90 cm
		内臓脂肪面積 男女ともに≥100 cm² に相当	
選択項目 3 項目のうち 2 項目以上	1	高トリグリセリド血症 かつ／または 低 HDL コレステロール血症	≥ 150 mg/dL < 40 mg/dL
	2	収縮期（最大）血圧 かつ／または 拡張期（最小）血圧	≥ 130 mmHg ≥ 85 mmHg
	3	空腹時高血糖	≥ 110 mg/dL

＊ CT スキャンなどで内臓脂肪量測定を行うことが望ましい。
＊ ウエスト径は立位・軽呼気時・臍レベルで測定する。脂肪蓄積が著明で臍が下方に偏位している場合は肋骨下縁と前上腸骨棘の中点の高さで測定する。
＊ メタボリックシンドロームと診断された場合、糖負荷試験がすすめられるが診断には必須ではない。
＊ 高トリグリセライド血症・低 HDL コレステロール血症・高血圧・糖尿病に対する薬剤治療を受けている場合は、それぞれの項目に含める。
＊ 糖尿病、高コレステロール血症の存在はメタボリックシンドロームの診断から除外されない。

2008（平成 20）年から「特定健康診査・特定保健指導」が始まり、40 歳以上に対して公的医療保険者が被保険者に実施する義務を負うようになった。特定健康診査は、メタボ健診ともよばれる。特定保健指導では、特定健康診査の結果に基づき、メタボリックシンドロームと診断された人には「積極的支援」、その予備群には「動機づけ支援」、それ以外の受診者には「情報提供」が行われる（図 6.15）。

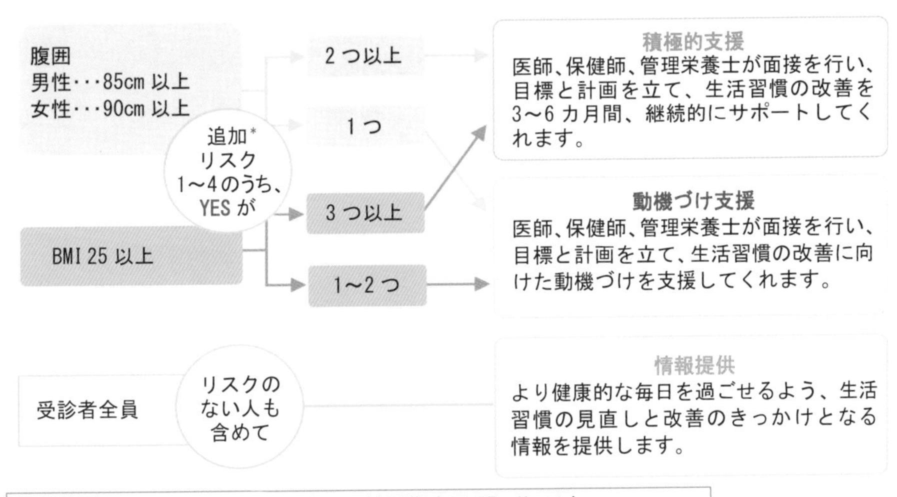

図 6.15 特定保健指導の判定

例題4　検診と高血圧についてである。正しいのはどれか1つ選べ。

1. 歯周病、骨粗鬆症、肝炎ウイルス、がんの4疾患の検診は、高齢者医療確保法で規定されている。
2. 歯周病、骨粗鬆症、肝炎ウイルス、がんの4疾患の検診は、県の努力義務として規定されている。
3. 原因が明らかでなく、血圧上昇を来す基礎疾患を見出すことの出来ない高血圧は、仮面高血圧とよばれる。
4. 原因疾患がある高血圧は二次性高血圧症とよばれる。
5. 上の血圧/下の血圧のどちらか一方でも150/80 mmHg以上であれば高血圧と診断される。

解説　（例題4は本節2.2参照）1. 健康増進法で規定されている。　2. 市町村の努力義務として規定されている。　3. 本態性高血圧とよばれる。　5. 高血圧と診断されるのは140/90 mmHg以上である。　**解答**　4

例題5　メタボリックシンドロームについてである。正しいのはどれか1つ選べ。

1. 日本肥満学会では、肥満をBMI 20kg/m^2 以上のものと定義している。
2. メタボリックシンドロームの診断基準の1つは、男女ともに内臓脂肪面積≧120 cm^{2}を有することである。
3. メタボリックシンドロームの診断基準の1つは、血圧・血糖・脂質の3つのうち2つ以上が基準値から外れていることである。
4. メタボリックシンドロームの診断基準の1つは、ウエスト周囲径が男性90 cm、女性85 cm以上である。
5. 特定健康診査は、労働安全衛生法に基づき実施される。

解説　1. BMI 25kg/m^2 以上である。　2. 内臓脂肪面積≧100 cm^{2}である。　4. 男性85 cm、女性90 cm以上である。　5. 健康増進法に基づき実施される。　**解答**　3

最近では、重症化予防の観点から、メタボリックシンドロームにあてはまらない場合でも、高血圧や糖尿病、脂質異常症、喫煙などのリスクがある人への支援がなされることが多くなっている。なお、特定保健指導の基準は、学会のメタボリックシンドロームの基準とは、少し異なる。「積極的支援」と判定された場合、運動や食事など生活習慣との関係を理解してもらい、自分で生活習慣の改善を実行できるよう、医師や保健師、管理栄養士らとともに計画を立て、3〜6カ月にわたる指導・支援が行われる。「動機づけ支援」と判定された場合、同様に現在の自分の健康状態と生活習慣との関係などをよく理解してもらい、生活改善を実行する動機づけのための指導が原則1回行われ、その後定期的に評価を受ける。「情報提供」では、メタボリックシンドロームを予防し、健康を維持・増進するために、どのような生活習慣を続けたらいいかを正しく理解するための情報などが提供される。職域では、特定健康診査は労働安全衛生法で実施される定期健康診断とともに実施されることが多いが、2020年度の特定健診実施率、特定保健指導実施率は、それぞれ53.4%、23.0%で、ともに前年度の実績を下回ったが今後その実施率の向上が望まれる。

3.2 糖尿病

糖尿病は、インスリンが十分に働かないために、血液中を流れるブドウ糖という糖（血糖）が増えてしまう病気である。インスリンは膵臓から出るホルモンであり、血糖を一定の範囲におさめる働きを担っている。

(1) 糖尿病の診断

診断基準は、血糖値が糖尿病型（空腹時血糖126 mg/dL以上、随時血糖200mg/dL以上）かつ、HbA1cが糖尿病型（HbA1c 6.5以上）であれば一回の採血にて糖尿病の診断、それ以外の場合は高血糖症状や過去の糖尿病の診断、別の日に行った検査などで診断する。75 g糖負荷試験（75gOGTT）は検査当日の朝まで10時間以上絶食した空腹のまま採血し、血糖値を測る。次に、ブドウ糖液（ブドウ糖75 gを水に溶かしたもの、またはデンプン分解産物相当量）を飲み、ブドウ糖負荷後、30分、1時間と2時間後に採血、血糖値を測るという検査である。空腹時血糖値と75 g糖負荷試験（75 gOGTT）の2時間値の組み合わせから、以下に分類される。

①正　常　型：空腹時血糖値110 mg/dL未満、75 gOGTTの2時間値が140 mg/dL未満

②境　界　型：空腹時血糖値110 mg/dL以上126 mg/dL未満で、75 gOGTTの2時間値が140 mg/dL以上

③糖尿病型：空腹時血糖値126 mg/dL以上、75 gOGTTの2時間値が200 mg/dL以上

また、2011（平成23）年にHbA1cの表記については、日常の診療において国際標準値（NGSP値）を使用することが日本糖尿病学会で決められている。

糖尿病、糖代謝異常はその成因から以下のように分類される。①1型（β細胞の破壊、通常は絶対的インスリン欠乏に至る）、②2型（インスリン分泌低下を主体とするものとインスリン抵抗性が主体でそれにインスリンの相対的不足を伴うもの）、③その他の特定の機序、疾患によるもの、④妊娠糖尿病の4分類である。

1型糖尿病は若年発症が多く、自己免疫性と特発性に分類され生きていくために注射でインスリンを補う治療が必要である。この状態をインスリン依存状態という。2型糖尿病は、インスリン分泌低下を主体とするものとインスリン抵抗性が主体でそれにインスリンの相対的不足を伴うものがある。原因としては、遺伝的な影響に加えて食べ過ぎ、運動不足、肥満などの生活習慣が関係している。その他の特定の機序、疾患として遺伝子異常によるものや種々の疾患、治療薬物に伴うものがある。妊娠糖尿病は、妊娠中に初めて分かったまだ糖尿病には至っていない血糖の上昇をいう。多くの場合、高い血糖値は出産の後に戻るが、妊娠糖尿病を経験した褥婦は将来糖尿病になりやすいとされる。

糖尿病患者で血糖コントロールが不十分なまま血糖値が何年間も高値が続くと血管が傷ついたり、血流が途絶えて合併症が発症したり、病状が進行したりすることがある。糖尿病の慢性合併症は、数年から数十年の経過で発症するが、細い血管が傷つけられて生じる細小血管症として糖尿病神経障害、糖尿病網膜症、糖尿病腎症の3大合併症がある。また、動脈硬化による大血管症として、心筋梗塞、脳梗塞、末梢動脈疾患、足病変（足壊疽）がある。

表6.6　1型糖脳病と2型糖尿病の特徴

1型糖尿病		2型糖尿病
若年に多い （ただし何歳でも発症する）	発症年齢	中高年に多い
急激に症状が現れ、糖尿病になることが多い	症状	症状が現れないこともあり、気がつかないうちに進行する
やせ型の者が多い	体型	肥満の者が多いが、やせ型の者もいる
膵臓でインスリンをつくるβ細胞という細胞が壊れてしまうため、インスリンが膵臓からほとんど出なくなり、血糖値が高くなる	症状	生活習慣や遺伝的な影響により、インスリンが出にくくなったり、インスリンが効きにくくなったりして血糖値が高くなる
インスリンの注射	治療	食事療法・運動療法、飲み薬、場合によってはインスリンなどの注射を使う

(2) 糖尿病の疫学

2019（令和元）年の「国民健康・栄養調査」によると、「糖尿病が強く疑われる者」の人口に対する割合は、男性19.7%、女性10.8%であり、前年度に比べ、男性で1.0ポイント、女性で1.5ポイント増加し、2009（平成21）年以降、最も高い数値を示している（図6.16）。年齢別にみると、「糖尿病が強く疑われる者の割合」は、男女いずれも年齢とともに上昇しており、70歳以上では男性で26.4%、女性で19.6%に達している（図6.17）。

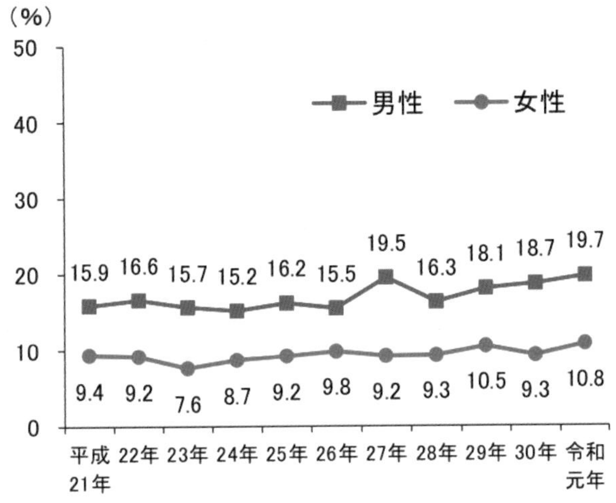

出典）令和元年 「国民健康・栄養調査」

図 6.16　「糖尿病が強く疑われる者」の割合の年次推移（20 歳以上）

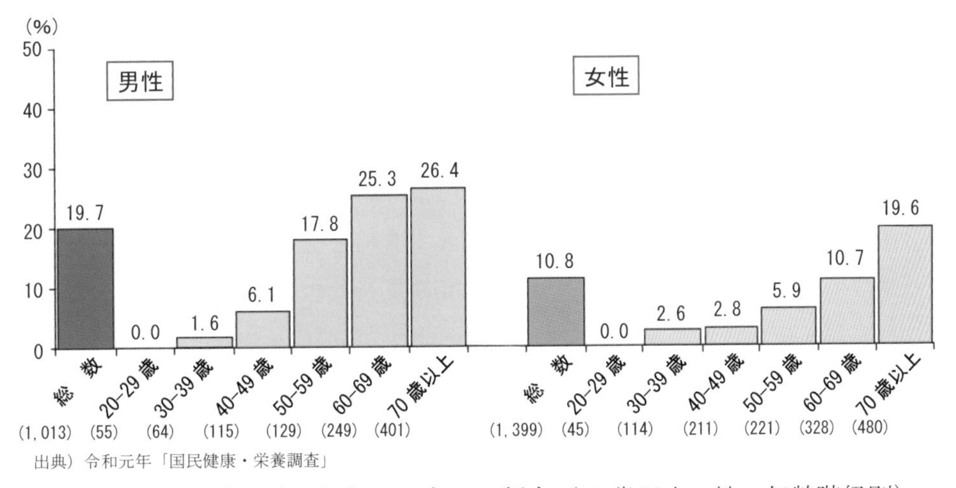

出典）令和元年「国民健康・栄養調査」

図 6.17　「糖尿病が強く疑われる者」の割合（20 歳以上、性・年齢階級別）

(3) 糖尿病の予防対策

糖尿病予備群では、生活習慣の改善により糖尿病の発症のリスクを減らすことができる。これらの取り組みは、脳梗塞や心筋梗塞などの病気のリスクを減らすことにもつながる。2019（平成 31）年の糖尿病診療ガイドラインでは、総エネルギー摂取量の目安の算出は目標体重（kg）の目安、身体活動レベルと病態によるエネルギー係数（kcal/kg）が改定された。総死亡数が最も低い BMI は年齢によって異なり、一定の幅があることを考慮して、「目標体重」を以下の式から算出する。

❖65 歳未満:[身長(m)]2×22　　❖65 歳から 74 歳:[身長(m)]2×22～25

❖75 歳以上:[身長(m)]2×22～25*

＊75 歳以上の後期高齢者では現体重に基づき、フレイル、（基本的）ADL 低下、併発症、体組成、身長の短縮、摂食状況や代謝状態の評価を踏まえ、適宜判断する。

さらに「身体活動レベルと病態によるエネルギー係数（kcal/kg）」を以下に基づいて設定する。

①軽い労作（大部分が座位の静的活動）：25～30

②普通の労作（座位中心だが通勤・家事、軽い運動を含む）：30～35

③重い労作（力仕事、活発な運動習慣がある）：35～

高齢者のフレイル予防では、身体活動レベルより大きい係数を設定できる。また、肥満で減量をはかる場合には、身体活動レベルより小さい係数を設定できる。いずれにおいても目標体重と現体重との間に大きな乖離がある場合は、上記①～③を参考に柔軟に係数を設定する。

以上から総エネルギー摂取量の目安を以下から求める。

総エネルギー摂取量＝目標体重（kg）×エネルギー係数（kcal/kg）

栄養素摂取比率は、2013（平成25）年に出された「日本糖尿病学会の食事療法に関する提言」で炭水化物を50～60%エネルギー、タンパク質20%エネルギー以下を目安とし、残りを脂質とするが、脂質が25%エネルギーを超える場合は、多価不飽和脂肪酸を増やすなど、脂肪酸の構成に配慮をするとしており、一定の目安としてよいとなっている。

食事の仕方では、野菜など食物繊維に富んだ食材を主食より先に食べ、よく噛んで咀嚼することによって食後の高血糖の是正が期待できる。就寝前にとる夜食は肥満の助長、血糖コントロールの不良の原因となり、併発症を来すリスクが高くなる。朝食を抜く食習慣が2型糖尿病のリスクになることが示されておりシフトワーカーでは2型糖尿病の発症リスクが増すとの報告がある。

2019（平成31）年ガイドラインでは、栄養素摂取比率、総エネルギー摂取量、目標体重に関して、いずれも個別化を図り、個々の患者さんにあわせて柔軟に変更することが強調されている。

3.3 脂質異常症

日本動脈硬化学会による動脈硬化性疾患予防のための脂質異常症診療ガイド2018年版では、脂質異常症の診断基準は動脈硬化発症リスクを判断するためのスクリーニング値であり、治療開始のための基準値ではないとしている。

個々の患者の背景（性別、年齢区分、危険因子の数、程度）は大きく異なるので、動脈硬化性疾患の発症リスクの高い者には積極的な治療を行い、リスクの低い者には必要以上の治療を行わないためにも、個々の絶対リスクを評価してそれに対応した脂質管理目標値を定めることが重要である。40～74歳の冠動脈疾患一次予防に関する絶対リスクは吹田スコアに基づいて算出するとしており、ここでは従来の冠動脈疾患危険因子のカウントによるリスク評価を紹介する。

動脈硬化発症リスクを判断するための脂質異常症の診断基準値には、従来からのLDL-C、HDLコレステロール（HDL-C）、TGとともに、ガイドラインの改訂で加わったnon-HDLコレステロール（non-HDL-C）がある。基本的に空腹時採血をし、いずれかの脂質値が基準に合致する場合、脂質異常症と診断される（表6.7）。

表6.7　脂質代謝異常の診断基準（空腹時採血）

LDLコレステロール	140mg/dL以上	高LDLコレステロール血症
	120～139mg/dL	境界域高LDLコレステロール血症**
HDLコレステロール	40mg/dL未満	低HDLコレステロール血症
トリグリセライド	150mg/dL以上	高トリグリセライド血症
non-HDLコレステロール	170mg/dL以上	高non-HDLコレステロール血症
	150～169mg/dL	境界域高non-HDLコレステロール血症**

＊　10時間以上の絶食を「空腹時」とする。ただし、水やお茶などカロリーのない水分の摂取は可とする。
＊＊　スクリーニングで境界域高LDL-C血症、境界域高non-HDL-C血漿を示した場合は、高リスク病態がないか検討し治療の必要性を考慮する。
・LDL-CはFriedewald式（TC-HDL-C-TG/5）または直接法で求める。
・TGが400 mg/dL以上や食後採血の場合はnon-HDL-C(TC-HDL-C)かLDL-C直接法を使用する。ただし、スクリーニング時に高TG血症を伴わない場合はLDL-Cとnon-HDL-Cの差が＋30 mg/dLより小さくなる可能性を念頭においてリスクを評価する。

日本動脈硬化学会：動脈硬化性疾患予防のための脂質異常症診療ガイド2018年版：25, 2018

脂質異常症患者の冠動脈疾患発症リスクは、個々の患者で大きく異なる。個々の絶対リスク評価を行い、冠動脈疾患予防からみたLDLコレステロール管理目標設定フローチャートを用いて患者が冠動脈疾患の既往がある「二次予防」、既往がない「一次予防」のうち糖尿病、CKD、非心原性脳梗塞、末梢動脈疾患の病態がある「一次予防の高リスク」、また前述の病態がない「一次予防」のどこにあてはまるのか分類し、脂質異常症の管理目標値を決定する（図6.18）。

「一次予防の高リスク」「一次予防」の患者では、リスク管理部分（低リスク、中リスク、高リスク）を評価してリスク管理区分別の脂質管理目標値を設定するが、40～74歳の「一次予防の高リスク」の絶対リスク評価では、従来からの危険因子のカウントによるリスク評価を行う。「一次予防」では吹田スコアによる絶対リスク評価と、従来の危険因子のカウントによるリスク評価のどちらも可能である。危険因子のカウントによるリスク評価では、性別、年齢区分ごとに、危険因子の数を確認し、リスク管理区分を評価する（表6.8）。吹田スコアでは、9つの項目の合計点に基づきリスク管理区分を評価する。

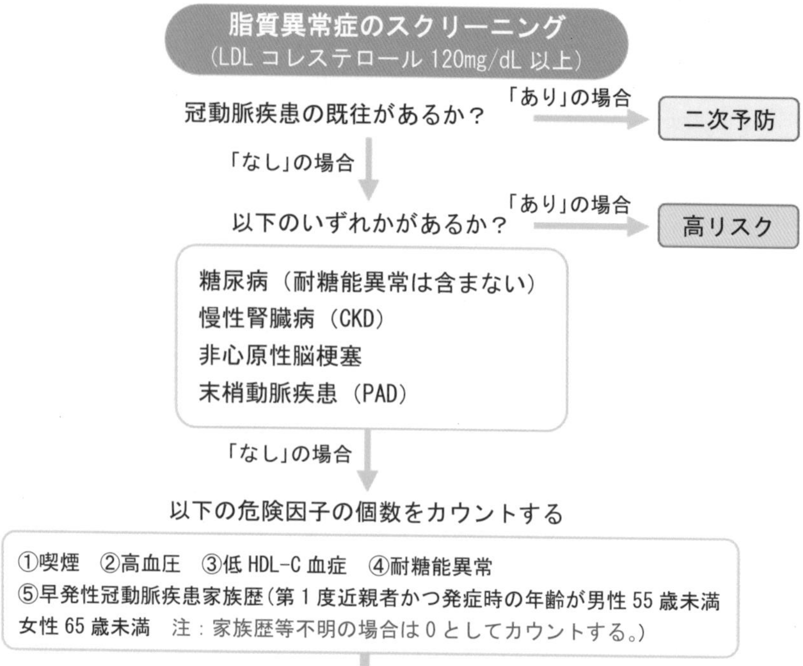

危険因子の個数	男性		女性	
	40～59 歳	60～74 歳	40～59 歳	60～74 歳
0 個	低リスク	中リスク	低リスク	中リスク
1 個	中リスク	高リスク	低リスク	中リスク
2 個以上	高リスク	高リスク	中リスク	高リスク

図 6.18　冠動脈疾患予防からみた LDL コレステロール管理目標設定のためのフローチャート（危険因子を用いた簡易版）

表 6.8　冠動脈疾患危険因子のカウントによる簡易版のリスク評価（40～74 歳に適用）

性別	年齢	危険因子の個数	分類
男性	40～59 歳	0 個	低リスク
		1 個	中リスク
		2 個以上	高リスク
	60～74 歳	0 個	中リスク
		1 個	高リスク
		2 個以上	高リスク
女性	40～59 歳	0 個	低リスク
		1 個	低リスク
		2 個以上	中リスク
	60～74 歳	0 個	中リスク
		1 個	中リスク
		2 個以上	高リスク

日本動脈硬化学会:動脈硬化性疾患予防のための脂質異常症診療ガイド 2018 年版: 36, 2018

3.4 食事療法の効果を得るために

食事療法には、動脈硬化性疾患、脂質異常症、メタボリックシンドロームの予防と治療が期待できる。患者が食事療法に前向きに取り組めるように指導し、無理なく、長期間継続できる食事療法を支援するために、管理栄養士との連携が求めらる。日本食パターンの食事（The Japan Diet）が動脈硬化性疾患の予防に有効だが、塩分の多さに十分な注意が必要である。また、過食を抑えて適正体重を維持することも重要である。

3.5 食事療法に活用できるデータの掲載

診療ガイドには食品の種類と1日摂取量の目安となる一覧表を掲載している。穀類、芋類などの食品群別の具体的な摂取量をLDL-C高値またはTG高値の場合に分けて示している。できる限りコレステロール、飽和脂肪酸のどちらも少ない食材を選ぶことが重要である。動脈硬化性疾患の予防の観点から、n-3系多価不飽和脂肪酸が多く、かつコレステロールが少ない食材（まぐろ脂身・さんま・ぶりなど）が脂質異常症の食事療法に望ましい食材である。

日本食パターンの食事（The Japan Diet）は動脈硬化性疾患の予防に有効である。過食を抑え、適正体重を維持し、肉の脂身、動物脂（牛脂、ラード、バター）、乳製品の摂取を抑え、魚、大豆の摂取を増やす。また、野菜、海藻、きのこの摂取を増やし、果物を適度に摂取する。精白された穀類を減らし、未精製穀類や麦などを増やす。食塩を多く含む食品やアルコールの過剰摂取を控える。食習慣・食行動を修正し、食品と薬物の相互作用に注意する。

日本人の食事摂取基準（2020年版）では「脂質異常症の重症化予防」という観点が新たに追加された。脂質の食事摂取基準は20～30%エネルギーのうち飽和脂肪酸については、摂取量を少なくすることで総コレステロールとLDLコレステロールが低下し循環器疾患リスクが小さくなるという報告が多いことから、飽和脂肪酸を7%エネルギー以下に抑えるという目標量が設定された。必須脂肪酸であるn-6系脂肪酸とn-3系脂肪酸については目安量を設定した。

運動療法として、中強度以上の有酸素運動をメインに、定期的に（毎日合計30分以上を目標に）行うことがよい。運動療法には、体力の維持・増加、健康寿命の延伸、動脈硬化性疾患の予防・治療といった効果がある。特に脂質代謝改善、血圧低下、インスリン感受性や耐糖能の改善による糖尿病リスク低下などが見込める。

動脈硬化性疾患予防としての運動療法は、ウォーキング、速歩、水泳など中強度以上の有酸素運動をメインにして、週に3回以上定期的に、行うのが有効である。

4 骨・関節疾患

4.1 骨粗鬆症、骨折

骨粗鬆症とは、骨の量（骨量）が減少して骨が弱くなり、骨折しやすくなった状態をいう。骨基質にカルシウムが沈着しない骨軟化症と混同されることがあり注意を要する。古い骨は破骨細胞に吸収され、骨芽細胞がつくる新しい骨で補充される。この骨の新陳代謝機構を骨リモデリングとよぶ。骨粗鬆症では、骨リモデリングで骨吸収が骨形成を上回ってしまっている（骨吸収亢進）ため、次第に骨の密度が低下し、骨が脆く弱くなる。

骨粗鬆症には2種類あり、骨形成は問題ないが、骨吸収が骨形成を大きく上回っている場合に骨量が減少する高回転型と骨の新陳代謝が低下して骨形成、骨吸収がともに健康な人より下回り、骨量が減少する低回転型がある。

一次性（原発性）骨粗鬆症の成因は、骨のサイズや形状を決定する先天性素因、閉経に伴う性ホルモンなどの内分泌代謝の異常、栄養や生活様式などの環境要因が関与する。また、特定の疾患や薬物治療などに伴い、二次性骨粗鬆症が発症する。ここでは一次性、低回転型の骨粗鬆症である閉経後骨粗鬆症について述べる。閉経後の女性に多いことから女性ホルモンの減少が破骨細胞の働きの活性化に関係していると考えられている。

骨粗鬆症では、骨のX線検査画像検査、骨皮質の薄皮化や骨梁の減少、脊椎の変形を診断する。骨密度測定法の二重エネルギーX線吸収測定（dual-energy X-absorptiometry：DEXA）法では、2種類のX線を測定部位にあてて骨成分を他の組織と区別し測定する。測定する骨は、腰椎や大腿骨頸部などで、誤差が少なく測定時間が短く放射線の被曝量も少ない利点がある。骨密度（BMD値）は骨の単位面積（cm^2）当たりの骨塩量（g）で算出され、骨粗鬆症の診断基準としても利用される。また若年成人比較％（YAM＝Young Adult Mean）も指標とされる。20～40歳の若年齢の平均BMD値（基準値）を100%として、被験者のBMD値と比べて一般に70%以下を骨粗鬆症と診断する。

(1) 骨粗鬆症の症状と骨折および関節疾患

骨粗鬆症では、骨折が最大の問題である。骨折は脊椎と四肢で生じる骨折がある。脊椎の圧迫骨折は転倒やくしゃみ、物を持ち上げるなどの日常生活での出来事で発生する。症状は突然の腰背部痛である。胸椎、腰椎で多く、確定診断はX線撮影で椎体の前方部に圧排変形を認める。この変形が複数の胸椎の椎体で起こると背中が丸くなり（円背）、また腰椎椎体で起こると腹部が出たような姿勢（腰椎前弯増強）が認められる。

四肢骨の骨折は転倒事故によるもので、上腕骨上端（肩関節）骨折や橈骨下端（手関節、コーレス）骨折、大腿骨頸部骨折が 3 大好発部位である。高齢者の寝たきりの原因としては、脳血管疾患（脳卒中）、認知症、骨折・転倒であり、骨折・転倒のなかで大腿骨頸部骨折は寝たきりになるリスクが高い。

(2) 骨粗鬆症の疫学

大規模住民コホート研究から日本骨代謝学会骨粗鬆症診断基準を用いて骨粗鬆症の有病率（40 歳以上）を求めたところ、腰椎では男性で 3.4%、女性で 19.2%、大腿骨頸部の場合、男性 12.4%、女性 26.5%となった。年代別有病率を図 6.19 に示す。これを調査実施時の 2005 年度の年齢別人口構成にあてはめてわが国の骨粗鬆症の有病者数（40 歳以上）を推定すると腰椎で診断した場合は約 640 万人（男性 80 万人、女性 560 万人）、大腿骨頸部では約 1,070 万人（男性 260 万人、女性 810 万人）、腰椎か大腿骨頸部のいずれかで骨粗鬆症と判断されたものを「骨粗鬆症あり」とするとその患者数は 1,280 万人（男性 300 万人、女性 980 万人）となるとの報告がある。

(3) 骨粗鬆症・骨折の予防と対策

骨粗鬆症の予防は、まず、この疾患があるかどうか確認することである。市町村では健康増進法に基づいて、40、45、50、55、60、65 および 70 歳の女性を対象に骨粗鬆症検診が実施されているので受診を検討すべきである。詳しくは各自治体の広報誌などに掲載されている。骨粗鬆症に該当した場合は、健康相談を受けることができる。

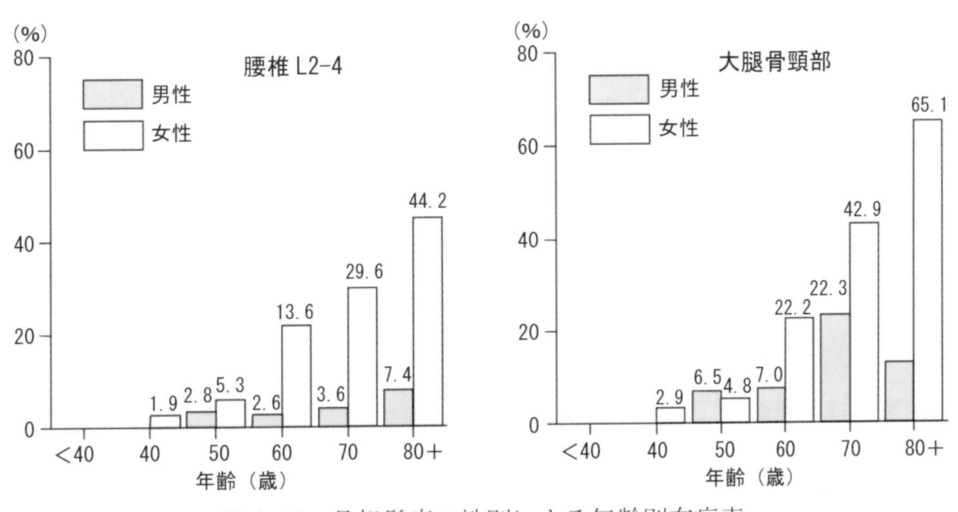

図 6.19 骨粗鬆症の性別による年齢別有病率

生涯を通じての骨粗鬆症の予防は、獲得する最大骨量を大きくすること、骨量減少を最小限に留めることを基本とし、除去可能な危険因子を早期に取り除くことである。除去可能な危険因子としては、カルシウム不足、ビタミンD不足、ビタミンK不足、リンの過剰摂取、食塩の過剰摂取、極端な食事制限（ダイエット）、運動不足、日照不足、喫煙、過度の飲酒、多量のコーヒー摂取がある。「日本人の食事摂取基準（2020年版）」では、一日当たりのカルシウムの食事摂取基準（mg/日）は、50歳以上の男性では750（mg/日）、女性では650（mg/日）が推奨されている。生活の中で以下のような項目に心がけることが重要である。

1. 1日3回、規則正しく、バランスのとれた食事をとる

カルシウムの摂取量を増やす工夫として、副菜で緑黄色野菜や海藻類を、主菜で大豆料理を取り入れる。

2. 適量の牛乳・乳製品をとる

牛乳・乳製品は、カルシウムの供給源としてその含有量だけでなく、吸収率において優れた食品である。

3. 適度な運動と日光浴

骨粗鬆症を予防するためには、カルシウムの摂取とビタミンDを体内で合成するために必要な日光浴に加えて、ウォーキングや筋力トレーニングなど、骨に刺激が加わる運動が推奨される。

例題6 骨粗鬆症についてである。誤っているのはどれか。1つ選べ。

1. 骨粗鬆症の検診を市町村が行っている。
2. 適度な運動や日光浴は予防効果がある。
3. 男性よりも女性の患者数が多い。
4. 若年者よりも高齢者に多い。
5. 患者数は低下傾向である。

解説 1. 市町村が実施している。　2. 有用である。　3. 閉経後の女性に多い。
4. 高齢者に多い。　5. 高齢者の増加に伴い、増加傾向である。　**解答** 5

4.2 変形性関節症

(1) 変形性膝関節症

原因は関節軟骨の老化によることが多いが、肥満や遺伝的な要因も関与する。また骨折、靱帯や半月板損傷などの外傷、化膿性関節炎などの感染の後遺症として発症することがある。加齢によるものとしては、関節軟骨が加齢によって弾力性を失い、すり減って関節が変形する。男女比では1：4で女性に多く、高齢者ほど罹患率は高い。主な症状は、膝の痛み、水がたまるなどである。症状末期では持続的な痛み、変形によって膝が伸びず歩行困難になる。

(2) 変形性股関節症

女性に多く、原因は発育性股関節形成不全の後遺症や股関節の形成不全など、幼児期の病気や発育障害の後遺症が主なものである。近年、寿命の延伸によって明らかな原因となる既往歴がなくても年齢とともに股関節症を発症する場合もある。

主な症状は、関節痛と機能障害である。関節症の進行によって持続痛や夜間痛の起きる場合がある。

(3) 関節リウマチ

関節内の滑膜組織が異常増殖することで、関節内に慢性の炎症を生じる疾患である。進行すると関節が破壊され、機能障害を起こす。また、関節症状の他に貧血や微熱、全身倦怠感などの全身症状を合併することもある。発症の原因は遺伝的要因や細菌、ウイルスの感染などが示唆されているが不確定である。関節リウマチの病態は自己免疫疾患とされ、自分自身の身体の一部に対する抗体をつくるため、関節液をつくる滑膜組織にリンパ系細胞が集まって炎症反応を起こし、滑膜が軟骨や骨を破壊する。重症の場合、関節は固まったり、大きく変形したりする。最終的に関節が破壊され尽くすと変形を残して炎症は治まる。

30～40歳代の女性で多く発症する。手や足の指の関節が対称的に腫れ、朝などにこわばるようになる。進行すると膝関節や股関節にも病変が進み、持続的な痛みや水が溜まり、日常生活に支障を来すことがある。

4.3 ロコモティブシンドローム

ロコモティブシンドローム（運動器症候群）は、加齢に伴う筋力の低下や関節・脊椎の病気、骨粗鬆症などにより運動器の機能が衰えて要介護や寝たきりになったり、そのリスクの高い状態を表す言葉である。2007（平成19）年に日本整形外科学会により提唱され、現在、ロコモの人口は予備軍も含めて4,700万人といわれている。健康日本21（第二次）では、ロコモティブシンドロームを認知している国民の割合の目標値を80%と設定している。

65歳以上が要介護になる原因の第3位は「高齢による衰弱」である。「高齢による衰弱」は、日本老年医学会が提唱した「フレイル」という用語で使われる。フレイルは、米国で用いられている「frailty」に由来し、日本語訳として「虚弱」を使わずに「フレイル」という言葉を提唱した。フレイルとは筋力の低下するような身体的問題のみならず、認知機能障害やうつなどの精神・心理的問題、独居や経済的困窮などの社会的問題を含む概念といえる。

加齢とともに筋力が衰えるサルコペニアは、ギリシャ語で筋肉を表す「sarco（サルコ)」と喪失を表す「penia(ペニア)」からの造語である。フレイルの身体的要素であると同時に、筋肉という運動器の障害であることから、ロコモとフレイルは完全に独立した疾病概念ではなく、いずれもサルコペニアという疾患を内包しており、お互いに深く関連しあっている。

健康寿命を延ばすためには、サルコペニア、ロコモを予防し、フレイルにならないようにすることが重要と考えられる。

例題 7　ロコモティブシンドローム、フレイル、サルコペニアに関する記述である。正しいのはどれか。1つ選べ。

1. ロコモティブシンドロームは、運動器の機能が衰えて要介護や寝たきりになったり、そのリスクの高い状態を表す言葉である。
2. ロコモティブシンドロームは、日本老年医学会により提唱された。
3. 健康日本21（第二次）では、ロコモティブシンドロームに関する目標値はない。
4. フレイルは、高齢による認知機能の低下を表す概念である。
5. サルコペニアは、加齢による免疫力の低下を表す。

解説　2. 日本整形外科学会により提唱された。　3. ロコモティブシンドロームを認知している国民の割合の目標値を80%と設定している。　4. 身体的問題のみならず、精神・心理的問題、経済的困窮などの社会的問題を含む高齢による衰弱を表す概念である。　5. 骨格筋力の低下を表す。

解答　1

5 感染症

5.1 感染症の成立

病気を起こすウイルス、細菌、寄生虫などの微生物を病原体という。病原体は、手指、飛沫、水や食物、衛生害虫（ハエ、ゴキブリなど)、衛生動物（鼠族など）の糞尿などの感染経路によって人の体内に侵入する。微生物が体内に侵入する生物を宿主とよぶ。

微生物が体内侵入すると、自然免疫や獲得免疫による反応で排除される。排除されず体内に定着し増殖することを感染と言い、微生物が体内に入ってから増殖し、症状を呈するまでの期間を潜伏期という。

微生物による毒素や組織細胞の破壊により発熱、喉の痛みや下痢などの症状が出て発症した状態を感染症という。人の免疫能により感染症の特徴的な症状を認められず、しばらくの間、病原菌を排出する場合があるが、これを回復期保菌者とよぶ。また、感染したものの発症せずに経過する状態を不顕性感染といい、他の人への感染拡大の原因となる。無症候性保菌者という。発症者、保菌者は感染源となるので予防対策が必要である。感染症の成立には感染源、感染経路、宿主の 3 要因がある。感染症予防策にはこれらのいずれかの要因において微生物を排除する能力が高ければ、感染症は成立しない。

5.2 主要な感染症

「感染症の予防及び感染症の患者に対する医療に関する法律（感染症法）」では、その重篤度から感染症が分類されているが、そのなかから身近で重要なものについて説明する。

(1) 急性灰白髄炎（ポリオ）

ポリオウイルスに汚染したものを介して経口感染する。わが国では不活化ワクチンの普及により、現在麻痺症状例は発生していないが、過去に生ワクチン接種後にまれに麻痺が認められたことから、2012（平成 11）年 9 月以降、不活化ワクチン（4 回接種）を用いることになった。

(2) 腸管出血性大腸菌感染症

主に感染した人あるいは牛の糞便に汚染された食品、水、器物、手指による経路による。一般に幼児、小児が感染して重症になると菌が産生する Vero 毒素により溶血性尿毒症（HUS）を発症する。

(3) ウイルス性肝炎

ウイルス型から A 型、B 型、C 型、D 型、E 型の 5 種類に分類されている。A 型、E 型肝炎ウイルスは食物や水を介して侵入する経口感染である。B 型肝炎ウイルスは母子感染（垂直感染）および血液や性行為により感染し、D 型肝炎ウイルスは、B 型肝炎ウイルスの存在下で活性を示す。C 型肝炎ウイルスは、血液を介する感染が主である。C 型肝炎ウイルスに感染すると多くが、肝炎が持続する慢性肝炎、肝硬変、肝がんに移行していたが、経口の抗ウイルス薬が導入されウイルス排除（SVR）が可能になったことで治る病気になった。B 型肝炎ウイルスは、B 型肝炎ワクチンによる予防接種で感染予防ができる。B 型肝炎ワクチンの定期接種が平成 28 年 10 月 1 日から始まっている。

(4) クリプトスポリジウム症

従来、クリプトスポリジウム（Cryptosporidium ）はウシ、ブタ、イヌ、ネコ、ネズミなどの腸管寄生原虫として知られてきた腸管に寄生する原虫である。ヒトでの感染は1976（昭和51）年にはじめて報告された。水道水の水源が哺乳動物の糞便で汚染されると、クリプトスポリジウムが水道水の塩素消毒に耐性のため感染が起こる。症状としては下痢（主に水様下痢）、腹痛、倦怠感、食欲低下、悪心などであり、軽度の 発熱を伴う例もある。治療は対象療法である。

(5) 後天性免疫不全症候群（AIDS）

AIDS（エイズ）は性行為、母子感染、輸血によるHIV（Human Immunodeficiency Virus）感染症である。感染後6～8週間後に抗体陽性（HIV感染）となり、潜伏期間（無症候キャリアとなる）が10年程度続き、エイズ関連症候群を発症後に特徴的なカポジ肉腫などを発症しエイズと診断されることがある。

(6) 結核

過去には「国民病」とよばれ、わが国において多くの国民の健康を害した結核菌による感染症である。現在も先進諸外国と比較して高い罹患率となっており、結核中蔓延国に位置づけられている。1951（昭和26）年の結核予防法の制定により、保健所と住民の協力により環境衛生、栄養状況の改善が行われた結果、患者数の急激な減少が続いていたが1997（平成9）年から新結核登録患者数が上昇し1999（平成11）年「結核緊急事態宣言」を行い、新たな結核対策がとられた。2007年4月以降、感染症法に基づく健康診断、予防接種、患者管理、結核治療が行われている。

結核患者には、感染拡大防止のため保健所で結核登録がされ、病状、受療状況、生活環境を把握している。結核治療向上のため結核対策特別促進事業（DOTS）が実施されている。結核治療にかかる医療費用に対して保険給付の残額の自己負担分について公費負担される。症状はないが結核感染の可能性が高く治療が必要な潜在性結核感染者についても公費負担される場合がある。

(7) コロナウイルスと急性呼吸器症候群

コロナウイルスは、一本鎖RNAウイルスでさまざまな種類があり、その多くが動物に病気を引き起こすが、7種類のコロナウイルスは人間に病気を引き起こすことが知られている。これら7種類のヒトコロナウイルス感染症のうち4種類は、感冒（かぜ）の症状を引き起こす軽症の上気道疾患に関係するウイルスである。その他のSARSコロナウイルス（SARS-CoV1）、MERSコロナウイルス（MERS-CoV）、新型コロナウイルス（SARS-CoV2）は、死に至るパンデミックを引き起こした。

SARS-CoV2の発症をCOVID-19とよび、2023（令和5）年5月から感染症法に基づく新型インフルエンザ等感染症の分類から5類感染症へ移行した。

1）SARS（重症急性呼吸器症候群）

2002（平成14）年11月に、中国南部広東省で非定型性肺炎の患者が報告されたのに端を発し、北半球のインド以東のアジアとカナダを中心に、32の地域や国々へ拡大した感染症で、SARS-CoV1による。感染経路は、飛沫および接触（糞口）感染が主体とされ、空気感染の可能性を含め依然議論の余地がある。潜伏期は2～10日、平均5日であるが、より長い潜伏期の報告もまれにはある[2)]。SARSの自然経過としては、発病第1週に発熱、悪寒戦慄、筋肉痛等、突然のインフルエンザ様の前駆症状で発症する。疾患特異的な症状や症状群は確認されていない。発熱歴が最も頻繁に報告されるが、初期の検温ではみられないこともあり得る。発病第2週には非定型肺炎へ進行し、咳嗽（初期には乾性）、呼吸困難がみられる。下痢症状も第2週目より多く報告されている。発症者の約80%はその後軽快するが、なかには急速に呼吸促迫と酸素飽和度の低下が進行し、ARDS（急性呼吸窮迫症候群）へ進行し死亡する例もある。約20%が集中治療を必要とする。感染の伝播は主に発症10日目前後をピークとし、発症第2週の間に起こる。有効な根治療法はまだ確立されていない。

2）MERS（中東呼吸器症候群）

MERS-CoVが原因で2012（平成24）年9月以降、サウジアラビアやアラブ首長国連邦など中東地域で広く発生している重症呼吸器感染症である。また、その地域を旅行などで訪問した人が、帰国してから発症するケースも多数報告されている。基礎疾患のある人や高齢者では重症化しやすい傾向がある。ヒトコブラクダが、保有宿主（感染源動物）であるといわれている。MERSが発生している中東地域では、ラクダと接触したり、ラクダの未加熱肉や未殺菌乳を摂取することが感染のリスクであると考えられる。また、発症した人に濃厚接触した人の感染も報告されている。これらは、咳などによる飛沫感染や接触感染によるものと考えられている。潜伏期2～14日（中央値は5日程度）で、無症状例からARDSを来す重症例まである。典型的な病像は、発熱、咳嗽などから始まり、急速に肺炎を発症し、しばしば呼吸管理が必要となる。下痢などの消化器症状の他、多臓器不全（特に腎不全）や敗血性ショックを伴う場合もある。

3）新型コロナウイルス感染症（COVID-19）

2019（令和元）年12月、中華人民共和国湖北省武漢市において確認され、2020（令和2）年1月30日、世界保健機関（WHO）により「国際的に懸念される公衆衛生上の緊急事態（PHEIC）」を宣言、3月11日にパンデミック（世界的な大流行）の状態にあると表明された。一般的には飛沫感染、接触感染で感染する。閉鎖した空間で、近距離で多くの人と会話するなどの環境では、咳やくしゃみなどの症状がなくても感染を拡大させるリスクがあるとされる。(WHO は、5 分間の会話で 1 回の咳と同じくらいの飛まつ（約 3,000 個）が飛ぶと報告)。潜伏期間は 14 日（発症までは平均 4 から 5 日）とされ、 感染可能期間は発症 2 日前から発症 7 日から 14 日間程度、感染から発症までの潜伏期間 1 週間程度（平均 4～5 日）とされる。感染者の多くは軽症もしくは無症状だが、一部の感染者は 1 週間程度で肺炎が増悪し、入院が必要となることがある。基礎疾患や免疫能が低下した人、高齢者は重症化のリスクが高い。現在はワクチンの実用化や治療薬の開発によって感染症法の 5 類感染症へ移行している。

4）高病原性鳥インフルエンザ

病原性の高い鳥インフルエンザで鳥の感染症でありニワトリに対しては致死性が高く、まれに人にも感染する。A 型インフルエンザウイルスの H5N1 が、1997（平成 9）年の香港で鳥インフルエンザ（H5N1）のヒト感染例が確認されて以降、現在までに東南アジアやエジプトを中心に断続的に患者の報告がある。H5N1 のヒトへの感染は、病鳥の体液や内臓、糞便との接触により成立、ヒトからヒトへの感染は患者との濃厚接触による限定的なものと考えられている。潜伏期間は概ね 2～7 日だが、2 週間以上(最大 17 日）となる症例もある。ヒト感染症例では、無症状なものから、結膜炎や下痢、また発熱や咳などインフルエンザ様症状を呈し、その後肺炎や呼吸不全、多臓器不全による死亡例もあり、致死率は 50%以上である。その後、2013（平成 25）年 3 月 31 日に、H7N9 鳥ウイルスのヒト感染事例が中国で報告された。日本では、最近でも他の H5 亜型が鳥の間で流行しており、ニワトリの殺処分が行われている。鳥インフルエンザが遺伝子交雑によりヒトへの感染力を強めた場合、新型インフルエンザとして大流行する可能性が懸念される。

5）インフルエンザ A/H1N1pdm

2009（平成 21）年 4 月に、メキシコで豚インフルエンザ（A/H1N1pdm）がヒトへの病原性を獲得し、さらに、ヒト－ヒト感染の流行がメキシコからアメリカ合衆国へと拡大した。その後、世界中に広がりパンデミックとなった。6 月には WHO はフェーズ 6 を宣言した。わが国では、厚生労働省が A/H1N1pdm を感染症法の新型インフルエンザとし、空港検疫で国内侵入阻止を試みたが、5 月に兵庫県、大阪府において高校生を中心とした患者の集団発生がみられ、その後、国内発症例が散発、8 月中旬以降流行が徐々に拡大し 11 月末にはピークを迎え、その後、下火となった。第 1 波が終息した段階において、わが国の死亡率は他の国と比較して低い水準に留まった。広範な学校閉鎖、医療アクセスのよさ、医療水準の高さと医療従事者の献身的な努力、抗インフルエンザウイルス薬の迅速な処方や手洗いなどの公衆衛生意識の高さが死亡率の低い要因と考えられた。現在、A/H1N1pdm は季節性ウイルスとして流行している。

5.3 感染症の予防及び感染症の患者に対する医療に関する法律（感染症法）

1999（平成 11）年 4 月に「感染症の予防及び感染症の患者に対する医療に関する法律（感染症法）」が施行された。感染症法では、その重篤度から感染症を第 1 類から第 5 類に分けている。1 類から 4 類までの感染症と新型インフルエンザなど感染症を診断した医師は、直ちに保健所を経由して都道府県知事に届け出なければならない（全数把握）。5 類感染症のなかで麻疹などを除く全数把握対象疾患は 7 日以内の届け出が定められている。また、今まで知られていない感染症を新興感染症といい、急激に拡大する可能性が高く、致死率が高いことが懸念されることから、感染症法のなかで「新感染症」の制度を設けて対応することになった。一方、デング熱やジカ熱、マラリア、結核のように既知の感染症が予防接種や抗生剤などの効果で患者数は減少していたが、病原体や環境の変化のために再び流行しはじめた感染症を「再興感染症」という。感染症法では既知の感染症で対策が必要となるものについて 1 年間に限定して 1 類から 3 類感染症に準じた対応を行う「指定感染症」を設定している。

2008（平成 20）年より鳥インフルエンザ H5N1 を 2 類感染症に加え、さらに 2012（平成 24）年新型インフルエンザ等対策特別措置法が成立した。2014（平成 26）年に鳥インフルエンザ H7N9、中東呼吸器症候群（MERS）を追加、2016（平成 28）年にはジカウイルス感染症、2018（平成 30）年には急性弛緩性麻痺（急性灰白髄炎を除く）AFP が 4 類感染症に追加された。感染症の類型を表 6.9 に示す。

例題 8　再興感染症である。正しいのはどれか。1 つ選べ。

1. 重症呼吸器症候群（SARS）
2. 新型コロナウイルス感染症（COVID-19）
3. 中東呼吸器症候群（MERS）
4. 痘そう
5. 結核

解説　再興感染症としてジカ熱、マラリア、デング熱などがあげられる　　**解答**　5

表 6.9　感染症の類型

類型	感染症	届出
１類	エボラ出血熱、クリミア・コンゴ出血熱、痘瘡、南米出血熱、ペスト、マールブルグ熱、ラッサ熱	直ちに医師が届け出る※患者の住所氏名を含む
２類	急性灰白髄炎（ポリオ）、結核、ジフテリア、重症急性呼吸器症候群（SARS）、鳥インフルエンザ（H5N1）、鳥インフルエンザ（H7N9）、中東呼吸器症候群（MERS）	
３類	コレラ、細菌性赤痢、腸管出血性大腸菌感染症、腸チフス、パラチフス	
４類	E 型肝炎、ウエストナイル熱、A 型肝炎、エキノコックス症、黄熱、オウム病、オムスク出血熱、回帰熱、キャサヌル森林熱、Q 熱、狂犬病、コクシジオイデス症、サル痘、ジカウイルス感染症、重症熱性血小板減少症候群（SFTS）、腎症候性出血熱、西部ウマ脳炎、ダニ媒介性脳炎、炭疽、チクングニア熱、つつが虫病、デング熱、東部ウマ脳炎、鳥インフルエンザ（H5N1･H7N9 を除く）、ニパウイルス感染症、日本紅斑熱、日本脳炎、ハンタウイルス肺症候群、B ウイルス病、鼻疽、ブルセラ症、ベネズエラ馬脳炎、ヘンドラウイルス感染症、発疹チフス、ボツリヌス症、マラリア、野兎病、ライム病、リッサウイルス感染症、リフトバレー熱、類鼻疽、レジオネラ症、レプトスピラ症、ロッキー山紅斑熱、急性弛緩性麻痺（AFP）（急性灰白髄炎を除く）	
新型インフルエンザ等	新型インフルエンザ、再興型インフルエンザ 等 新型コロナウイルス（COVID-19）2023.5 月まで	

類型		感染症	届出
５類	全数把握	アメーバ赤痢、ウイルス性肝炎、カルバペネム耐性腸内細菌科細菌感染症、急性脳炎、クリプトスポリジウム感染症、クロイツフェルトヤコブ病（CJD）、劇症型溶連菌感染症、後天性免疫不全症候群（AIDS）、ジアルジア症、先天性風疹症候群、梅毒、破傷風、バンコマイシン耐性黄色ブドウ球菌感染症（MRSA）、バンコマイシン耐性腸球菌感染症、水痘（入院例に限る）、風疹、麻疹、侵襲性インフルエンザ菌感染症、侵襲性肺炎球菌感染症、侵襲性髄膜炎菌感染症、新型コロナウイルス（COVID-19：2023 年５月以降）	７日以内医師が届け出る（直ちに）（出来るだけ早く）
	定点把握	［インフルエンザ定点］インフルエンザ（鳥インフルエンザおよび新型インフルエンザ等感染症を除く） ［小児科定点］RS ウイルス感染症、咽頭結膜熱、A 型溶連菌咽頭炎、感染性胃腸炎、水痘、手足口病、伝染性紅斑、突発性発疹、百日咳、ヘルパンギーナ、流行性耳下腺炎（おたふくかぜ）、 ［眼科定点］急性出血性結膜炎、流行性角結膜炎 ［基幹病院］クラミジア肺炎（オウム病を除く）、無菌性髄膜炎、マイコプラズマ肺炎	翌月曜日（週報）指定届出機関の管理者が届け出る
		［性感染症定点］性器クラミジア感染症、性器ヘルペス感染症、尖圭コンジローマ、淋菌感染症 ［基幹病院］メチシリン耐性黄色ブドウ球菌感染症、ペニシリン耐性肺炎球菌感染症、薬剤耐性緑膿菌感染症、薬剤耐性アシネトバクター感染症	翌月曜日（月報）
		［擬似症定点］38 度以上の発熱および呼吸器症状（外傷や器質的疾患によるものを除く）もしくは 38 度以上の発熱および発疹または水疱	直ちに

例題 9 感染症についてである。ヒトからヒトに感染する疾患はどれか。1 つ選べ。

1. デング熱
2. マラリア
3. A 型肝炎
4. 急性肺白髄炎（ポリオ）
5. エキノコックス症

解説 1、2、3、5 類に分類される感染症は、ヒトからヒトへの感染が考えられる。4 類感染症は、媒介動物や食物・飲み物の経口摂取などによって感染する。**解答** 4

5.4 検疫と予防接種、感染症対策

(1) 検疫

検疫は国内に常在しない感染症の病原体の国内侵入および蔓延を防止するため、海港や空港で人、貨物および乗物の検査を行い、必要な措置をとることをいう。検疫所では検疫法に基づき、海外から来港する船舶や航空機の検疫、海外の感染症情報の提供および予防接種などの申請業務を行っている。検疫法における感染症には、感染症法の 1 類感染症であるエボラ出血熱、クリミア・コンゴ出血熱、痘瘡、ペスト、マールブルグ病、ラッサ熱、南米出血熱、2 類感染症である鳥インフルエンザ（H5N1）、鳥インフルエンザ（H7N9）、中東呼吸器症候群（MERS）、4 類感染症であるデング熱、チクングニア熱、マラリア、ジカウイルス感染症がある。その他、新型インフルエンザ等感染症（新型コロナウイルスを含む）が該当する。検疫所では、人、貨物、海外感染症情報の収集の他、食品衛生法に基づく輸入監視業務も行っている。

検疫所は、必要に応じて一定期間、隔離・停留、消毒を行う。旅客のうち、濃厚接触にあたらないが経過観察が必要な者には健康監視を行う。健康監視は居住地の保健所が対応する。

例題 10 検疫法についてである。正しいのはどれか 1 つ選べ。

1. 黄熱は検疫感染症である。
2. 検疫業務は保健所が対応する。
3. 健康監視は保健所が対応する。
4. 濃厚接触者は医療機関などで隔離の措置がとられる。
5. 痘瘡は自然界から撲滅されているため、事実上は隔離や停留の対象ではない。

解説　1. 検疫感染症ではない。　2. 検疫所が対応する。　4. 停留である。
5. バイオテロなどを考慮して、撲滅後も同様の対応が規定されている。　**解答** 3

(2) 予防接種

新型コロナウイルス流行前は、感染症が蔓延する状況が少なくなり感染症流行の危険がないように思われるが、海外から新興・再興感染症の侵入があれば、大きな流行を引き起こしかねない。国民に予防接種を勧奨し、社会全体で予防することが重要である。

予防接種法は、1948（昭和23）年に当時蔓延していた急性灰白髄炎（ポリオ）の制圧のためのワクチン接種を強制化、また、副作用発現者の国家賠償を行うために制定された。その後、予防接種法は1994（平成6）年の改正により、国民の理解と協力により自ら予防接種を受けるよう努めなければならないとされた（努力義務）。努力義務のある定期接種として、A類疾病である1. ジフテリア、2. 百日咳、3. 破傷風、4. 急性灰白髄炎（ポリオ）、5. 麻疹、6. 風疹、7. 日本脳炎、8. 結核、9. Hib（ヒブ）感染症、10. 小児の肺炎球菌感染症、11. ヒトパピローマウイルス感染症、12. 水痘、13. B型肝炎、14. ロタウイルス感染症（2020年10から対象）、接種の努力義務のない任意接種であるB類疾病として、15. インフルエンザ、16. 高齢者の肺炎球菌感染症（*）がある（*高齢者を対象とした肺炎球菌ワクチンについては、2023年度までは、該当する年度に65歳、70歳、75歳、80歳、85歳、90歳、95歳、100歳となる方と、60歳から65歳未満の方で、心臓、腎臓、呼吸器の機能に自己の身辺の日常生活活動が極度に制限される程度の障害やヒト免疫不全ウイルスによる免疫の機能に日常生活がほとんど不可能な程度の障害がある方は定期接種の対象）。

これらの分類は、予防接種により発熱などの副作用だけでなく重篤な障害を生じることがあり、その救済内容の違いによる。2011（平成23）年に新型インフルエンザの迅速対応を目的に臨時接種を創設し、厚生労働大臣の指示のもと各自治体で実施できるようになった。新型コロナウイルスワクチンも臨時接種に準じて実施されている。定期接種は、市町村での公費助成により行われる。

予防接種は、公衆衛生対策上有効な手段と考えられ、集団免疫による社会防衛が主な目的とされていたが、近年、個人防衛の意義も重視されるようになっている。

定期および臨時の予防接種を表6.10に示す。

表 6.10　予防接種法に基づく予防接種

分類	対象疾病	接種年齢（実施要領による）
A 類疾病 集団予防目的 （努力義務）	ジフテリア 百日咳 破傷風 急性灰白髄炎（ポリオ）	DPT-IPV 1 期初回：生後 3～12 ヶ月（1 回） 1 期追加：3～8 ヶ月後（2 回） 2 期：11～12 歳（DT 1 回）
	麻疹★ 風疹★	1 期：12～24 ヶ月未満（MR 1 回） 2 期：5～7 歳未満（MR 1 回）
	日本脳炎	1 期初回：6 ヶ月～90 ヶ月（7.5 歳）未満（2 回） 1 期追加：翌年（1 回） 2 期：9～13 歳未満（1 回）
	HBV（B 型肝炎）	初回：生後 2 ヶ月～（1 回）、1 ヶ月後、6 ヶ月後（1 回）
	結核（BCG）★	生後 3 ヶ月～1 歳未満（1 回）
	Hib （インフルエンザ菌 b 型）	生後 2～15 ヶ月（4 回）　接種漏れ 1～5 歳未満（1 回）
	肺炎球菌	生後 2～15 ヶ月（4 回）　接種漏れ 2～9 歳未満（1 回）
	HPV（子宮頸がん）	小学 6 年生～高校 1 年生までの女子（3 回）
	ロタウイルス	初回：生後 14 週 6 日まで以降 32 週までに終了 1 価を 2 回または、5 価を 3 回のどちらか
B 類疾病 個人予防目的 （任意接種）	肺炎球菌 季節性インフルエンザ	①65 歳以上 ②60～64 歳かつ心臓・腎臓・呼吸器機能障害または HIV による免疫機能障害
臨時	新型コロナウイルス （SARS-CoV2）	乳幼児 6 ヶ月～4 歳（3 回）、小児 5～11 歳（3 回） 12 歳～（3 または 4 回　2022 年秋開始接種）

例題 11　予防接種法についてである。A 類の対象疾患はどれか。1 つ選べ。

1. 新型コロナウイルス感染症（COVID-19）
2. 流行性耳下腺炎（おたふくかぜ）
3. 季節性インフルエンザ感染症
4. ロタウイルス感染症
5. 痘瘡（天然痘）

解説　1. 臨時接種である。　2. 予防接種法に基づかない任意接種である。　3. B 類の高齢者を対象とする任意接種である。　5. 予防接種は行わない。　**解答** 4

(3) 感染対策

感染症法により感染症発生動向調査は感染症対策のひとつとして位置づけられた。感染症の発生状況を把握・分析、情報提供することにより、感染症の発生および蔓延を防止することを目的として行われている。感染症発生動向調査では医師・獣医師に全数届出を求める「全数把握対象疾患」と指定届出機関（定点医療機関）で診断された患者の報告を求める「定点把握対象疾患」をそれぞれ定めている。また、地方衛生研究所などで病原体の検出、解析が行われ、その結果が報告されている。国際的な情報はWHOから情報収集を行い、海外渡航先における感染予防に役立てている。

(4) 健康危機管理

国民の生命・健康の安全を脅かすあらゆる事態に対応するため、厚生労働省危機管理基本指針が策定されている。WHOによる危機管理として国際保健規則（IHR）がある。2005（平成17）年の改正で、改正前に黄熱、コレラ、ペストの3疾病を対象としていたものが、原因を問わず、国際的な公衆衛生上の脅威となり得るすべての事象（PHEIC）へと広げられた。また、PHEICを検知してから24時間以内の通告が義務化された。

6 精神疾患

6.1 精神疾患と精神障害

精神障害の原因となる精神疾患はさまざまであり、原因となる精神疾患によって、その障害特性や制限の度合いは異なる。精神疾患のなかには、長期にわたり、日常生活または社会生活に相当な制限を受ける状態が続くものがある。国際疾病分類に基づく精神および行動の障害の正確な分類は以下の通りである。

① 認知症（血管性など）：血管性および詳細不明の認知症
② 認知症（アルツハイマー病）：アルツハイマー病
③ 統合失調症など：統合失調症、統合失調症型障害および妄想性障害
④ うつ病など：気分[感情]障害（双極性障害を含む）
⑤ 不安障害など：神経症性障害、ストレス関連障害および身体表現性障害
⑥ 薬物・アルコール依存症など：精神作用物質使用による精神および行動の障害
⑦ その他：その他の精神および行動の障害

6.2 主要な精神疾患

(1) 気分障害

「憂うつである」「気分が落ち込んでいる」などと表現される症状を抑うつ気分という。抑うつ状態とは抑うつ気分が強い状態である。気分が大きく高揚した場合を躁状態とよぶ。うつ病は、だれもがかかり得る病気であり、早期発見・早期治療が可能であるにもかかわらず、本人や周囲の者からも気づかれないまま重症化し、治

療や社会復帰に時間を要する場合があることから、早期に発見し、相談、医療へとつなぐための取り組みを進めている。また、うつ状態と躁状態とが交代で見られる双極性障害（躁うつ病）もある。予後良好なこともあれば、再発を繰り返し慢性化荒廃状態に至ることもある。

(2) 統合失調症

統合失調症は、刺激感知、認知、判断、行動の一連の精神作用に統一性がなくなった状態の精神障害である。原因は不明で、若年発症が多い疾患であり有病率が0.7%との報告がある。症状としては、被害妄想や幻聴（悪口、うわさ話、命令）などの陽性症状と、意欲の低下、感情鈍麻、思考欠如のような陰性症状がみられる。抗精神病薬による治療は、特に陽性症状には有効であるが、陰性症状には不十分なため慢性化、荒廃化することから精神科入院病床の約60%を占める。そのため、慢性化した場合リハビリテーション療法や社会復帰対策が重要になる。今後の精神保健福祉の課題である。

(3) 知的障害（精神遅滞）

知的障害とは、知的能力の発達が障害され、知的能力障害（知的発達症）ともよばれる。原因としては、染色体異常・神経皮膚症候群・先天代謝異常症・胎児期の感染症（例えば、先天性風疹症候群など）・中枢神経感染症（例えば、細菌性髄膜炎など）・脳奇形・てんかんなど発作性疾患がある。早期に発見して治療・療育・教育を行う必要がある。1歳6カ月や3歳での乳幼児健診で見つかる場合もある。

6.3 精神保健対策

精神疾患により医療機関にかかっている患者数は、近年大幅に増加しており、2014（平成26）年は392万人、2020（令和2）年では600万人を超えている。内訳としては、多いものから、うつ病、不安障害、統合失調症、認知症などとなっており、 近年においては、うつ病や認知症などの著しい増加がみられる（表6.11）。

精神保健福祉法は、精神障害者の医療および保護を行い、障害者総合支援法とともに、精神障害者の社会復帰の促進、自立と社会経済活動への参加の促進のために必要な援助を行う。また、精神疾患の発生の予防や国民の精神的健康の保持および増進に努めることとなっている。

精神障害者は、障害者基本法では「精神障害（発達障害を含む。）がある者であって、障害及び社会的障壁により継続的に日常生活又は社会生活に相当な制限を受ける状態にあるもの」と定義される。そのなかで「精神障害者保健福祉手帳」を有する者は推計値で118万人（令和2年度）となり、手帳交付（申請窓口は居住地の市区町村）を受けると精神通院医療費の公費負担、生活保護の迅速化と加算、交通機関割引などの制度がある。精神障害者への相談窓口としての第一線機関は、保健所である。その上部機関として精神保健福祉センターがある。

表 6.11　精神障害者数の推移

（単位　千人）

	平成20年(2008)	23(2011)	26(2014)	29(2017)	令和2年(2020)
精神障害者数	3,233	3,201	3,924	4,193	6,148
Ⅴ　精神及び行動の障害					
血管性及び詳細不明の認知症	143	146	144	142	211
アルコール使用（飲酒）による精神及び行動の障害	50	43	60	54	60
その他の精神作用物質使用による精神及び行動の障害	16	35	27	22	29
統合失調症、統合失調症型障害及び妄想性障害	795	713	773	792	880
気分［感情］障害（躁うつ病を含む）	1,041	958	1,116	1,276	1,721
神経症性障害、ストレス関連障害及び身体表現性障害	589	571	724	833	1,243
その他の精神及び行動の障害	164	176	335	330	805
Ⅵ　神経系の疾患					
アルツハイマー病	240	366	534	562	794
てんかん	219	216	252	218	420

出典）厚生労働省「患者調査」（総患者数）

注）精神障害者数は、「Ⅴ精神及び行動の障害」から「精神遅滞」を除外し、「Ⅵ神経系の疾患」の「アルツハイマー病 」と「てんかん」を加えた数である。

例題 12　精神疾患についてである。正しいのはどれか。1つ選べ。

1. 入院患者数は増加している。
2. 外来患者数は増加している。
3. 総患者数は減少している。
4. 精神保健福祉手帳は保健所で交付される。
5. 認知症（アルツハイマー病）の患者の割合が最も多い。

解説　1. 減少している。　2. 増加している。　3. 増加している。　4. 精神保健福祉手帳の交付は市区町村である。　5. 最も多いのは気分障害である。　**解答** 2

6.4 認知症

認知症とは、一度獲得された知的機能が後天的な脳の機能障害によって全般的に低下し、社会生活や日常生活に支障を来すようになった状態で、それが意識障害のないときにみられる」と定義される。近年は、アルツハイマー病が増加している。また、特に65歳未満の発症者を若年性認知症とよぶ。

7 その他の疾患

7.1 慢性腎臓病（CKD）

慢性腎臓病は、以下の①、②のいずれか、または両方が3カ月以上持続することで診断される。

①尿異常、画像診断、血液、病理で腎障害の存在が明らか。特に0.15g/gCr以上の蛋白尿（30 mg/gCr以上のアルブミン尿）の存在が重要である。

②GFR＜60 mL/分/1.73 m^2

GFRは日常診療では血清Cr値、性別、年齢から日本人のGFR推算式を用いて算出する。eGFRcreat（mL/分/1.73 m^2）＝194 × 血清Cr（mg/dL）－1.094 × 年齢（歳）－0.287。女性の場合は、さらに×0.739とする。

腎臓の機能は、一度失われたらもとに戻ることがないので、CKDの進行を止める治療が重要である。CKDの第一の治療目的は、末期腎不全への進行の阻止、進行を遅くすることが目的になる。第二に、CKDの治療により心血管疾患の発症を抑えることも目的となる。従来からCKDの進行抑制のために、タンパク質や食塩などの摂取制限が重要とされており、腎臓専門医と管理栄養士を含む医療チームの管理下で患者さんの病状に応じたタンパク質摂取の制限が推奨されている。また、高血圧の患者ではより厳格な降圧目標がCKD進行抑制に有効であることが示されている。

CKD患者数は、成人の約8人に1人にあたる約1,300万人といわれている（CKD診療ガイド2012）。近年、透析患者数の増加は鈍化しているが、減少には至っておらず、2020（令和2）年末には347,671人に達している。新規透析導入患者数も、近年は横ばい傾向にあり、2020（令和2）年の新規透析導入患者数は40,744人である。早期に腎機能低下者を発見し、重症化予防することが重要である。図6.20にCKDの健診判定とその対応を示す。

7.2 呼吸器疾患

(1) 慢性閉塞性肺疾患（COPD）

主に長年の喫煙習慣が原因で発症し、呼吸機能が低下していく肺の病気である。従来は「慢性気管支炎」、「肺気腫」と別々によばれていたが、この2つを総称して慢性閉塞性肺疾患（COPD）とよばれる。喫煙習慣を背景に中高年に発症する生活習慣病で、40歳以上の人口の8.6%、約530万人の患者が存在すると推定されている。確定診断にはスパイロメトリーといわれる呼吸機能検査が必要で、早期発見、禁煙、適切な治療とリハビリテーションにより肺機能を維持することが大切である。

【尿蛋白に関する判定と対応の分類例（血清クレアチニンを測定していない場合）】

<table>
<tr><th colspan="2">健診判定</th><th>対応</th></tr>
<tr><td rowspan="3">異常
↕
正常</td><td>尿蛋白　陽性（1+/2+/3+）</td><td>①　医療機関の受診を</td></tr>
<tr><td>尿蛋白　弱陽性（±）</td><td>②　生活習慣の改善を</td></tr>
<tr><td>尿蛋白　陰性（－）</td><td>③　今後も継続して健診受診を</td></tr>
</table>

【尿蛋白および血清クレアチニンに関する判定と対応の分類例】

<table>
<tr><th colspan="2">健診判定
（eGFRの単位:mL/min/1.73m²）</th><th>尿蛋白（－）</th><th>尿蛋白（±）</th><th>尿蛋白（1+）以上</th></tr>
<tr><td rowspan="3">異常
↕
正常</td><td>eGFR＜45</td><td colspan="3">①すぐに医療機関の受診を</td></tr>
<tr><td>45≦eGFR＜60</td><td>③生活習慣の改善を</td><td rowspan="2">②生活習慣の改善を</td><td rowspan="2"></td></tr>
<tr><td>60≦eGFR</td><td>④今後も継続して健診受診を</td></tr>
</table>

出典）厚生労働省HP　標準的な健診・保健指導プログラム【平成30年版】をもとに、がん・疾病対策課作成

図6.20　慢性腎臓病に関する健康診査の判定と対応の分類例

7.3 肝疾患

(1) 脂肪肝、NAFLD、NASH

脂肪肝は肝臓に内蔵脂肪が蓄積した状態で、多量の飲酒によるアルコール性脂肪肝と少量の飲酒（1日当たり純エタノールとして男性で30g未満、女性では20g未満）に留まっているがアルコール性脂肪肝になる場合がある。多量の飲酒が脂肪肝（NAFL）に留まらず、肝炎や肝硬変に進行することは知られているが、少量飲酒者の非アルコール性脂肪肝（nonalcoholic steato-hepatitis : NASH）でも同じように肝臓の病気が進行することがある。NASHから脂肪肝炎や肝硬変に進行した状態までを含む一連の肝臓病のことを「非アルコール性脂肪性肝疾患」（nonalcoholic fatty liver disease : NAFLD）とよぶ。メタボリックシンドロームがあるとNAFLDやNASHを発症しやすく、特に肥満（ウエスト周囲径の増大）はNAFLDやNASHの強い危険因子であり、また高血糖や脂質異常も主要な危険因子である。NAFLDの有病率は、日本では9～30%と報告されており、全国で1,000万人以上いると考えられている。NAFLDのうち80～90%は長い経過をみても脂肪肝のままで、病気はほとんど進行しない。しかし、残りの10～20%の人は徐々に悪化し肝硬変に進行、あるいいは肝がんを発症することがある。いずれの疾患も肥満やメタボリックシンドロームの人の増加に伴い患者数が増加していると考えられている。減量を目的とした運動や栄養療法によって疾患の改善が認められる。

7.4 アレルギー疾患

(1) アレルギー疾患対策基本法

わが国にはアレルギー疾患を有する者が多数存在する。アレルギー疾患には急激な症状の悪化を繰り返し生じさせるものがあり、アレルギー疾患を有する者の生活の質が著しく損なわれる場合が多いことなど、アレルギー疾患が国民生活に多大な影響を及ぼしている現状がある。また、アレルギー疾患が生活環境に係る多様かつ複合的な要因によって発生し、重症化することが危惧される。このことから2014（平成26）年、アレルギー疾患対策基本法が施行された。

アレルギー疾患対策の一層の充実を図るため、アレルギー疾患対策に関して基本理念を定め、国、地方公共団体、医療保険者、国民、医師その他の医療関係者および学校などの設置者または管理者の責務を明らかにし、ならびにアレルギー疾患対策の推進に関する指針の策定等について定めるとともに、アレルギー疾患対策の基本となる事項を定めることにより、アレルギー疾患対策を総合的に推進することを目的としている。

(2) アレルギー疾患

「アレルギー疾患」とは、気管支ぜんそく、アトピー性皮膚炎、アレルギー性鼻炎、アレルギー性結膜炎、花粉症、食物アレルギー、その他アレルゲンに起因する免疫反応による人の生体に有害な局所的または全身的反応に係る疾患である。

(3) 気管支ぜんそく

発症原因として煙や排気ガスなどの刺激物、アレルゲン、気道感染、急激な寒暖差、運動、ストレスなどの刺激が引き金となって気管支平滑筋、気道粘膜の浮腫、気道分泌亢進により気道の狭窄や閉塞を起こす。気道狭窄によって喘鳴や息切れ、咳、痰などの症状が認められる。ぜんそく発作時ではこれらの症状が激しく、呼吸困難や過呼吸、酸欠、体力の激しい消耗などを伴い、重症化すると死に至る場合もある。

(4) アトピー性皮膚炎

アトピー性皮膚炎は表皮、特に角層の異常に起因する皮膚の乾燥とバリアー機能異常という皮膚の生理学的異常を伴い、多彩な非特異的刺激反応および特異的アレルギー反応が関与して生じる。遺伝要因は約50%と推定されているが、先進国では21世紀までに過去30年にわたって小児アトピー性疾患（ぜんそく、アトピー性皮膚炎、アレルギー性鼻結膜炎）が増加している。この事象は遺伝的な要因では説明できない。また実際にアトピー性疾患の子どもの大半で遺伝的リスクが高いわけではない。一方でアレルギー性疾患とアトピー性疾患の関連性が明らかにされている。

(5) アレルギー性鼻炎

アレルギー性鼻炎には通年性と季節性があり、季節性の代表には花粉症がある。また空気が乾燥する季節に限って、鼻炎を起こすケースもある。一般的に用いられるのは、通年性のアレルギー性鼻炎をさす場合が多い。通年性アレルギー性鼻炎の代表としてダニによる鼻炎がある。その他にはカビ、ハウスダスト、ペットの体毛による鼻炎も少なくない。

(6) アレルギー性結膜炎

結膜炎はさまざまな原因で発症するが、大きく分けると感染性（細菌性結膜炎・ウイルス性結膜炎）と、非感染性（アレルギー性結膜炎）に大別される。アレルギー性結膜炎には、アトピー性角結膜炎などがあり、アトピー性皮膚炎がある場合に併発することがある。その他、カビ、ハウスダスト、ペットの体毛などが原因となる。眼に掻痒感が認められる。

(7) 花粉症

植物の花粉が、鼻や眼などの粘膜に接触することで発症するⅠ型アレルギー疾患である。ヒスタミン産生によるくしゃみ、鼻水、鼻詰まり、眼のかゆみなどの一連の症状が特徴的な症候群である。花粉の飛散期に伴って症状が悪化するため、代表的な季節性アレルギー性鼻炎に分類される。

花粉の種類や量により、まれにアナフィラキシーショックを起こすことがあるため、注意が必要である。重症者やぜんそくの既往症のある患者は、発症時期には運動はなるべく避けるようにする。体表的な原因物質としてスギ花粉症があり、北海道と沖縄を除いた日本の多くの地域で春先に発症する。その他にはヒノキ科、ブタクサ、マツ、イネ科、ヨモギなど他の植物の花粉症もあるが、特にスギ花粉症患者の7〜8割はヒノキ花粉症を併発する。発症に関する遺伝的要因については、IgE産生に関わるもので劣性遺伝のため、明確な関連性は不確定である。発症に関する環境要因としては、生活環境や大気汚染、衛生環境の変化による免疫作用の変化との関連が指摘されている。

(8) 食物アレルギー

原因食物を経口摂取した後や接触した後に免疫機能が働くことで発症するⅠ型アレルギーである。主なアレルゲンは食物に含まれるタンパク質である。乳幼児の発症には牛乳や小麦、鶏卵、大豆などが原因物質として多く、全体の5〜10%程度の乳幼児に発症のリスクがあるとされる。学童期はエビやカニなどの甲殻類、ピーナッツ、そば、果物などが原因物質として多く、学童期以降は全体の3%程度に発症のリスクがあるとされる。多くの場合、成長とともに耐性を獲得する。ヒスタミン産生によって以下に示す症状が見られ、加えて急激な複数の症状、血圧の低下、呼吸困難、意識障害などの全身症状を起こす「アナフラキシーショック」を発症する場合がある。生命の危険があるため、食物アレルギー既往歴がある者には当該物質を摂取させない。発症した場合は直ちに医師の診察、アドレナリン自己注射薬の投与などで対処する。

皮膚症状：掻痒感、発赤、湿疹、紅斑、発疹など

呼吸器症状：咳、くしゃみ、鼻水、鼻づまり、喉の掻痒感、呼吸障害など

粘膜症状：眼の充血や掻痒感、瞼など眼の周囲の腫れ、口腔内や舌の掻痒感など

消化器症状：下痢や吐き気、嘔吐、血便など

神経症状：意識障害、頭痛、倦怠感など

(9) その他のアレルギー

不適合輸血や自己免疫性貧血などを起こすⅡ型アレルギーや生体組織や血管壁に障害が起こるⅢ型アレルギー、金属や漆、化粧品などが原因となるⅣ型アレルギーがある。

8 自殺、不慮の事故、虐待、暴力

8.1 自殺

厚生労働省の人口動態統計による自殺者数の推移をみると（図 6.21）、2003（平成 15）年の 3 万 4,427 人をピークに横ばい状態が続いていたが、2010（平成 22）年以降は減少傾向に転じ、2019（令和元）年には 2 万 169 人と最少数となり、それ以降は横ばい状態である。しかし、2021 年の年齢階級別の自殺者数の推移をみると、近年は総じて減少傾向にあり、階級別では 60 歳以上が最も多く、次いで 50 歳代、40 歳代が多くなっている。

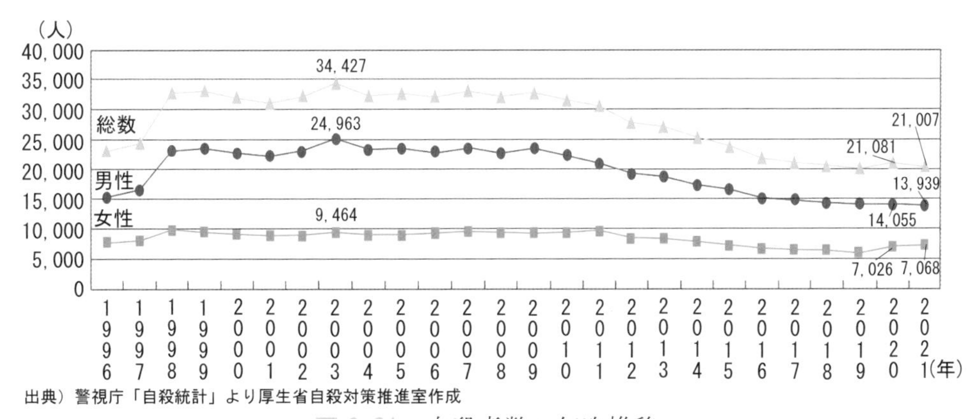

出典）警視庁「自殺統計」より厚生省自殺対策推進室作成

図 6.21　自殺者数の年次推移

2006（平成18）年10月に自殺対策基本法が施行され、2016（平成28）年4月に改正された。誰も自殺に追い込まれることのない社会の実現を目指して、自殺対策に関し、基本理念を定め、国、地方公共団体、事業主、国民のそれぞれの責務を明らかにするとともに、各自治体が都道府県自殺対策計画、市町村自殺対策計画を立て対策の推進体制を整備している。厚生労働省のホームページでは2020（令和2）年8月から相談窓口、ゲートキーパー、自殺対策の取り組みなどの情報を分かりやすくまとめたサイト「まもろうよ　こころ」を公開している。

例題13　自殺者についてである。原因として最も多いのはどれか。1つ選べ。
1. 経済・生活問題　2. 健康問題　3. 家庭問題　4. 男女問題　5. 勤務問題

解答　原因・動機別にみた自殺者数・構成割合では、健康問題が6割以上をしめている。
解答 2

8.2 不慮の事故

2021（令和3）年の不慮の事故による死亡者数は38,296人で、死因順位では第7位となっている。種類別に死亡の原因をみると（令和2年）、最も多いのは転倒・転落・墜落（9,585人）で、次いで窒息（7,841人）、溺死及び溺水（7,333人）、交通事故（3,718人）が多い。年齢階級別にその原因をみると、乳児期（0歳）と1～4歳では窒息、5～9歳と15～54歳では交通事故、10～14歳と65～84歳では溺死及び溺水、85歳以上では転倒・転落・墜落が最も多くなっている。

8.3 虐待、暴力

(1) 虐待

虐待とは、医学的には肉親またはその関連者によるいじめであり、肉体的、心理的にも負傷を負うことをいう。虐待は、両親から子供への児童虐待と、子供から虐待される高齢者への虐待がある。

児童虐待としては、子供に暴力をふるう「身体的虐待」、保護の怠慢・拒否の「ネグレクト」、「性的虐待」、子供を強くののしる「心理的虐待」がある。児童虐待の防止等に関する法律（児童虐待防止法）により、虐待を目撃したり診察で発見した場合、発見者は直ちに都道府県が設置する福祉事務所、児童相談所に届け出る義務がある。全国の児童相談所での児童虐待に関する相談対応件数は、児童虐待防止法施行前の1999（平成11）年度に比べ、2014（平成26）年度は7.6倍に増加を認めた。

警察庁によるまとめでは、2019（令和元）年に全国の警察が摘発した児童虐待事件は1,972件、被害を受けた子どもは1,991人に上ったことが発表され、いずれも前年比1.4倍で過去最多を更新した。虐待事件で前年より18人多い54人の児童が死亡している。

高齢者への虐待としては、「身体的虐待」、「心理的虐待」、「性的虐待」に加えて、本人の合意なしに財産や金銭を使用し、本人が希望する金銭の使用を理由なく制限する「経済的虐待」、必要な介護サービスの利用を妨げる、世話をしないなどにより、高齢者の生活環境や身体的・精神的状態を悪化させる「介護・世話の放棄・放任」がある。「高齢者虐待の防止、高齢者の養護者に対する支援等に関する法律」があり、各市町村の相談窓口の他に地域包括支援センターが相談窓口となる。

(2) 暴力

家庭内暴力は、日本では「配偶者や恋人など親密な関係にある、またはあった者から振るわれる暴力」という意味で使用されることが多い。暴力の形態としては、身体的、精神的、性的なものがある。配偶者からの暴力を防止し、被害者の保護等を図ることを目的として制定された「配偶者からの暴力の防止及び被害者の保護等に関する法律」は、「配偶者暴力防止法、DV防止法」とよばれる。配偶者からの暴力の被害者は、多くの場合は女性であるが、相談窓口として配偶者暴力相談支援センター、婦人相談所がある。

章末問題

1　がんに関する記述である。誤っているのはどれか。2つ選べ。

1. 肝がんの年齢調整死亡率は、近年増えている。
2. 加工肉摂取は、大腸がんのリスク因子である。
3. 乳がん検診の受診率は、50%を超えている。
4. がん登録は、院内がん登録と地域がん登録がある。
5. 都道府県は、がん対策推進計画を策定しなければならない。　(30回国家試験改変)

解説　肝がんの年齢調整死亡率は減少、乳がん検診の受診率は、30～40%に留まっている。　解答 1、3

2　循環器疾患に関する記述である。正しいのはどれか。2つ選べ。

1. 喫煙は、くも膜下出血のリスク因子である。
2. 多量飲酒は、脳出血のリスク因子である。
3. 脳血管疾患の年齢調整死亡率は、女性の方が男性より高い。
4. 最近の脳血管疾患の年齢調整死亡率は、上昇傾向である。
5. 脳血管疾患による死亡数は、脳梗塞より脳内出血が多い。　(33回国家試験改変)

解説　脳血管疾患による死亡数は、脳梗塞より脳内出血が少ない。　解答 1、2

3　脳血管疾患とそれを引き起こしやすい病態の組み合わせである。正しいのはどれか。2つ選べ。

1. 脳出血 ――― 低血圧
2. 肺塞栓 ――― 下肢深部静脈血栓症
3. くも膜下出血 ――― 一過性脳虚血発作(TIA)
4. ラクナ梗塞 ――― 心房細動
5. 心筋梗塞 ――― 不安定狭心症　(32回国家試験改変)

解説　一過性脳虚血発作（TIA）は脳梗塞の原因となる。ラクナ梗塞は細い血管の脳梗塞であり、心房細動との関連はあまりない。　解答 2、5

4　脳血管障害に関する記述である。正しいのはどれか。2つ選べ。

1. くも膜下出血は、脳動脈瘤がリスク因子である。
2. 一過性脳虚血発作（TIA）は、脳出血の前駆症状である。
3. 脳出血は、頭部CTで低吸収領域として示される。
4. くも膜下出血は、症状に激烈な頭痛がある。
5. 脳塞栓は、症状発現が緩徐である。　(33回国家試験改変)

解説　脳出血は、頭部CTで高吸収領域として認められる。脳塞栓は、症状発現が急速である。解答 1、4

5　ロコモティブシンドロームに関する記述である。誤っているのはどれか。1つ選べ。

1. 日本整形外科学会が最初に提唱した概念である。
2. 運動器の障害のために、要介護リスクが高くなった状態のことである。
3. 健康日本21（第二次）では、有病率を減少させる目標が設定されている。
4. 2ステップテストは、診断に用いられる。
5. 予防には、アクティブガイドのプラス・テンが勧められている。　(32回国家試験)

解説　健康日本21（第二次）では、認知している国民の割合の目標（80%）が設定されている。 解答 3

6　サルコペニアに関する記述である。最も適当なのはどれか。2つ選べ。
1. 加齢による場合は、二次性サルコペニアという。
2. たんぱく質摂取不足は、要因となる。
3. 筋肉量は、増加する。
4. 握力は、増大する。
5. ADL（日常生活動作）が低下し、歩行速度は遅くなる。　(34回国家試験)

解説　加齢による場合は、一次性サルコペニアという。二次性サルコペニアには、廃用性萎縮によるもの、悪性腫瘍などの疾患に伴うもの、低栄養によるものなどがある。　解答 2、5

7　ウイルス対策が重要とされているがんである。正しいのはどれか。2つ選べ。
1. 肝がん
2. 子宮体がん
3. 胃がん
4. 子宮頸がん
5. 乳がん　(32回国家試験改変)

解説　原発性肝がんの90%は肝炎ウイルスが原因、子宮頸がんの原因となるHPV（ヒトパピローマウイルス）に対する対策が重要である。　解答 1、4

8　感染症とその病原体の組み合わせである。正しいのはどれか。1つ選べ。
1. 淋病――――リケッチア
2. 梅毒――――真菌
3. 麻疹――――細菌
4. 水痘――――ウイルス
5. 手足口病――マイコプラズマ　(32回国家試験改変)

解説　梅毒は細菌（梅毒トレポネーマ ）による。手足口病はウイルス（コクサッキーウイルスやエンテロウイルス）による。　解答 4

9　感染症に関する記述である。最も適当なのはどれか。1つ選べ。
1. わが国の肝細胞がんの原因として、B型肝炎ウイルスが最も多い。
2. 黄色ブドウ球菌は、グラム陰性球菌である。
3. 結核は、新興感染症である。
4. レジオネラ感染症の原因は、生の鶏肉の摂取である。
5. カンジダ症は、消化管に起こる。　(34回国家試験改変)

解説　わが国の肝細胞がんの原因として、C型肝炎ウイルスが最も多い。黄色ブドウ球菌は、グラム陽性球菌である。レジオネラ感染症の原因は、空調機からのエアロゾルを肺へ吸入する経気道感染による。　解答 5

10　感染症の感染経路に関する記述である。誤っているのはどれか。1つ選べ。

1. 結核は、空気感染である。
2. コレラは、水系感染である。
3. アニサキスは、いかの生食で感染する。
4. 風疹は、胎児に垂直感染する。
5. C型肝炎は、経口感染である。

(33回国家試験)

解説　C型肝炎は血液感染である。　解答 5

11　感染症法において、入院措置の対象となる感染症である。正しいのはどれか。1つ選べ。

1. コレラ
2. 結核
3. アメーバ赤痢
4. レジオネラ症
5. 日本脳炎

(32回国家試験)

解説　感染症のうち、1類感染症、2類感染症、新型インフルエンザ等感染症は、入院措置の対象となる。結核は2類感染症である。　解答 2

参考文献

1) 国立がん研究センターがん情報サービスHP　https://ganjoho.jp/public/index.html
2) 第2回たばこ対策関係省庁連絡会議 資料 https://www.mhlw.go.jp/topics/tobacco/kaigi/060810/
3) 日本高血圧学会高血圧治療ガイドライン作成委員会編集：高血圧治療ガイドライン2019　日本高血圧学会発行
4) 日本脳卒中学会　脳卒中ガイドライン[追補2019]委員会編集　脳卒中治療ガイドライン2015[追補2019]
5) 日本循環器学会　急性冠症候群ガイドライン（2018年改訂版）
6) 日本循環器学会　慢性冠動脈疾患診断ガイドライン（2018年改訂版）
7) 宮崎滋　肥満症診療ガイドライン2016　日本内科学会雑誌107巻2号
8) 日本老年医学会　高齢者肥満症診療ガイドライン2018 日老医誌 2018；55：464—538
9) 国立国際医療センター糖尿病情報センターHP
10) 動脈硬化性疾患予防のための脂質異常症診療ガイド2018年版
11) 骨粗鬆症の予防と治療ガイドライン作成委員会編集　骨粗鬆症の予防と治療ガイドライン2015年版
12) 日本整形外科学会HP
13) 松木　秀明編　よくわかる公衆衛生　2020年　金原出版
14) 国立感染症研究所HP
15) 厚生労働省検疫所FORTHホームページ
16) 厚生労働省　精神・発達障害者しごとサポーター 養成講座HP
17) 内閣府ホームページ　令和2年版障害者白書
18) 厚生労働省　アルコール健康障害対策ホームページ
19) 厚生労働省　みんなのメンタルヘルス総合サイトHP

20) 日本消化器病学会編　胃食道逆流症(GERD)診療ガイドライン 2015(改訂第 2 版)
https://www.jsge.or.jp/files/uploads/gerd2_re.pdf#view=FitV
21) 日本消化器病学会編　患者さんとご家族のための炎症性腸疾患（IBD）ガイド
https://www.jsge.or.jp/guideline/disease/pdf/13_ibd.pdf
22) 日本腎臓学会編　エビデンスに基づく CKD 診療ガイドライン 2018
23) 厚生労働省：腎疾患対策検討会　腎疾患対策検討会報告書～腎疾患対策の更なる推進を目指して～ 2018 年
24) 厚生労働省健康局　標準的な健診・保健指導プログラム【平成 30 年度版】
25) 厚生労働省　スマート・ライフ・プロジェクト HP
26) 厚生労働省　令和 2 年版自殺対策白書
27) 国民衛生の動向
28) 厚生労働省　児童虐待防止対策 HP
29) 東京都福祉局　高齢者虐待防止と権利擁護 HP
30) 内閣府男女共同参画局 HP

第7章

保健・医療・福祉の制度

1 社会保障の概念

1.1 社会保障の定義と歴史

社会保障とは、個人の力だけでは備えることに限界がある生活上のリスク（病気、障害、失業、老後など）に対して、社会全体で助け合い、支えようとする仕組みである。社会保障制度は、すべての人々の生活上のリスクを分担・軽減するために、社会的に強い立場の人（所得の高い人等）がより多くのお金（保険料や税金）を拠出し、社会的に弱い立場の人（所得の低い人等）に与えるという「富の再分配」の機能がある[1)]。

日本の社会保障制度は、戦後の日本国憲法の施行を受けて本格的に整備された。日本国憲法第25条第1項では「すべての国民は、健康で文化的な最低限度の生活を営む権利を有する」（生存権）とし、第2項では「国は、すべての生活部面について、社会福祉、社会保障及び公衆衛生の向上及び増進に努めなければならない」と規定している。また、1950（昭和25）年の社会保障制度審議会の「社会保障制度に関する勧告」では、社会保障制度は「社会保険」「公的扶助」「公衆衛生及び医療」「社会福祉」の4つの柱から成り立つものと定義された（表7.1）。

社会保険料を主な財源としている「社会保険」には、病気・けがに備える「医療保険」、年をとったときや障害を負ったときの生活費を支給する「年金保険」、失業のリスクに対する「雇用保険」、仕事上の病気・けがに備える「労働者災害補償保険」、加齢に伴い介護が必要になったときの「介護保険」がある。また、税金を財源とする「公的扶助」には生活困窮者への「生活保護」、「社会福祉」には子どもや障害者等への福祉サービス、「公衆衛生及び医療」には病気の予防や健康づくりなどがある[2)]。

2020（令和2）年度社会保障費用統計によれば、社会保障給付費の総額は132兆2,211億円で、国民1人当たりの給付費は104万8,200円であった。社会保障給付費の内訳を部門別にみると、1位は「年金」で55兆6,336億円（42.1%）、2位は「医療」で42兆7,193億円（32.3%）、3位は「福祉その他」で33兆8,682億円（25.6%）であり、年金と医療で全体の約8割を占めている。社会保障給付費の財源は、社会保険料（39.8.7%）、 公費負担（31.90%）、その他（4.5%）となっている。

表 7.1　社会保障制度の 4 本柱

社会保険	各自が保険料を出して各種のリスクに関し保障をする相互扶助の制度	医療保険、年金保険、介護保険、雇用保険、労働者災害補償保険
公的扶助	生活を困窮するすべての国民に対して国が最低限度の生活を保障し自立を助けようとする制度	生活保護(8 つの扶助) 生活扶助、教育扶助 住宅扶助、医療扶助 介護扶助、出産扶助 生業扶助、葬祭扶助
公衆衛生及び医療	国民が健康に生活できるためのさまざまな事項についての予防、衛生のための制度	保健サービス、医療供給、食品衛生、感染症対策、環境衛生、労働衛生、学校保健など
社会福祉	障害者や社会的弱者に対して、国、地方公共団体等が援助する制度	障害者、高齢者、母子、児童等に対する福祉

1.2 公衆衛生と社会保障

1920 年アメリカの公衆衛生学者ウィンスロウは、公衆衛生とは「組織化された地域社会の努力を通じて、疾病を予防し、寿命を延長し、身体的および精神的健康と能率の増進を図る科学であり技術である」と定義した。公衆衛生は、病気の早期診断・治療や疾病予防、健康増進だけでなく、生活および労働における環境衛生も含まれている。したがって、公衆衛生は国民の健康や生活水準を保障、向上させるためのサービスである。

例題 1　わが国の社会保障の現状についてである。正しいのはどれか。1 つ選べ。

1. 社会保障給付費は 150 兆円を超えている。
2. 国民医療費は 40 兆円以下である。
3. 公的社会保険制度への加入は強制である。
4. 公的扶助として後期高齢者医療制度が制定されている。
5. 憲法第 25 条には、国が国民の健康を守る義務が規定されている。

解説　1. 2020 年度の社会保障給付費は約 132 兆 2000 億円である。　2. 2020 年度の国民医療費は約 43 兆円である。　4. 後期高齢者医療制度は後期高齢者（75 歳以上）を対象とした医療保険である。　5. 国には国民の生活部面で社会福祉や社会保障、公衆衛生の向上・増進の努力義務がある。　**解答** 3

2 保健・医療・福祉における行政のしくみ

2.1 国の役割と法律

国は、日本国憲法第 25 条に基づいて、公衆衛生の向上及び増進のために必要な行政（衛生行政）を推進しなくてはならない。主な衛生行政を担う国の組織は厚生労働省、学校保健行政は文部科学省、環境保健行政は環境省が担当している（表 7.2）。また、食品安全に関わる行政機関としては、内閣府に消費者庁や食品安全委員会が設置されている。

すべての行政活動は、原則として法に従って行われる。法とは、国家権力によって遵守することを強制されている、道徳・宗教・伝統・慣習などの社会規範で、成文法と不文法に分けられる。成文法とは、文章化され一定の形式・手続に従って制定される法のことで、憲法、法律、命令、条例などがある（表 7.3）。不文法とは、文章化されてなく、一定の手続によって制定もされていないが、慣習や伝統などにより社会生活の中で現実に行われ、守ることが強制されているもので、慣習法、判例法、条理などがある。

表 7.2　衛生行政区分と管轄組織

	管轄	内容	第一線機関
一般衛生行政	厚生労働省	地域保健・食品衛生	保健所
労働衛生行政		労働安全衛生	労働基準監督署
社会福祉行政		貧困者・障害者福祉	福祉事務所
社会保険行政		年金・医療保険	社会保険事務所＋市町村、保険組合
学校保健行政	文部科学省	学生・生徒の健康	教育委員会（都道府県、市町村）
環境保健行政	環　境　省	環境保全・公害防止	都道府県

表 7.3　成文法の種類と制定機関

❖**憲法**
国家存立の基本的条件を定めた最高法規。国会の議決を経て制定
❖**法律**
憲法の定める一定の手続きに従って、国会の議決を経て制定
❖**政令（施行令）**
法律を実施するため、または法律の委任に基づいて内閣が制定
❖**府令・省令（施行規則）**
法律または政令を実施するため、または法律や政令の委任に基づいて行政機関の長が制定。内閣府の長である内閣総理大臣が制定する府令、行政機関の長である各省大臣が制定する省令がある。
❖**条例**
国の法令に違反しない範囲で行政事務を処理するために地方公共団体（都道府県・市区町村）の議会の議決を経て制定

2.2 衛生法規の定義とその内容

衛生法規とは、衛生行政の根拠となる法律や政令、省令である。衛生法規があってはじめて国・地方自治体は衛生行政活動を行うことができる。衛生法規とは、国民の健康を回復・保持および増進することを目的とする法律で、一般的に医事法、薬務法、保健衛生法、予防衛生法、環境衛生法の5つに分類される。

①医事法：医師などの医療関係者の資格や業務、病院などの医療施設の設備や運営などを規制する法律

例）医療法、医師法、保健師助産師看護師法、臓器移植法、再生医療推進法…など

②薬務法：医薬品・医療機器などの衛生上規制を必要とする物品の製造・販売などを規制する法律

例）医薬品、医療機器等の品質、有効性および安全性の確保などに関する法律（薬機法）、独立行政法人医薬品医療機器総合機構法、麻薬及び向精神薬取締法…など

③保健衛生法：健康の保持・増進を図ることを目的とした法律

例）地域保健法、健康増進法、母子保健法、学校保健安全法、食品安全基本法、食品衛生法、栄養士法…など

④予防衛生法：特定の感染症を予防することを目的とした法律

例）感染症の予防及び感染症の患者の医療に関する法律（感染症法）、予防接種法、検疫法…など

⑤環境衛生法：生活環境の維持・改善を目的とした法律

例）水道法、下水道法、狂犬病予防法、環境基本法、自然環境保全法…など

2.3 地方自治のしくみ：地方自治法

日本の地方自治は、日本国憲法第92条で定められている。地方自治の目的は、地域住民の意思に基づいて政治や行政を行うことや、国から独立して自らの判断と責任で行政活動を行うことである。地方公共団体（地方自治体）の組織や運営について定めているのが地方自治法である。日本の地方公共団体は、都道府県と市町村の二重構造となっており、それぞれが議会（町村は総会でも可）を設置している。

住民へのサービスは、利便性や地方分権推進の観点から、住民の身近な行政機関による提供が望ましいとされている。よって、保健や福祉といった事業は、国から地方公共団体に移され、なかでも身近なサービスは市町村が担当している。

2.4 都道府県の役割

都道府県は市町村を包括する広域の地方公共団体として、広域にわたる事務や市町村に関する連絡調整事務などを処理する。都道府県の本庁には、一般衛生行政を担当する衛生主管部局（市町村は衛生主管課係）がある。近年、保健、医療、福祉の一体的推進・連携が重視され、健康福祉部または福祉保健部となっていることが多い。

都道府県における衛生行政の第一線機関は保健所である。保健所は、疾病の予防や健康増進、環境衛生などの公衆衛生活動の中心機関であり、健康危機管理の拠点として広域的で専門的なサービス（精神福祉、難病、結核・感染症など）を提供している。また、関係情報の収集や分析、統計調査の実施、市町村間の連絡調整や市町村保健センターへの技術的助言などの援助を行う。保健所には、 医師や獣医師、薬剤師、保健師、管理栄養士などの多職種の専門職員が在籍している。都道府県は、保健所以外にも保健・福祉に関しさまざまな施設を設置している（表 7.4）。

表 7.4　都道府県が設置する保健医療福祉の代表的な施設

保健所	地域保健における広域的な対応や市町村に対する専門的な技術支援を行う
地方衛生研究所	衛生行政の科学的かつ技術的中核として、調査研究、試験検査、研修指導、公衆衛生情報の収集・解析・提供を行う
精神保健福祉センター	保健所を中心とする地域精神保健活動を技術面から指導・援助する
福祉事務所	生活保護、児童、障害者、高齢者、母子の福祉を担当する
児童相談所	児童福祉（相談、調査、判定、一時保護など）
更生相談所	障害者福祉、更生援護の専門的相談、医学・心理・職能的判定を行う

2.5 市町村の役割

市町村（特別区）は基礎的な地方公共団体として、都道府県が処理する事務処理を除く、一般的な地域における事務および法令で定められた行政事務を行う。

市町村における衛生行政の第一線機関は市町村保健センターである。市町村保健センターは、地域住民の健康の保持と増進を目的とした地域住民の身近な対人サービスを総合的に行う拠点で、地域的・一般的なサービス（乳幼児健診、がん検診、健康相談、健康診査、予防接種、保健指導、介護事業、家庭訪問など）を提供している。市町村は、市町村保健センター以外にも、母子健康包括支援センター、市町村福祉事務所、老人福祉施設、子ども家庭総合支援拠点、地域包括支援センターなどを設置している。

例題2　保健所・市町村保健センターについてである。最も適当なのはどれか。1つ選べ。

1. 保健所は第二次世界大戦の戦後に設置された
2. 保健所は地域のおける公衆衛生の主導的な位置づけである
3. 市町村は市町村保健センターを設置する義務がある
4. 市町村は保健所を設置する義務がある
5. 市町村保健センターは保健師、社会福祉士、主任介護支援専門員を配置する義務がある

解説　1. 保健所は、第二次世界大戦前の厚生省が設置された前年（1938（昭和12）年）から設置がすすめられた。　3. 設置する義務はない。　4. 都道府県、政令指定都市、中核市などが保健所を設置する。　5. 地域包括支援センターのことである。

解答　2

2.6　他職種の役割と連携

医療の高度化・複雑化に伴い専門的な職種が増え、さまざまな職種がチームを組んで医療や福祉に取り組むことが多くなっている。チーム医療とは、「医療に従事する多種多様な医療スタッフが、各々の高い専門性を前提に、目的と情報を共有し、業務を分担しつつも互いに連携・補完しあい、患者の状況に的確に対応した医療を提供すること」とされている。病院では、栄養サポートチーム（NST）や感染対策チーム（ICT）、緩和ケアチーム（PCT）、呼吸ケアチーム（RCT）などがある。

管理栄養士は、入院・外来における患者の栄養管理で種々のチームの一員になることが多い。例えば、入院患者の栄養管理を目的とした栄養サポートチーム（NST）は、医師、看護師、薬剤師、管理栄養士などの多職種でチームを構成し、回診やカンファレンスによる患者の栄養状態を評価し、経口摂取、経腸栄養、中心静脈栄養などから適切な栄養法を選択する。

診療報酬では、栄養管理を必要する患者に栄養サポートチームが共同して診療を行った場合、栄養サポートチーム加算（200点）を週1回加算できる。近年、栄養サポートチーム（NST）は治療効果の向上や合併症の減少が期待され、導入する施設が増加している。

3 医療制度

3.1 医療保険制度

(1) 公的医療保険の種類

日本の医療保険制度は、すべての国民がいずれかの公的医療保険に加入しなければならない「国民皆保険制度」である。公的医療保険制度は、被用者保険（職域保険）、国民健康保険（地域保険）、後期高齢者医療制度の3種類に大別され、職業や年齢などに応じて加入する。保険に加入している人を被保険者、保険を運営している人を保険者とよぶ。公的医療保険の保険料率（保険料の決定方法）は保険者ごとに異なり、保険料は概ね所得に応じて決まる。後期高齢者医療制度の財源は、約5割が公費、約4割が現役世代からの支援金（後期高齢者支援金)、約1割が制度加入者（被保険者）の保険料で構成されている。

1）被用者保険（職域保険）

・組合管掌健康保険（健康保険組合）；主に大企業の従業員とその扶養家族が加入
・協会管掌健康保険（全国健康保険協会）協会けんぽ；主に中小企業の従業員とその扶養家族が加入
・船員保険（全国健康保険協会）；船員とその扶養家族が加入
・共済保険（各共済組合）；公務員や私立学校の教職員とその扶養家族が加入

2）国民健康保険（地域保険）

・国民健康保険組合（国保組合）；医師、弁護士、理美容師などが職種別に加入
・国民健康保険（市町村国保）；非正規雇用者や無職、退職者など職域保険に加入していない住民が市町村別に加入

3）後期高齢者医療制度

・後期高齢者医療制度；75歳以上の者及び65～74歳で一定の障害のある者が加入

(2) 医療サービスの給付

けがや病気で医療機関を受診した場合、医療行為そのものが受けられる現物給付が原則である。

(3) 自己負担割合

医療機関の窓口で保険証を提示すれば、自己負担額分（窓口で本人が直接支払う金額）を支払うだけで、必要な医療を受けることができる。自己負担額は、実際にかかった医療費の原則3割である。残りの7割は保険者から医療機関に支払われる。なお、所得に応じて定められた月ごとの自己負担限度額を超える部分については高

額療養費制度が適用され、医療保険から支給される。

【医療費の自己負担割合】

・原則・・・・・・・3割（給付7割）

・小学校就学前・・・2割（給付8割）

・70～74歳・・・・ 2割（給付8割）※一定以上の所得者（現役並み）は3割

・75歳以上・・・・ 1割（給付9割）※一定以上の所得者（現役並み）は3割

例題3　わが国の保健医療制度についてである。正しいのはどれか。1つ選べ。

1. 後期高齢者医療制度の保険者は都道府県である。
2. 医療保険による医療費は、国民医療費に含まれる。
3. 任意加入であり、強制ではない。
4. 保険料は所得にかかわらず定額である。
5. 保険料は家族構成によって異なる。

解説　後期高齢者医療制度は、高齢者の医療確保に関する法律（高齢者医療確保法）基づく。　1. 保険者は、後期高齢者医療広域連合（都道府県単位）である。3. 強制保険である。　4. 保険料は所得に基づく。　5. 扶養者の人数など家族構成は保険料に影響しない。　**解答** 2

(4) 保険診療

保険診療とは保険が適用される診療のことで、患者自己負担分を除いた費用は、各医療機関が患者ごとに毎月1日～末日まで実施した医療行為のレセプト（診療報酬明細書）を作成して審査支払機関（都道府県国民健康保険団体連合会または社会保険診療報酬支払基金都道府県支部）に提出する。審査支払機関はレセプトに記載された内容が保険診療の規則に適合しているか審査した後に保険者にレセプトを送付して請求金額の支払いを受け、医療機関に診療報酬を支払う（図7.1）。

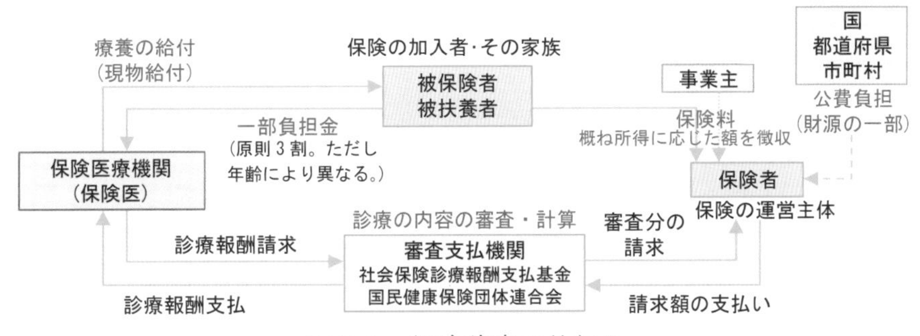

図7.1　保険診療の仕組み

(5) 診療報酬

診療報酬とは、保険医療機関および保険薬局が患者に対して行った医療サービスの対価として保険者から受け取る報酬である。診療報酬は、中央社会保険医療協議会（中医協）の議論を踏まえて厚生労働大臣が決めた公定価格である。保険診療の支払い対象となる医療サービス（約6,000種類以上）とその報酬点数（1点＝10円）が診療報酬点数表にすべて掲載されている。診療報酬は診療報酬点数表に基づき、治療・検査・投薬などの医療行為に対応した点数を合算して算定する出来高払い方式が基本となっている。

急性期入院医療を対象として、診断群分類（Diagnosis Procedure Combination：DPC）に基づく１日当たりの包括評価を原則とした支払方式(Per-Diem Payment System：PDPS）が適用されている。DPC/PDPSの対象病院（病床数）は、全一般病床の約55%を占めている。

3.2 医療施設と医療従事者

(1) 医療施設の種類と定義

医療法で規定されている医療施設（医業を行うことができる場所）とは、病院、診療所および助産所である。病院とは、20床以上の入院施設を有するものである。また、病院の病床は、一般病床、療養病床、精神病床、感染症病床、結核病床の5つに分類される。診療所は、19床以下の入院施設を有する有床診療所と入院施設を有しない無床診療所がある。助産所は、妊婦、産婦または褥婦９人以下の入所施設である。また、医療法における医療提供施設とは、病院、診療所、助産所の他に、介護老人保健施設、介護医療院、調剤を実施する薬局（保険薬局）をさす。

2019(令和元)年医療施設調査によれば、同年10月１日現在の全国の病院数は8,300施設、そのうち50～99床のものが2,058施設（病院総数の24.8%）で最も多い。また、約４割程度（3,662施設、44.1%）が療養病床を有する。病院数は1990（平成２）年の10,096施設をピークに減少傾向が続いている。全国の一般診療所数は102,616施設、そのうち無床診療所は95,972施設（一般診療所総数の93.5%）で持続的に増加しているが、有床診療所は6,644施設（同6.5%）で持続的に減少している。歯科診療所数は68,500施設で、2009（平成21）年以降は６万８千台で推移している。

例題4　医療法に基づく医療施設についてである。正しいのはどれか。1つ選べ。

1. 診療所を開設する場合、設置者は医師でなければならない。
2. 診療所を開設した場合、市町村へすみやかに届け出る。
3. 病院とは20床以上の入院施設を有するものである。
4. 特定機能病院は都道府県知事が承認した医療機関である。
5. 地域医療支援病院は一次医療圏の中核となる医療機関である。

解説　1. 診療所や病院の管理者は医師でなければならないが、設置者は問わない。ただし、兼任できる場合には兼任する。　2. 診療所は開設後10日以内に都道府県知事に届け出る。　4. 特定機能病院は高度の医療の提供、高度の医療技術の開発・評価、高度医療に関する研修を提供する医療施設で、大学病院78施設、国立の医療機関など85施設（2017（平成29）年）である。厚生労働大臣が承認する。　5. 地域医療支援病院は、一次医療圏からの紹介患者に対する医療の提供と救急医療の提供を目的とする二次医療圏の中核となる病院である（後述）。都道府県知事が承認する。

解答　3

(2) 医療従事者

医療従事者の免許や業務範囲は、それぞれの法律により規定され、厚生労働大臣や都道府県知事（准看護師、栄養士など）が免許を与える。また、資格を有しない者は当該業務を行うことはできない「業務独占」や資格を有しない者は資格の名称または紛らわしい名称を使用することはできない「名称独占」についても定められている。栄養士および管理栄養士は栄養士法第6条に名称独占が規定されている。また、栄養士の免許は都道府県知事、管理栄養士の免許は厚生労働大臣が許認可を行う（表7.5）。

3.3 医療費

(1) 国民医療費の範囲

国民医療費とは、医療機関などにおける保険診療の対象となり得る傷病の治療にかかった費用を推計したもので、診療費（医科・歯科）、薬剤調剤費、入院時食事・生活療養費、訪問看護療養費などが含まれる。したがって、正常な妊娠・分娩、健康診断（人間ドック）、予防接種、介護保険の費用は含まれない。

表 7.5　主な医療従事者

職種	免許の許認可	名称独占 業務独占	業務範囲
【医師・看護師・薬剤師など】			
医師	国家資格	名・業	傷病の診察や治療、投薬を行う
看護師	国家資格	名・業	医師の指示の下で患者の診療の補助、療養上の世話を行う
准看護師	都道府県知事	名・業	医師、看護師の指示の下で療養上の世話、診療の補助を行う
保健師	国家資格	名	保健指導、疾病者の療養上の指導を行う
助産師	国家資格	名・業	助産行為または妊婦・褥婦・新生児への保健指導を行う
薬剤師	国家資格	名・業	医師の処方箋に基づいて調剤を行う
救命救急士	国家資格	名	医師の指示の下で搬送中の救急自動車内で、救急救命処置を行う
【歯科医療】			
歯科医師	国家資格	名・業	歯の治療、保健指導、健康管理などを行う
歯科衛生士	国家資格	名・業	歯科医師の指示の下で歯科予防処置、歯科診療補助、歯科保健指導を行う
歯科技工士	国家資格	業	歯科医師の指示の下で歯科補綴物や矯正装置などを作成、修理、加工を行う
【リハビリテーション】			
理学療法士（PT）	国家資格	名	医師の指示の下で身体障害者の基本動作能力の回復を図り、運動療法や物理療法を行う
作業療法士（OT）	国家資格	名	医師の指示の下で身体・精神障害者の応用的動作能力や社会的適応能力の回復を図り、作業療法を行う
言語聴覚士（ST）	国家資格	名	医師の指示の下で言語・聴覚・嚥下障害者に対して訓練を行う
視能訓練士	国家資格	名	医師の指示の下で視能矯正訓練や検査を行う
義肢装具士	国家資格	名	医師の処方に従って義肢および装具の採型、製作、適合を行う
【検査など】			
診療放射線技師	国家資格	名・業	医師または歯科医師の指示の下で放射線を人体に対して照射する
臨床検査技師	国家資格	名	医師または歯科医師の指示の下で生体検査、検体検査などを行う
臨床工学技士	国家資格	名	医師の指示の下で生命維持管理装置の操作および保守点検を行う
【栄養】			
管理栄養士	国家資格	名	専門的知識・技術を要する栄養指導、給食管理等を行う
栄養士	都道府県知事	名	栄養指導を行う
【法律には規定されていない職種】			
臨床心理士	―	―	心理検査をはじめとする心理アセスメント、カウンセリング、心理療法を行う
医療ソーシャルワーカー	―	―	経済的・心理的・社会的問題の解決、調整を援助し、社会復帰の促進を図る

(2) 国民医療費の現状

国民医療費総額は1999（平成11）年度に30兆円、 2013（平成25）年度には40兆円を超え、2018（平成30）年度の国民医療費は43兆3,949億円で、今後さらに増加していくことが見込まれる。人口一人当たりの国民医療費は34万3,200円、国民医療費の国内総生産（GDP）に対する比率は7.91%、国民所得（NI）に対する比率は10.73%である。

国民医療費を制度区分別にみると、公費負担医療給付分は3兆1,751億円（構成割合7.3%）、医療保険等給付分は19兆7,291億円（同45.5%）、後期高齢者医療給付分は15兆576億円（同34.7%）、患者等負担分は5兆4,047億円（同12.5%）である。

財源別にみると、公費は16兆5,497億円（構成割合38.1%）、保険料は21兆4,279億円（同49.4%）、患者負担は5兆1,267億円（同11.8%）である。

診療種類別にみると、医科診療医療費は31兆3,251億円（構成割合72.2%）、そのうち入院医療費は16兆5,535億円（同38.1%）、入院外医療費は14兆7,716億円（同34.0%）である。また、歯科診療医療費は2兆9,579億円（同6.8%）、薬局調剤医療費は7兆5,687億円（同17.4%）、入院時食事・生活医療費は7,917億円（同1.8%）、訪問看護医療費は2,355億円（同0.5%）、療養費等は5,158億円（同1.2%）となっている。

年齢階級別にみると、0～14歳は2兆5,300億円（構成割合5.8%）、15～44歳は5兆2,403億円（同12.1%）、45～64歳は9兆3,417億円（同21.5%）、65歳以上は26兆2,828億円（同60.6%）である。人口一人当たり国民医療費をみると、65歳未満は18万8,300円、65歳以上は73万8,700円で、65歳以上は65歳未満の約4倍である。また、医科診療医療費では、65歳未満が12万8,100円、65歳以上が55万3,300円、薬局調剤医療費では、65歳未満が3万5,100円、65歳以上が12万3,200円となっている。

医科診療医療費を傷病分類別にみると、「循環器系の疾患」6兆596億円（構成割合19.3%）が最も多く、次いで「新生物<腫瘍>」4兆5,256億円（同14.4%）、「筋骨格系及び結合組織の疾患」2兆5,184億円（同8.0%）、「損傷，中毒及びその他の外因の影響」2兆4,421億円（同7.8%）、「呼吸器系の疾患」2兆3,032億円（同7.4%）となっている。

年齢階級別にみると、65歳未満では「新生物<腫瘍>」1兆5,536億円（同13.3%）が最も多く、65歳以上では「循環器系の疾患」4兆8,123億円（同24.4%）が最も多くなっている。

例題５　わが国の国民医療費についてである。正しいのはどれか。１つ選べ。

1. 国民医療費の総額は、50 兆円を超えている。
2. 財源の 50％は公費である。
3. 傷病別医科診療医療費は循環器系の疾患が１位である。
4. 入院時の食事生活医療費は含まれない。
5. 正常分娩は含まれる。

解説　1. 2018（平成 30）年度の国民医療費は 43 兆 3,949 億円である。　2. 財源の約 50％は保険料であり、公費は約 40％、約 12％が患者負担である。　3. 循環器系の疾患が約 20％で１位で、２位が新生物である。　4. 入院時食事生活療養費は医療保険の対象である（定額）。　5. 正常分娩や健康診断、予防接種、保険適用外の高度先進医療、インプラント、特別の療養の給付などは含まない。　**解答**　3

3.4 医療法と医療計画

(1) 医療法

医療法は、医療施設の定義や病院・診療所および助産所の開設・管理、特定機能病院・地域医療支援病院、医療計画、広告規制、医療安全の確保（医療事故調査制度）、病床機能報告、医療法人制度など医療の供給体制を規定する法律である。医療法は 1948（昭和 23）年に制定され、その後改正を重ね、現在は第８次医療法改正（2017（平成 29）年）となっている（表 7.6）。

表 7.6　医療法改正の流れ

1. 医療法制定（1948 年制定） 日本の医療提供体制の基本となる法律	6. 第５次医療法改正（2006 年） 医療機能の分化・連携・医療安全支援センターの法制化
2. 第１次医療法改正（1985 年） 医療計画・二次医療圏の概念を導入	7. 第６次医療法改正（2014 年）医療介護総合確保推進法 病床機能報告制度の創設、地域医療構想の策定
3. 第２次医療法改正（1992 年） 「特定機能病院」および「療養型病床群」の制度化	8. 第７次医療法改正（2015 年） 地域医療連携推進法人制度創設、医療法人制度の見直し
4. 第３次医療法改正（1997 年） 「地域医療支援病院」の制度化、 インフォームドコンセントを義務化	9. 第８次医療法改正（2017 年） 医療に関する広告規制の強化、持分なし医療法人移行計画認定制度の要件緩和、監査規定の整備と検体検査の品質と精度管理
5. 第４次医療法改正（2000 年） 一般病床と療養病床に区分	

(2) 医療計画

医療法によって各都道府県は地域の実情に応じて医療計画を策定することが義務付けられ、6 年ごとに再検討を加えることが規定されている。現在は第 7 次医療計画（2018〜2023 年度）である。医療計画に記載する内容は、厚生労働省から示される基本方針に沿って作られ、具体的には以下の 9 項目を記載することになっている。

【医療計画の記載項目】

1）疾病 5 事業に関する目標・医療連携体制、情報提供の推進
- 5 疾病とは：①がん、②脳卒中、③心血管疾患（心筋梗塞など）、④糖尿病、⑤精神疾患
- 5 事業とは：①救急医療、②災害医療、③僻地医療、④周産期医療、⑤小児医療

2）在宅医療の確保　3）地域医療構想　4）病床機能に関する情報提供の推進

5）医療従事者の確保　6）医療安全の確保　7）地域医療支援病院などの整備目標

8）医療圏の設定（二次医療圏、三次医療圏）　9）基準病床数

(3) 医療圏

医療（病床）の整備を図るために都道府県が設定する地域的単位を医療圏という。医療圏は医療の提供レベルに応じて一次、二次、三次に分けられる。一次医療圏は住民の生活に密着した医療サービス（プライマリケア）を提供する区域で、概ね市町村単位である。二次医療圏は入院治療までの一般的な医療を提供する区域で、広域市町村で構成される。三次医療圏は先進的・専門的な技術を必要とする特殊な医療を提供する区域で、都道府県単位（北海道と長野は複数の圏域があり）である。医療法による医療計画では、二次医療圏と三次医療圏の設定が定められている。

(4) 基準病所数

都道府県は基準病床数（医療圏ごとに適正な病床数）を策定し、医療計画に定める。一般病床と療養病床は二次医療圏単位で設定し、精神病床、結核病床、感染症病床は三次医療圏単位で設定する。

3.5 保険者の役割とデータヘルス計画

(1) 保険者による予防・健康づくりの推進

保険者は、主に加入者（被保険者とその家族（被扶養者））の病気やけがなどのとき、医療費を負担したり、給付金を支給する「保険給付事業」と、加入者の健康の保持・増進を図る「保健事業」という 2 つの仕事がある。2006（平成 18）年医療制度改革の医療費適正化対策のひとつとして、生活習慣病の予防を目指す「特定健康診査・特定保健指導」が導入され、各保険者には 40〜74 歳の全国民に対して特定健

康診査の実施が義務づけられた。また、特定健康診査の実施率などに応じて、保険者に課せられる後期高齢者支援金（0〜74歳の保険料）が加算・減算される仕組みが採用されたことで、支援金の支払額を抑えたい保険者が生活習慣病対策に力を入れ始めた。この結果、予防・健康づくりにおける保険者機能が強化されるようになり、この傾向は近年の制度改正でも続いている。例えば、2020（令和2）年度政府予算案では、健康寿命の延伸などに取り組む自治体を支援するため、国民健康保険の「保険者努力支援制度」が拡充された。これは、特定健診受診率および特定保健指導実施率、糖尿病などの重症化予防の取り組み、後発医薬品の使用促進、保険税収納率の向上などに関する都道府県、市町村の取り組みを採点し、国からの補助金を増減させる仕組みである。

(2) データヘルス計画

2013（平成25）年に閣議決定された「日本再興戦略」において、「すべての健康保険組合に対し、レセプトなどのデータの分析、それに基づく加入者の健康保持増進のための事業計画として「データヘルス計画」の作成・公表、事業実施、評価等の取り組みを求めるとともに、市区町村国保が同様の取り組みを行うことを推進する」と示された。これにより、医療保険者はデータヘルス計画を策定し、PDCA サイクルに沿った効果的かつ効率的な保健事業の実施および評価などを行う（図7.2）。2015（平成27）年から2017（平成29）年の第1期データヘルス計画は、データ分析を基本とし、身の丈にあった保健事業を進めるという試行期間であった。一方、第2期データヘルス計画では、第1期の実績に基づいて、より具体的な保健事業施策と目標値を設定し、成果が求められる。

データヘルス計画で取り組むこと

P（計画）	これまでの保健事業の振り返りとデータ分析による現状把握に基づき、加入者の健康課題を明確にした上で事業を企画
D（実施）	費用対効果の観点も考慮しつつ、次のような取り組みを実施 ❖加入者に自らの生活習慣等の問題点を発見しその改善を促すための取り組み（例：健診結果・生活習慣等の自己管理ができるツールの提供） ❖生活習慣病の発症を予防するための特定保健指導等の取り組み ❖生活習慣病の進行および合併症の発症を抑えるための重症化予防の取り組み（例：糖尿病の重症化予防事業） ❖その他、健康・医療情報を活用した取り組み
C（評価）	客観的な指標を用いた保健事業の評価（例：生活習慣の状況（食生活、歩数等）、特定健診の受診率・結果、医療費）
A（改善）	評価結果に基づく事業内容等の見直し

図7.2　医療法改正の流れ

4 福祉制度

4.1 社会福祉制度の概要と関連法規

福祉の「福」には、幸せ（しあわせ）や幸い（さいわい）という意味があり、「祉」にも幸いという意味が含まれている。よって、社会福祉とは「幸せに暮らせる社会」を意味する。1950（昭和 25）年の社会保障制度委員会における「社会保障制度に関する勧告」によれば、「社会福祉とは、国家扶助の適応を受けている者、身体障害者、児童、その他、援助育成を要する者が自立してその能力を発揮できるよう、必要な生活指導、更正指導、その他の援護育成を行うことをいう」と定義されている。

社会福祉の基本事項を規定しているのが「社会福祉法」である。そして対象者別に福祉六法とよばれる 6 つの法律（生活保護法、児童福祉法、身体障害者福祉法、知的障害者福祉法、老人福祉法、母子及び父子並びに寡婦福祉法）がある（表 7.7）。

表 7.7　福祉六法

法　律	対象者	内　容
生活保護法	生活困窮者	・保護の対象 ・保護の種類※医療扶助と介護扶助は現物給付 （医療扶助、介護扶助、生活扶助、住宅扶助、教育扶助、出産扶助、生業扶助、葬祭扶助）
児童福祉法	18 歳未満の全ての児童	・児童福祉施設 ・児童相談所の設置義務 ・公費負担医療制度 （結核児童療育給付、小児慢性特定疾病医療費助成制度） ・要保護児童の通告義務 ・児童の一時保護
身体障害者福祉法	18 歳以上の身体障害者	・身体障害の範囲 ・身体障害者手帳 ・身体障害者更生相談所
知的障害者福祉法	18 歳以上の知的障害者	・知的障害者更生相談所
老人福祉法	65 歳以上の高齢者	・老人居宅生活支援事業 ・老人福祉施設 ・市町村の老人福祉計画の策定
母子及び父子並びに寡婦福祉法	母子・父子家庭、寡婦	・母子・父子家庭、寡婦に対する福祉措置（福祉資金の貸付、就業支援など）

例題6 福祉事業に関わる法律についてである。正しいのはどれか。1つ選べ。

1. 保育所・・・地域保健法
2. 公的扶助・・・障害者総合支援法
3. 母子家庭への支援・・・母子保健法
4. 老人福祉計画・・・健康増進法
5. 養育医療・・・障害者総合支援法

解説 1. 保育所は児童福祉法に基づく。 2. 公的扶助は生活保護法に基づく。 3. 母子家庭への支援は、母子及び父子並びに寡婦福祉法に基づく。 4. 老人福祉計画は老人福祉法に基づく。 5. 養育医療や育成医療は障害者総合支援法の自立支援給付の自立支援医療に含まれる（後述）。 **解答** 5

(1) 児童福祉法

「児童福祉法」は、1947（昭和22）年に制定され、2022（令和4）年6月に改正された。この法律は、すべての児童の健全な育成と生活の保障を目的とする。障害児を含む児童の定義、児童福祉施設、児童相談所、小児慢性特定疾患医療費、要保護児童の保護、児童の一時保護などが規定されている。

1) 児童の定義と対象者

児童とは18歳未満の者をいい、障害児とは身体障害、知的障害、精神障害（発達障害を含む）、難病などで一定の障害のある児童をいう。また、この法律は、児童の他に妊産婦（妊娠中または出産後1年以内の者）や保護者（親権者、未成年者後見人等）を対象とする。

2) 児童福祉施設

法律に基づく12種類の施設がある（表7.8）。

3) 児童相談所

都道府県・指定都市に設置義務がある。児童相談所には、児童福祉司、相談員、児童心理司、医師（精神科医、小児科医）、保健師などの専門職員が配置されている。業務内容は、児童とその家庭や保護者に対する相談（保健相談、障害相談、育成相談（不登校など）、養護相談（虐待等）、非行相談）、専門的な調査・診断・判定、児童の一時保護（児童相談所所長が決定）を行う。

表 7.8　児童福祉法に基づく施設

施設名	業務内容
助産施設	経済的理由で入院助産が困難な妊産婦を対象に助産をおこなう
乳児院	乳児等を対象に入院・養育する
母子保健施設	母子家庭の保護や自立を促すための生活支援をおこなう
保育所	乳児または幼児を保育する
幼保連携型認定こども園	幼稚園・保育園機能の併合、就学前の幼児等への教育や保育、子育て支援
児童厚生施設	児童遊園や児童館などを設置し、健康増進と情操教育をはかる
障害児入所施設	障害児を入所させて保護し、日常生活など自立支援をおこなう
児童発達支援センター	発達障害児を通所させて保護し、独立自活の支援をおこなう
児童心理治療施設	社会適応が困難な児童を通所、または短期入所させて、治療や指導をおこなう
児童養護施設	保護者のいない児童や虐待児童を保護・入所し、養護する
児童自立支援施設	不良行為などで生活指導を要する児童を入所または通所させて自立支援する
児童家庭支援センター	児童・家庭・地域の相談に応じて助言し、児童相談所や児童福祉施設の連絡調整をおこなう

4) 小児慢性特定疾病医療費

先天性疾病など、健康に問題がある児童を対象に公的医療費の給付をおこなう。難病については、小児慢性特定疾病医療費助成制度の対象として、悪性新生物、慢性腎疾患、慢性呼吸器疾患、慢性心疾患、内分泌疾患、膠原病、糖尿病、先天性代謝異常、血液疾患、免疫疾患、神経・筋疾患、慢性消化器疾患、染色体又は遺伝子に変化を伴う症候群、皮膚疾患群の 14 疾患が定められている。保健所に申請する。

5) 結核児童の給付

都道府県は結核に罹患した児童を対象に結核児童療育給付をおこなう。

6) 虐待などによる要保護児童の保護

虐待またはその疑いのある要保護児童を発見した者は市町村、福祉事務所もしくは児童相談所へ通告する義務がある。

例題 7　対象の児童に対する事業および定義である。正しいのはどれか。1 つ選べ。

1. 結核児童の療育給付は、学校保健安全法に基づく。
2. 身体障害のある児童は、身体障害者福祉法に基づいて対応する。
3. 小児慢性特定疾患は難病に認定される。
4. 認定こども園は学校教育法に基づいて設置される。
5. 児童とは中学校卒業までをいう。

解説　1. 児童福祉法に基づく。　2. 障害のある児童は、児童福祉法に基づく。
3. 児童福祉法に基づく小児特定疾患は難病に認定される。難病は、難病の患者に対する医療等に関する法律（難病法）で定義される。　4. 児童福祉法に基づく。
5. 18歳未満をいう。

解答 3

(2) 身体障害者福祉法

「身体障害者福祉法」は、1950（昭和25）年に制定され、1984（昭和59）年8月に改正された。

身体障害者とは18歳以上64歳未満の者で、視覚障害、聴覚障害・平衡機能障害、音声機能・言語機能または咀嚼機能の障害、肢体不自由、心臓・腎臓・呼吸器の障害、膀胱または直腸障害、小腸機能障害、ヒト免疫不全ウイルスによる免疫機能障害、肝機能障害があり、その程度よって身体障害者手帳の交付を受けることができる。

1) 身体障害者手帳の交付

身体機能に一定以上の障害がある場合（児童を含む)、都道府県、指定都市または中核市から交付される。原則、更新はない。申請には医師の診断書や意見書が必要である。交付により、地域サービスを受けるための証明書となる。

(3) 知的障害者福祉法

「知的障害者福祉法」は、1960（昭和35）年に制定された。知的障害者には法的な定義が存在しない。かつては痴呆とされていたが、国際疾病分類（ICD）では精神遅滞としており、WHOは「知的機能の水準の遅れ、そのために通常の社会環境での日常的な要求に適応する能力が乏しい」障害者と定義している。また、厚生労働省は、「知的機能の障害が発達期（おおむね18歳まで）にあらわれ、日常生活に支障が生じているため、何らかの特別の援助を必要とする状態にある者」とした。

1) 療育手帳の交付

法律に基づかない手帳の公布である。18歳未満は児童相談所、18歳以上は知的障害者更生相談所などで小児科医や心理判定員などが判定し、都道府県、指定都市または中核市から交付される。愛の手帳やみどりの手帳、愛護手帳など交付する自治体によって名称はさまざまである。交付により、地域サービスを受けるための証明書となる。知的障害を伴う発達障害者児は交付の対象である。

(4) 障害者総合支援法

「障害者自立支援法」は、2013（平成25）年より「障害者の日常生活及び社会生活を総合的に支援するための法律（障害者総合支援法)」に移行した。障害者総合支援法の対象となる障害者は、18歳以上の身体障害者、知的障害者、精神障害者（発達障害者を含む）、18歳未満の障害児、難病患者（2019（令和元）年7月現在361疾患）である。障害者総合支援法によるサービスは、自立支援給付（介護給付、相談支援、訓練等給付、自立支援医療、補装具）と地域生活支援事業がある（図7.3）。障害者総合支援法の自立支援給付の介護給付を希望する場合は、障害支援区分認定を受ける必要がある。一方、訓練等給付を希望する場合は、原則として障害支援区分の認定は必要ないが、共同生活援助（グループホーム）を利用する場合には必要となる。

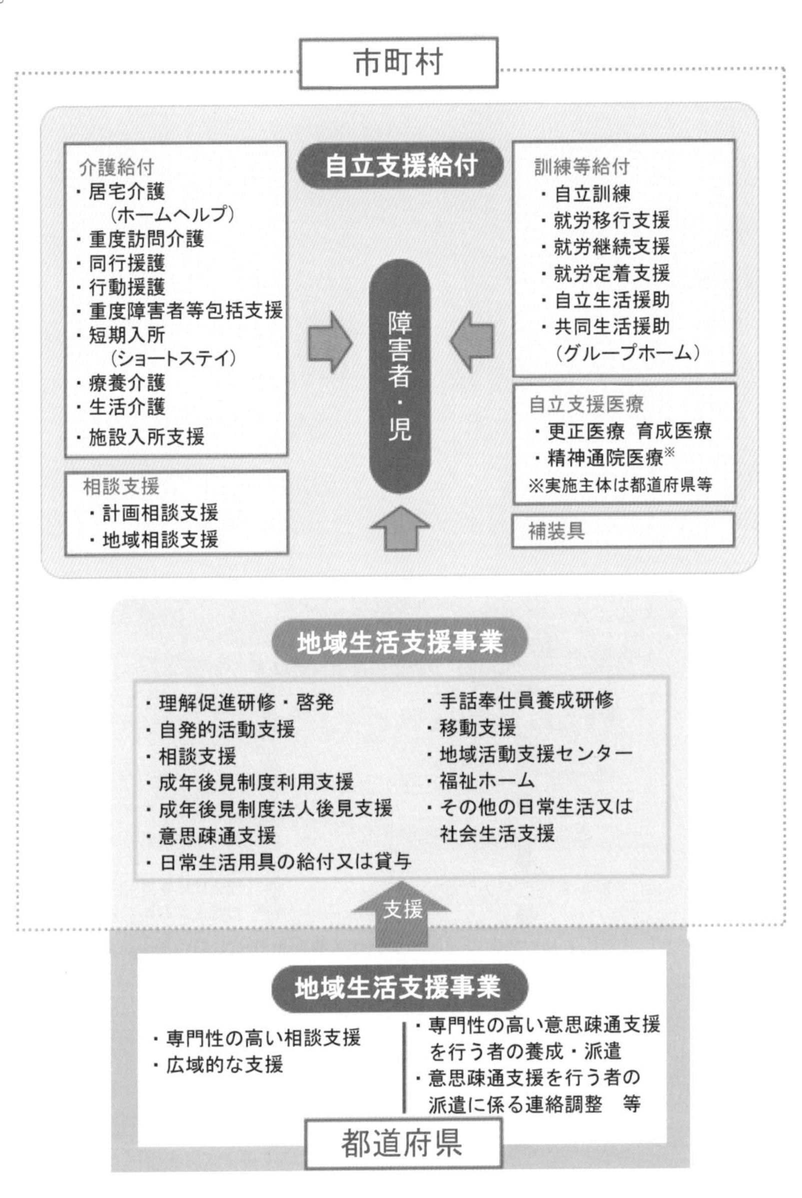

図7.3　障害者総合支援法による福祉サービス

福祉サービスを利用するには、市区町村の障害福祉担当窓口に申請する。その後市町村はサービスの必要性を判断するため、障害者の心身の状況に関する80項目と状況の調査を行い、調査結果に基づいて一次判定を行う。一次判定の結果と医師の意見書を参考に二次判定を行い、支援の必要度合を非該当・区分1〜6の段階に分けて障害支援区分を決定する。区分6の必要度が最も高い。さらに、社会活動や介護者、居住等の状況などの勘案事項調査と、利用者のサービス利用意向の聴取を行い、特定相談支援事業者が作成するサービス等利用計画案を踏まえてサービス支給を決定する。市区町村の支給決定やサービス担当者会議の協議内容をもとに、最終的なサービス等利用計画を作成し、サービスの利用が開始される（図7.4）。障害者総合支援法の障害福祉サービスを利用した際の利用者負担は、原則として「1割」である。ただし、世帯ごとの前年度所得に応じて負担額の月額上限が定められている。

4.2 社会福祉

(1) 社会福祉施設

社会福祉施設とは、支援が必要な高齢者、児童、障害者、生活困窮者などに対して、社会福祉サービスを提供する施設のことで、要援護者の福祉増進を図ることを目的としている。社会福祉施設には、老人福祉施設、障害者支援施設、保護施設、婦人保護施設、児童福祉施設などがある（表7.9）。これらの社会福祉施設の運営は、各種法律で規定されており、職員配置や施設の最低基準が定められており、適正な運用ができていない場合は、行政からの指導の対象となることもある。

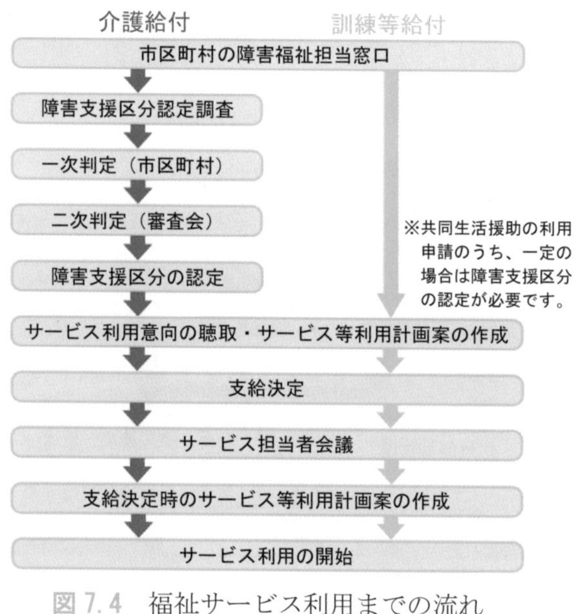

図7.4　福祉サービス利用までの流れ

表 7.9　主な社会福祉施設

区　分	施設名
保護施設	救護施設、更生施設、医療保護施設、授産施設、宿所提供施設
老人福祉施設	養護老人ホーム、特別養護老人ホーム、軽費老人ホーム、老人福祉センター、老人デイサービスセンター、老人短期入所施設、老人介護支援センター
障害者支援施設	障害者支援施設、地域活動支援センター、福祉ホーム、身体障害者社会参加支援施設
婦人保護施設	
児童福祉施設	助産施設、乳児院、母子生活支援施設、保育所、幼保連携型認定こども園、児童厚生施設、児童養護施設、障害児入所施設、児童発達支援センター、児童心理治療施設、児童自立支援施設、児童家庭支援センター

(2) 管理栄養士・栄養士の配置が規定されている社会福祉関連施設

管理栄養士と栄養士の配置が規定されている社会福祉関連施設がある。公益社団法人日本栄養士会が作成したホームページを参考にして、管理栄養士と栄養士が配置されている社会福祉に関連する施設を表 7.10 にまとめた（必置義務と努力義務の両方を含む）。

表 7.10　管理栄養士と栄養士の配置が規定されている社会福祉関連施設

区　分	施設名
児童福祉施設	乳児院、児童養護施設、福祉型障害児入所施設、医療型障害児入所施設、福祉型児童発達支援センター、児童心理治療施設、児童自立支援施設
老人福祉施設	特別養護老人ホーム、養護老人ホーム、軽費老人ホーム、都市型軽費老人ホーム
保護施設	救護施設、更生施設

4.3 障害者福祉

(1) 障害者福祉の概要

障害者福祉施策は、障害者の「自立及び社会参加の促進」を基本理念とした「障害者基本法」に基づいて行われている。障害者基本法では、障害者を「身体障害、知的障害、精神障害（発達障害を含む）その他の心身の機能の障害（以下「障害」と総称する）がある者であって、障害及び社会的障壁により継続的に日常生活又は社会生活に相当な制限を受ける状態にあるものをいう」と定義している。

障害種別に関わる事項は、「身体障害者福祉法」、「知的障害者福祉法」「精神保健福祉法」「発達障害者支援法」「児童福祉法」でそれぞれ規定されている。さらに、障害の種類にかかわらず全国共通に給付される障害福祉サービスに関する事項は、

「障害者総合支援法」で一元的に規定されている。

障害者の制度は1990（平成2）年代から2000（平成12）年代にかけて大きく変化した。以前は行政によって福祉サービスの支給を決定する措置制度が中心だったが、2003（平成15）年度より障害者が自ら福祉サービスを選択できる「支援費制度」が導入され、契約制度へと変化した。また、2004（平成16）年には支援が不十分であった発達障害を支援する発達障害者支援法が成立し、2013（平成25）年には難病患者も支援の対象に追加した障害者総合支援法が、障害者自立支援法に代わり施行された。そして、2014（平成26）年の「障害者の権利に関する条約」の批准に向けて、障害者基本法の一部改正、障害者雇用促進法の改正などが行われた。2016（平成28）年からは障害者差別解消法が施行され、役所や事業者が障害のある人に対する「不法な差別的取扱い」の禁止や「合理的配慮の提供」の義務化が規定された。

(2) ノーマライゼーション

現在の障害者福祉施策はノーマライゼーションの理念に基づいている。ノーマライゼーションとは「障害者が一般市民と同じ環境で、同じ条件で、家庭や地域でともに生活すること」を目指す概念である。ノーマライゼーションを具体的に推進する考え方として、バリアフリーやユニバーサルデザインがある。バリアフリーとは、社会生活上での障壁（バリア）となるものを除去し、環境を整備することである。障壁（バリア）には、①物質的なバリア、②制度的なバリア、③文化・情報面でのバリア、④意識面のバリアがある。また、ユニバーサルデザインとは、文化や言語、老若男女、障害者か健常者かを問わず、すべての人が利用しやすいようにつくられた製品や建築、環境である。

社会生活上の障壁（バリア）となるものを除去し、すべての人が利用しやすいユニバーサルデザインの考えに基づいて、社会的環境を整備することで障害者の自立と社会参加を促進する。

(3) 障害者福祉施設

障害者自立支援法の施行により、これまで障害種別ごとに異なっていた福祉サービスが一元化され、施設単位ではなく、サービスの機能に応じて再編された。施設サービスは、日中活動系サービスと居住支援サービスに分けられ、施設に入所していても日中活動系サービスを利用できるなど、サービスを組み合わせて選択することができる。

(4) 社会福祉制度

日本の社会福祉制度は、日本国憲法第25条の生存権に基づいて整備されてきた。また、社会福祉制度の基本的な枠組みについて規定している法律は「社会福祉法」

である。社会福祉法では、社会福祉協議会、福祉に関する事務所、社会福祉主事、社会福祉法人、社会福祉事業、福祉サービスの適切な利用、社会福祉事業などに従事する者の確保の推進、指導監督および訓練について規定している。また、2000（平成 12）年の社会福祉事業法の改正により、社会福祉法に地域福祉の推進（第 4 条）が位置づけられるとともに、地域福祉計画（市町村地域福祉計画及び都道府県地域福祉支援計画）の策定が新たに規定された。

社会福祉の支援対象者は、主に生活困窮者、児童、高齢者、母子・父子・寡婦、障害者など社会において弱い立場にある者で、現金・現物の給付、社会参加のためのサービスの提供、専門従事者による援助などが行われる。援助の基本原理としてよく用いられるのが「バイステックの 7 原則」で、7 原則とは①個別化の原則、②意図的な感情表現の原則、③統制された情緒的関与の原則、④受容の原則、⑤非審判的態度（一方的に非難しない）の原則、⑥利用者の自己決定の原則、⑦秘密保持の原則である。

(5) 福祉事務所

福祉事務所は「社会福祉法」に規定され、都道府県・市・特別区に設置義務がある。業務内容は、主に福祉六法の定める相談、調査・認定、援護・育成・更生措置を行う（表 7.11）。

表 7.11　福祉事務所の主な業務内容

区　分	業務内容
生活保護	生活保護の相談・申請受付、生活保護の適用の決定と実施
児童福祉	母子生活支援施設・助産施設への入所受付、児童手当支給
障害者福祉	身体障害者手帳・知的障害者療育手帳の申請・交付窓口、障害者支援施設への入所支援
老人福祉	老人ホームへの入所判定、在宅福祉サービスの提供
母子父子寡婦福祉	ひとり親家庭への支援、児童扶養手当の支給
その他	DV 被害者の自立支援、災害救助

例題 8　障害者総合支援法についてである。正しいのはどれか。1 つ選べ。

1. 自立支援給付では、障害の種類によって給付される障害福祉サービスが異なる。
2. 自立支援医療には精神障害者の公費による入院医療費が含まれる。
3. 更正医療は身体障害のある児童に対する医療である。
4. 自立支援医療の財源は、都道府県が 5 割、市町村が 4 割、本人が 1 割である。
5. 障害者の定義に難病患者が含まれる。

解説　1. 障害の種類にかかわらず全国一律である。　2. 精神通院医療は自立支援医療に含まれる。　3. 障害のある児童に対しては育成医療である。更正医療は身体障害者に対して行われる。　4. 国50%、都道府県と市町村25%　**解答**　5

(6) 精神保健福祉センター

精神保健福祉センターは「精神保健福祉法」に規定され、都道府県・指定都市に設置義務があり、保健所や市町村が行う活動を都道府県レベルで技術面から指導・援助、教育研修を行う専門機関である。精神保健センターには、精神科医、精神保健福祉士、臨床心理技術者、保健師、看護師、作業療法士などの専門職員が配置されている。

(7) 社会福祉関係の従事者

福祉の第一線で活躍している従事者は、福祉に関する相談援助を担う「社会福祉士」、介護や介護指導を行う「介護福祉士」、精神保健分野の医療と福祉をつなぐ相談援助を担う「精神保健福祉士」などがある。その他にも、介護支援専門員（ケアマネージャー）、訪問介護員（ホームヘルパー）、保育士、児童生活支援員、母子支援員、管理栄養士・栄養士、調理師、児童福祉司、身体障害者福祉司、知的障害者福祉司、社会福祉主事などがある。また、多くの医療専門職も社会福祉に関わっている。さらに、民生委員・児童委員、企業や各種団体などによる社会的貢献や個人ボランティア活動なども社会福祉を支えている。

(8) 日中活動系サービス

日中活動系サービスとは、自立支援給付・地域生活支援事業等のうち、在宅等から施設へ通い、施設で目的に応じて日中活動を提供する。日中活動系サービスには、目的や内容によってさまざまな種類がある（表7.12）。

(9) 居住支援サービス

居住支援サービスは、法律上では夜間から早朝や休日に行われるサービスとなっている。夜間から早朝の支援として、居住の場の提供、入浴・排泄・食事・着替えなどの介助、食事の提供など生活に必要な介護が行われる（表7.13）。このような夜間に受けられるサービスは、日中に受けられるサービスと組み合わせることで、障害者の方の日常生活を包括的に支援できるようになっている。

4.4 在宅ケア・訪問看護

(1) 訪問サービス

障害者総合支援法の自立支援給付の介護給付には、訪問サービスがある（表7.14）。

表 7.12　日中活動系サービスの種類と内容

【介護給付】	
生活介護	常に介護を必要とする人に、日中、食事や入浴、排泄の介護などを行うとともに、創作的活動または生産活動の機会を提供する
療養介護	医療と常時介護を必要とする人に、医療機関で機能訓練、療養上の管理、看護、介護および日常生活の世話を行う
短期入所	自宅で介護する人が病気の場合などに、夜間を含め短期間、施設で食事や入浴、排泄の介護などを行う
【訓練等給付】	
自立訓練 （機能訓練・生活訓練）	自立した日常生活または社会生活ができるよう、一定期間、身体機能または生活能力の向上のために必要な訓練を行う
就労移行支援	一般企業などへの就職を希望する人に、一定期間、就労に必要な知識および能力の向上のために必要な訓練を行う
就労継続支援 （A 型・B 型）	一般企業等での就労が困難な方に、働く場を提供するとともに、知識および能力の向上のために必要な訓練を行う
就労定着支援	一般企業等への就労に移行した方の継続を図るため、施設職員の企業・自宅等への訪問、関係者の来所による連絡調整、指導、助言等を行う
【地域生活支援事業】	
地域活動支援センター	創作的活動、生産活動の機会の提供、社会との交流等を行う

表 7.13　居住支援サービスの種類と内容

【介護給付】	
施設入所支援	施設に入所する人に、夜間や休日の食事や入浴、排泄の介護などを行う
【訓練等給付】	
自立生活援助	障害者支援施設やグループホーム等を利用していた障害者で一人暮らしを希望する人に対して、本人の意思を尊重した地域生活を支援するため、一定の期間にわたり、定期的な巡回訪問や随時の対応により、障害者の理解力、生活力等を補う観点から、適時のタイミングで適切な支援を行う
共同生活援助 （グループホーム）	夜間や休日に共同生活をおこなう住居で、相談や日常生活上の援助を行う
【地域生活支援事業】	
福祉ホーム	住居を必要とする人に、低額な料金で居室等を提供するとともに、日常生活に必要な支援を行う

表 7.14　訪問サービスの種類と内容

【介護給付】	
居宅介護（ホームヘルプ）	自宅で食事や入浴、排泄の介護などを行う
重度訪問介護	重度の肢体不自由者・知的障害者・精神障害者で常に介護を必要とする人に、自宅で食事や入浴、排泄の介護、外出時における移動の支援などを総合的に行う
同行援護	視覚障害により移動に著しく困難な人が外出するときに同行して、移動に必要な情報を提供したり、移動の援護などの外出支援を行う
行動援護	自己の判断能力が制限されている人が行動するときに、危険を回避するために必要な支援や外出支援を行う
重度障害者等包括支援	介護の必要性がとても高い人に、居宅介護等の複数のサービスを包括的に提供する
【地域生活支援事業】	
移動支援	円滑に外出できるよう、移動を支援する

(2) 訪問看護

訪問看護は、看護師が自宅を訪問し患者に対して看護を行うことである。訪問看護は医師の指示を受けて、医療処置を行う。具体的には、健康状態の観察、病状悪化の防止、療養生活の相談とアドバイス、リハビリテーション、点滴や注射などの医療処置、痛みの軽減や服薬管理、緊急時の対応、多職種との連携などである。訪問看護のサービスを提供しているのは、訪問看護ステーション、保険医療機関（みなし指定訪問看護事業所）、定期巡回、随時対応型訪問介護看護（みなし指定訪問看護事業所）、看護小規模多機能型居宅介護（みなし指定訪問看護事業所）などである。訪問看護対象者のうち、介護保険適用者は介護保険が優先されるが、小児など40歳未満の者および、要介護者・要支援者以外は医療保険で訪問看護を利用できる。介護保険の場合は利用回数などに制限はないが、医療保険の場合は週3回までの利用が原則となるなどの違いがある。医療保険と介護保険による訪問看護の違いを表7.15にまとめた。

表7.15　医療保険と介護保険による訪問看護の違い

	医療保険によるもの	介護保険によるもの
根拠法	健康保険法等の医療保険各法、高齢者医療確保法	介護保険法
対象者	居宅での訪問看護が必要と主治医が認めた者	要介護・要支援の認定を受け、主治医が訪問介護の必要を認めた者
対象年齢	全年齢	40歳以上（原則65歳以上）
訪問看護指示書	必要	必要
訪問回数	原則：週3日まで	必要性に基づきケアプランにおいて決定
	例外：「厚生労働大臣が定める疾病等」の療養者や指定された医療処置・管理が必要な者等については週4日以上の訪問が可能	
自己負担	原則：3割負担	原則：1割負担
	例外：年齢や収入によって、1割または2割負担	例外：収入によって2割負担
提供主体	訪問看護ステーション、病院、診療所	

5 地域保健

5.1 地域保健活動の概要

地域保健とは、地方自治体などの行政が中心となり、地域住民に対して健康保持・増進を図れるような支援活動を提供する事業のことである。地域保健活動は、行政が公共の観点から個人および法人を対象に行う活動と行政や民間団体などが地域住民を対象に地域サービスを提供する活動である。

5.2 地域保健法

地域保健法は地域保健を円滑に進めるため、地域保健対策を推進するための基本指針や基本事項、保健所、市町村保健センターの設置や業務、その他の地域住民に対する健康保持・増進に寄与することを目的に保健所法を改正し、1994（平成6）年に施行された。

5.3 保健所と従事者

(1) 保健所

保健所は第二次世界大戦前の1938（昭和13）年に厚生省の設置に伴う保健所法の施行によって整備された。その後、1942（昭和17）年に改正され、保健所の業務として、健康相談、保健指導の他、医事、薬事、食品衛生、環境衛生などの行政機能を担うことになった。1994（平成6）年に改正されて地域保健法が施行され、都道府県と市町村の行う地域保健の役割分担が見直された。2000（平成12）年には「地域保健対策の推進に関する基本的な指針」が改正された。これにより保健サービスは地域住民の利便性や利用頻度を考慮して市町村に一元化し、保健所は地域の健康危機管理の拠点として位置づけられることになった。

例題9 公衆衛生に関する説明である。正しいのはどれか。1つ選べ。

1. 保健所は第二次世界大戦前に設置された。
2. 市町村は保健所を設置する義務がある。
3. 保健所は地域住民の最も身近な地域保健サービスを提供する。
4. 保健所の設置は健康増進法に基づく。
5. 健康手帳の交付は保健所の業務である。

解説 2. 都道府県や政令市、中核市である。 3. 市町村保健センターの業務である。 4. 地域保健法に基づく。 5. 健康増進法に基づいて市町村が希望者に交付する。

解答 1

(2) 保健所の設置

保健所は、都道府県または地方自治法で定めた指定都市、中核市、政令市、特別区に設置することができる。保健所の設置には保健医療施策と社会福祉施策の連携をはかるために、医療法の二次医療圏や介護保険法、老人福祉法における老人保健福祉圏域を参考にして、所管区域を設定しなければならないことになっている。

(3) 保健所の業務

保健所の業務として地域保健法に規定されている14項目および任意の業務がある。以下に示す。

地域保健法に規定された業務（14項目）地域保健法第六条（事業）

保健所は、次に掲げる事項につき、企画、調整、及びこれらに必要な事業を行う。

1. 地域保健に関する思想の普及及び向上に関する事項
2. 人口動態統計その他、地域保健に係る統計に関する事項
3. 栄養の改善及び食品衛生に関する事項
4. 住宅、水道、下水道 、廃棄物の処理、清掃その他の環境の衛生に関する事項
5. 医事及び薬事に関する事項
6. 保健師に関する事項
7. 公共医療事業の向上及び増進に関する事項
8. 母性及び乳幼児ならびに老人の保健に関する事項
9. 歯科保健に関する事項
10. 精神保健に関する事項
11. 治療方法が確立していない疾病その他の特殊の疾病により長期に療養を必要とする者の保健に関する事項
12. エイズ、結核、性病、伝染病その他の疾病の予防に関する事項
13. 衛生上の試験及び検査に関する事項
14. その他、地域住民の健康の保持及び増進に関する事項

任意の業務　地域保健法第七条

保健所は、前条に定めるものの他、地域住民の健康の保持及び増進を図るために必要があるときは、次に掲げる事業を行うことができる。

1. 所管区域に係る地域保健に関する情報を収集し、整理し、及び活用すること。
2. 所管区域に係る地域保健に関する調査及び研究を行うこと。
3. 歯科疾患その他厚生労働大臣の指定する疾患の治療を行うこと。
4. 試験及び検査を行い、ならびに医師、歯科医師、薬剤師その他の者に試験及び検査に関する施設を利用させること。

地域保健法第八条（都道府県の設置する保健所の業務）

都道府県の設置する保健所は、前二条に定めるものの他、所管区域の市町村の地域保健対策の実施に関し、市町村の求めに応じ、技術的助言、市町村職員の研修その他、必要な援助を行うことができる。

5.4 市町村保健センターと従事者

市町村保健センターは、地域保健法に基づいて市町村に設置されているが、法律上の設置義務はない。健康相談や保健指導、健康診査など住民に密着した対人保健サービスの提供を行っている。保健所と市町村保健センターとの役割分担を表 7.16 に示す。

表 7.16　保健所と市町村保健センターの役割分担

	保健所 (2022 年 4 月 1 日現在：468 カ所)	市町村保健センター (2022 年 4 月 1 日現在：2,432 カ所)
根拠法	地域保健法	
設　置	都道府県・政令市・中核市など	市町村
所　長	一定の基準を満たした医師（原則）	医師である必要はない
専門職員	医師、獣医師、薬剤師、保健師など	保健師、看護師、薬剤師など
役　割	疾病の予防、健康増進、環境衛生などの公衆衛生活動の中心的機関かつ、健康危機管理の拠点	地域住民に身近な対人サービスを総合的に行う拠点
対人サービス	広域的・専門的サービス（精神保健、難病、結核・感染症、小児慢性特定疾患）	地域的・一般的サービス（乳幼児健診、予防接種、がん検診、健康相談・検診、保健指導、介護事業、家庭訪問）
監督的役割	食品衛生、環境衛生、医事・薬事など	ない
その他の業務	関係情報の収集や分析、統計調査の実施、市町村への技術的支援	健康日本 21 の代表される各種市町村計画への参画

例題 10　保健所の業務である。正しいのはどれか。1 つ選べ。

1. 未熟児の届け出
2. 人口動態統計
3. 新生児訪問指導
4. 定期予防接種の実施
5. がん検診の実施

解説　1. 3. 4. 5. は市町村の業務である。　2. は「(3) 保健所の業務」参照　**解答** 2

5.5 地域における資源と連携

(1) 地域保健での人材資源の活用

地域保健の対象者は、その地域に居住する住民であり、地域特性に合致した生活習慣や食生活が形成されている。対象者の年齢や性別、職業なども地域によって異なる。地域保健ではこれら社会的要因を考慮する必要がある。また、市町村ごとに人材資源や社会的資源、財政状況なども異なるため、求められる地域サービスや提供できる地域サービスの違いを理解することも必要である。地域の資源を有効活用し、地域住民の希望に即したサービスを提供するため、かかりつけ医や保健所の医師、保健師、管理栄養士など地域保健活動従事者の連携、地域住民との協力も重要である。

5.6 地域における健康危機管理；自然災害、感染症、食中毒

地域における健康危機管理とは緊急性を要するもので、一般的には自然災害に伴う健康管理、感染症によるパンデミック、集団食中毒などである。厚生労働省健康危機管理基本指針によれば、健康危機管理とは「医薬品、食中毒、感染症、飲料水その他何らかの原因により生じる国民の生命、健康の安全を脅かす事態に対して行われる健康被害の発生予防、拡大防止、治療等に関する業務であって、厚生労働省の所管に属するものをいう」と定義される。一方、わが国は災害大国であり、これまでにも阪神・淡路大震災、新潟県中越地震、東日本大震災、熊本地震などの震災や西日本豪雨災害、熱海伊豆土石流災害などの集中豪雨による災害、雲仙普賢岳火砕流災害、御岳山噴火災害などの火山噴火による災害などの他にも原子力発電所での放射能漏れ事故や東海村 JCO ウラン加工工場臨界事故、食品への異物混入や犯罪である毒物混入などが起きており、さらに新型コロナウイルス（SARS-COV-2）感染によるパンデミックが発生し、緊急事態宣言の発令やまん延防止等重点措置の対応も記憶に新しい。今後もさまざまな自然災害の発生が危惧される。

保健所や市町村は、不特定多数の地域住民の健康被害が発生または拡大する可能性がある場合、その被害を最小限に抑えなければならない。保健所は地域における健康危機管理の拠点であり、「健康危機の発生の未然防止」、「健康危機発生時に備えた準備」、「健康危機への対応」、「健康危機による被害の回復」が業務となる。保健所は健康危機の発生を防止し、健康危機管理を総合的に行うシステムを構築し、健康危機発生時にはすみやかに状況把握と保健医療資源の調整を担う。また、関連機関を有効的に機能させることが求められており、具体的な対応として、被害者への医療確保、原因究明、健康被害の拡大防止策、被害住民への健康診断や PTSD 対応、

障害者や乳幼児など災害弱者対策などがあげられる。

例題 11 3 市町村保健センターについてである。誤りはどれか。1 つ選べ。

1. 設置の根拠法は地域保健法である。
2. 管理者が医師である必要はない。
3. 市町村は設置する義務がある。
4. 保健所の管理のもとで業務を行う。
5. 保健所より設置数が多い。

解説 保健所の管理のもとで業務を行う必要はなく、地域保健の役割分担をしている。 **解答** 4

例題 12 保健所の業務である。誤りはどれか。1 つ選べ。

1. 食中毒の疫学調査
2. 乳児健診
3. 医療機関の監視
4. 人口動態統計
5. 処理

解説 保健所の業務には対人業務と監視的業務があり、対人業務は専門的なものに限られる。乳児健診は住民に身近な対人サービスとして市町村保健センターの業務である。 **解答** 2

6 母子保健

6.1 母子保健の概要

わが国の母子保健施策は女性の生涯のうち、思春期から妊娠、出産を経て児が成人に達するまでの一貫した体系で進行する。母子保健の概要を図 7.5 に示す。

6.2 母子保健法

母子保健法は 1965（昭和 40）年に母性保健対策と乳幼児保健対策を統合し、周産期医療を加えて制定された。その後 1997（平成 9）年の法改正により、地域保健サービスは都道府県から市町村へ移譲された。

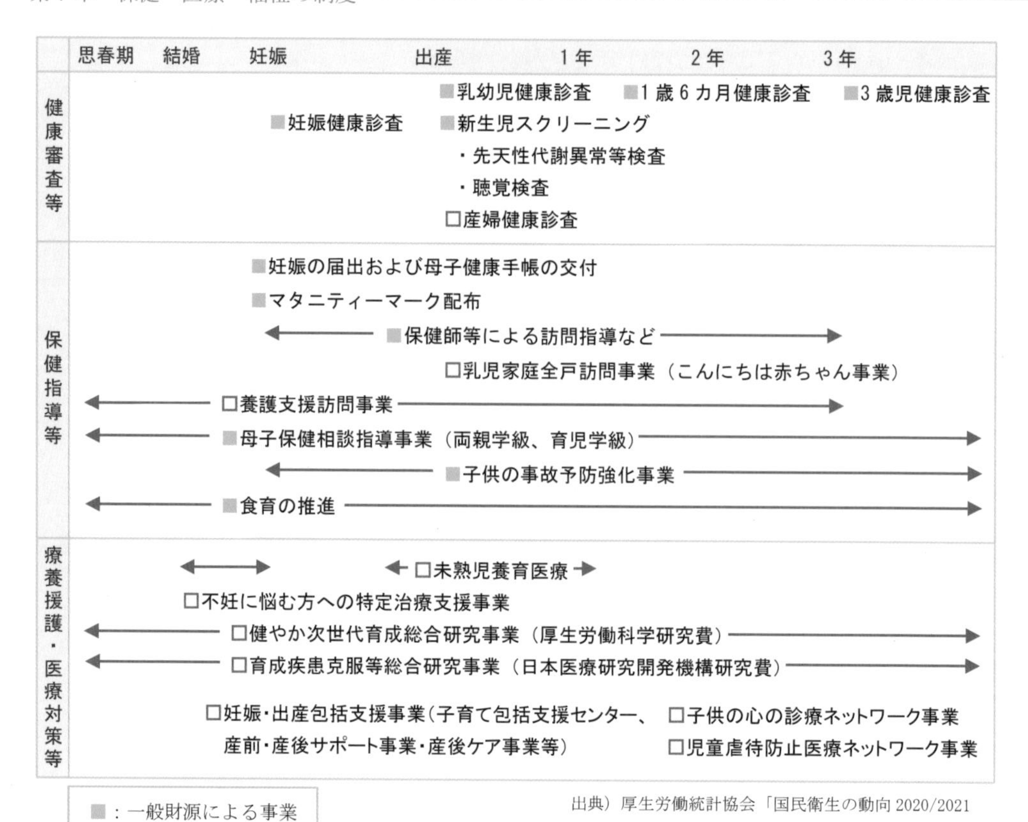

図 7.5　母子保健施策の体系

母子保健法では、母性・乳児・幼児の健康・増進を目的としている。市町村が主体となり妊産婦・新生児・乳幼児の健康診査や訪問指導、一般的な母子保健サービスを行う。一方、先天性代謝異常や小児慢性特定疾病など専門的な母子保健サービスは保健所が対応している。

(1)　新生児の訪問指導

市町村長は医師、保健師・助産師などによる新生児・未熟児に対して訪問指導を行う。新生児訪問指導では、児の発育や発達を評価し、育児の取り組み状況や子育てに伴う不安を捉え、育児者が自信をもって育児に取り組めるように支援する。また家庭環境、家族関係を捉え、家族内の協力体制を整える。さらに家族一人ひとりの健康状態や日常生活を捉え、支援を継続できるよう関係を形成することを目的とする。

(2)　健康診査

市町村は、幼児健診として１歳６カ月児健診、３歳児健診を実施する義務がある。また必要に応じて妊産婦や乳幼児に対して健診の実施もしくは勧奨する義務がある。

妊婦健診は、妊娠期間中に14回程度公費で受けることができる。健診項目として問診、診察、尿検査、血圧検査、体重測定、腹囲、子宮底長測定、血液検査、超音波検査などを実施する。2010（平成22）年からHTLV-1抗体検査、翌年から性器クラミジア検査が標準的な検査項目に追加された。一方、産婦健診では産後うつや新生児虐待の予防を図る観点から、産後2週間、1カ月などに2回公費負担で産婦健康診査を受けることができる。妊産婦健康診査は、妊産婦死亡の減少や流早産などを予防することを目的としている。

都道府県および保健所を設置する市および特別区が実施主体となって公費で「B型肝炎母子感染防止事業」が行われている。この事業は母子保健法に基づかないが、妊産婦健診の一環として1985（昭和60）年から開始された保健事業である。全妊婦にHBｓ抗体検査を行い、陽性者の児を対象に抗HBｓヒト免疫グロブリン（HBIG）投与とHBワクチン接種によって乳児のB型肝炎キャリア化を防止する。

(3) 妊娠の届け出と母子健康手帳の交付

妊娠した者はすみやかに市町村長に届けなければならない。その際に母子健康手帳が交付される。母子健康手帳の交付は市町村の義務である。

(4) 妊産婦の訪問指導

市町村長は医師・保健師・助産師などによる訪問指導を実施する。

(5) 低体重児の届け出

保護者は、2,500ｇ未満の新生児（低体重児）が出生した場合、すみやかに最寄りの市町村へ届けなければならない。

(6) 新生児・未熟児の訪問指導と養育医療

市町村長は、新生児や身体の発育が未熟のまま出生した児（未熟児）に対して医師・保健師・助産師などによる訪問指導を行う。また入院が必要な未熟児（出生体重2,000g以下）に対し、医療の給付または医療費の支給を行う。

(7) 母子保健施設（母子健康包括支援センター）

市町村には、母子健康包括支援センター設置の努力義務がある。

6.3 母子健康手帳

妊娠した者は、すみやかに市町村長に妊娠の届出を行い、引き換えに母子健康手帳が交付される。母子健康手帳は妊娠期から乳幼児期までの一貫した健康記録である。母子健康手帳は全国統一の省令様式と市町村で任意とされる任意様式に分かれている。省令様式には妊婦の健康状態、職業、生活環境、夫の健康状態、自身の記録、妊娠中の経過、検査の記録、母親学級受講記録、妊産婦の歯の状態、出産の状態、健診の記録、身体発育曲線、定期予防接種等の記録などがある。任意様式には予防接種法に基づかない任意予防接種の記録、既往歴、胎児発育曲線成長曲線、学童期の記録などが記録できる。

例題 13　母子保健法に関する内容である。正しいのはどれか。1つ選べ。

1. 妊娠満21週以降の妊婦に母子健康手帳が交付される。
2. 低出生体重児の届出は主治医が行う。
3. 母子健康手帳の交付は保健所が行う。
4. 1歳6か月児健康診査は市町村が実施する。
5. 母子健康手帳は転居の際には再交付される。

解説　1. 妊娠の届け出後、すみやかに交付される。　2. 低出生体重児の届出は保護者が行う。　3. 母子健康手帳の交付は市町村が行う。　5. 母子健康手帳は転居による再交付はない。

解答　4

6.4 乳幼児健康診査

(1) 乳児健康診査

新生児の健康診査として新生児マススクリーニングや新生児聴覚スクリーニングなどが実施されている。また、生後3〜6カ月に前期健診、生後9〜11カ月に後期健診を実施する。検査内容は、診察、身体計測、栄養状態などである。

(2) 1歳6カ月児健康診査および3歳児健康診査

1歳6カ月児健康診査では身体計測や栄養状態などの健診を実施する。具体的には身体発育状況、脊柱・胸郭・皮膚・歯・口腔その他の疾病異常、栄養状態、四肢運動障害、精神発達状況、言語障害、予防接種の実施状況などの健診を実施する。さらに3歳児健診では眼、耳鼻咽喉の異常も加えて実施する。

6.5 新生児マススクリーニング

早期発見・早期治療により心身障害の発生の予防または適切な療養のできる疾患がある。すべての早期新生児を対象に都道府県・指定都市が公費で新生児マススクリーニング実施する。現在、タンデムマススクリーニングとして実施されており、有機酸代謝異常、脂質代謝異常、アミノ酸代謝異常、糖質代謝異常、内分泌疾患の検査を行っており、患者発見率ではクレチン症が最も多い。また、自動聴性脳幹反応検査装置などの検査装置により聴覚スクリーニング検査を実施する。新生児の聴覚障害による言語発達の障害を早期発見することより適切な療養につなげることを目的とする。

例題 14 母子保健に関する説明である。最も適当なのはどれか。1つ選べ。

1. 未熟児養育医療の申請先は、居住する保健所である。
2. 新生児に対して先天性代謝異常の早期発見を目的とした検査を実施する。
3. 幼児健診は保育所や幼稚園などに入所のための健康確認が目的である。
4. 1歳6カ月児健診の実施は市町村の努力義務である。
5. 小児慢性特定疾病に罹患する児童の訪問指導は市町村が行う。

解説 1.保護者がすみやかに市町村へ届け出る。 2. 新生児マススクリーニングのことである。 3. 幼児の健康保持・増進を目的とする。 4. 市町村には、1歳6カ月児健診、3歳児健診を実施するは義務がある。 5. 小児慢性特定疾病は保健所の業務である。 **解答** 2

6.6 健やか親子 21

健やか親子21は21世紀の母子保健の主要な取り組みを掲示するビジョンであり、かつ関係者や関係機関・団体が一体となって推進する国民運動計画である。厚生労働省は2001（平成13）年から2010（平成22）年までを健やか親子21の活動期間としたが、4年間延長され2014（平成26）年まで実施された（健やか親子21（第一次））。以下にその目標を示す。

1. 思春期の保健対策の強化と健康教育の推進
2. 妊娠・出産に関する安全性と快適さの確保と不妊への支援
3. 小児保健医療水準を維持・向上させるための環境整備
4. 子どもの心の安らかな発達の促進と発育不安の軽減

主要課題74項目の最終評価では、A.目標達成が20項目（27%）、B.未達成だが改善が40項目（54%）、C.変わらないが8項目（10.8%）、D.悪化が2項目（2.7%）、E.評価不能が4項目（5.4%）となった。

2015（平成27）年から2024（令和6）年までを活動期間とする健やか親子21（第二次）は「すべての子どもが健やかに育つ社会」の実現を目指し、関係するすべての人々、関係機関・団体が一体となって取り組む国民運動である。以下の3つの基盤課題と2つの重点課題を掲げている。

〈基盤課題〉

1. 切れ目のない妊産婦・乳幼児への保健対策
2. 学童期・思春期から青年期に向けた保健対策
3. 子どもの健やかな成長を見守り育む地域づくり

〈重要課題〉

1. 育てにくさを感じる親に寄り添う支援
2. 妊娠期からの児童虐待防止対策

6.7 少子化対策

わが国では、これまでにエンゼルプランや新エンゼルプラン、少子化社会対策基本法、次世代育成支援対策推進法などを策定して少子化対策を進めてきたが少子化に歯止めはかからず、子ども・子育て支援に重点を置いて若者の自立や働き方の見直しを行った。さらに幼児期の学校教育・保育や地域の子ども・子育て支援を推進するため、2015（平成27）年から子ども・子育て支援新制度が発足した。しかし、その後の新型コロナウイルスによる経済への影響を反映し、2022（令和4）年現在、少子化のスピードは約8年前倒しで進行している。2023（令和5）年、岸田総理大臣は「異次元の少子化対策」を打ち出して少子化に歯止めをかける手段を模索している。

6.8 児童虐待防止

児童虐待防止対策として「児童虐待の防止等に関する法律（児童虐待防止法）」が2000（平成12）年に施行され、2022（令和4）年に改正された。「児童虐待」とは、保護者（親権を行う者、未成年後見人その他の者で、児童を現に監護するもの）がその監護する18歳未満の児童について1. 身体的虐待、2. 保護の怠慢・拒否（ネグレクト）、3. 心理的虐待、4. 性的虐待を行うことである。

児童虐待を受けたと思われる児童を発見した者は、すみやかに市町村、都道府県の設置する福祉事務所もしくは児童相談所または児童委員を介して市町村、都道府県の設置する福祉事務所、児童相談所に通告する義務がある。通告は保護者の同意を必要としない。また刑法による守秘義務違反にも問われない。

母子保健施策を通じた児童虐待防止対策を推進するため、市町村は、乳幼児健診未受診者、定期予防接種への受診・接種の勧奨を継続し、乳児家庭全戸訪問事業等の保健福祉サービスを通じて養育環境や発育状況などの確認を行っている。また、妊娠期から子育て期にわたる切れ目のない支援を提供するために妊娠中の母親教室において児童虐待防止のための対応が実施されている。

例題 15 児童虐待についてである。最も適当なのはどれか。1つ選べ。

1. 通告内容が誤っていた場合でも通告者に対する罰則はない。
2. 児童虐待と思われたが、関わりたくないのでそのままにした。
3. 医療者や教員、保育士等以外の者に通告の義務はない。
4. すみやかに警察署へ通告する。
5. 通告には保護者の同意が必要である。

解説 1. 疑いにも通告義務はあり、誤った通告でも罰則はない。 2.3. すべての者に通告義務がある。 4. 通告先は児童相談所や福祉事務所など。 5. 保護者の同意は不要である。

解答 1

7 成人保健

7.1 生活習慣病の発症予防と重症化予防

かつて成人病とよばれた疾病は、生活習慣病とよばれるようになり、早期発見・早期治療によって治療のみならず、生活習慣の改善など行動変容を促すことで重症化予防を目指す施策へと変化してきた。2000（平成12）年のわが国の死因のうち、生活習慣病が占める割合は59.8%であったが、高齢者の医療の確保に関する法律（高齢者医療確保法）の施行によって、2008（平成20）年から特定健康診査（特定健診）・特定保健指導が実施された結果、2020（令和2）年の死因は50.1%まで低下した。さらに2000（平成12）年に開始された健康日本21に続いて、2013（平成25）年から10年計画とされていた健康日本21（第二次）は1年延長され、2023（令和5)年までの目標が定められている。これらの成果が生活習慣病の発症を抑制し、さらに重症化や死亡率の低下に表れた。また、2015（平成27）年から、日本人の食事摂取基準にも生活習慣病の発症予防に加えて重症化予防も目的に追加されたことも寄与している。

7.2 特定健康診査・特定保健指導とその評価

超高齢社会にある日本の老年人口の増加に伴い、死因の多くを占める生活習慣病の予防対策は、医療費・介護費の抑制に重要な施策となった。2006（平成18）年には医療提供体制の見直しや生活習慣病対策の推進など、医療制度改革が進められた。また、前述の特定健康診査（特定健診）・特定保健指導が2008（平成20）年から導入された。高齢者医療確保法に基づいて医療保険者が、被保険者および扶養家族に対して被保険者および扶養者の医療費のみならず、生活習慣病の発症予防や重症化予防などを目的とする特定健診・特定保健指導などの保健事業も行うことになった。

以下の図7.6には特定健診・特定保健指導の推進によってもたらされる健康日本21（第二次）の目標である健康寿命の延伸につながる流れを示している。

特定健康診査・特定保健事業は、医療保険者の取り組みとされているが、また、生活習慣病予防のための標準的な健康診査・保健指導計画の流れについて図7.7に示す。

特定健診の対象者は、40～74歳の被保険者・扶養者である。血糖・脂質・血圧などに関する健康診査の結果をもとに生活習慣の改善が必要な対象者を抽出して医師や保健師、管理栄養士などが保健指導を実施することで、生活習慣病の発症、重症

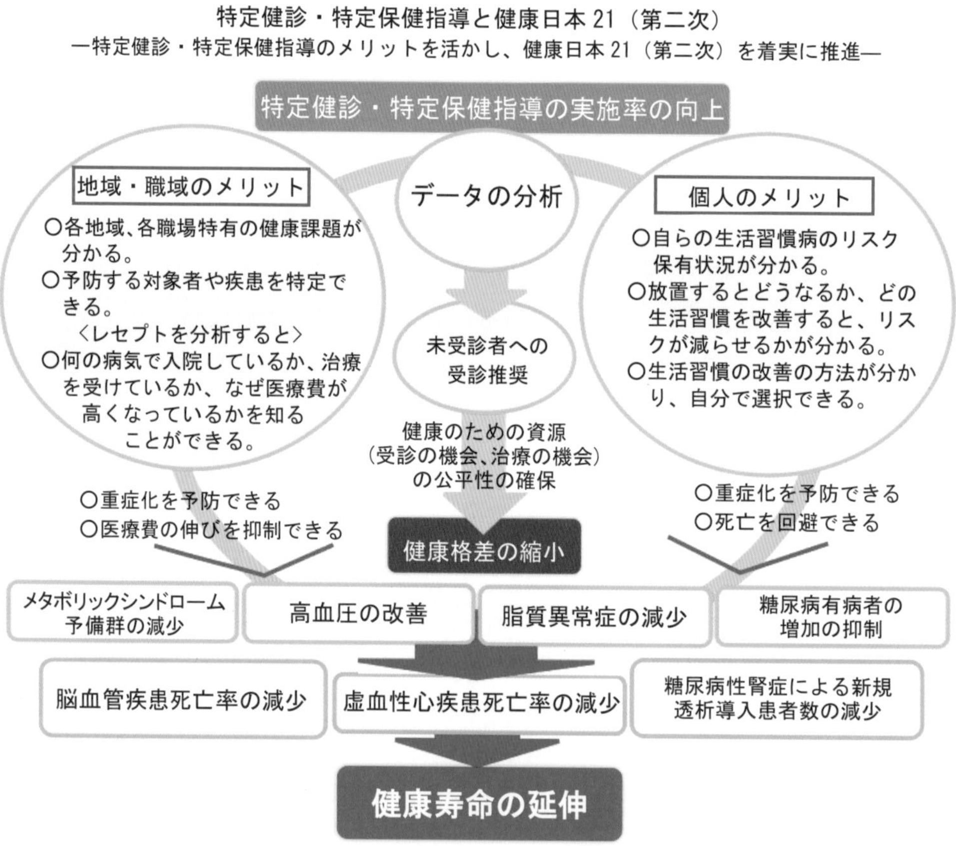

特定健診・特定保健指導と健康日本21（第二次）
ー特定健診・特定保健指導のメリットを活かし、健康日本21（第二次）を着実に推進ー

特定健診・特定保健指導の実施率の向上

地域・職域のメリット
○各地域、各職場特有の健康課題が分かる。
○予防する対象者や疾患を特定できる。
〈レセプトを分析すると〉
○何の病気で入院しているか、治療を受けているか、なぜ医療費が高くなっているかを知ることができる。

データの分析

未受診者への受診推奨

健康のための資源（受診の機会、治療の機会）の公平性の確保

個人のメリット
○自らの生活習慣病のリスク保有状況が分かる。
○放置するとどうなるか、どの生活習慣を改善すると、リスクが減らせるかが分かる。
○生活習慣の改善の方法が分かり、自分で選択できる。

○重症化を予防できる
○医療費の伸びを抑制できる

健康格差の縮小

○重症化を予防できる
○死亡を回避できる

メタボリックシンドローム予備群の減少
高血圧の改善
脂質異常症の減少
糖尿病有病者の増加の抑制

脳血管疾患死亡率の減少
虚血性心疾患死亡率の減少
糖尿病性腎症による新規透析導入患者数の減少

健康寿命の延伸

出典）厚生労働省：標準的な健診・保健指導プログラムより

図7.6　特定健康診査・特定保健指導と健康日本21（第二次）の推進

化を予防する。特定健診では、健診の検査項目として表 7.17 の必須項目の検査を実施する。必要に応じて詳細な健診項目が実施される。検査結果や腹囲、BMI（体格指標）の数値から階層化の評価判定を行う。

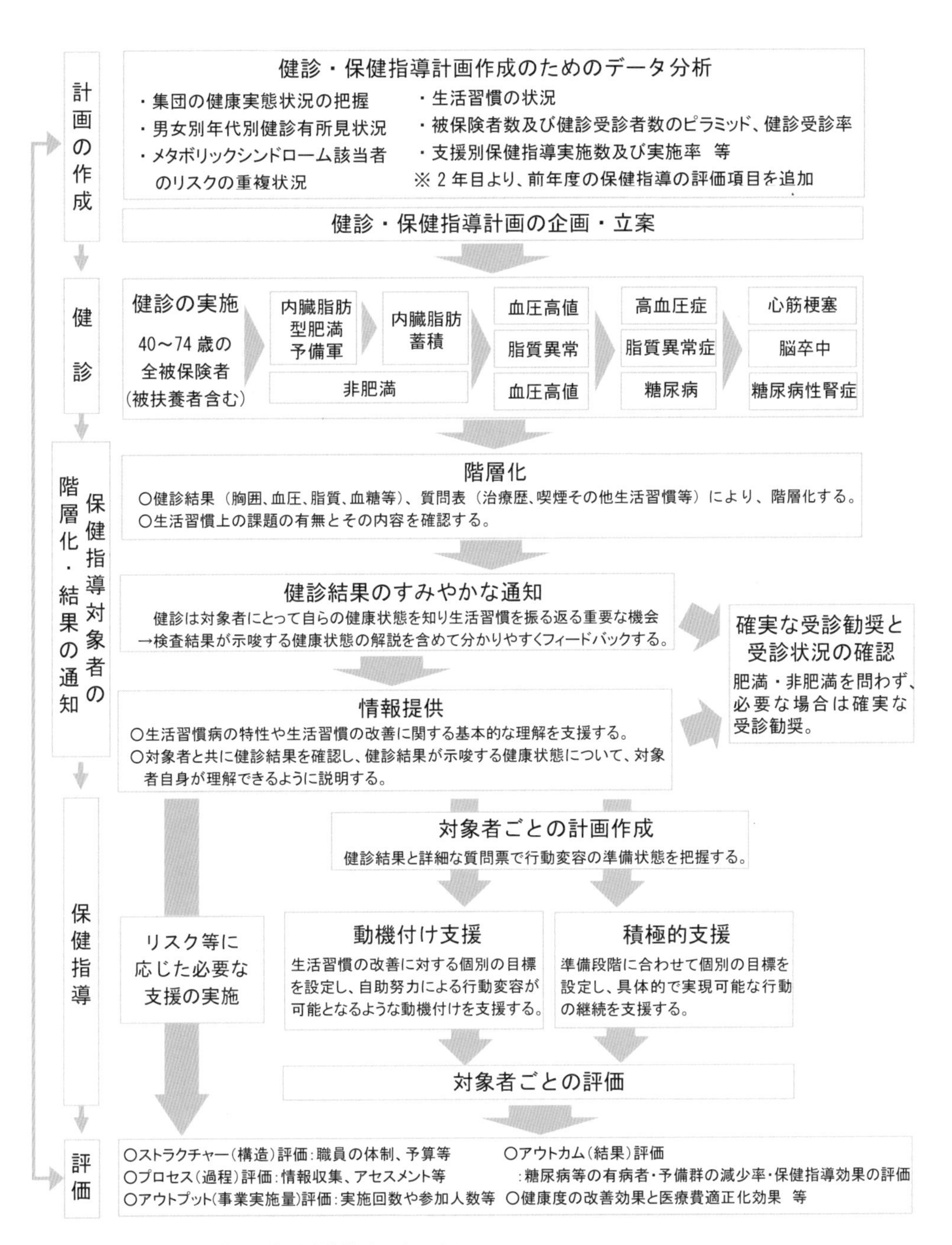

出典）厚生労働省：標準的な健診・保健指導プログラムより

図 7.7　特定健康診査・特定保健指導の概要

表 7.17　特定健康診査の検査項目

必須項目	❖質問票（服薬歴、喫煙歴、運動習慣、食習慣など） ❖身体計測（身長、体重、BMI、腹囲（内臓脂肪面積）） ❖血圧測定 ❖理学的検査（身体診察） ❖尿検査（尿糖、尿蛋白） ❖血液検査 ・脂質検査（中性脂肪、HDL コレステロール、LDL コレステロールまたは Non-HDL コレステロール） ・血糖検査（空腹時血糖または HbA1c） ・肝機能検査（AST（GOT）、ALT（GPT）、γ-GT（γ-GPT））
詳細な健診項目	※一定の基準のもと医師が必要と認めた場合に実施 ❖心電図（12 誘導心電図） ❖眼底検査 ❖貧血検査（赤血球数、ヘモグロビン値、ヘマトクリット値） ❖血清クレアチニン検査（eGFR による腎機能の評価を含む）

図 7.8 に特定健診での検査の階層化を含めた手順を示した。65 歳以上の対象者には、積極的支援の対象となった場合も動機づけ支援のみとなる。

積極的支援とは生活習慣を改善するため 3 カ月以上の継続的な支援を行い、3 カ月後に実績評価する。動機づけ支援とは生活習慣の改善点の気づきと目標設定を促す。原則 1 回の面接支援と 3 カ月後の実績評価を行う。

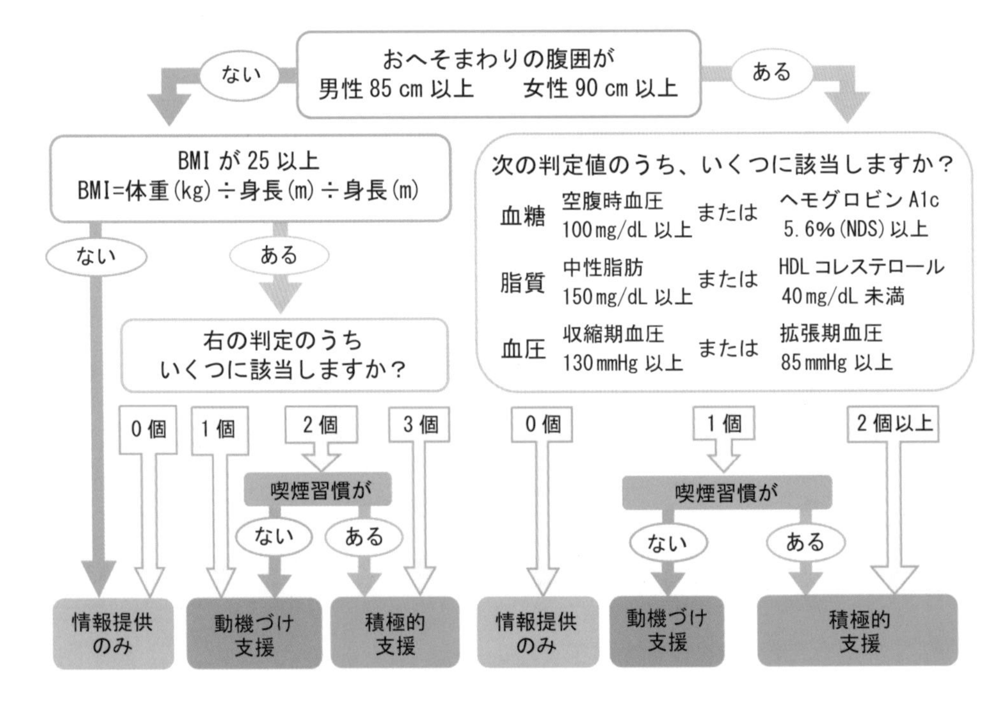

図 7.8　特定健康診査の階層化による支援の判定

例題 16 特定保健指導の対象となるの基準である。正しいのはどれか。1つ選べ。

1. 中性脂肪≧200mg/dL
2. HbA1c≧6.0
3. 空腹時血糖≧100mg/dL
4. 収縮期血圧≧160
5. 拡張期血圧≧100

解説 中性脂肪≧150 mg/dL または HDL コレステロール＜40 g/dL、空腹時血糖≧100 mg/dL または HbA1c≧5.6%、収縮期血圧≧130 mmHg または拡張期血圧≧85 mmHg、これらに喫煙歴を加えて特定保健指導の対象を設定している。 **解答** 3

7.3 高齢者の医療の確保に関する法律

高齢者の医療の確保に関する法律（高齢者医療確保法）は、高齢者への適切な医療の確保を図り、医療費の適正化を推進するための計画を作成することを目的とする。2006（平成 18）年に老人保健法が廃止され、2008（平成 20）年 4 月から施行された。

(1) 医療費適正化計画の策定

厚生労働大臣は医療費適正化方針を定めて、6 年ごとに全国医療費適正化方針を定める。都道府県は、これに即して、6 年ごとに都道府県医療費適正化計画を定める。

(2) 特定健康診査・特定保健指導の根拠

保険者は 40 歳以上 74 歳までの加入者に対して特定健診を実施する義務がある。また、特定健診の結果をもとに特定保健指導を実施する。

(3) 後期高齢者医療制度

全市町村が都道府県単位で加入する後期高齢者医療広域連合が実施主体となった医療保険制度である。対象者は、各都道府県に居住する 75 歳以上の後期高齢者、もしくは 65～74 歳で一定の障害がある者とされる。財源は、公費 50%、広域高齢者支援金（現役世代の保険料から拠出）が約 40%、高齢者から徴収する保険料が約 10%となっている。また、患者負担は原則 1 割だが、年金など一定の所得がある場合には 2 割、現役並みの所得がある場合は 3 割となっている。

日本人の平均寿命が延伸するなかで、他者に依存することなく自立して生活できる期間である健康寿命の延伸と、地域ごとの健康格差を縮小することが今後の目標となる。

例題17　特定健康診査に関する説明である。最も適切なのはどれか。1つ選べ。

1. 実施者は、都道府県である。
2. 受診者は、メンタルヘルスチェックを受ける義務がある。
3. 受診対象者は40歳以上75歳以下である。
4. 65歳以上は判定結果にかかわりなく、動機づけ支援を実施する。
5. 健康増進法に基づいて実施される。

解説　1. 実施は医療保険者である。　2. 特定健診では、実施者にメンタルヘルスチェックを行う義務はあるが、受診者に義務はない。　4. 65歳以上で積極的支援に判定された場合には、積極的支援を提供する。　5. 高齢者医療確保法に基づく。

解答 3

8 高齢者保健・介護

8.1 高齢者の定義と特徴

多くの先進国における高齢者の定義は 65 歳以上となっているが，高齢者の定義について世界的に明確な基準はない。わが国では65～74歳を前期高齢者、75歳以上を後期高齢者とよんでいるが、日本老年医学会は75歳以上を「高齢者」とする新たな提言を行っており、今後は定義が変わっていく可能性もある。本テキストでは現時点で通常使われている65歳以上を高齢者として扱う。

わが国の高齢者人口は年々増加傾向にあり、高齢化率（全人口に占める高齢者の割合）は28.4%（2019（平成31）年）と、国民の4分の1以上が高齢者である（図7.9）。

一般に、高齢化率が7%を超えると「高齢化社会」とよび、14%を超えると「高齢社会」、21%を超えると「超高齢社会」とよぶ。わが国は1970（昭和45）年に既に」高齢化率が7%を超え高齢化社会を迎えており、24年後の1994（平成6）年に高齢社会、2007（平成19）年にはついに高齢化率が21%を超え、日本は「超高齢社会」を迎えた。現在の予測では、2025（令和7）年に高齢化率30%に達し、2040年には35%に達すると報告されている。

世界と比較しても、日本の高齢化率は最も高く、2位のイタリアよりも5%以上高値である（図7.10)。しかし、主要な先進国のみならず開発途上国でも高齢化は年々進んでおり、高齢化はわが国のみならず世界的に同様の傾向が認められる。

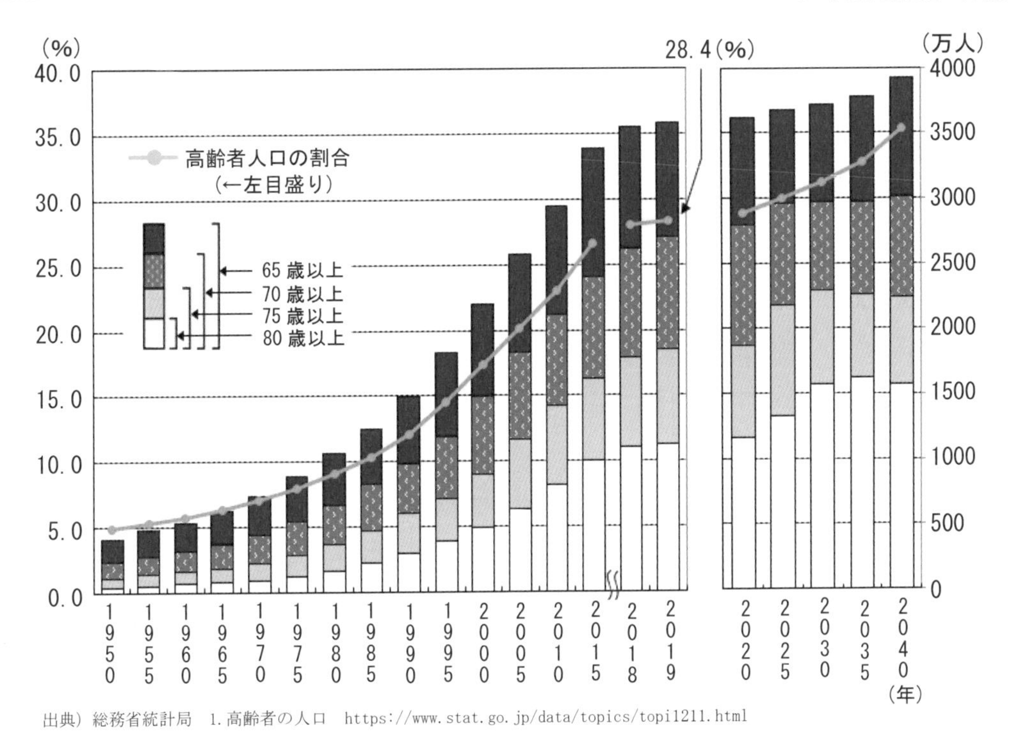

出典）総務省統計局　1.高齢者の人口　https://www.stat.go.jp/data/topics/topi1211.html

図 7.9　高齢者人口および割合の推移（1950～2040 年）

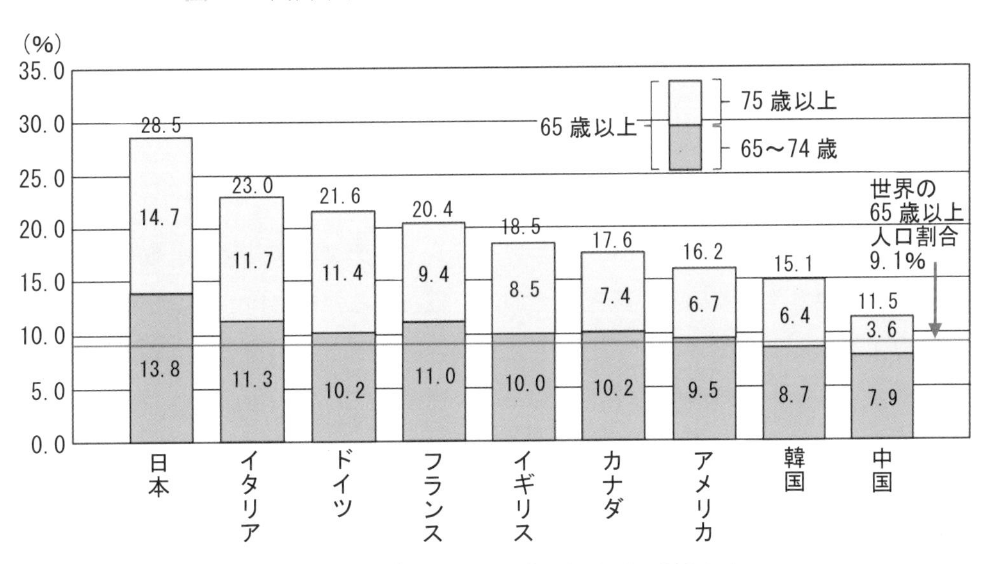

出典）総務省統計局　1.高齢者の人口　https://www.stat.go.jp/data/topics/topi1211.html

図 7.10　主要国における高齢者人口の割合の比較（2019 年）

高齢者の身体的特徴は、老化による生理機能の低下があげられる。細胞の老化や細胞数の減少により、臓器の機能低下が出現する。また、老化によって予備力・回復力の低下、防衛力の低下、適応力の低下により、疾病にかかりやすく治りにくくなり、疾病を重複して罹患するといった傾向が認められる。

高齢者のうち、身体機能の低下によりさまざまな疾病に罹患しやすい状態にあるものを「フレイルティ」とよび、Fried らは以下の5項目の状態のうち3項目以上あてはまる場合をフレイルティと定義した。

①体重減少　②主観的疲労感　③日常生活活動量の減少　④身体能力（歩行速度）の減弱　④筋力（握力）の低下

また、加齢に伴う筋力の低下、筋肉量の減少に注目した「サルコペニア」という指標も高齢者の身体機能を評価するうえでよく用いられている。これは骨格筋量の減少と運動機能の低下で判断し、低栄養により悪化することが分かっている（図7.11）。

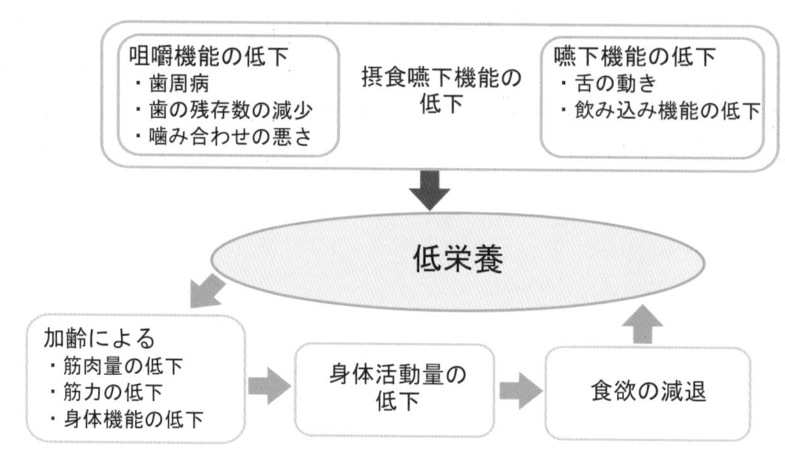

出典）公益財団法人長寿科学振興財団　健康長寿ネット
https://www.tyojyu.or.jp/net/kenkou-tyoju/kenkou-undou/shintaiteki-tokucho.html）

図7.11　高齢者の身体機能の低下と低栄養の関連性

身体機能低下につながるサルコペニアやフレイルティの予防には、筋肉量、筋力の維持が必要とされている。筋肉量と筋力を維持するためには、タンパク質を十分に摂取することとレジスタンス運動とを組み合わせることが有効であるとの研究報告が数多くあり、身体機能低下の予防には、運動療法と栄養療法とを併用することが望ましい。

例題18　高齢者の特徴について、正しいのはどれか。1つ選べ

1. 日本の高齢化率は7%である
2. 高齢者人口は先進国のみで増加している。
3. 加齢に伴う筋量の減少をフレイルティとよぶ。
4. 身体機能の低下によりさまざまな病気にかかりやすい状態をサルコペニアとよぶ。
5. サルコペニア予防には低栄養の改善が必要である。

解説　1.2. 日本の高齢化率は28%を超え、先進国のみならず世界中で高齢人口は増加傾向にある。　3. 加齢に伴う筋量減少はサルコペニアとよばれ、運動とともに低栄養の改善が予防に重要である。　4. サルコペニアを含む、身体機能低下によりさまざまな病気にかかりやすい状態をフレイルティとよぶ。前述のFriedの定義を参照のこと。　**解答** 5

8.2 高齢者の介護

高齢者は、前項で述べたように身体機能が低下し、種々の疾病を併存したまま日常生活を送っている場合が多い。身体機能の低下とともに、認知機能の低下も来しやすく、何らかのサポートが必要になることが増えてくる。高齢者の日常生活を支える仕組みとして、わが国では1997（平成9）年に介護保険制度が誕生した。介護保険は40歳以上の全国民が加入する社会保険の1種であり、介護支援が必要な65歳以上の高齢者と、一部の疾病による介護支援が必要な40〜64歳までの成人の介護サービスにかかる費用の一部を補うシステムである。介護保険システムは少し複雑であるため、図7.12を用いながら項目立てて説明していく。

(1) 介護保険制度の仕組み

介護保険制度の運営主体（保険者）は、全国の市町村と東京23区（以下市区町村）で、保険料と税金で運営されている。加入者（被保険者）は40歳以上の全国民で所得に応じた保険料を支払うことが義務づけられている。65歳以上の加入者は第

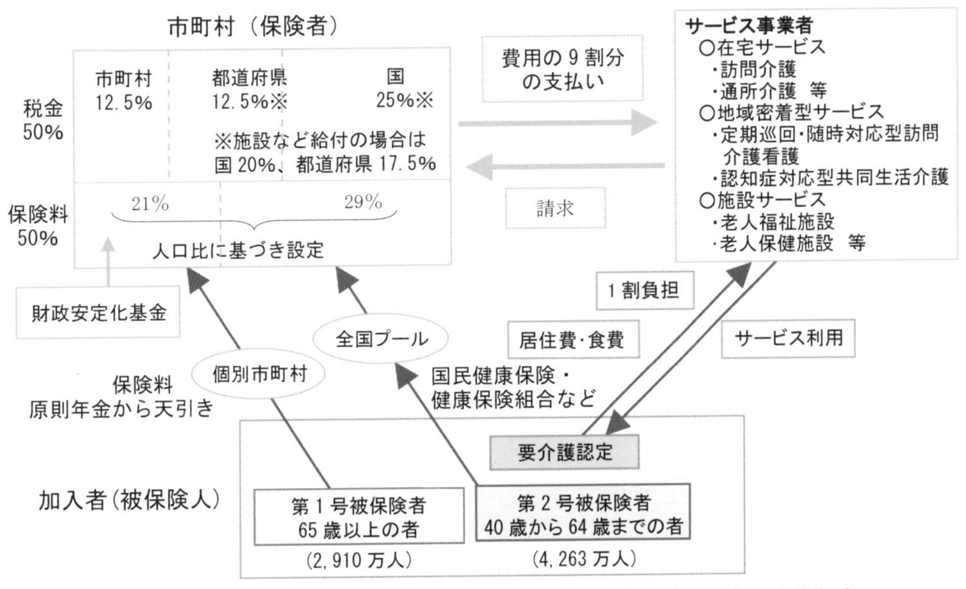

出典）厚生労働省HP：介護保険制度の仕組み https://www.mhlw.go.jp/topics/kaigo/zaisei/sikumi_02.html

図7.12　介護保険制度の仕組み

1号被保険者、40～64歳の加入者は第2号被保険者と区別され、第1号被保険者は介護や支援が必要との認定を受けると介護保険からの給付があるが、第2号被保険者は、老化に起因する疾病、初老期認知症や脳血管疾患など（指定の16疾病）で介護認定を受けた場合に限りサービスを受けることができる。

(2) 要支援・要介護認定

介護保険制度では、寝たきりや認知症などで常時介護を必要とする状態（要介護状態）になった場合や、家事や身支度などの日常生活に支援が必要であり、特に介護予防サービスが効果的な状態（要支援状態）になった場合に、介護サービスを受けることができる。この要介護状態や要支援状態にあるかどうか、そのなかでどの程度かの判定を行うのが要介護認定（要支援認定）であり、保険者である市区町村に設置される介護認定審査会において判定される。

介護認定審査会では、表7.18に示される要支援2段階、要介護5段階の区分を判定し、それぞれの区分に基づき介護サービスの内容が異なる。

表7.18　要支援・要介護の区分

区分	目　安
要支援1	日常生活はほぼ自分でできるが、要介護状態予防のために少しの支援が必要な状態
要支援2	要支援1よりも日常生活を行う能力が少し低下しており、少しの支援が必要ではあるが、要介護には至らず、改善の可能性が高い状態
要介護1	要支援2よりも日常生活を行う能力が一部低下しており、排泄や入浴など部分的な介護が必要な状態
要介護2	日常生活動作について、立ち上がりや歩行が自分では困難であったり、排泄・入浴などに一部または全介助が必要な状態
要介護3	日常生活動作が著しく低下し、排泄・入浴・衣服の着脱など全面的な介助が必要な状態
要介護4	動作能力が低下し、排泄・入浴・衣服の着脱など全面的な介助が必要で介護なしには日常生活を営むことが困難な状態
要介護5	介護なしには日常生活を行うことがほぼ不可能で意思の伝達も困難な状態

(3) 介護保険の給付

介護保険制度で要支援または要介護認定されると、利用者（被保険者）の意思で必要とされるサービスを選択して受けることができる。介護保険の給付は現金給付ではなく現物給付であり、介護サービスとして利用者（被保険者）に提供される。被保険者はサービス利用料金の1割を自己負担する仕組みである。要支援認定と要介護認定では受けられるサービスが異なり、基本的には要支援区分は介護予防サービス、要介護区分は介護サービスとして区別されている。

(4) 介護サービスの種類

介護保険による介護サービスは、都道府県が指定や監督を行う居宅サービス（対象は要支援および要介護者）や施設サービス（対象は要介護者）、市町村が指定や監督を行う地域密着型サービス（対象は要支援および要介護者）がある。

1) 居宅サービス

居宅サービスには大きく訪問サービスと通所サービスに分けられ、それぞれ表7.19のような種類がある。

表7.19 居宅サービスの種類と内容

	サービス	内容
訪問サービス	訪問介護 （ホームヘルプサービス）	ヘルパーなどが訪問し、入浴や食事などの身体介護や家事の手助けなどを行う。
	訪問入浴介護	簡易浴槽などを搭載した車で訪問し入浴を介助する。
	訪問看護	看護師が医師の指示のもとに訪問し、ケアを行う。
	訪問リハビリテーション	指定を受けた事業者から、医師の指示のもと、理学療法士などが訪問しリハビリテーションを行う。
	居宅療養管理指導	医師や歯科医師などが訪問し医学的な指導を行う。
通所サービス	通所介護 （デイサービス）	ゲームなどのレクレーションや食事、入浴などの機能訓練を行う。
	通所リハビリテーション （デイケア）	施設に通い、医師の指示のもと、理学療法などのリハビリテーションを受ける。
	短期入所生活介護 （ショートステイ） 短期入所療養介護	施設に短期入所し、介護や医学的管理に基づく介護などを行う。
その他		特定施設入居者生活介護、福祉用具貸与、特定福祉用具販売など

2) 施設サービス

施設サービスは、「特別養護老人ホーム」「介護老人保健施設」「介護療養型医療施設」「介護医療院」に入所した要介護状態にある高齢者に対して提供されるサービスであり、これらの施設には要支援区分では入所できないため、要介護区分者のみのサービスとなっている。

特別養護老人ホームでは主に食事・排泄・入浴などの介護が提供されるのに対して、介護老人保健施設や介護療養型医療施設、介護医療院では、医学管理下における介護やリハビリ、療養上の管理や看護などのサービスも提供されている。それぞれの施設の特徴については表7.20に示す。

表 7.20　施設介護サービスが受けられる施設の特徴

施設名称	対象者の介護区分	特徴
特別養護老人ホーム	要介護 3〜5*	在宅での生活が困難になった要介護の高齢者が入居できる公的な介護保険施設。原則として終身に渡って介護が受けられる
介護老人保健施設	要介護 1〜5	長期入院をしていた方が、退院して家庭に戻るまでの間に利用される。原則半年程度までの入居に限定。在宅復帰に向けたリハビリが中心
介護療養型医療施設	要介護 1〜5	介護療養型医療施設は 2017 年度末で廃止されることになった。（2024 年 3 月末まで移行期間が設けられている）特徴は介護医療院と同じ
介護医療院	要介護 1〜5	長期にわたり、療養が必要な方を受け入れ、医療的ケアと介護を一体的に提供する施設。介護療養型医療施設の廃止に伴い新設

* 原則は要介護 3 以上の認定が必要だが、例外もあり

3）地域密着型サービス

地域密着型サービスは、介護が必要になっても住み慣れた地域で生活が継続できるように、地域ぐるみで支援する仕組みで、サービスの基準や介護報酬なども地域の実情にあわせて市区町村が設定する（表 7.21）。

表 7.21　地域密着型サービスの種類と内容

区分	サービス	内容
訪問・通所サービス	小規模多機能型居宅介護	サービスの中心はデイサービスだが、必要に応じてスタッフが利用者宅を訪問したり、利用者が泊まることもできる。
訪問・通所サービス	看護小規模多機能型居宅介護（複合型サービス）	小規模多機能型居宅介護のサービスに訪問介護が加わった、介護と看護が一体となったサービス。
訪問・通所サービス	定期巡回・臨時対応型訪問介護看護	日中・夜間を通して、訪問介護と訪問看護が一体となって、あるいは密に連携して、定期巡回や緊急時などの随時対応・随時訪問サービスを行う。
訪問・通所サービス	夜間対応型訪問介護	夜間の定期巡回による訪問介護、利用者の求めに応じた随時の訪問介護、ケアコール端末を設置し、利用者の通報に応じて対応するオペレーションサービスを提供。
訪問・通所サービス	地域密着型通所介護	利用定員 18 人以下の小規模なデイサービス。通常のデイサービスと同様、食事や入浴、レクレーションや機能訓練などを行う。
訪問・通所サービス	認知症対応型通所介護	利用定員 12 人以下の認知症高齢者を対象としたデイサービス。食事介助や入浴介助、レクレーションや機能訓練などを行う。
施設入居サービス	認知症対応型共同生活介護（グループホーム）	認知症高齢者が 5〜9 人で共同生活を送りながら、日常生活の介護を受けられる施設。利用者が家事を分担するなどして、リハビリをしながら認知症症状の進行を防ぐ。
施設入居サービス	地域密着型特定施設入居者生活介護	指定を受けた定員 30 人未満の小規模な介護専用の有料老人ホームや軽費老人ホームで、少人数の入居者に対し、食事や入浴などの生活支援や介護サービス、機能訓練などを受ける。
施設入居サービス	地域密着型介護老人福祉施設	定員 30 人未満の小規模な特別養護老人ホームで、入浴、排泄、食事等の介護、機能訓練、健康管理などのサービスを行う。

8.3 地域包括支援センター

地域包括支援センターとは、地域住民の心身の健康の保持および生活の安定のために必要な援助を行うことにより、地域住民の保健医療の向上および福祉の増進を包括的に支援することを目的とする場所で、市町村が責任主体である。具体的には介護予防に関する支援、相談、ケアマネジメントの継続に関する支援、高齢者の権利擁護などを行う（図 7.13）。

地域包括支援センターでは、保健師や社会福祉士、主任介護支援専門員（ケアマネージャー）が勤務しており、高齢者の介護に関するあらゆる相談を受ける窓口である。一方で居宅介護支援事業所というのもある。居宅介護支援事業所は、ケアマネジャーが常駐するところで、介護認定を受けた人に対してケアプランの作成や、介護サービスを受けられる事業所の紹介を行う場所である。

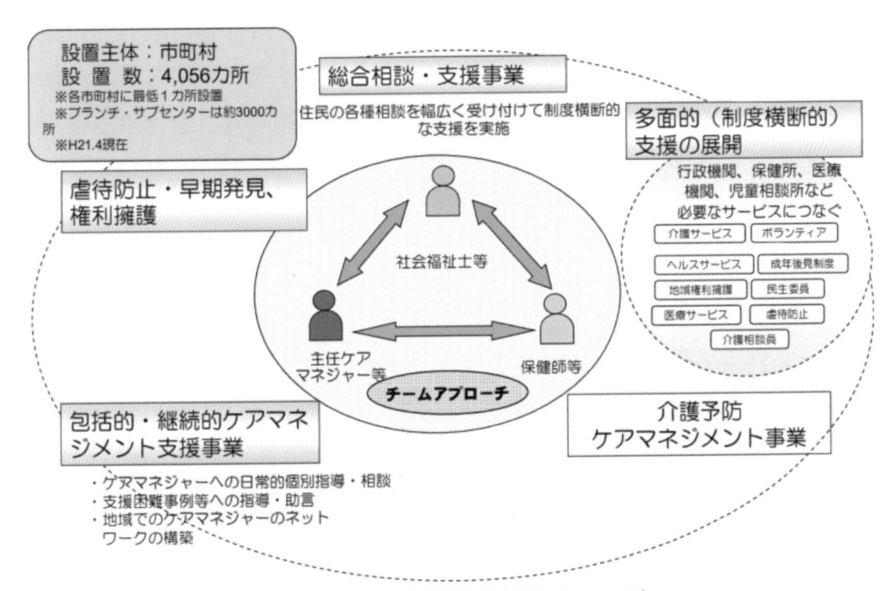

出典）厚生労働省 HP　https://www.mhlw.go.jp/shingi/2010/05/dl/s0531-13d_16.pdf）

図 7.13　地域包括支援センターのイメージ

例題 19　75 歳男性、一人暮らし。歩行中に転倒し大腿骨頸部骨折にて入院し治療を受けた。病院から退院しリハビリを行うにあたり、この人に勧める施設として最も適切なのはどれか。

1. 地域包括支援センター
2. デイサービス
3. ショートステイ
4. 介護老人保健施設
5. ホーム

解説　地域包括支援センターはサービス提供機関ではない。デイサービスもショートステイも居宅サービスの一種で、在宅での介護支援が必要な方へのサービスである。現在入院中で、すぐに在宅復帰できそうにない本問では利用しにくい。介護老人福祉施設は在宅復帰に向けたリハビリを受けられるため、最も適切である。グループホームは認知症高齢者の共同生活の場で、本問にはあてはまらない。　**解答** 4

9 産業保健

産業保健とは、働く人々の安全と健康を守ることをいう。産業保健の目的については、ILO/WHO（International Labor Organization/World Health Organization；国際労働機関／世界保健機関）の定義がある。目的の要点は、①労働者の身体的、精神的および社会的健康を最高度に維持、増進させること。②労働者の労働条件に起因する健康からの逸脱を予防すること。③労働者を健康に不利な条件に起因する危険から保護すること。④労働者の生理学的、心理学的能力に適合する職業環境に労働者を配置しそれを維持することである。

9.1 労働と健康

わが国は、生産年齢人口の減少、超高齢社会、企業の国際化や海外からの労働力の受け入れに伴う労働のグローバル化などの課題を抱えている。

また、総務省統計局の「労働力調査」によると、労働力人口（15歳以上人口のうち就業者と完全失業者の合計）は2019（令和元）年平均で約6,890万人となりここ数年は増加傾向、労働力人口比率（15歳以上人口に占める労働力人口の割合）は同年平均で62.1％と上昇している。労働力人口と労働力人口比率の増加は女性において著しい。

産業保健を論じる場合、以上に記載した労働形態などの特徴を把握したうえで労働者の安全と安心に関する事柄を理解し、課題や問題点さらに解決策を考えるべきである。

9.2 労働安全衛生法

労働安全衛生法の目的は、職場における労働者の安全と健康を確保するとともに、快適な職場環境を形成することである。そのためには、労働災害の防止のための危害防止基準の確立、責任体制の明確化、自主的活動の促進の措置などの総合的かつ計画的な安全衛生対策が必要である。

わが国の労働衛生関連法規は、日本国憲法のもと、1947（昭和22）年に施行された労働基準法に始まる。労働基準法は、当時の労働衛生に関する種々の課題に対処することであった。例えば、重金属中毒防止のための保護具の着用の励行や健康診断の規定が定められるなどの、労働者に対しての最低基準が示されたものであり、その規則を遵守させることであった。

その後、1972（昭和47）年に労働安全衛生法が制定され、時代の変遷に伴う職場や職種に適切に対応する健康障害防止の対策の導入およびより快適な職場環境の構築を目指すこととした。労働安全衛生法のもとに、労働衛生の3管理（作業環境管理・作業管理・健康管理）、労働安全衛生管理体制整備、労働安全衛生教育が進められた。

労働安全衛生法改正（以下「法改正」）などの労働衛生施策のあゆみを記載する。1975（昭和50）年に作業環境測定法が制定され、労働の作業環境は作業環境測定士が行うことになった。作業環境測定士は職場における有害物質などの測定を行うことで、職場環境の改善を図るとともに労働者の健康を守ることも職務としている。

1977（昭和52）年の法改正により、化学物質による労働者の健康障害と危害の予防を目的に、新規化学物質を製造・輸入する事業者に対し、有害性調査を行い厚生労働大臣に届け出ることを義務づけた。

1988（昭和63）年の法改正により、事業者は労働者の健康の保持増進のための措置を行うことが努力義務となり、あわせて労働者は自らがその措置を利用して健康の確保に努めることとされた。職場における労働者の健康の保持増進を図るには、作業環境の管理、作業の管理、健康の管理の3つが総合的に機能することが必要となった。

1992（平成4）年の法改正により、快適な職場環境の形成のための措置が公布され、事業者が講ずべき快適な職場環境の形成のための措置に関する指針が示された。形成の目標に関する事項は作業環境の管理、作業方法の改善、労働者の心身の疲労の回復を図るための施設・設備の設置・整備、その他（トイレ、洗面所など）の施設・設備の維持管理である。

1996（平成8）年の法改正により、健康保持対策の推進が図られ、健康診断結果の通知および医師からの意見聴取が義務化された。

1999（平成11）年の法改正により、深夜業従事者の健康管理の対策が図られた。深夜業とは午後10時から翌日午前5時までの時間帯の労働をさし、この時間帯に週1回以上または月4回以上業務に従事する労働者は健康管理に特に留意するために、事業者は労働者に6カ月に1回（年2回）の健康診断を受診するように指導しなければならない。

2005（平成 17）年の法改正により、過重労働による健康障害を防ぐために長時間労働者について医師による面接指導の実施義務、事業所の災害防止のために危険性・有害性の調査（リスクアセスメント）の努力義務が事業者に課せられた。

2014（平成 26）年の法改正により、ストレスチェック制度が創設され、50 人以上労働者がいる事業者は労働者の心理的な負担の程度を把握するために年 1 回以上定期にストレスチェックを実施することが義務化された。

2018（平成 30）年に働き方改革関連法が成立し、2019（平成 31）年 4 月 1 日から順次施行されている。ポイントは、時間外労働の上限規制、年次有給休暇の取得義務化、雇用形態にかかわらない公正な待遇の確保などである。

9.3 労働安全衛生対策

労働安全衛生管理を進めるうえでの基本は、事業者は労働者の安全と健康を確保する責務があり、労働者は労働災害を防止するために必要な事項を遵守する義務があることである。

労働安全衛生法のもとにおける労働衛生管理は、作業環境管理、作業管理、健康管理の 3 管理がある（図 7.14）。

		使用から影響までの経路	管理の内容	管理の目的	指標	判断基準
労働衛生管理	作業環境管理	有害物使用量 ↓ 発生量 ↓ 気中濃度	代替 使用形態、条件 生産工程の変更 設備、装置の負荷	発生の抑制	環境気中濃度	管理濃度
			遠隔操作、自動化、密閉	隔離		
			局所排気 全体換気 建物の構造	除去		
	作業管理	↓ 曝露濃度 体内侵入量 ↓ 反応の程度	作業場所 作業方法 作業姿勢 曝露時間 呼吸保護具 教育	侵入の抑制	生物学的指標：曝露濃度	曝露限界
	健康管理	↓ 健康影響	生活指導 休養 治療 適正配置	障害の予防	生物学的指標：健康診断結果	生物学的曝露指標（BEI）

出典：厚生労働統計協会 国民衛生の動向 2022/2023　p321　図 2

図 7.14　労働衛生管理の対象と予防措置の関連

作業環境管理は、良好で快適な作業環境を確保するために作業環境を的確に把握して、有害な要因の発生を抑制、除去することにより労働者の心身の健康障害の予防を図ることである。具体的には、局所排気・全体換気による有害要因の除去、環境気中濃度の測定、良好な労働環境の確保がなされていることの判断基準としての管理濃度を設定する。

作業管理は、有害要因を適切に管理することにより、労働者に及ぼす影響を減少させて健康障害を予防することである。例えば、曝露時間短縮や防護具装着による有害要因の侵入抑制、生物学的曝露指標を用いた曝露濃度の測定、健康障害の判断基準としての曝露限界がある。

健康管理は、健康診断や健康教育を行うことにより、労働者の健康状態の把握および結果の対応を実施することである。健康診断の結果を受けて、障害予防のために生活指導、休養、適正配置などを行う。また、健康管理手帳の交付や職場におけるメンタルヘルス対策を実施する。

例題 20　労働衛生管理の作業管理の管理内容に該当するものである。正しいのはどれか。1つ選べ。

1. 遠隔操作
2. 全体換気
3. 防護具着用
4. 生活指導
5. 適正配置

解説　（図 7.14 参照）1. と 2. は作業環境管理、4. と 5. は健康管理である。　**解答** 3

9.4 生物学的モニタリング

有害物質使用者に対して作業時の曝露における健康診断のために生物学的モニタリングを行う。つまり生物学的モニタリングとは、生物学的曝露指標（BEI：Biological Exposure Indices）を測定することにより、作業従事者の有害物質曝露の程度や、その後の体内摂取量を評価することをいう。生物学的モニタリングの結果に問題がある場合は職場の作業環境管理や作業管理などの改善を行う必要がある。

生物学的モニタリングのBEIの例として、鉛業務従事者に対しては血液中鉛や尿中δ-アミノレブリン酸の測定を、有機溶剤作業従事者については、トルエンは尿中馬尿酸、キシレンは尿中メチル馬尿酸、トリクロロエチレン・テトラクロロエチレンは尿中トリクロロ酢酸、ベンゼンは尿中フェノールを測定する。

一般に、吸気されたトルエン（C_6H_5OH）は生体内で代謝され中間代謝産物の安息香酸（C_6H_5COOOH）が生成され、最終的に馬尿酸（$C_9H_9NO_3$）として尿中に排泄される。トルエン曝露の検査時に、食品からの安息香酸（清涼飲料水等の食品添加物）を摂取すると尿中馬尿酸濃度が高くなるポジティブエラー（尿中に高濃度検出された馬尿酸は吸気トルエン由来のものではない）を生じて評価の判定を誤る可能性がある。トルエン取扱い作業従事者の生物学的モニタリングを行う際には安息香酸含有食品の摂取を禁じることの指導が必要である。

例題 21　有害化学物質と生物学的曝露指標（BEI）の組み合わせである。誤っているのはどれか。1つ選べ。

1. 鉛 ――――― 尿中四エチル鉛
2. トルエン――――尿中馬尿酸
3. キシレン―――――尿中メチル馬尿酸
4. テトラクロロエチレン――――尿中トリクロロ酢酸
5. ベンゼン―――尿中フェノール

解説　1. 鉛のBEIは尿中δ-アミノレブリン酸である。　**解答**　1

9.5 産業保健従事者

労働安全衛生法により、事業場の安全衛生管理体制を整備することが事業者に義務づけられている。事業場の規模により、総括安全衛生管理者、安全管理者、衛生管理者、安全衛生推進員、産業医を選任し、労働衛生管理に関する業務を行わせることが定められている（表7.22）。

表7.22　労働衛生管理の対象と予防措置の関連

	業種 1[1]	業種 2[2]	業種 3[3]
総括安全衛生管理者	100人以上	300人以上	1,000人以上
安全管理者	50人以上	50人以上	—
衛生管理者	50人以上	50人以上	50人以上
安全衛生推進者	10～49人	10～49人	—
衛生推進者	—	—	10～49人
産業医	50人以上	50人以上	50人以上

注 1）林業、鉱業、建設業、運送業、清掃業
2）製造業（物の加工業を含む）、電気業、ガス業、熱供給業、水道業、通信業、各種商品卸売業、家具・建具・じゅう器等卸売業、各種商品小売業、家具・建具・じゅう器等小売業、燃料小売業、旅館業、ゴルフ場業、自動車整備業、機械修理業
3）その他の業種

出典）厚生労働統計協会 国民衛生の動向 2022/2023 p322 表2

総括安全衛生管理者は、安全管理者、衛生管理者を指揮させるとともに、労働者の危険または健康障害を防止するための措置などの業務を統括管理する。主な業務は、安全衛生に関するPDCAサイクルの実施などがある。

衛生管理者は、労働者の健康と安全を守るため、職場の衛生環境全般を管理する職務を担う。主な業務は、定期的に作業場を巡視し、衛生状態に問題があれば改善策を講じることなどがある。

産業医は、事業場において労働者が安全・健康で快適な作業環境のもとで仕事が行えるよう、専門的立場から指導・助言を行う。主な業務は、健康診断と診断結果に基づく面接指導などの実施、健康教育、労働者の健康障害の原因の調査および再発防止のための措置などがある。

9.6 職業と健康障害

(1) 産業疲労

仕事の作業を原因として起こる心身の疲労を産業疲労とよぶ。身体的疲労として、一般に筋肉を使う労働では全身疲労が生じ、パソコン入力などの作業は局所疲労を起こしやすい。近年は職場におけるストレスなどの心理的疲労を抱える作業従事者が多く、産業疲労対策への対応は複雑になっている。

疲労や睡眠不足は作業能力を低下させ、作業時の重大な事故や災害を生じる原因となる。過重労働に伴う疲労と脳血管疾患、心疾患、筋骨格系組織障害、精神疾患は関係しているところから、労働衛生管理において産業疲労の対策が重要となる。的確な治療や適度の睡眠により疲労は改善するが、慢性的な疲労蓄積、さらには過重な疲労の蓄積により死（過労死）に至る場合もある。厚生労働省は、過労死等防止のための取り組みとして、長時間労働の削減、過重労働による健康障害の防止、働き方の見直し、職場におけるメンタルヘルス対策の推進、職場のハラスメントの予防・解決、相談体制の整備などを提示している。

(2) 職業病

職業病とは、労働条件や環境など職業上の業務に起因する病気である。職業病のリスク要因に関わる作業を行う労働者は、定期的な健康診断を受けるなど労働衛生管理に基づく徹底的なリスク対策を行うべきである。以下に職業病のリスク要因と関連する疾病を記す。

1) 物理的因子に起因する疾病

①紫外線――――――前眼部疾患、皮膚疾患

②赤外線――――――網膜火傷、白内障、皮膚疾患

③レーザー光線――――網膜火傷、皮膚疾患
④マイクロ波―――――白内障
⑤電離放射線―――――白内障、造血器障害
⑥高気圧―――――――潜函病、潜水病
⑦異常温度――――――熱中症、凍傷
⑧騒音――――――――難聴

2）身体に過度の負担のかかる作業態様に起因する疾病

①重量物・不自然な作業姿勢―――腰痛
②さく岩機、チェーンソー――――前腕手指のレイノー現象（白ろう病）
③情報機器（VDT）作業―――――視力障害、後頭部・頸部・上肢障害

3）化学物質等に起因する疾病

①合成樹脂――――――――――眼粘膜・気道粘膜炎症
②すす、うるし―――――――皮膚疾患
③有機溶剤――――――――――貧血、肝臓障害
④粉じん――――――――じん肺、気管支炎
⑤石綿（アスベスト）――――良性石綿胸水、びまん性胸膜肥厚

4）がん原性物質に起因する疾病

①ベンジジン――――――尿路系腫瘍
②石綿（アスベスト）―――肺がん、中皮腫
③ベンゼン―――――――白血病
④電離放射線――――――白血病、肺がん、皮膚がん、骨肉腫、甲状腺がん
⑤タール、ピッチ、アスファルト――皮膚がん

5）その他

①長期間・長時間業務――――脳血管疾患、心疾患、精神疾患

(3) 作業関連疾患

作業関連疾患は労働に伴うストレスや過労が直接的あるいは間接的に原因となる疾患である。先述の職業病は、特定の職業・業務の作業によって発症する疾病であるのに対して、作業関連疾患は一般のだれでもかかる日常的な病気であり、職場の環境、労働時間、作業による負荷などの影響によって、病状の進行や発症の危険性が高くなる病気をいう。作業関連疾患は、労働に伴う疾患が原因になるため、発症時および発症前の作業の状況によっては、労災補償の対象として認定されることもある。

WHOは、「作業関連疾患（Work-related disease）とは、一般住民にもひろく存在

する疾患ではあるが、作業条件や作業環境の状態によって、発症率が高まったり、悪化したりする疾患である」と定義している。

9.7 健康確保対策

事業者は労働者に対して医師による健康診断を実施しなければならない。また、労働者は事業者が行う健康診断を受けなければならない(労働安全衛生法第66条)。健康管理のためには、健康診断を的確に行い、結果に基づき医師・保健師・管理栄養士による事後措置・保健指導が重要になる。事業者に実施が義務づけられている健康診断には、一般健康診断（①雇入時の健康診断、②定期健康診断、③特定業務従事者の健康診断、④海外派遣労働者の健康診断、⑤給食従業員の検便)、特殊健康診断（①屋内作業場等における有機溶剤業務に常時従事する労働者、②鉛業務に常時従事する労働者、③四アルキル鉛等業務に常時従事する労働者、④特定化学物質を製造しまたは取り扱う業務に常時従事する労働者および過去に従事した在籍労働者、⑤高圧室内業務または潜水業務に常時従事する労働者、⑥放射線業務に常時従事する労働者で管理区域に立ち入る者、⑦除染等業務に常時従事する除染等業務従事者、⑧石綿等の取扱い等に伴い石綿の粉じんを発散する場所における業務に常時従事する労働者および過去に従事したことのある在籍労働者)、じん肺健診、歯科医師による健診がある。

ここ数年、一般健康診断の定期健康診断において有所見者率が全体に増加している。2020（令和2）年定期健康診断の有所見者率の結果は、血中脂質が30%を超えており、次いで肝機能と血圧の有所見者率がそれぞれ17%程度であった。

なお、じん肺などのように曝露の長期間後に発症する恐れのある有害物質に関わる業務に一定期間以上従事した労働者に対して離職時・離職後に、申請により健康管理手帳が交付され、当該者には国による定期的な健康診断が受らけれるようになっている。

9.8 労働災害

労働災害とは、労働者が業務に起因して被る災害や疾病のことである。労働安全衛生法第2条一に、「労働者の就業に係る建設物、設備、原材料、ガス、蒸気、粉じん等により、又は作業行動その他業務に起因して、労働者が負傷し、疾病にかかり、又は死亡することをいう」と定義されている。

労働者災害補償保険（一般にいう労災保険）と雇用保険とを総称して労働保険という。労災保険は、労働者災害補償保険法のもと、労働者の業務災害や通勤災害などによる疾病や障害などに対して保険給付を行うことを目的とする保険制度である。雇用保険は、雇用保険法のもと、雇用の継続が困難になった被保険者に対して保険給付を行うことを目的とする保険制度である。

表7.23に2020（令和2）年の業務上疾病発生状況等調査（厚生労働省集計）を示した。疾病者合計数は、ここ数年減少傾向（2019（令和元）年は8,310人、2018（平30）年は8,684人）にあったが2020（令和2）年は15,038人と増加した。その原因は、疾病分類「病原体による疾病」のうち「新型コロナウイルス罹患によるもの」であり、新型コロナウイルス罹患者数の全疾病者数に対する比率は40.17％であった。

ここ数年、最も多い疾病は「負傷に起因する疾病」であり（2019（令和元）年は6,015人、2018（平成30）年は5,937人）、その多くは災害性腰痛であった。なお、労働災害による死者数は、長期的には減少傾向にある。

表7.23　疾病別の業務上疾病の発生状況

疾　　病	人　数	比率(%)	死者数
負傷に起因する疾病 （うち腰痛	6,533 5,582	43.4 37.1	15 0)
物理的因子による疾病 （うち熱中症	1,214 959	8.07 6.38	24 22)
作業態様に起因する疾病	462	3.07	0
酸素欠乏症	12	0.08	8
化学物質による疾病 （がんを除く）	241	1.62	9
じん肺症及びじん肺合併症（休業のみ）	127	0.84	—
病原体による疾病 （うち新型コロナウイルスり患によるもの	6,291 6,041	41.83 40.17	23 20)
がん	1	0.00	0
過重な業務による脳血管疾患・心臓疾患等	37	0.25	12
強い心理的負荷を伴う業務による精神障害	62	0.41	4
その他	58	0.36	3
合計	15,038	100	98

出典）厚生労働省：業務上疾病発生状況等調査（令和2年）

9.9 過重労働対策、メンタルヘルス対策、THP

近年、多様な就労形態に伴い職場において多岐にわたる労働衛生の問題が生じている。過重労働、メンタルヘルスの対策およびTHPを記載する。

(1) 過重労働対策

過重な労働は肉体的・精神的な不調を引き起こし、ひいては不幸な死に至ることもある。過重労働は労働災害上深刻な問題である。過重労働問題の対策と解決のために、2002（平成14）年に過重労働による健康障害防止のための総合対策、さらに2014（平成26）年に過労死等防止対策推進法が制定された。2005（平成17）年には長時間労働者に対する医師による面接指導制度が定められた。労働時間は労働基準法に定められているが、2018（平成30）年に成立した働き方改革関連法により、時間外労働の上限は月45時間、年360時間を原則として設定された。また、長時間労働者の医師による面接指導のさらなる強化も図られた。

(2) メンタルヘルス対策

ストレスなどの精神的な不安を訴える労働者が増加し、精神障害による労災認定数は年々増えていることから、労働者のメンタルヘルス対策が必要となった。2000（平成12）年に事業場における労働者の心の健康づくりのための指針、2006（平成18）年に労働者の心の健康の保持増進のための指針が策定され、メンタルヘルス問題の対策が図られた。2014（平成26）年には、労働安全衛生法により、50人以上の労働者がいる事業者に対してストレスチェックの実施を義務として、労働者の精神的な不安や不調を未然に防ぐ対策を行なっている。

(3) トータル・ヘルスプロモーション・プラン（THP）

1998（昭和63）年に労働者の心と身体の両面にわたる健康づくりを推進するための取り組みを目的に、事業場における労働者の健康保持増進のための指針が策定され、トータル・ヘルスプロモーション・プラン（THP）として実施されてきた。THPは労働者の健康保持増進計画作成、健康保持増進体制、健康測定実施、健康指導実施に関して、それぞれの事業場に即した内容で取り組むようにとされている。2020（令和2）年に本指針が改定され、指針をさらに確実に進めるためのPDCAサイクルの導入が推進された。

9.10 その他の健康管理対策

(1) 職場の受動喫煙対策

職場の受動喫煙対策は、2018（平成30）年の健康増進法で受動喫煙対策が義務化されたことを受けて、2019（令和元）年に「職場における受動喫煙防止のためのガイドライン」が策定された。職場における労働者の安全と健康の保護を目的として、事業者に屋内における労働者の受動喫煙を防止するための措置を行う努力義務が課せられた。

(2) ワーク・ライフ・バランス（仕事と生活の調和）

2007（平成19）年に、仕事と生活の調和（ワーク・ライフ・バランス）憲章および仕事と生活の調和推進のための行動指針が策定された。フレックスタイム制（日々の始業時刻・終業時刻や労働時間を自ら決めることで効率的に働くことができる制度）、時間短縮労働、テレワークの導入などが推進されている。

(3) 治療と就労の両立支援

疾病リスクを抱える労働者は増加傾向にある。疾病を抱えながらも働く意欲や能力のある労働者の就労の支援のために、「事業場における治療と仕事の両立支援のためのガイドライン（2016（平成28）年策定、令和4年3月改訂版）」が発表された。ガイドラインには、疾病治療と就労の両立支援の位置づけと意義をはじめ、労働者本人の申出や個人情報の保護などの留意事項が記載されている。

(4) 高年齢労働者の特性に配慮した（エイジフレンドリー）職場

超高齢社会の現状下、高年齢労働者の労働力が期待され、労働の機会は増加している。高年齢者の特性に配慮した（エイジフレンドリー）職場が必要とされる。高年齢者は、若年層に比べて身体機能が低下することにより転倒や転落といった労働災害の発生率が高く、休業も長期化しやすい。高年齢労働者が安心して安全に働けるよう事業者と労働者への取り組みとして、2020（令和2）年に「高年齢労働者の安全と健康確保のためのガイドライン」が発表された。令和2年度に中小企業事業者に対してエイジフレンドリー補助金が創設されている。

10 学校保健

10.1 学校保健とは

学校保健とは、学校における児童・生徒の健康保持、増進を図る活動全般のことをさし、健康な生活に必要な知識や能力の育成を目指して教科体育・保健体育や特別活動など学校の教育活動全体を通して行う保健教育と、学校保健安全法に基づいて行う健康診断、環境衛生の改善などの保健管理とに分けられる。また、児童・生徒の安全な生活を確保するための事故災害防止への取り組みも行い、児童・生徒が健康で安全な生活を営むことができるような活動を行っている。

学校保健活動の中心を担うのが養護教諭である。養護教諭は、児童生徒の養護をつかさどる専門的職員であり、国家資格である養護教諭免許状を取得した者しかなれない。職務内容は、ケガや病気の生徒の応急処置といった保健室での仕事から、水質検査や空気検査、病気やケガの予防の指導、児童・生徒ならびに教職員の健康診断の管理など多岐にわたる。

学校保健は、養護教諭の他、学校医、学校歯科医、学校薬剤師などの専門職が関わり、児童・生徒の疾病予防、健康増進に関する専門的な助言や指導を行っている。

例題 22　学校保健活動の総括責任者である。正しいのはどれか。1 つ選べ。

1. 学校長　2. 養護教諭　3. 保健主事　4. 学校医　5. 教育委員会

解説　学校保健活動の中心を担うのは養護教諭だが、責任者はあくまでも学校長である。保健主事は学校保健計画の作成や活動を調整する役割を担い、副責任者の立場である。学校医は専門家としての助言や指導を行うが、責任者ではない。また、教育委員会は健康診断の実施主体ではあるが、学校保健活動の責任者ではない。

解答　1

10.2 学校保健統計

学校保健統計は、学校における幼児、児童および生徒の発育および健康の状態を明らかにすることを目的として、明治 33 年（1900 年）から行われている。調査対象の範囲は、幼稚園、小学校、中学校、義務教育学校、高等学校、中等教育学校および幼保連携型認定こども園のうち、文部科学大臣があらかじめ指定する学校に在籍する満 5 歳から 17 歳（4 月 1 日現在）までの幼児、児童および生徒である。調査事項は発育状態と健康状態に関する事項であり、詳細については表 7.24 に示す。

表 7.24　学校保健統計調査の調査項目

	調査項目	
発育状態	身長	体重
健康状態	栄養状態	心電図異常
	脊柱・胸郭・四肢の状態	心臓
	裸眼視力	蛋白検出
	眼の疾病・異常	尿糖検出
	難聴	皮膚疾患
	耳鼻咽頭疾患	その他の疾病・異常
	結核に関する検診	歯・口腔
	結核	永久歯のう歯数等

10.3 保健統計調査結果の概要

(1) 身体発育

身長・体重平均値は、ともに昭和50年代までは年々微増であったが、その後は平成に至るまでどの年代もほぼ横ばいである（図7.15，図7.16）。

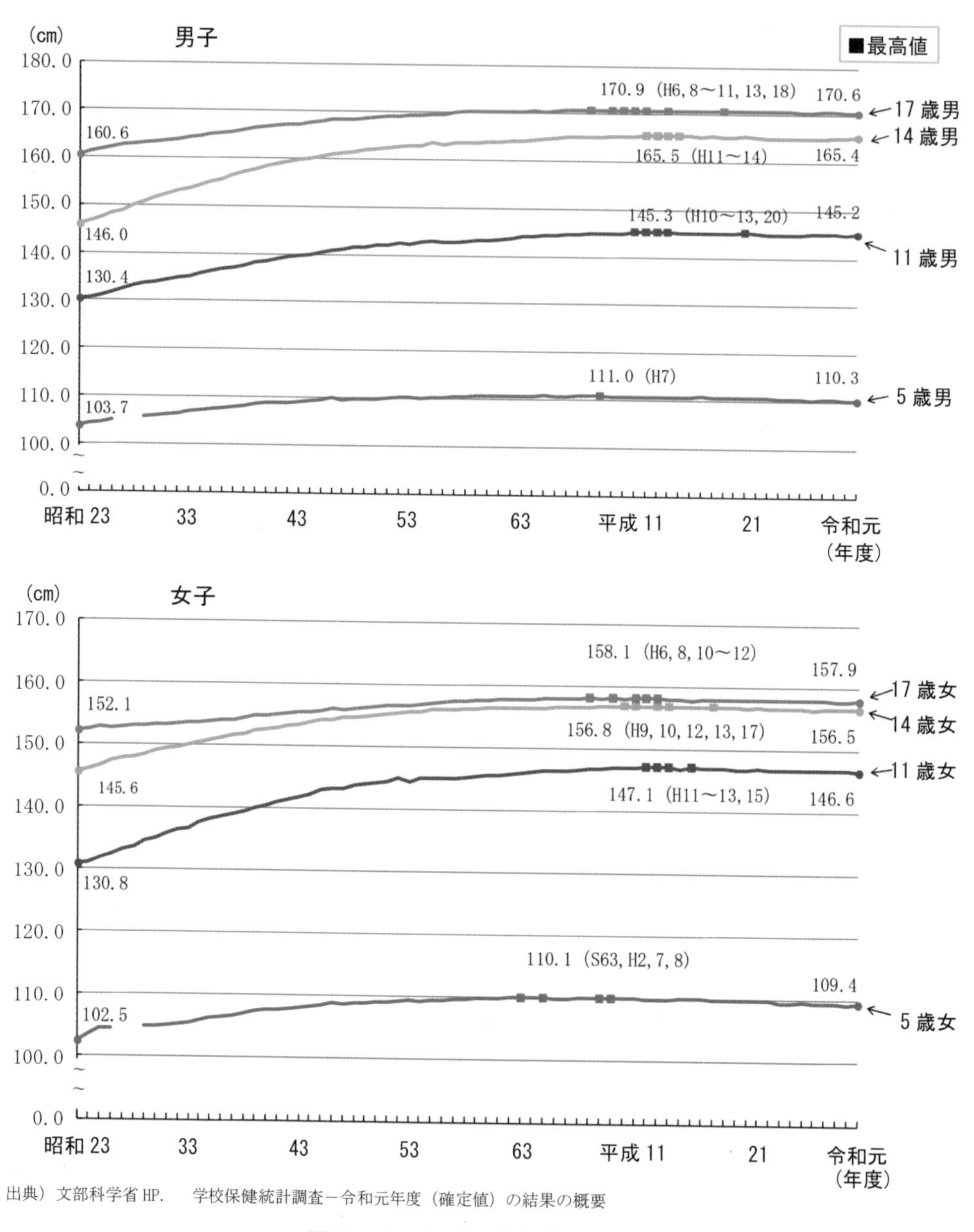

出典）文部科学省HP.　学校保健統計調査－令和元年度（確定値）の結果の概要

図7.15　身長の平均値の推移

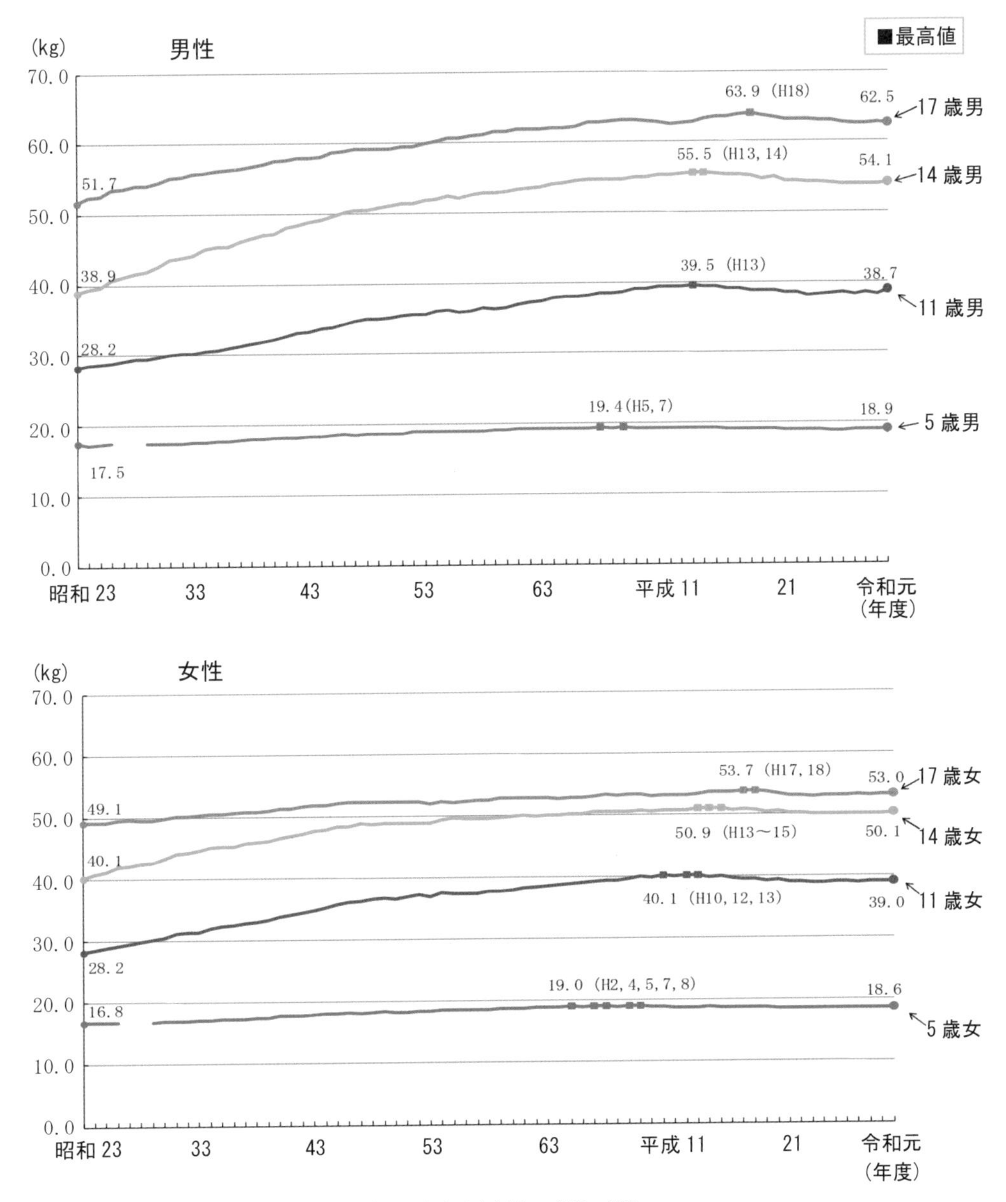

出典）文部科学省HP．学校保健統計調査－令和元年度（確定値）の結果の概要

図 7.16　体重の平均値の推移

身体発育を評価する際に用いられるのが「成長曲線（発育曲線）」である。これは学校保健統計調査により得られた値から各パーセンタイル値*を出し、個人の発育が全体のどのあたりに属するかを見ることができる。年齢が横軸にあるので、個人の成長過程を経年的にみることができる（図 7.17）。

＊ パーセンタイルとは、計測値の統計的分布の上で、小さい方から数えて何%目の値がどれくらいか、を表したものである。例えば3パーセンタイル値とは、小さい方から数えて3%にいる人の値がいくつか、を表しており、50パーセンタイル値は、全体のちょうど真ん中（中央値）を表している（平均値とは異なる）。

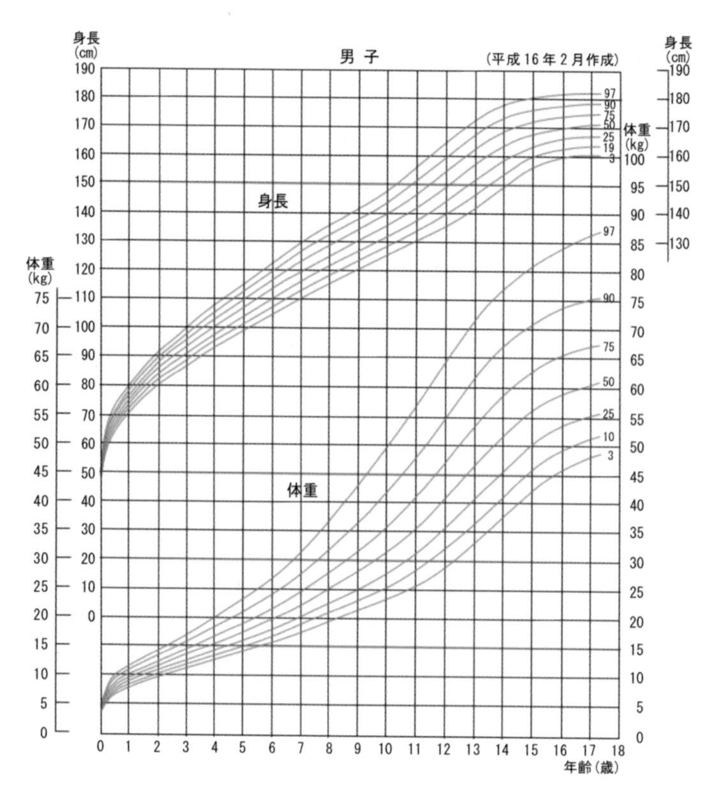
男 子
（平成 16 年 2 月作成）
身長 (cm)
体重 (kg)
身長
体重
年齢（歳）

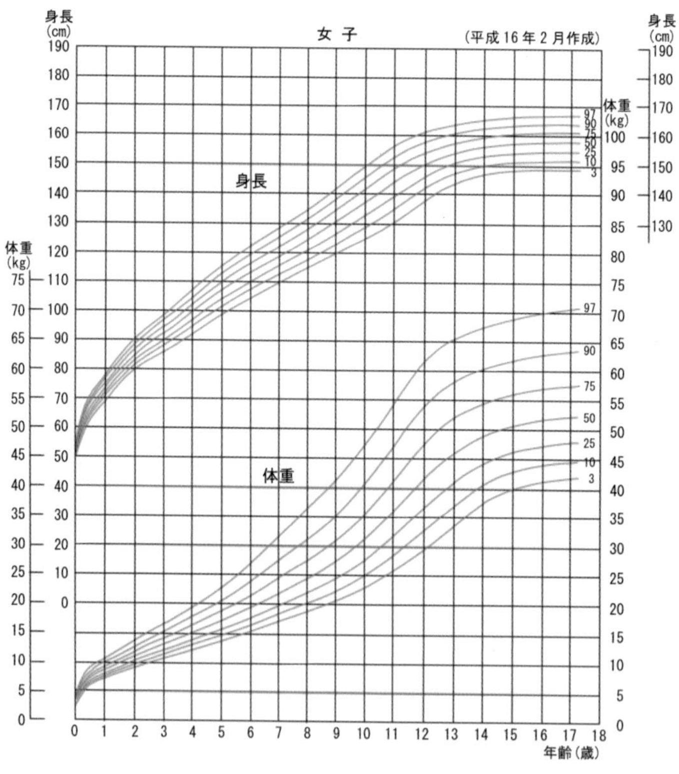
女 子
（平成 16 年 2 月作成）
身長 (cm)
体重 (kg)
身長
体重
年齢（歳）

図 7.17　成長曲線

(2) 健康状態

齲歯（虫歯）の罹患者割合は、どの学年の児童・生徒においても年々減少している。逆に、裸眼視力 1.0 未満の割合は増加傾向にあり、2019（令和元）年度調査では小学生で 34.6%、中学生で 57.5%、高校生では 67.6%といずれも過去最高となっている。

10.4 学校保健安全法

学校における児童・生徒および職員の健康の保持増進を図るため、1958（昭和 33）年に学校保健安全法が制定された（制定当初は「学校保健法」であったが、2009（平成 21）年に「学校保健安全法」に改められた）。学校保健安全法では、保健室の設置、健康相談・健康診断・保健指導の実施、感染症予防のための臨時休業、学校医等の設置、学校安全計画の策定等について規定している。このうち定期健康診断については、学校保健安全法施行規則により項目が決まっており、小学校入学時の就学時健康診断や、必要に応じ臨時に健康診断を行うことも定められている。

また、学校保健安全法施行規則では学校における感染症の防止のため、学校感染症を指定し、それらについて出席停止基準が設けられている（表 7.25、7.26）。学校長は、学校医の助言をもとに、感染症に罹っている（疑いも含む）児童生徒等の出席を停止させることができる。

表 7.25　学校感染症の種類

第一種感染症	エボラ出血熱、クリミア・コンゴ出血熱、痘瘡、南米出血熱、ペスト、マールブルグ熱、ラッサ熱、ポリオ、ジフテリア、重症急性呼吸器症候群（病原体がSARS（サーズ）コロナウイルスであるものに限る）、鳥インフルエンザ（病原体がインフルエンザウイルスA属インフルエンザAウイルスであってはその血清亜型がH5N1であるものに限る） ＊上記の他、新型インフルエンザ等感染症、指定感染症及び新感染症
第二種感染症	インフルエンザ（鳥インフルエンザ（H5N1）を除く）、百日咳、麻疹、流行性耳下腺炎（おたふくかぜ）、風疹、水痘（みずぼうそう）咽頭結膜熱（プール熱）、結核、髄膜炎菌性髄膜炎
第三種感染症	コレラ、細菌性赤痢、腸管出血性大腸菌感染症、腸チフス、パラチフス、流行性角結膜炎、急性出血性結膜炎その他の感染症 ＊この他に条件によっては出席停止の措置が必要と考えられる疾患として、溶連菌感染症、ウイルス性肝炎、手足口病、伝染性紅斑（リンゴ病）、ヘルパンギーナ、マイコプラズマ感染症、流行性嘔吐下痢症、アタマジラミ、水いぼ（伝染性軟疣腫）、伝染性膿痂疹（とびひ）

表 7.26　出席停止基準

❖出席停止の期間

○第一種の感染症・・・完全に治癒するまで

○第二種の感染症・・・病状により学校医その他の医師において伝染のおそれがないと認めたときは、この限りではない

インフルエンザ ※鳥インフルエンザ(H5N1)及び新型インフルエンザ等感染症を除く	発症した後5日を経過し、かつ、解熱した後2日（幼児にあっては、3日）を経過するまで
百日咳	特有の咳が消失するまで、または5日間の適正な抗菌性物質製剤による治療が終了するまで
麻疹	解熱後3日を経過するまで
流行性耳下腺炎（おたふくかぜ）	耳下腺、顎下腺または舌下腺の腫脹が発現した後5日を経過し、かつ、全身状態が良好になるまで
風疹	発疹が消失するまで
水痘（みずぼうそう）	すべての発疹が痂皮化するまで
咽頭結膜炎（プール熱）	主要症状が消退した後2日を経過するまで
結核	病状により学校医その他の医師において伝染のおそれがないと認めるまで
髄膜炎菌性髄膜炎	病状により学校医その他の医師において伝染のおそれがないと認めるまで

○第三種の感染症・・・病状により学校医その他の医師において伝染のおそれがないと認めるまで

○その他の場合

・第一種もしくは第二種の感染症患者を家族にもつ家庭、または感染の疑いがみられる者については学校医その他の医師において伝染のおそれがないと認めるまで

・第一種または第二種の感染症が発生した地域から通学する者については、その発生状況により必要と認めたとき、学校医の意見を聞いて適当と認める期間

・第一種または第二種の感染症の流行地を旅行した者については、その状況により必要と認めたとき、学校医の意見を聞いて適当と認める期間

例題 23　学校感染症の出席停止基準についてである。正しいのはどれか。1つ選べ。

1. インフルエンザは解熱後5日を経過するまで。
2. 麻疹は解熱後3日を経過するまで。
3. 風疹は解熱後2日を経過するまで。
4. 結核は発症後5日を経過するまで。
5. 水痘は発疹が消失するまで。

解説 （表 7.26 参照）インフルエンザは発症後 5 日かつ解熱後 2 日（幼児は 3 日）まで出席停止である。麻疹は解熱後 3 日経過までが出席停止、風疹は発疹が消失するまで、水痘はすべての発疹が痂疲化するまで出席停止である。結核は学校医や医師が感染のおそれがないと判断するまで出席停止となる。 **解答** 2

10.5 栄養教諭

栄養教諭は、2005（平成 17）年から始まった新しい資格制度で、小・中学校で児童や生徒に食の指導を行ったり、学校給食の管理・運営に携わったりする役割を担う。それまでも学校で働く栄養士（学校栄養職員）は存在していたが、食の指導を直接行うことはできなかった。栄養教諭は学校給食の運営にあたる一方、学校給食をひとつの教材として食の教育（食育）などを実施し、子どもたちに栄養や食生活について正しい知識をもってもらうことを目標としている（表 7.27）。栄養教諭になるには、大学における所要単位の修得により栄養教諭普通免許状を取得しなければならない。

すべての義務教育諸学校において給食を実施しているわけではないことや、地方分権の趣旨などから、栄養教諭の配置は地方公共団体や設置者の判断による。そのため、どの学校にも栄養教諭がいるというわけではない。

表 7.27　栄養教諭の役割

役　割	具体的な職務内容
食に関する指導	・肥満、偏食、食物アレルギーなどの児童生徒に対する個別指導 ・学級活動、教科、学校行事等の時間に、学級担任等と連携して、集団的な食に関する指導（授業） ・他の教職員や家庭・地域と連携した食に関する指導を推進するための連絡・調整
学校給食の管理	・栄養管理　・衛生管理　・検食　・物資管理　等

11 国際保健

11.1 国際保健・地球規模の健康問題

国際保健とは、国レベル、地域レベルでの医療の格差や不平等について、どうしたらそのような格差や不平等が解消・是正されるかを研究し、実践していく学問である。したがって、国際保健に携わる人々は医療従事者のみならず、栄養士、保健・体育の専門家、経済学者、政策立案者など多くの職種が相互に連携しあって活動を行っている。

以前は、途上国の熱帯病（マラリアやその他の熱帯地方特有の感染症）対策、干ばつや洪水などの大規模自然災害、紛争などによる食糧不足の解消や不衛生状態の改善などが活動の中心であった。近年ではそれらの活動に加え、糖尿病や高血圧症といった、非感染性疾患（Non-Communicable Diseases：NCD）の予防や、新型インフルエンザや新型コロナウイルス感染症（COVID-19）といった、国を越えた世界的に流行するような感染症（パンデミック）への対応や、地球全体の人口増加と、それに伴う地球環境の悪化による人類を含めた生態系全体への影響といった、国家を越え、地球規模で取り組まなければならない課題が生じている。

国際保健分野で重要なトピックと、それらを解決するためのわが国、そして国際的な協力機関について、順を追って説明する。

11.2 わが国の国際協力

わが国の国際協力は、政府開発援助（Official Development Assistance：ODA）とよばれ、開発途上国の経済・社会の発展や福祉の向上に貢献するため、国や国の機関が公的資金を用いて行われている。主体はODAの実施機関である国際協力機構（JICA）であり、NGO（非政府組織）や民間企業、あるいは地方自治体や大学などとも連携し、技術支援や無償資金協力などを行っている（図7.18）

日本のODAの実績（支出純額ベース）は、1970（昭和45）年代から1980（昭和55）年代にかけて経済成長とともに倍増し、1989（平成元）年にはアメリカを抜いて世界第1位の援助国となったが2001（平成13）年以降は減額し、現在は第4位となっている。

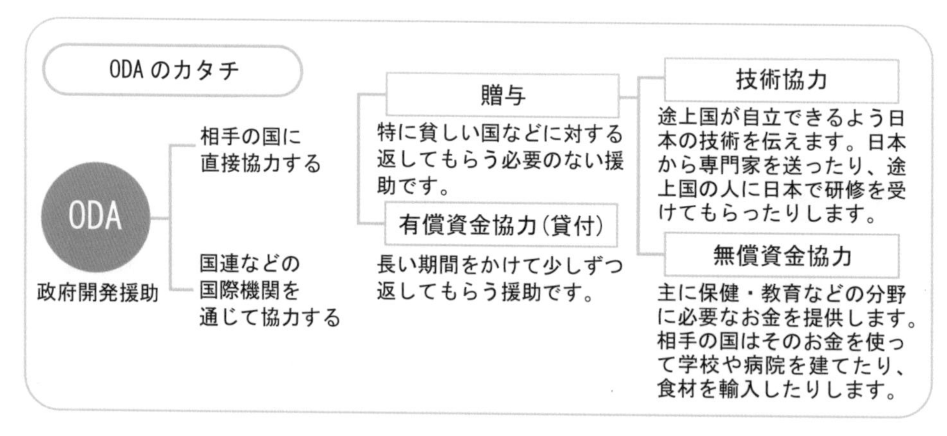

図7.18　ODAの仕組み

11.3 持続可能な開発目標(Sustainable Development Goals：SDGs)

2000（平成12）年、国際連合（国連）は、国連ミレニアム・サミットで採択された国連ミレニアム宣言をもとに、「ミレニアム開発目標（Millennium Development Goals：MDGs)」を掲げた。これは貧困や飢餓の撲滅、感染症対策など、主に途上国と先進国の間で格差が大きい諸問題について、具体的な数値目標を掲げて2015（平成27）年までに改善していこうというスローガンであり、このMDGsに基づいて各国や国際機関の活動目標が定められた。

MDGsは一定の成果を収め、改善した分野もあったが、逆に格差が広がってしまった部分も生じた。2015（平成27）年のMDGs終了時に、これに代わるものとして、ここから2030（令和12）年までの15年間の開発目標として掲げられたのが、持続可能な開発目標（SDGs）である。SDGsの大きな特徴は、ターゲットを途上国に限定せず、すべての地球上に生きる人たちへ向けたものとしたことである。MDGsでは途上国の改善目標ばかりであったのに対し、SDGsは「誰一人取り残さない（No one left behind)」途上国も先進国も一丸になって取り組むべき目標として、17のゴールを定めた（図7.19)。

SDGsで定められた目標は、飢餓や貧困、安全な水や衛生、感染症対策といった、従来のMDGsから受け継がれたもののみならず、エネルギーや気候変動といった地球環境に関するものやジェンダー、教育、不平等の是正など多岐にわたっている。

出典）国連開発計画（UNDP）駐日代表事務所HPより

図7.19　持続可能な開発目標

例題24　持続可能な開発目標（SDGs）に定められていないのはどれか。1つ選べ

1. ジェンダーの不平等をなくす
2. 飢餓をなくす
3. 海洋資源の保全
4. 化石燃料使用の推進
5. 安全な水利用の推進

解説　（図7.19参照）SDGsでは、17のゴール（目標）に基づき、169のターゲットが定められている。内容は多岐にわたるが、「持続可能な」という言葉が示す通り、これからも継続して取り組める（取り組む必要がある）ことが提示されている。したがって、化石燃料使用は二酸化炭素などの温室効果ガス排出の元凶であり、目標としては不適である。　**解答**　4

11.4 ユニバーサル・ヘルス・カバレッジ（UHC）

ユニバーサル・ヘルス・カバレッジ（UHC）とは、国民全員が一定の（支払い可能な）金額負担で適切な医療サービスが受けられる制度のことで、日本の社会保険制度（国民皆保険制）のような仕組みをさす。世界保健機関（WHO）が近年取り組む重要課題のひとつである。「すべての人が適切な予防、治療、リハビリテーションなどの保健医療サービスを必要なときに支払い可能な費用で受けられる状態」の達成が目標であり、2013（平成25）年において世界の約4億人の人々が基礎的な保健医療サービスが十分に受けられない状態にある。

11.5 保健医療分野の国際機関

このような、地球規模で取り組まなければならない諸問題に対する活動の中心として、国連などで専門の国際機関を設け、活動を行っている。以下に国際保健（栄養）分野の代表的な国際機関を概説する。

(1) 世界保健機関（World Health Organization：WHO）

世界保健機関（WHO）は、1948（昭和23）年に国連の専門機関のひとつとして設立された。スイス・ジュネーブに本部がある。設立当初の課題としては、マラリア、女性と子どもの健康、結核、性病、栄養、環境衛生であったが、現在は①ユニバーサル・ヘルス・カバレッジ（UHC）、②国際保健規則（2015）、③医薬品へのアクセス向上、健康に関する社会・経済・環境要因への対策、非感染性疾患（NCD）、④保健関連ミレニアム開発目標（MDGs）分野への対策の継続、をWHOの重点活動として掲

げている。最近では2019（令和元）年末から世界的流行となっている新型コロナウイルス感染症に対する活動でも注目されている。

(2) 国連食糧農業機関（Food and Agriculture Organization：FAO）

国連食糧農業機関（FAO）は、すべての人々が栄養ある安全な食べ物を手にいれ健康的な生活を送ることができる世界を目指し1945（昭和20）年に設立された。活動は、①世界の人々の栄養水準および生活水準の向上、②食料および農産物の生産・流通の改善、③農村住民の生活条件の改善を目標に掲げている。

(3) 国連世界食糧計画（World Food Programme：WFP）

紛争や自然災害などの緊急時に食料支援を届けるとともに、途上国の地域社会と協力して栄養状態の改善と強い社会づくりに取り組んでいる国際機関である。SDGsのゴール2「飢餓をゼロに」を達成するための中核を担い、食料支援を行っている。

表7.28は代表的な国際機関についてである。

表7.28　代表的な国際機関

多国間協力	世界保健機関（WHO） World Health Organization	国連の保健衛生の専門機関
	国連開発計画（UNDP） United Nations Development Programme	持続可能な開発目標の設定など
	国連児童基金（UNICEF） United Nations Children's Fund	途上国の児童に対する教育・保健
	国連食糧農業機関（FAO） Food and Agriculture Organization	農業生産の向上、人獣共通感染症の防疫事業
	国連世界食糧計画（WFP） World Food Programme	食糧の配給や、給食事業などの食料援助・学校給食プログラムの策定・緊急食糧支援
	国連難民高等弁務官事務所（UNHCR） United Nations High Commissioner or Refugees	難民に対する諸問題の解決
国際非政府組織	国際栄養士連盟（ICDA） International Confederation of Dietetic Associations	国際的な栄養士の交流・栄養士業務の国際的な標準化・国際栄養士会義（ICD）の開催

例題 25　国際機関とその活動内容の組み合わせである。正しいのはどれか。1つ選べ。

1. 世界保健機関（WHO）――――　食糧支援
2. 国連世界食糧計画（WFP）――――　ユニバーサル・ヘルス・カバレッジ
3. 国連食糧農業機関（FAO）――――　栄養水準の向上
4. 政府開発援助（ODA）――――　栄養士の国際交流
5. 国際協力機構（JICA）――――　難民受け入れの調整

解説　（表 7.28 参照）食糧支援は WFP や FAO が行う。ユニバーサル・ヘルス・カバレッジは WHO の掲げる活動目標のひとつ。ODA は日本政府の支援で、二国間協力または多国間協力を行う。JICA は ODA に基づく無償資金協力や技術協力事業の調整を行う。栄養士の国際交流支援は国際栄養士連盟（非政府組織）、難民受け入れ調整は UNHCR が行う。　**解答**　3

章末問題

1　わが国の医療保険制度に関する記述である。正しいのはどれか。1つ選べ。

1. 75歳以上の患者では、窓口負担金の割合は収入にかかわらず同一である。
2. 後期高齢者医療制度の財源の約1割は、高齢者本人の保険料である。
3. 原則として償還払い給付である。
4. 保険料率は、保険者にかかわらず同一である。
5. 被用者保険と国民健康保険では、受診時の自己負担割合が異なる。　（34回国家試験）

解説　自己負担割合は基本3割負担であるが、小学校就学前は2割、70～74歳は2割（一定所得以上は3割）、75歳以上は1割（一定所得以上は3割）である。保険料率（保険料の決定方法）は保険者毎に異なり、保険料は概ね所得に応じて決まる。医療サービスは、現物給付が原則である。後期高齢者医療制度の財源は、高齢者の保険料が1割、後期高齢者支援金が4割、公費が5割である。　**解答**　2

2　わが国の医療制度に関する記述である。誤っているのはどれか。1つ選べ。

1. 医療計画は、国が策定する。
2. 基準病床数は、医療計画に含まれる。
3. 災害時における医療の確保は、医療計画に含まれる。
4. 三次医療圏とは、最先端または高度な医療を提供する医療圏を指す。
5. 20床以上の病床を有する医療施設を病院という。　（34回国家試験）

解説 医療計画は各都道府県が地域の実情に応じて策定することが義務付けられている。医療計画は5疾病（がん、脳卒中、急性心筋梗塞、糖尿病、精神疾患）と5事業（救急医療、災害時における医療、僻地の医療、周産期医療、小児医療）及び在宅医療について、二次と三次医療圏の設定、基準病床数等について定める。医療法で規定されている病院とは、20床以上の入院施設を有するものである。解答 1

3 最近の国民医療費に関する記述である。正しいのはどれか。1つ選べ。

1. 国民医療費は、後期高齢者医療給付分を含む。
2. 国民医療費は、正常な妊娠や分娩に要する費用を含む。
3. 1人当たりの国民医療費は、年間約20万円である。
4. 65歳以上の1人当たり国民医療費は、65歳未満の約2倍である。
5. 傷病分類別医科診療医療費が最も高い疾患は、新生物である。 (34回国家試験)

解説 国民医療費には、正常な妊娠・分娩、健康診断（人間ドック）、予防接種、介護保険の費用は含まれない。1人当たりの国民医療費は年間約34万円で、65歳以上は65歳未満の約4倍である。傷病分類別医科診療医療費が最も高い疾患は「循環器系の疾患」で、新生物は第2位である。 解答 1

4 わが国の社会保障に関する記述である。誤っているのはどれか。1つ選べ。

1. 日本国憲法第25条に基づいている。
2. 医療保険制度では、現物給付が行われる。
3. 社会保障給付費の財源で最も多いのは、社会保険料である。
4. 75歳以上の高齢者は、後期高齢者医療制度に加入する。
5. 公務員は、国民健康保険に加入する。 (33回国家試験)

解説 わが国の社会保障は日本国憲法第25条に基づいている。社会保障給付費の財源は社会保険料5割、公費負担4割である。日本の医療保険制度は、すべての国民がいずれかの公的医療保険に加入しなければならない「国民皆保険制度」である。公的医療保険制度は、被用者保険（職域保険）、国民健康保険（地域保険）、後期高齢者医療制度の3種類に大別され、職業や年齢などに応じて加入する。公務員は共済組合保険に加入する。 解答 5

5 わが国の医療制度に関する記述である。正しいのはどれか。1つ選べ。

1. 正常な妊娠や分娩に要する費用は、国民医療費に含まれる。
2. 特定健康診査の費用は、国民医療費に含まれる。
3. 病院とは、病床数が20床以上の医療施設である。
4. 無床診療所とは、医師が一人しかいない医療施設である。
5. 基準病床数とは、各医療機関が備えるべき病床数である。 (33回国家試験)

解説 国民医療費には、正常な妊娠・分娩、健康診断（人間ドック）、予防接種、介護保険の費用は含まれない。病院とは病床数が20床以上の医療施設、診療所は19床以下の入院施設を有する有床診療所と入院施設を有しない無床診療所がある。都道府県は基準病床数（医療圏ごとに適正な病床数）を策定し、医療計画に定める。 解答 3

6　障害者総合支援法に基づく障害福祉サービスに関する記述である。正しいのはどれか。1つ選べ。

1. サービスの申請は、都道府県に対して行う。
2. 利用できるサービスは、所得区分で示されている。
3. サービスの利用は、通所に限られる。
4. 利用者の費用負担には、上限はない。
5. 難病患者は、対象となる。　(33回国家試験)

解説　障害者総合支援法の対象となる障害者は、18歳以上の身体障害者、知的障害者、精神障害者（発達障害者を含む）、18歳未満の障害児、難病患者である。障害者総合支援法によるサービスを利用する場合、市区町村の障害福祉担当窓口に申請する。障害者総合支援法によるサービスは、自立支援給付（介護給付、相談支援、訓練等給付、自立支援医療、補装具）と地域生活支援事業があり、サービスは所得や障害種別にかかわらず利用ができる。サービスを利用した際の利用者負担は、原則として「1割」である。ただし、世帯ごとの前年度所得に応じて負担額の月額上限が定められている。　解答 5

7　最近の国民医療費に関する記述である。正しいのはどれか。1つ選べ。

1. 1人当たりの国民医療費は、30万円を超えている。
2. 65歳以上の1人当たりの国民医療費は、65歳未満の約2倍である。
3. 国民医療費は、公費負担分を含まない。
4. 国民医療費は、正常な妊娠や分娩に要する費用を含む。
5. 傷病分類別医科診療医療費では、「悪性新生物」の割合が最も多い。　(32回国家試験)

解説　国民医療費には、正常な妊娠・分娩、健康診断（人間ドック）、予防接種、介護保険の費用は含まれない。1人当たりの国民医療費は年間約34万円、65歳以上は65歳未満の約4倍である。国民医療費を制度区分別にみると、公費負担医療給付分、医療保険等給付分、後期高齢者医療給付分、患者等負担分である。傷病分類別医科診療医療費が最も高い疾患は循環器系の疾患で、新生物は第2位である。

解答 1

8　社会福祉に関する記述である。誤っているのはどれか。1つ選べ。

1. 障害者支援施設は、社会福祉施設である。
2. 居宅介護は、障害者総合支援法によるサービスに含まれる。
3. 自立支援サービスの申請は、国に対して行う。
4. 難病患者は、障害者総合支援法の対象に含まれる。
5. 自立支援医療は、障害者総合支援法に含まれる。　(32回国家試験)

解説　障害者総合支援法の対象となる障害者は、18歳以上の身体障害者、知的障害者、精神障害者（発達障害者を含む）、18歳未満の障害児、難病患者である。障害者総合支援法によるサービスを利用する場合、市区町村の障害福祉担当窓口に申請する。障害者総合支援法によるサービスは、自立支援給付（介護給付、相談支援、訓練等給付、自立支援医療、補装具）と地域生活支援事業がある。　、解答 3

9　わが国の医療保険制度に関する記述である。正しいのはどれか。1つ選べ。

1. 被保険者が保険者に保険料を支払う制度となっている。
2. 自営業者は、組合管掌健康保険（組合健保）に加入する。
3. 被用者保険と国民健康保険では、受診時の自己負担割合が異なる。
4. 75歳以上の被保険者は、保険料を支払う必要がない。
5. 被用者保険では、事業主が保険料の全額を負担する。　（31回国家試験）

解説　日本の医療保険制度は、すべての国民がいずれかの公的医療保険に加入しなければならない「国民皆保険制度」である。公的医療保険制度は、被用者保険（職域保険）、国民健康保険（地域保険）、後期高齢者医療制度の3種類に大別され、職業や年齢などに応じて加入する。自営業者は国民健康保険に加入する。被保険者とは保険料を支払い、給付を受ける人で、保険者は保険料を徴収し給付する人である。自己負担割合は基本3割負担であるが、小学校就学前は2割、70～74歳は2割（一定所得以上は3割）、75歳以上は1割（一定所得以上は3割）である。　解答　1

10　わが国の医療保険制度に関する記述である。正しいのはどれか。1つ選べ。

1. 保険給付の対象となる者を、保険者という。
2. 被用者保険の対象は、自営業者・農業従事者である。
3. 後期高齢者は、国民健康保険に加入する。
4. 医療機関受診の際には、現物給付が原則である。
5. 医療機関受診の際には、患者は医療費の全額を支払う。　（30回国家試験）

解説　被保険者とは保険料を支払い、保険給付を受ける人で、保険者は保険料を徴収し、保険給付する人である。自営業者・農業従事者は国民健康保険に加入し、75歳以上の後期高齢者は後期高齢者医療制度に加入する。保険診療における自己負担割合は基本3割負担であるが、小学校就学前は2割、70～74歳は2割（一定所得以上は3割）、75歳以上は1割（一定所得以上は3割）である。　解答　4

11　障害者総合支援法に関する記述である。正しいのはどれか。1つ選べ。

1. 難病患者は、対象に含まれない。
2. 生活支援のサービスには、利用者や費用負担はない。
3. サービスの利用は、施設入所者に限られる。
4. 自立支援サービスの申請は、国に対して行う。
5. 利用できるサービス量は、障害支援区分で示されている。　（30回国家試験）

解説　障害者総合支援法の対象となる障害者は、18歳以上の身体障害者、知的障害者、精神障害者（発達障害者を含む）、18歳未満の障害児、難病患者である。障害者総合支援法によるサービスを利用する場合、市区町村の障害福祉担当窓口に申請する。障害者総合支援法によるサービスは、自立支援給付（介護給付、相談支援、訓練等給付、自立支援医療、補装具）と地域生活支援事業がある。障害者総合支援法の自立支援給付の介護給付を希望する場合は、障害支援区分認定を受ける必要がある。サービスを利用した際の利用者負担は、原則として「1割」である。ただし、世帯ごとの前年度所得に応じて負担額の月額上限が定められている。　解答　5

12　わが国の社会保障に関する記述である。正しいのはどれか。１つ選べ。

1. 日本国憲法第９条に基づいている。
2. 医療は、税方式で運営されている。
3. 社会保障給付費は、過去10年間ほぼ一定である。
4. 社会保障給付費の内訳で最も多いのは、年金である。
5. 社会保障費用の国民負担率は、ヨーロッパ諸国と比べて高い。　(30回国家試験)

解説　わが国の社会保障は日本国憲法第25条に基づいている。日本の公的医療保険制度は保険料で運営する「社会保険方式」を基本としている。社会保障給付費は過去10年間増加しており、内訳を部門別にみると、最も多いのは年金（45.5%）である。　解答 4

13　医療法に規定されている事項に関する記述である。正しいのはどれか。１つ選べ。

1. 病院とは、50人以上の患者を入院させるための医療施設である。
2. 無床診療所とは、医師が一人しかいない医療施設である。
3. 医療計画は、国が策定する。
4. 医療連携体制は、医療計画に記載する。
5. 基準病床数とは、各医療機関が備えるべき病床数である。　(30回国家試験)

解説　医療法に規定されている病院とは病床数が20床以上の医療施設、診療所は19床以下の入院施設を有する有床診療所と入院施設を有しない無床診療所がある。医療計画は各都道府県が地域の実情に応じて策定することが義務づけられている。医療計画は５疾病（がん、脳卒中、急性心筋梗塞、糖尿病、精神疾患）と５事業（救急医療、災害時における医療、へき地の医療、周産期医療、小児医療）および在宅医療の医療連携体制や情報提供の推進、二次と三次医療圏の設定、基準病床数などについて定める。
解答 4

15　母子保健に関する記述である。正しいのはどれか。１つ選べ。

1. 母子健康手帳は、都道府県が交付する。
2. 母子健康手帳の省令様式には、乳幼児身体発育曲線が含まれる。
3. 未熟児に対する養育医療の給付は、都道府県が行う。
4. 先天性代謝異常等検査は、３歳児健康診査で実施される。
5. 乳幼児突然死症候群の予防対策には、うつぶせ寝の推進が含まれる。　(第33回国家試験)

解説　1. 母子健康手帳の交付は市町村が実施する。　3. 未熟児に対する養育医療の給付も市町村が実施する。　4. 先天性代謝異常等検査は異常の早期発見を目的としているので、生後4-6日に実施する。　5. うつぶせ寝は乳幼児突然死症候群のリスクと考えられている。　解答 2

16 母子保健に関する記述である。正しいのはどれか。1つ選べ。

(1) 母子健康手帳の省令様式には、乳児の食事摂取基準が含まれる。

(2) 未熟児に対する養育医療の給付は、都道府県が行う。

(3) 1歳6か月児健康診査の目的には、う歯の予防が含まれる。

(4) 乳幼児突然死症候群の予防対策には、うつぶせ寝の推進が含まれる。

(5) 先天性代謝異常等検査による有所見者発見数が最も多い疾患は、フェニルケトン尿症である。

(第34回国家試験)

解説 1. 母子健康手帳には身体発育曲線が含まれる。 2. 養育医療の給付は市町村が実施する。 4. うつぶせ寝は乳幼児突然死症候群のリスクファクターである。 5. 先天性代謝異常等検査の有所見者発見数が最も多いのはクレチン症である。 解答 3

17 減塩に関する活動と、関連する概念の組合せである。正しいのはどれか。1つ選べ。

1. 地域住民を対象とした減塩教室の実施 ――― PDCAサイクルのC(Check)
2. 高血圧症患者に対する減塩の食事療法 ――― ポピュレーションアプローチ
3. 一般家庭への減塩食品の普及 ――― ハイリスクアプローチ
4. マスメディアを用いた減塩キャンペーン ――― 一次予防
5. 減塩指導の高血圧予防効果に関するメタアナリシス ――― インフォームド・コンセント

(第32回国家試験)

解説 1. PDCAサイクルのD(Do)に相当する。 2. ハイリスクアプローチである。 3. ポピュレーションアプローチである。 5. メタアナリシスとは例数の少ないランダム化比較試験(RCT)を複数統合することで、明確な結論を出すための手法である。箇々の研究にインフォームド・コンセントは必要であるが、メタアナリシスは必要ない。 解答 4

18 身体活動・運動に関する記述である。正しいのはどれか。1つ選べ。

1. 健康づくりのための身体活動基準2013では、小児の身体活動の基準値が示されている。
2. 3メッツ以上の身体活動でなければ、健康に対する効果は得られない。
3. 身体活動・運動は、結腸がんのリスクを低減する。
4. 身体活動・運動は、骨格筋のインスリン抵抗性を高める。
5. 身体活動・運動は、HDL－コレステロール値を低下させる。

(32回国家試験)

解説 1. 身体活動の基準値が示されているのは18～64歳である。 2. メッツとは身体活動の強度が安静時の何倍に相当するかを表す単位。3メッツとは歩行などの息が弾み汗をかく程度を表す。健康づくりのための身体活動基準2013では基準を示して知識の普及を図っているが、健康に対する効果が得られないまでは言及していない。 4. 身体活動・運動は骨格筋のインスリン抵抗性を改善する。 5. 身体活動・運動はHDL-コレステロール値を上昇させる。 解答 3

19　喫煙に関する記述である。正しいのはどれか。1つ選べ。

1. 主流煙は、副流煙より有害物質を多く含む。
2. 禁煙治療は、保険診療で認められていない。
3. わが国は、WHOのたばこ規制枠組条約（FCTC）を批准していない。
4. 受動喫煙の防止は、健康増進法で定められている。
5. 未成年者喫煙禁止法は、第二次世界大戦後に制定された。

（第33回国家試験）

解説　1. たばこの煙にはおよそ5300種の化学物質と70種以上の発がん物質が含まれ、特に副流煙はその濃度が高い。　2. 喫煙者は治療を必要とする患者と位置づけられ、禁煙治療は保険適応となった。3. 2003年のWHO総会においてたばこ規制枠組み条約が採択され、わが国も未成年者の喫煙防止対策、受動喫煙防止対策、禁煙支援などを推進している。　4. 健康増進法には健康診査指針の策定、国民健康・栄養調査、生活習慣病の発生状況の把握、食事摂取基準、市町村による健康増進事業、特定給食施設における栄養管理、受動喫煙の防止などが含まれている。　5. 未成年者喫煙防止法は明治33年に制定された。

解答 4

20　睡眠と生活リズムに関する記述である。正しいのはどれか。1つ選べ。

1. 概日リズムを調節しているのは、ドーパミンである。
2. 概日リズムは、部屋を暗くすることでリセットされる。
3. 夢を見るのは、ノンレム睡眠時に多い。
4. 睡眠時無呼吸は、心筋梗塞のリスク因子である。
5. 不眠症には、寝酒が有効である。

（33回国家試験）

解説　1. ドーパミンではなくメラトニンである。　2. 概日リズムは太陽光でリセットされる。　3. レム睡眠時に夢を見ることが多い。　5. 寝酒は睡眠の質の低下を来す。

解答 4

21　健康日本21（第二次）における健康寿命に関する記述である。誤っているのはどれか。1つ選べ。

1. 「日常生活に制限のない期間」をさす。
2. 健康寿命の増加分を上回る平均寿命の増加を目標としている。
3. 健康寿命は、女性の方が男性よりも長い。
4. 都道府県格差の縮小を目標としている。
5. 社会環境の整備によって、地域格差が縮小される。

（第34回国家試験）

解説　2. 健康寿命の延伸・健康格差の縮小を目指している。

解答 2

参考文献

1～4 節

1)　西村周三, 井野節子. 国民の最大関心事！　社会保障を日本一わかりやすく考える. PHP 研究所. 2009 年 9 月 11 日.
2)　厚生労働省　社会保障教育テキスト　社会保障を教える際に重点とすべき学習項目の具体的内容 https://www.mhlw.go.jp/stf/seisakunitsuite/bunya/0000051472.html
3)　辻一郎, 奥村二郎, 谷原真一, 村田隆史. 社会・環境と健康（第 7 章　保健・医療・福祉の制度）. 南江堂. 2020 年 3 月 30 日.
4)　森山幹夫. 看護関係法令. 医学書院. 2020 年 2 月 15 日.
5)　厚生労働省. データヘルス計画作成の手引き（改訂版）. 平成 29 年 9 月. https://www.mhlw.go.jp/file/06-Seisakujouhou-12400000-Hokenkyoku/0000201969.pdf
6)　厚生労働省. 障害者福祉サービス等 https://www.mhlw.go.jp/stf/seisakunitsuite/bunya/hukushi_kaigo/shougaishahukushi/service/index_00001.html
7)　公衆衛生がみえる　2020-2021. MEDIC　MEDIA. 2020 年 3 月 10 日.

7 節

8)　荒井秀典.　高齢者の定義について.　日老医誌 2019；56：1―5
9)　Fried LP, Tangen CM, Walston J, et al. Cardiovascular Health Study Collaborative Research Group. Frailty in older adults：evidence for a phenotype. J Gerontol A Biol Sci Med Sci 2001；56：M146―56
10)　Cruz-Jentoft AJ, Baeyens JP, Bauer JM, et al. European Working Group on Sarcopenia in Older People. Sarcopenia：European consensus on definition and diagnosis：Report of the European Working Group on Sarcopenia in Older People. Age Aging 2010；39：412―23.
11)　葛谷雅文. 老年医学における Sarcopenia & Frailty の重要性. 日老医誌 2009；46：279―85.
12)　厚生労働省.　介護保険制度の概要. https://www.mhlw.go.jp/stf/seisakunitsuite/bunya/hukushi_kaigo/kaigo_koureisha/gaiyo/index.html

9 節

13)　厚生労働統計協会 国民衛生の動向 2022/2023
14)　厚生労働省：業務上疾病発生状況等調査（令和 2 年）「疾病別の業務上疾病の発生状況」

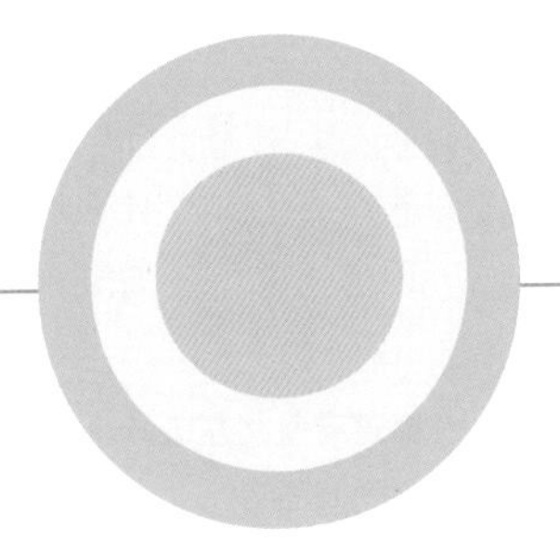

参考資料

1 健康日本21（第二次）の主な目標値一覧 （2023年度まで1年延長）

一　健康寿命の延伸と健康格差の縮小の実現に関する目標

項　目	現　状	目　標
健康寿命の延伸（日常生活に制限のない期間の平均の延伸）	男性 70.42年 女性 73.62年 （2010年）	平均寿命の増加分を上回る健康寿命の増加 （2023年度）
健康格差の縮小（日常生活に制限のない期間の平均の都道府県格差の縮小）	男性 2.79年 女性 2.95年 （2010年）	都道府県格差の縮小 （2023年度）

二　主要な生活習慣病の発症予防と重症化予防の徹底に関する目標

(1) がん

項　目	現　状	目　標
75歳未満のがんの年齢調整死亡率の減少（10万人当たり）	84.3 （2010年）	73.9 （2015年）
がん検診の受診率の向上	胃がん 男性 36.6%　女性 28.3% 肺がん 男性 26.4%　女性 23.0% 大腸がん 男性 28.1%　女性 23.9% 子宮頸がん　女性 37.7% 乳がん　女性 39.1% （2010年）	50% （胃がん、肺がん、大腸がんは当面40%） （2016年度）

(2) 循環器疾患

項　目	現　状	目　標
脳血管疾患・虚血性心疾患の年齢調整死亡率の減少 （10万人当たり）	脳血管疾患 男性 49.5　女性 26.9 虚血性心疾患 男性 36.9　女性 15.3 （2010年）	脳血管疾患 男性 41.6　女性 24.7 虚血性心疾患 男性 31.8　女性 13.7 （2023年度）
高血圧の改善（収縮期血圧の平均値の低下）	男性 138mmHg 女性 133mmHg （2010年）	男性 134mmHg 女性 129mmHg （2022年度）
脂質異常症の減少	総コレステロール240mg/dl以上の者の割合 男性 13.8%　女性 22.0% LDLコレステロール160mg/dl以上の者の割合 男性 8.3%　女性 11.7% （2010年）	総コレステロール240mg/dl以上の者の割合 男性 10%　女性 17% LDLコレステロール160mg/dl以上の者の割合 男性 6.2%　女性 8.8% （2023年度）

メタボリックシンドロームの該当者及び予備群の減少＊	1,400万人 （2008年度）	2008年度と比べて25%減少 （2015年度）
特定健康診査・特定保健指導の実施率の向上＊＊	特定健康診査の実施率41.3% 特定保健指導の実施率12.3% （2009年度）	平成25年度から開始する第2期医療費適正化計画に合わせて設定（2017年度）

(3) 糖尿病

項　目	現　状	目　標
合併症（糖尿病腎症による年間新規透析導入患者数）の減少	16,247人 （2010年）	15,000人 （2023年度）
治療継続者の割合の増加	63.7%（2010年）	75%（2022年度）
血糖コントロール指標におけるコントロール不良者の割合の減少（HbA1cがJDS値8.0%（NGSP値8.4%）以上の者の割合の減少）	1.2% （2009年度）	1.0% （2023年度度）
糖尿病有病者の増加の抑制	890万人（2007年）	1000万人（2023年度）
メタボリックシンドロームの該当者及び予備群の減少＊	1,400万人 （2008年度）	2008年度と比べて25%減少 （2015年度）
特定健康診査・特定保健指導の実施率の向上＊＊	特定健康診査の実施率41.3% 特定保健指導の実施率12.3% （2009年度）	平成25年度から開始する第2期医療費適正化計画に合わせて設定（2017年度）

(4) COPD

項　目	現　状	目　標
COPDの認知度の向上	25%（2011年）	80%（2023年度）

三　社会生活を営むために必要な機能の維持・向上に関する目標

(1) こころの健康

項　目	現　状	目　標
自殺者の減少（人口10万人当たり）	23.4 （2010年）	自殺総合対策大綱の見直しの状況を踏まえて設定
気分障害・不安障害に相当する心理的苦痛を感じている者の割合の減少	10.4% （2010年）	9.4% （2023年度）
メンタルヘルスに関する措置を受けられる職場の割合の増加	33.6% （2007年）	100% （2020年）
小児人口10万人当たりの小児科医・児童精神科医師の割合の増加	小児科医 94.4（2010年） 児童精神科医 10.6（2009年）	増加傾向へ （2014年）

(2) 次世代の健康

項　目	現　状	目　標
健康な生活習慣（栄養・食生活、運動）を有する子どもの割合の増加		

ア	朝・昼・夕の三食を必ず食べることに気をつけて食事をしている子どもの割合の増加	小学5年生 89.4% (2010年度)	100%に近づける (2023年度)
イ	肥満傾向にある子どもの割合の減少	(参考値)週に3日以上 小学5年生 男子 61.5% 女子 35.9% (2010年)	増加傾向へ (2023年度)
適正体重の子どもの増加			
ア	全出生数中の低出生体重児の割合の減少	9.6% (2010年)	減少傾向へ (2014年)
イ	肥満傾向にある子どもの割合の減少	小学5年生の中等度・高度肥満傾向児の割合 男子 4.60% 女子 3.39% (2011年)	減少傾向へ (2014年)

(3) 高齢者の健康

項　目	現　状	目　標
介護保険サービス利用者の増加の抑制	452万人 (2012年度)	657万人 (2025年度)
認知機能低下ハイリスク高齢者の把握率の向上	0.9% (2009年)	10% (2023年度)
ロコモティブシンドローム(運動器症候群)を認知している国民の割合の増加	(参考値)17.3% (2012年)	80% (2023年度)
低栄養傾向(BMI20以下)の高齢者の割合の増加の抑制	17.4% (2010年)	22% (2023年度)
足腰に痛みのある高齢者の割合の減少(1,000人当たり)	男性 218人 女性 291人 (2010年)	男性 200人 女性 260人 (2023年度)
高齢者の社会参加の促進(就業又は何らかの地域活動をしている高齢者の割合の増加)	(参考値)何らかの地域活動をしている高齢者の割合 男性 64.0% 女性 55.1%　(2008年)	80% (2023年度)

四　健康を支え、守るための社会環境の整備に関する目標

項　目	現　状	目　標
地域のつながりの強化(居住地域でお互いに助け合っていると思う国民の割合の増加)	(参考値)自分と地域のつながりが強い方だと思う割合 45.7%　(2007年)	65% (2023年度)

健康づくりを目的とした活動に 主体的に関わっている国民の割合の増加	(参考値) 健康や医療サービスに関係したボランティア活動をしている割合 3.0% (2006年)	25% (2023年度)
健康づくりに関する活動に取り組み、自発的に情報発信を行う企業登録数の増加	420社 (2012年)	3,000社 (2023年度)
健康づくりに関して身近で専門的な支援・相談が受けられる民間団体の活動拠点数の増加	(参考値)民間団体から報告のあった活動拠点数 7,134 (2012年)	15,000 (2023年度)
健康格差対策に取り組む自治体 の増加(課題となる健康格差の実態を把握し、健康づくりが不利な 集団への対策を実施している都道府県の数)	11都道府県 (2012年)	47都道府県 (2023年度)

五　栄養・食生活、身体活動・運動、休養、飲酒、喫煙及び歯・口腔の健康に関する生活習慣 及び社会環境の改善に関する目標

(1) 栄養・食生活

項　目	現　状	目　標
適正体重を維持している者の増 加(肥満(BMI25以上)、やせ (BMI18.5未満) の減少)	20歳～60歳代男性の肥満者の割合　31.2% 40歳～60歳代女性の肥満者の割合　22.2% 20歳代女性のやせの者の割合 29.0% (2010年)	20歳～60歳代男性の肥満者の割合　28% 40歳～60歳代女性の肥満者の割合　19% 20歳代女性のやせの者の割合 20% (2022年度)
適切な量と質の食事をとる者の増加		
ア　主食・主菜・副菜を組み合わせた食事が1日2回以上の日がほぼ 毎日の者の割合の増加	68.1% (2011年)	80% (2023年度)
イ　食塩摂取量の減少	10.6g (2010年)	8g (2023年度)
ウ　野菜と果物の摂取量の増加	野菜摂取量の平均値 282g 果物摂取量100g未満の者の割合　61.4% (2010年)	野菜摂取量の平均値 350g 果物摂取量100g未満の者の割合　30% (2023年度)

共食の増加（食事を1人で食べる子どもの割合の減少）	朝食　小学生 15.3% 中学生 33.7% 夕食　小学生 2.2% 中学生 6.0% (2010年)	減少傾向へ (2022年度)
食品中の食塩や脂肪の低減に取り組む食品企業及び飲食店の登録数の増加	食品企業登録数 14社 飲食店登録数 17,284店舗 (2012年)	食品企業登録数 100社 飲食店登録数 30,000店舗 (2023年度)
利用者に応じた食事の計画、調理及び栄養の評価、改善を実施している特定給食施設の割合の増加	(参考値)管理栄養士・栄養士を配置している施設の割合 70.5% (2010年)	80% (2023年度)

(2) 身体活動・運動

項　目	現　状	目　標
日常生活における歩数の増加	20歳～64歳 男性 7,841歩　女性 6,883歩 65歳以上 男性 5,628歩　女性 4,584歩 (2010年)	20歳～64歳 男性 9,000歩　女性 8,500歩 65歳以上 男性 7,000歩　女性 6,000歩 (2022年度)
運動習慣者の割合の増加	20歳～64歳 男性 26.3%　女性 22.9% 65歳以上 男性 47.6%　女性 37.6% (2010年)	20歳～64歳 男性 36%　女性 33% 65歳以上 男性 58%　女性 48% (2022年度)
住民が運動しやすいまちづくり・環境整備に取り組む自治体数の増加	17都道府県 (2012年)	47都道府県 (2023年度)

(3) 休養

項　目	現　状	目　標
睡眠による休養を十分とれていない者の割合の減少	18.4% (2009年)	15% (2023年度)
週労働時間60時間以上の雇用者の割合の減少	9.3% (2011年)	5.0% (2020年)

(4) 飲酒

項　目	現　状	目　標
生活習慣病のリスクを高める量を飲酒している者（1日当たりの 純アルコール摂取量が男性40g以上、女性20g以上の者）の割合の減少	男性 15.3% 女性 7.5% (2010年)	男性 13% 女性 6.4% (2023年度)

未成年者の飲酒をなくす	中学3年生 男子 10.5%　　女子 11.7% 高校3年生 男子 21.7%　　女子 19.9% (2010年)	0% (2023年度)
妊娠中の飲酒をなくす	8.7% (2010年)	0% (2014年度)

(5) 喫煙

項　目	現　状	目　標
成人の喫煙率の減少(喫煙をやめたい者がやめる)	19.5% (2010年)	12% (2023年度)
未成年者の喫煙をなくす	中学1年生 男子 1.6%　　女子 0.9% 高校3年生 男子 8.6%　　女子 3.8% (2010年)	0% (2023年度)
妊娠中の喫煙をなくす	5.0% (2010年)	0% (2014年)
受動喫煙(家庭・職場・飲食店 ・行政機関・医療機関)の機会を有する者の割合の減少	行政機関 16.9% 医療機関 13.3% (2008年) 職場 64% (2011年) 家庭 10.7% 飲食店 50.1% (2010年)	行政機関 0% 医療機関 0% (2023年度) 職場 受動喫煙の無い職場の実現 (2020年) 家庭 3% 飲食店 15% (2023年度)

(6) 歯・口腔の健康

項　目		現　状	目　標
口腔機能の維持・向上(60歳代における咀嚼良好者の割合の増加)		73.4% (2009年)	80% (2023年度)
歯の喪失防止			
ア	80歳で20歯以上の自分の歯を有する者の割合の増加	25.0% (2005年)	50% (2023年度)
イ	60歳で24歯以上の自分の歯を有する者の割合の増加	60.2% (2005年)	70% (2023年度)
ウ	40歳で喪失歯のない者の割合の増加	54.1% (2005年)	75% (2023年度)

歯周病を有する者の割合の減少			
ア	20 歳代における歯肉に炎症所見を有する者の割合の減少	31.7% (2009 年)	25% (2023 年度)
イ	40 歳代における進行した歯周炎を有する者の割合の減少	37.3% (2005 年)	25% (2023 年度)
ウ	60 歳代における進行した歯周炎を有する者の割合の減少	54.7% (2005 年)	45% (2023 年度)
乳幼児・学齢期のう蝕のない者の増加			
ア	3 歳児でう蝕がない者の割合が 80%以上である都道府県の増加	6 都道府県 (2009 年)	23 都道府県 (2023 年度)
イ	12 歳児の一人平均う歯数が 1.0 歯未満である都道府県の増加	7 都道府県 (2011 年)	28 都道府県 (2023 年度)
過去 1 年間に歯科検診を受診した者の割合の増加		34.1% (2009 年)	65% (2023 年度)

*、**同一目標

2 公害関係基準表

1 大気汚染に係る環境基準

物質	環境上の条件（設定年月日等）
二酸化いおう（SO_2）	1時間値の1日平均値が0.04ppm以下であり、かつ、1時間値が0.1p以下であること。（48.5.16告示）
一酸化炭素（CO）	1時間値の1日平均値が10ppm 以下であり、かつ、1時間値の8時間平均値が20ppm 以下であること。（48.5.8告示）
浮遊粒子状物質（SPM）	1時間値の1日平均値が0.10mg/m^{3}以下であり、かつ、1時間値が0.20mg/m^{3}以下であること。（48.5.8告示）
二酸化窒素（NO_2）	1時間値の1日平均値が0.04ppmから0.06ppmまでのゾーン内又はそれ以下であること。（53.7.11告示）
光化学オキシダント（O_x）	1時間値が0.06ppm以下であること 。（48.5.8告示）

備考

1. 環境基準は、工業専用地域、車道その他一般公衆が通常生活していない地域または場所については、適用しない。
2. 浮遊粒子状物質とは大気中に浮遊する粒子状物質であってその粒径が 10μm以下のものをいう。
3. 二酸化窒素について、1時間値の1日平均値が0.04ppmから0.06ppmまでのゾーン内にある地域にあっては、原則としてこのゾーン内において現状程度の水準を維持し、又はこれを大きく上回ることとならないよう努めるものとする。
3. 光化学オキシダントとは、オゾン、パーオキシアセチルナイトレートその他の光化学反応により生成される酸化性物質（中性ヨウ化カリウム溶液からヨウ素を遊離するものに限り、二酸化窒素を除く。） をいう。

2 有害大気汚染物質（ベンゼン等）に係る環境基準

物質	環境上の条件
ベンゼン	1年平均値が0.003mg/m^{3}以下であること。（H9.2.4告示）
トリクロロエチレン	1年平均値が0.13mg/m^{3}以下であること。（H30.11.19告示）
テトラクロロエチレン	1年平均値が0.2mg/m^{3}以下であること。（H9.2.4告示）
ジクロロメタン	1年平均値が0.15mg/m^{3}以下であること。（H13.4.20告示）

備考

1. 環境基準は、工業専用地域、車道その他一般公衆が通常生活していない地域または場所については、適用しない。
2. ベンゼン等による大気の汚染に係る環境基準は、継続的に摂取される場合には人の健康を損なうおそれがある物質に係るものであることにかんがみ、将来にわたって人の健康に係る被害が未然に防止されるようにすることを旨として、その維持又は早期達成に努めるものとする。

2-1 ダイオキシン類に係る環境基準

物質	環境上の条件
ダイオキシン類	1年平均値が0.6pg-TEQ/m^{3}以下であること。（H11.12.27告示）

備考

1. 環境基準は、工業専用地域、車道その他一般公衆が通常生活していない地域または場所については、適用しない。
2. 基準値は、2,3,7,8-四塩化ジベンゾ−パラ−ジオキシンの毒性に換算した値とする。

2-2 微小粒子物質に係る環境基準

物質	環境上の条件
微小粒子物質	１年平均値が 15μg/m³ 以下であり、かつ、１日平均値が 35μg/m³ 以下であること。(H21.9.9 告示)

備考

1. 環境基準は、工業専用地域、車道その他一般公衆が通常生活していない地域又は場所については、適用しない。
2. 微小粒子状物質とは、大気中に浮遊する粒子状物質であって、粒径が 2.5μm の粒子を 50%の割合で分離できる分粒装置を用いて、より粒径の大きい粒子を除去した後に採取される粒子をいう。

2-3 大気汚染に係る指針
光化学オキシダントの生成のための大気中炭化水素濃度の指針

光化学オキシダントの日最高１時間値 0.06ppm に対応する午前６時から９時までの非メタン炭化水素の３時間平均値は、0.20ppmC から 0.31ppmC の範囲にある。(S51.8.13 通知)

3 騒音に係る環境基準
3-1 道路に面する地域以外の地域

地域の種類	基準値	
	昼間	夜間
AA	50 デシベル以下	40 デシベル以下
A および B	55 デシベル以下	45 デシベル以下
C	60 デシベル以下	50 デシベル以下

（注）
1　時間の区分は、昼間を午前６時から午後 10 時までの間とし、夜間を午後 10 時から翌日の午前６時までの間とする。
2　AA をあてはめる地域は、療養施設、社会福祉施設等が集合して設置される地域など特に静穏を要する地域とする。
3　A をあてはめる地域は、専ら住居の用に供される地域とする。
4　B をあてはめる地域は、主として住居の用に供される地域とする。
5　C をあてはめる地域は、相当数の住居と併せて商業、工業等の用に供される地域とする。

ただし、次表に掲げる地域に該当する地域（以下「**道路に面する地域**」という。）については、上表によらず次表の基準値の欄に掲げるとおりとする。

地域に区分	基準値	
	昼間	夜間
A 地域のうち２車線以上の車線を有する道路に面する地域	60 デシベル以下	55 デシベル以下
B 地域のうち２車線以上の車線を有する道路に面する地域及び C 地域のうち車線を有する道路に面する地域	65 デシベル以下	60 デシベル以下

備考
　車線とは、１縦列の自動車が安全かつ円滑に走行するために必要な一定の幅員を有する帯状の車道部分をいう。この場合において、幹線交通を担う道路に近接する空間については、上表にかかわらず、特例として次表の基準値の欄に掲げるとおりとする。

基準値	
昼間	夜間
70 デシベル以下	65 デシベル以下

備考
個別の住居等において騒音の影響を受けやすい面の窓を主として閉めた生活が営まれていると認められるときは、屋内へ透過する騒音に係る基準（昼間にあっては 45 デシベル以下、夜間にあっては 40 デシベル以下）によることができる。

3-2 環境基準航空機

1 環境基準は、地域の類型ごとに次表の基準値の欄に掲げるとおりとし、各類型をあてはめる地域は、都道府県知事が指定する。

地域の類型	基準値
Ⅰ	57 デシベル以下
Ⅱ	62 デシベル以下

（注）Ⅰをあてはめる地域は専ら住居の用に供される地域とし、Ⅱをあてはめる地域はⅠ以外の地域であって通常の生活を保全する必要がある地域とする。

3-3 環境基準新幹線

1 環境基準は、地域の類型ごとに次表の基準値の欄に掲げるとおりとし、各類型をあてはめる地域は、都道府県知事が指定する。

地域の類型	基準値
Ⅰ	70 デシベル以下
Ⅱ	75 デシベル以下

（注）Ⅰをあてはめる地域は主として住居の用に供される地域とし、Ⅱをあてはめる地域は商工業の用に供される地域等Ⅰ以外の地域であつて通常の生活を保全する必要がある地域とする。

4 水質汚濁に係る環境基準

4-1 河川（湖沼を除く）ア

項目／類型	利用目的の適応性	基準値					該当水域
		水素イオン濃度(pH)	生物化学的酸素要求量(BOD)	浮遊物質量(SS)	溶存酸素量(DO)	大腸菌数	
AA	水道1級 自然環境保全及びA以下の欄に掲げるもの	6.5以上 8.5以下	1mg／L以下	25mg／L以下	7.5mg／L以上	20CFU／100ml以下	第1の2の(2)により水域類型ごとに指定する水域
A	水道2級 水産1級 水浴 及びB以下の欄に掲げるもの	6.5以上 8.5以下	2mg／L以下	25mg／L以下	7.5mg／L以上	300CFU／100ml以下	
B	水道3級 水産2級 及びC以下の欄に掲げるもの	6.5以上 8.5以下	3mg／L以下	25mg／L以下	5mg／L以上	1,000CFU／100ml以下	
C	水産3級 工業用水1級 及びD以下の欄に掲げるもの	6.5以上 8.5以下	5mg／L以下	50mg／L以下	5mg／L以上	—	
D	工業用水2級 農業用水 及びEの欄に掲げるもの	6.0以上 8.5以下	8mg／L以下	100mg／L以下	2mg／L以上	—	
E	工業用水3級 環境保全	6.0以上 8.5以下	10mg／L以下	ごみ等の浮遊が認められないこと。	2mg／L以上	—	

イ

項目／類型	水生生物の生息状況の適応性	基準値			該当水域
		全亜鉛	ノニルフェノール	直鎖アルキルベンゼンスルホン酸及びその塩	
生物A	イワナ、サケマス等比較的低温域を好む水生生物及びこれらの餌生物が生息する水域	0.03mg／L以下	0.001mg／L以下	0.03mg/L以下	第1の2の(2)により水域類型ごとに指定する水域
生物特A	生物Aの水域のうち、生物Aの欄に掲げる水生生物の産卵場(繁殖場)又は幼稚仔の生育場として特に保全が必要な水域	0.03mg／L以下	0.0006mg／L以下	0.02mg/L以下	
生物B	コイ、フナ等比較的高温域を好む水生生物及びこれらの餌生物が生息する水域	0.03mg／L以下	0.002mg／L以下	0.05mg/L以下	
生物特B	生物A又は生物Bの水域のうち、生物Bの欄に掲げる水生生物の産卵場(繁殖場)又は幼稚仔の生育場として特に保全が必要な水域	0.03mg／L以下	0.002mg／L以下	0.04mg/L以下	

備考　1 基準値は、年間平均値とする（湖沼、海域もこれに準ずる）。

4-2 湖沼

ア　（天然湖沼及び貯水量が1,000万立方メートル以上あり、かつ、水の滞留時間が4日間以上ある人工湖）

項目／類型	利用目的の適応性	基準値					該当水域
		水素イオン濃度(pH)	化学的酸素要求量(COD)	浮遊物質量(SS)	溶存酸素量(DO)	大腸菌数	
AA	水道1級 水産1級 自然環境保全及びA以下の欄に掲げるもの	6.5以上8.5以下	1mg／L以下	1mg／L以下	7.5mg／L以上	20CFU／100ml以下	第1の2の(2)により水域類型ごとに指定する水域
A	水道2、3級 水産2級 水浴 及びB以下の欄に掲げるもの	6.5以上8.5以下	3mg／L以下	5mg／L以下	7.5mg／L以上	300CFU／100ml以下	
B	水産3級 工業用水1級 農業用水及びCの欄に掲げるもの	6.5以上8.5以下	5mg／L以下	15mg／L以下	5mg／L以上	—	
C	工業用水2級 環境保全	6.0以上8.5以下	8mg／L以下	ごみ等の浮遊が認められないこと。	2mg／L以上	—	

イ

項目 類型	利用目的の 適応性	基準値		該当水域
		全窒素	全燐（りん）	
Ⅰ	自然環境保全及びⅡ以下の欄に掲げるもの	0.1mg／L 以下	0.005mg／L 以下	第1の2の(2)により水域類型ごとに指定する水域
Ⅱ	水道1、2、3級(特殊なものを除く。) 水産1種 水浴及びⅢ以下の欄に掲げるもの	0.2mg／L 以下	0.01mg／L 以下	
Ⅲ	水道3級(特殊なもの)及びⅣ以下の欄に掲げるもの	0.4mg／L 以下	0.03mg／L 以下	
Ⅳ	水産2種及びⅤの欄に掲げるもの	0.6mg／L 以下	0.05mg／L 以下	
Ⅴ	水産3種 工業用水 農業用水 環境保全	1mg／L 以下	0.1mg／L 以下	

備考

1 基準値は、年間平均値とする。

2 水域類型の指定は、湖沼植物プランクトンの著しい増殖を生ずるおそれがある湖沼について行うものとし、全窒素の項目の基準値は、全窒素が湖沼植物プランクトンの増殖の要因となる湖沼について適用する。

3 農業用水については、全燐の項目の基準値は適用しない。

ウ

項目 類型	水生生物の生息状況の 適応性	基準値			該当水域
		全亜鉛	ノニルフェノール	直鎖アルキルベンゼンスルホン酸及びその塩	
生物A	イワナ、サケマス等比較的低温域を好む水生生物及びこれらの餌生物が生息する水域	0.03mg／L 以下	0.001mg／L 以下	0.03mg/以下	第1の2の(2)により水域類型ごとに指定する水域
生物特A	生物Aの水域のうち、生物Aの欄に掲げる水生生物の産卵場(繁殖場)又は幼稚仔の生育場として特に保全が必要な水域	0.03mg／L 以下	0.0006mg ／ L 以下	0.02mg/以下	
生物B	コイ、フナ等比較的高温域を好む水生生物及びこれらの餌生物が生息する水域	0.03mg／L 以下	0.002mg／L 以下	0.05mg/以下	
生物特B	生物A又は生物Bの水域のうち、生物Bの欄に掲げる水生生物の産卵場(繁殖場)又は幼稚仔の生育場として特に保全が必要な水域	0.03mg／L 以下	0.002mg／L 以下	0.04mg/以下	

エ

項目 類型	水生生物が生息・再生産する場の適応性	基準値 底層溶存酸素量	該当水域
生物1	生息段階において貧酸素耐性の低い水生生物が生息できる場を保全・再生する水域又は再生産段階において貧酸素耐性の低い水生生物が再生産できる場を保全・再生する水域	4.0mg/L 以上	第1の2の(2)により水域類型ごとに指定する水域
生物2	生息段階において貧酸素耐性の低い水生生物を除き、水生生物が生息できる場を保全・再生する水域又は再生産段階において貧酸素耐性の低い水生生物を除き、水生生物が再生産できる場を保全・再生する水域	3.0mg/L以上	
生物3	生息段階において貧酸素耐性の高い水生生物が生息できる場を保全・再生する水域、再生産段階において貧酸素耐性の高い水生生物が再生産できる場を保全・再生する水域又は無生物域を解消する水域	2.0mg/L以上	

備考　1 基準値は、日間平均値とする。

4-3 人の健康の保護に関する環境基準

項　目	基準値
カドミウム	0.003mg/L 以下
全シアン	検出されないこと。
鉛	0.01mg/L 以下
六価クロム	0.02mg/L 以下
砒素	0.01mg/L 以下
総水銀	0.0005mg/L 以下
アルキル水銀	検出されないこと。
PCB	検出されないこと。
ジクロロメタン	0.02mg/L 以下
四塩化炭素	0.002mg/L 以下
1,2-ジクロロエタン	0.004mg/L 以下
1,1-ジクロロエチレン	0.1mg/L 以下
シス-1,2-ジクロロエチレン	0.04mg/L 以下
1,1,1-トリクロロエタン	1mg/L 以下
1,1,2-トリクロロエタン	0.006mg/L 以下
トリクロロエチレン	0.01mg/L 以下
テトラクロロエチレン	0.01mg/L 以下
1,3-ジクロロプロペン	0.002mg/L 以下
チウラム	0.006mg/L 以下
シマジン	0.003mg/L 以下
チオベンカルブ	0.02mg/L 以下
ベンゼン	0.01mg/L 以下
セレン	0.01mg/L 以下
1,4-ジオキサン	0.05mg/L 以下
ふっ素	0.8mg/L 以下
ほう素	1mg/L 以下
硝酸性窒素及び亜硝酸性窒素	10mg/L 以下

索　引

和文

き

く

け

こ

さ

し

す

せ

ゆ

よ

ら

り

る

れ

ろ

わ

英文

A

B

C

D

E

栄養管理と生命科学シリーズ
公衆衛生学

2023 年 4 月 18 日　初版第 1 刷発行

編 著 者　網　中　雅　仁

発 行 者　柴　山　斐呂子

発 行 所　理工図書株式会社

〒102-0082　東京都千代田区一番町 27-2
電話 03（3230）0221（代表）
FAX03（3262）8247
振替口座　00180-3-36087 番
http://www.rikohtosho.co.jp

ISBN978-4-8446-0927-8
印刷・製本　丸井工文社